2023

마스터

구조역학 연습문제

MASTER STRUCTURAL MECHANICS EXERCISE

권용근 著

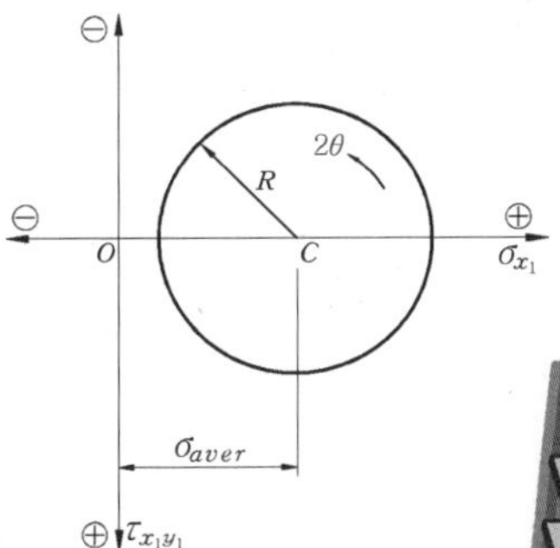

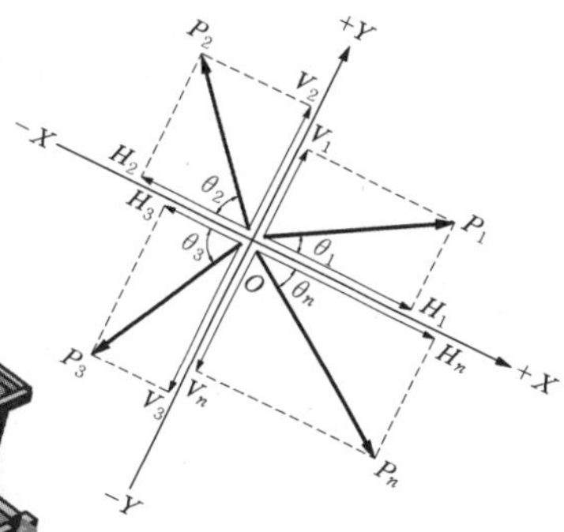

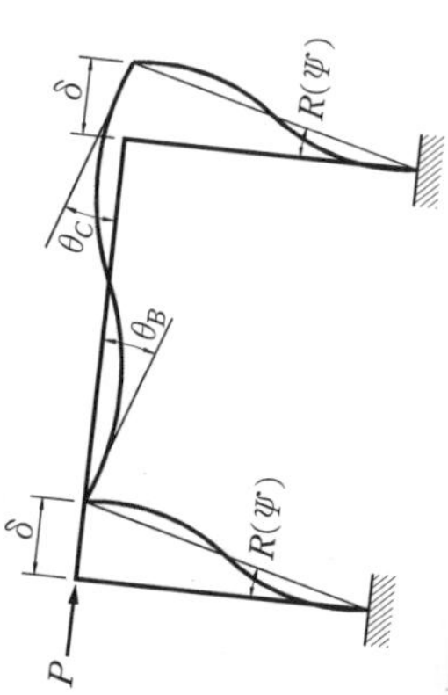

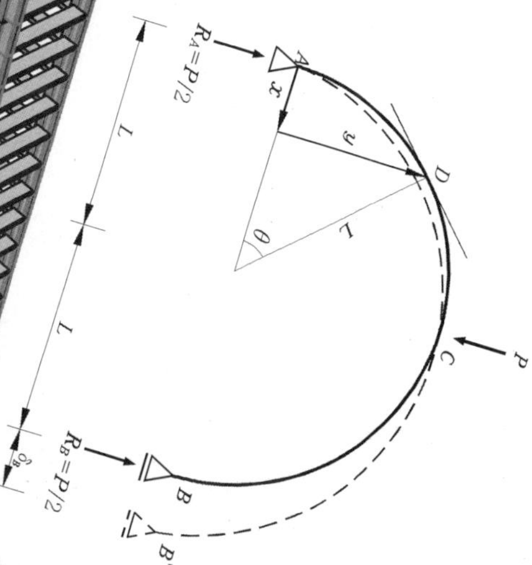

하이구조

◈ 머 리 말 ◈

이 책은 마스터 구조역학 (MASTER STRUCTURAL MECHANICS, 2023.3.2 발행)의 연습문제를 풀이와 함께 별도로 구성한 것이다.

마스터 구조역학 연습문제는 각 장과 절의 성격에 맞게 초보자를 위한 기초적인 객관식 문제부터 숙련자 및 구조기술사시험을 준비하는 수험자를 위한 난이도가 높은 주관식 문제까지 다양하게 소개하고 있다.

독자가 구조역학의 정복을 위해서는 많은 이론의 이해와 공식의 암기도 필요하지만, 많은 연습문제를 통하여 이론과 공식의 이해정도를 스스로 확인해야 하며, 각종 문제해결능력 및 응용능력을 향상시켜야 한다.

독자가 구조역학의 학습목표를 어디에 두느냐에 따라 다르겠지만, 고등 공무원시험이나 구조기술사시험에 출제되는 난이도가 높은 문제는 실제로 많은 응용능력 및 복잡한 문제해결능력이 요구된다.

저자는 대학에서 건축구조를 전공하였고, 졸업 후 국내·외 많은 다양한 프로젝트의 구조계획, 설계, 안전진단, VE, 현장기술지원 등을 수행했던 건축구조기술사로, 현재 하이구조의 대표로 수많은 구조관련 업무를 활발히 수행하고 있으며, 대학에서는 구조관련 강좌들을 통하여 학생들과 만나고 있다. 구조에 대한 자부심과 사랑으로 이 길을 한결같이 걷고 있는 저자는 구조역학을 정복하기를 원하고, 미래의 유능한 구조공학자 또는 구조엔지니어를 꿈꾸는 후배들에게 본인의 학습경험을 토대로 공부하는데 다소나마 도움이 되었으면 하는 바람에서 본 책을 집필하게 되었다.

이 책을 집필함에 있어서 부족한 저로서는 국내외의 많은 분들의 구조역학, 재료역학, 응용역학, 구조공학 관련 서적들의 훌륭한 자료들을 활용할 수 밖에 없었다. 이 책의 집필과정에서 많은 가르침을 주신 서적 및 저자들은 책 뒤의 참고문헌에 모아져 있다.

본 책의 내용, 표기, 그림, 문제 등에 대한 오류가 없도록 많은 검토와 수정을 반복하며 나름대로의 노력은 기울였으나, 부족함이 많은 사람이기에 오류가 없다고 말할 수는 없다. 이에 대하여 먼저 독자께 양해를 구하고, 만약 오류가 발견되면 간단히 기술하여 하이구조 홈페이지(www.higujo.co.kr)에 올려주시면 감사와 함께 앞으로 수정해 나가도록 하겠다.

끝으로 그 동안 바쁜 와중에서도 원고의 교정을 맡아 검토해 주었고, 연습문제를 만들고, 편집과 제작에 많은 도움을 준 박상현, 송종욱, 김유리, 박영민, 김영환, 이송현, 지인선, 박현철님에게 감사를 드린다. 그리고 사랑의 하나님께 감사드리며, 항상 믿어주고 격려해 주는 사랑하는 아내 최문영에게 고마움을 전한다.

2012년 11월

권 용 근

차 례

제 1 장 외력과 구조물

제 2 장 부재의 단면성능

제 3 장 재료의 역학적 성질

제 4 장 정정보의 단면력

제 5 장 보의 응력

제 6 장 기 둥

제 7 장 정정라멘, 정정아치 및 케이블

제 8 장 정정트러스

제 9 장 비 틀 림

제 10 장 정정구조물의 변위

제 11 장 부정정구조물의 해석

1.1 힘 (Force)

1.1.1 다음 중 벡터(Vector)량인 것은?

① 면적(面積) ② 시간(時間) ③ 변위(變位) ④ 온도(溫度)

풀이

정답 ③

1 스칼라(Scalar)

크기만 있고 방향을 고려할 필요가 없는 물리량으로, 길이, 면적, 부피, 시간, 온도, 질량, 밀도, 속력, 에너지, 일, 일률 등

2 벡터(Vector)

크기와 방향을 가지고 있는 물리량으로, 힘, 무게, 모멘트, 속도, 가속도, 변위, 처짐, 운동량, 충격량, 자기장, 전기장 등

◆ ◆ ◆ ◆ ◆ ◆

1.1.2 다음은 힘의 합성과 분해에 대한 설명이다. 옳지 않은 것은?

① 수식해법은 좌표축에 대한 X, Y 성분을 이용한 것이다.

② 동일점에 작용하는 힘의 합력(R)은 $R=(\Sigma X^2+\Sigma Y^2)^{1/2}$ 이고, 방향(θ)은 $\tan\theta=\Sigma Y/\Sigma X$ 가 성립된다.

③ 두 힘의 교각이 직각일 때, 분력은 $P_1=R\cdot\sin\theta$, $P_2=R\cdot\cos\theta$로 표시된다.

④ 다수의 동점 평면력을 합성하면 하나의 힘이 되는데, 하나의 힘은 2개 이상의 동점 평면력으로 분해할 수 있다.

풀이

정답 ④

일반적으로 1개의 힘을 2방향으로 분해할 수는 있으나, 1개의 힘을 3방향 이상으로 분해하는 것은 분력의 방향이 서로 평행하지 않고 작용점이 서로 같지 않아야 가능하다.

◆ ◆ ◆ ◆ ◆ ◆

1.1.3 다음 그림에서 두 힘에 대한 합력(R)의 크기와 합력의 방향(θ)은?

① $R=6.40\,kN$, $\theta=30°\,20'\,10''$

② $R=7.15\,kN$, $\theta=27°\,20'\,15''$

③ $R=7.76\,kN$, $\theta=26°\,30'\,17''$

④ $R=7.81\,kN$, $\theta=26°\,19'\,46''$

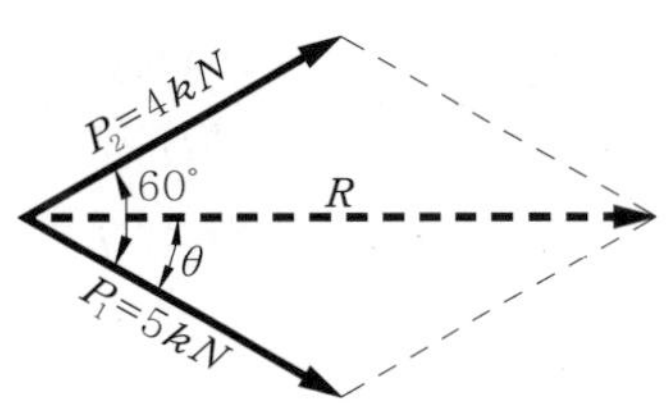

풀이

정답 ④

$$R = \sqrt{{P_1}^2 + {P_2}^2 + 2P_1P_2\cos\alpha} = \sqrt{5^2 + 4^2 + 2\times5\times4\times\cos60^\circ} = 7.81\,kN$$

$$\tan\theta = \frac{P_2\sin\alpha}{P_1 + P_2\cos\alpha} = \frac{4\times\sin60^\circ}{5+4\times\cos60^\circ} = 0.4949$$

$$\theta = 26.33^\circ = 26^\circ19'46''$$

◆ ◆ ◆ ◆ ◆ ◆

1.1.4 다음 그림에서 물체가 강체일 때, 두 힘 $P_1 = 2tf$, $P_2 = 3tf$의 합력은?

① $3.61\,tf$

② $4.36\,tf$

③ $4.5\,tf$

④ $5.0\,tf$

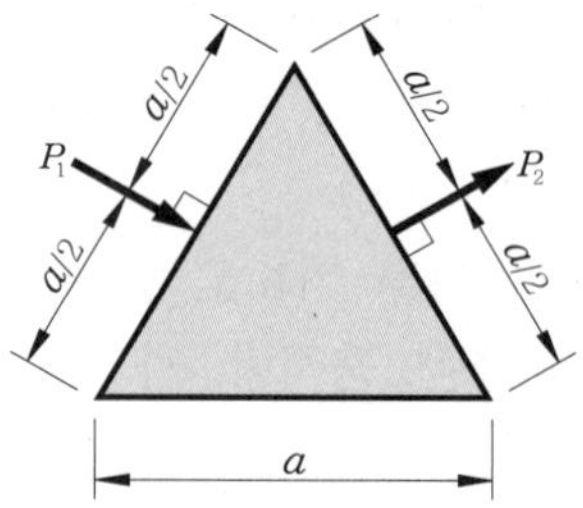

풀이

정답 ②

주어진 하중상태를 그림(b), (c)로 변환시키면

$$R = \sqrt{{P_1}^2 + {P_2}^2 + 2P_1P_2\cos\alpha}$$
$$= \sqrt{2^2 + 3^2 + 2\times2\times3\times\cos60^\circ} = \sqrt{19} \fallingdotseq 4.36\,tf$$

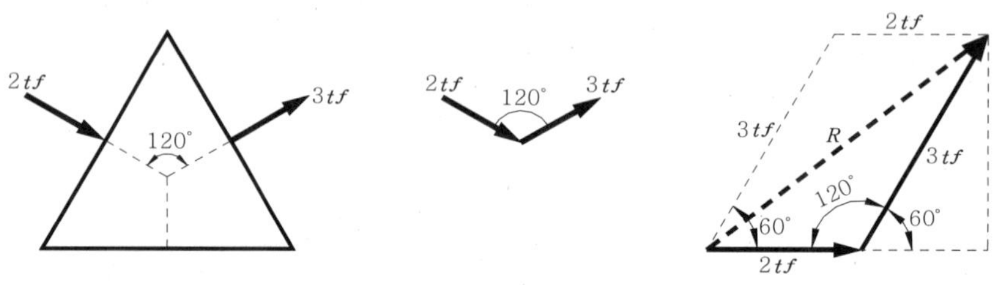

(a) (b) (c)

◆ ◆ ◆ ◆ ◆ ◆

1.1.5 다음 그림에서 경사면에 평행, 수직한 힘으로 나눈 것은?

	평행력	수직력
①	$15\,tf$	$25.98\,tf$
②	$25.98\,tf$	$15\,tf$
③	$21.21\,tf$	$21.21\,tf$
④	$0\,tf$	$30\,tf$

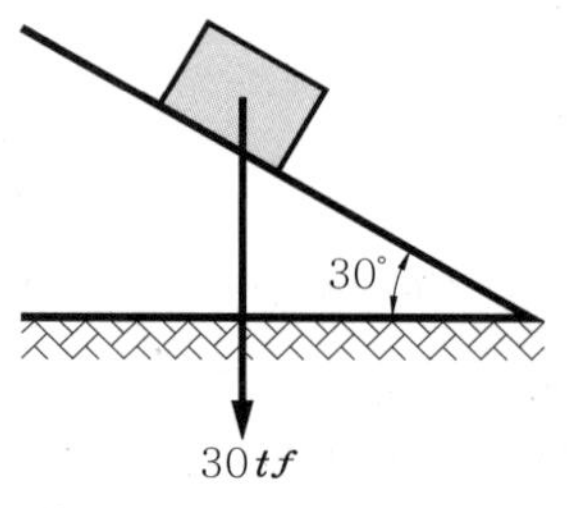

풀이

정답 ①

(1) 경사면에 평행력 : $30 \times \sin 30^{\circ} = 15tf$

(2) 경사면에 수직력 : $30 \times \cos 30^{\circ} = 25.98tf$

◆ ◆ ◆ ◆ ◆ ◆

1.1.6 다음 그림과 같이 $20tf$의 힘을 $\alpha_1 = 30^{\circ}$, $\alpha_2 = 40^{\circ}$의 두 방향으로 분해하여 분력 P_1과 P_2를 계산한 값은?

① $P_1 = 17.32tf$, $P_2 = 10.00tf$

② $P_1 = 12.86tf$, $P_2 = 15.32tf$

③ $P_1 = 13.68tf$, $P_2 = 10.64tf$

④ $P_1 = 11.25tf$, $P_2 = 14.36tf$

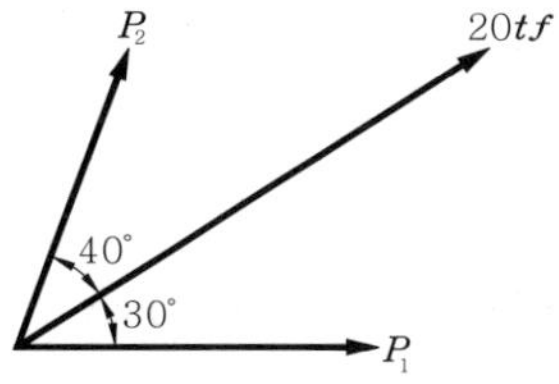

풀이

정답 ③

$\triangle OAC$에서 sine법칙에 의해

$$\frac{20}{\sin 110^{\circ}} = \frac{P_1}{\sin 40^{\circ}} = \frac{P_2}{\sin 30^{\circ}}$$ 이므로

$$P_1 = \frac{\sin 40^{\circ}}{\sin 110^{\circ}} \times 20 = 13.68tf$$

$$P_2 = \frac{\sin 30^{\circ}}{\sin 110^{\circ}} \times 20 = 10.64tf$$

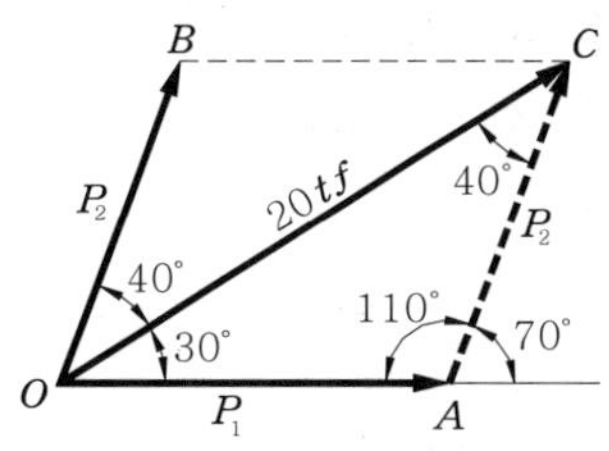

◆ ◆ ◆ ◆ ◆ ◆

1.1.7 한 힘 R이 두 성분 P_1과 P_2로 분해되었을 때, cosine법칙으로 α를 구할 수 있는 식이 맞는 것은?

① $\cos\alpha = \dfrac{P_1^2 + R^2 + P_2^2}{2RP_2}$

② $\cos\alpha = \dfrac{P_1^2 + R^2 + P_2^2}{2RP_1}$

③ $\cos\alpha = \dfrac{P_1^2 + R^2 - P_2^2}{2RP_1}$

④ $\cos\alpha = \dfrac{P_1^2 + R^2 - P_2^2}{2RP_2}$

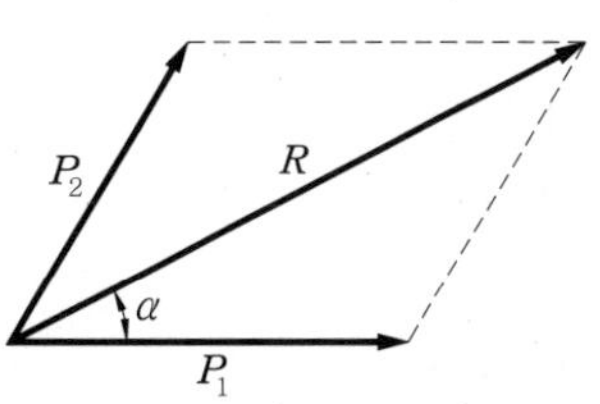

풀이

정답 ③

cosine 제2법칙에 의해서

$a^2 = b^2 + c^2 - 2\,b\,c\cos A$ 이므로

$P_1^2 = P_2^2 + R^2 - 2P_2 \cdot R \cdot \cos\beta$

$\therefore\ \cos\beta = \dfrac{P_2^2 + R^2 - P_1^2}{2R \cdot P_2}$

$P_2^2 = P_1^2 + R^2 - 2P_1 \cdot R \cdot \cos\alpha$

$\therefore\ \cos\alpha = \dfrac{P_1^2 + R^2 - P_2^2}{2R \cdot P_1}$

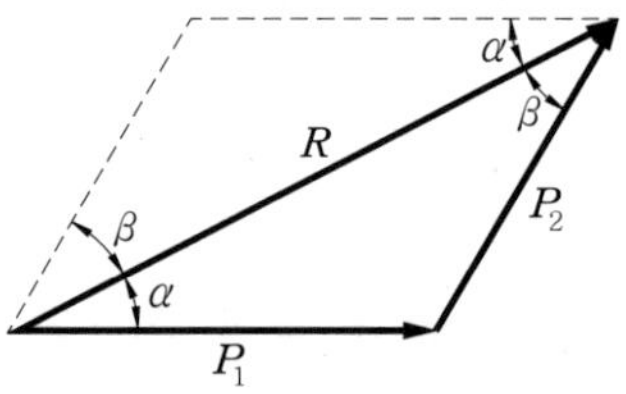

◆ ◆ ◆ ◆ ◆ ◆

1.1.8 그림과 같이 $R = 90\,kN$의 힘을 두 힘 $P_1 = 70\,kN$, $P_2 = 45\,kN$로 분해할 때, β각의 크기는?

① 29°25′16″
② 30°27′18″
③ 31°27′14″
④ 32°47′35″

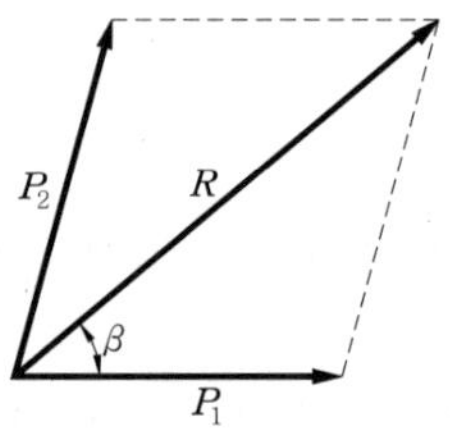

풀이

정답 ①

$\beta = \cos^{-1}\dfrac{P_1^2 + R^2 - P_2^2}{2R \cdot P_1} = \cos^{-1}\dfrac{70^2 + 90^2 - 45^2}{2 \times 90 \times 70} = 0.871$

$\therefore\ \beta = 29.4212° = 29°25'16''$

◆ ◆ ◆ ◆ ◆ ◆

1.1.9 그림과 같이 O점에 여러 힘이 작용할 때, 합력은 몇 상한에 위치하는가?

① Ⅰ상한
② Ⅱ상한
③ Ⅲ상한
④ Ⅳ상한

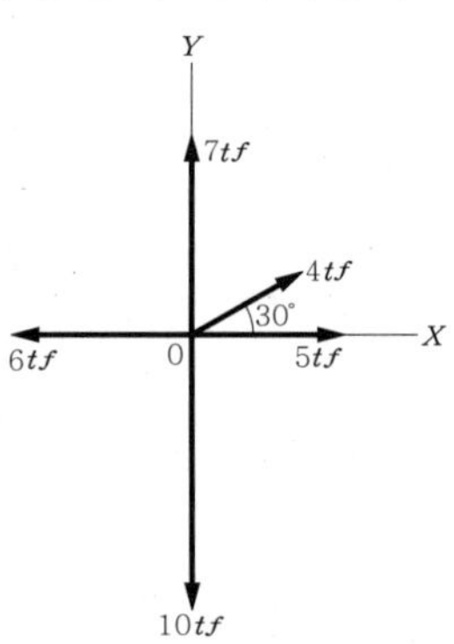

풀이

정답 ④

(1) 수평력의 총합

$\sum H = 5-6+(4\times \cos 30^\circ) = 2.464\,tf$

(2) 수직력의 총합

$\sum V = 7-10+(4\times \sin 30^\circ) = -1\,tf$

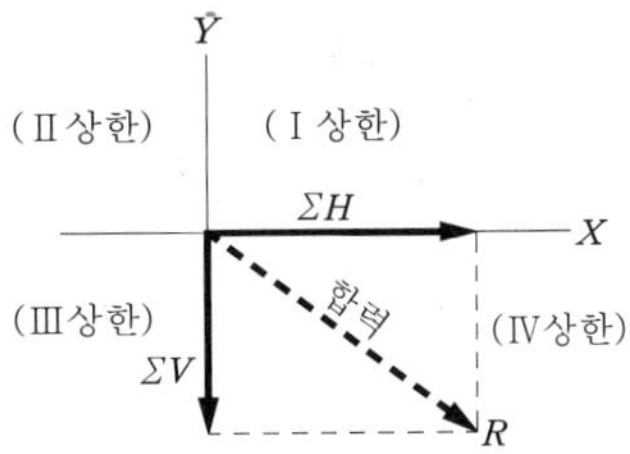

◆ ◆ ◆ ◆ ◆ ◆

1.2 모멘트 (Moment)

1.2.1 다음 그림에서 힘 P의 O점에 대한 모멘트를 옳게 나타낸 것은?

① $M_O = P\cdot l = \overrightarrow{AB}\times l = \triangle AOB$

② $M_O = P\cdot l = \overrightarrow{AB}\times l = 2\triangle AOB$

③ $M_O = P\cdot l = \overrightarrow{AB}\times l = 3\triangle AOB$

④ $M_O = P\cdot l = \overrightarrow{AB}\times l = 4\triangle AOB$

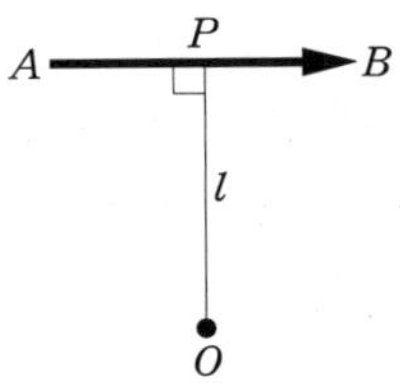

풀이

정답 ②

$M_O = P\cdot l$

$= 4$각형의 넓이

$= \triangle AOB \times 2$

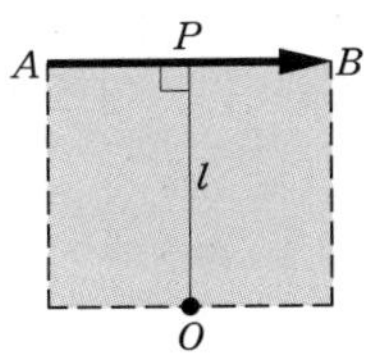

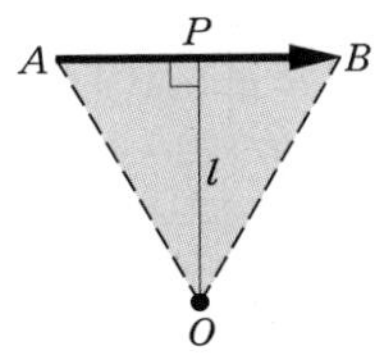

◆ ◆ ◆ ◆ ◆ ◆

1.2.2 다음 그림에서 A점에 대한 모멘트의 값은?

① $30\,tf\cdot m$

② $35\,tf\cdot m$

③ $40\,tf\cdot m$

④ $45\,tf\cdot m$

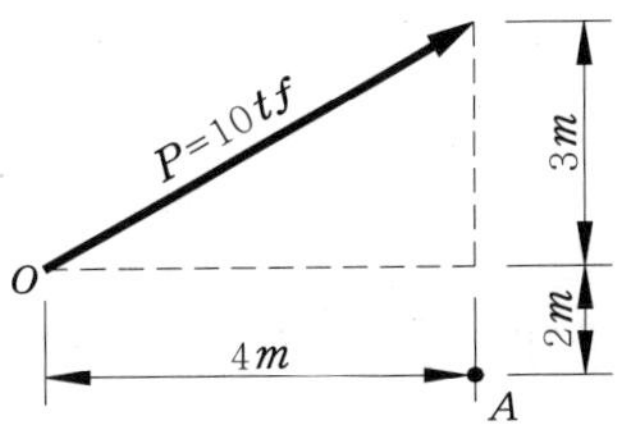

풀이

정답 ③

P를 수직, 수평력으로 분해하면

$P_V = 10 \times \dfrac{3}{5} = 6tf\ (\uparrow)$

$P_H = 10 \times \dfrac{4}{5} = 8tf\ (\rightarrow)$

$\therefore\ M_A = (6 \times 4) + (8 \times 2) = 40tf \cdot m$

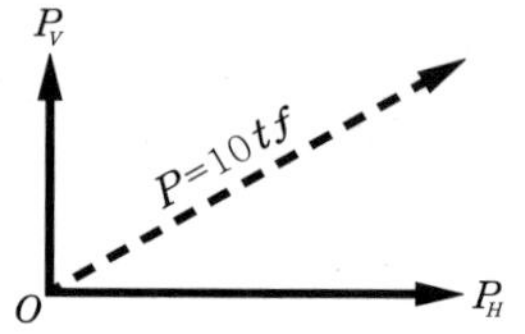

◆ ◆ ◆ ◆ ◆ ◆

1.2.3 힘 P_1, P_2, P_3, P_4의 임의 점 O에 대한 모멘트의 합과 이들 힘의 합력 R의 같은 O점에 대한 모멘트와의 관계가 맞는 것은?

① 같다. ② 크다.

③ 작다. ④ 클 수도 있고 작을 수도 있다.

풀이

정답 ①: 바리뇽의 정리(Varignon‘s Theorem)

“동일 평면상의 한 점에 여러 개의 힘이 작용하고 있는 경우에 이 평면상의 임의 점에 관한 이들 힘의 모멘트의 대수합은 동일점에 관한 이들 힘의 합력의 모멘트와 같다.”

◆ ◆ ◆ ◆ ◆ ◆

1.2.4 다음의 그림과 같이 3개의 평행력이 작용하고 있을 때, 합력(R)의 위치 x는 얼마인가?

① 2.17m

② 2.25m

③ 2.37m

④ 2.45m

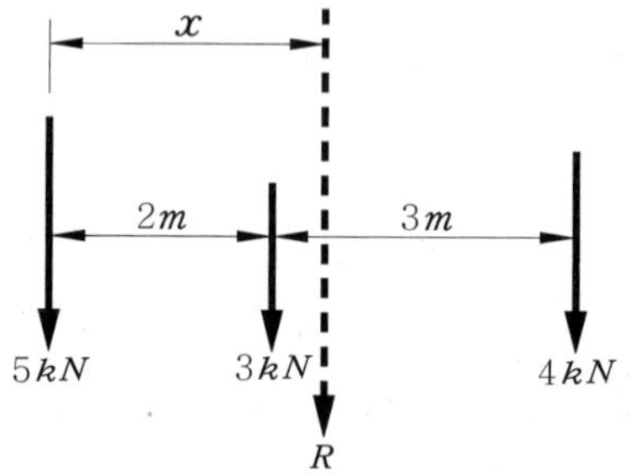

풀이

정답 ①

$5kN$하중의 작용점을 중심으로 바리뇽의 정리(Varignon‘s Theorem)를 적용하면 다음과 같다.

$3 \times 2 + 4 \times 5 = (5 + 3 + 4) \cdot x$

$\therefore\ x = 2.167m$

◆ ◆ ◆ ◆ ◆ ◆

1.2.5 다음 설명 중 옳지 않은 것은?

① 우력의 합은 '0' 이며, 그 크기는 우력모멘트로 표시한다.
② 임의 점의 우력모멘트는 항상 일정하다.
③ 힘의 3요소는 크기, 방향, 작용점이다.
④ 평면상의 여러 힘의 합력은 1개의 힘으로 된다.

풀이

정답 ④: 평면상의 여러 힘의 합력은 1개의 힘 또는 1개의 우력으로 된다.

◆ ◆ ◆ ◆ ◆ ◆

1.3 일반 평면에서의 여러 힘의 합성

1.3.1 서로 평행한 여러 개의 평면력(平面力)을 가장 쉽게 합성할 수 있는 도해 방법은?

① 힘의 삼각형을 이용한다.
② 힘의 평행사변형을 함께 이용한다.
③ 힘의 삼각형과 평행사변형을 함께 이용한다.
④ 시력도와 연력도를 이용한다.

풀이

정답 ④

1 시력도(示力圖, Force Diagram)

여러 힘이 동일점에 작용하거나 또는 여러 힘이 서로 평행하거나 평행에 가까운 것에 관계없이 그 합력의 크기와 방향을 구하는 방법

2 연력도(連力圖, Funicular Polygon)

여러 힘이 평행하거나 평행에 가까울 때 합력의 작용선을 구하는 방법

◆ ◆ ◆ ◆ ◆ ◆

1.3.2 연력도(連力圖)는 어떤 경우에 무엇을 구하기 위해서 그려지는가?

① 한 점에 작용하지 않는 여러 힘을 합성할 때 합력의 크기와 방향을 구한다.
② 한 점에 작용하는 여러 힘을 합성할 때 합력의 작용선을 찾는다.
③ 한 점에 작용하지 않는 여러 힘을 합성할 때 합력의 작용선을 찾는다.
④ 한 점에 작용하는 여러 힘을 합성할 때 합력의 크기와 방향과 작용선을 찾는다.

풀이

정답 ③

①은 시력도에 대한 설명이다.

◆ ◆ ◆ ◆ ◆ ◆

1.3.3 도해법(圖解法)을 이용한 일반 평면에서의 여러 힘의 합성에 대한 다음 설명 중 틀린 것은?

① 합력의 크기와 방향은 시력도(示力圖)에 의해서 구한다.

② 합력의 작용선은 교차법(交叉法)이나 연력도법(連力圖法)에 의하여 구한다.

③ 교차법(交叉法)은 주어진 힘들이 평행하거나 거의 평행하여도 힘의 작용선을 쉽게 찾을 수 있다.

④ 연력도법(連力圖法)에서 시력도와 연력도를 그릴 때의 힘의 순서가 변해도 결과는 변함이 없으나, 시력도, 극사선 및 연력도의 변의 순서에 주의하여야 한다.

풀이

정답 ③

교차법(交叉法, Method of Intersection)은 주어진 힘들이 평행하거나 거의 평행하면 힘의 작용선의 교차점을 주어진 도면에서 찾기 어렵다는 단점이 있다. 따라서 이러한 경우에는 연력도법을 사용하여야 한다.

◆ ◆ ◆ ◆ ◆ ◆

1.3.4 일반 평면에서의 여러 힘의 합성을 구하는 도해법(圖解法)에서 다음 용어 중 성격이 다른 하나는?

① 연력도의 변(邊, Side, String)

② 교차법(交叉法, Method of Intersection)

③ 극점(極點, Pole)

④ 극사선(極射線, Polar Ray)

⑤ 시력도(示力圖, Force Diagram)

풀이

정답 ②

극점, 극사선, 연력도의 변, 시력도는 모두 연력도법(連力圖法)에서 나오는 용어이다.

◆ ◆ ◆ ◆ ◆ ◆

1.4 힘의 평형 (Equilibrium of Forces)

1.4.1 한 점에 작용하는 여러 개의 평면력이 평형을 이룰 수 있는 최소 조건은?

① $\Sigma X=0$ ② $\Sigma Y=0$

③ $\Sigma X=0$, $\Sigma Y=0$ ④ $\Sigma X=0$, $\Sigma Y=0$, $\Sigma M=0$

풀이

정답 ③

한 점에 작용하는 힘의 합력은 하나이다. 따라서 하나의 힘이 '0'이 되면 평형이 된다. 하나의 힘은 수평력과 수직력으로 분리할 수 있다.

◆ ◆ ◆ ◆ ◆ ◆

1.4.2 힘의 평형조건에 대한 설명 중 옳지 않은 것은?

① 동일점에 작용하지 않는 여러 개의 힘의 해석적 평형조건은 $\Sigma H=0$, $\Sigma V=0$, $\Sigma M=0$ 이다.

② 동일점에 작용하지 않는 여러 개의 힘의 도해적 평형조건은 시력도 및 연력도가 폐합되어야 한다.

③ 동일점에 작용하는 여러 개의 힘의 해석적 평형조건은 $\Sigma H=0$, $\Sigma V=0$ 이다.

④ 동일점에 작용하는 여러 개의 힘의 도해적 평형조건은 연력도가 폐합되어야 한다.

풀이

정답 ④

동일점에 작용하는 여러 개의 힘의 도해적 평형조건은 시력도가 폐합되어야 한다.

◆ ◆ ◆ ◆ ◆ ◆

1.4.3 다음 설명 중 옳지 않은 것은?

① 힘의 합성과 분해에서 수식해법의 필요충분조건은 수평분력의 합 $\Sigma H=0$, 수직분력의 합 $\Sigma V=0$이다.

② 힘의 합성에서 시력도가 폐합되면 합력은 '0'이 된다.

③ 힘의 합성에서 연력도가 폐합되면 우력이 '0'이 된다.

④ 평면 역계의 합력은 1개의 힘 또는 1개의 우력으로 된다.

풀이

정답 ①

필요충분조건은 수평분력의 합 $\Sigma H=0$, 수직분력의 합 $\Sigma V=0$, 모멘트의 합

$\Sigma M = 0$ 이다.

◆ ◆ ◆ ◆ ◆ ◆

1.4.4 다음과 같은 그림(a)와 그림(b)에서 부재력 $\overrightarrow{AC}$와 $\overrightarrow{BC}$를 구하여라.

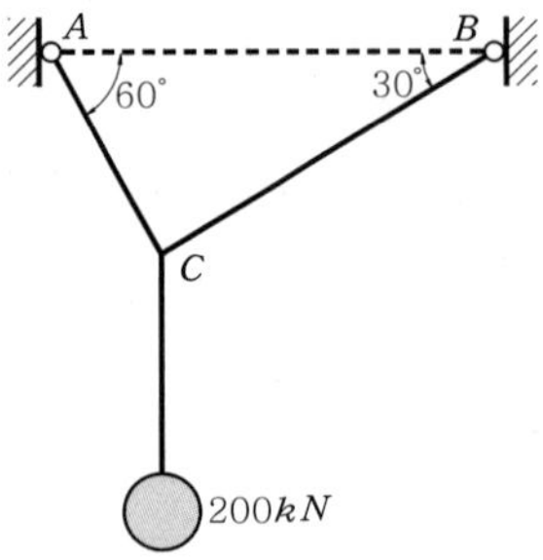

그림(a)

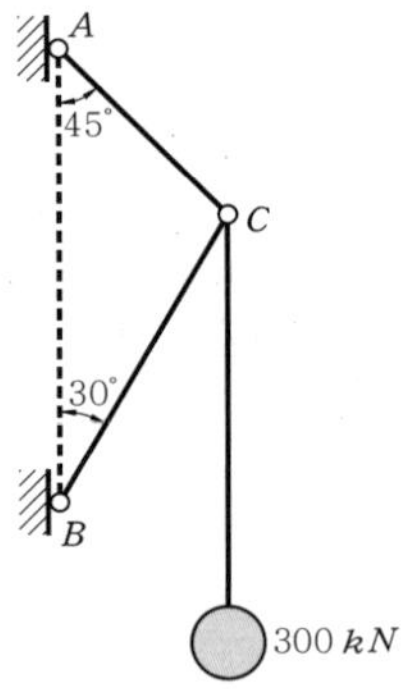

그림(b)

풀이-1 힘의 평형조건식을 이용한 경우

(1) 그림(a)

그림(c)에서 보는 바와 같이 C점에서 부재력 $\overrightarrow{AC}$와 $\overrightarrow{BC}$를 수직분력으로 분해하여 힘의 평형조건식을 세워보면 다음과 같다.

$\Sigma V_C = 0$: $\overrightarrow{AC}\ \sin 60^\circ + \overrightarrow{BC}\ \sin 30^\circ - 200\,kN = 0$ .... ①

$\Sigma H_C = 0$: $-\overrightarrow{AC}\ \cos 60^\circ + \overrightarrow{BC}\ \cos 30^\circ = 0$ .... ②

따라서 식①과 식②을 연립방정식으로 풀면, 부재력은 다음과 같다.

$\overrightarrow{AC} = 100\sqrt{3}\,kN$ (인장력) , $\overrightarrow{BC} = 100\,kN$ (인장력)

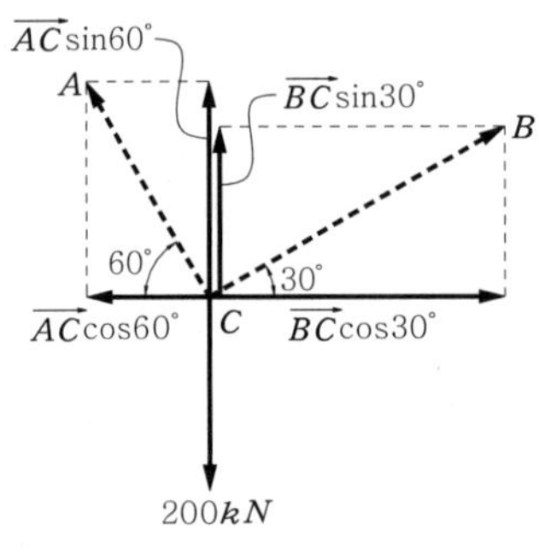

그림(c)

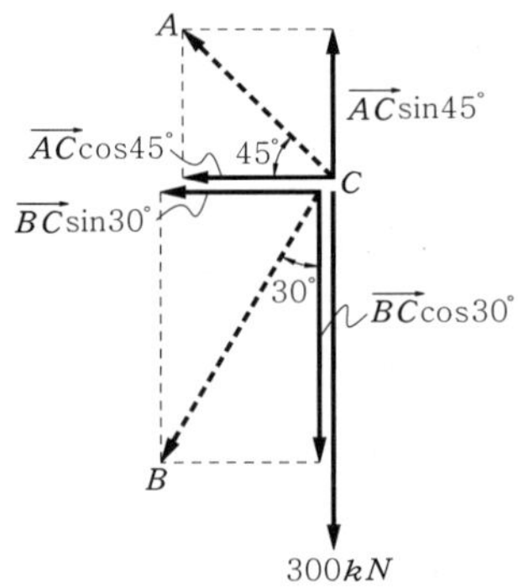

그림(d)

(2) 그림(b)

그림(d)에서 보는 바와 같이 C점에서 부재력 $\overrightarrow{AC}$와 $\overrightarrow{BC}$를 수직분력으로 분해하여 힘의 평형조건식을 세워보면 다음과 같다.

$\Sigma V_C = 0$: $\overrightarrow{AC}\ \sin 45^\circ - \overrightarrow{BC}\ \cos 30^\circ - 300\,kN = 0$ .... ③

$\Sigma H_C = 0$: $-\overrightarrow{AC}\ \cos 45^\circ - \overrightarrow{BC}\ \sin 30^\circ = 0$ .... ④

따라서 식③과 식④를 연립방정식으로 풀면, 부재력은 다음과 같다.

$\overrightarrow{AC} = 155.29kN$ (인장력) , $\overrightarrow{BC} = -219.62kN$ (압축력)

풀이-2 라미의 정리를 이용한 경우

(1) 그림(a)

그림(e)를 통해서 라미의 정리를 이용하여 부재력을 구하면 다음과 같다.

$$\frac{\overrightarrow{AC}}{\sin120^\circ} = \frac{200kN}{\sin90^\circ} \qquad \therefore\ \overrightarrow{AC} = \frac{200kN}{\sin90^\circ} \times \sin120^\circ = 100\sqrt{3}\,kN \text{ (인장력)}$$

$$\frac{\overrightarrow{BC}}{\sin150^\circ} = \frac{200kN}{\sin90^\circ} \qquad \therefore\ \overrightarrow{BC} = \frac{200kN}{\sin90^\circ} \times \sin150^\circ = 100kN \text{ (인장력)}$$

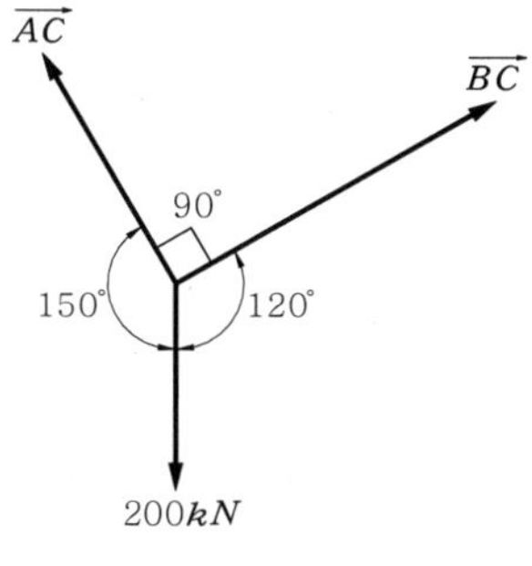

그림(e)

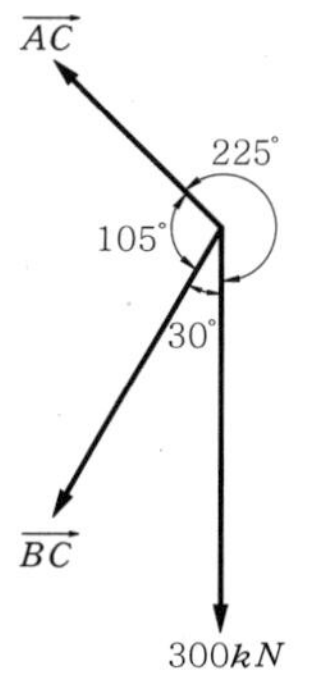

그림(f)

(2) 그림(b)

그림(f)를 통해서 라미의 정리를 이용하여 부재력을 구하면 다음과 같다.

$$\frac{\overrightarrow{AC}}{\sin30^\circ} = \frac{300kN}{\sin105^\circ} \qquad \therefore\ \overrightarrow{AC} = \frac{300kN}{\sin105^\circ} \times \sin30^\circ = 155.29kN \text{ (인장력)}$$

$$\frac{\overrightarrow{BC}}{\sin225^\circ} = \frac{300kN}{\sin105^\circ} \qquad \therefore\ \overrightarrow{BC} = \frac{300kN}{\sin105^\circ} \times \sin225^\circ = -219.62kN \text{ (압축력)}$$

◆ ◆ ◆ ◆ ◆ ◆

1.4.5 다음 그림에서 A부재의 부재력은?

① 800 kgf

② 1000 kgf

③ 1200 kgf

④ 2400 kgf

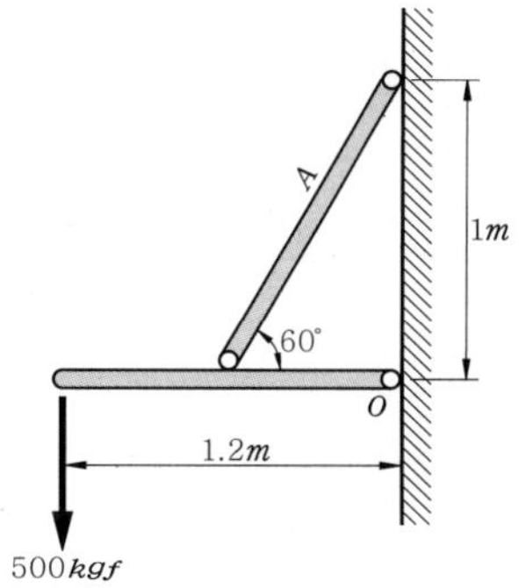

풀이

정답 ③

A부재의 부재력을 P라고 하고, O점에 모멘트의 중심을 잡으면

$$\Sigma M_o = 0 : P \cdot \sin 60° \times (1m \times \tan 30°) - 500\,kgf \times 1.2m = 0$$

$$P \times \frac{\sqrt{3}}{2} \times 1 \times \frac{1}{\sqrt{3}} - 500 \times 1.2 = 0$$

$$\therefore\ P = 1000 \times 1.2 = 1200\,kgf$$

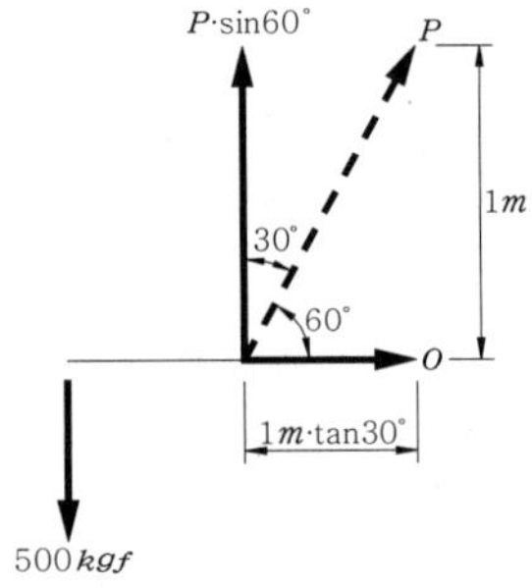

◆ ◆ ◆ ◆ ◆ ◆

1.4.6 다음 그림과 같은 부양력(浮揚力) $300\,kN$인 기구가 수평선과 $60°$의 각을 이루고 정지상태에 있을 때 기구가 받는 풍압 W 및 로프(Rope)에 작용하는 힘 T는?

① $T = 346.4\,kN$, $W = 173.2\,kN$

② $T = 600.0\,kN$, $W = 519.6\,kN$

③ $T = 173.2\,kN$, $W = 346.4\,kN$

④ $T = 519.6\,kN$, $W = 600.0\,kN$

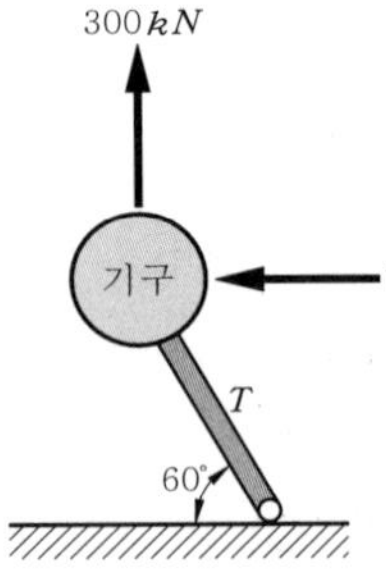

풀이

정답 ①

O점에서 평형을 고려하면

$$\Sigma V = 0 : 300 - T \cdot \sin 60° = 0$$

$$\therefore\ T = 346.4\,kN$$

$$\Sigma H = 0 : T \cdot \cos 60° - W = 0$$

$$\therefore\ W = T \cdot \cos 60° = 173.2\,kN$$

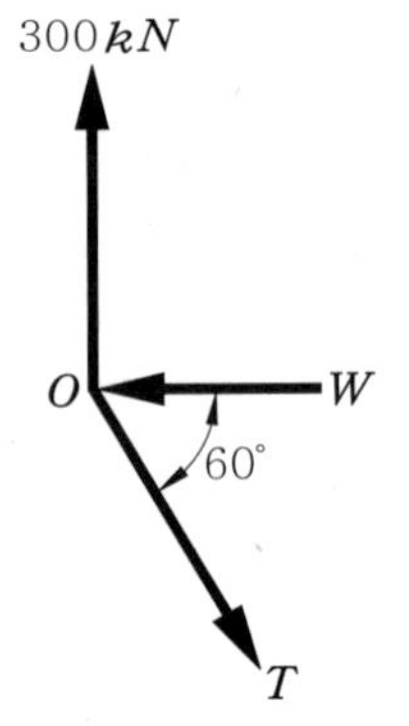

◆ ◆ ◆ ◆ ◆ ◆

1.4.7 다음 그림과 같은 $10cm$ 높이의 장애물을 하중 $3tf$인 차륜이 넘어가는데 필요한 최소 힘 P는?

① $P = 2.51tf$
② $P = 3.01tf$
③ $P = 2.75tf$
④ $P = 2.65tf$

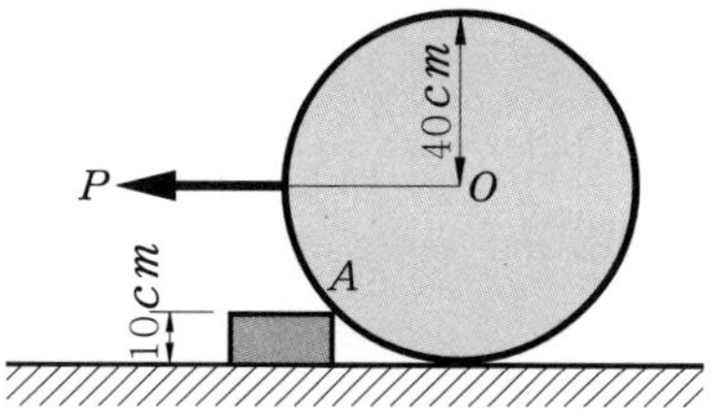

풀이

정답 ④

A점을 중심으로 생각할 때 $T \cdot x > W \cdot y$이면 넘어간다.

$x = 40 - 10 = 30cm$

$y = \sqrt{40^2 - 30^2} = 26.46cm$

$(P \times 30) > (3 \times 26.46)$

$\therefore \ P > 2.645tf$

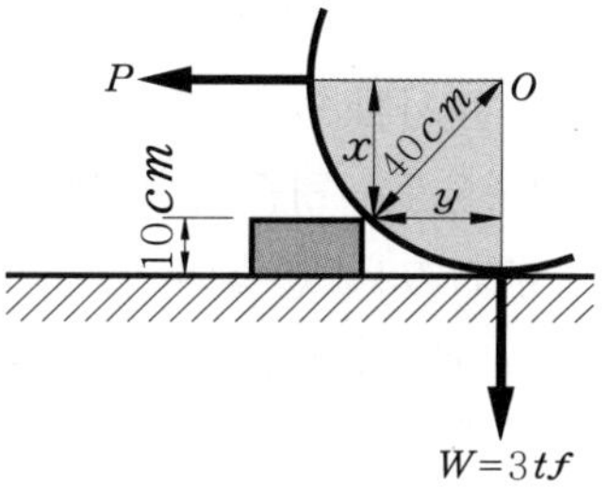

◆ ◆ ◆ ◆ ◆ ◆

1.5 구조물의 구성

1.5.1 다음 그림과 같이 풍압력을 받는 트러스 지점 B에 일어나는 반력의 방향은?

① ㉮방향
② ㉯방향
③ ㉰방향
④ ㉱방향

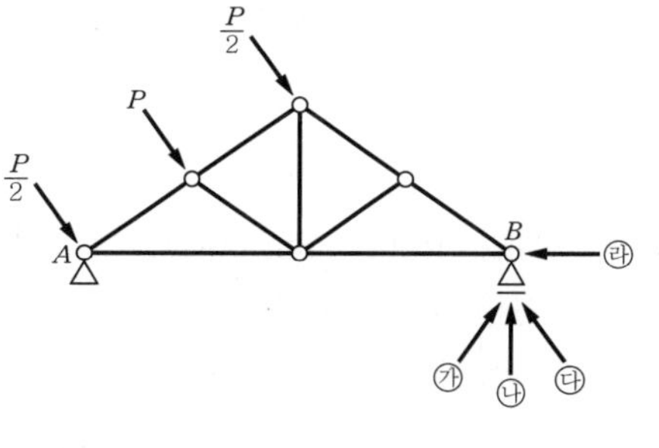

풀이

정답 ②

지점 B는 이동단(移動端, Roller Support)으로, 이동단에서의 반력은 지지면에 수직한 반력 1개만이 존재한다.

◆ ◆ ◆ ◆ ◆ ◆

1.5.2 다음 그림과 같은 라멘에서 지점 A의 반력의 방향은 어느 것인가?

① ㉮방향
② ㉯방향
③ ㉰방향
④ ㉱방향

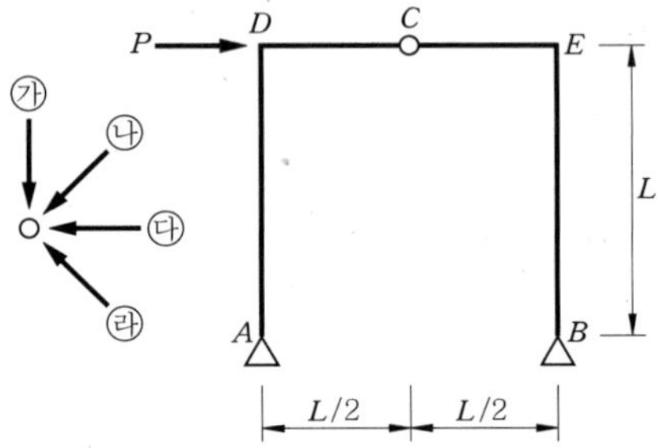

풀이

정답 ②

회전단(回轉端, Hinged Support)은 지지면에 대하여 수직한 반력과 수평한 반력, 2개가 존재하는데, 수직·수평반력을 합성하면 1개의 반력으로 표시할 수 있다.
점 C를 기준으로 하중이 작용하지 않는 CEB의 지점 B의 반력의 방향은 BC선이 되고, 하중 P와 지점 B의 반력의 작용선의 교점인 C점에서 그림과 같이 시력도를 그리면 지점 A의 반력의 방향이 ㉯임을 알 수 있다.

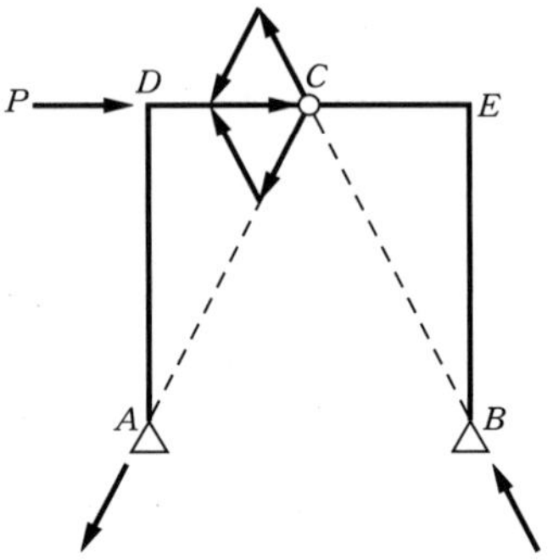

◆ ◆ ◆ ◆ ◆ ◆

1.5.3 지점으로서 회전과 수평이동은 자유로우나, 수직이동은 허용되지 않는 지점으로 옳은 것은?

① 가동지점 ② 활절지점 ③ 고정지점 ④ 절점

풀이

정답 ①

이동단(移動端, Roller Support)은 지지면에 평행한 방향으로 수평이동이 가능하고, 힌지(Hinge)에 의하여 회전도 자유로우나, 수직방향으로는 이동하지 못하는 지점을 말하는데, 가동지점이라고도 부른다.
② 회전단은 활절지점이라고도 부른다.

◆ ◆ ◆ ◆ ◆ ◆

1.5.4 다음 구조물에 대한 설명 중 옳지 않은 것은?

① 구조물은 최소 단위의 구성요소인 부재(Member)로 이루어진다.

② 구조물을 만드는 부재와 부재의 이음을 절점 또는 격점이라고 한다.

③ 3개 이상의 부재를 마찰이 없는 활절로 연결된 뼈대구조를 라멘(Rahmen)이라고 한다.

④ 아치(Arch)는 부재축이 원호, 포물선, 현수선 등과 같은 곡선재로, 주로 부재축방향의 힘을 받는다.

풀이

정답 ③

트러스(Truss)에 대한 설명이다. 라멘(Rahmen)은 기둥과 보가 강절로 연결되어 구성된 골조로, 주로 기둥과 보 부재의 휨강성으로 외력에 저항하는 보통 평면격자형태의 구조이다. 일명 강접골조, 모멘트저항골조, 강성골조 등으로 불리기도 한다.

◆ ◆ ◆ ◆ ◆ ◆

1.5.5 다음 그림과 같은 형태의 트러스를 무슨 트러스라 부르는가?

① 프랫트러스(Pratt Truss)

② 하우트러스(Howe Truss)

③ 와렌트러스(Warren Truss)

④ 핑크트러스(Fink Truss)

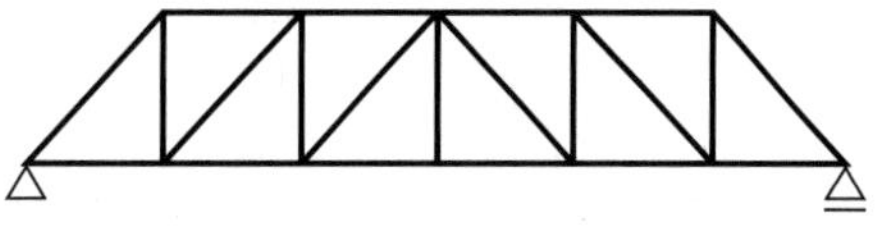

풀이

정답 ②

하우트러스(Howe Truss)는 복부재의 경사재가 양단에서 중앙부를 향하여 상향(↗ 또는 ↖)하는 형태의 트러스이다.

◆ ◆ ◆ ◆ ◆ ◆

1.6 구조물의 판별법

1.6.1 다음 그림과 같은 구조물의 안정·불안정 및 정정·부정정을 판별하여라.

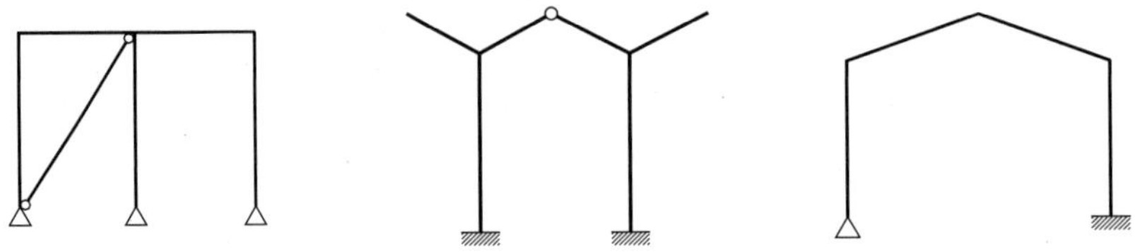

(a) (b) (c)

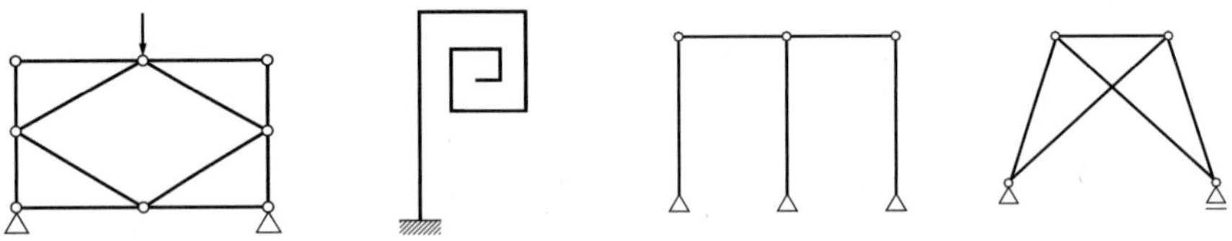

(d) (e) (f) (g)

풀이

	n	s	r	k	h	일반 구조물의 판별식	보 또는 1층 라멘의 판별식	판정
						$m=(n+s+r)-2k$	$m=(n-3)-h$	
(a)	6	6	4	6	-	$m=(6+6+4)-2\times6=4$	-	4차 부정정
(b)	6	6	4	7	1	$m=(6+6+4)-2\times7=2$	$m=(6-3)-1=2$	2차 부정정
(c)	5	4	3	5	0	$m=(5+4+3)-2\times5=2$	$m=(5-3)-0=2$	2차 부정정
(d)	4	12	0	8	-	※ $m=(4+12+0)-2\times8=0$	-	불안정
(e)	3	8	7	9	0	$m=(3+8+7)-2\times9=0$	$m=(3-3)-0=0$	정정
(f)	6	5	0	6	4	$m=(6+5+0)-2\times6=-1$	$m=(6-3)-4=-1$	불안정
(g)	3	7	3	5	-	$m=(3+7+3)-2\times5=3$	-	3차 부정정

※ 그림(d)는 판별식으로 계산할 경우 정정구조물 계산되지만, 사각형 부분이 모두 힌지로 연결되어 있고, 이들 힌지가 모두 외부에 접하므로 외력에 대하여 그림과 같이 대변형(大變形)하는 내적(형) 불안정구조물이다.

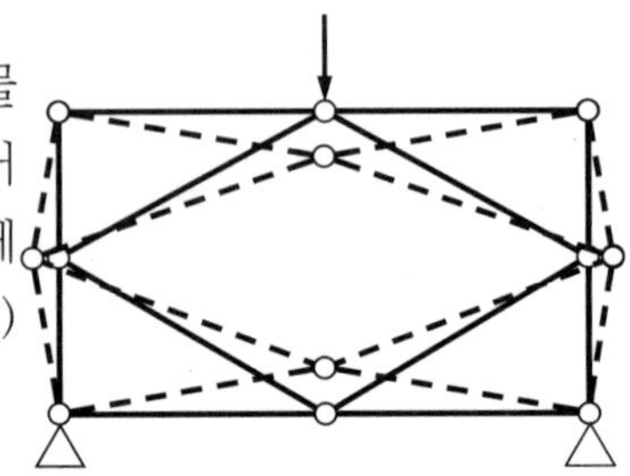

1.6.2 다음 그림과 같은 구조물의 안정·불안정 및 정정·부정정을 판별하여라.

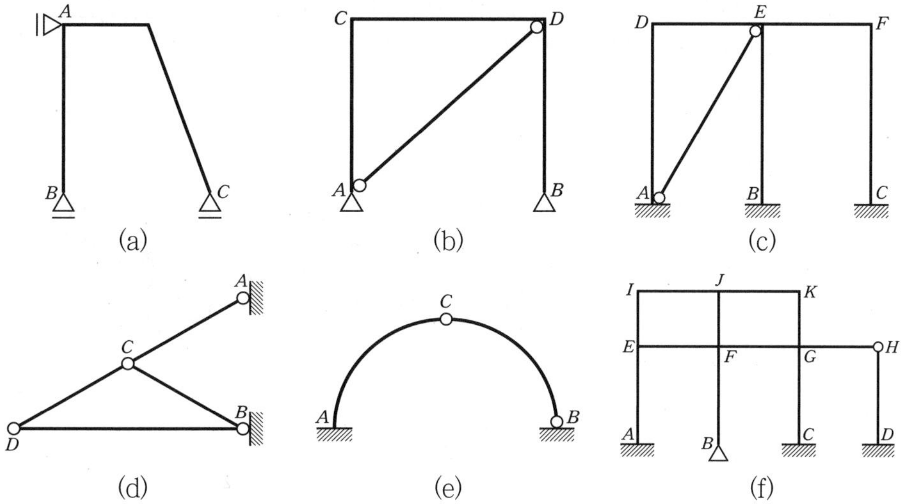

풀이

	n	s	r	k	h	일반 구조물의 판별식 $m=(n+s+r)-2k$	보 또는 1층 라멘의 판별식 $m=(n-3)-h$	판정
(a)	3	3	2	4	-	$m=(3+3+2)-2\times4=0$	$m=(3-3)-0=0$	정정
(b)	4	4	2	4	-	$m=(4+4+2)-2\times4=2$	-	2차 부정정
(c)	9	6	4	6	-	$m=(9+6+4)-2\times6=7$	$m=(5-3)-0=2$	7차 부정정
(d)	4	4	0	4	-	$m=(4+4+0)-2\times4=0$	-	정정
(e)	5	2	0	3	1	$m=(5+2+0)-2\times3=1$	$m=(5-3)-1=1$	1차 부정정
(f)	11	12	12	11	-	$m=(11+12+12)-2\times11=13$	-	13차 부정정

◆ ◆ ◆ ◆ ◆ ◆

1.6.3 다음 구조물 중 불안정이 아닌 것은?

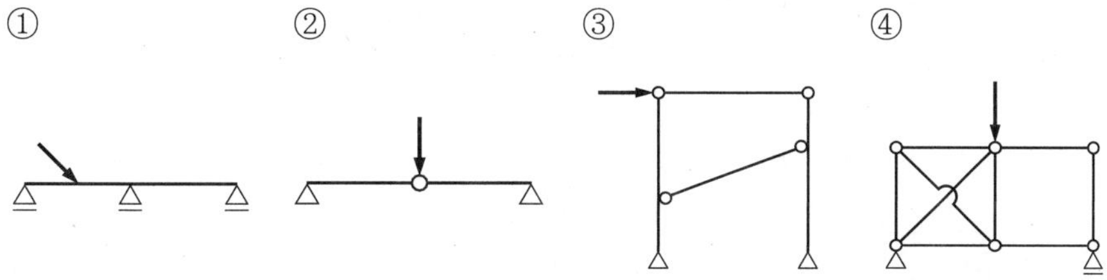

풀이

정답 ③

① 반력수(n)는 3개로, 판별식 $m=(n-3)-h$ 에서 $m=(3-3)-0=0$ 으로 정정구조물로 계산되나, 그림과 같이 수평방향으로 이동함으로 외적(지지) 불안정이다.

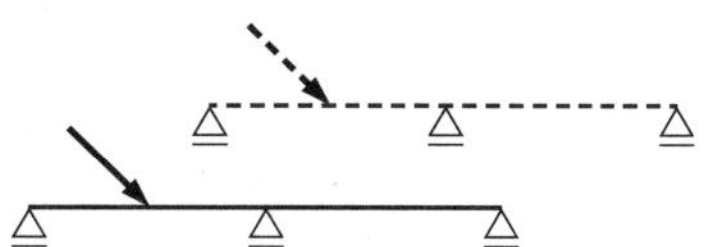

② 반력수(n)는 4개, 힌지수(h)는 1개로, 판별식 $m=(n-3)-h$에서 $m=(4-3)-1=0$으로 정정구조물로 계산되나, 부재배열이 부적당하여 그림과 같이 내적(형) 불안정이다.

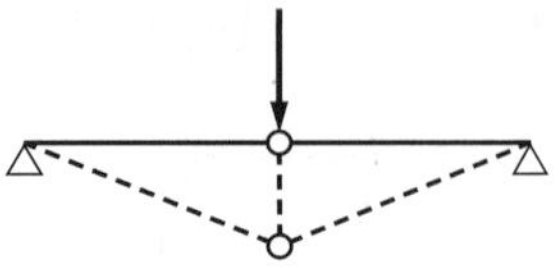

③ 반력수 $n=3$, 부재수 $s=9$, 강절수 $r=0$, 절점수 $k=6$ 이므로 판별식 $m=(n+s+r)-2k$에서 $m=(3+9+0)-2\times6=0$ 으로 정정구조물로 계산되나, 사각형 부분이 모두 힌지로 연결되어 있고, 이들 힌지가 모두 외부에 접하므로 그림과 같이 변형하는 내적(형) 불안정이다.

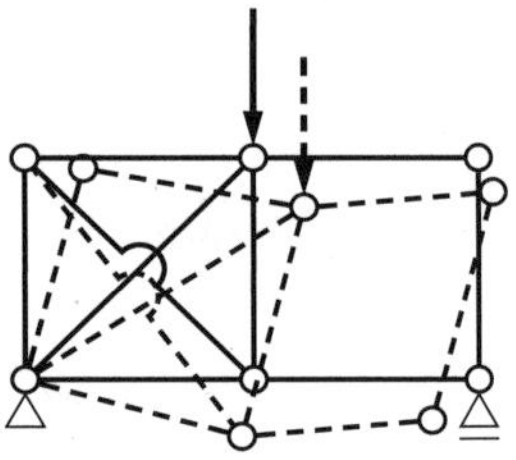

◆ ◆ ◆ ◆ ◆ ◆

1.6.4 다음 구조물 중 불안정이 아닌 것은?

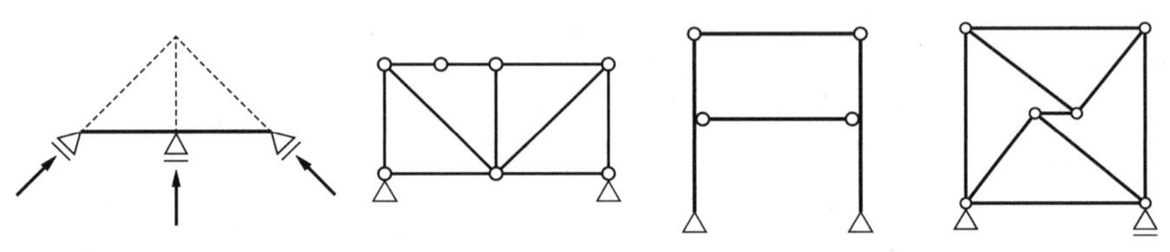

풀이

정답 ④

①은 구조물이 3개 이상의 지점반력을 가져도 작용선이 모두 한 점에 모이면 외적으로 불안정한 상태가 된다.

②는 부재배열이 부적당하여 내적 불안정상태이다.

③은 판별식으로는 반력수 $n=4$, 부재수 $s=6$, 강절수 $r=2$, 절점수 $k=6$ 이므로 $m=n+s+r-2k=4+6+2-2\times6=0$으로 정정구조물처럼 계산되나, 2개의 기둥의 상, 하부의 절점 및 지점이 모두 힌지(Hinge)이고, 수평재가 기둥 사이에 힌지(Hinge)로 접합되어 있는 형태로, 내적 또는 형의 불안정상태에 있다.

④는 반력수 $n=3$, 부재수 $s=9$, 강절수 $r=0$, 절점수 $k=6$ 이므로 판별식 $m=(n+s+r)-2k$에서 $m=(3+9+0)-2\times6=0$ 으로 정정구조물이다.

◆ ◆ ◆ ◆ ◆ ◆

1.7 하중과 그 표시

1.7.1 다음 구조물의 설계하중 중 중력하중으로 분류되지 않는 것은?

① 고정하중 ② 활하중 ③ 적설하중 ④ 지진하중

풀이

정답 ④

지진하중은 풍하중과 함께 수평하중 또는 횡하중으로 분류된다.

◆ ◆ ◆ ◆ ◆ ◆

1.7.2 다음 중 일반적인 재료의 단위체적당 중량으로 맞지 않는 것은?

① 철 : $77\,kN/m^3$ ② 철근콘크리트 : $30\,kN/m^3$

③ 무근콘크리트 : $23\,kN/m^3$ ④ 모르타르 : $20\,kN/m^3$

풀이

정답 ②

철근콘크리트의 단위체적당 중량은 철근의 사용량에 따라 다소 차이는 있지만 보통 $24\,kN/m^3$으로 본다.

◆ ◆ ◆ ◆ ◆ ◆

1.7.3 다음 중 건축물의 용도별 작용하는 활하중(活荷重)이 가장 큰 곳은?

① 주거용 건축물의 거실 ② 일반 사무실

③ 교실 ④ 연회장, 무도장

풀이

정답 ④

『건축구조기준, 2016』에서의 기본등분포 활하중은 다음과 같다.

① 주거용 건축물의 거실 : $2\,kN/m^2$

② 일반 사무실 : $2.5\,kN/m^2$

③ 교실 : $3\,kN/m^2$

④ 연회장, 무도장 : $5\,kN/m^2$

◆ ◆ ◆ ◆ ◆ ◆

1.7.4 다음 중 건축물의 용도별 작용하는 활하중(活荷重)이 가장 작은 곳은?

① 도서관 서고 ② 총중량 30kN 이하의 차량(옥내)

③ 총중량 30kN 이하의 차량(옥외) ④ 옥외광장

풀이

정답 ②

『건축구조기준, 2016』에서의 기본등분포 활하중은 다음과 같다.

① 도서관 서고 : $7.5\,kN/m^2$

② 총중량 30kN 이하의 차량(옥내) : $3\,kN/m^2$

③ 총중량 30kN 이하의 차량(옥외) : $5\,kN/m^2$

④ 옥외광장 : $12\,kN/m^2$

◆ ◆ ◆ ◆ ◆ ◆

1.7.5 다음 중 구조물에 작용하는 풍하중과 지진하중에 대한 설명 중 틀린 것은?

① 풍하중과 지진하중은 대표적인 수평하중이다.

② 풍하중은 일반적으로 고도가 높아질수록 강해진다.

③ 지진하중은 구조물의 질량과 지반의 가속도로 인하여 관성력이 생겨 발생하는 하중이다.

④ 중량이 무거운 구조물일수록 풍하중에 불리하고, 지진하중에 유리하다.

풀이

정답 ④

중량이 무거운 구조물일수록 풍하중에 유리하고, 지진하중에 불리하다.

◆ ◆ ◆ ◆ ◆ ◆

1.8 정정구조물의 반력산정

1.8.1 다음 그림과 같은 단순보의 반력을 구하여라.

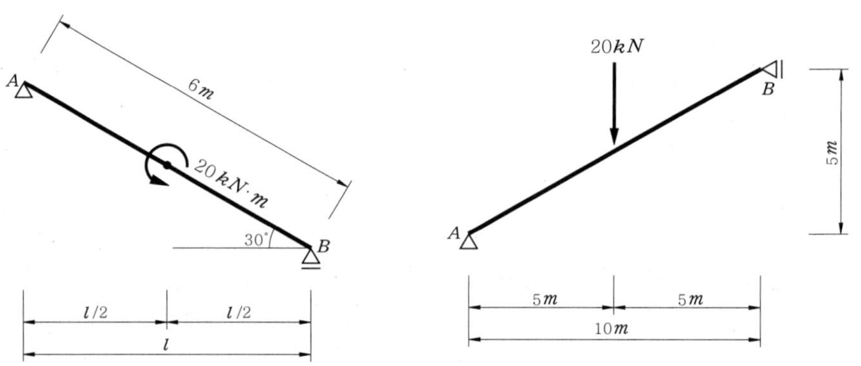

(a) (b)

풀이

(1) 그림(a)

① 단순보의 수평거리 l과 수직거리 h을 구하면

$l = 6 \times \cos 30^\circ = 5.2m$,

$h = 6 \times \sin 30^\circ = 3.0m$

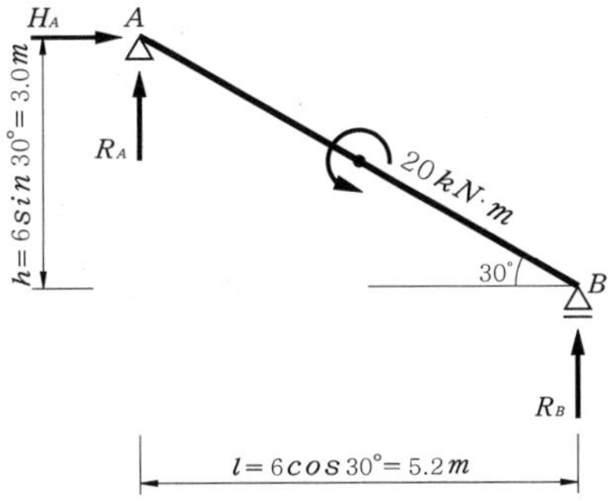

② $\Sigma H = 0$ 에서 $H_A = 0$

③ R_A, R_B를 상향(↑)으로 가정한다.

$\Sigma M_A = 0$: $-20kN \cdot m - R_B \times 5.2m = 0$

$\therefore$ $R_B = -3.85kN$ (↓)

$\Sigma V = 0$: $R_A - 3.85 = 0$

$\therefore$ $R_A = 3.85kN$ (↑)

[검산]

$\Sigma M_B = 0$: $H_A \times 3.0m + R_A \times 5.2m - 20kN \cdot m = 0$ $\qquad \therefore$ $H_A = 0$

(2) 그림(b)

$\Sigma M_A = 0$: $20kN \times 5m - H_B \times 5m = 0$

$\therefore$ $H_B = 20kN$ (←)

$\Sigma H = 0$: $H_A - 20kN = 0$

$\therefore$ $H_A = 20kN$ (→)

$\Sigma V = 0$: $R_A - 20kN = 0$

$\therefore$ $R_A = 20kN$ (↑)

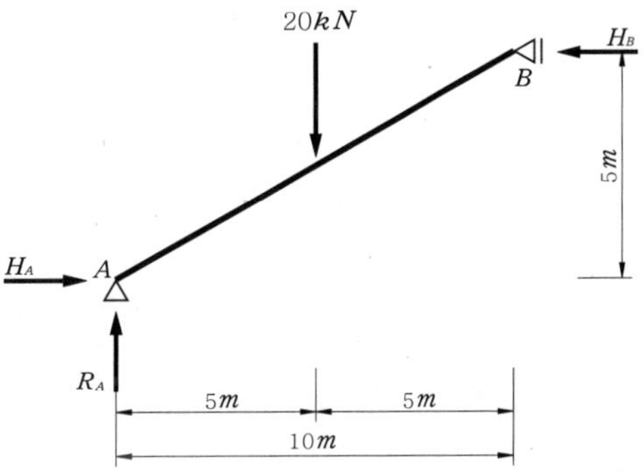

[검산]

$\Sigma M_B = 0$: $-H_A \times 5m + R_A \times 10m - 20 \times 5m = 0$ $\qquad \therefore$ $R_A = 20kN$ (↑)

◆ ◆ ◆ ◆ ◆ ◆

1.8.2 단순보에 그림과 같이 외력이 작용할 때 반력을 구하여라.

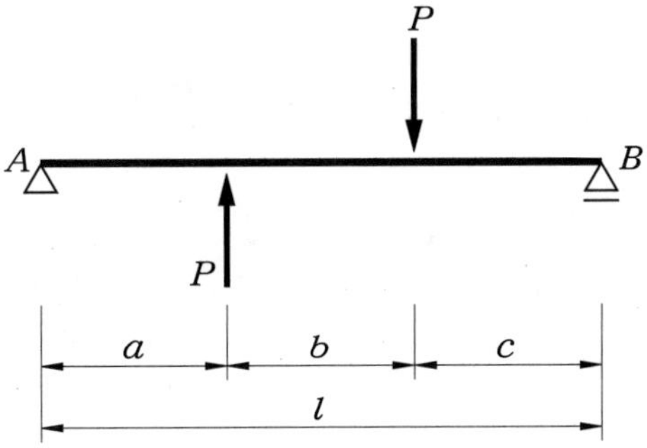

풀이

R_A, R_B를 상향(↑)으로 가정한다.

$\Sigma M_A = 0$: $-P \times a + P \times (a+b) - R_B \times l = 0$

$$\therefore\ R_B = \frac{P \cdot b}{l}\ (\uparrow)$$

$\Sigma H = 0$: $H_A = 0$

$\Sigma M_B = 0$: $R_A \times l + P \times (b+c) - P \times c = 0$

$$\therefore\ R_A = -\frac{P \cdot b}{l}\ (\downarrow)$$

◆ ◆ ◆ ◆ ◆ ◆

1.8.3 그림과 같이 아치에 외력이 작용한다면 반력을 구하여라.

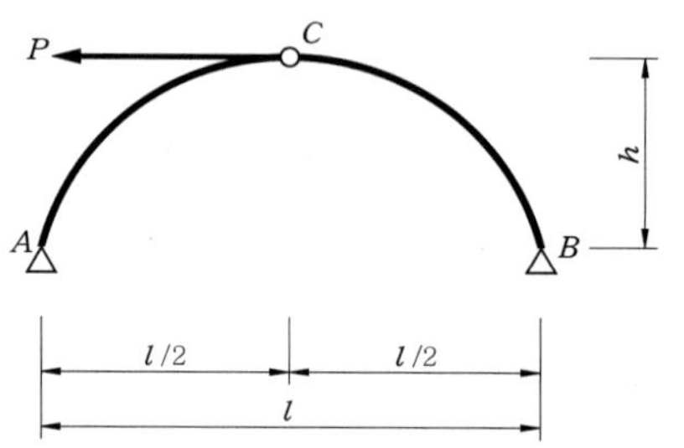

풀이

① R_A, R_B를 상향(↑)으로 가정한다.

$\Sigma M_A = 0$: $-P \times h - R_B \times l = 0$ $\qquad \therefore\ R_B = -\frac{P \cdot h}{l}\ (\downarrow)$

$\Sigma V = 0$: $R_A - \frac{P \cdot h}{l} = 0$ $\qquad \therefore\ R_A = \frac{P \cdot h}{l}\ (\uparrow)$

② C점을 분해하고 좌측 AC부분에서 $\Sigma M_C = 0$ 을 적용하여 H_A를 구하면,

$\Sigma M_C = 0$: $R_A \times l/2 - H_A \times h = 0$, $\quad \frac{P \cdot h}{l} \times l/2 - H_A \times h = 0$

$$\therefore\ H_A = \frac{P}{2}\ (\rightarrow)$$

③ $\Sigma H = 0$ 이므로

$\Sigma H = 0$: $\frac{P}{2} - P + H_B = 0$ $\qquad \therefore\ H_B = \frac{P}{2}\ (\rightarrow)$

◆ ◆ ◆ ◆ ◆ ◆

1.8.4 그림과 같은 단순보에 모멘트하중이 작용할 때 반력을 구하여라.

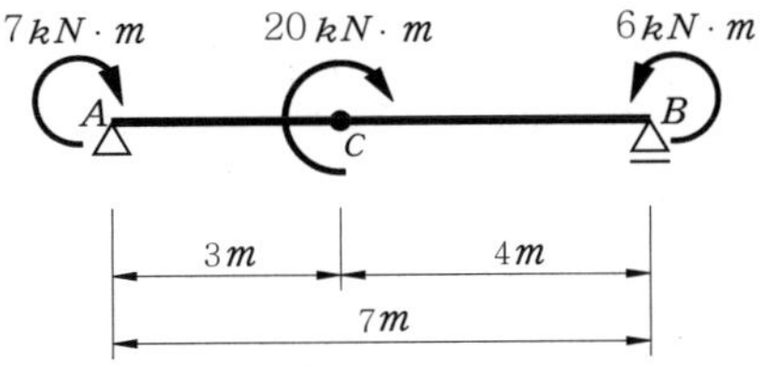

풀이

R_A, R_B를 상향(↑)으로 가정하고 $\Sigma M_A = 0$ 에서

$\Sigma M_A = 0$: $7kN \cdot m + 20kN \cdot m - 6kN \cdot m - R_B \times 7m = 0$

$\therefore \; R_B = 3kN$ (↑)

$\Sigma V = 0$: $R_A + 3kN = 0$

$\therefore \; R_A = 3kN$ (↓)

◆ ◆ ◆ ◆ ◆ ◆

1.8.5 그림과 같은 단순보에 집중하중이 작용할 때 반력을 구하여라.

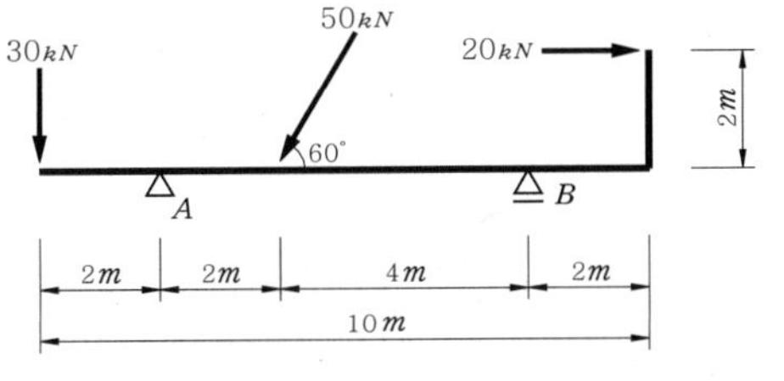

풀이

① 60°의 기울기로 작용하는 집중하중을 아래의 그림처럼 힘을 분해하면 수평으로 작용하는 힘을 구할 수 있다.

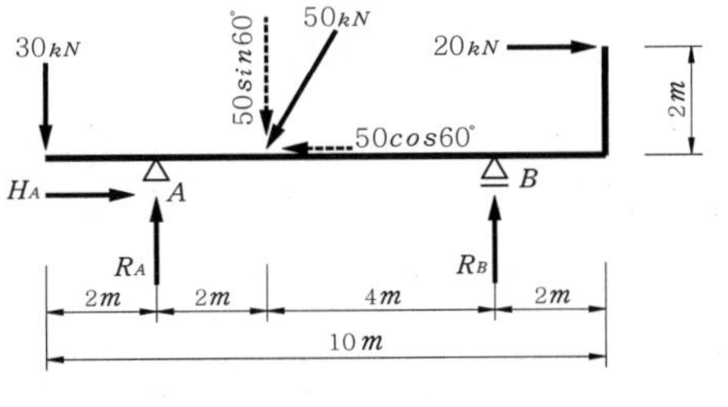

$\Sigma H = 0$: $H_A - 50kN \times \cos 60° + 20kN = 0$

$\therefore \; H_A = 5kN$ (→)

② 점 A를 기준으로 R_B를 구한다.

$\Sigma M_A = 0 : -30\,kN \times 2m + 50kN \times \sin 60° \times 2m - R_B \times 6m + 20kN \times 2m = 0$

$\therefore\ R_B = 11.1\,kN\ (\uparrow)$

③ 평형방정식을 이용하여

$\Sigma V = 0\ :\ -30kN + R_A - 50kN \times \sin 60° + 11.1kN = 0$

$\therefore\ R_A = 62.2\,kN\ (\uparrow)$

[검산]

$\Sigma M_B = 0 : -30kN \times 8m + R_A \times 6m - 50kN \times \sin 60° \times 4m + 20\,kN \times 2m = 0$

$\therefore\ R_A = 62.2\,kN\ (\uparrow)$

◆ ◆ ◆ ◆ ◆ ◆

1.8.6 그림과 같은 라멘의 반력을 구하여라.

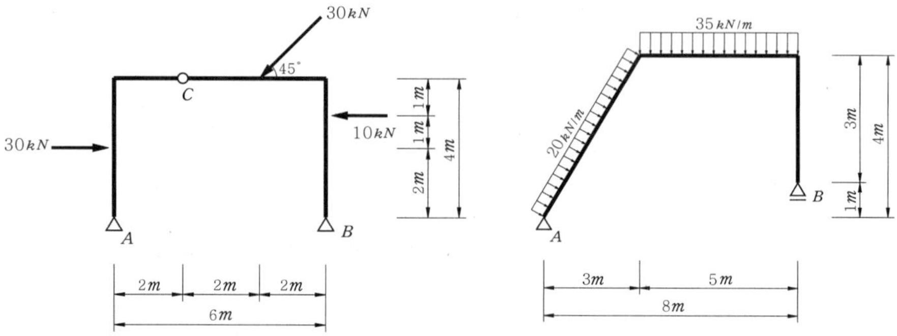

(a) (b)

풀이

(1) 그림(a)

① 반력 R_A, R_B를 상향(↑)으로 가정한다. 점A를 기준으로 R_B를 구한다.

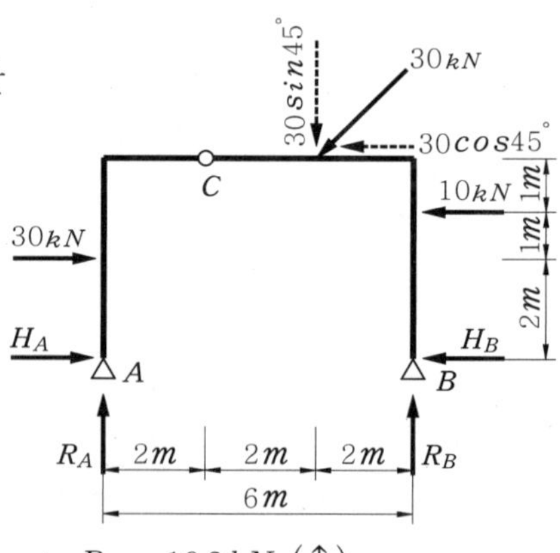

$\Sigma M_A = 0\ : 30kN \times 2m$
$+ 30kN \times \sin 45° \times 4m$
$- 30kN \times \cos 45° \times 4m$
$- 10kN \times 3m - R_B \times 6m = 0$

$\therefore\ R_B = 5\,kN\ (\uparrow)$

② 평형방정식을 이용하여

$\Sigma V = 0 : R_A - 30kN \times \sin 45° + 5kN = 0 \qquad \therefore\ R_A = 16.2\,kN\ (\uparrow)$

[검산]

$\Sigma M_B = 0\ :\ R_A \times 6m + 30kN \times 2m - 30kN \times \sin 45° \times 2m - 30kN \times \cos 45° \times 4m$
$- 10kN \times 3m = 0 \qquad \therefore\ R_A = 16.2\,kN\ (\uparrow)$

③ C점을 기준으로 H_A를 구하면,

$\Sigma M_C = 0 : 16.2kN \times 2m - H_A \times 4m - 30m \times 2 = 0 \qquad \therefore\ H_A = -6.9\,kN\ (\leftarrow)$

④ 평형방정식을 이용하여

$\Sigma H = 0 : -6.9kN + 30kN - 30kN \times \cos 45° - 10kN - H_B = 0$

$\therefore\ H_B = -8.1kN\ (\rightarrow)$

[검산]

$\Sigma M_C = 0 : 30kN \times \sin 45° \times 2m + 10kN \times 1m - 5kN \times 4m + H_B \times 4m = 0$

$\therefore\ H_B = -8.1kN\ (\rightarrow)$

(2) 그림(b)

① 점 A의 수평반력을 양의 방향(→)으로 가정하고 평형방정식을 이용하여 H_A를 구한다.

$\Sigma H_A = 0 : H_A + 100kN \times \dfrac{4}{5} = 0$

$\therefore\ H_A = -80kN\ (\leftarrow)$

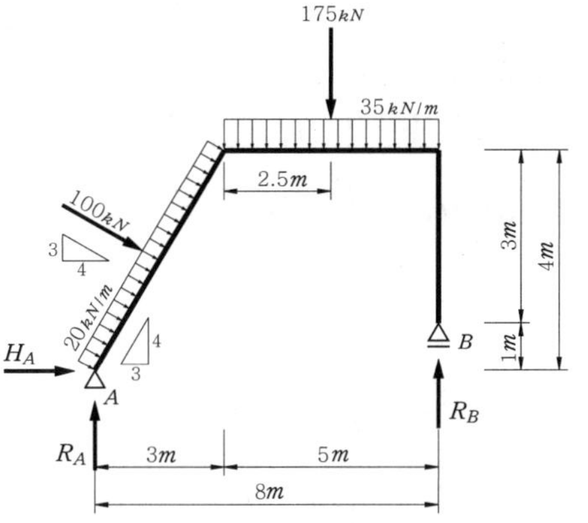

② 반력 R_A, R_B를 상향(↑)으로 가정한다. 점 A를 기준으로 R_B를 구한다.

$\Sigma M_A = 0 : 100kN \times 2.5m + 175kN \times 5.5m - R_B \times 8m = 0$

$\therefore\ R_B = 151.6kN\ (\uparrow)$

③ 평형방정식을 이용하여

$\Sigma V = 0 : R_A - 100kN \times \dfrac{3}{5} - 175kN + 151.6kN = 0$

$\therefore\ R_A = 83.4kN\ (\uparrow)$

◆ ◆ ◆ ◆ ◆ ◆

1.8.7 다음 그림과 같은 라멘에서 B 점의 수직반력 R_B 는?

① $R_B = 355kN\ (\uparrow)$

② $R_B = 365kN\ (\uparrow)$

③ $R_B = 375kN\ (\uparrow)$

④ $R_B = 385kN\ (\uparrow)$

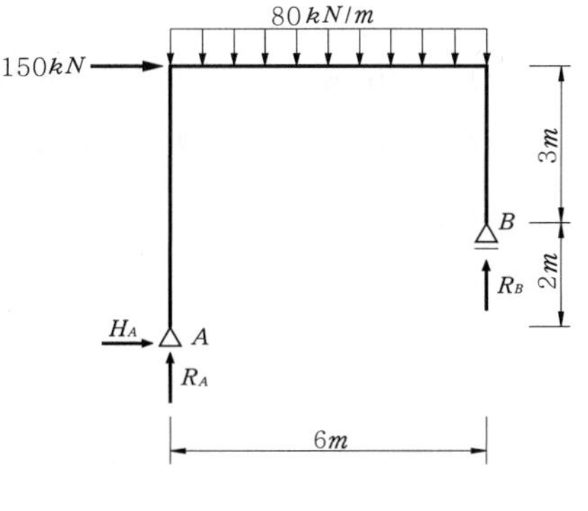

풀이

정답 ②

$\sum M_A = 0$: $150 \times 5 + 80 \times 6 \times 3 - 6R_B = 0$ $\therefore$ $R_B = 365\,kN(\uparrow)$

◆ ◆ ◆ ◆ ◆ ◆

1.8.8 다음 그림과 같은 3힌지 라멘의 지점 A 의 수평반력 H_A 의 값은?

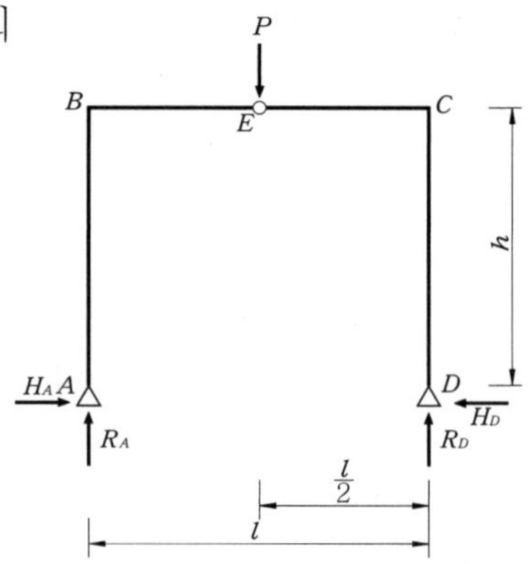

① $H_A = \dfrac{P}{2h}(\rightarrow)$

② $H_A = \dfrac{P}{4h}(\rightarrow)$

③ $H_A = \dfrac{Pl}{2h}(\rightarrow)$

④ $H_A = \dfrac{Pl}{4h}(\rightarrow)$

풀이

정답 ④

$\sum V = 0$: $R_A = R_D = \dfrac{P}{2}(\uparrow)$

$\sum M_E = 0$: $\dfrac{P}{2} \cdot \dfrac{l}{2} - H_A \cdot h = 0$ $\therefore$ $H_A = \dfrac{Pl}{4h}(\rightarrow)$

◆ ◆ ◆ ◆ ◆ ◆

1.8.9 다음 그림과 같은 3힌지 라멘의 수평반력 H_A ,H_D 가 옳은 것은?

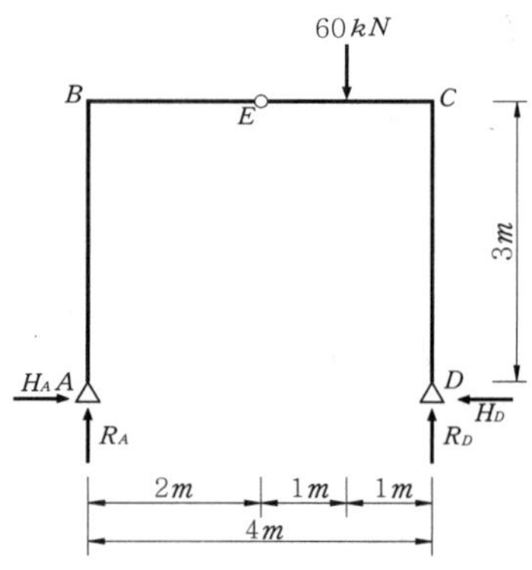

① $H_A = 10\,kN(\rightarrow)$, $H_D = 10\,kN(\leftarrow)$

② $H_A = 10\,kN(\leftarrow)$, $H_D = 10\,kN(\rightarrow)$

③ $H_A = 20\,kN(\rightarrow)$, $H_D = 20\,kN(\leftarrow)$

④ $H_A = 20\,kN(\leftarrow)$, $H_D = 20\,kN(\rightarrow)$

풀이

정답 ①

$\Sigma M_D=0$: $4R_A-60\times1=0$ $\therefore$ $R_A=15kN(\uparrow)$

$\Sigma V=0$: $R_A+R_D=60kN$ $\therefore$ $R_D=45kN(\uparrow)$

$\Sigma M_E=0$: $15\times2-3H_A=0$ $\therefore$ $H_A=10kN(\rightarrow)$

$\Sigma H=0$: $H_A-H_D=0$ $\therefore$ $H_D=10kN(\leftarrow)$

◆ ◆ ◆ ◆ ◆ ◆

1.8.10 다음 그림과 같은 구조물에서 부재 BC에 일어나는 반력 R_C를 구한 값은?

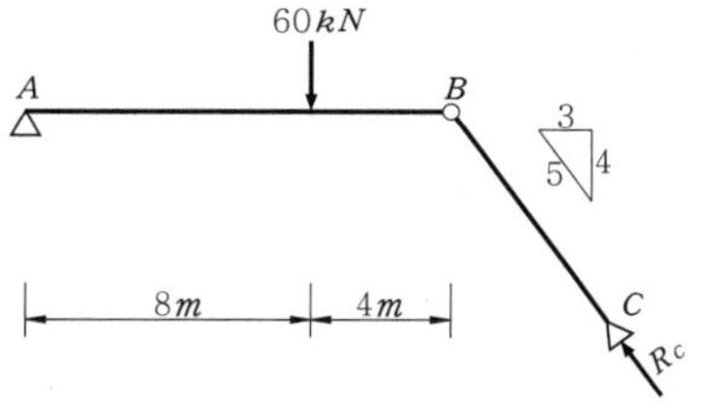

① $R_C=60kN(\nwarrow)$

② $R_C=50kN(\nwarrow)$

③ $R_C=40kN(\nwarrow)$

④ $R_C=30kN(\nwarrow)$

풀이

정답 ②

$\Sigma M_A=0$: $60\times8-R_C\times\frac{4}{5}\times12=0$ $\therefore$ $R_C=50kN(\nwarrow)$

◆ ◆ ◆ ◆ ◆ ◆

1.8.11 다음 그림과 같은 3힌지 아치에서 A 점의 수평반력 H_A의 값은?

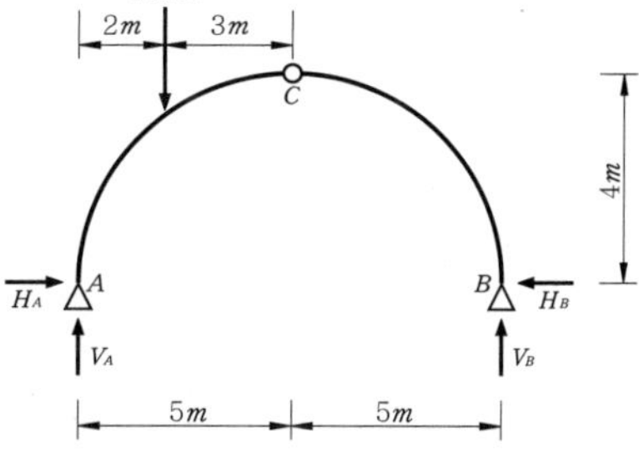

① $H_A=20kN(\rightarrow)$ ② $H_A=40kN(\rightarrow)$

③ $H_A=60kN(\rightarrow)$ ④ $H_A=80kN(\rightarrow)$

풀이

정답 ①

$\Sigma M_B=0$: $10V_A-80\times8=0$ $\therefore$ $V_A=64kN(\uparrow)$

$\Sigma M_{C(좌)}=0$: $-4H_A-80\times3+V_A\times5=0$ $\therefore$ $H_A=20kN(\rightarrow)$

◆ ◆ ◆ ◆ ◆ ◆

1.8.12 다음 그림과 같은 3힌지 아치에서 A 점의 수평반력 H_A 의 값은?

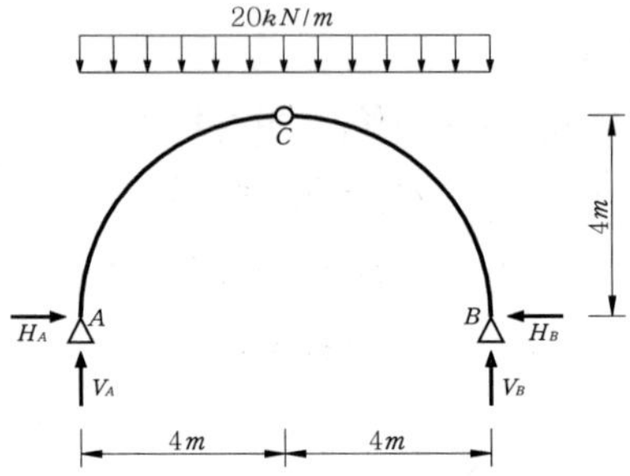

① $H_A = 20\,kN\ (\rightarrow)$

② $H_A = 40\,kN\ (\rightarrow)$

③ $H_A = 60\,kN\ (\rightarrow)$

④ $H_A = 80\,kN\ (\rightarrow)$

풀이

정답 ②

$V_A = \dfrac{\omega L}{2}$ 이므로 $V_A = \dfrac{20 \times 8}{2} = 80\,kN\ (\uparrow)$

$\Sigma M_{C(좌)} = 0\ :\ -4H_A + 80 \times 4 - 20 \times 4 \times 2 = 0 \qquad \therefore\ H_A = 40\,kN\ (\rightarrow)$

2.1 단면1차모멘트와 도심

2.1.1 다음과 같은 단면의 X축에 대한 단면1차모멘트 S_X를 구하여라.

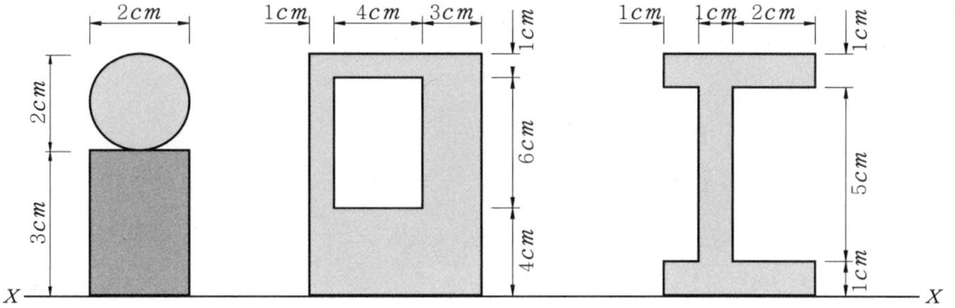

그림(a) 그림(b) 그림(c)

풀이

(1) 그림(a)

① 단면 A_1의 면적

$$A_1 = \frac{\pi D^2}{4} = \frac{\pi \times (2cm)^2}{4} \fallingdotseq 3.14cm^2$$

단면 A_1의 도심에서 X축까지의 거리

$y_1 = 4cm$

② 단면 A_2의 면적

$A_2 = 2 \times 3 = 6cm^2$

단면 A_2의 도심에서 X축까지의 거리

$y_2 = 1.5cm$

③ 단면1차모멘트

$S_X = A_1 y_1 + A_2 y_2 = 3.14 \times 4 + 6 \times 1.5 = 21.56cm^3$

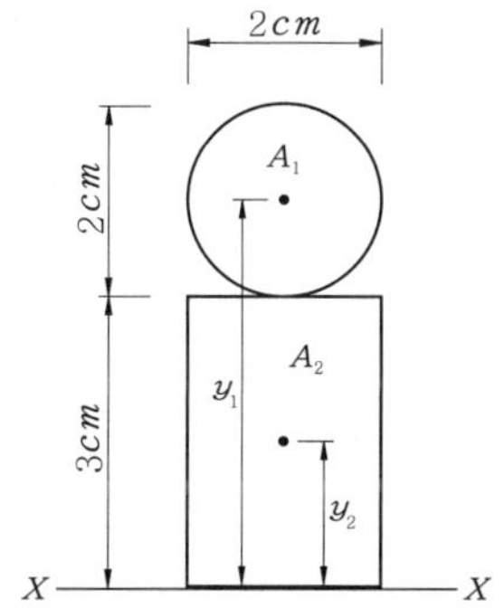

(2) 그림(b)

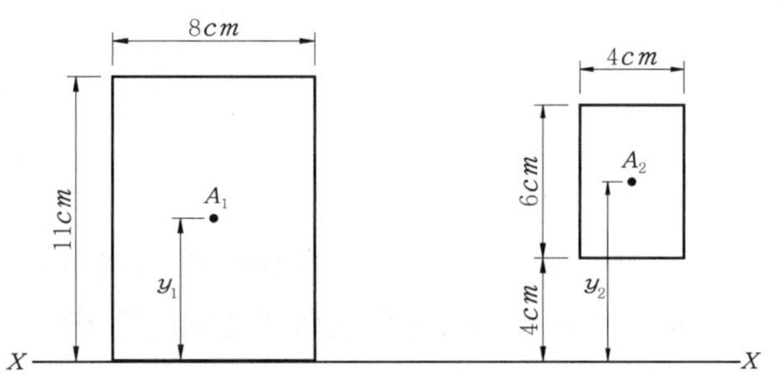

그림(e) 전체 단면 그림(f) 빈 공간

① 단면 A_1의 면적 $A_1 = 8 \times 11 = 88cm^2$

단면 A_1의 도심에서 X축까지의 거리 $y_1 = \frac{11}{2} = 5.5cm$

② 단면 A_2의 면적 $A_2 = 4 \times 6 = 24cm^2$

단면 A_2의 도심에서 X축까지의 거리 $y_2 = 4 + \frac{6}{2} = 7cm$

③ 단면1차모멘트

$S_X = A_1 y_1 - A_2 y_2 = 88 \times 5.5 - 24 \times 7 = 316cm^3$

(3) 그림(c)

① 단면 A_1의 면적

$A_1 = 4 \times 1 = 4cm^2$

단면 A_1의 도심에서 X축까지의 거리

$y_1 = 6 + \frac{1}{2} = 6.5cm$

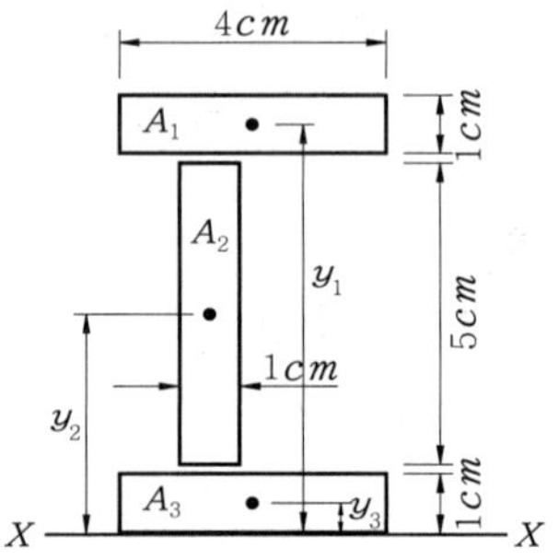

그림(g)

② 단면 A_2의 면적

$A_2 = 1 \times 5 = 5cm^2$

단면 A_2의 도심에서 X축까지의 거리

$y_2 = 1 + \frac{5}{2} = 3.5cm$

③ 단면 A_3의 면적

$A_3 = 4 \times 1 = 4cm^2$

단면 A_3의 도심에서 X축까지의 거리

$y_3 = \frac{1}{2} = 0.5cm$

④ 단면1차모멘트

$S_X = A_1 y_1 + A_2 y_2 + A_3 y_3 = 4 \times 6.5 + 5 \times 3.5 + 4 \times 0.5 = 45.5cm^3$

◆ ◆ ◆ ◆ ◆ ◆

2.1.2 도형의 도심을 지나는 축에 대한 단면1차모멘트의 값은?

① '0'이다. ② '0'보다 크다.

③ '0'보다 작다. ④ '0'보다 클 때도 있고 작을 때도 있다.

풀이

정답 ①

어느 도형의 한 점을 지나는 임의의 직교하는 두 축에 대한 단면1차모멘트가 '0'일 때, 이 직교 좌표축의 원점을 단면의 도심이라고 한다.

◆ ◆ ◆ ◆ ◆ ◆

2.1.3 두 변 $\overline{AB}$ 및 $\overline{CD}$가 평행인 사다리꼴 $ABCD$에서 도심의 위치를 바르게 설명한 것은 어느 것인가? (그림에서 $\overline{EF}$는 $\overline{AB}$와 $\overline{CD}$의 중점을 이은 중심선이고, G_1은 $\triangle ACD$의 도심, G_2은 $\triangle ABC$의 도심이다.)

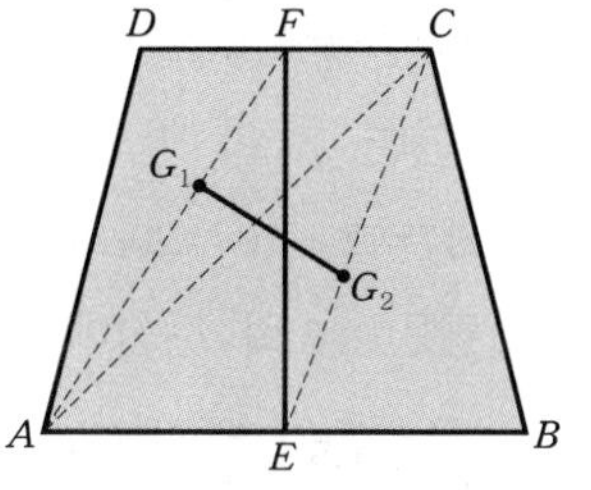

① 선분 $\overline{G_1G_2}$와 중심선 $\overline{EF}$의 교점이 도심이다.

② 선분 $\overline{G_1G_2}$와 대각선 $\overline{AC}$의 교점이 도심이다.

③ 선분 $\overline{G_1G_2}$의 중점이 도심이다.

④ 중심선 $\overline{EF}$의 중점이 도심이다.

풀이

정답 ①

도심은 $\overline{EF}$선상에 존재한다.

◆ ◆ ◆ ◆ ◆ ◆

2.1.4 다음과 같은 단면의 도심을 구하여라.

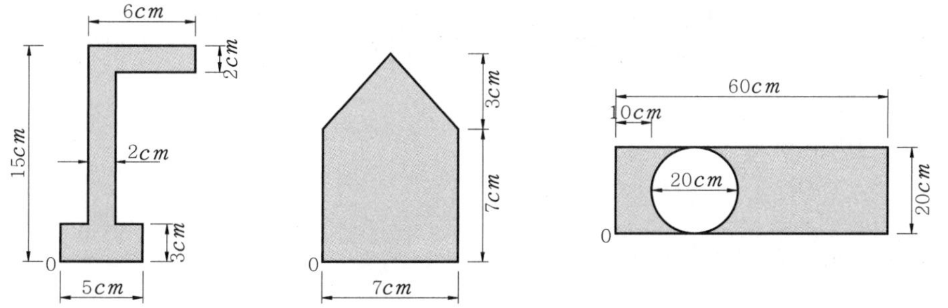

그림(a) 그림(b) 그림(c)

풀이

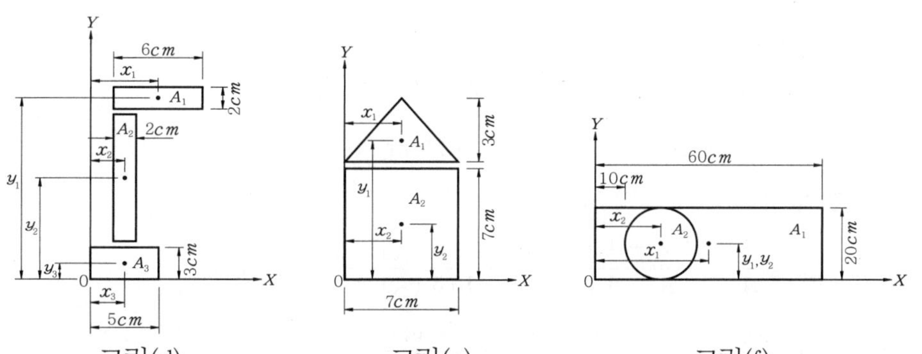

그림(d) 그림(e) 그림(f)

(1) 그림(a)

그림(d)에서

① 단면 A_1의 면적

$A_1 = 6 \times 2 = 12cm^2$

단면 A_1의 도심에서 Y축과 X축까지의 거리

$x_1 = 1.5 + \frac{6}{2} = 4.5cm$ $\qquad$ $y_1 = 3 + 10 + \frac{2}{2} = 14cm$

② 단면 A_2의 면적

$A_2 = 2 \times 10 = 20cm^2$

단면 A_2의 도심에서 Y축과 X축까지의 거리

$x_2 = 1.5 + \frac{2}{2} = 2.5cm$ $\qquad$ $y_2 = 3 + \frac{10}{2} = 8cm$

③ 단면 A_3의 면적

$A_3 = 3 \times 5 = 15cm^2$

단면 A_3의 도심에서 Y축과 X축까지의 거리

$x_3 = \frac{5}{2} = 2.5cm$ $\qquad$ $y_3 = \frac{3}{2} = 1.5cm$

④ 도심

$$x_0 = \frac{S_y}{A} = \frac{A_1x_1 + A_2x_2 + A_3x_3}{A_1 + A_2 + A_3} = \frac{12 \times 4.5 + 20 \times 2.5 + 15 \times 2.5}{12 + 20 + 15} \fallingdotseq 3.01cm$$

$$y_0 = \frac{S_x}{A} = \frac{A_1y_1 + A_2y_2 + A_3y_3}{A_1 + A_2 + A_3} = \frac{12 \times 14 + 20 \times 8 + 15 \times 1.5}{12 + 20 + 15} \fallingdotseq 7.46cm$$

(2) 그림(b)

그림(e)에서

① 단면 A_1의 면적

$A_1 = 7 \times 3 \times \frac{1}{2} = 10.5cm^2$

단면 A_1의 도심에서 Y축과 X축까지의 거리

$x_1 = \frac{7}{2} = 3.5cm$ $\qquad$ $y_1 = 7 + \frac{3}{3} = 8cm$

② 단면 A_2의 면적

$A_2 = 7 \times 7 = 49cm^2$

단면 A_2의 도심에서 Y축과 X축까지의 거리

$x_2 = \frac{7}{2} = 3.5cm$ $\qquad$ $y_2 = \frac{7}{2} = 3.5cm$

③ 도심

$$x_0 = \frac{S_y}{A} = \frac{A_1x_1 + A_2x_2}{A_1 + A_2} = \frac{10.5 \times 3.5 + 49 \times 3.5}{10.5 + 49} = 3.5cm$$

$$y_0 = \frac{S_x}{A} = \frac{A_1y_1 + A_2y_2}{A_1 + A_2} = \frac{10.5 \times 8 + 49 \times 3.5}{10.5 + 49} \fallingdotseq 4.3cm$$

(3) 그림(c)

그림(f)에서

① 단면 A_1의 면적

$A_1 = 60 \times 20 = 1200 cm^2$

단면 A_1의 도심에서 Y축과 X축까지의 거리

$x_1 = \dfrac{60}{2} = 30cm \qquad y_1 = \dfrac{20}{2} = 10cm$

② 단면 A_2의 면적

$A_2 = \dfrac{\pi \times 20^2}{4} = 314cm^2$

단면 A_2의 도심에서 Y축과 X축까지의 거리

$x_2 = 10 + \dfrac{20}{2} = 20cm \qquad y_2 = \dfrac{20}{2} = 10cm$

③ 도심

$$x_0 = \frac{S_y}{A} = \frac{A_1 x_1 - A_2 y_2}{A_1 - A_2} = \frac{1200 \times 30 - 314 \times 20}{1200 - 314} \fallingdotseq 33.54cm$$

$$y_0 = \frac{S_x}{A} = \frac{A_1 y_1 - A_2 y_2}{A_1 - A_2} = \frac{1200 \times 10 - 314 \times 10}{1200 - 314} = 10cm$$

◆ ◆ ◆ ◆ ◆ ◆ ◆

2.2 단면2차모멘트

2.2.1 다음 그림과 같이 단면적이 $100\,cm^2$인 임의의 도형의 도심을 지나는 축으로부터 거리가 $10\,cm$ 떨어진 x_1축에 관한 단면2차모멘트가 $13000\,cm^4$일 때 $20\,cm$ 떨어진 x_2축에 관한 단면2차모멘트는?

① $43000\,cm^4$
② $33000\,cm^4$
③ $23000\,cm^4$
④ $13000\,cm^4$

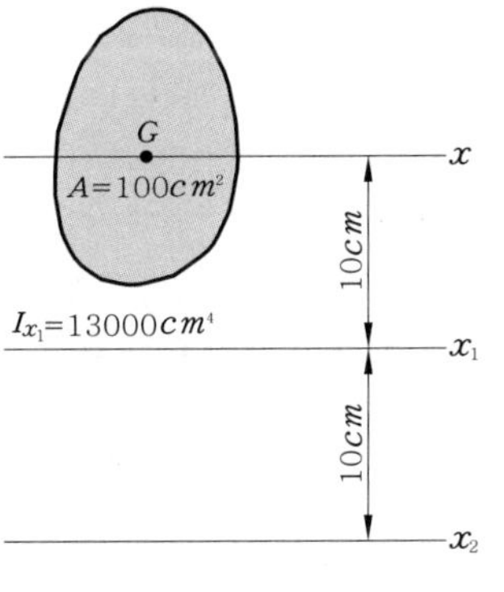

풀이

정답 ①

$I_x = I_X + A \cdot y^2$

$I_{x1} = I_X + 100 \times 10^2 = 13000\,cm^4$에서 $I_X = 3000\,cm^4$이므로

$\therefore \; I_{x2} = I_X + 100 \times 20^2 = 3000 + 100 \times 20^2 = 43000\,cm^4$

◆ ◆ ◆ ◆ ◆ ◆ ◆

2.2.2 다음 그림과 같은 정사각형 단면의 대칭축 $x-y$ 에 대하여 $30°$ 기울어진 $X-Y$축에 대한 단면2차모멘트 I_X의 값은?

① $I_X = 416.7\,cm^4$

② $I_X = 721.7\,cm^4$

③ $I_X = 833.3\,cm^4$

④ $I_X = 1667.3\,cm^4$

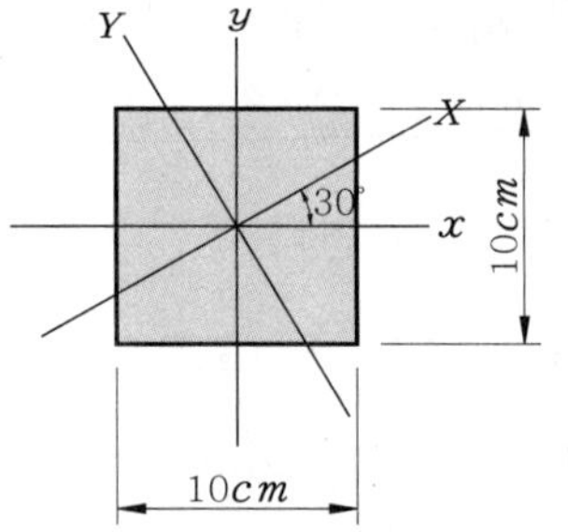

풀이

정답 ③

정사각형의 도심에 대한 단면2차모멘트는 축의 방향에 관계없이 일정하다.

$$I_X = \frac{b\,h^3}{12} = \frac{a^4}{12} = \frac{10^4}{12} = 833.3\,cm^4$$

◆ ◆ ◆ ◆ ◆ ◆

2.2.3 다음 그림과 같은 사다리꼴 단면에서 x축에 대한 단면2차모멘트 값은?

① $\frac{h^3}{12}(3b+a)$

② $\frac{h^3}{12}(b+2a)$

③ $\frac{h^3}{12}(b+3a)$

④ $\frac{h^3}{12}(2b+a)$

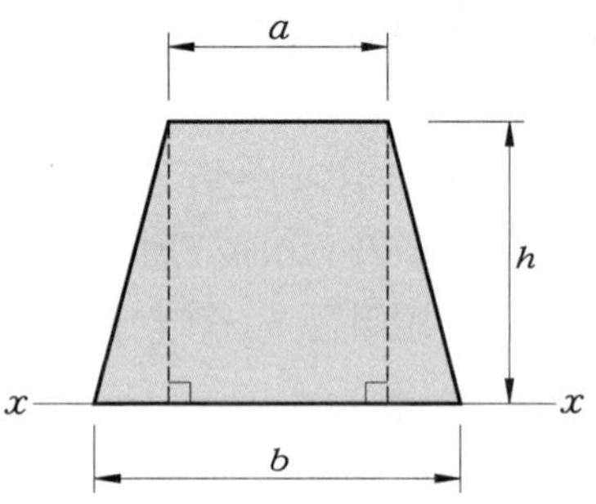

풀이

정답 ③

I_x = [사각형의 I_x] + [삼각형의 I_x]

$$\therefore\ I_x = \frac{a\,h^3}{3} + \frac{(b-a)\,h^3}{12} = \frac{1}{12}(4ah^3 + bh^3 - ah^3) = \frac{h^3}{12}(b+3a)$$

◆ ◆ ◆ ◆ ◆ ◆

2.2.4 다음 그림과 같은 단면에서 x축에 대한 단면2차모멘트 값은?

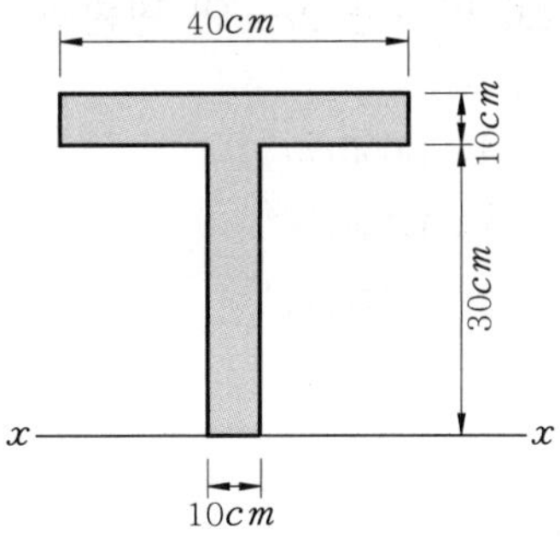

① $583333\,cm^4$ ② $590000\,cm^4$

③ $683333\,cm^4$ ④ $700000\,cm^4$

풀이

정답 ①

(1) 플랜지와 웨브 부분을 분리하는 방법

$$I_x = \frac{40\times 10^3}{12} + 40\times 10\times 35^2 + \frac{10\times 30^3}{12} + 10\times 30\times 15^2$$

$$= 3333.33 + 490000 + 22500 + 67500$$

$$= 583333\,cm^4$$

(2) 큰 사각형에서 작은 사각형을 빼는 방법

$$I_x = \frac{BH^3 - bh^3}{3} = \frac{40\times 40^3 - 30\times 30^3}{3} = 583333\,cm^4$$

◆ ◆ ◆ ◆ ◆ ◆

2.2.5 4분원의 도심을 지나는 X축에 대한 단면2차모멘트는?

① $\frac{\pi r^4}{16} - \frac{2r^4}{9\pi}$

② $\frac{\pi r^4}{16} - \frac{3r^4}{9\pi}$

③ $\frac{\pi r^4}{16} - \frac{4r^4}{9\pi}$

④ $\frac{\pi r^4}{16} - \frac{5r^4}{9\pi}$

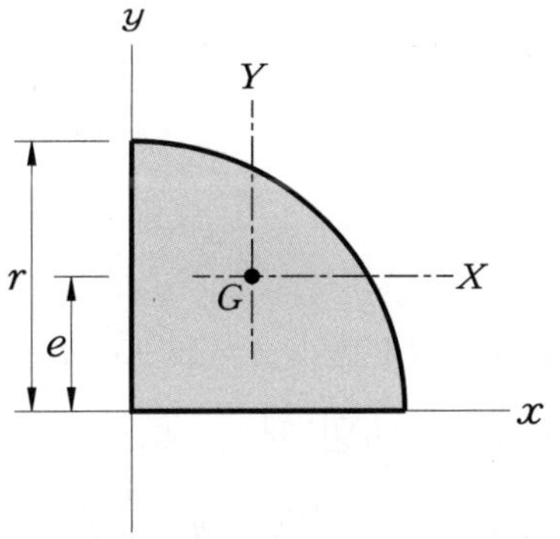

풀이

정답 ③

단면2차모멘트에 대한 평행축의 정리에서 $I_x = I_X + A\cdot e^2$ 이며

$I_x = \frac{\pi r^4}{4}\times\frac{1}{4} = \frac{\pi r^4}{16}$, $A = \frac{\pi r^2}{4}$, $e = \frac{4r}{3\pi}$ 이므로

$$\therefore\ I_X = I_x - A\cdot e^2 = \frac{\pi r^4}{16} - \frac{\pi r^2}{4}\left(\frac{4r}{3\pi}\right)^2 = \frac{\pi r^4}{16} - \frac{4r^4}{9\pi}$$

◆ ◆ ◆ ◆ ◆ ◆

2.2.6 반지름 $2\,cm$ 인 반원의 도심에 대한 단면2차모멘트의 값은?

① $1.656\,cm^4$

② $1.756\,cm^4$

③ $1.777\,cm^4$

④ $1.812\,cm^4$

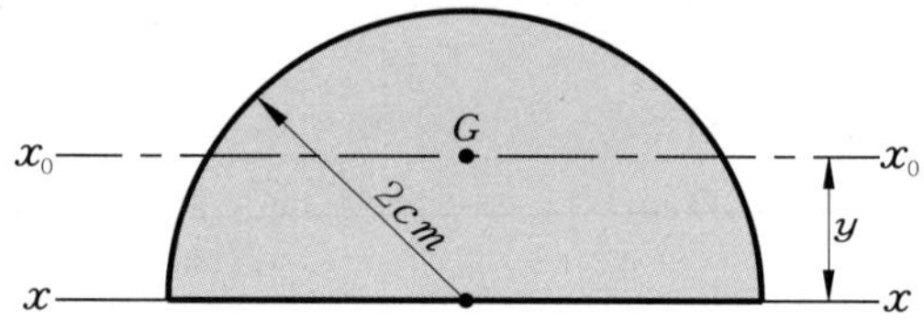

풀이

정답 ②

$$I_x = \frac{\pi d^4}{64}\times\frac{1}{2} = \frac{\pi 4^4}{128} = 6.283\,cm^4,\quad A = \frac{\pi d^2}{4}\times\frac{1}{2} = \frac{\pi\times 4^2}{8} = 6.283\,cm^2$$

$y = \dfrac{4r}{3\pi} = \dfrac{4\times 2}{3\pi} = 0.849\,cm$ 이므로

$$\therefore\ I_{x_o} = I_x - A\cdot y^2 = 6.283 - 6.283\times 0.849^2 = 1.756\,cm^4$$

◆ ◆ ◆ ◆ ◆ ◆

2.2.7 다음 그림에서 빗금친 부분의 x축에 대한 단면2차모멘트는?

① $I_x = 62.5\,cm^4$

② $I_x = 61.7\,cm^4$

③ $I_x = 74.4\,cm^4$

④ $I_x = 83.2\,cm^4$

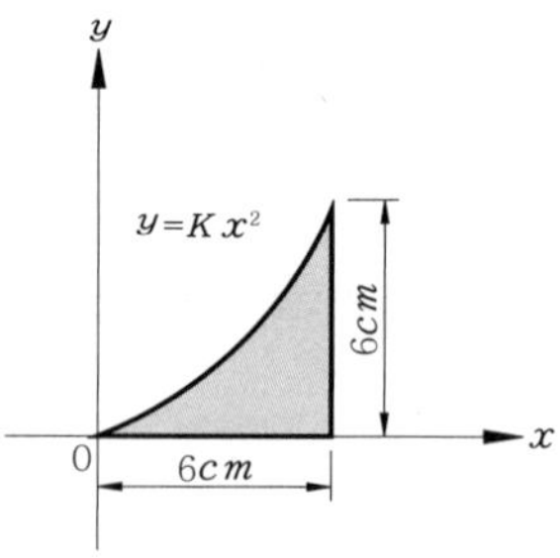

풀이

정답 ②

$I_x = \int A\cdot y^2 dA$ 에서 $A = (6-x)\,dy$ 이고,

2차함수는 $x=0$일 때 $y=0$,

$x=6$일 때 $y=6$ 이므로 $y = \dfrac{1}{6}x^2 \Rightarrow x = \sqrt{6y}$

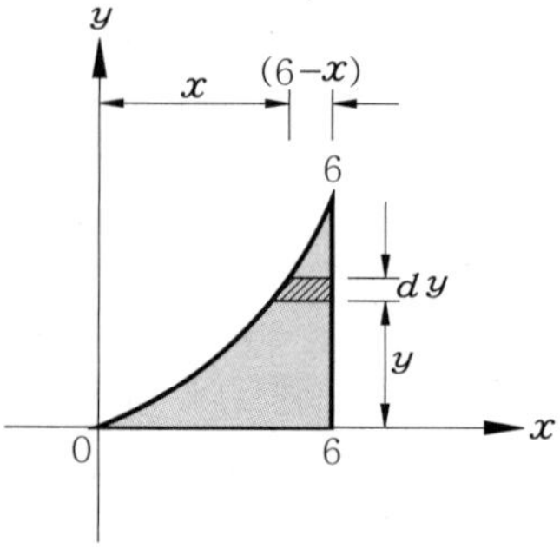

$$I_x = \int_0^6 (6-x)\cdot y^2 dy = \int_0^6 (6-\sqrt{6y})\cdot y^2 dy$$

$$= \int_0^6 (6y^2 - \sqrt{6}\cdot y^{5/2})\,dy$$

$$= \left[\frac{6}{3}y^3 - \sqrt{6}\cdot\frac{y^{7/2}}{7/2}\right]_0^6$$

$$= 432 - 370.2 \fallingdotseq 61.7\,cm^4$$

◆ ◆ ◆ ◆ ◆ ◆

2.3 단면계수와 단면2차반경

2.3.1 다음과 같은 그림의 강축에 대한 단면계수 Z_X와 단면2차반경 r_X를 구하여라.

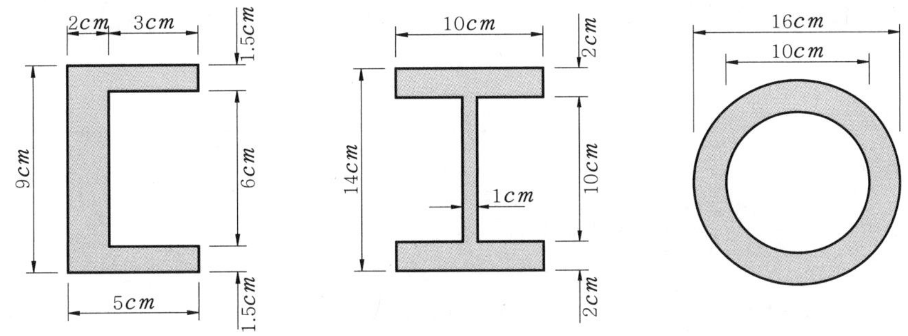

그림(a) 그림(b) 그림(c)

풀이

(1) 그림(a)

① 단면2차모멘트 : $I_X = \dfrac{BH^3}{12} - \dfrac{bh^3}{12} = \dfrac{5 \times 9^3}{12} - \dfrac{3 \times 6^3}{12} = 249.75\,cm^4$

② 단면계수 : $Z_X = \dfrac{I_X}{y} = \dfrac{249.75}{4.5} = 55.5\,cm^3$

③ 단면2차반경 : $r_X = \sqrt{\dfrac{I_X}{A}} = \sqrt{\dfrac{249.75}{45-18}} \fallingdotseq 3.04\,cm$

(2) 그림(b)

① 단면2차모멘트 : $I_X = \dfrac{BH^3}{12} - \dfrac{bh^3}{12} = \dfrac{10 \times 14^3}{12} - \dfrac{9 \times 10^3}{12} \fallingdotseq 1536.67\,cm^4$

② 단면계수 : $Z_X = \dfrac{I_X}{y} = \dfrac{1536.67}{7} \fallingdotseq 219.52\,cm^3$

③ 단면2차반경 : $r_X = \sqrt{\dfrac{I_X}{A}} = \sqrt{\dfrac{1536.67}{140-90}} \fallingdotseq 5.54\,cm$

(3) 그림(c)

① 단면2차모멘트 : $I_X = \dfrac{\pi D^4}{64} - \dfrac{\pi d^4}{64} = \dfrac{\pi \times 16^4}{64} - \dfrac{\pi \times 10^4}{64} \fallingdotseq 2726.12\,cm^4$

② 단면계수 : $Z_X = \dfrac{I_X}{y} = \dfrac{2726.12}{8} \fallingdotseq 340.77\,cm^3$

③ 단면2차반경 : $A = \dfrac{\pi \times 16^2}{4} - \dfrac{\pi \times 10^2}{4} \fallingdotseq 122.52\,cm^2$

$r_X = \sqrt{\dfrac{I_X}{A}} = \sqrt{\dfrac{2726.12}{122.52}} \fallingdotseq 4.72\,cm$

◆ ◆ ◆ ◆ ◆ ◆

2.3.2 폭 $16\,cm$, 높이 $18\,cm$의 직사각형 단면과 같은 단면계수를 갖기 위해서는 높이를 $24\,cm$로 할 때 폭의 크기는?

① $7\,cm$　　② $9\,cm$

③ $12\,cm$　　④ $15\,cm$

풀이

정답 ②

$$Z = \frac{bh^2}{6} = \frac{16 \times 18^2}{6} = 864\,cm^2$$

$$Z = 864\,cm^2 = \frac{b \times 24^2}{6} \qquad \therefore\ b = 9\,cm$$

◆ ◆ ◆ ◆ ◆ ◆

2.3.3 다음 그림과 같은 3가지 단면에서 $X-X$축에 관한 단면계수의 비교가 맞는 것은?

① $(A) > (B) > (C)$

② $(A) = (C) > (B)$

③ $(B) > (A) > (C)$

④ $(A) = (B) > (C)$

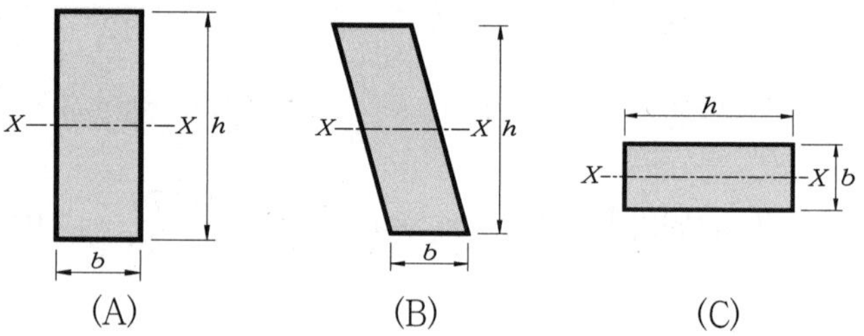

풀이

정답 ④

단면계수는 높이의 제곱에 비례하므로 (A)와 (B)는 같고, (C)는 작다.

◆ ◆ ◆ ◆ ◆ ◆

2.3.4 다음 그림(a), (b)에서 X축에 대한 단면2차모멘트와 단면계수에 관하여 옳은 것은?

① 단면2차모멘트와 단면계수가 서로 같다.

② 단면2차모멘트와 단면계수가 서로 다르다.

③ 단면2차모멘트는 같고, 단면계수는 (a)쪽이 크다.

④ 단면2차모멘트는 같고, 단면계수는 (b)쪽이 크다.

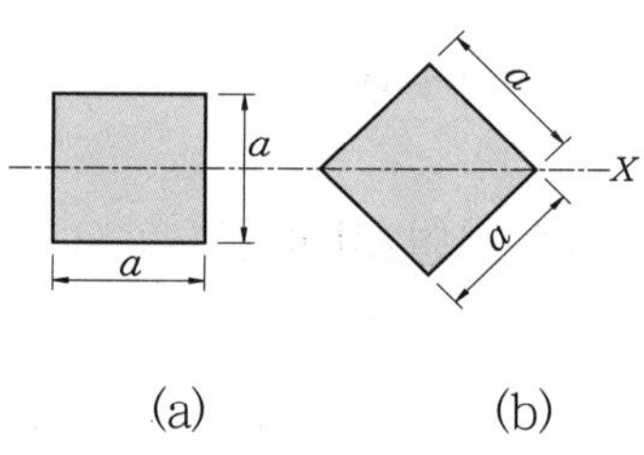

풀이

정답 ③

$I_a = \dfrac{bh^3}{12} = \dfrac{a^4}{12}$, $I_b = \dfrac{a^4}{12}$ 로 단면2차모멘트는 동일하고,

$Z = \dfrac{I}{y}$ 에서 $Z \propto \dfrac{1}{y}$ 이므로 $Z_a > Z_b$ 이다.

◆ ◆ ◆ ◆ ◆ ◆

2.3.5 지름이 d 인 원목을 제재한다. 직사각형 보로 사용하려고 하는데 단면계수를 제일 크게 하려면 적당한 폭 b는?

① $b = \dfrac{\sqrt{3}}{2}d$　　② $b = \sqrt{\dfrac{3}{2}}\,d$

③ $b = \dfrac{3}{2}d$　　④ $b = \dfrac{1}{\sqrt{3}}d$

풀이

정답 ④

지름 d 인 원형 목재에서 절취할 수 있는 최대의 단면계수를 갖는 직사각형 단면은 b(폭) : h(춤) $= 1 : \sqrt{2}$ 이다.

따라서 $d^2 = b^2 + h^2$과 $h = \sqrt{2} \cdot b$의 관계로부터 $b = \dfrac{1}{\sqrt{3}}d$ 이다.

◆ ◆ ◆ ◆ ◆ ◆

2.3.6 직경이 d 인 원형단면에서 휨 강성이 가장 큰 직사각형 단면을 얻을 때 단면 계수는?

① $\dfrac{d^3}{9\sqrt{3}}$　　② $\dfrac{d^4}{9\sqrt{3}}$

③ $\dfrac{d^3}{5\sqrt{3}}$　　④ $\dfrac{d^4}{5\sqrt{3}}$

풀이

정답 ①

b(폭) : h(춤) $= 1 : \sqrt{2}$, $b = \dfrac{1}{\sqrt{3}}d$, $h = \sqrt{\dfrac{2}{3}} \cdot d$ 이므로

$$\therefore\ Z = \frac{bh^2}{6} = \frac{1}{6} \times \frac{1}{\sqrt{3}}d \times \left(\sqrt{\frac{2}{3}} \cdot d\right)^2 = \frac{d^3}{9\sqrt{3}}$$

◆ ◆ ◆ ◆ ◆ ◆

2.3.7 다음 그림과 같은 삼각형에서 최대의 단면계수를 갖는 직사각형을 도려낸다면 폭 x와 높이 y의 값은? (단, $h>b$이다.)

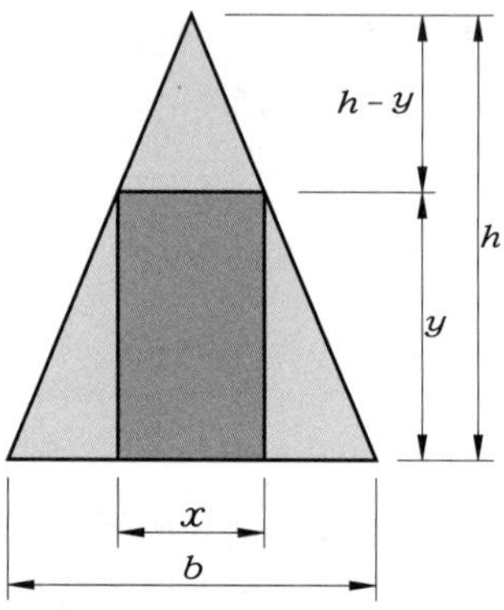

① $x=\frac{1}{3}b$, $y=\frac{2}{3}h$

② $x=\frac{2}{3}b$, $y=\frac{2}{3}h$

③ $x=\frac{1}{3}b$, $y=\frac{3}{4}h$

④ $x=\frac{2}{3}b$, $y=\frac{3}{4}h$

풀이

정답 ①

$x:b=(h-y):h$ 이므로 $x=\frac{b}{h}(h-y)$

직사각형의 단면계수는 $Z=\frac{x\cdot y^2}{6}=\frac{\frac{b}{h}\cdot(h-y)\cdot y^2}{6}=\frac{b}{6h}(h\cdot y^2-y^3)$

최대단면을 얻으려면 $\frac{dZ}{dy}=0$ 이어야 한다.

$$\frac{dZ}{dy}=\frac{b}{6h}(2hy-3y^2)=0$$

$$2hy-3y^2=y(2h-3y)=0 \qquad \therefore\ y=\frac{2}{3}h$$

y값을 x의 식에 대입하면

$$\therefore\ x=\frac{b}{h}(h-y)=\frac{b}{h}\left(h-\frac{2}{3}h\right)=\frac{1}{3}b$$

◆ ◆ ◆ ◆ ◆ ◆

2.3.8 다음 그림과 같은 T형 단면의 $x-x$축에 대한 단면2차반경 r_x의 크기는?

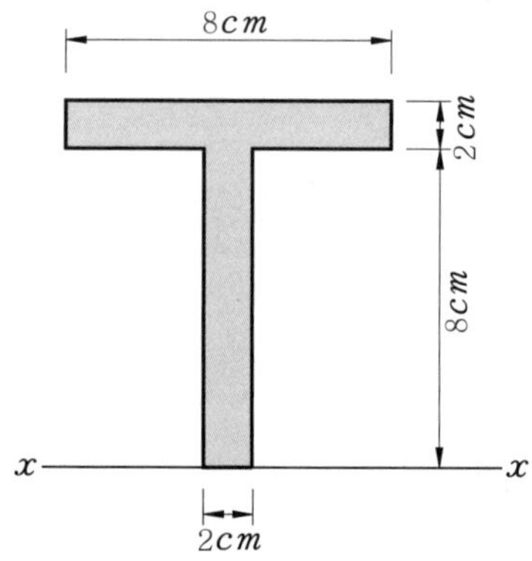

① 6.165 cm

② 7.165 cm

③ 8.165 cm

④ 9.165 cm

풀이

정답 ②

$$I_x = \left[\frac{8\times 2^3}{12} + (8\times 2\times 9^2)\right] + \left[\frac{2\times 8^3}{12} + (2\times 8\times 4^2)\right] = 1642.6\,cm^4$$

$$A = 16 + 16 = 32\,cm^2$$

$$\therefore\ r_x = \sqrt{\frac{I_x}{A}} = \sqrt{\frac{1642.6}{32}} = 7.165\,cm$$

◆ ◆ ◆ ◆ ◆ ◆

2.4 단면극2차모멘트

2.4.1 다음과 같은 단면의 도심에 대한 단면극2차모멘트 I_P를 구하여라.

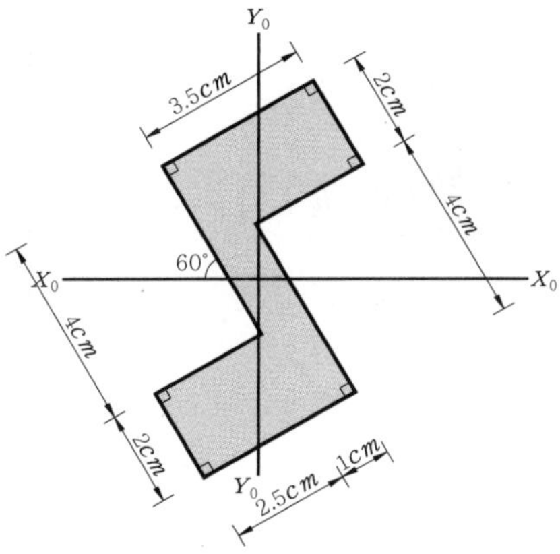

풀이

단면극2차모멘트 I_P는 좌표의 회전에 관계없이 일정한 값이므로 그림(a)와 같이 좌표축을 회전시킨다.

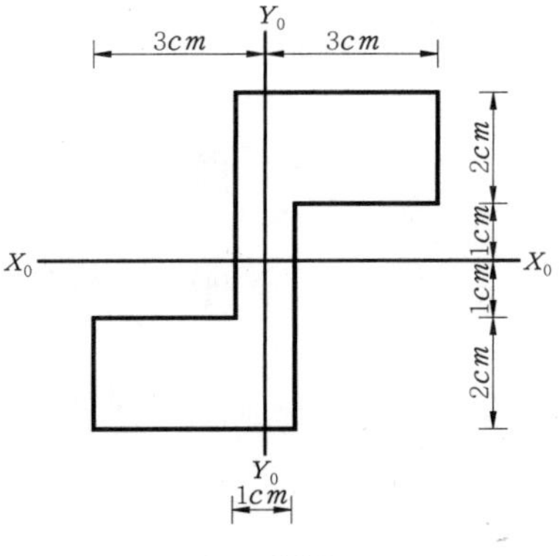

그림(a)

① 도심축 X_o에 대한 단면2차모멘트

$$I_{X_o} = \frac{BH^3}{12} - \frac{bh^3}{12} = \frac{3.5\times6^3}{12} - \frac{2.5\times2^3}{12} = \frac{756}{12} - \frac{20}{12} ≒ 61.33m^4$$

② 도심축 Y_o에 대한 단면2차모멘트

$$I_{Y_o} = \frac{2\times6^3}{12} + \frac{4\times1^3}{12} = \frac{432}{12} + \frac{4}{12} ≒ 36.33m^4$$

③ 도심에 대한 단면극2차모멘트

$$I_P = I_{X_o} + I_{Y_o} = 61.33 + 36.33 = 97.66\,cm^4$$

◆ ◆ ◆ ◆ ◆ ◆

2.4.2 다음 그림과 같은 직사각형 단면의 A점에 대한 단면극2차모멘트는?

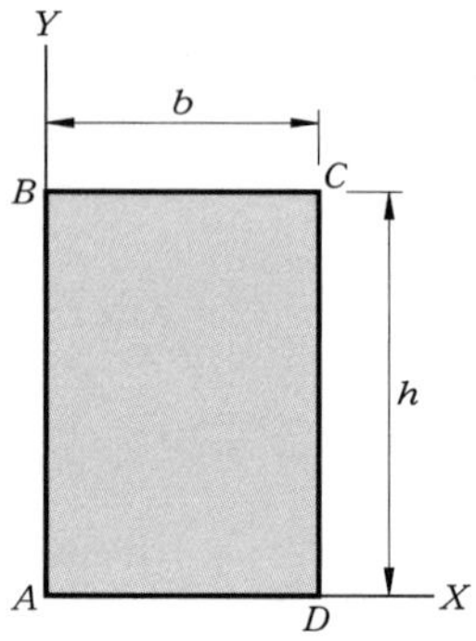

① $\frac{bh}{3}(b^2+h^2)$　② $\frac{bh}{3}(b^3+h^3)$

③ $\frac{bh}{6}(b^2+h^2)$　④ $\frac{bh}{6}(b^3+h^3)$

풀이

정답 ①

$$I_P = I_X + I_Y = \frac{bh^3}{3} + \frac{hb^3}{3} = \frac{bh}{3}(b^2+h^2)$$

◆ ◆ ◆ ◆ ◆ ◆

2.4.3 반지름이 r인 원형단면의 원주상 한 점에 대한 단면극2차모멘트는?

① $\frac{3\pi r^4}{2}$　② $\frac{5\pi r^4}{2}$

③ $\frac{4\pi r^4}{3}$　④ $\frac{5\pi r^4}{3}$

풀이

정답 ①

그림에서 단면극2차모멘트는

$I_P = I_X + I_Y$이므로

$\therefore\ I_P = \left(\frac{\pi r^4}{4} + \pi r^2 \times r^2\right) + \frac{\pi r^4}{4} = \frac{3}{2}\pi r^4$

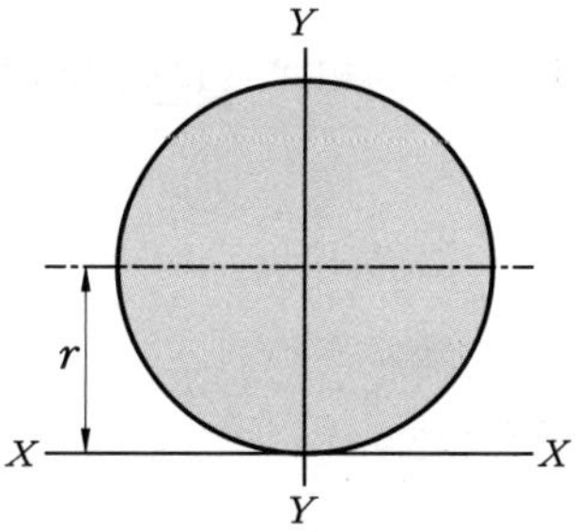

◆ ◆ ◆ ◆ ◆ ◆

2.4.4 다음 그림과 같은 직사각형 단면에서 O점에 대한 단면극2차모멘트는?

① $1240000\,cm^4$
② $1340000\,cm^4$
③ $1440000\,cm^4$
④ $1540000\,cm^4$

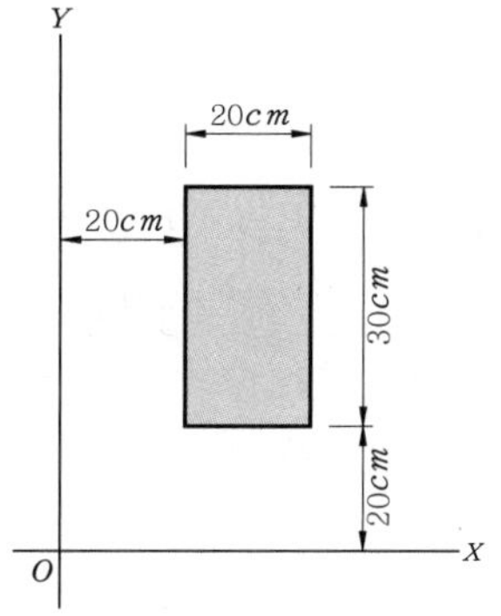

풀이

정답 ②

$$I_P = I_X + I_Y = \left(\frac{20\times 30^3}{12} + 20\times 30\times 35^2\right) + \left(\frac{30\times 20^3}{12} + 20\times 30\times 30^2\right)$$

$$= (45000 + 735000) + (20000 + 540000) = 780000 + 560000 = 1340000\,cm^4$$

◆ ◆ ◆ ◆ ◆ ◆

2.5 단면상승모멘트

2.5.1 다음 그림과 같은 도형의 x, y축에 대한 단면상승모멘트 값은?

① $108\,cm^4$
② $132\,cm^4$
③ $162\,cm^4$
④ $216\,cm^4$

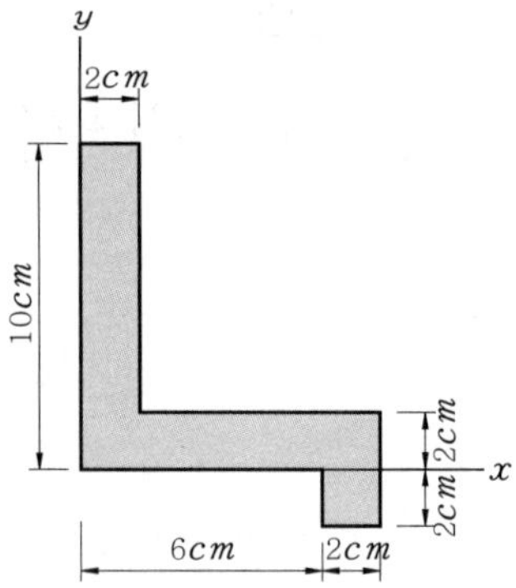

풀이

정답 ②

$I_{xy} = I_{x1y1} + I_{x2y2} + I_{x3y3}$

$= A_1 \cdot x_1 \cdot y_1 + A_2 \cdot x_2 \cdot y_2 + A_3 \cdot x_3 \cdot y_3$

$= (2\times8)\times1\times(2+4) + (8\times2)\times4\times1$

$+ (2\times2)\times(6+1)\times(-1) = 132\,cm^4$

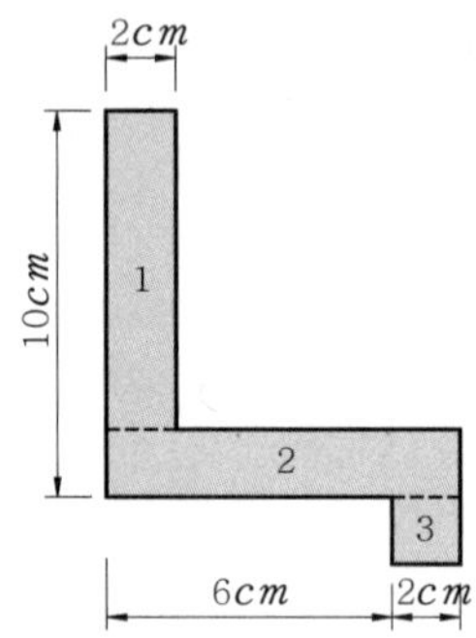

◆ ◆ ◆ ◆ ◆ ◆

2.5.2 다음 그림에서 O는 도심이고 y는 대칭축일 때 다음 중 옳은 것은?

① 단면1차모멘트 S_y는 '0' 이 아니다.
② 단면2차모멘트 I_x는 '0' 이다.
③ 단면극2차모멘트 I_P는 '0' 이다.
④ 단면상승모멘트 I_{xy}는 '0' 이다.

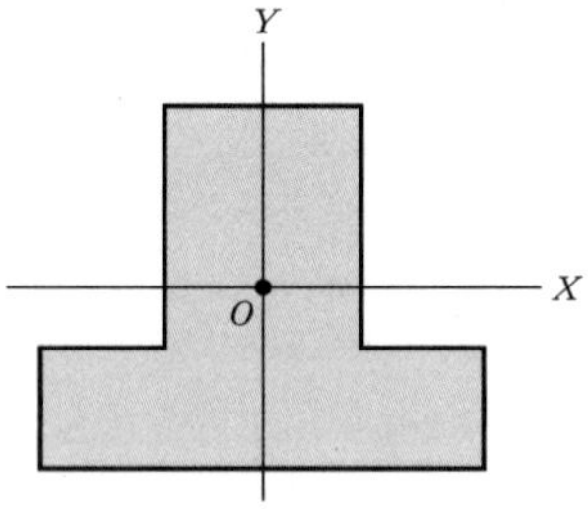

풀이

정답 ④

도심을 지나는 단면1차모멘트는 '0'이고, 대칭축일 때 단면상승모멘트는 '0'이다.

◆ ◆ ◆ ◆ ◆ ◆

2.5.3 다음 중 양(+)의 값뿐만 아니라 음(−)의 값도 가지는 것은?

① 단면2차모멘트　　② 단면계수
③ 단면2차반경　　④ 단면상승모멘트

풀이

정답 ④
단면상승모멘트는 양(+)의 값뿐만 아니라 음(−)의 값도 갖는다.

◆ ◆ ◆ ◆ ◆ ◆

2.5.4 다음 단면의 기하학적 성질에 대한 설명 중 옳지 않은 것은?

① 도심축에 대한 단면1차모멘트는 '0' 이다.
② 도심축에 대한 단면2차모멘트는 최소이다.
③ 도심축에 대한 정다각형의 단면2차모멘트는 축의 회전에 관계없이 일정한 값을 갖는다.
④ 단면극2차모멘트는 직교한 좌표축 회전에 관계없이 항상 일정한 값을 갖는다.
⑤ 도심축에 대한 단면상승모멘트는 '0'이다.

풀이

정답 ⑤
대칭축에 대한 단면상승모멘트는 '0'이다.

◆ ◆ ◆ ◆ ◆ ◆

2.6 단면의 주축

2.6.1 다음과 같은 단면의 도심을 원점으로 하는 주축의 경사각 θ_P와 주단면2차모멘트 I_1, I_2와 최소2차반경 $r_{\min}$을 구하여라.

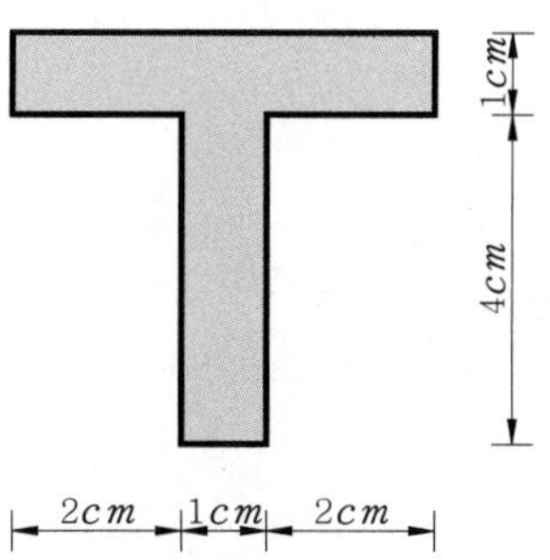

풀이

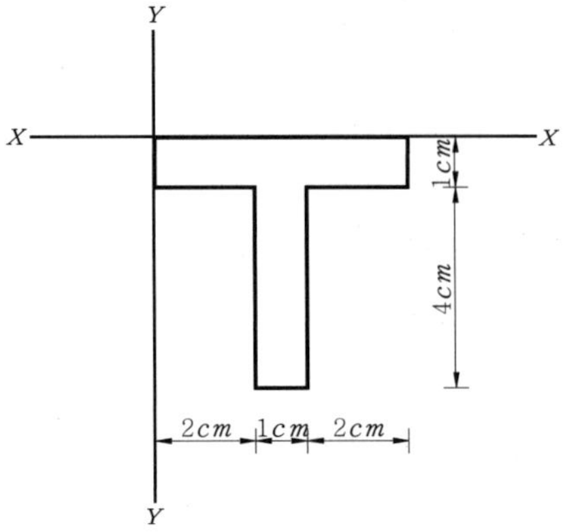

그림(a)

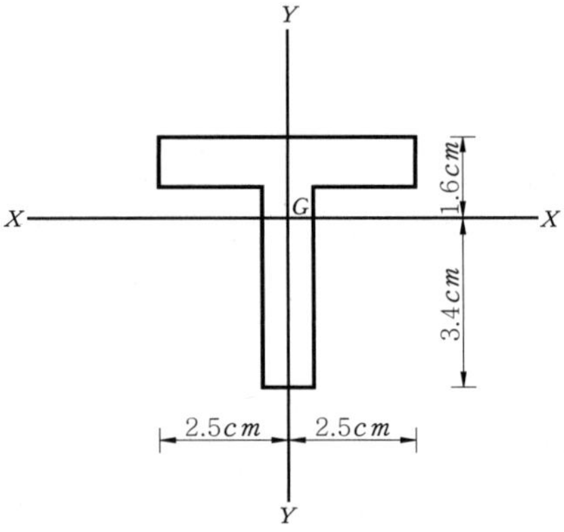

그림(b)

① 그림(a)에서 도심의 위치를 구하면

Y축에서 도심까지의 거리 $x_o = \dfrac{S_Y}{A} = \dfrac{5\times2.5+4\times2.5}{5+4} = 2.5cm$

X축에서 도심까지의 거리 $y_o = \dfrac{S_X}{A} = \dfrac{5\times(-0.5)+4\times(-3)}{5+4} \fallingdotseq -1.6cm$

② 그림(b)에서

$$I_X = (\frac{5\times1^3}{12}+5\times1\times1.1^2)+(\frac{1\times4^3}{12}+4\times1\times1.4^2) = 19.64\,cm^4$$

$$I_Y = \frac{1\times5^3}{12}+\frac{4\times1^3}{12} = 10.75cm^4$$

$$I_{XY} = Axy = 5\times0\times1.1+4\times0\times(-1.4) = 0\,cm^4$$

③ $I_X \neq I_Y$ 이므로

$$I_1 = \frac{I_X+I_Y}{2}+\sqrt{(\frac{I_X-I_Y}{2})^2+I_{XY}^2} = \frac{19.64+10.75}{2}+\sqrt{(\frac{19.64-10.75}{2})^2+0^2}$$

$$= 19.64cm^4$$

$$I_2 = \frac{I_X+I_Y}{2}-\sqrt{(\frac{I_X-I_Y}{2})^2+I_{XY}^2} = \frac{19.64+10.75}{2}-\sqrt{(\frac{19.64-10.75}{2})^2+0^2}$$

$$= 10.75cm^4$$

④ 주축의 경사각 θ_P

$$\tan2\theta_P = -\frac{2I_{XY}}{I_X-I_Y} = -\frac{2\times0}{19.64-10.75} = 0$$

$2\theta_P = 0°$ $\quad\therefore\ \theta_P = 0°$

⑤ 최소2차반경 $r_{\min}$

$$r_{\min} = \sqrt{\frac{I_2}{A}} = \sqrt{\frac{10.75}{5+4}} \fallingdotseq 1.09cm$$

◆ ◆ ◆ ◆ ◆ ◆

2.6.2 다음과 같은 단면의 도심을 원점으로 하는 주축의 경사각 θ_P와 주단면2차 모멘트 I_1, I_2와 최소2차반경 $r_{\min}$을 구하여라.

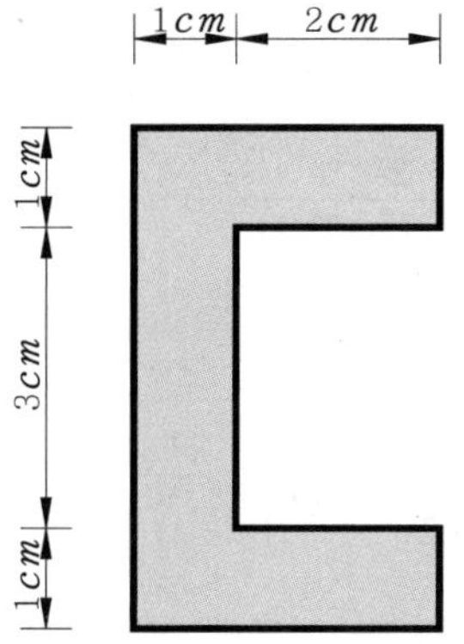

풀이

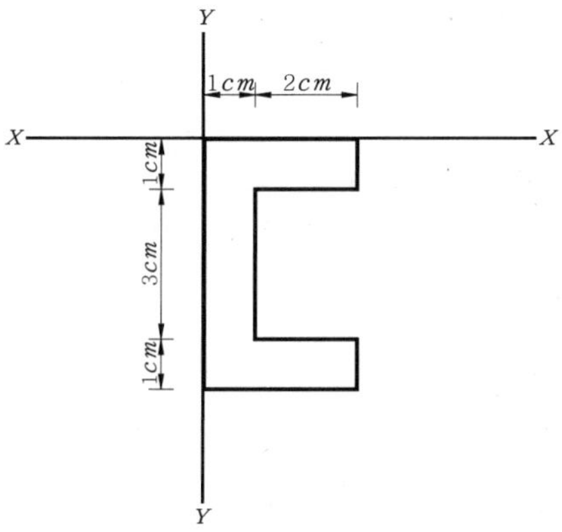

그림(a)

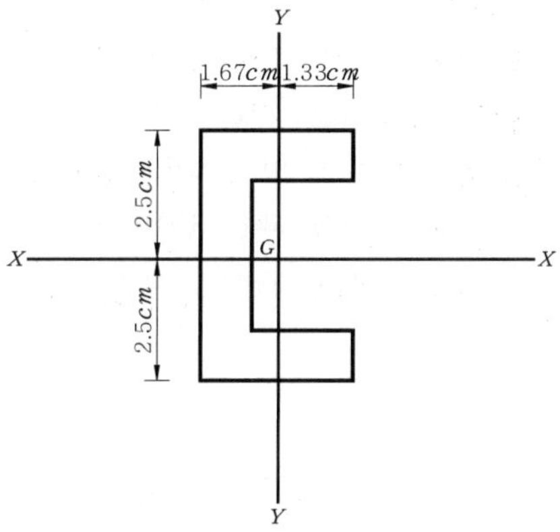

그림(b)

① 그림(a)에서 도심의 위치를 구하면

Y축에서 도심까지의 거리 $x_o = \dfrac{S_Y}{A} = \dfrac{5\times0.5+2\times2\times2}{5+2+2} \fallingdotseq 1.67cm$

X축에서 도심까지의 거리 $y_o = \dfrac{S_X}{A} = \dfrac{5\times(-2.5)+2\times(-0.5)+2\times(-4.5)}{5+2+2}$

$= -2.5cm$

② 그림(b)에서

$$I_X = \frac{3\times5^3}{12} - \frac{2\times3^3}{12} = 26.75cm^4$$

$$I_Y = \left(\frac{5\times1^3}{12} + 5\times1.17^2\right) + \left(\frac{1\times2^3}{12} + 2\times0.33^2\right)\times2 \fallingdotseq 9.03cm^4$$

$$I_{XY} = Axy = 5\times(-0.17)\times0 + 2\times0.33\times2 + 2\times0.33\times(-2) = 0$$

③ $I_X \neq I_Y$ 이므로

$$I_1 = \frac{I_X+I_Y}{2} + \sqrt{\left(\frac{I_X-I_Y}{2}\right)^2 + I_{XY}^2} = \frac{26.75+9.03}{2} + \sqrt{\left(\frac{26.75-9.03}{2}\right)^2 + 0^2}$$

$$= 26.75cm^4$$

$$I_2 = \frac{I_X + I_Y}{2} - \sqrt{(\frac{I_X - I_Y}{2})^2 + I_{XY}^2} = \frac{26.75 + 9.03}{2} - \sqrt{(\frac{26.75 - 9.03}{2})^2 + 0^2}$$

$$= 9.03cm^4$$

④ 주축의 경사각 θ_P

$$\tan 2\theta_P = -\frac{2I_{XY}}{I_X - I_Y} = -\frac{2 \times 0}{26.75 - 9.03} = 0$$

$$2\theta_P = 0^\circ \qquad \therefore \ \theta_P = 0^\circ$$

⑤ 최소2차반경 $r_{\min}$

$$r_{\min} = \sqrt{\frac{I_2}{A}} = \sqrt{\frac{9.03}{5+2+2}} \fallingdotseq 1.00cm$$

◆ ◆ ◆ ◆ ◆ ◆

2.6.3 다음은 단면의 주축에 관한 설명이다. 옳지 않은 것은?

① 단면의 주축은 단면의 도심을 지난다.
② 단면의 주축은 직교한다.
③ 대칭축은 주축이다. 따라서 모든 주축은 역시 대칭축이다.
④ 단면의 주축에 관한 단면2차모멘트는 최대 또는 최소이다.
⑤ 단면의 주축에 관한 단면상승모멘트는 '0' 이다.

풀이

정답 ③
모든 주축이 대칭축은 아니다.

◆ ◆ ◆ ◆ ◆ ◆

2.6.4 다음 일반도형의 성질에 대한 설명 중 잘못된 것은?

① 도심을 지나는 축에 대한 단면1차모멘트는 '0' 이다.
② 도심을 지나는 단면2차모멘트가 최대, 최소가 되는 축은 직교한다.
③ 도심을 지나고 직교하는 두 축에 대한 단면상승모멘트는 '0' 이다.
④ 도심을 지나고 직교하는 두 축에 대한 단면2차모멘트의 합은 일정하다.
⑤ 단면의 주축의 교점은 단면의 도심과 일치한다.

풀이

정답 ③
단면상승모멘트는 대칭축일 때 '0' 이다.

◆ ◆ ◆ ◆ ◆ ◆

2.6.5 다음 그림 중 단면의 주축으로 잘못 표기된 것은?

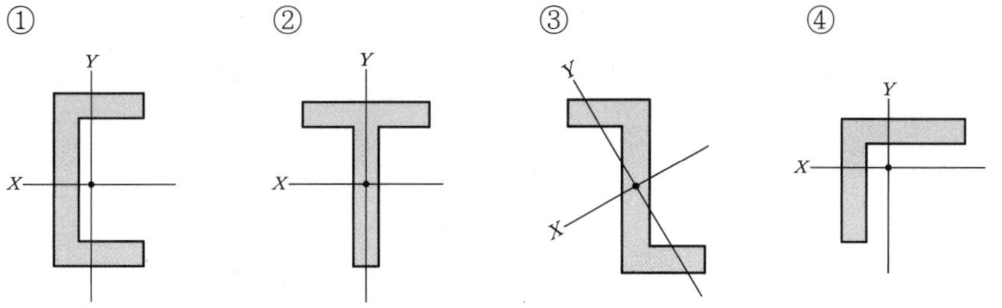

풀이

정답 ④

그림과 같이 X', Y'축이 주축이 된다.
즉 X'축이 단면2차반경이 최소인 축 또는 단면2차모멘트가 최소인 주축이며,
즉 Y'축이 단면2차반경이 최대인 축 또는 단면2차모멘트가 최대인 주축이다.

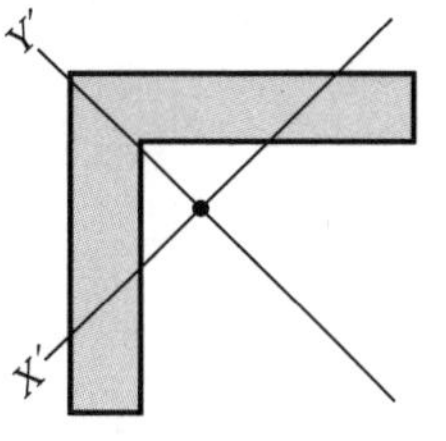

◆ ◆ ◆ ◆ ◆ ◆

3.1 응력과 변형률의 종류

3.1.1 다음의 그림과 같이 속이 빈 기둥의 외곽 단면 크기는 $50cm \times 50cm$ 이고, 두께가 $20mm$ 이다. 각 점에서 $P_1 = 500kN$, $P_2 = 1000kN$, $P_3 = 1500kN$ 이 작용할 때, 각 구간별 압축응력을 구하여라.

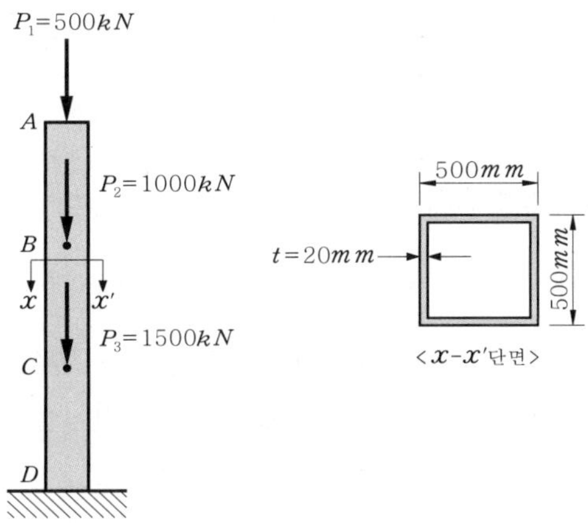

풀이

속이 빈 기둥의 단면적은 $A = 500^2 - (500 - 2 \times 20)^2 = 38400mm^2$ 이다.

① $A \sim B$구간의 압축응력 σ_{AB}

$$\sigma_{AB} = \frac{P_1}{A} = \frac{500 \times 10^3 N}{38400mm^2} = 13.02 N/mm^2$$

② $B \sim C$구간의 압축응력 σ_{BC}

$$\sigma_{BC} = \frac{P_1 + P_2}{A} = \frac{(500 \times 10^3 N) + (1000 \times 10^3 N)}{38400mm^2} = 39.06 N/mm^2$$

③ $C \sim D$구간의 압축응력 σ_{CD}

$$\sigma_{CD} = \frac{P_1 + P_2 + P_3}{A} = \frac{(500 \times 10^3 N) + (1000 \times 10^3 N) + (1500 \times 10^3 N)}{38400mm^2}$$

$$= 78.13 N/mm^2$$

◆ ◆ ◆ ◆ ◆ ◆

3.1.2 강체(剛體)인 수평봉 ACD가 다음과 같이 하중을 받고 있다. 수직부재 BC의 단면적이 $20\,cm^2$이고 수직응력이 $\sigma_{BC} = 150\,N/mm^2$일 때, 하중 P를 구하여라.

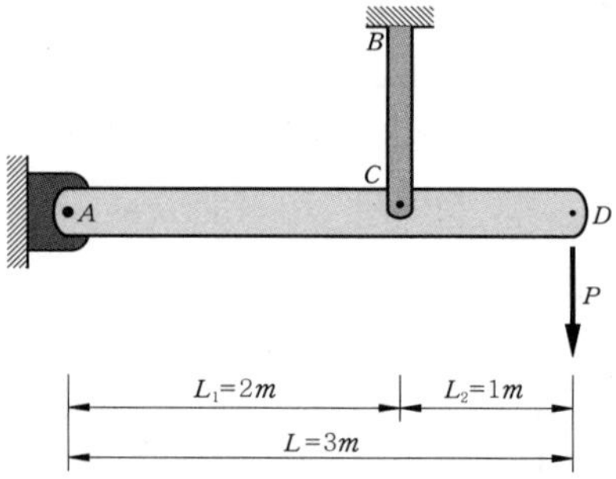

풀이

하중 P로 인하여 수직부재 BC에 작용하는 축방향력 P_{BC}는 다음과 같다.

$$P_{BC} = \sigma_{BC} \cdot A_{BC} = 150\,N/mm^2 \times 2000\,mm^2 = 300000\,N$$

한편 C점을 기준으로 수직부재 BC에 작용하는 인장력 P_{BC}가 상향(↑)으로 작용할 때, A점을 기준으로 한 모멘트의 평형조건식을 살펴보면 다음과 같다.

$$\Sigma M_A = 0 \ : \ PL - P_{BC}\,L_1 = 0$$

$$\therefore \ P = \frac{P_{BC}\,L_1}{L} = \frac{300000\,N \times 2\,m}{3\,m} = 200000\,N = 200\,kN$$

◆ ◆ ◆ ◆ ◆ ◆

3.1.3 다음의 그림과 같은 콘크리트 받침대가 압축하중을 받고 있을 때 균일수직응력이 발생하기 위해 집중하중이 작용해야 하는 좌표 (x_0, y_0)를 구하여라.

또한 하중 $P = 15kN$이 작용했을 때 압축응력 σ_c를 구하여라.

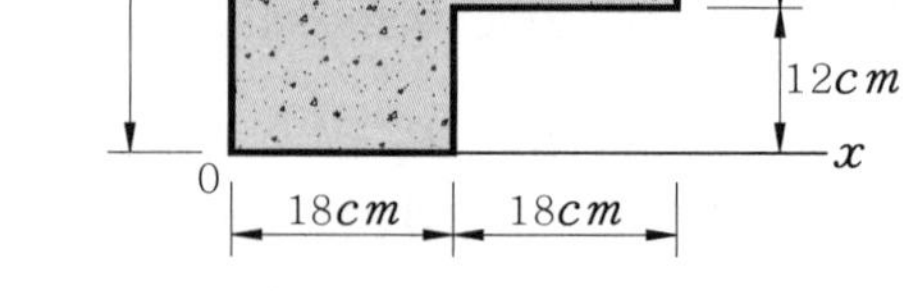

풀이

① 좌표 (x_0, y_0)

균일수직응력이 발생하기 위해서는 집중하중이 받침대의 도심에 작용해야 한다. 따라서 좌표 (x_0, y_0)는 도심이 된다.

그림(a)에서 도심은 다음과 같이 구할 수 있다.

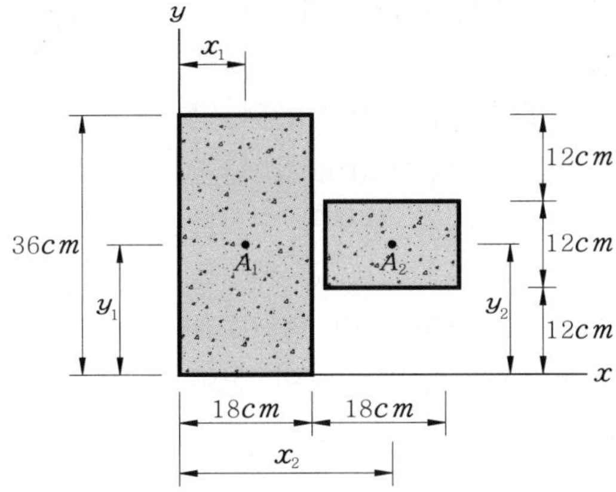

그림(a)

면적 : $A_1 = 18cm \times 36cm = 648\,cm^2$, $A_2 = 18cm \times 12cm = 216\,cm^2$

거리 : $x_1 = \dfrac{18\,cm}{2} = 9\,cm$, $y_1 = \dfrac{36cm}{2} = 18\,cm$,

$$x_2 = 18cm + \frac{18cm}{2} = 27\,cm, \quad y_2 = 12cm + \frac{12cm}{2} = 18\,cm$$

도심 : $x_0 = \dfrac{A_1x_1 + A_2x_2}{A_1 + A_2} = \dfrac{648 \times 9 + 216 \times 27}{648 + 216} = 13.5\,cm$,

$$y_0 = \frac{A_1y_1 + A_2y_2}{A_1 + A_2} = \frac{648 \times 18 + 216 \times 18}{648 + 216} = 18\,cm$$

$\therefore\ (x_o, y_o) = (13.5\,cm, 18\,cm)$

② 압축응력 σ_c

$$\sigma_c = \frac{P}{A_1 + A_2} = \frac{15000N}{648cm^2 + 216cm^2} = 17.36\,N/cm^2$$

◆ ◆ ◆ ◆ ◆ ◆

3.1.4 다음 그림과 같이 길이가 $L = 100\,mm$인 부재가 인장을 받고 있을 때, 이 부재에 부착된 스트레인게이지(Strain Gage)에 의해 변형률이 $\epsilon = 5 \times 10^{-3}$로 측정되었다. 이 부재의 전체신장량 δ는 얼마인지 구하여라.

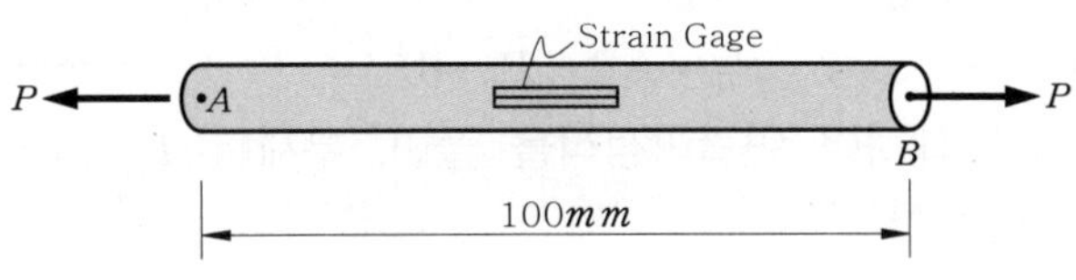

풀이

$\epsilon = \dfrac{\delta}{L}$ 에서 $\delta = \epsilon \cdot L$ 이다.

$\therefore\ \delta = \epsilon \cdot L = 5 \times 10^{-3} \times 100\,mm = 0.5\,mm$

◆ ◆ ◆ ◆ ◆ ◆

3.1.5 다음의 그림과 같이 스트럿(Strut)과 케이블(Cable)로 조합된 구조물 ABC가 하중 $P=30\,kN$을 받고 있다. 케이블(Cable)의 단면적은 $100\,mm^2$이고 스트럿(Strut)의 단면적은 $220\,mm^2$이다. 이때 각 부재의 수직응력 σ_{AB}와 σ_{BC}를 구하여라. 그리고 케이블(Cable)이 $2.1\,mm$ 늘어났을 때의 변형률과 스트럿(Strut)이 $1.3\,mm$ 줄었을 때의 변형률을 각각 구하여라.

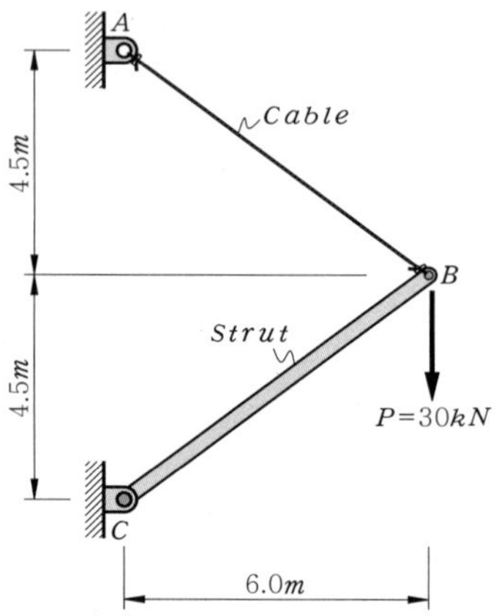

풀이

하중 $P=30kN$이 B점에서 작용하였을 때 AB부재에서는 인장이 발생하고 BC부재에서는 압축이 작용하는데, 다음의 그림과 같이 나타낼 수 있다.

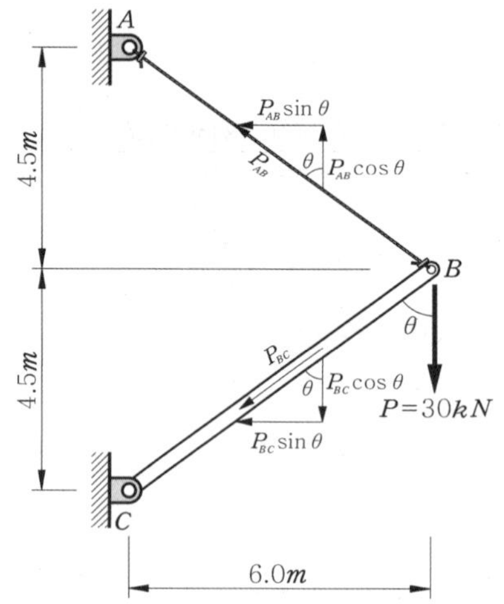

(1) 수직응력 σ_{AB}와 σ_{BC}

케이블(Cable)의 부재력을 P_{AB}, 스트럿(Strut)의 부재력을 P_{BC}라 할 때 B점에서의 평형조건식을 세워보면 다음과 같다.

$$\Sigma H_B=0 \ : \ -P_{AB}\sin\theta-P_{BC}\sin\theta=0\ , \qquad \therefore\ P_{AB}=-P_{BC} \quad \cdots\cdots\ ①$$

$$\Sigma V_B=0 \ : \ P_{AB}\cos\theta-P_{BC}\cos\theta-P=0 \quad \cdots\cdots\ ②$$

①식과 ②식에 대하여 연립방정식을 풀면, 부재력 P_{AB}와 P_{BC}를 다음과 같이 구할 수 있다.

$$P_{AB}=\frac{P}{2\cos\theta}=\frac{30\times10^3N}{2\times\dfrac{4.5}{\sqrt{4.5^2+6^2}}}=25000\,N \qquad \text{(인장력)}$$

$$P_{BC}=-\frac{P}{2\cos\theta}=-\frac{30\times10^3N}{2\times\dfrac{4.5}{\sqrt{4.5^2+6^2}}}=-25000N \ \text{(압축력)}$$

따라서 케이블(Cable)의 응력 σ_{AB}와 스트럿(Strut)의 응력 σ_{BC}는 다음과 같이 구할 수 있다.

$$\sigma_{AB} = \frac{P_{AB}}{A_{AB}} = \frac{25000\,N}{100\,mm^2} = 250.0\,N/mm^2 \qquad \text{(인장응력)}$$

$$\sigma_{BC} = \frac{P_{BC}}{A_{BC}} = -\frac{25000\,N}{220\,mm^2} = -113.6\,N/mm^2 \qquad \text{(압축응력)}$$

(2) 케이블(Cable)이 $2.1\,mm$ 늘어났을 때의 변형률

$$\epsilon = \frac{\delta}{L} = \frac{2.1\times10^{-3}}{\sqrt{4.5^2+6^2}} = 0.00028 = 2.8\times10^{-4}$$

(3) 스트럿(Strut)이 $1.3\,mm$ 줄었을 때의 변형률

$$\epsilon = \frac{\delta}{L} = \frac{1.3\times10^{-3}}{\sqrt{4.5^2+6^2}} = 0.0000173 = 1.73\times10^{-5}$$

◆ ◆ ◆ ◆ ◆ ◆

3.1.6 다음의 그림과 같이 $6\,cm\times3\,cm$의 단면을 가진 나무토막 3개가 접촉면에 골고루 접착제로 붙어 있고 하중 $20kN$을 받을 때, 접착제로 붙어 있는 면에서의 평균전단응력 τ_{aver}를 구하여라.

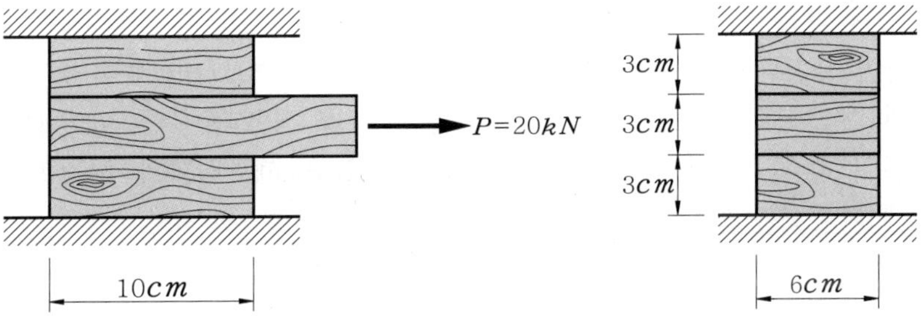

[옆 면] [단 면]

풀이

중간에 위치한 나무토막에서 가해진 하중 $P=20\,kN$는 상, 하부에 있는 나무토막과의 접촉면에 전단력으로 작용한다.

$$\therefore\ \tau_{aver} = \frac{P}{2A} = \frac{20\times10^3\,N}{2\times(6\,cm\times10\,cm)} = 166.7\,N/cm^2$$

◆ ◆ ◆ ◆ ◆ ◆

3.1.7 다음의 그림과 같이 서로 맞물린 두 부재의 파괴할 평균전단응력이 $92MPa$ 이라 하면, 전단에 의해 파괴가 생길 때의 하중 P를 구하여라.

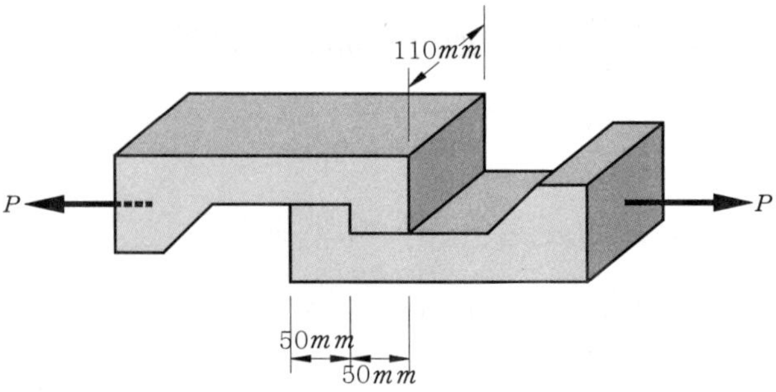

풀이

가해진 하중 P는 두 부재에 전단력으로 작용하고, 전단이 일어나는 단면적은 $A = 50mm \times 110mm = 5500mm^2$ 이다.

두 부재가 전단력 P에 저항하는 식은 다음과 같이 성립한다.

$$\tau_{aver} = \frac{P}{A}$$

$$\therefore \; P = \tau_{aver} \cdot A = 92N/mm^2 \times 5500mm^2 = 506000N$$

◆ ◆ ◆ ◆ ◆ ◆

3.1.8 다음의 그림과 같이 강봉이 콘크리트 속에 $L = 100mm$ 묻혀 있을 때, 강봉과 콘크리트 사이의 결합력에 대한 실험을 하였다. 직경 $d = 20mm$인 강봉의 끝에 인장하중 $P = 100kN$을 가하였을 때, 강봉과 콘크리트 사이에 생기는 평균 전단응력 τ_{aver}를 구하여라.

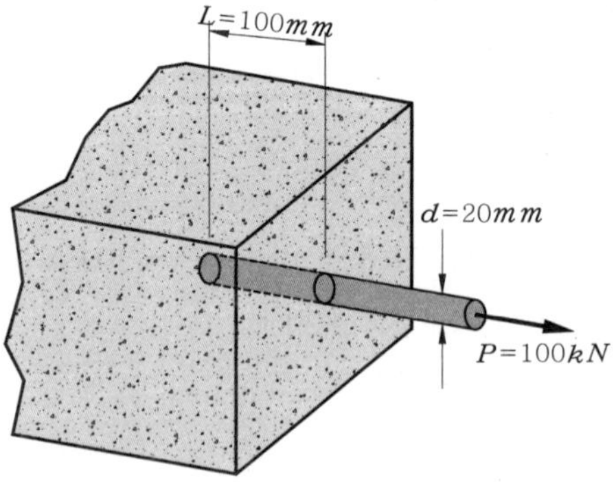

풀이

가해진 하중 P는 강봉과 콘크리트의 접촉면을 통하여 전단력으로 작용하고, 전단이 일어나는 단면적은 $A = \pi \times d \times L = \pi \times 20mm \times 100mm = 6283.19mm^2$ 이다.

매립된 강봉과 콘크리트의 접촉면에 작용하는 전단력 P에 저항하는 식은 다음과 같이 성립한다.

$$\therefore \ \tau_{aver} = \frac{P}{A} = \frac{100 \times 10^3 N}{6283.19 mm^2} = 15.92 N/mm^2$$

◆ ◆ ◆ ◆ ◆ ◆

3.2 응력과 변형률의 관계

3.2.1 다음의 그림과 같이 지름이 $2.5mm$ 인 강철봉에서 변형률 $\epsilon = 0.0013$ 을 얻을 수 있는 하중 P를 구하여라. (탄성계수 $5 \times 10^5 N/mm^2$)

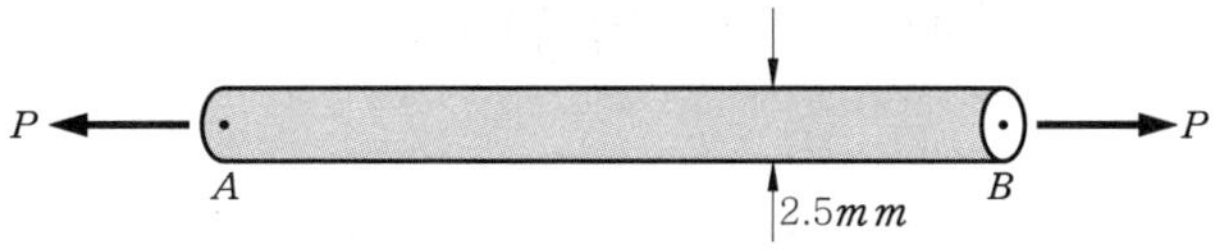

풀이

$\frac{P}{A} = E \cdot \epsilon$ 이므로 $P = E \cdot \epsilon \cdot A$

$$P = E \cdot \epsilon \cdot A = 5 \times 10^5 \times 0.0013 \times \frac{\pi \times 2.5^2}{4} = 3190.7$$

$\therefore \ P = 3190.7 N$

◆ ◆ ◆ ◆ ◆ ◆

3.2.2 다음의 그림과 같이 지름이 $16cm$ 이고, 길이가 $45cm$ 인 원형부재에 하중 $P = 250 kN$ 이 작용한 결과, 폭이 $0.02cm$ 만큼 늘어나고, 길이가 $0.18cm$ 만큼 감소하였다. 이 부재의 탄성계수와 프와송비를 구하여라.

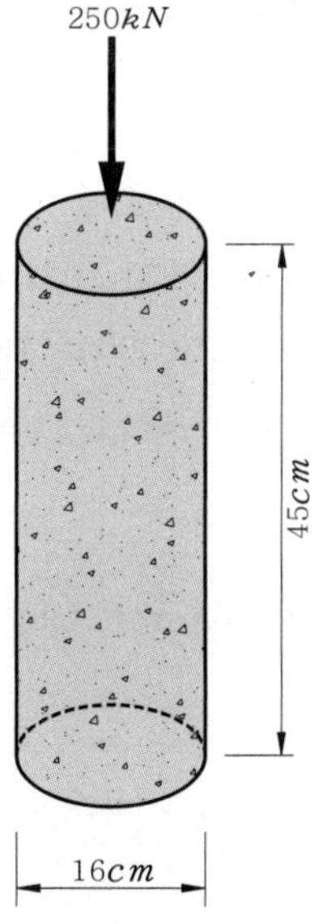

풀이

$$E = \frac{\sigma}{\epsilon} = \frac{P/A}{\delta/L} = \frac{250000/((\pi \times 16^2)/4)}{0.18/45} = 310849.5$$

$\therefore\ E = 3.11 \times 10^5\, N/cm^2$

$$\nu = \frac{\epsilon'}{\epsilon} = \frac{\Delta d}{\delta/L} = \frac{0.02/16}{0.18/45} = 0.3125$$

◆ ◆ ◆ ◆ ◆ ◆ ◆

3.2.3 길이가 $3.3m$ 인 $150\,mm \times 150\,mm$ 크기의 정사각형 단면 부재에 $120\,kN$의 하중이 작용할 때, 이 부재의 신장량과 단면의 변화량, 체적의 변화량을 구하여라. (여기서, 탄성계수 $E = 100\,GPa$, 프와송비 $\nu = 0.2$)

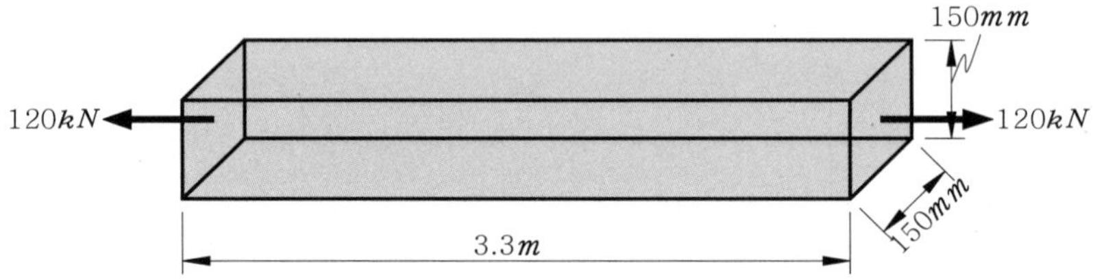

풀이

① 신장량

$$\delta = \frac{PL}{EA} = \frac{120 \times 10^3 \times 3.3}{100 \times 10^9 \times (0.15)^2} = 0.000176 = 1.76 \times 10^{-4} m$$

② 단면 변화량

$\nu = \dfrac{\Delta/b}{\delta/L}$ 이므로 $\Delta = \dfrac{\nu\, b\, \delta}{L}$

$$\Delta = \frac{\nu\, b\, \delta}{L} = \frac{0.2 \times 0.15 \times 1.76 \times 10^{-4}}{3.3} = 0.0000016 = 1.6 \times 10^{-6} m$$

③ 체적 변화량

$\nu = L\, b^2 = 3300 \times 150^2 = 74250000\, mm^3$

$\nu' = L'\,(b')^2 = (3300 + 0.176) \times (150 - 0.0016)^2 = 74252375.92\, mm^3$

$\Delta\nu = \nu' - \nu = 74252375.92 - 74250000 = 2375.92\, mm^3$

$\therefore$ 신장량: $1.76 \times 10^{-4} m$, 단면 변화량: $1.6 \times 10^{-6} m$,
체적 변화량: $2375.92\, mm^3$

◆ ◆ ◆ ◆ ◆ ◆ ◆

3.2.4 다음의 그림과 같이 길이 $L=2.5m$, 외경 $d_1=110mm$, 내경 $d_2=90mm$ 인 원형강관에 압축하중 $P=430kN$이 작용하고 있다. 이때의 강관의 줄어든 길이 δ, 외경과 내경의 증가량 Δd, 강관두께의 증가량 Δt 를 구하여라. (여기서, 탄성계수 $E=5.2\times10^4 N/mm^2$, 프와송비 $\nu=0.4$)

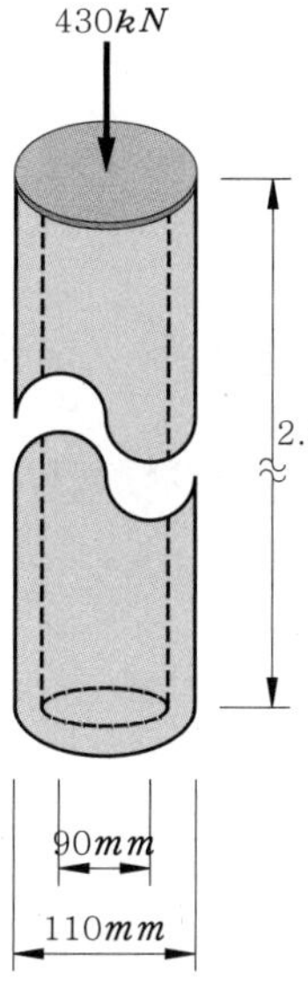

풀이

단면적 A

$d_1=110mm$, $d_2=90mm$

$$A=\frac{\pi\left(d_1^2-d_2^2\right)}{4}=\frac{\pi\left(110^2-90^2\right)}{4}=3141.6mm^2$$

① 강관의 줄어든 길이 δ

$\sigma=\dfrac{P}{A}=E\cdot\dfrac{\delta}{L}$ 이므로

$$\delta=\frac{PL}{EA}=\frac{\left(430\times10^3\right)\times\left(2.5\times10^3\right)}{5.2\times10^4\times3141.6}=6.58mm$$

② 외경과 내경의 증가량 Δd

외경의 증가량 Δd_1, 내경의 증가량 Δd_2

$\nu=\dfrac{\epsilon'}{\epsilon}=\dfrac{\Delta d/d}{\delta/L}$ 이므로 $\Delta d_1=\dfrac{d\,\delta\,\nu}{L}$

$$\Delta d_1=\frac{d\,\delta\,\nu}{L}=\frac{110\times6.58\times0.4}{2500}=0.116mm$$

$$\Delta d_2=\frac{d\,\delta\,\nu}{L}=\frac{90\times6.58\times0.4}{2500}=0.095mm$$

③ 강관두께의 증가량 Δt

$$\Delta t=\frac{\Delta d_1-\Delta d_2}{2}=\frac{0.116-0.095}{2}=0.0105mm$$

$\therefore\ \delta=6.58mm$, $\Delta d_1=0.116mm$, $\Delta d_2=0.095mm$, $\Delta t=0.0105mm$

◆ ◆ ◆ ◆ ◆ ◆

3.2.5 다음의 그림과 같이 외경이 $75mm$인 원형부재에서 외경이 $0.0086mm$ 늘어났을 때의 하중 P를 구하여라.
(여기서, 탄성계수 $E=130\,GPa$, 프와송비 $\nu=0.4$)

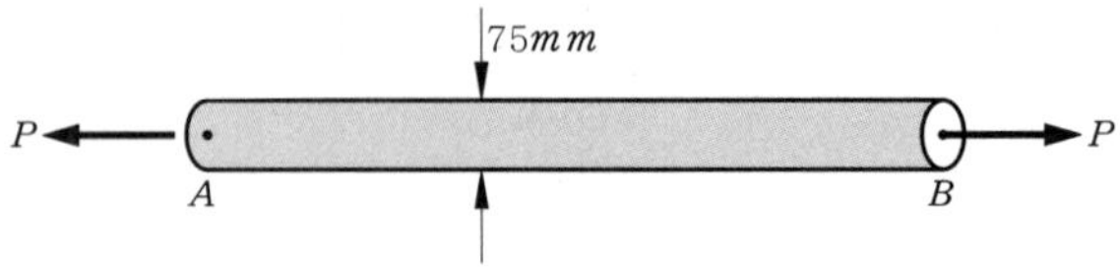

풀이

$$\nu=\frac{\epsilon'}{\epsilon} \Rightarrow \epsilon=\frac{\epsilon'}{\nu}, \quad \sigma=\frac{P}{A}=E\cdot\epsilon \Rightarrow P=A\cdot E\cdot\epsilon$$

$$\epsilon=\frac{\epsilon'}{\nu}=\frac{0.0086/75}{0.4}=0.000287=2.87\times10^{-4}$$

$$P=A\cdot E\cdot\epsilon=((\pi\times75^2)/4)\times(130\times10^3)\times(2.87\times10^{-4})=164830.5\,N$$

$$\therefore\ P=164.8\,kN$$

◆ ◆ ◆ ◆ ◆ ◆

3.3 축하중 부재

3.3.1 지름 $20mm$ 인 원형단면을 가진 봉재에 다음과 같은 하중이 작용할 때, 봉재의 하향 처짐 δ를 구하고, 늘어날 것인지 줄어들 것인지를 판정하여라.
(단, $E=2.0\times10^5\,MPa$)

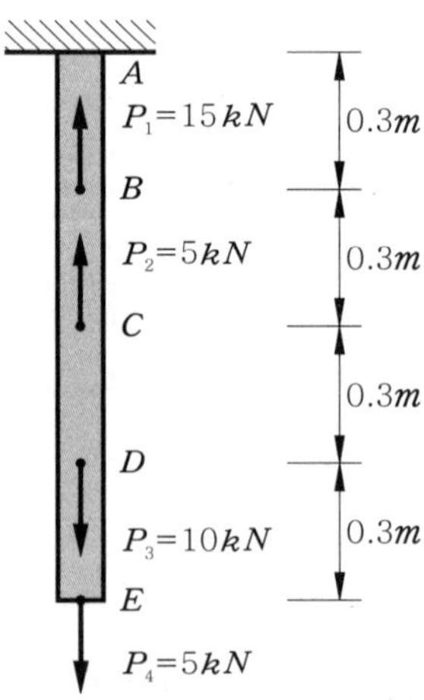

풀이

부재 전체의 변형량은 각 부분(AB, BC, CD, DE)의 축력을 구한 후, 각 부분별 변형량을 구하고 이들을 더함으로써 얻을 수 있으므로,

$$\delta=\delta_{AB}+\delta_{BC}+\delta_{CD}+\delta_{DE}$$

각 부분에 작용하는 축력은 다음과 같다.

$$P_{AB} = P_1 + P_2 + P_3 + P_4 = -15 - 5 + 10 + 5 = -5\,kN$$

$$P_{BC} = P_2 + P_3 + P_4 = -5 + 10 + 5 = 10kN$$

$$P_{CD} = P_3 + P_4 = 10 + 5 = 15\,kN$$

$$P_{DE} = P_4 = 5\,kN$$

이를 통해 각 부분의 변형량을 구하면,

$$\delta_{AB} = \frac{P_{AB} \times L_{AB}}{E \times A} = \frac{-5 \times 10^3 \times 300}{2 \times 10^5 \times (\pi \times 20^2/4)} = -0.024\,mm$$

$$\delta_{BC} = \frac{P_{BC} \times L_{BC}}{E \times A} = \frac{10 \times 10^3 \times 300}{2 \times 10^5 \times (\pi \times 20^2/4)} = 0.048\,mm$$

$$\delta_{CD} = \frac{P_{CD} \times L_{CD}}{E \times A} = \frac{15 \times 10^3 \times 300}{2 \times 10^5 \times (\pi \times 20^2/4)} = 0.072\,mm$$

$$\delta_{DE} = \frac{P_{DE} \times L_{DE}}{E \times A} = \frac{5 \times 10^3 \times 300}{2 \times 10^5 \times (\pi \times 20^2/4)} = 0.024\,mm$$

따라서 전체변형량을 계산하고 늘어날 것인지 줄어들 것인지를 판정하면,

$\therefore\ \delta = \delta_{AB} + \delta_{BC} + \delta_{CD} + \delta_{DE} = -0.024 + 0.048 + 0.072 + 0.024 = 0.12\,mm$ (늘어남)

◆ ◆ ◆ ◆ ◆ ◆

3.3.2 다음 그림과 같이 어떤 2층 건물이 1층에 AB, 2층에 BC인 기둥을 갖는다. 이 기둥은 그림에서 보이는 바와 같이 지붕에 의한 하중 $P_1 = 180\,kips$와 2층에 의한 하중 $P_2 = 270\,kips$를 받는다. 위쪽과 아래쪽 기둥의 단면적은 각각 $5.8\,in^2$와 $18.6\,in^2$이며, 각 기둥의 길이는 $AB = 12ft$, $BC = 10ft$이다. 기둥의 탄성계수 $E = 30 \times 10^6 psi$ 라고 가정하여 하중작용으로 인한 각 기둥의 수축량을 구하여라.

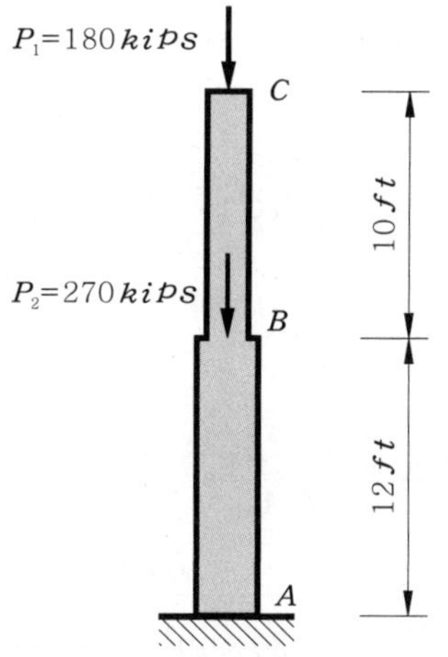

풀이

부재 전체의 변형량은 각 부분(AB, BC)의 축력을 구한 후, 각 부분별 변형량을 구할 수 있다.

$$\delta = \delta_{BC} + \delta_{AB}$$

각 부분에 작용하는 축력은 다음과 같다.

$$P_{BC} = P_1 = 180\,kips$$

$$P_{AB} = P_1 + P_2 = 180\,kips + 270\,kips = 450\,kips$$

이를 통해 각 부분의 변형량을 구하면,

$$\delta_{BC} = \frac{P_{BC} \times L_{BC}}{E \times A} = \frac{180 \times 10^3 lb \times 10 \times 12 in}{30 \times 10^6 lb/in^2 \times 5.8 in^2} = 0.124 in = 3.15 mm$$

$$\delta_{AB} = \frac{P_{AB} \times L_{AB}}{E \times A} = \frac{450 \times 10^3 lb \times 12 \times 12 in}{30 \times 10^6 lb/in^2 \times 18.6 in^2} = 0.116 in = 2.95 mm$$

◆ ◆ ◆ ◆ ◆ ◆

3.3.3 길이가 $16m$인 부재의 한쪽 절반의 지름은 $d_1 = 0.75m$ 이고, 다른 쪽 절반은 $d_2 = 0.5m$이다. (a) 인장하중 $P = 5000\,kN$를 받을 때 부재의 신장량은 얼마인가? (b) 이 부재와 같은 체적을 갖는, 길이가 $16m$이고 지름 d가 일정한 부재를 만들었다고 가정할 때, 같은 하중 P에 의한 신장량은 얼마인가? ($E = 30 \times 10^6\,GPa$라 가정한다.)

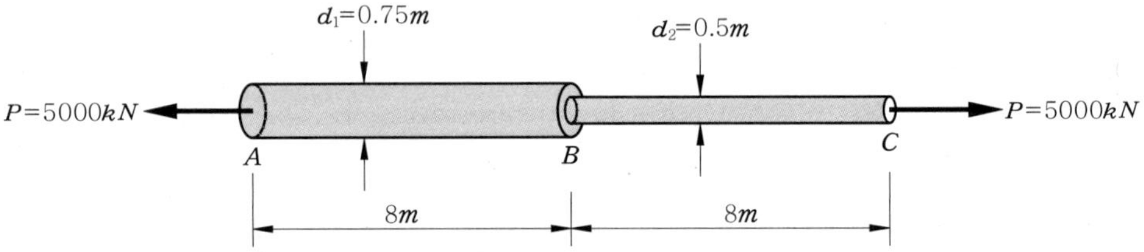

풀이(a)

$5000\,kN$를 받는 부재 AB, BC의 변형량을 각각 구해 더하여 신장량을 구한다.

$$\delta = \delta_{AB} + \delta_{BC}$$

$$\delta_{AB} + \delta_{BC} = \frac{P_{AB} L_{AB}}{EA_{AB}} + \frac{P_{BC} L_{BC}}{EA_{BC}}$$

$$= \frac{5000 \times 8}{30 \times 10^3 \times \frac{\pi \times 0.75^2}{4}} + \frac{5000 \times 8}{30 \times 10^3 \times \frac{\pi \times 0.5^2}{4}} = 9.8mm$$

풀이(b)

① 같은 체적을 갖는 부재의 직경 d을 구한다.

$$\frac{\pi \times 0.75^2}{4} \times 8m + \frac{\pi \times 0.5^2}{4} \times 8m = \frac{\pi \times d^2}{4} \times 16m$$

$$\therefore \ d = 0.637\,m$$

② 지름이 $0.637m$인 부재에 $5000\,kN$를 받을 때, 신장량을 구하면,

$$\delta_{d=0.637} = \frac{PL}{EA} = \frac{5000 \times 16}{30 \times 10^3 \times \frac{\pi \times 0.637^2}{4}} = 8.37\,mm$$

◆ ◆ ◆ ◆ ◆ ◆

3.3.4 봉재 ABC는 두 가지 재료로 되어 있으며, 전체 길이가 $12\,m$ 이고, 지름이 $d_S = 0.6\,m$, $d_A = 0.4\,m$ 이다. 각 재료의 탄성계수는 $E_S = 30 \times 10^6\,GPa$, $E_A = 10 \times 10^6\,GPa$ 이다. 이 봉재는 $P = 1500\,kN$의 인장력을 받는다.

(a) 두 부분이 같은 신장률을 갖기 위한 길이 L_S과 L_A를 구하라.

(b) 부재의 총 신장량을 구하라.

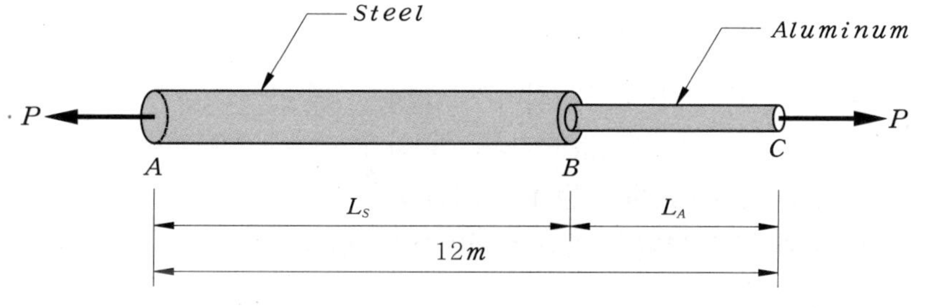

풀이(a)

① 두 재료의 길이의 합은 총 길이의 합과 같다.

$$L(=12m) = L_S + L_A \quad \text{.......................................(1)}$$

② 두 재료의 신장량을 구한다.

$$\delta_S = \frac{P\,L_S}{E_S\,A_S} = \frac{1500 \times L_S}{30 \times 10^3 \times \frac{\pi \times 0.6^2}{4}} = 0.18\,L_S \quad \text{.......................(2)}$$

$$\delta_A = \frac{P\,L_A}{E_A\,A_A} = \frac{1500 \times L_A}{10 \times 10^3 \times \frac{\pi \times 0.4^2}{4}} = 1.19\,L_A \quad \text{.......................(3)}$$

③ 두 재료를 갖는 부재의 신장률이 같다라는 전제를 이용한다.

$\delta_S = \delta_A$ ....(4)

④ 식(4)에 식(2)과 식(3)를 대입하여 두 부재의 길이를 정리한다.

$L_S = 6.67 L_A$ ....(5)

⑤ 식(5)를 식(1)에 대입한다.

$L(=12m) = 6.67 L_A + L_A = 7.67 L_A$

$\therefore\ L_S = 10.44\ m\ ,\qquad L_A = 1.56\ m$

풀이(b)

두 재료의 신장률이 같으므로

$$\delta = \delta_S + \delta_A = 2\delta_S = \frac{2PL_S}{E_S A_S} = \frac{2 \times 1500 \times 10.44}{30 \times 10^3 \times \frac{\pi \times 0.6^2}{4}} = 3.7\,mm$$

◆ ◆ ◆ ◆ ◆ ◆

3.3.5 인장하중 $P = 700\,kN$을 받는 AB가 두 개의 강재 기둥에 의하여 핀으로 지지되어 있다. 동봉은 길이가 $10\,m$, 횡단면적 $8500\,m^2$, 탄성계수가 $E_C = 115\,GPa$ 이며, 각 강재 기둥은 길이가 $1.5\,m$, 횡단면적 $7200\,m^2$, 탄성계수가 $E_C = 200\,GPa$ 이다. 점A의 처짐 δ를 구하라.

(여기서, 가로연결부재는 강체로 휨변형이 생기지 않는다고 가정한다.)

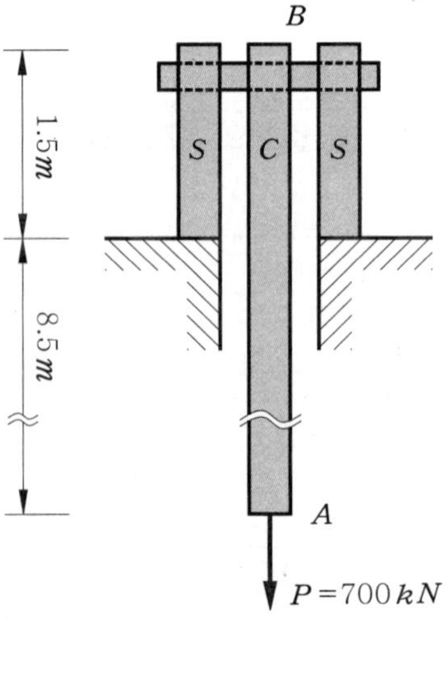

풀이

A 점의 처짐은 동봉과 강재 기둥의 처짐 길이의 합과 같으므로

$$\delta_A = \delta_C + \delta_S$$

$$\delta_C + \delta_S = \frac{PL_C}{E_C A_C} + \frac{\frac{P}{2}L_S}{E_S A_S}$$

$$= \frac{700 \times 10}{115 \times 10^{-3} \times 8500} + \frac{\frac{700}{2} \times 1.5}{200 \times 10^{-3} \times 7200} = 6.45 \times 10^{-3}\, m$$

◆ ◆ ◆ ◆ ◆ ◆

3.4 축하중을 받는 부정정구조물*

3.4.1 무게가 W인 블록 AB가 3개의 등간격으로 매어진 연직 줄들에 매달려 있는데, 이 중 1개는 강선이고, 2개는 알루미늄선이다. 이 줄들은 블록의 중심에 작용하는 하중 P를 지지하며, 강선의 지름은 $1.5\,cm$ 이고, 알루미늄선의 지름은 $1.0\,cm$ 이다. 또한 강선의 설계응력은 $200\,MPa$, 알루미늄선의 설계응력은 $120\,MPa$ 일 때, 지지할 수 있는 최대하중 P의 크기는 얼마인가?
(여기서, $W = 5\,kN, E_S = 3.0 \times 10^5\,MPa$, $E_A = 2.0 \times 10^5\,MPa$ 라고 가정한다)

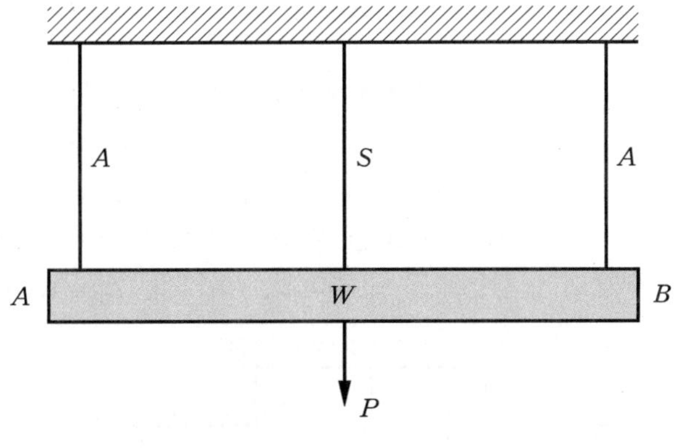

풀이

하중 P로 인해 각 줄에 반력은 그림(a)와 같이 발생한다.

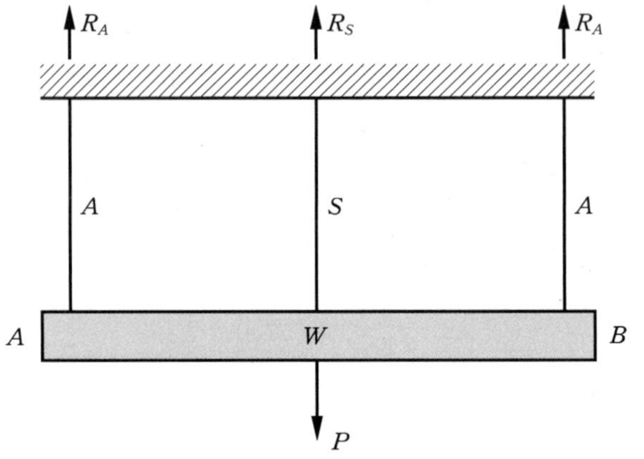

그림(a)

$$2R_A + R_S - (P + W) = 0 \quad \cdots\cdots (1)$$

R_A 와 R_S 로 인한 각 부재의 처짐 계산식을 구하면,

$$\delta_S = \frac{R_S \times L}{E_S \times A_S} = \frac{R_A \times L}{E_A \times A_A} = \delta_A \quad \cdots\cdots (2)$$

$$R_S = \frac{E_S \times A_S}{E_A \times A_A} \times R_A = 3.375\,R_A \quad \cdots\cdots (3)$$

$$R_A = \frac{E_A \times A_A}{E_S \times A_S} \times R_S = 0.29\,R_S \quad \cdots\cdots (4)$$

식(3)과 식(4)를 식(1)에 대입하여 P 에 대하여 정리하면,

$$P = 2R_A + 3.375R_A - W = 5.375\,R_A(=\sigma_A \times A_A) - W = 45.7\,kN$$

$$P = 2 \times 0.296R_A + R_A - W = 1.592R_S(=\sigma_S \times A_S) - W = 151.3\,kN$$

$\therefore\ P = 45.7\,kN$ (두 값 중 작은 값)

◆ ◆ ◆ ◆ ◆ ◆

3.4.2 그림에 보이는 장치에서 각 연직 봉들은 강재로 만들어져 있으며 단면적은 $1000\,mm^2$ 이다. 무게가 $400\,kN$ 인 부재가 연직 봉들에 의해 매달려 있다. B 점에서 부재의 인장응력을 구하여라. (여기서, $L_1 = 1.2\,m$, $L_2 = 1.8\,m$ 임.)

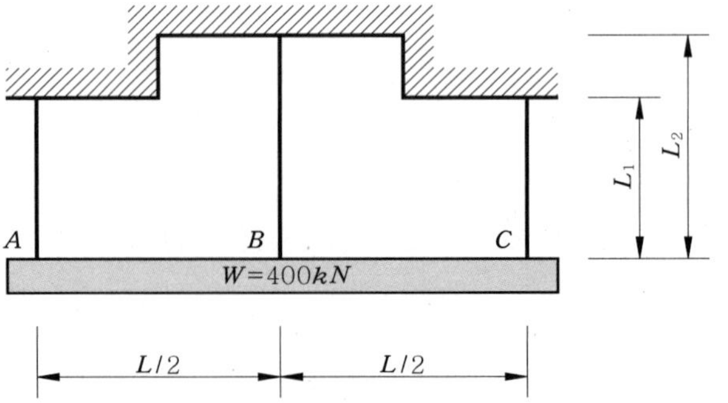

풀이-1 유연도법 (Flexibility Method)

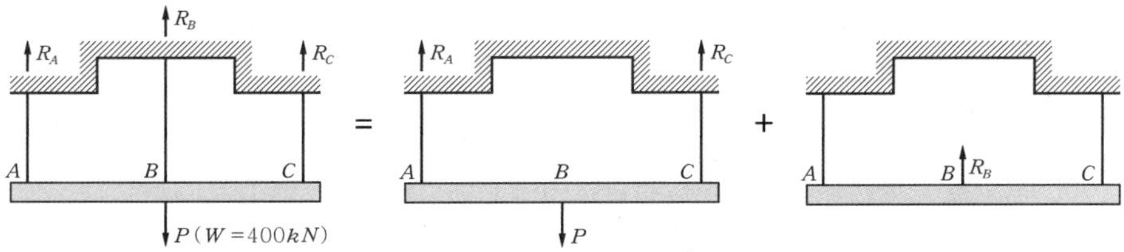

그림(a) 그림(b) 그림(c)

① 하중 $P(W=400kN)$ 로 인한 부재의 반력은 그림(a)와 같다.
여기서, 다음과 같은 평형조건식이 성립된다.

$$R_A + R_B + R_C (= R_A) = 2R_A + R_B = P \quad \cdots\cdots (1)$$

② 그림(b)와 그림(c)와 같이 미지수인 반력 중 R_B를 과잉반력으로 정한다.
그림(b)의 기본 구조물에서 축하중 P에 의한 B점에서의 변위 δ_P를 구한다.

$$\delta_P = \frac{PL_1}{2EA} \quad \cdots\cdots (2)$$

③ 과잉반력 R_B에 의한 B점에서의 변위를 구한다.

$$\delta_R = \frac{R_B L_1}{2EA} \quad \cdots\cdots (3)$$

④ 축하중 P와 과잉반력 R_B가 동시에 작용할 때의 최종 B점의 변위 δ를 구한다.

$$\delta_P - \delta_R = \frac{PL_1}{2EA} - \frac{R_B L_1}{2EA} = \frac{R_B L_2}{EA}$$

$$\therefore \ R_B = 100\,kN$$

⑤ B점에서의 인장응력을 구한다.

$$\sigma = \frac{R_B}{A} = \frac{100\,kN}{1000\,mm^2} = 100\,MPa$$

풀이-2 강성도법 (Stiffness Method)

① 위 유연도법의 풀이과정과 같이 평형조건식을 구한다.

$$R_A + R_B + R_C (= R_A) = 2R_A + R_B = P \quad \cdots\cdots (1)$$

② 반력 R_A와 R_B를 미지수 δ_B를 써서 표시하면,

$$R_A = \frac{EA}{L_1} \times \delta_B \quad \cdots\cdots (2)$$

$$R_B = \frac{EA}{L_2} \times \delta_B \quad \cdots\cdots (3)$$

③ 식(2)와 식(3)을 평형조건식(1)에 대입한다.

$$2\times\frac{EA}{L_1}\times\delta_B+\frac{EA}{L_2}\times\delta_B=P$$

$$\delta_B=\frac{P\times L_1L_2}{EA(2L_2+L_1)} \quad \cdots\cdots (4)$$

④ 식(4)를 이용하여 식(3)에 대입하여 반력 R_B를 구한다.

$$R_B=\frac{EA}{L_2}\times\frac{P\times L_1L_2}{EA(2L_2+L_1)}=100kN$$

⑤ 반력 R_B을 이용하여 인장응력을 구한다.

$$\sigma=\frac{R_B}{A}=\frac{100\,kN}{1000\,mm^2}=100\,MPa$$

◆ ◆ ◆ ◆ ◆ ◆

3.4.3 같은 강성도 EA를 갖는 3개의 부재 A, B, C가 수평한 보를 지지한다. 부재 B와 C의 길이는 h이고, 부재 A의 길이는 $2h$이다. 하중 P가 보의 중앙에 작용했을 때, 이 보가 수평을 유지하기 위한 부재 A와 B 사이의 거리 x를 구하여라.

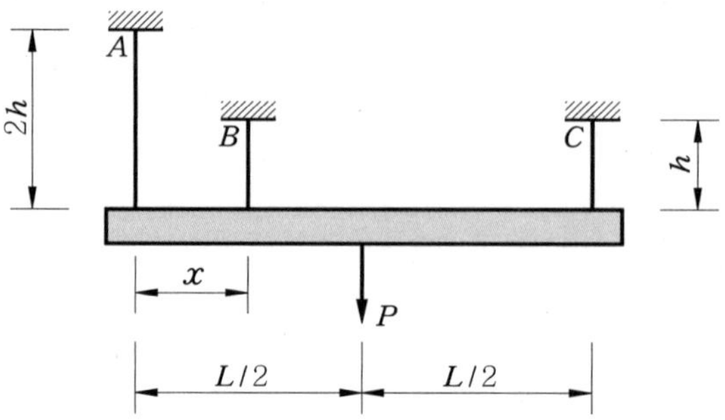

풀이

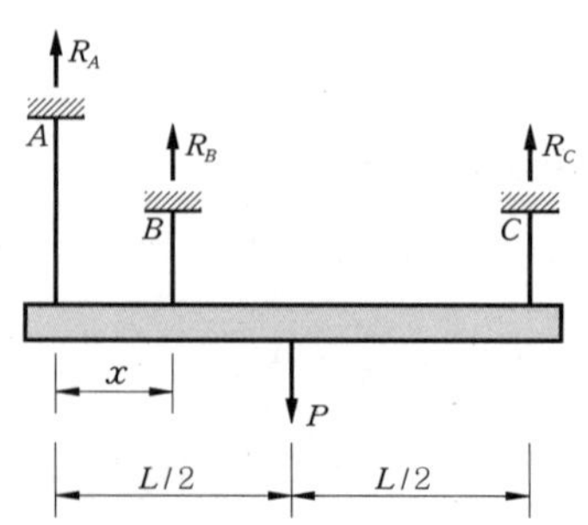

그림(a)

① 하중 P로 인한 부재의 반력은 그림(a)와 같다.

$$R_A+R_B+R_C=P \quad \cdots\cdots (1)$$

② C점을 기준으로 힘의 평형조건식을 구한다.

$$\sum M_C = 0: \ R_A \times L + R_B \times (L-x) - P \times L/2 = 0 \quad \cdots\cdots (2)$$

③ 보가 수평을 유지하려면 다음과 같은 식을 만족하여야 한다.

$$\delta_A = \delta_B = \delta_C \quad \cdots\cdots (3)$$

$$\delta_A = \frac{R_A \times 2h}{EA}, \ \delta_B = \frac{R_B \times h}{EA}, \ \delta_C = \frac{R_C \times h}{EA} \quad \cdots\cdots (4)$$

④ 식(4)를 이용하여 반력을 구한다.

$$R_A = \frac{EA}{2h} \times \delta_A, \ R_B = \frac{EA}{h} \times \delta_B, \ R_C = \frac{EA}{h} \times \delta_C \quad \cdots\cdots (5)$$

$$\therefore \ 2R_A = R_B = R_C \quad \cdots\cdots (6)$$

⑤ 식(6)을 식(1)에 대입하여 반력 R_A를 구한다.

$$\therefore R_A = \frac{P}{5}, \ R_B = R_C = \frac{2P}{5} \quad \cdots\cdots (7)$$

⑥ 식(7)을 식(2)에 대입하여 미지수 x를 구한다.

$$\frac{P}{5} \times L + \frac{2P}{5} \times (L-x) - P \times L/2 = 0$$

$$\therefore \ x = \frac{L}{4}$$

◆ ◆ ◆ ◆ ◆ ◆

3.4.4 다음 그림에서 BD부재는 강성봉재이고, AC 및 AD부재는 강선(Wire)으로 되어 있다. D점에서 하중 $P=15kN$이 작용할 때, AC 및 AD부재에 작용하는 인장력 T_C와 T_D를 구하여라.

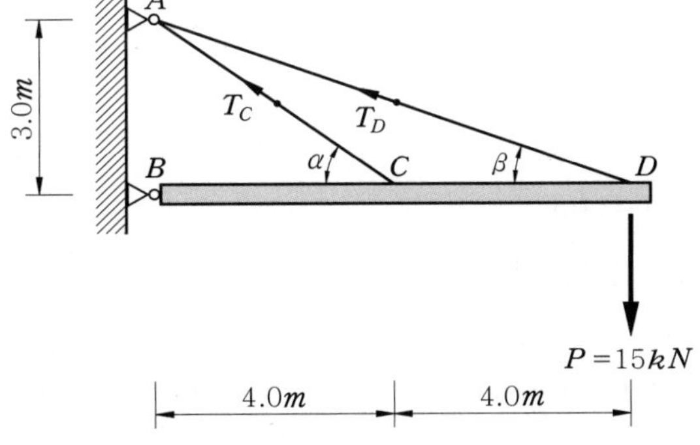

풀이

T_C 및 T_D의 수직분력을 각각 P_C, P_D라고 하면 $\sum M_B = 0$ 이므로,

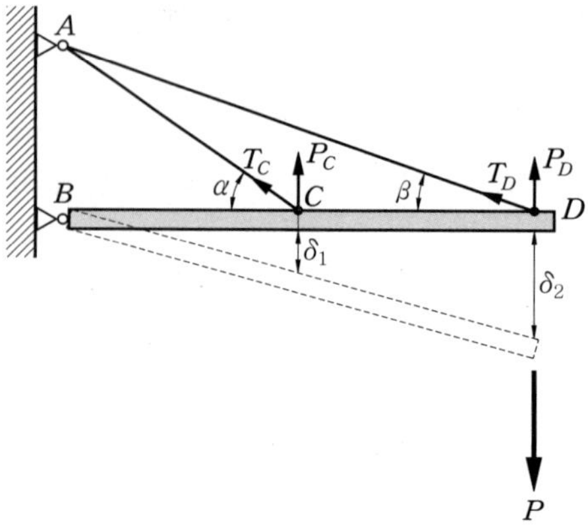

$4\times P_C+8\times P_D=8\times P \quad ⇨ \quad P_C+2P_D=2P$

그런데, $P_C=\sin\alpha\cdot T_C$, $P_D=\sin\beta\cdot T_D$ 이므로,

$\sin\alpha\cdot T_C + 2\sin\beta\cdot T_D = 2P$ ·· ①

AC와 AD부재의 길이를 각각 L_C, L_D라 하고, C점과 D점의 처짐량을 각각 δ_1, δ_2라 할 때 인장력 T_C 및 T_D로 인한 AC와 AD부재의 신장량을 구하면,

$$\delta_{AC}=\frac{T_CL_C}{EA}=\sin\alpha\cdot\delta_1$$

$$\delta_{AD}=\frac{T_DL_D}{EA}=\sin\beta\cdot\delta_2=2\cdot\sin\beta\cdot\delta_1$$ ($\delta_1:\delta_2=4:8$ 이므로, $\delta_2=2\delta_1$)

위 식을 정리하면,

$$\delta_1=\frac{T_CL_C}{EA\cdot\sin\alpha}$$

$$\delta_1=\frac{T_DL_D}{2\cdot EA\cdot\sin\beta}$$

$$\frac{T_CL_C}{EA\cdot\sin\alpha}=\frac{T_DL_D}{2\cdot EA\cdot\sin\beta}$$

$$\therefore\ T_C=\frac{\sin\alpha\cdot L_D}{2\cdot\sin\beta\cdot L_C}\cdot T_D$$

$$\therefore\ T_D=\frac{2\cdot\sin\beta\cdot L_C}{\sin\alpha\cdot L_D}\cdot T_C$$

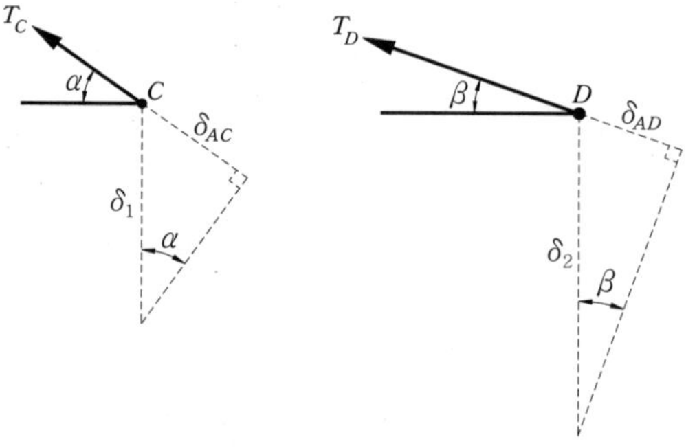

식①에 T_C 및 T_D를 대입하여 정리하면,

$$T_C\cdot\left(\sin\alpha+\frac{4\cdot\sin\beta^2\cdot L_C}{\sin\alpha\cdot L_D}\right)=2P \ ⇨\ T_C=\frac{2P}{\left(\sin\alpha+\left(4\sin\beta^2L_C/\sin\alpha L_D\right)\right)}$$ ········ ②

$$T_D\cdot\left(\frac{\sin\alpha^2L_D}{2\cdot\sin\beta\cdot L_C}+2\sin\beta\right)=2P \ ⇨\ T_D=\frac{2P}{\left(\left(\sin\alpha^2L_D/2\sin\beta L_C\right)+2\sin\beta\right)}$$ ········ ③

문제에서, $L_C=\sqrt{3^2+4^2}=5.0m$, $L_D=\sqrt{3^2+8^2}=8.54m$

$\sin\alpha=3/5=0.6$, $\qquad \sin\beta=3/8.54=0.35$

이 값을 식②, ③에 대입하여 계산하면,

$$\therefore \ T_C = \frac{2P}{\sin\alpha + \left(4\sin\beta^2 L_C / \sin\alpha\, L_D\right)} = 27.83\, kN$$

$$\therefore \ T_D = \frac{2P}{\left(\sin\alpha^2 L_D / 2\sin\beta L_C\right) + 2\sin\beta} = 19.0\, kN$$

◆ ◆ ◆ ◆ ◆ ◆

3.5 온도변화 및 기변형률의 영향*

3.5.1 다음 그림과 같이 서로 다른 두 부재, 동봉과 강봉 사이의 간격이 $\delta = 36mm$ 가 되도록 조립하였다. (1) 이때 두 부재가 서로 맞닿게 되는 온도상승값 ΔT 를 구하고, (2) $\Delta T = 130$℃ 일 때 강봉의 응력 σ_S를 구하여라.

(여기서, $A_C = 1.8m^2$, $A_S = 2.1m^2$, $\alpha_C = 10\times10^{-5}$℃, $\alpha_S = 14\times10^{-5}$℃, $E_C = 12\times10^5 Pa$, $E_S = 8.5\times10^5 Pa$)

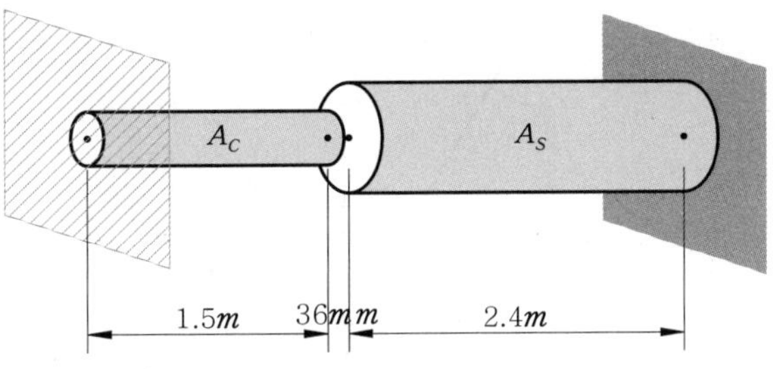

풀이

(1) 두 부재가 서로 맞닿게 되는 온도상승값 ΔT

온도변화에 의해 늘어난 길이를 각각 δ_C, δ_S라고 하면 다음과 같이 나타낼 수 있다.

$$\delta_C = \alpha_C \cdot \Delta T \cdot L_C \ , \qquad \delta_S = \alpha_S \cdot \Delta T \cdot L_S$$

$$\delta = \delta_C + \delta_S = \Delta T \left(\alpha_C \cdot L_C + \alpha_S \cdot L_S\right) \ \Rightarrow \ \Delta T = \frac{\delta}{(\alpha_C \cdot L_C + \alpha_S \cdot L_S)}$$

$$\therefore \ \Delta T = \frac{\delta}{(\alpha_C \cdot L_C + \alpha_S \cdot L_S)} = \frac{0.036}{(10\times10^{-5}\times1.5)+(14\times10^{-5}\times2.4)} = 74.1℃$$

(2) $\Delta T = 130$℃ 일 때 강봉의 응력 σ_S

① $\Delta T = 130$℃ 일 때 길이

$$L_C' = L_C + \alpha_C \times \Delta T \times L_C = 1.5 + 10\times10^{-5}\times74\times1.5 = 1.5111mm$$

$$L_S' = L_S + \alpha_S \times \Delta T \times L_S = 2.4 + 14\times10^{-5}\times74\times2.4 = 2.4249mm$$

② $\Delta T' = 130 - 74 = 56$℃ 일 때

$$\delta_C = \alpha_C \times \Delta T' \times L_C' = 10\times10^{-5}\times56\times1.5111 = 0.0085mm$$

$$\delta_S = \alpha_S \times \Delta T' \times L_S' = 14 \times 10^{-5} \times 56 \times 2.4249 = 0.019\,mm$$

$$\delta_C + \delta_S = \frac{P_C \cdot L_C}{E_C \cdot A_C} + \frac{P_S \cdot L_S}{E_S \cdot A_S}\ , \qquad P_C = P_S$$

위의 두 식에서 $P_S = 13493.62\,N$ 임을 알 수 있다.

$$\therefore\ \sigma_S = \frac{P_S}{A_S} = \frac{13493.62}{2.1} = 6425.53\,N/m^2$$

◆ ◆ ◆ ◆ ◆ ◆

3.5.2 다음과 같이 봉재로 이루어진 대칭트러스에서 AD, CD 부재는 $\Delta T_1 = 30℃$ 의 온도상승을, BD 부재는 $\Delta T_2 = 90℃$ 의 온도상승을 일으켰을 때, AD와 CD 부재의 축력 P_1 과 BD 부재의 축력 P_2 를 구하여라.
(단, 모든 부재의 $E = 2.0 \times 10^5 MPa$, $A = 500\,mm^2$, $\alpha = 1.1 \times 10^{-5}/℃$ 이다.)

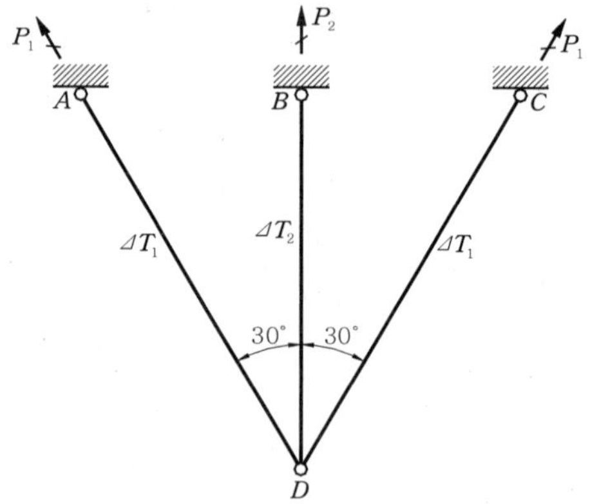

풀이

D 점의 변형량 δ_D 는 부재 각각의 수직방향 변형량과 같다.
즉, 『 δ_D = (AD의 수직방향 변형량) = (BD의 수직방향 변형량) = (CD의 수직방향 변형량)』이 된다.
여기서 트러스는 좌우대칭이므로 AD, CD 부재의 길이를 L_1, BD 부재의 길이를 L_2 라 하면 다음과 같이 정리된다.

$$L_1 = \frac{L_2}{\cos 30} = \frac{2}{\sqrt{3}} L_2$$

또한, 모든 축력의 수직분력 $\Sigma P_V = 0$ 이므로 P_1 의 수직분력을 P_{1_V} 라 하면,

$$\Sigma P_V = \left(2 \times P_{1_V}\right) + P_2 = \left(2 \times \cos 30 \times P_1\right) + P_2 = 0$$

$$\therefore\ P_1 = -\frac{1}{\sqrt{3}} P_2 \quad \cdots\cdots\cdots\ ①$$

이를 바탕으로 각 부재의 변형량을 구한다. 대칭트러스이므로 AD 부재와 CD 부재의 변형량은 동일하다.

(1) 온도변화로 인한 각 부재의 변형량

AD부재의 변형량 : $\delta_{AD_1} = \alpha \cdot \Delta T_1 \cdot L_1 = \alpha \cdot \Delta T_1 \cdot \frac{2}{\sqrt{3}} L_2$

BD부재의 변형량 : $\delta_{BD_1} = \alpha \cdot \Delta T_2 \cdot L_2$

(2) 온도변화로 발생하는 축력으로 인한 각 부재의 변형량

AD부재의 변형량 : $\delta_{AD_2} = \frac{P_1 L_1}{EA} = \frac{2P_1 L_2}{\sqrt{3}\,EA} = -\frac{2P_2 L_2}{3EA}$

BD부재의 변형량 : $\delta_{BD_2} = \frac{P_2 L_2}{EA}$

(3) δ_{AD_1}, δ_{AD_2}의 수직방향 변형량

$$\delta_{AD_3} = \frac{\delta_{AD_1}}{\cos 30} = \frac{2}{\sqrt{3}} \cdot \alpha \cdot \Delta T_1 \cdot \frac{2}{\sqrt{3}} L_2 = \frac{4}{3} \cdot \alpha \cdot \Delta T_1 \cdot L_2$$

$$\delta_{AD_4} = \frac{\delta_{AD_2}}{\cos 30} = -\frac{2P_2 L_2}{3EA} \times \frac{2}{\sqrt{3}} = -\frac{4P_2 L_2}{3\sqrt{3}\,EA}$$

(4) $\delta_D = BD$의 수직방향 변형량$=AD$의 수직방향 변형량

$$\delta_D = \delta_{BD_1} + \delta_{BD_2} = \delta_{AD_3} + \delta_{AD_4}$$

$$\Rightarrow \alpha \cdot \Delta T_2 \cdot L_2 + \frac{P_2 L_2}{EA} = \frac{4}{3} \cdot \alpha \cdot \Delta T_1 \cdot L_2 + \left(-\frac{4P_2 L_2}{3\sqrt{3}\,EA}\right)$$

$$\Rightarrow \frac{P_2 L_2}{EA} + \frac{4P_2 L_2}{3\sqrt{3}\,EA} = \frac{4}{3} \cdot \alpha \cdot \Delta T_1 \cdot L_2 - \alpha \cdot \Delta T_2 \cdot L_2$$

$$P_2 = \frac{\alpha\left(\frac{4}{3}\Delta T_1 - \Delta T_2\right) \times 3\sqrt{3}\,EA}{3\sqrt{3}+4} = -31077\,N = -31.07\,kN$$

$$P_1 = -\frac{1}{\sqrt{3}} P_2 = -\frac{1}{\sqrt{3}} \times (-31.07) = 17.94\,kN$$

따라서 축력 P_1과 P_2를 구하여 정리하면 다음과 같다.

$\therefore$ $P_1 = 17.94\,kN$ (인장력), $P_2 = -31.07\,kN$ (압축력)

◆ ◆ ◆ ◆ ◆ ◆

3.5.3 다음의 그림과 같이 지름이 $12\,mm$인 강봉이 콘크리트 벽 사이에 지지되어 있다. 지름이 $15\,mm$인 볼트 내의 전단응력이 $85\,MPa$이 될 때의 ΔT를 구하여라. ($\alpha = 10 \times 10^{-6}/℃$, $E = 5.2 \times 10^5\,MPa$)

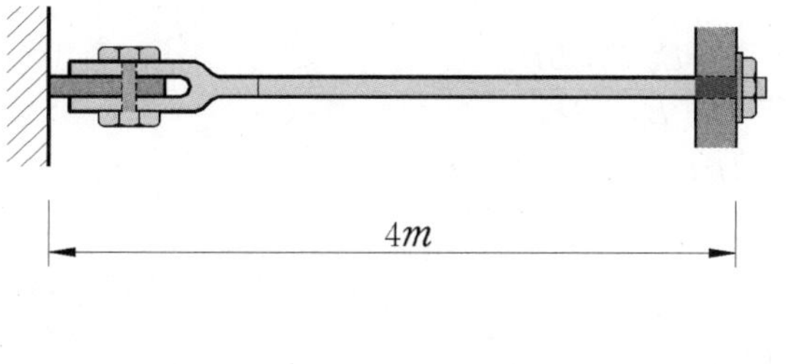

풀이

$$\delta = \alpha \cdot \Delta T \cdot L \ , \qquad P = \frac{EA}{L} \times \delta = EA \cdot \alpha \cdot \Delta T$$

$$\tau = \frac{P/2}{A} = \frac{EA \cdot \alpha \cdot \Delta T}{2A} \quad \Rightarrow \quad \Delta T = \frac{2\,\tau}{E \cdot \alpha}$$

$$\therefore \ \Delta T = \frac{2\,\tau}{E \cdot \alpha} = \frac{2 \times 85}{5.2 \times 10^5 \times 10 \times 10^{-6}} = 33\,℃$$

◆ ◆ ◆ ◆ ◆ ◆

3.5.4 다음의 그림과 같이 강철판이 구리판 사이에 접합되어 있는 부재가 ΔT만큼 가열되었을 때 강철판과 구리판에 발생하는 응력 σ_S , σ_C를 구하여라. (각각의 선팽창계수는 σ_S, σ_C이고 $\sigma_C > \sigma_S$, 각각의 탄성계수는 E_C, E_S)

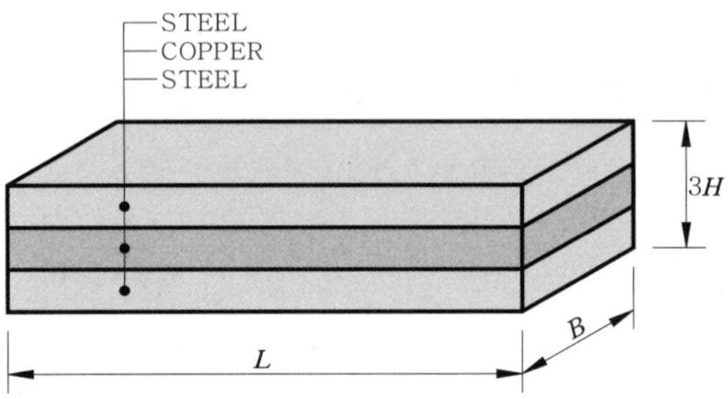

풀이

① $\delta_C = \alpha_C \cdot \Delta T \cdot L_C \ , \quad \delta_S = \alpha_S \cdot \Delta T \cdot L_S \ , \quad \delta_C' = \dfrac{P_C \cdot L}{E_C \cdot A_C} \ , \quad \delta_S' = \dfrac{P_S \cdot L}{E_S \cdot A_S}$

$\delta_C - \delta_C' = \delta_S + \delta_S' \ \ (P_C = 2P_S \ , \ A_C = A_S = BH)$

$$\delta_C - \delta_C' = \delta_S + \delta_S' = \alpha_C \cdot \Delta T \cdot L - \frac{P_C \cdot L}{E_C \cdot A_C} = \alpha_S \cdot \Delta T \cdot L + \frac{P_S \cdot L}{E_S \cdot A_S}$$

$(\alpha_C - \alpha_S)\,\Delta T = \dfrac{P_S}{E_S \cdot A_S} + \dfrac{P_C}{E_C \cdot A_C} \ , \qquad P_C = 2P_S$ 이므로,

$$(\alpha_C - \alpha_S)\,\Delta T = \frac{P_S}{E_S \cdot A_S} + \frac{2P_S}{E_C \cdot A_C}$$

$(\alpha_C - \alpha_S)\,\Delta T = \dfrac{P_S \cdot E_C \cdot A_C + 2P_S \cdot E_S \cdot A_S}{E_S \cdot A_S + E_C \cdot A_C} \ , \quad A_C = A_S - BH$ 이므로,

$$(\alpha_C - \alpha_S)\,\Delta T = \frac{P_S \cdot BH(E_C + 2E_S)}{E_S \cdot E_C (BH)^2}$$

$$(\alpha_C - \alpha_S)\,\Delta T \times \frac{E_S \cdot E_C \cdot BH}{E_C + 2E_S} = P_S$$

$$P_S = \frac{E_S \cdot E_C \cdot BH(\alpha_C - \alpha_S)\,\Delta T}{E_C + 2E_S}$$

② 구리판과 강철판에 발생하는 응력 σ_C , σ_S

$$\sigma_S = \frac{P_S}{A_S} = \frac{1}{BH} \times \frac{E_S \cdot E_C \cdot BH(\alpha_C - \alpha_S)\Delta T}{E_C + 2E_S} = \frac{E_S \cdot E_C(\alpha_C - \alpha_S)\Delta T}{E_C + 2E_S}$$

$$\sigma_C = \frac{P_C}{A_C} = \frac{2P_S}{A_C} = \frac{1}{BH} \times 2\left(\frac{E_S \cdot E_C \cdot BII(\alpha_C - \alpha_S)\Delta T}{E_C + 2E_S}\right) = \frac{E_S \cdot E_C(\alpha_C - \alpha_S)\Delta T}{E_C + E_S}$$

◆ ◆ ◆ ◆ ◆ ◆

3.5.5 다음 그림과 같이 Steel판이 400×400 인 정사각형 기둥에 의해 지지되고 있다. 하중 P가 작용하기 전에 내측의 기둥은 외측의 기둥보다 $s = 1.6mm$ 만큼 짧다. 콘크리트의 탄성하중 $E = 20 \times 10^5 MPa$, 응력 $\sigma = 500MPa$ 일 때 최대 허용하중 P를 구하여라.

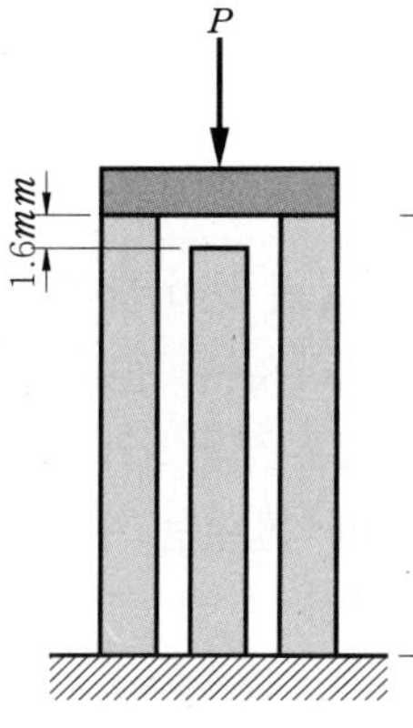

풀이

$$\delta = \frac{\sigma \cdot L}{E} = \frac{500 \times 3500}{20 \times 10^5} = 0.875mm$$

외측 콘크리트 기둥이 내측 콘크리트 기둥과 같아질 때,

$$P' = \frac{EA}{L} \times S \times 2 = \frac{20 \times 10^5 \times 0.16}{3.5} \times 0.0016 \times 2 = 292.6N$$

3개의 콘크리트 기둥이 $0.725mm$ 만큼 압축을 받을 때,

$$P'' = \frac{EA \times 0.725 \times 10^{-3}}{L - S} \times 3 = \frac{20 \times 10^5 \times 0.16 \times 0.725 \times 10^{-3}}{3.5 - 0.0016} \times 3 = 198.9N$$

$$P = P' + P'' = 292.6 + 198.9 = 491.5N$$

$$\therefore\ P = 492N$$

◆ ◆ ◆ ◆ ◆ ◆

3.5.6 다음과 같이 양단이 강성부재와 연결된 봉재가 있다. 이 봉재의 상하에 턴버클을 가진 2개의 케이블을 강성부재에 고정하고 턴버클을 회전하였을 때, 봉재에 균일 압축응력 σ_0 를 발생시키기 위한 각 턴버클의 회전수 n 에 관한 식을 구하여라. (단, 봉재의 탄성계수 및 단면적은 E_B, A_B 이고 케이블은 E_C, A_C 이다. 또한 턴버클의 나사피치는 p 로 이중작용을 하여 1회전 시 케이블이 $2p$ 만큼 짧아진다.)

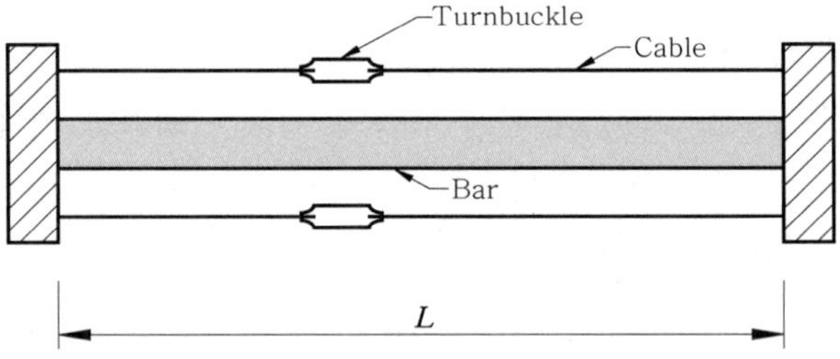

풀이

케이블의 양단이 고정이면 케이블은 턴버클이 n 회전할 때마다 $2np$ 의 변형량을 가질 것이다. 그러나 본 예제에서는 턴버클의 회전으로 케이블에 발생하는 인장력 N 이 봉재에는 압축력으로 작용하게 되고, 케이블이 2개이므로 봉재는 $2N$ 의 압축력을 받게 된다. 이때 봉재는 수축량 δ_B 를 가지게 되므로, 케이블의 신장량 δ_C 는 다음과 같게 된다.

$$\delta_C = 2np - \delta_B \quad \Rightarrow \quad \frac{NL}{E_C A_C} = 2np - \frac{2NL}{E_B A_B}$$

$$\frac{NL}{E_C A_C} + \frac{2NL}{E_B A_B} = 2np$$

$$\therefore \ N = \frac{2npE_C A_C E_B A_B}{(E_B A_B + 2E_C A_C)L}$$

여기서 봉재에 작용하는 균일압축응력 σ_0 를 구하고 n 에 대해 정리하면,

$$\sigma_0 = \frac{2N}{A_B} = \frac{4npE_C A_C E_B}{(E_B A_B + 2E_C A_C)L}$$

$$\therefore \ n = \frac{\sigma_0 (E_B A_B + 2E_C A_C)L}{4pE_C A_C E_B} = \frac{\sigma_0 L}{2pE_B}\left(1 + \frac{E_B A_B}{2E_C A_C}\right)$$

◆ ◆ ◆ ◆ ◆ ◆

3.6 안전계수와 구조설계

3.6.1 구조물의 안전계수(安全係數, Factor of Safety)에 관한 설명으로 가장 관계가 없는 것은?

① 안전계수는 최대하중으로 인하여 구조물에 요구되는 강도에 대한 구조물의 실제 강도의 비(比)로 항상 1보다 커야 한다.
② 극한하중은 사용하중에 하중계수를 곱한 값이다.
③ 안전계수는 사용하중에 대한 극한하중의 비로 정의할 수 있다.
④ 사용한계상태에 대한 검토는 일반적으로 극한하중을 사용한다.

풀이

정답 ④
사용한계상태에 대한 검토는 일반적으로 사용하중을 사용한다.

◆ ◆ ◆ ◆ ◆ ◆

3.6.2 안전율(安全率)을 생각해야 할 이유로서 적합하지 않은 것은 어느 것인가?

① 반복하중 또는 예기하지 못한 큰 하중이 작용할 때가 있다.
② 실제 응력과 계산 응력과는 차이가 있다.
③ 심리적인 불안감을 해소하기 위한 것이다.
④ 재료에는 계산하기 어려운 결함 또는 오랜 세월에 걸쳐 풍화부식이 일어나고, 재료의 신뢰도가 문제가 된다.

풀이

정답 ③
안전율은 심리적인 불안감 때문에 정해지지는 않는다.

◆ ◆ ◆ ◆ ◆ ◆

3.6.3 허용응력(許容應力, Allowable Stress)에 관한 설명으로 가장 관계가 없는 것은?

① 재료의 항복강도 또는 극한강도를 안전율로 나누어 구한다.
② 심리적으로 불안할 때는 안전율을 크게 하므로 허용응력은 작아진다.
③ 허용응력 내에서 응력은 변형률에 비례한다.
④ 안전율은 항상 1보다 크다.

풀이

정답 ②

허용응력은 심리적 요인에 의해 정해지지 않는다.

◆ ◆ ◆ ◆ ◆ ◆

3.6.4 지름 $10mm$ 의 환강에 최대 $800kgf$ 의 하중을 매달았을 때 그 안전율은? (단, 강의 극한강도는 $3000kgf/cm^2$ 이다.)

① 1.855　② 2.512　③ 2.945　④ 3.073

풀이

정답 ③

안전율 $n = \dfrac{\text{극한응력}(\sigma_u)}{\text{허용응력}(\sigma_{allow.})}$ 또는 $n = \dfrac{\text{극한응력}(\sigma_u)}{\text{사용응력}(\sigma)}$

$$\sigma = \frac{P}{A} = \frac{800}{\pi \times 1^2/4} = 1018.6\,kgf/cm^2$$

$$\therefore \; n = \frac{\text{극한응력}(\sigma_u)}{\text{사용응력}(\sigma)} = \frac{3000}{1018.6} = 2.945$$

◆ ◆ ◆ ◆ ◆ ◆

4.2 단면력 산정법

4.2.1 다음 그림과 같은 단순보의 단면력도를 구하시오.

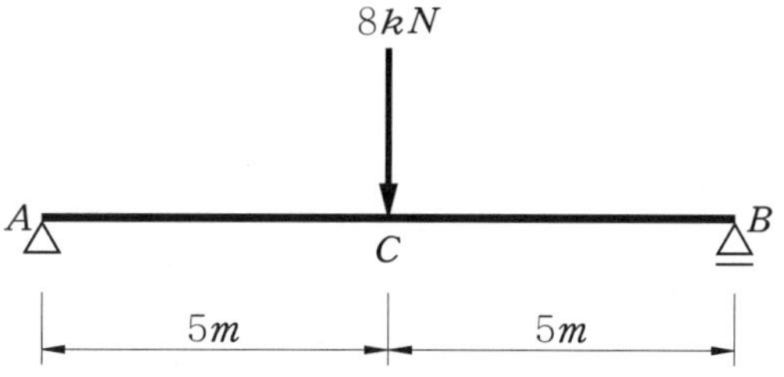

풀이

(1) 반력

좌우대칭 단순보이므로 반력은 $R_A = R_B = 8 \times \frac{1}{2} = 4\,kN(\uparrow)$

(2) 단면력도

㉠ $A \sim C$ 구간

지점 A로부터 임의의 거리 x만큼 떨어진 단면의 좌측으로부터 각 단면력을 구한다.

$V_x = 4$, $M_x = 4x$

㉡ $B \sim C$ 구간

지점 B로부터 임의의 거리 x만큼 떨어진 단면의 우측으로부터 각 단면력을 구한다.

$V_x = 4$, $M_x = 4x$

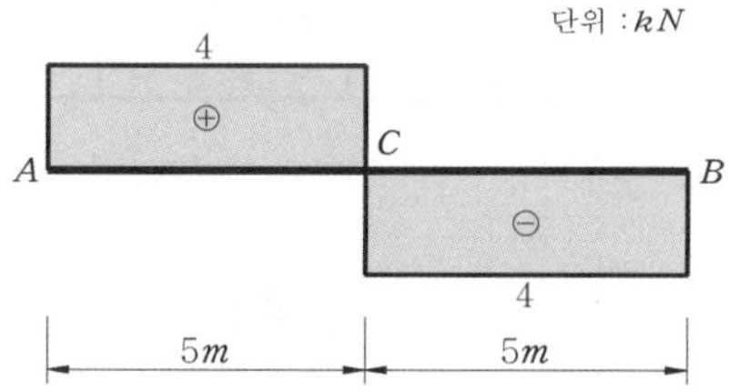

그림(a) 전단력도(S.F.D)

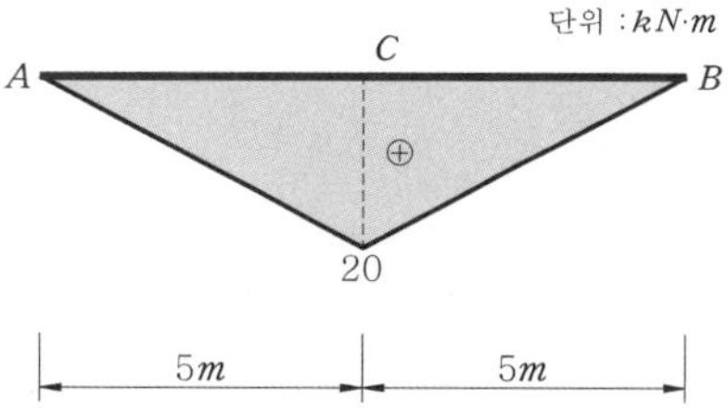

그림(b) 휨모멘트도(B.M.D)

※ 길이 L인 단순보의 중앙에 집중하중 P가 작용할 때 최대휨모멘트는 보의 중앙에서 $\frac{PL}{4}$ 값을 갖는 것을 알 수 있다.

◆ ◆ ◆ ◆ ◆ ◆

4.2.2 다음 그림과 같은 캔틸레버 보의 단면력도를 그리시오.

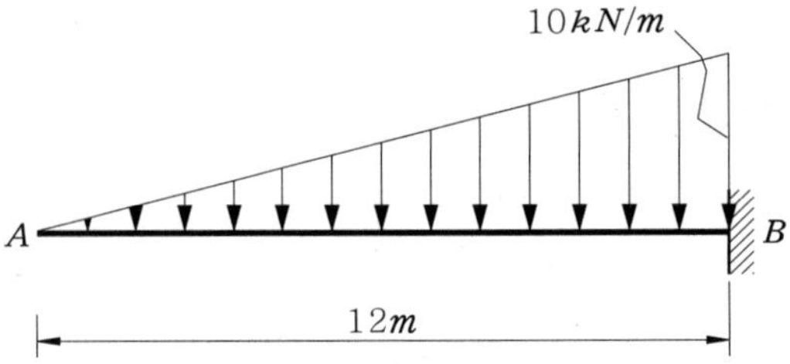

풀이

(1) 반력

그림(a)와 같이 등변분포하중의 합력을 도심에 작용시키고, 반력의 방향을 가정하여 평형방정식을 세워 반력을 구한다.

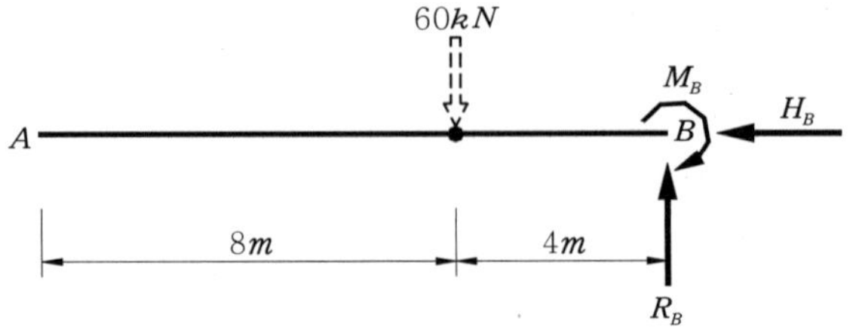

그림(a)

$\Sigma H=0$: $H_B=0$

$\Sigma M_A=0$: $\Sigma M_B=M_B-60\times4=0$ $\quad\therefore M_B=240kN\cdot m(\curvearrowright)$

$\Sigma V=0$: $R_B-60=0$ $\quad\therefore R_B=60kN(\uparrow)$

(2) 단면력도

그림(b)와 같이 지점 A로부터 임의의 거리 x만큼 떨어진 단면의 좌측으로부터 각 단면력을 구한다.

$$V_x=-\frac{5}{6}x\cdot x\cdot\frac{1}{2}=-\frac{5}{12}x^2$$

$$M_x=-\frac{5}{6}x\cdot x\cdot\frac{1}{2}\cdot\frac{x}{3}=-\frac{5}{36}x^3$$

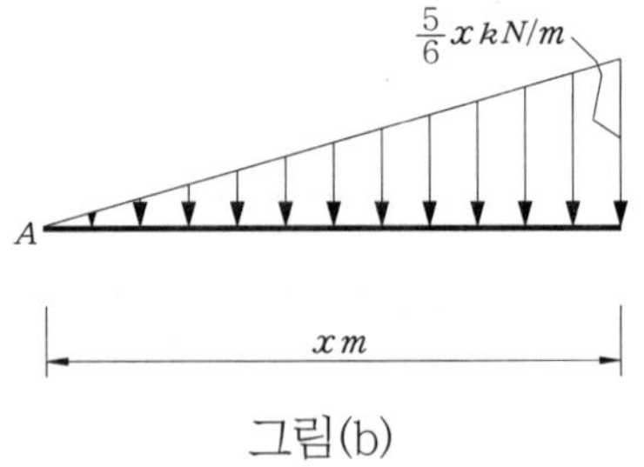

그림(b)

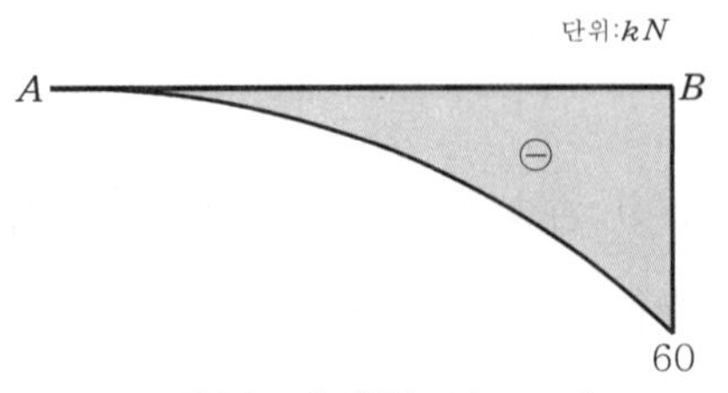

그림(c) 전단력도(S.F.D)

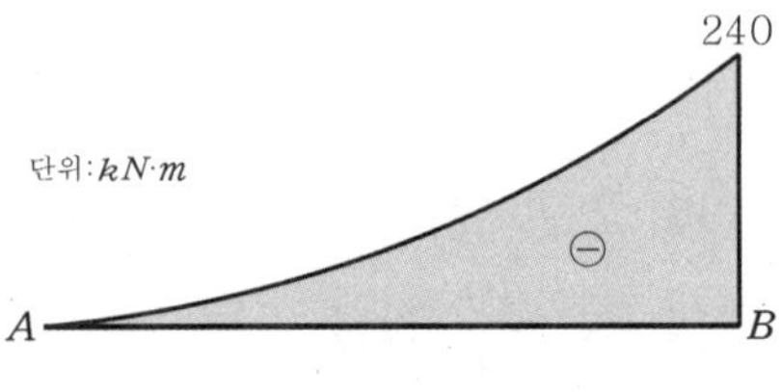

그림(d) 휨모멘트도(B.M.D)

4.2.3 C점의 전단력과 휨모멘트를 계산하시오.

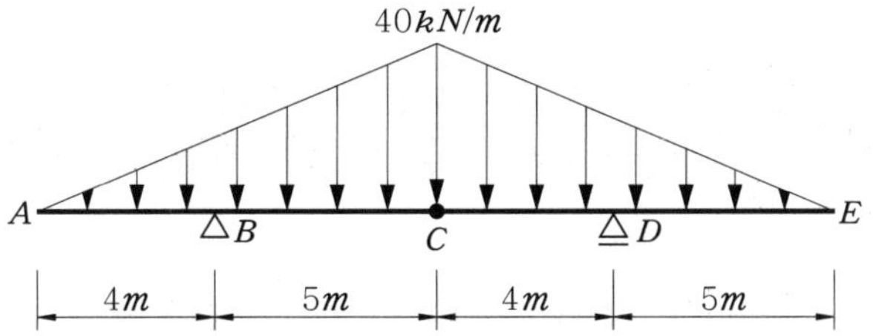

풀이

(1) 반력

그림(a)와 같이 등변분포하중의 합력을 도심에 작용시키고, 반력의 방향을 가정하여 평형방정식을 세워 반력을 구한다.

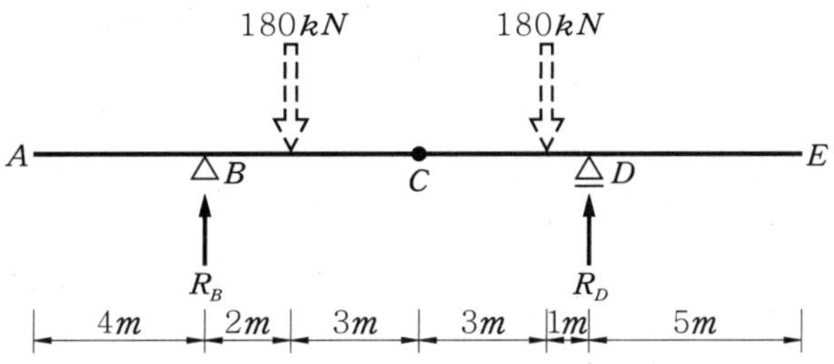

그림(a)

$$\sum M_B = 0 \ : \quad (180 \times 2) + (180 \times 8) - 9R_D = 0$$

$$\therefore \ R_D = 200\,kN\,(\uparrow)$$

$$\sum V = 0 \ : \quad R_B + R_D - 180 - 180 = 0 \qquad \therefore \ R_B = 160\,kN\,(\uparrow)$$

(2) 단면력

$$V_C = 160 - 180 = -20\,kN$$

$$M_C = (160 \times 5) - (180 \times 3) = 260\,kN \cdot m$$

◆ ◆ ◆ ◆ ◆ ◆

4.2.4 C점의 전단력과 휨모멘트를 계산하시오.

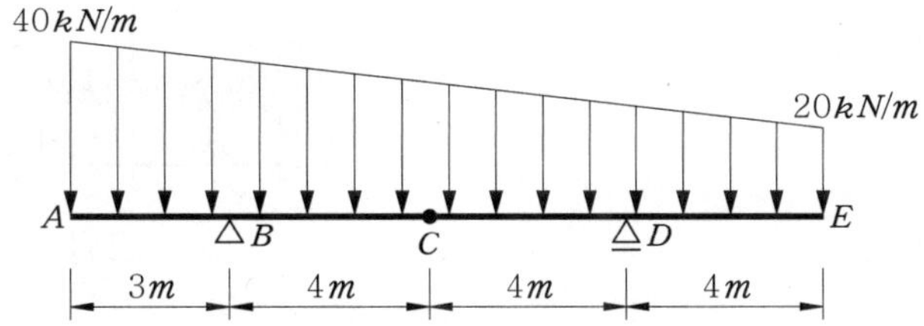

풀이

(1) 반력

위 분포하중은 그림(a), (b)와 같이 나눌 수 있다. 그리고 그림(c)에서 각 분포하중의 의 합력을 도심에 작용시킨 후, 반력의 방향을 가정하여 평형방정식을 세워 반력을 구한다.

$$\Sigma M_B = 0 \;:\; \Sigma M_B = (150\times 2) + (300\times 4.5) - 8R_D = 0 \qquad \therefore\ R_D = 206.25\,kN\,(\uparrow)$$

$$\Sigma V = 0 \;:\; R_B + R_D - 150 - 300 = 0 \qquad \therefore\ R_B = 243.75\,kN\,(\uparrow)$$

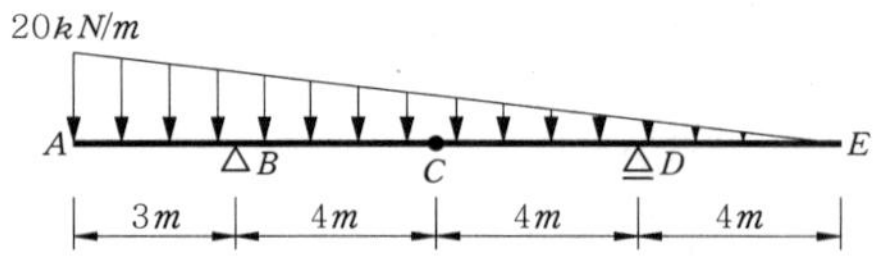

그림(a)

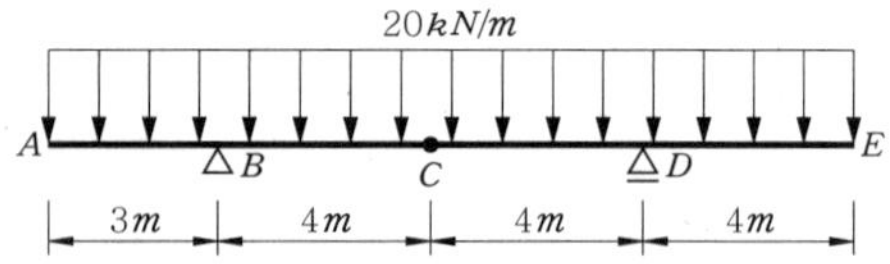

그림(b)

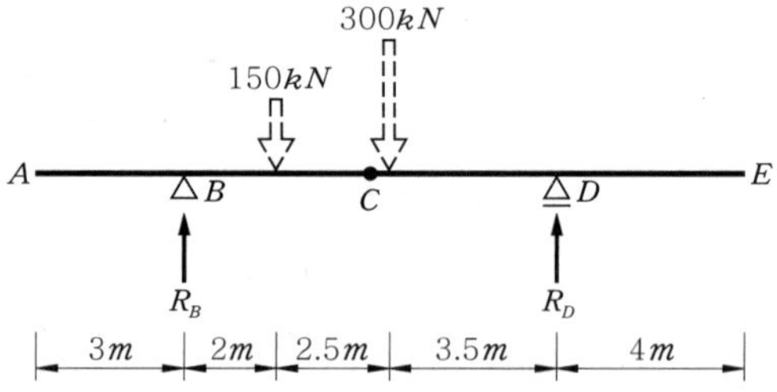

그림(c)

(2) 단면력

삼각형의 닮음비을 이용하면 하중은 그림 (d)와 같고, C점에서의 휨모멘트와 전단력을 구하면 다음과 같다.

$$V_C = 243.75 - (30.67\times 7) - (9.33\times 7\times 0.5) = -3.60\,kN$$

$$M_C = -(9.33\times 7\times 0.5\times 7\times \frac{2}{3}) + (243.75\times 4) - (30.67\times 7\times 3.5) = 71.20\,kN\cdot m$$

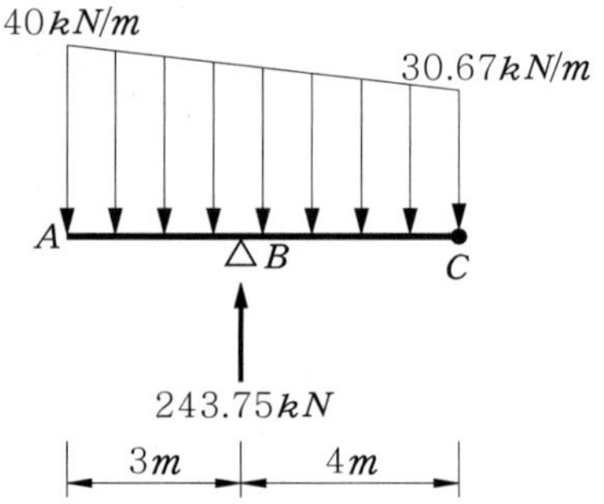

그림(d)

◆ ◆ ◆ ◆ ◆ ◆

4.2.5 $2m < x < 6m$ 인 구간의 전단력과 휨모멘트를 x 의 함수로 나타내시오.

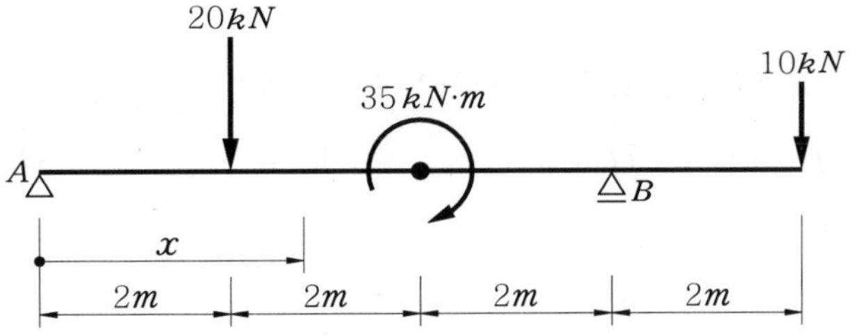

풀이

(1) 반력

그림(a)와 같이 반력의 방향을 가정하여 평형방정식을 세워 반력을 구한다.

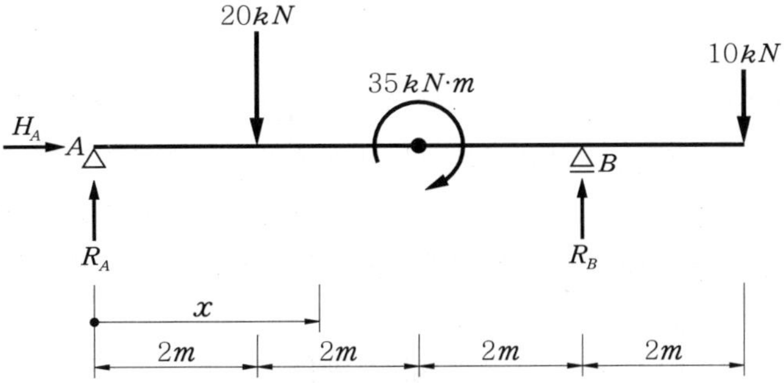

그림(a)

$\Sigma H = 0$: $H_A = 0$

$\Sigma M_A = 0$: $(20 \times 2) + 35 - 6R_B + (10 \times 8) = 0$

$\therefore\ R_B = 25.83\ kN\ (\uparrow)$

$\Sigma V = 0$: $R_A - 20 + R_B - 10 = 0$ $\quad \therefore\ R_A = 4.17\ kN\ (\uparrow)$

(2) 단면력

㉠ $2 < x < 4$ 구간

$V_x = 4.17 - 20 = -15.83\ kN$

$M_x = 4.17x - 20(x-2) = -15.83x + 40$

㉡ $4 < x < 6$ 구간

$V_x = 4.17 - 20 = -15.83\ kN$

$M_x = 4.17x - 20(x-2) + 35 = -15.83x + 75$

◆ ◆ ◆ ◆ ◆ ◆

4.3 하중, 전단력 및 휨모멘트 사이의 관계

4.3.1 하중(ω), 전단력(V), 휨모멘트(M)의 관계가 옳은 것은?

① $M = \int \omega\, dx = -\iint V\, dx\, dx$ ② $V = \int \omega\, dx = -\iint M\, dx\, dx$

③ $\omega = \int M dx = -\iint V\, dx\, dx$ ④ $M = \int V dx = -\iint \omega\, dx\, dx$

풀이

정답 ④

$$\frac{d^2M_x}{dx^2} = \frac{dV}{dx} = -\omega$$

◆ ◆ ◆ ◆ ◆ ◆

4.3.2 전단력도와 휨모멘트도의 특성에 관한 사항 중 옳지 않은 것은?

① 단순보의 양지점의 전단력은 지점상에 집중하중이 없는 한 반력과 같다.
② 등분포하중을 받는 보 구간의 휨모멘트는 2차 포물선형을 이룬다.
③ 모멘트하중을 받는 보의 휨모멘트도는 그 점에서 불연속성의 선으로 표시된다.
④ 겔버보에 대한 전단력은 그 힌지 결합점에서 '0' 이 된다.
⑤ 전단력이 '0' 이 되는 단면에서는 최대휨모멘트가 생긴다.

풀이

정답 ④

겔버보의 힌지점에서 '0' 이 되는 것은 휨모멘트이다.

◆ ◆ ◆ ◆ ◆ ◆

4.3.3 단순보의 휨모멘트도 작도에 관한 다음 기술에서 틀린 것은?

① 등분포하중이 작용하는 구간의 휨모멘트선은 포물선이 된다.
② 등변분포하중이 작용하는 구간의 휨모멘트선은 3차곡선이 된다.
③ 단순보에서는 어떤 하중이 작용해도 지점에서 휨모멘트는 '0' 이 된다.
④ 아무 하중도 작용하지 않는 구간의 휨모멘트선은 경사직선 또는 수평직선이 된다.

풀이

정답 ③

지점에 모멘트하중이 작용하는 경우, 지점의 휨모멘트는 '0' 이 아니다.

※ 단순보에서 크기가 같은 집중하중 2개가 중앙부를 중심으로 대칭으로 작용할 때, 두 집중하중 사이의 휨모멘트선은 수평직선을 이룬다.

◆ ◆ ◆ ◆ ◆ ◆

4.3.4 보에서 휨모멘트를 1차 미분하면 전단력이 되고, 다시 전단력을 미분하면 음(−)의 부호를 붙인 하중이 되는데, 이때의 하중은 다음 중 어느 것인가?

① 집중하중　　② 등분포하중

③ 등변분포하중　　④ 모든 하중

풀이

정답 ②

$$\frac{dM_x}{dx} = V\ ,\quad \frac{dV_x}{dx} = -\omega$$

◆ ◆ ◆ ◆ ◆ ◆

4.3.5 다음 그림에서 표시한 것은 단순보에 대한 전단력도이다. 이 보의 C점에 발생하는 휨모멘트는?

① $10\,kN\cdot m$

② $28\,kN\cdot m$

③ $38\,kN\cdot m$

④ $42\,kN\cdot m$

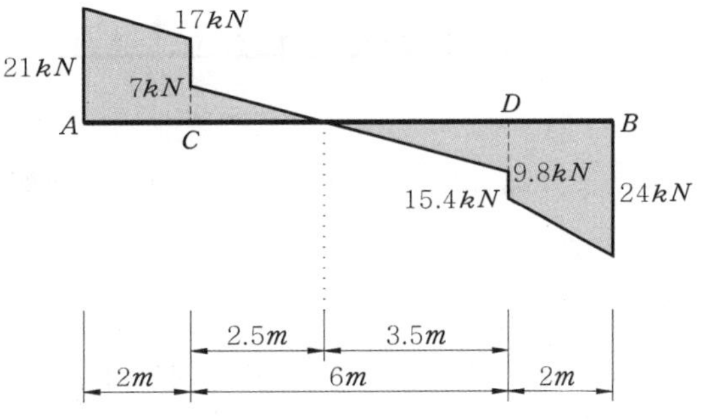

풀이

정답 ③

C점에 발생하는 휨모멘트 M_C는 C점 좌측의 전단력도의 면적과 같다.

$$\therefore\ M_C = \frac{21+17}{2}\times 2 = 38\,kN\cdot m$$

◆ ◆ ◆ ◆ ◆ ◆

4.3.6 다음은 단순보의 전단력도(S.F.D)이다. 다음 설명 중 틀린 것은? (단, 지점에는 하중이 작용하지 않는다.)

① 집중하중은 b, c점에 작용한다.

② bc구간에는 하중이 작용하지 않는다.

③ 등분포하중은 ab, cd구간에 작용한다.

④ 최대휨모멘트는 b점에서 발생한다.

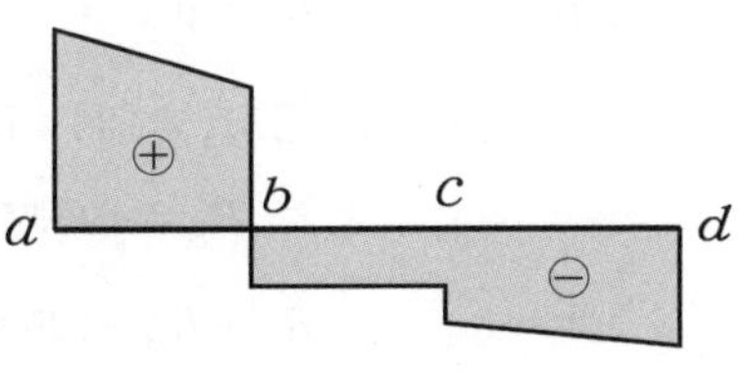

풀이

정답 ②

bc 구간에는 전단력도(S.F.D)가 수평직선이므로 수직하중과 경사하중은 작용하지 않지만, 모멘트하중이나 수평하중은 작용될 수 있다.

◆ ◆ ◆ ◆ ◆ ◆

4.4 단순보의 단면력

4.4.1 다음과 같은 단순보의 단면력도를 그리시오.

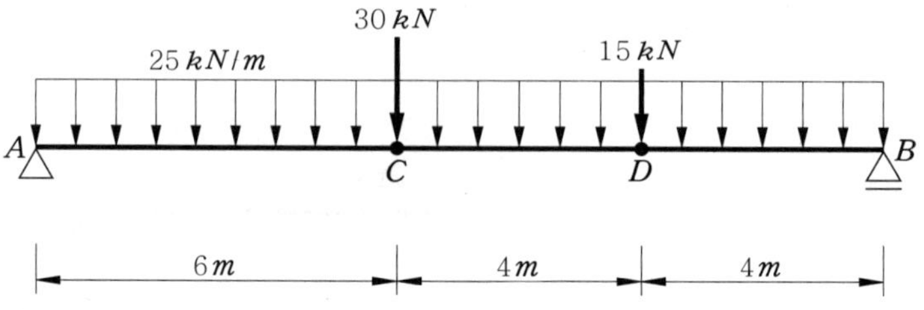

풀이

(1) 반력

그림(a)와 같이 반력의 방향을 가정하고, 등분포하중의 합력이 등분포하중의 중심에 집중하중으로 작용하는 것으로 가정하여 평형방정식을 세워 반력을 구한다.

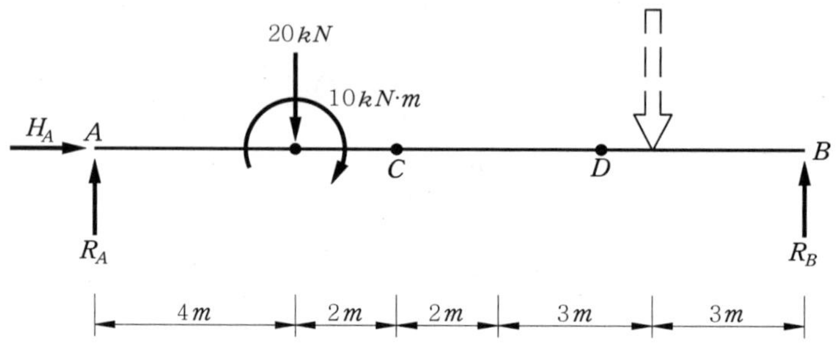

그림(a)

$\Sigma H=0$: $H_A=0$

$\Sigma M_A=0$: $\Sigma M_A=(30\times 6)+(25\times 14\times 7)+(15\times 10)-14R_B=0$

$\therefore\ R_B=198.57\,kN(\uparrow)$

$\Sigma V=0$: $R_A+R_B-(25\times 14)-30-15=0$, $R_A+R_B=395$

$\therefore\ R_A=196.43\,kN(\uparrow)$

(2) 단면력도

㉠ $A \sim C$ 구간

지점 A 로부터 임의의 거리 x 만큼 떨어진 단면의 좌측으로부터 각 단면력을 구한다.

$$V_x = 196.43 - 25x$$

$$M_x = 196.43x - (25x \times 0.5x) = -12.5x^2 + 196.43x$$

㉡ $C \sim D$ 구간

지점 A 로부터 임의의 거리 x 만큼 떨어진 단면의 좌측으로부터 각 단면력을 구한다.

$$V_x = 196.43 - 30 - 25x = 166.43 - 25x$$

$$M_x = 196.43x - 30(x-6) - (25x \times 0.5x) = -12.5x^2 + 166.43x + 180$$

㉢ $D \sim B$ 구간

지점 B 로부터 임의의 거리 x 만큼 떨어진 단면의 우측으로부터 각 단면력을 구한다.

$$V_x = -198.57 + 25x$$

$$M_x = 198.57x - (25x \times 0.5x) = -12.5x^2 + 198.57x$$

㉣ 휨모멘트가 최대인 위치는 $C \sim D$ 구간에서 전단력이 '0' 인 위치이므로

$V_x = 0$: $166.43 - 25x = 0$,

$x = 6.66m$ 인 위치에서 최대휨모멘트 $M_{\max} = 733.98 kN \cdot m$

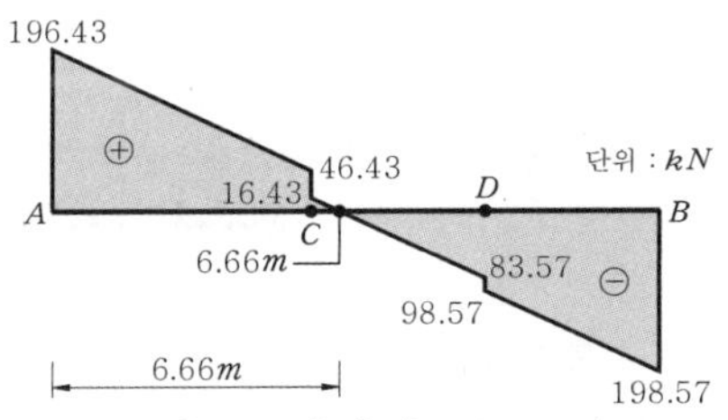

그림(b) 전단력도(S.F.D)

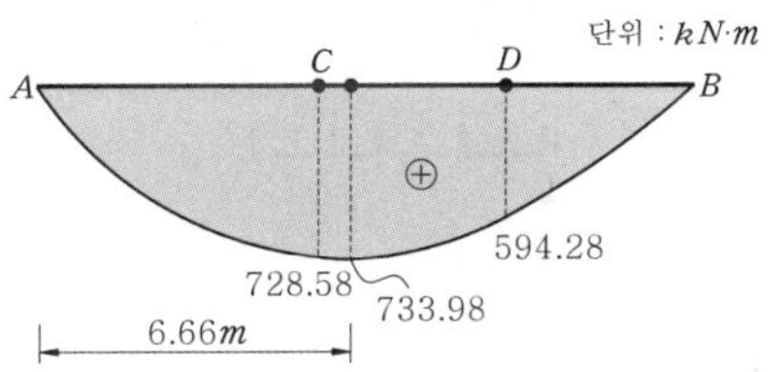

그림(c) 휨모멘트도(B.M.D)

◆ ◆ ◆ ◆ ◆ ◆

4.4.2 다음과 같은 단순보의 단면력도를 그리시오.

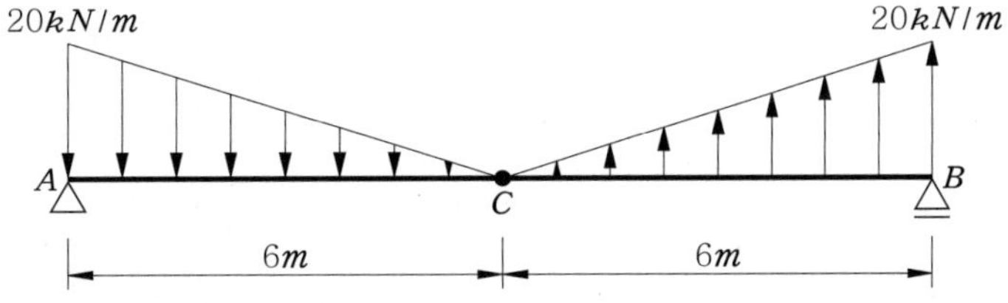

풀이

(1) 반력

그림(a)와 같이 반력의 방향을 가정하고, 분포하중의 합력이 분포하중의 도심에 집중하중으로 작용하는 것으로 가정하여 평형방정식을 세워 반력을 구한다.

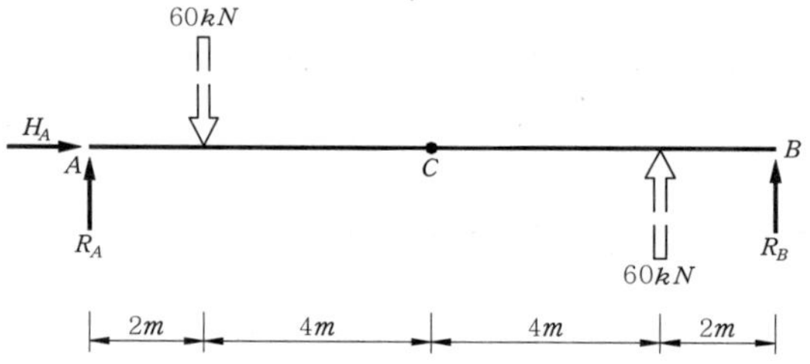

그림(a)

$\Sigma H=0$: $H_A=0$

$\Sigma M_A=0$: $\Sigma M_A=(60\times2)-(60\times10)-12R_B=0$

$\therefore R_B=-40kN(\downarrow)$ ⇒ 부호가 음수이므로 하향임.

$\Sigma V=0$: $R_A+R_B+60-60=0$ $\therefore R_A=40kN(\uparrow)$

(2) 단면력도

㉠ $A\sim C$ 구간

그림(b)와 같이 지점 A로부터 임의의 거리 x만큼 떨어진 단면의 좌측으로부터 각 단면력을 구한다. 이때 그림(b)의 하중은 그림(c), (d)의 하중으로 나눌 수 있다.

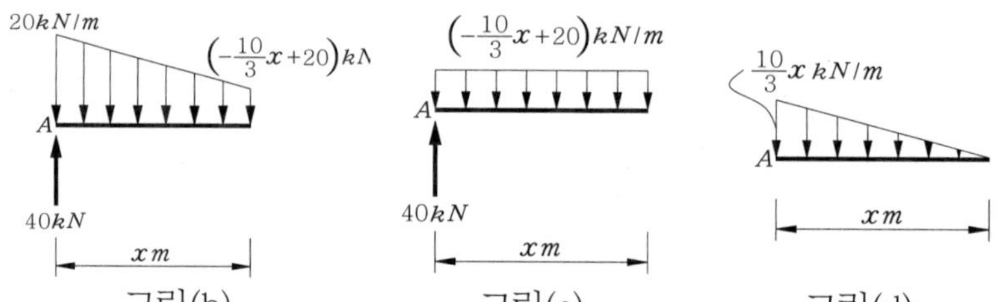

그림(b) 그림(c) 그림(d)

$$V_x=40-\left(-\frac{10}{3}x+20\right)\cdot x-\frac{10}{3}x\cdot x\cdot\frac{1}{2}=\frac{5}{3}x^2-20x+40$$

$$M_x=40x-\left(-\frac{10}{3}x+20\right)\cdot x\cdot\frac{x}{2}-\frac{10}{3}x\cdot x\cdot\frac{1}{2}\cdot\frac{2}{3}x$$

$$=\frac{5}{9}x^3-10x^2+40x$$

㉡ $C \sim B$ 구간

그림(e)와 같이 지점 A 로부터 임의의 거리 x 만큼 떨어진 단면의 좌측으로부터 각 단면력을 구한다.

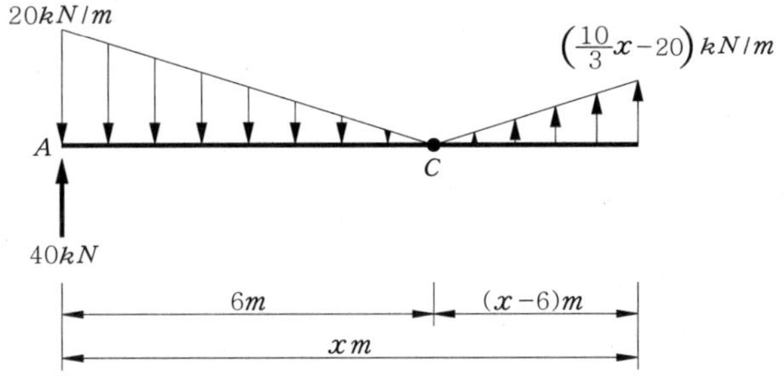

그림(e)

$$V_x = 40 - \left(20 \times 6 \times \frac{1}{2}\right) + \left(\frac{10}{3}x - 20\right)(x-6) \cdot \frac{1}{2} = \frac{5}{3}x^2 - 20x + 40$$

$$M_x = 40x - \left(20 \times 6 \times \frac{1}{2}\right)(x-2) + \left(\frac{10}{3}x - 20\right)(x-6) \cdot \frac{1}{2} \cdot \frac{x-6}{3}$$

$$= \frac{5}{9}x^3 - 10x^2 + 40x$$

㉢ 휨모멘트가 최대인 위치는 각 구간에서 전단력이 '0' 인 위치이므로

$V_x = 0 \ : \ \frac{5}{3}x^2 - 20x + 40 = 0$

$x = 2.54m$ 인 위치에서 양의 최대휨모멘트 $M_{\max} = 46.19\,kN \cdot m$

$x = 9.46m$ 인 위치에서 음의 최대휨모멘트 $M_{\max} = -46.19\,kN \cdot m$

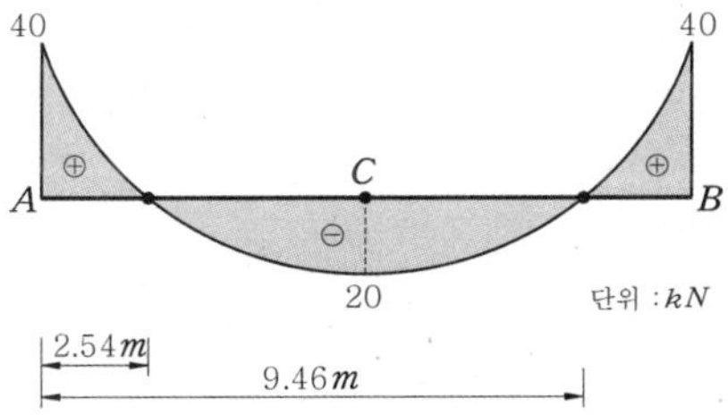

그림(f) 전단력도(S.F.D)

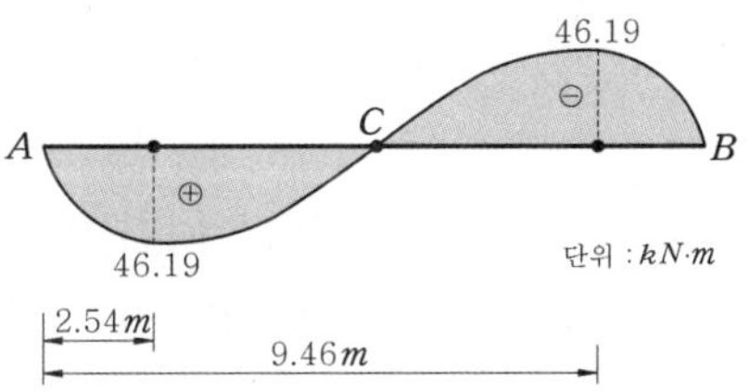

그림(g) 휨모멘트도(B.M.D)

◆ ◆ ◆ ◆ ◆ ◆

4.4.3 다음과 같은 단순보의 단면력도를 그리시오.

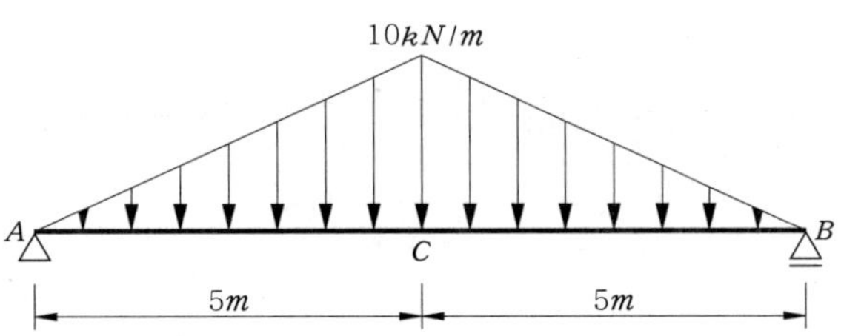

풀이

(1) 반력

좌우대칭 단순보이므로 반력은 $R_A = R_B = \left(10 \times 10 \times \frac{1}{2}\right) \times \frac{1}{2} = 25\,kN(\uparrow)$

(2) 단면력도

㉠ $A \sim C$ 구간

그림(a)와 같이 지점 A로부터 임의의 거리 x만큼 떨어진 단면의 좌측으로부터 각 단면력을 구한다.

$V_x = 25 - 2x \cdot x \cdot \frac{1}{2} = -x^2 + 25$

$M_x = 25x - 2x \cdot x \cdot \frac{1}{2} \cdot \frac{x}{3} = -\frac{x^3}{3} + 25x$

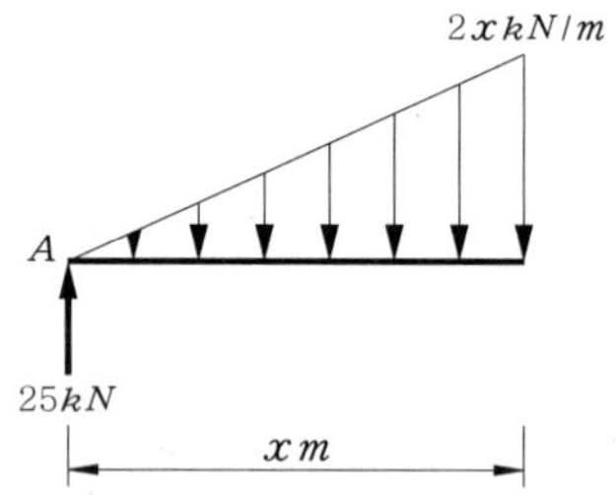

그림(a)

㉡ $B \sim C$ 구간

그림(b)와 같이 지점 B로부터 임의의 거리 x만큼 떨어진 단면의 우측으로부터 각 단면력을 구한다.

$V_x = -25 + 2x \cdot x \cdot \frac{1}{2} = x^2 - 25$

$M_x = 25x - 2x \cdot x \cdot \frac{1}{2} \cdot \frac{x}{3} = -\frac{x^3}{3} + 25x$

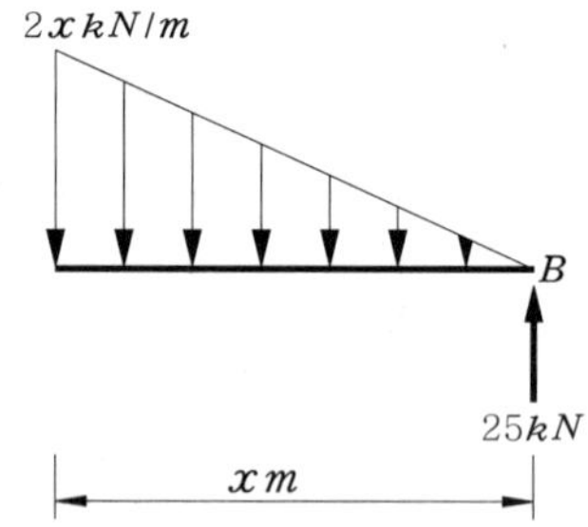

그림(b)

㉢ 휨모멘트가 최대인 위치는 전단력이 '0' 인 위치이므로

$V_x = 0$: $-x^2 + 25 = 0$, $x = 5m$ 인 위치에서

$x = 5m$ 인 위치에서의 최대휨모멘트 $M_{\max} = 83.33\,kN \cdot m$

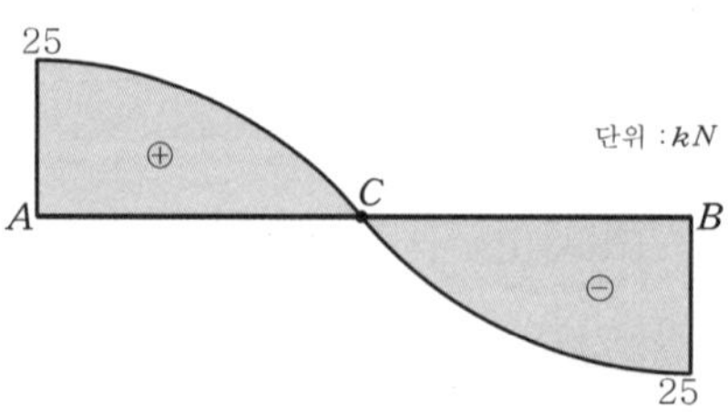

그림(c) 전단력도(S.F.D)

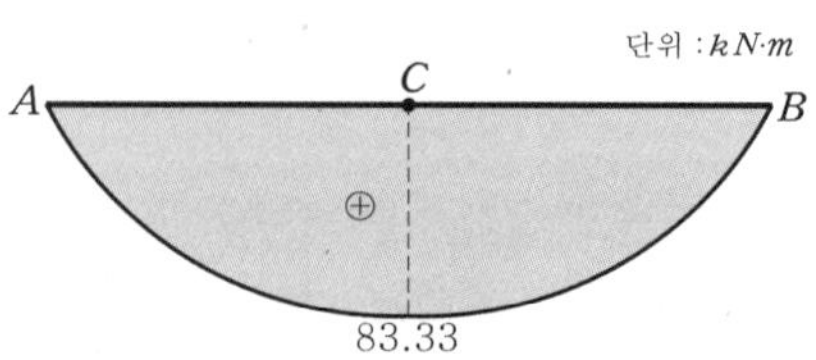

그림(d) 휨모멘트도(B.M.D)

◆ ◆ ◆ ◆ ◆ ◆

4.4.4 다음과 같은 단순보의 단면력도를 그리시오.

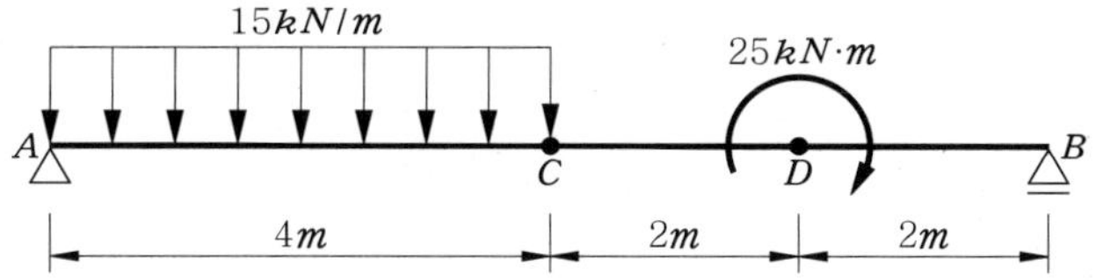

풀이

(1) 반력

그림(a)와 같이 반력의 방향을 가정하고, 등분포하중의 합력이 등분포하중의 중심에 집중하중으로 작용하는 것으로 가정하여 평형방정식을 세워 반력을 구한다.

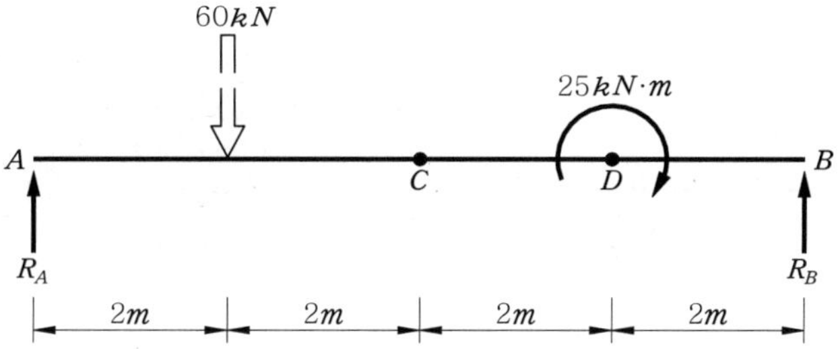

그림(a)

$\Sigma H=0$: $H_A=0$

$\Sigma M_A=0$: $\Sigma M_A=(60\times 2)+25-8R_B=0$ $\quad\therefore R_B=18.125kN(\uparrow)$

$\Sigma V=0$: $R_A+R_B-60=0$ $\quad\therefore R_A=41.875kN(\uparrow)$

(2) 단면력도

㉠ $A\sim C$ 구간

지점 A로부터 임의의 거리 x만큼 떨어진 단면의 좌측으로부터 각 단면력을 구한다.

$V_x=41.875-15x$

$M_x=41.875x-15x\times\dfrac{x}{2}=-7.5x^2+41.875x$

㉡ $C\sim D$ 구간

지점 A로부터 임의의 거리 x만큼 떨어진 단면의 좌측으로부터 각 단면력을 구한다.

$$V_x = 41.875 - 60 = -18.125$$
$$M_x = 41.875x - 60(x-2) = -18.125x + 120$$

㉢ $D \sim B$ 구간

지점 A로부터 임의의 거리 x만큼 떨어진 단면의 좌측으로부터 각 단면력을 구한다.

$$V_x = 41.875 - 60 = -18.125$$
$$M_x = 41.875x - 60(x-2) + 25 = -18.125x + 145$$

㉣ $A \sim C$ 구간에서 휨모멘트가 최대인 위치는 전단력이 '0' 인 위치이므로

$V_x = 0$: $41.875 - 15x = 0$, $x = 2.8m$

$x = 2.8m$ 인 위치에서 최대휨모멘트 $M_{max} = 58.45\,kN\cdot m$

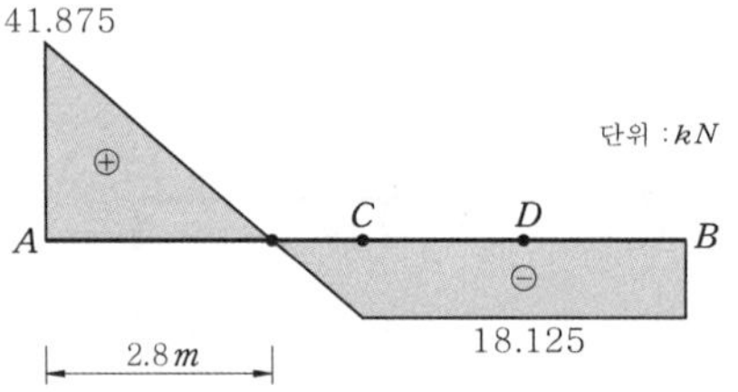

그림(b) 전단력도(S.F.D)

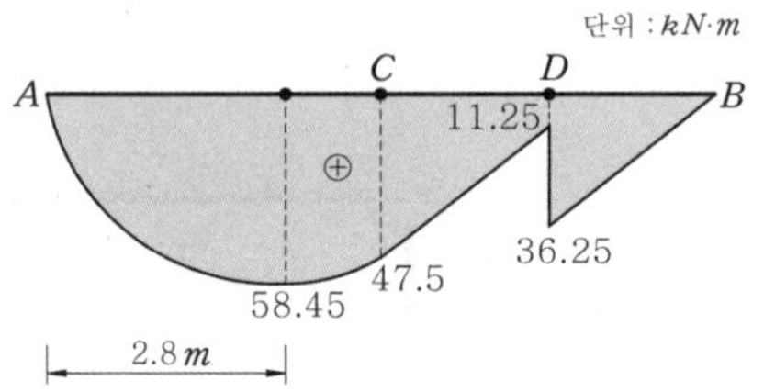

그림(c) 휨모멘트도(B.M.D)

◆ ◆ ◆ ◆ ◆ ◆

4.5 캔틸레버 보의 단면력

4.5.1 다음 그림과 같은 캔틸레버 보의 단면력도를 그리시오.

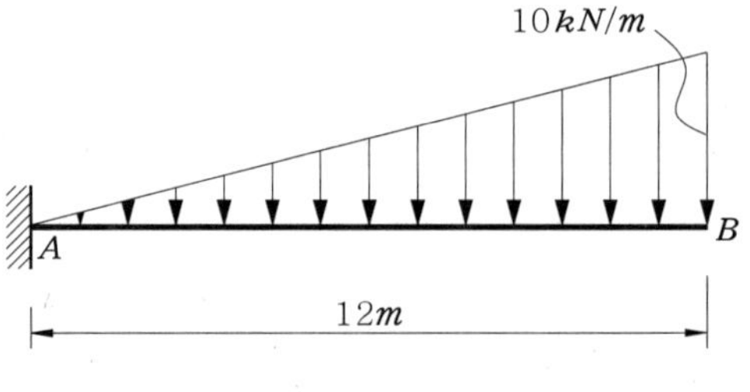

풀이

(1) 반력

그림(a)와 같이 등변분포하중의 합력을 도심에 작용시키고, 반력의 방향을 가정하여 평형방정식을 세워 반력을 구한다.

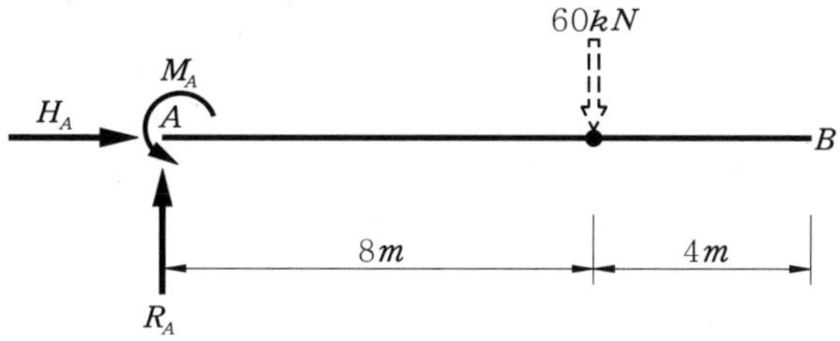

그림(a)

$$\Sigma H=0 \quad : \quad H_A=0$$

$$\Sigma M_A=0 \quad : \quad \Sigma M_A=-M_A+60\times 8=0 \qquad \therefore\ M_A=480\,kN\cdot m\ (\circlearrowleft)$$

$$\Sigma V=0 \quad : \quad R_A-60=0 \qquad \therefore\ R_A=60\,kN(\uparrow)$$

(2) 단면력도

그림(b)와 같이 지점 A로부터 임의의 거리 x만큼 떨어진 단면의 좌측으로부터 각 단면력을 구한다.

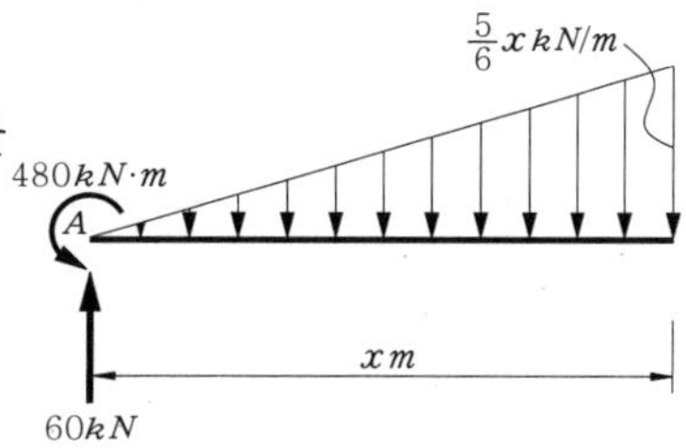

그림(b)

$$V_x = 60-\frac{5}{6}x\cdot x\cdot\frac{1}{2}=-\frac{5}{12}x^2+60$$

$$M_x = -480+60x-\frac{5}{6}x\cdot x\cdot\frac{1}{2}\cdot\frac{x}{3}$$

$$=-\frac{5}{36}x^3+60x-480$$

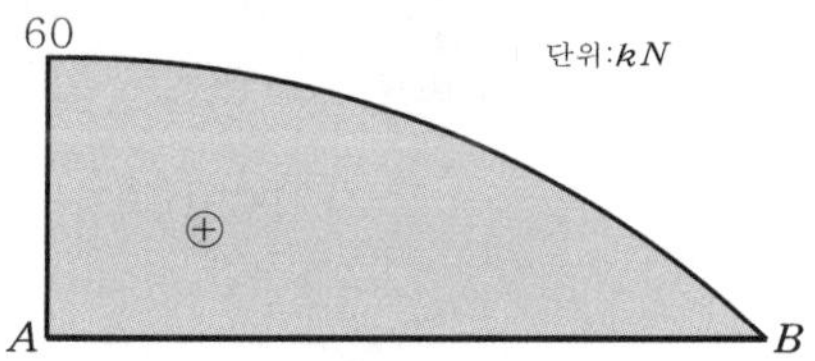

그림(c) 전단력도(S.F.D)

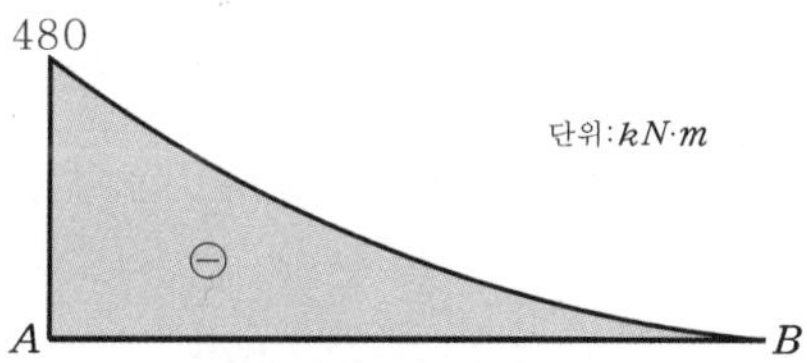

그림(d) 휨모멘트도(B.M.D)

◆ ◆ ◆ ◆ ◆ ◆

4.5.2 다음 그림과 같은 캔틸레버 보의 단면력도를 그리시오.

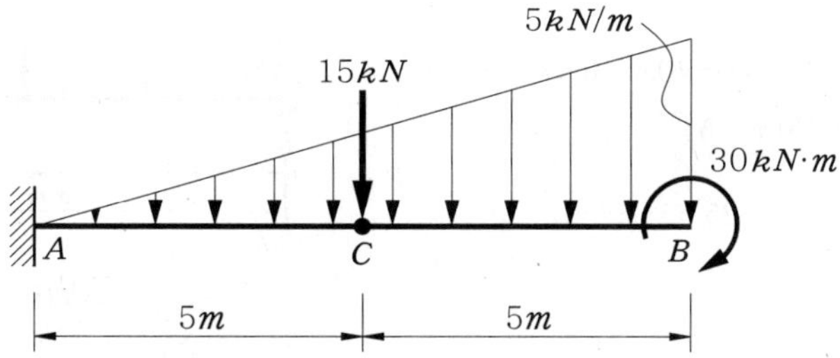

풀이

(1) 반력

그림(a)와 같이 등변분포하중의 합력을 도심에 작용시키고, 반력의 방향을 가정하여 평형방정식을 세워 반력을 구한다.

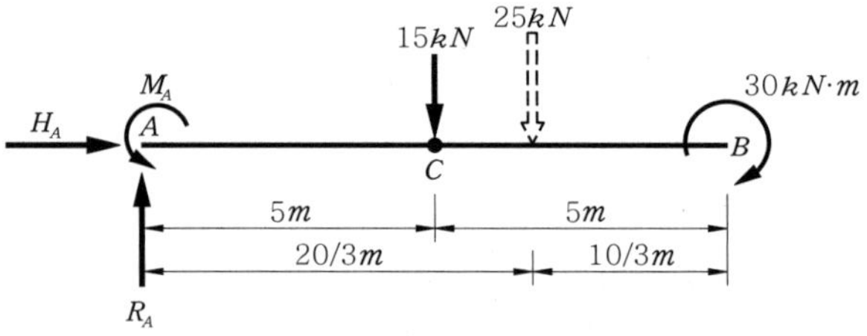

그림(a)

$$\Sigma H=0 \quad : \quad H_A=0$$

$$\Sigma M_A=0 \quad : \quad \Sigma M_A=-M_A+15\times 5+25\times\frac{20}{3}+30=0$$

$$\therefore \; M_A=271.67kN\cdot m \; (\circlearrowleft)$$

$$\Sigma V=0 \quad : \quad R_A-15-25=0 \qquad \therefore \; R_A=40kN\,(\uparrow)$$

(2) 단면력도

㉠ $A\sim C$ 구간

그림(b)와 같이 지점 A로부터 임의의 거리 x만큼 떨어진 단면의 좌측으로부터 각 단면력을 구한다.

$$V_x=40-0.5x\cdot x\cdot\frac{1}{2}=-\frac{x^2}{4}+40$$

$$M_x=-271.67+40x-0.5x\cdot x\cdot\frac{1}{2}\cdot\frac{x}{3}$$

$$=-\frac{x^3}{12}+40x-271.67$$

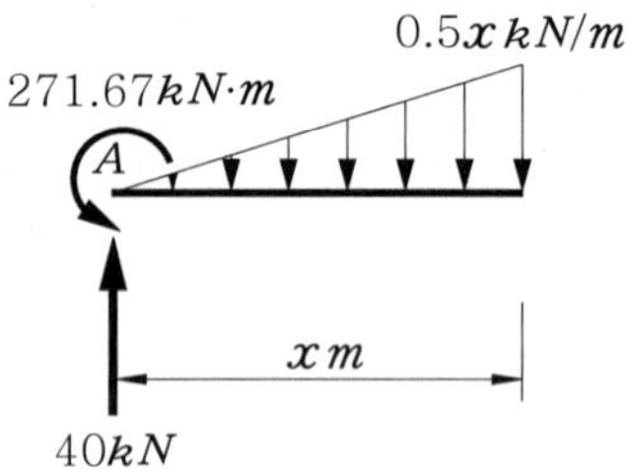

그림(b)

㉡ $C\sim B$ 구간

그림(b)와 같이 지점 A로부터 임의의 거리 x만큼 떨어진 단면의 좌측으로부터 각 단면력을 구한다.

$$V_x=40-0.5x\cdot x\cdot\frac{1}{2}-15=-\frac{x^2}{4}+25$$

$$M_x=-271.67+40x-0.5x\cdot x\cdot\frac{1}{2}\cdot\frac{x}{3}$$
$$-15(x-5)$$

$$=-\frac{x^3}{12}+25x-196.67$$

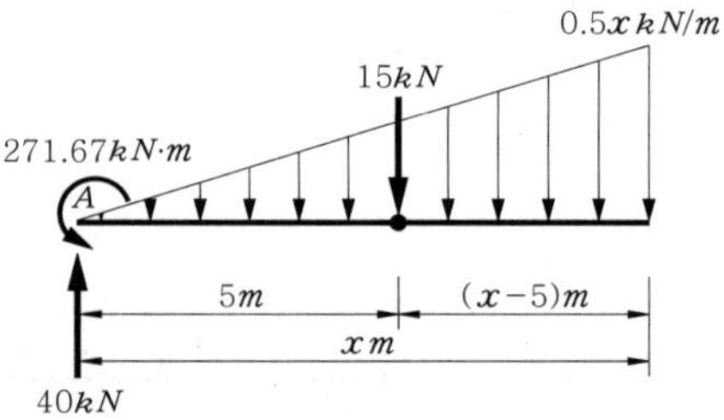

그림(c)

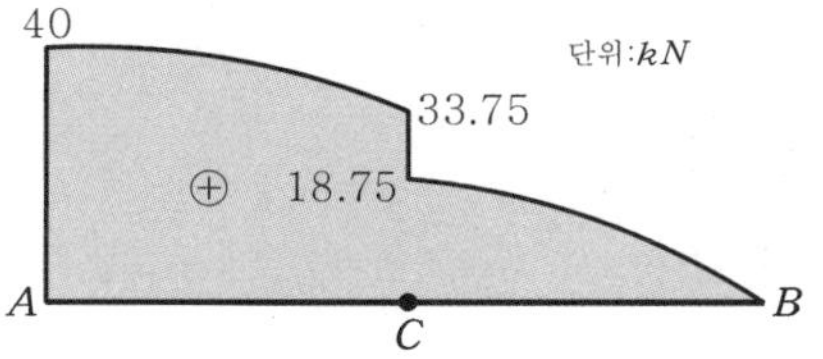

그림(d) 전단력도(S.F.D)

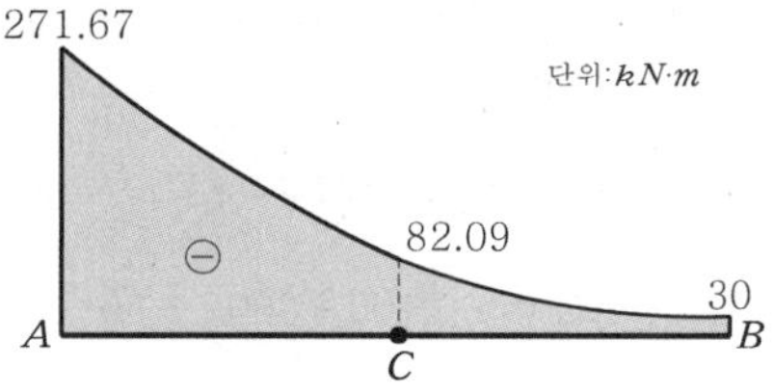

그림(e) 휨모멘트도(B.M.D)

◆ ◆ ◆ ◆ ◆ ◆

4.5.3 다음 그림과 같은 캔틸레버 보의 단면력도를 그리시오.

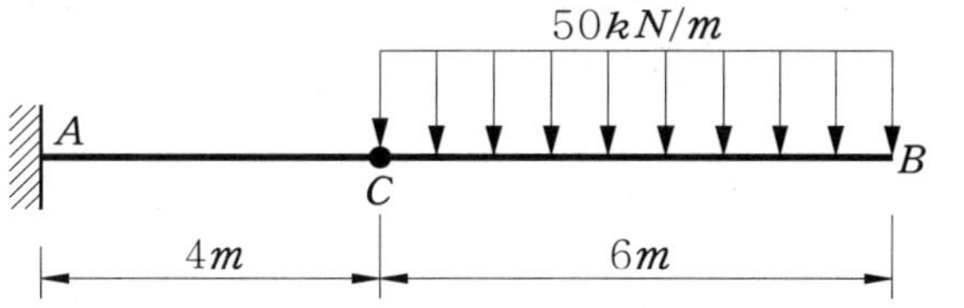

풀이

(1) 반력

그림(a)와 같이 등변분포하중의 합력을 도심에 작용시키고, 반력의 방향을 가정하여 평형방정식을 세워 반력을 구한다.

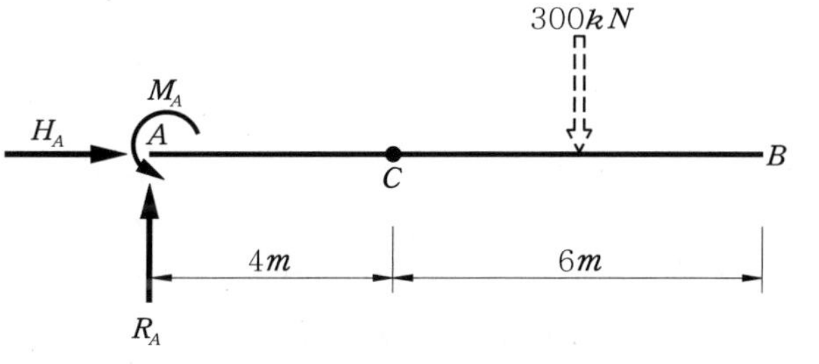

그림(a)

$\Sigma H=0$: $H_A=0$

$\Sigma M_A=0$: $\Sigma M_A=-M_A+300\times 7=0$ ∴ $M_A=2100\,kN\cdot m$ (↺)

$\Sigma V=0$: $R_A-300=0$ ∴ $R_A=300\,kN$ (↑)

(2) 단면력도

㉠ $A\sim C$ 구간

지점 A로부터 임의의 거리 x만큼 떨어진 단면의 좌측으로부터 각 단면력을 구한다.

$V_x=300$

$M_x=300x-2100$

㉡ $C\sim B$ 구간

지점 A로부터 임의의 거리 x만큼 떨어진 단면의 좌측으로부터 각 단면력을 구한다.

$$V_x = 300 - 50(x-4) = -50x + 500$$

$$M_x = -2100 + 300x - 50(x-4)\frac{(x-4)}{2} = -25x^2 + 500x - 2500$$

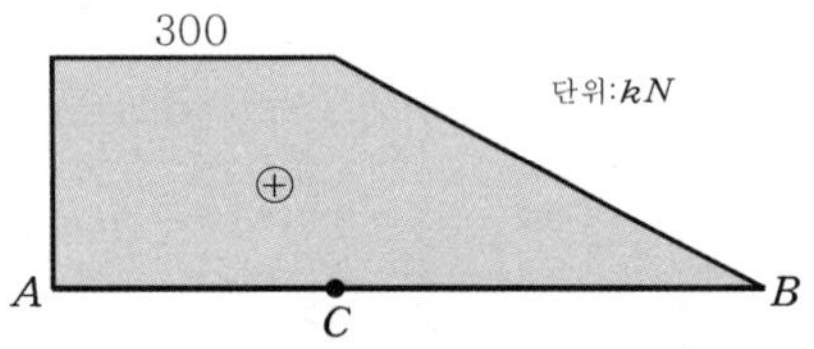

그림(b) 전단력도(S.F.D)

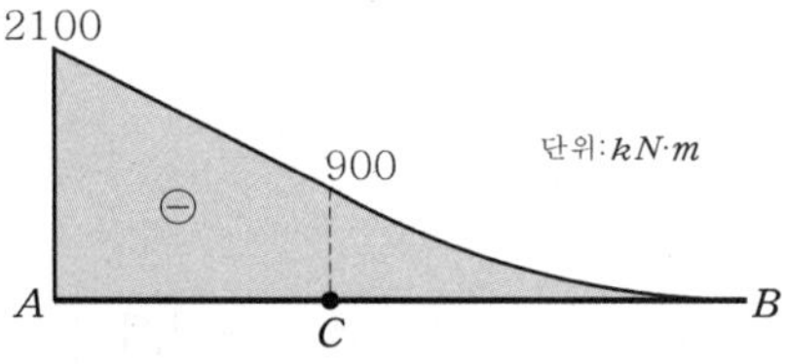

그림(c) 휨모멘트도(B.M.D)

◆ ◆ ◆ ◆ ◆ ◆

4.5.4 다음 그림과 같은 캔틸레버 보의 단면력도를 그리시오.

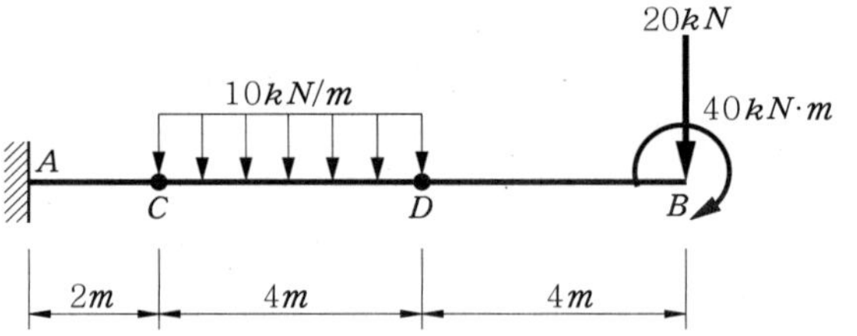

풀이

(1) 반력

그림(a)와 같이 등변분포하중의 합력을 도심에 작용시키고, 반력의 방향을 가정하여 평형방정식을 세워 반력을 구한다.

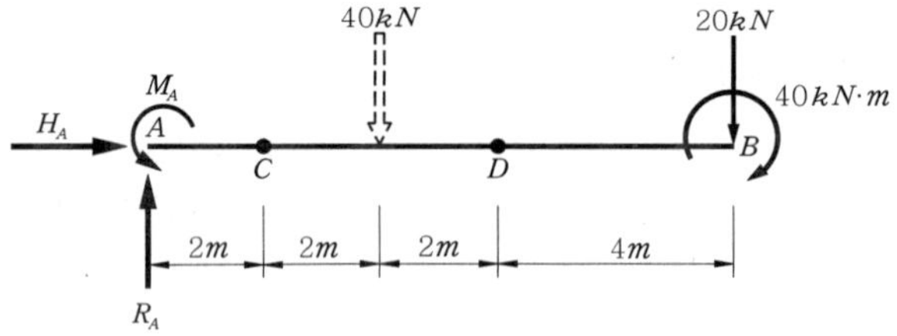

그림(a)

$\Sigma H=0$: $H_A=0$

$\Sigma M_A=0$: $\Sigma M_A = -M_A + (40\times4) + (20\times10) + 40 = 0$

$\therefore\ M_A = 400kN\cdot m$ (↺)

$\Sigma V=0$: $R_A - 40 - 20 = 0$ $\qquad\therefore\ R_A = 60kN(\uparrow)$

(2) 단면력도

㉠ $A \sim C$ 구간

지점 A로부터 임의의 거리 x만큼 떨어진 단면의 좌측으로부터 각 단면력을 구한다.

$$V_x = 60$$

$$M_x = 60x - 400$$

㉡ $C \sim D$ 구간

지점 A로부터 임의의 거리 x만큼 떨어진 단면의 좌측으로부터 각 단면력을 구한다.

$$V_x = 60 - 10(x-2) = -10x + 80$$

$$M_x = -400 + 60x - 10(x-2)\frac{(x-2)}{2} = -5x^2 + 80x - 420$$

㉢ $D \sim B$ 구간

지점 A로부터 임의의 거리 x만큼 떨어진 단면의 좌측으로부터 각 단면력을 구한다.

$$V_x = 60 - 40 = 20$$

$$M_x = -400 + 60x - 40(x-4) = 20x - 240$$

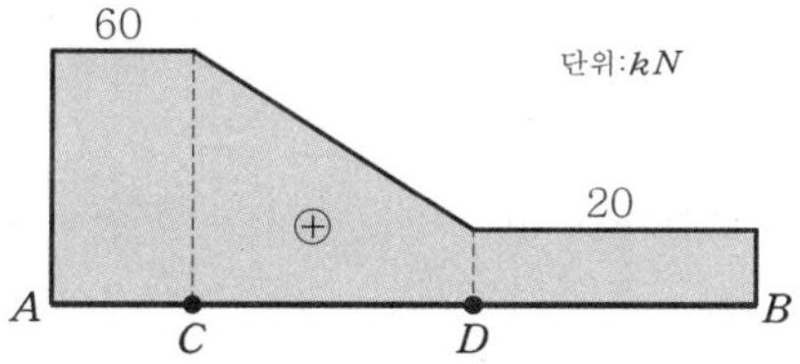

그림(b) 전단력도(S.F.D)

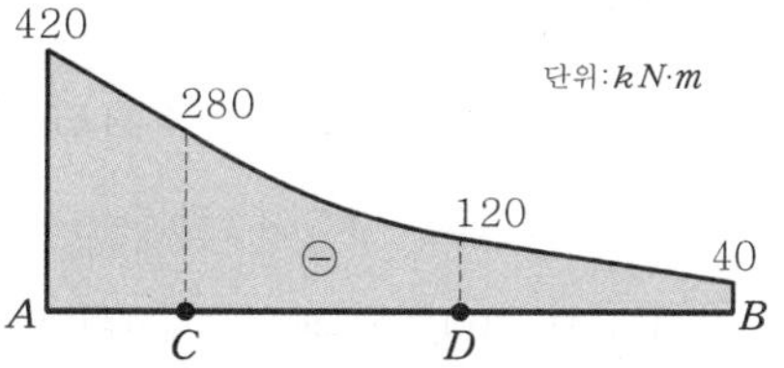

그림(c) 휨모멘트도(B.M.D)

◆ ◆ ◆ ◆ ◆ ◆

4.6 내민보의 단면력

4.6.1 C점과 D점의 전단력과 휨모멘트를 계산하시오.

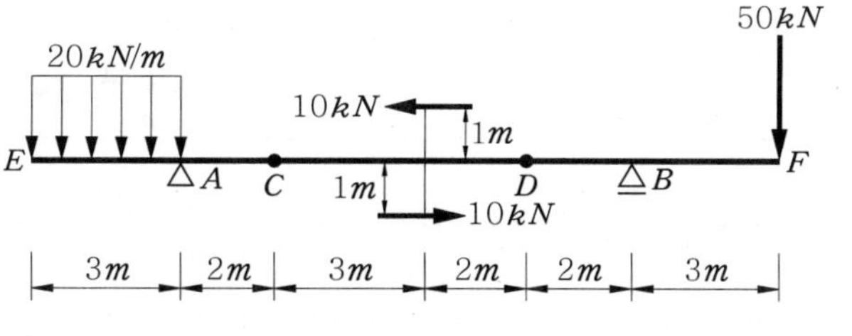

풀이

(1) 반력

그림(a)와 같이 등분포하중의 합력을 도심에 작용시키고, 반력의 방향을 가정하여 평형방정식을 세워 반력을 구한다. 이때, 보의 상·하부에 작용하는 수평하중은 우력으로 작용하여 보에 모멘트를 발생시킨다.

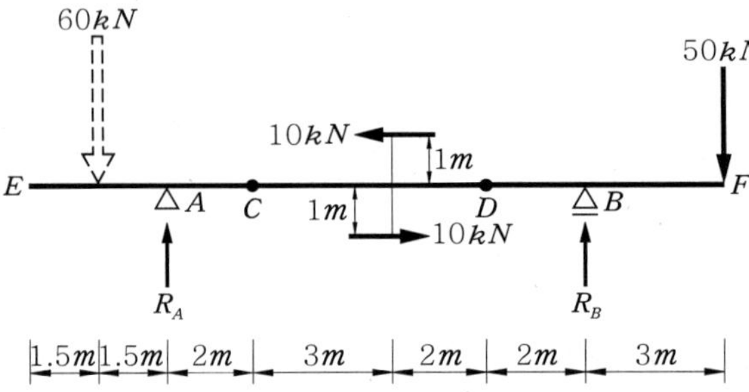

그림(a)

$\Sigma M_A = 0$: $\Sigma M_A = -(60 \times 1.5) - (10 \times 2) - 9R_B + 50 \times 12 = 0$

$\therefore R_B = 54.44\,kN\,(\uparrow)$

$\Sigma V = 0$: $-60 + R_A + R_B - 50 = 0$ $\therefore R_A = 55.56\,kN\,(\uparrow)$

(2) 단면력

$V_C = -60 + 55.56 = -4.44\,kN$

$M_C = -(60 \times 3.5) + (55.56 \times 2) = -98.88\,kN \cdot m$

$V_D = -60 + 55.56 = -4.44\,kN$

$M_D = -(60 \times 8.5) + (55.56 \times 7) - (10 \times 2) = -141.08\,kN \cdot m$

◆ ◆ ◆ ◆ ◆ ◆

4.6.2 다음과 같은 내민보의 단면력도를 그리시오.

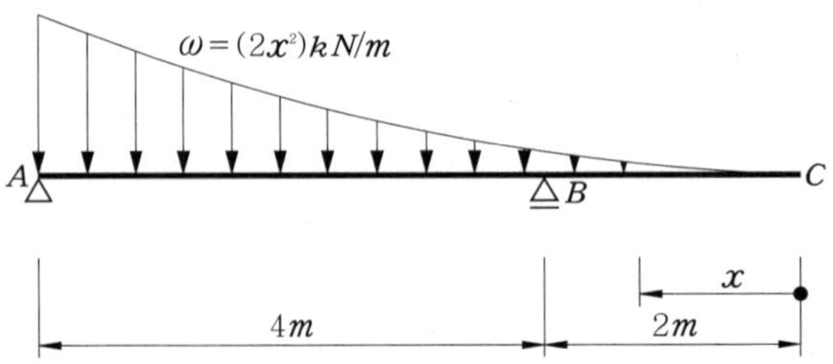

풀이

(1) 반력

2차곡선 하중의 합력과 합력의 작용점인 도심을 구하기 위하여 2차곡선의 하중을 그림(a)와 같이 미소면적(dA)으로 나누었다. 이때, 하중의 합력(A)은 ΣdA 이며, 도심의 좌표($\bar{x}$)는 단면1차모멘트(S)를 합력(A)으로 나눈 값이다.

$$A = \Sigma dA = \int_0^6 2x^2 dx = 144\,kN$$

$$S = \int_0^6 x \times 2x^2 dx = \int_0^6 2x^3 dx = 648\,kN \cdot m$$

$$\bar{x} = \frac{S}{A} = 4.5\,m$$

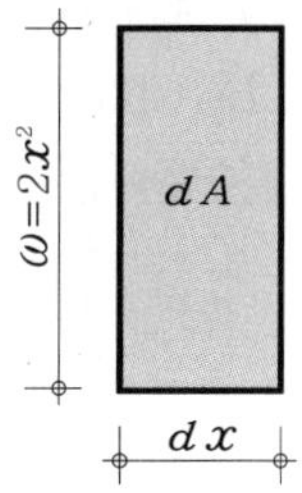

그림(a)

그림(b)와 같이 2차곡선 하중의 합력을 도심에 작용시키고, 반력의 방향을 가정하여 평형방정식을 세워 반력을 구한다.

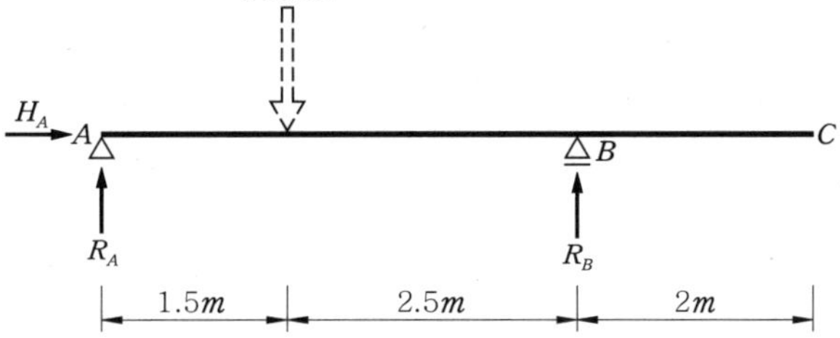

그림(b)

$\Sigma H = 0$: $H_A = 0$

$\Sigma M_A = 0$: $\Sigma M_A = (144 \times 1.5) - 4R_B = 0$ $\therefore\ R_B = 54\,kN\,(\uparrow)$

$\Sigma V = 0$: $R_A + R_B - 144 = 0$ $\therefore\ R_A = 90\,kN\,(\uparrow)$

(2) 단면력도

C로부터 x만큼 떨어진 지점에서 합력 A와 합력의 작용점인 도심의 좌표 $\bar{x}$를 구하면

$$A = \Sigma dA = \int_0^x 2x^2 dx = \frac{2}{3}x^3$$

$$S = \int_0^x x \times 2x^2 dx = \int_0^x 2x^3 dx = \frac{x^4}{2}$$

$$\bar{x} = \frac{S}{A} = \frac{3}{4}x$$

㉠ $B \sim C$ 구간

그림(c)와 같이 C로부터 임의의 거리 x만큼 떨어진 단면의 우측에서부터 각 단면력을 구한다.

$$V_x = \frac{2}{3}x^3$$

$$M_x = -\frac{2}{3}x^3 \cdot \frac{x}{4} = -\frac{x^4}{6}$$

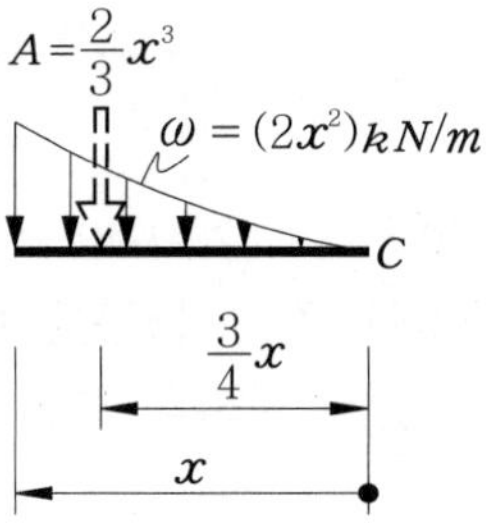

그림(c)

㉡ $A \sim B$ 구간

그림(d)와 같이 C로부터 임의의 거리 x만큼 떨어진 단면의 우측에서부터 각 단면력을 구한다.

$$V_x = \frac{2}{3}x^3 - 54$$

$$M_x = 54(x-2) - \frac{2}{3}x^3 \cdot \frac{x}{4}$$

$$= -\frac{x^4}{6} + 54x - 108$$

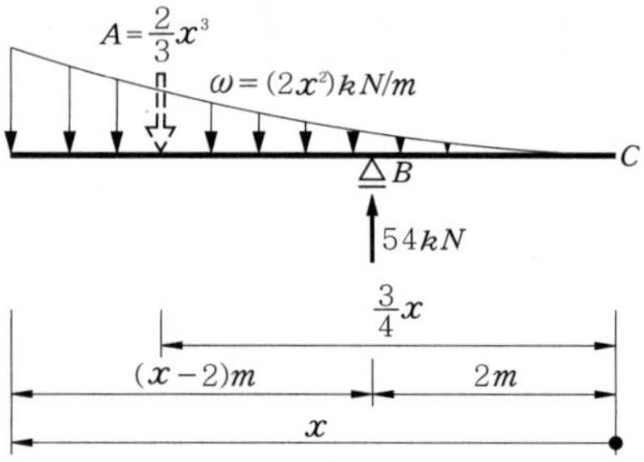

그림(d)

㉢ $A \sim B$ 구간에서 휨모멘트가 최대인 위치는 전단력이 '0' 인 위치이므로

$V_x = 0$: $\frac{2}{3}x^3 - 54 = 0$, $x = 4.33\,m$ 인 위치에서

최대휨모멘트 $M_{max} = 67.23\,kN \cdot m$

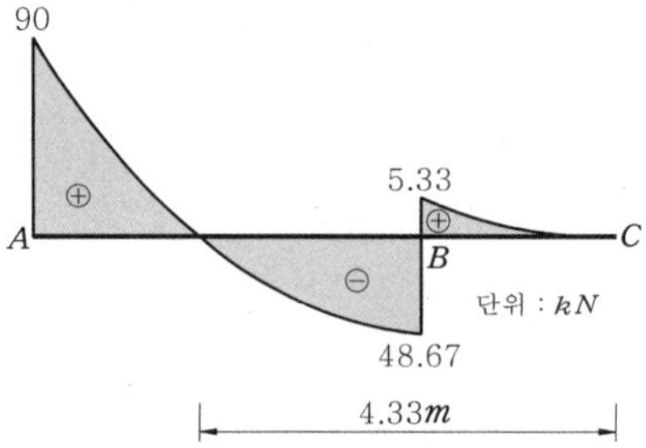

그림(e) 전단력도(S.F.D)

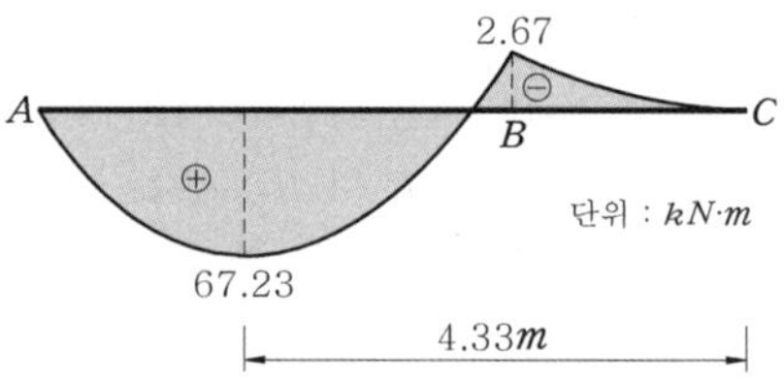

그림(f) 휨모멘트도(B.M.D)

◆ ◆ ◆ ◆ ◆ ◆

4.6.3 다음과 같은 내민보의 단면력도를 그리시오.

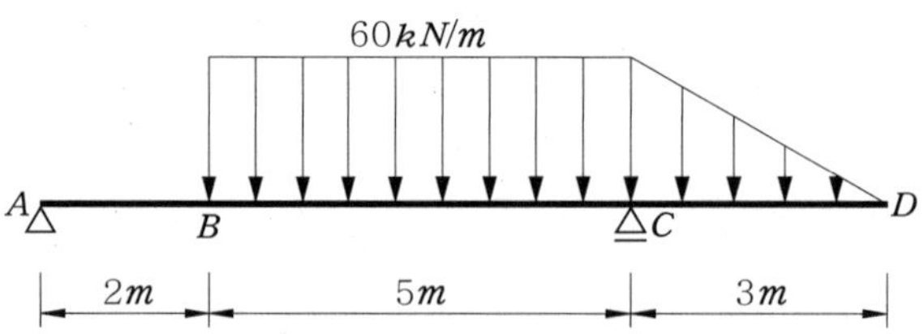

풀이

(1) 반력

그림(a)와 같이 등분포하중의 합력을 도심에 작용시키고, 반력의 방향을 가정하여 평형방정식을 세워 반력을 구한다.

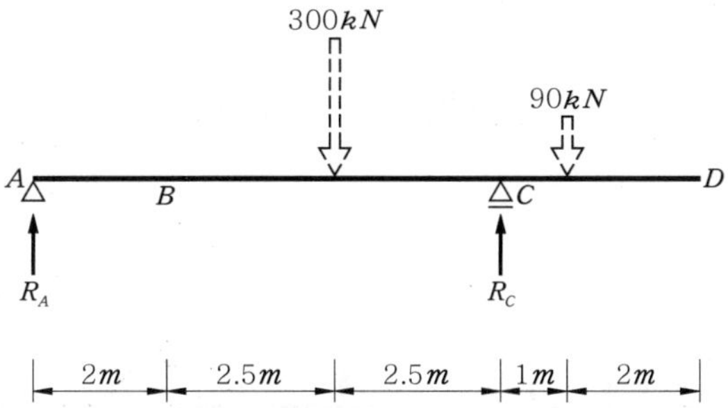

그림(a)

$\Sigma M_A = 0$: $\Sigma M_A = (300 \times 4.5) - 7R_C + (90 \times 8) = 0$

$\therefore\ R_C = 295.71\,kN\ (\uparrow)$

$\Sigma V = 0$: $R_A + R_C - 300 - 90 = 0$ $\quad\therefore\ R_A = 94.29\,kN\ (\uparrow)$

(2) 단면력도

㉠ $A \sim B$ 구간

A로부터 임의의 거리 x만큼 떨어진 단면의 좌측으로부터 각 단면력을 구한다.

$V_x = 94.29$, $\quad M_x = 94.29x$

㉡ $B \sim C$ 구간

A로부터 임의의 거리 x만큼 떨어진 단면의 좌측으로부터 각 단면력을 구한다.

$V_x = 94.29 - 60(x-2) = -60x + 214.29$

$M_x = 94.29x - 60(x-2)\dfrac{(x-2)}{2} = -30x^2 + 214.29x - 120$

㉢ $C \sim D$ 구간

그림(b)와 같이 D로부터 임의의 거리 x만큼 떨어진 단면의 우측으로부터 각 단면력을 구한다.

$V_x = 20x \cdot x \cdot \dfrac{1}{2} = 10x^2$,

$M_x = -10x^2 \cdot \dfrac{x}{3} = -\dfrac{10}{3}x^3$

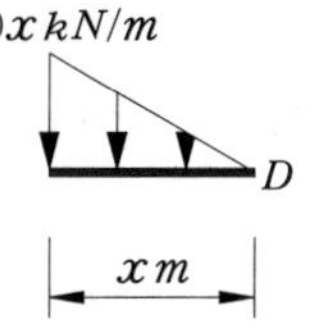

그림(b)

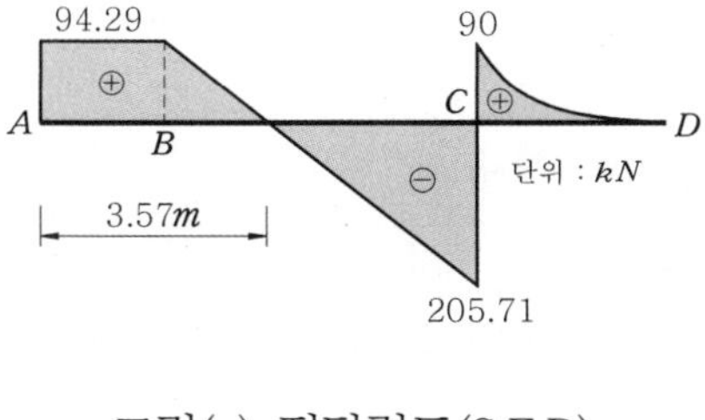

그림(c) 전단력도(S.F.D)

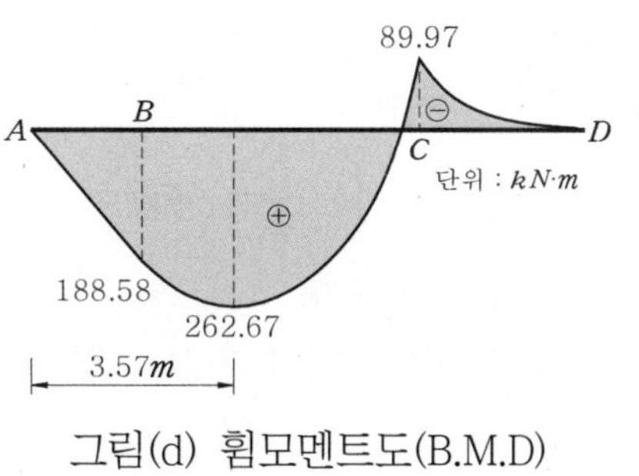

그림(d) 휨모멘트도(B.M.D)

◆ ◆ ◆ ◆ ◆ ◆

4.6.4 다음과 같은 내민보의 단면력도를 그리시오.

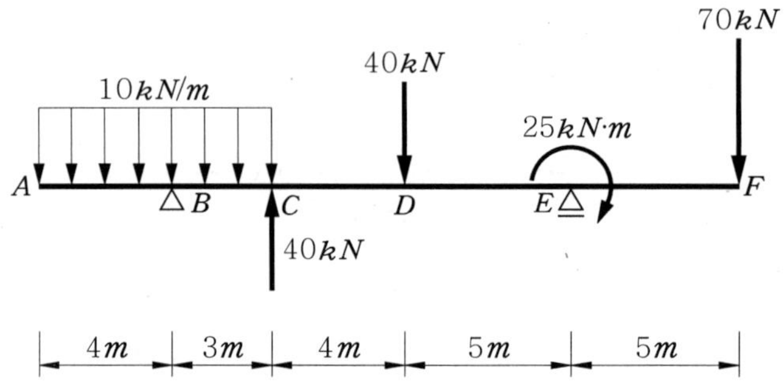

풀이

(1) 반력

그림(a)와 같이 등분포하중의 합력을 도심에 작용시키고, 반력의 방향을 가정하여 평형방정식을 세워 반력을 구한다.

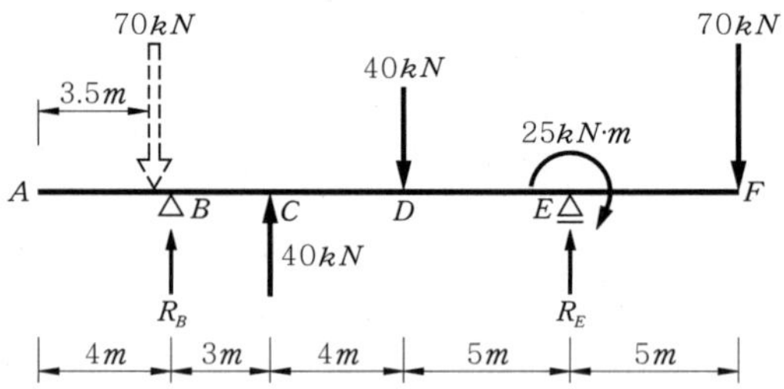

그림(a)

$\Sigma M_B = 0$:

$\Sigma M_B = -(70\times 0.5)-(40\times 3)+(40\times 7)+25-12R_E+(70\times 17)=0$

$\therefore\ R_E = 111.67\,kN\,(\uparrow)$

$\Sigma V = 0$: $-70+R_B+40-40+R_E-70=0$ $\quad\therefore\ R_B = 28.33\,kN\,(\uparrow)$

(2) 단면력도

㉠ $A \sim B$ 구간

A 로부터 임의의 거리 x 만큼 떨어진 단면의 좌측으로부터 각 단면력을 구한다.

$V_x = -10x$

$M_x = -10x \cdot \dfrac{x}{2} = -5x^2$

㉡ $B \sim C$ 구간

A 로부터 임의의 거리 x 만큼 떨어진 단면의 좌측으로부터 각 단면력을 구한다.

$$V_x = -10x + 28.33$$

$$M_x = -10x \cdot \frac{x}{2} + 28.33(x-4) = -5x^2 + 28.33x - 113.32$$

㉢ $C \sim D$ 구간

A로부터 임의의 거리 x만큼 떨어진 단면의 좌측으로부터 각 단면력을 구한다.

$$V_x = -(10 \times 7) + 28.33 + 40 = -1.67$$

$$M_x = -70(x-3.5) + 28.33(x-4) + 40(x-7) = -1.67x - 148.32$$

㉣ $D \sim E$ 구간

A로부터 임의의 거리 x만큼 떨어진 단면의 좌측으로부터 각 단면력을 구한다.

$$V_x = -(10 \times 7) + 28.33 + 40 - 40 = -41.67$$

$$M_x = -70(x-3.5) + 28.33(x-4) + 40(x-7) - 40(x-11) = -41.67x + 291.68$$

㉤ $E \sim F$ 구간

F로부터 임의의 거리 x만큼 떨어진 단면의 우측에서부터 각 단면력을 구한다.

$$V_x = 70$$

$$M_x = -70x$$

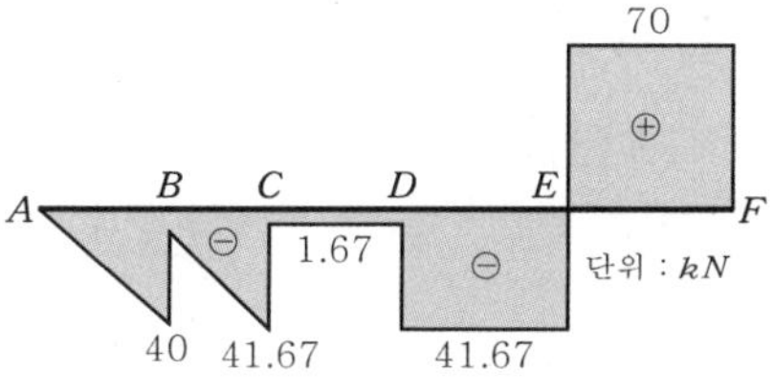

그림(b) 전단력도(S.F.D)

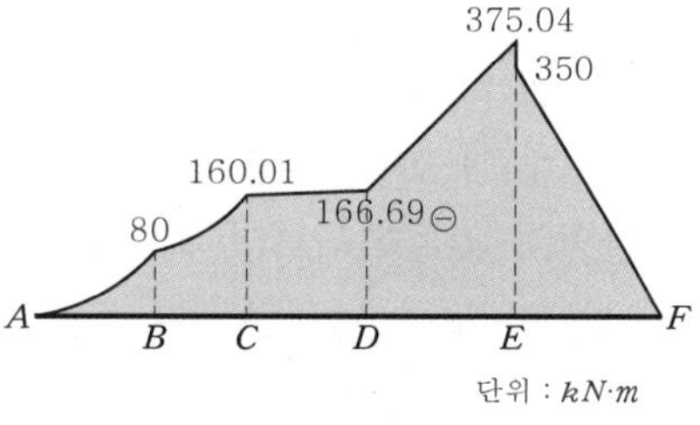

그림(c) 휨모멘트도(B.M.D)

◆ ◆ ◆ ◆ ◆ ◆

4.6.5 다음과 같은 내민보의 단면력도를 그리시오.

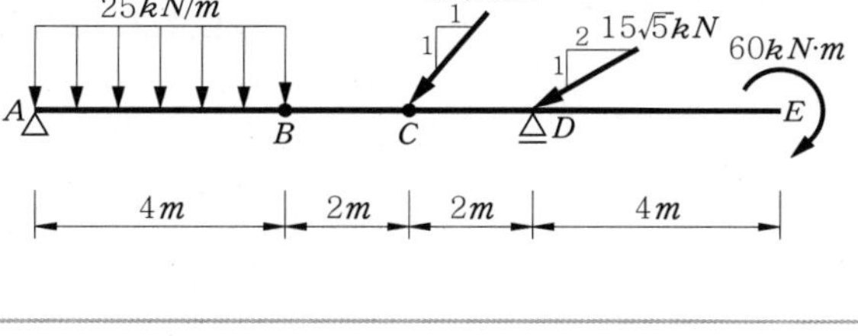

풀이

(1) 반력

그림(a)와 같이 등분포하중의 합력을 도심에 작용시키고, 대각방향 하중을 수직, 수평 분력으로 나눈 후, 반력의 방향을 가정하여 평형방정식을 세워 반력을 구한다.

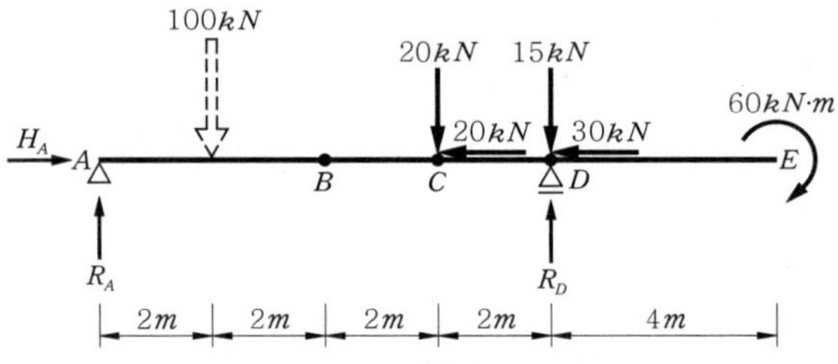

그림(a)

$$\Sigma H=0 \quad : \quad H_A-20-30=0 \qquad \therefore\ H_A=50(\rightarrow)$$

$$\Sigma M_A=0 \quad : \quad \Sigma M_A=(100\times 2)+(20\times 6)+(15\times 8)-8R_D+60=0$$

$$\therefore\ R_D=62.5\,kN\ (\uparrow)$$

$$\Sigma V=0 \quad : \quad R_A-100-20-15+R_D=0 \qquad \therefore\ R_D=72.5\,kN\ (\uparrow)$$

(2) 단면력도

㉠ $A\sim B$ 구간

그림(b)와 같이 A로부터 임의의 거리 x만큼 떨어진 단면의 좌측에서부터 각 단면력을 구한다.

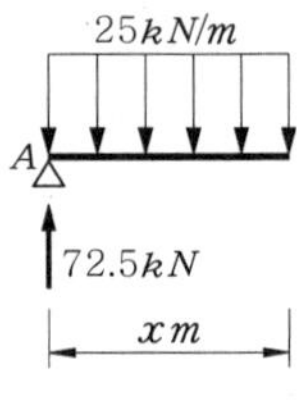

그림(b)

$$V_x=72.5-25x$$

$$M_x=72.5x-25x\cdot\frac{x}{2}=-12.5x^2+72.5x$$

㉡ $B\sim C$ 구간

그림(c)와 같이 A로부터 임의의 거리 x만큼 떨어진 단면의 좌측에서부터 각 단면력을 구한다.

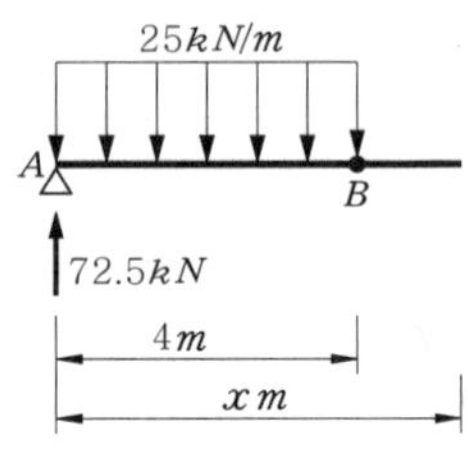

그림(c)

$$V_x=72.5-(25\times 4)=-27.5$$

$$M_x=72.5x-(25\times 4)(x-2)$$

$$=-27.5x+200$$

㉢ $C\sim D$ 구간

그림(d)와 같이 A로부터 임의의 거리 x만큼 떨어진 단면의 좌측으로부터 각 단면력을 구한다.

$$V_x=72.5-(25\times 4)-20=-47.5$$

$$M_x=72.5x-(25\times 4)(x-2)-20(x-6)$$

$$=-47.5x+320$$

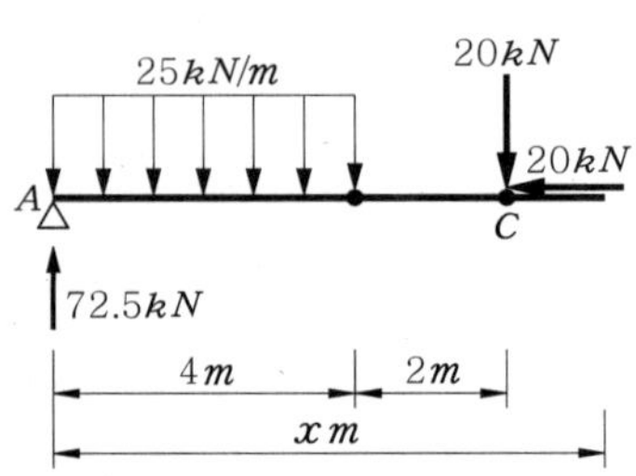

그림(d)

㉣ $D\sim E$ 구간

E로부터 임의의 거리 x만큼 떨어진 단면의 우측으로부터 각 단면력을 구

한다.

$V_x = 0$, $M_x = -60$

ⓜ $A \sim B$ 구간에서 휨모멘트가 최대인 위치는 전단력이 '0' 인 위치이므로
$V_x = 0$: $72.5 - 25x = 0$, $x = 2.9m$ 인 위치에서
최대휨모멘트 $M_{\max} = 105.13\,kN \cdot m$

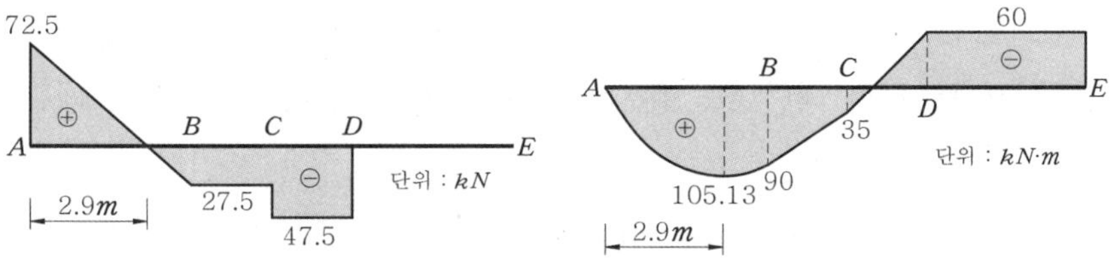

그림(e) 전단력도(S.F.D) 그림(f) 휨모멘트도(B.M.D)

◆ ◆ ◆ ◆ ◆ ◆

4.7 겔버보의 단면력

4.7.1 다음과 같은 겔버보의 단면력도를 그리시오.

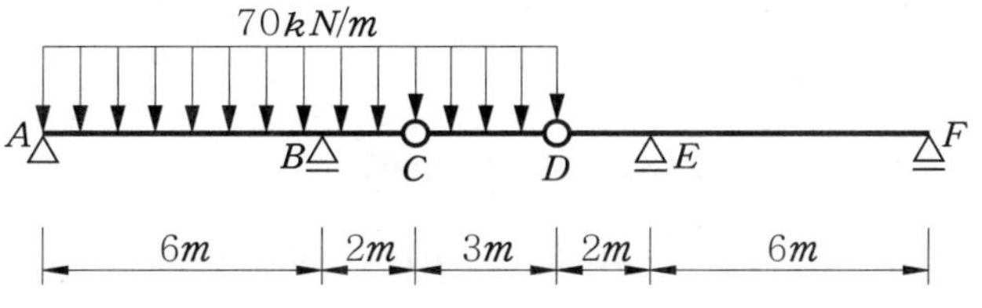

풀이

(1) 반력

그림(a)와 같이 중앙부 단순보와 좌우측 내민보로 분해하여 먼저 단순보의 반력을 구한 뒤 내민보의 끝 힌지에 단순보에서 구한 반력 P_C, P_D를 반대로 작용시켜 내민보의 반력을 구한다.

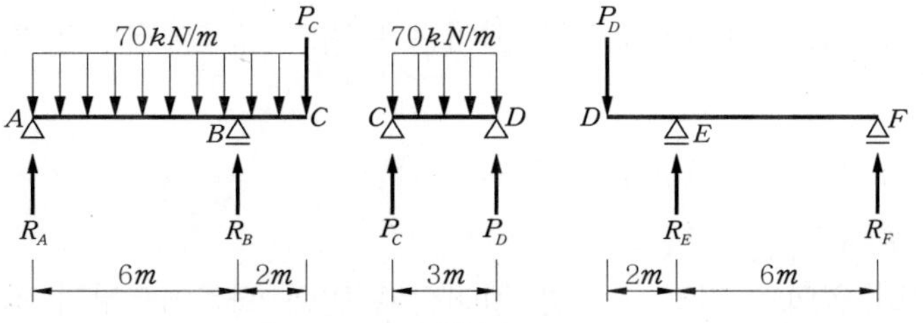

그림(a)

㉠ 중앙부 단순보의 반력을 구하면

$$P_C = P_D = 70 \times 3 \times \frac{1}{2} = 105\,kN\,(\uparrow)$$

㉡ P_C를 좌측 내민보의 힌지 C에 하향의 하중으로 생각하고 내민보의 반력을 구하면

$$\Sigma M_A = 0 \;:\; \Sigma M_A = (70 \times 8 \times 4) - 6R_B + (105 \times 8) = 0$$

$$\therefore\; R_B = 513.33\,kN\,(\uparrow)$$

$$\Sigma V = 0 \;:\; R_A + R_B - 70 \times 8 - 105 = 0 \qquad \therefore\; R_A = 151.67\,kN\,(\uparrow)$$

㉢ P_D를 우측 내민보의 힌지 D에 하향의 하중으로 생각하고 내민보의 반력을 구하면

$$\Sigma M_E = 0 \;:\; \Sigma M_E = -(105 \times 2) + 6R_F = 0 \qquad \therefore\; R_F = 35\,kN\,(\downarrow)$$

$$\Sigma V = 0 \;:\; R_E - R_F - 105 = 0 \qquad \therefore\; R_E = 140\,kN\,(\uparrow)$$

(2) 단면력도

단면력은 단순보와 내민보로 나누어 구하고 이것을 연속시킨다.

㉠ $A \sim B$ 구간

A로부터 임의의 거리 x만큼 떨어진 단면의 좌측에서부터 각 단면력을 구한다.

$$V_x = 151.67 - 70x$$

$$M_x = 151.67x - 70x \cdot \frac{x}{2} = -35x^2 + 151.67x$$

㉡ $B \sim C$ 구간

A로부터 임의의 거리 x만큼 떨어진 단면의 좌측에서부터 각 단면력을 구한다.

$$V_x = 151.67 - 70x + 513.33 = -70x + 665$$

$$M_x = 151.67x - 70x \cdot \frac{x}{2} + 513.33(x-6) = -35x^2 + 665x - 3079.98$$

㉢ $C \sim D$ 구간

C로부터 임의의 거리 x만큼 떨어진 단면의 좌측에서부터 각 단면력을 구한다.

$$V_x = 105 - 70x \qquad M_x = 105x - 70x \cdot \frac{x}{2} = -35x^2 + 105x$$

㉣ $D \sim E$ 구간

D로부터 임의의 거리 x만큼 떨어진 단면의 좌측에서부터 각 단면력을 구한다.

$$V_x = -105 \qquad M_x = -105x$$

㉤ $E \sim F$ 구간

D로부터 임의의 거리 x만큼 떨어진 단면의 좌측에서부터 각 단면력을 구한다.

$$V_x = -105 + 140 = 35 \qquad M_x = -105x + 140(x-2) = 35x - 280$$

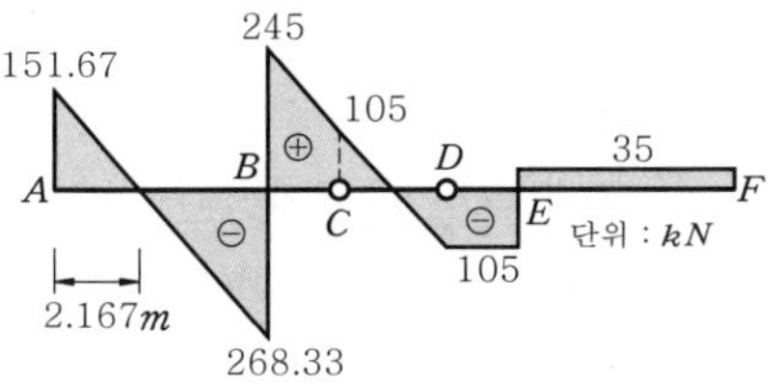

그림(b) 전단력도(S.F.D)

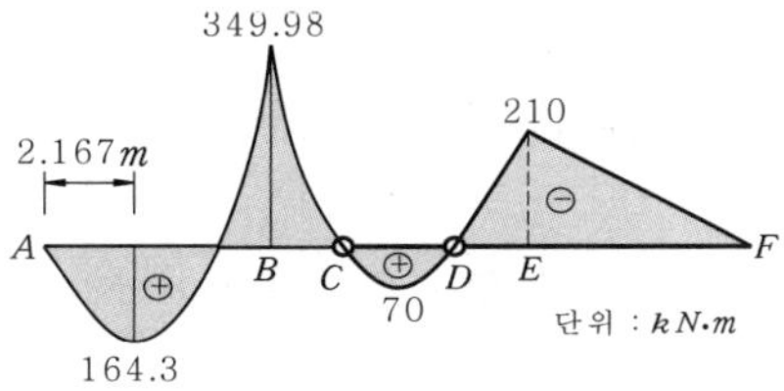

그림(c) 휨모멘트도(B.M.D)

◆ ◆ ◆ ◆ ◆ ◆ ◆

4.7.2 다음과 같은 겔버보의 단면력도를 그리시오.

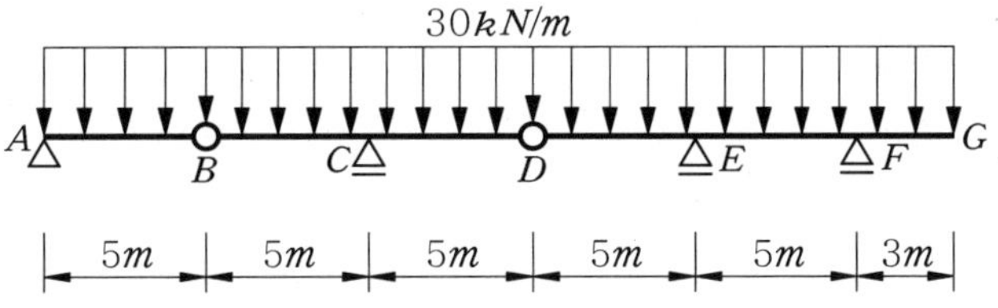

풀이

(1) 반력

그림(a)와 같이 좌측 단순보와 중앙부 내민보, 그리고 우측 내민보로 분해하여 먼저 단순보의 반력을 구한 뒤 중앙부 내민보의 끝 힌지에 단순보에서 구한 반력 P_B를 반대로 작용시켜 중앙부 내민보의 반력을 구하고, 다시 중앙부 내민보에서 구한 반력 P_D를 우측 내민보에 반대로 작용시켜 우측 내민보의 반력을 구한다.

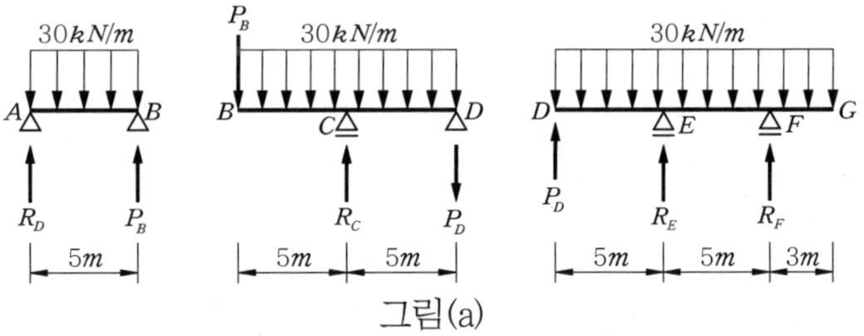

그림(a)

㉠ 좌측 단순보의 반력을 구하면

$$R_A = P_B = 30 \times 5 \times \frac{1}{2} = 75\,kN\,(\uparrow)$$

㉡ P_B를 중앙부 내민보의 힌지 B에 하향의 하중으로 생각하고 중앙부 내민보의 반력을 구하면

$$\Sigma M_C = 0 \;:\; \Sigma M_C = -(75 \times 5) + 5P_D = 0 \qquad \therefore\; P_D = 75\,kN\,(\downarrow)$$

$$\Sigma V = 0 \;:\; R_C - P_B - P_D - (30 \times 10) = 0 \qquad \therefore\; R_C = 450\,kN\,(\uparrow)$$

㉢ P_D를 우측 내민보의 힌지 D에 상향의 하중으로 생각하고 우측 내민보의

반력을 구하면

$$\Sigma M_E=0 \;:\; \Sigma M_E=(75\times5)+(30\times13\times1.5)-5R_F=0$$

$$\therefore\; R_F=192\,kN\,(\uparrow)$$

$$\Sigma V=0 \;:\; 75+R_E+R_F-(30\times13)=0 \qquad \therefore\; R_E=123\,kN\,(\uparrow)$$

(2) 단면력도

단면력은 단순보와 내민보로 나누어 구하고 이것을 연속시킨다.

㉠ $A\sim B$ 구간

A 로부터 임의의 거리 x 만큼 떨어진 단면의 좌측에서부터 각 단면력을 구한다.

$$V_x=75-30x \qquad M_x=75x-30x\cdot\frac{x}{2}=-15x^2+75x$$

㉡ $B\sim C$ 구간

B 로부터 임의의 거리 x 만큼 떨어진 단면의 좌측에서부터 각 단면력을 구한다.

$$V_x=-75-30x \qquad M_x=-75x-30x\cdot\frac{x}{2}=-15x^2-75x$$

㉢ $C\sim D$ 구간

B 로부터 임의의 거리 x 만큼 떨어진 단면의 좌측에서부터 각 단면력을 구한다.

$$V_x=-75-30x+450=-30x+375$$

$$M_x=-75x-30x\cdot\frac{x}{2}+450(x-5)=-15x^2+375x-2250$$

㉣ $D\sim E$ 구간

D 로부터 임의의 거리 x 만큼 떨어진 단면의 좌측에서부터 각 단면력을 구한다.

$$V_x=75-30x \qquad M_x=75x-30x\cdot\frac{x}{2}=-15x^2+75x$$

㉤ $E\sim F$ 구간

D 로부터 임의의 거리 x 만큼 떨어진 단면의 좌측에서부터 각 단면력을 구한다.

$$V_x=75-30x+123=-30x+198$$

$$M_x=75x-30x\cdot\frac{x}{2}+123(x-5)=-15x^2+198x-615$$

㉥ $F\sim G$ 구간

G 로부터 임의의 거리 x 만큼 떨어진 단면의 우측에서부터 각 단면력을 구한다.

$$V_x=30x \qquad M_x=-30x\cdot\frac{x}{2}=-15x^2$$

ⓐ $D \sim E$ 구간에서 휨모멘트가 최대인 위치는 전단력이 '0' 인 위치이므로

$V_x = 0$: $-30x + 75 = 0$, $x = 2.5m$ 인 위치에서

최대휨모멘트 $M = 93.75 kN \cdot m$

ⓞ $E \sim F$ 구간에서 휨모멘트가 최대인 위치는 전단력이 '0' 인 위치이므로

$V_x = 0$: $-30x + 198 = 0$, $x = 6.6m$ 인 위치에서

최대휨모멘트 $M = 38.4 kN \cdot m$

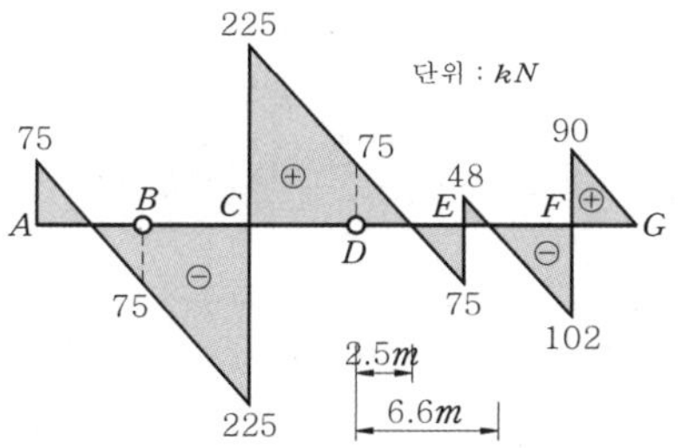

그림(b) 전단력도(S.F.D)

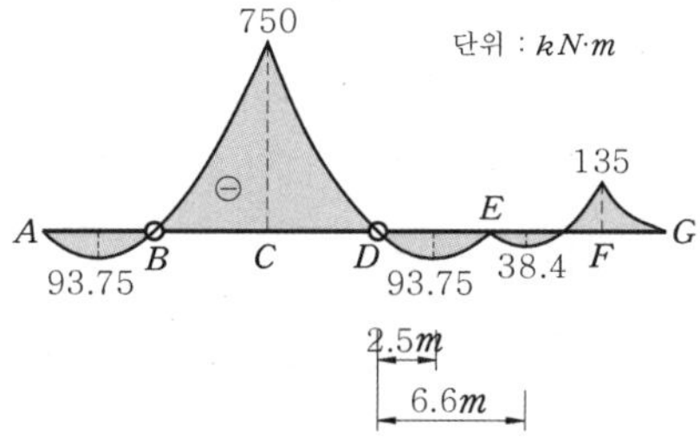

그림(c) 휨모멘트도(B.M.D)

◆ ◆ ◆ ◆ ◆ ◆

4.7.3 다음과 같은 겔버보의 단면력도를 그리시오.

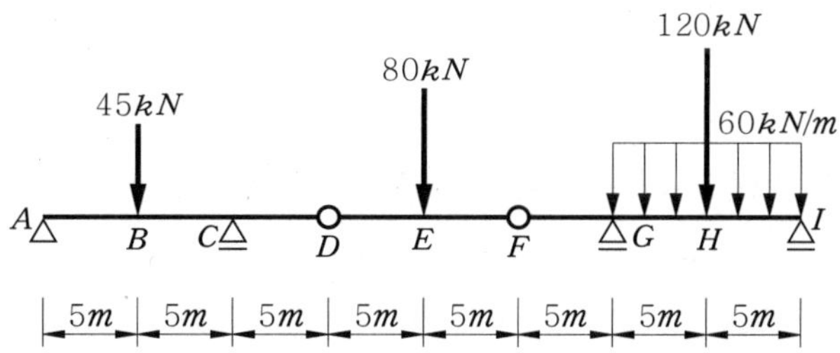

풀이

(1) 반력

그림(a)와 같이 중앙부 단순보와 좌우측 내민보로 분해하여 먼저 단순보의 반력을 구한 뒤 내민보의 끝 힌지에 단순보에서 구한 반력 P_D, P_F를 반대로 작용시켜 내민보의 반력을 구한다.

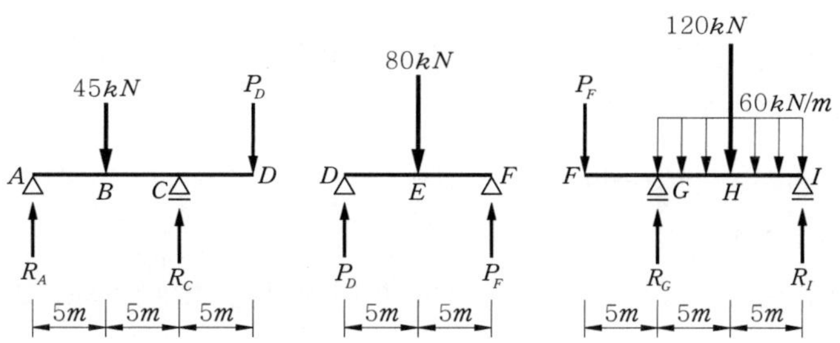

그림(a)

㉠ 중앙부 단순보의 반력을 구하면

$$P_D = P_F = 80 \times \frac{1}{2} = 40\,kN(\uparrow)$$

㉡ P_D를 좌측 내민보의 힌지 D에 하향의 하중으로 생각하고 내민보의 반력을 구하면

$$\Sigma M_A = 0 \;:\; \Sigma M_A = (45\times5) - 10R_C + (40\times15) = 0 \qquad \therefore R_C = 82.5\,kN(\uparrow)$$

$$\Sigma V = 0 \;:\; R_A + R_C - 45 - 40 = 0 \qquad \therefore R_A = 2.5\,kN(\uparrow)$$

㉢ P_F를 우측 내민보의 힌지 F에 하향의 하중으로 생각하고 내민보의 반력을 구하면

$$\Sigma M_G = 0 \;:\; \Sigma M_G = -(40\times5) + (120\times5) + (60\times10\times5) - 10R_I = 0 \qquad \therefore R_I = 340\,kN(\uparrow)$$

$$\Sigma V = 0 \;:\; R_G + R_I - 40 - 120 - (60\times10) = 0 \qquad \therefore R_G = 420\,kN(\uparrow)$$

(2) 단면력도

단면력은 단순보와 내민보로 나누어 구하고 이것을 연속시킨다.

㉠ $A\sim B$ 구간

A로부터 임의의 거리 x만큼 떨어진 단면의 좌측에서부터 각 단면력을 구한다.

$$V_x = 2.5 \qquad M_x = 2.5x$$

㉡ $B\sim C$ 구간

A로부터 임의의 거리 x만큼 떨어진 단면의 좌측에서부터 각 단면력을 구한다.

$$V_x = 2.5 - 45 = -42.5 \qquad M_x = 2.5x - 45(x-5) = -42.5x + 225$$

㉢ $C\sim D$ 구간

A로부터 임의의 거리 x만큼 떨어진 단면의 좌측에서부터 각 단면력을 구한다.

$$V_x = 2.5 - 45 + 82.5 = 40$$

$$M_x = 2.5x - 45(x-5) + 82.5(x-10) = 40x - 600$$

㉣ $D\sim E$ 구간

D로부터 임의의 거리 x만큼 떨어진 단면의 좌측에서부터 각 단면력을 구한다.

$$V_x = 40 \qquad M_x = 40x$$

㉤ $E\sim F$ 구간

D로부터 임의의 거리 x만큼 떨어진 단면의 좌측에서부터 각 단면력을 구한다.

$V_x = 40 - 80 = -40 \qquad M_x = 40x - 80(x-5) = -40x + 400$

ⓗ $F \sim G$ 구간

F 로부터 임의의 거리 x 만큼 떨어진 단면의 좌측에서부터 각 단면력을 구한다.

$V_x = -40 \qquad M_x = -40x$

ⓢ $G \sim H$ 구간

F 로부터 임의의 거리 x 만큼 떨어진 단면의 좌측에서부터 각 단면력을 구한다.

$V_x = -40 + 420 - 60(x-5) = -60x + 680$

$M_x = -40x + 420(x-5) - 60(x-5) \cdot \dfrac{(x-5)}{2} = -30x^2 + 680x - 2850$

ⓞ $H \sim I$ 구간

I 로부터 임의의 거리 x 만큼 떨어진 단면의 우측에서부터 각 단면력을 구한다.

$V_x = -340 + 60x \qquad M_x = 340x - 60x \cdot \dfrac{x}{2} = -30x^2 + 340x$

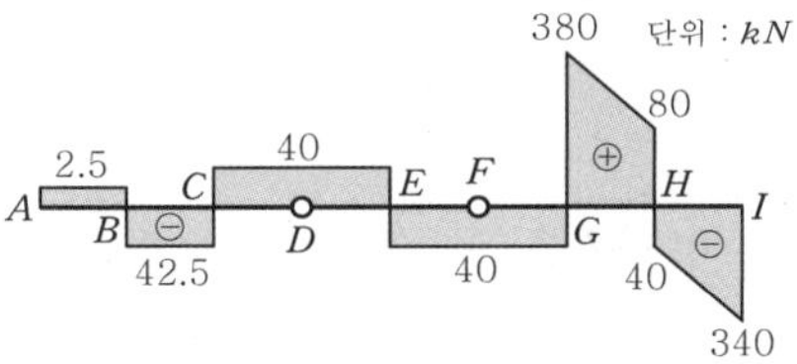

그림(b) 전단력도(S.F.D)

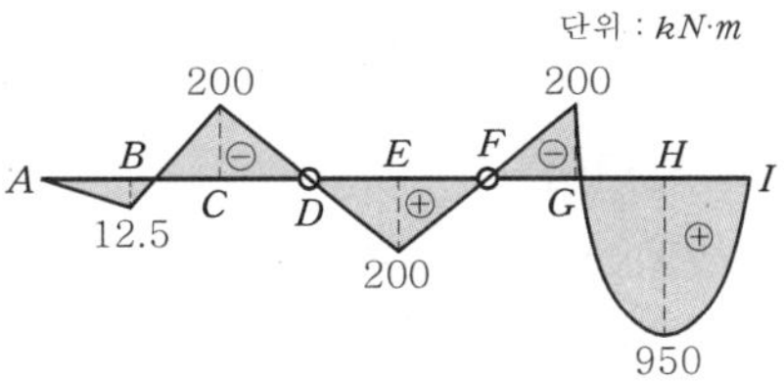

그림(c) 휨모멘트도(B.M.D)

◆ ◆ ◆ ◆ ◆ ◆

4.7.4 다음과 같은 겔버보의 단면력도를 그리시오.

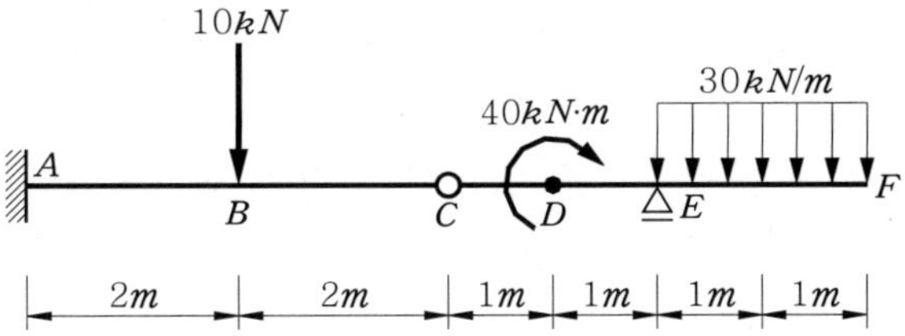

풀이

(1) 반력

그림(a)와 같이 캔틸레버 보와 내민보로 분해한 후 먼저 내민보의 반력을 구한 뒤 캔틸레버 보의 끝 힌지에 내민보에서 구한 반력 P_C를 반대로 작용시켜 캔틸레버 보의 반력을 구한다.

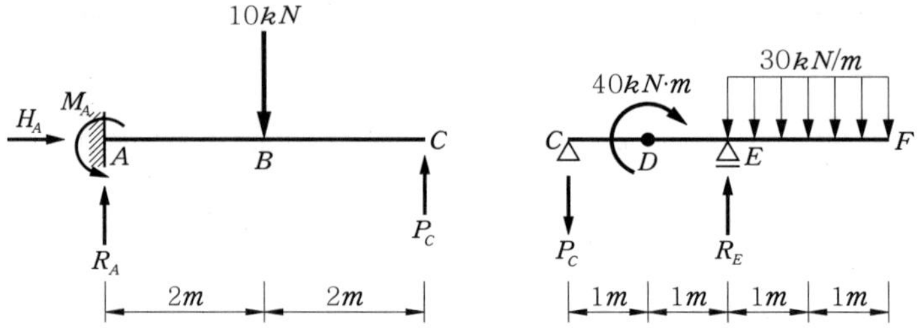

그림 (a)

㉠ 내민보의 반력을 구하면

$\Sigma M_C = 0$: $\Sigma M_C = 40 - 2R_E + (30 \times 2 \times 3) = 0$

$\therefore\ R_E = 110\,kN\,(\uparrow)$

$\Sigma V = 0$: $-P_C + R_E - (30 \times 2) = 0$ $\quad\therefore\ P_C = 50\,kN\,(\downarrow)$

㉡ P_C를 캔틸레버 보의 힌지 C에 상향의 하중으로 생각하고 캔틸레버 보의 반력을 구하면

$\Sigma H = 0$: $H_A = 0$

$\Sigma M_A = 0$: $\Sigma M_A = M_A + (10 \times 2) - (50 \times 4) = 0$

$\therefore\ M_A = 180\,kN \cdot m\ (\curvearrowright)$

$\Sigma V = 0$: $-R_A - 10 + 50 = 0$ $\quad\therefore\ R_A = 40\,kN\,(\downarrow)$

(2) 단면력도

단면력은 캔틸레버 보와 내민보로 나누어 구하고 이것을 연속시킨다.

㉠ $A \sim B$ 구간

A로부터 임의의 거리 x만큼 떨어진 단면의 좌측에서부터 각 단면력을 구한다.

$V_x = -40 \qquad M_x = -40x + 180$

㉡ $B \sim C$ 구간

A로부터 임의의 거리 x만큼 떨어진 단면의 좌측에서부터 각 단면력을 구한다

$V_x = -40 - 10 = -50 \qquad M_x = -40x - 10(x-2) + 180 = -50x + 200$

㉢ $C \sim D$ 구간

C로부터 임의의 거리 x만큼 떨어진 단면의 좌측에서부터 각 단면력을 구한다.

$V_x = -50 \qquad M_x = -50x$

㉣ $D \sim E$ 구간

C로부터 임의의 거리 x만큼 떨어진 단면의 좌측에서부터 각 단면력을 구한다.

$V_x = -50 \qquad M_x = -50x + 40$

ⓜ $E \sim F$ 구간

F로부터 임의의 거리 x만큼 떨어진 단면의 우측에서부터 각 단면력을 구한다.

$$V_x = 30x \qquad M_x = -30x \cdot \frac{x}{2} = -15x^2$$

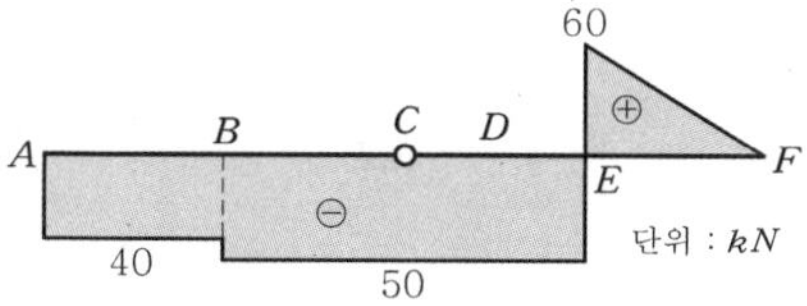

그림(b) 전단력도(S.F.D)

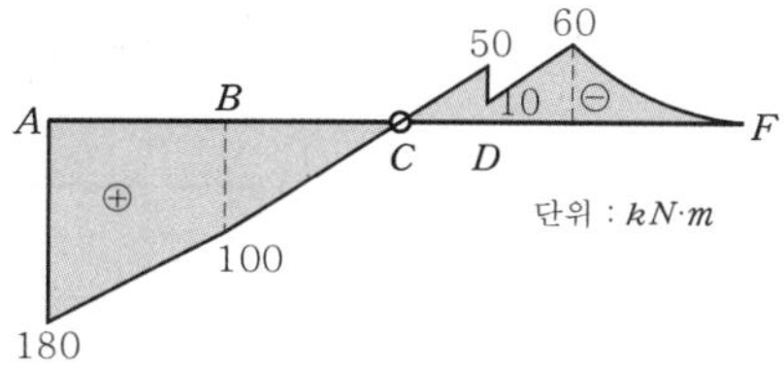

그림(c) 휨모멘트도(B.M.D)

◆ ◆ ◆ ◆ ◆ ◆

4.8 정정보의 영향선*

4.8.1 다음과 같은 단순보에 등분포하중 ω가 작용하고 있다. 등분포하중 ω는 길이 $2L$만큼의 구간에 작용하고 이 하중이 이동하고 있다면, 이 단순보에 발생하는 최대반력은 얼마인가?

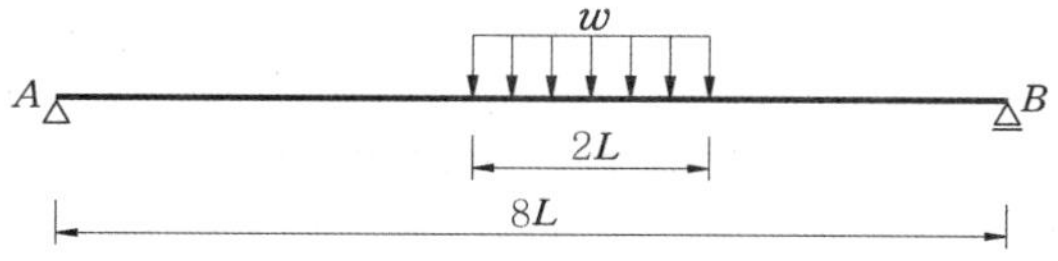

① $0.875\,\omega \cdot L$ ② $1.25\,\omega \cdot L$

③ $1.75\omega \cdot L$ ④ $2.0\,\omega \cdot L$

풀이

정답 ③

단순보에 등분포하중이 작용하는 경우는 등분포하중 ω가 작용하는 구간 아래의 영향면적을 구하고, 등분포하중 ω에 영향면적을 곱하면 반력을 구할 수 있다. 영향면적이 가장 큰 경우는 등분포하중 ω가 A점 혹은 B점에 가장 근접해서 작용할 때이므로, 단순보에 발생하는 최대반력은 다음과 같이 구할 수 있다.

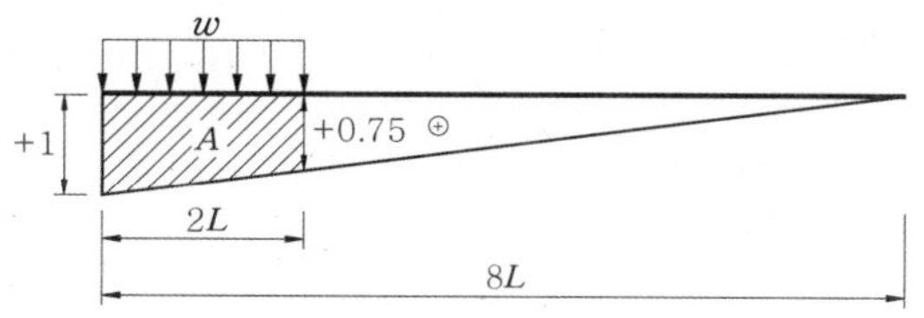

$$\therefore \; R_A = \omega \cdot A = \omega \cdot \frac{(1+0.75)\cdot 2L}{2} = 1.75\,\omega \cdot L$$

◆ ◆ ◆ ◆ ◆ ◆

4.8.2 다음과 같은 단순보가 있을 때, C점에서의 휨모멘트의 영향선의 최대종거를 바르게 적은 것을 골라라.

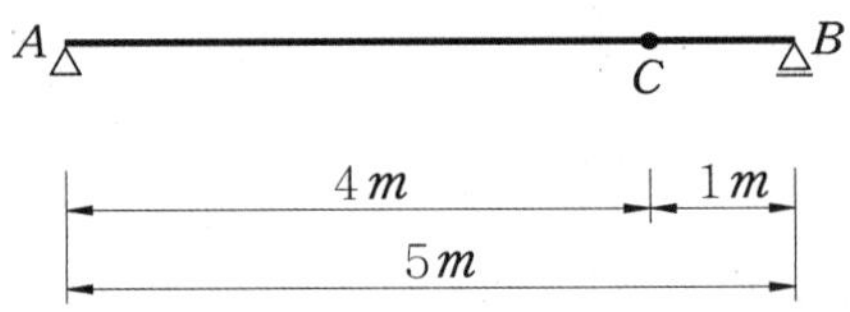

① 0.2　　② 0.8

③ 1.25　　④ 0.25

풀이

정답 ②

C점에서의 휨모멘트의 영향선은 다음과 같이 나타나며, C점의 최대종거 y는 비례식으로 구할 수 있다.

$4 : y = 5 : 1 \qquad \therefore \; y = 0.8$

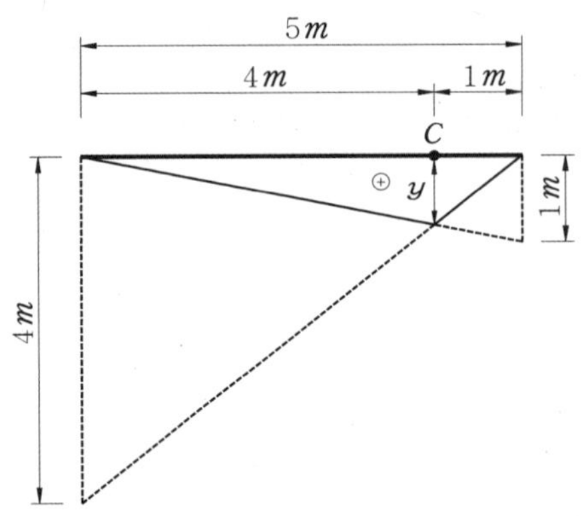

◆ ◆ ◆ ◆ ◆ ◆

4.8.3 다음과 같은 길이가 $L = 10m$인 단순보 위를 하중 $P = 100kN$이 통과하고 있다. 이 단순보에 생기는 최대전단력 V와 최대휨모멘트 M을 바르게 표기한 것을 골라라.

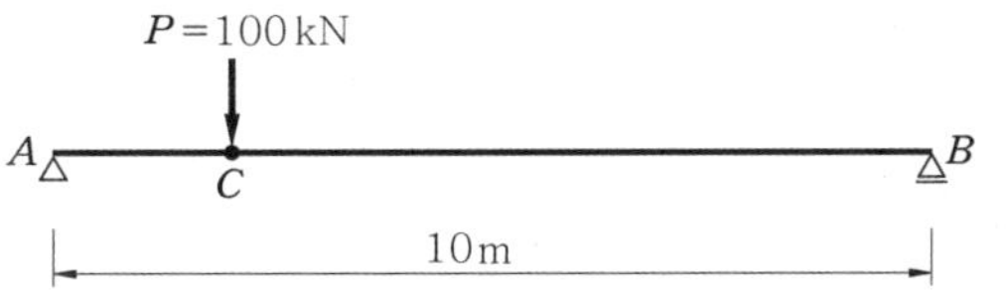

① $V=100kN$, $M=250kN\cdot m$ ② $V=50kN$, $M=500kN\cdot m$

③ $V=100kN$, $M=500kN\cdot m$ ④ $V=50kN$, $M=250kN\cdot m$

풀이

정답 ①

(1) 전단력

경간 L의 단순보 AB에 이동하중인 단위집중하중 $P=1$이 지점 A로부터 거리 x의 거리에 작용할 때, 임의 단면 C의 전단력 V_C을 구하면, $V_C=-R_B=-\frac{x}{L}$ 또는 $V_C=R_A=\frac{L-x}{L}$가 되므로, $x=0$ 또는 $x=L$일 때 최대값을 가지게 된다.

$$V_C=100\times\frac{L}{L}=100 \qquad \therefore\ V_C=100\,kN$$

(2) 휨모멘트

이 단순보의 휨모멘트의 영향선을 그리면 다음과 같다.

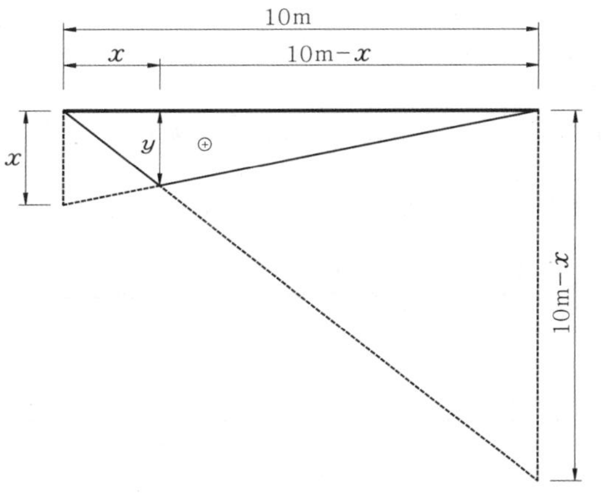

먼저 휨모멘트의 최대종거 y를 구하면

$$\frac{x}{10}=\frac{y}{10-x} \qquad \therefore\ y=x-\frac{x^2}{10}$$

이를 미분하여 '0'이 되는 점에서 최대휨모멘트가 발생하므로,

$$y'=1-\frac{x}{5}=0 \qquad \therefore\ x=5$$

따라서 단순보의 중앙부에서 최대휨모멘트가 발생한다.

$$M_C = \frac{P \cdot L}{4} = \frac{100 \times 10}{4} = 250 \qquad \therefore\ M_C = 250\,kN \cdot m$$

◆ ◆ ◆ ◆ ◆ ◆

4.8.4 다음과 같이 캔틸레버 보 위에서 2개의 하중이 일정한 간격으로 이동하고 있다. 이 캔틸레버 보의 최대반력 R_A를 골라라.

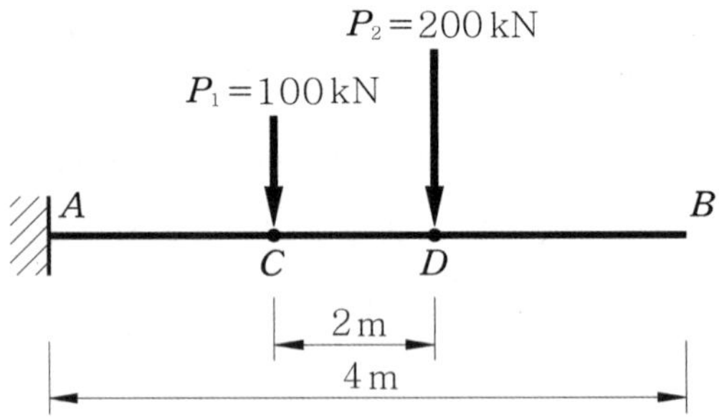

① $R_A = 100kN$　　② $R_A = 150kN$

③ $R_A = 200kN$　　④ $R_A = 300kN$

풀이

정답 ④

캔틸레버 보의 반력은 하중의 전체 합과 같다.

$$R_A = 100 + 200 = 300 \qquad \therefore\ R_A = 300\,kN$$

이 캔틸레버 보에서의 반력의 영향선을 작도하면 다음 그림과 같다.

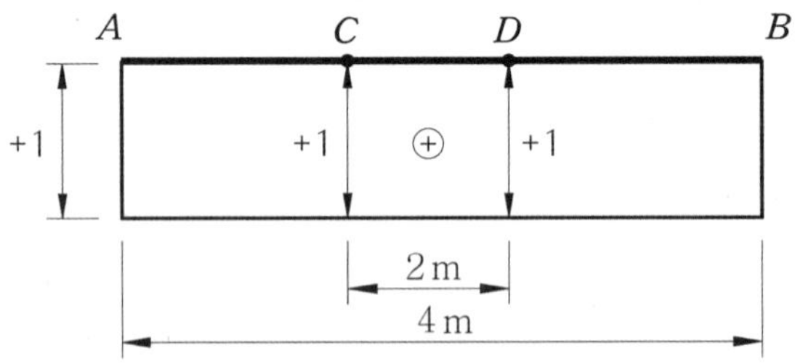

◆ ◆ ◆ ◆ ◆ ◆

4.8.5 다음과 같은 내민보 위에 하중 $P = 150\,kN$이 작용하고 있다. 이때 다음 조건들을 만족하는 값을 바르게 적은 것을 골라라.

(1) 하중이 내민보의 A점에서부터 D점까지 이동할 때, C점의 최대반력 R_C

(2) 하중이 B점에 작용할 때의 전단력의 영향선에서 D점의 종거

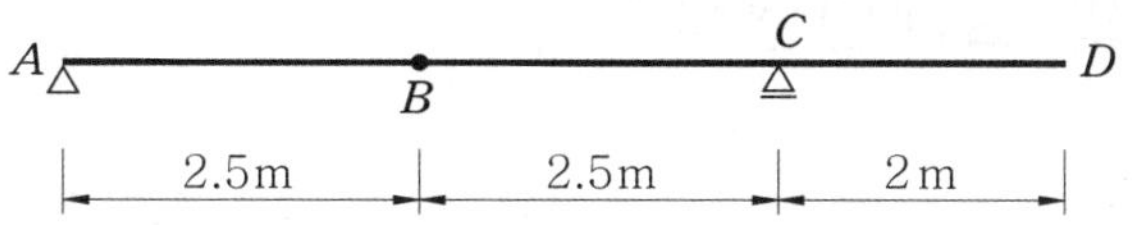

① $R_C = 150kN,\quad y_D = -0.5m$　　② $R_C = 210kN,\quad y_D = -0.4m$

③ $R_C = 300kN,\quad y_D = -0.4m$　　④ $R_C = 60kN,\quad y_D = -0.5m$

풀이

정답 ②

(1) 내민보에서 반력 R_C의 영향선을 작도하면 다음 그림과 같다.

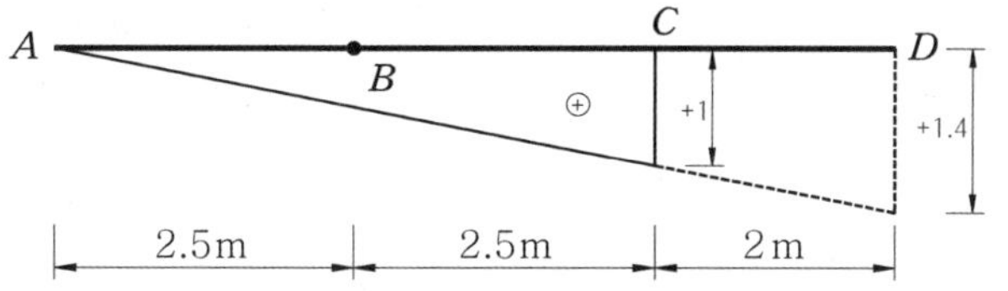

즉, 하중 P가 D점에 작용할 때, R_C는 최대값을 가진다.

$R_C = 150 \times 1.4 = 210$　　　$\therefore\ R_C = 210kN$

(2) B점에 하중이 작용할 때 전단력의 영향선을 작도하면 다음 그림과 같다.

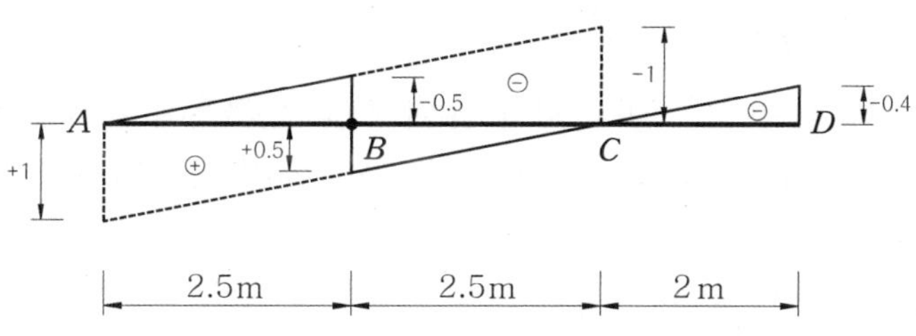

내민 구간은 전단력의 영향선을 연장하면 되므로 D점의 종거 y_D는

$\therefore\ y_D = -0.4m$

◆ ◆ ◆ ◆ ◆ ◆

4.9 정정보의 최대단면력 *

4.9.1 다음 그림과 같은 이동하중이 작용할 때, 절대최대전단력을 바르게 구한 것은?

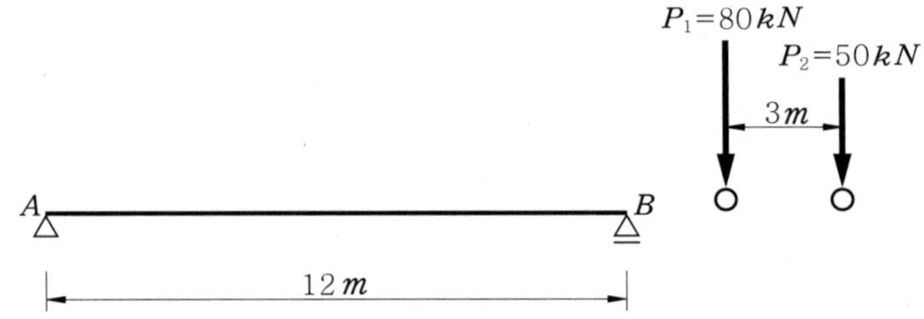

① $V_{\max} = 92.5kN$　　② $V_{\max} = 117.5kN$

③ $V_{\max} = 125.5kN$　　④ $V_{\max} = 130kN$

풀이

정답 ②

단순보의 절대최대전단력, 즉 최대반력은 임의 단면 C가 양쪽 지점의 위치에 일치하는 것으로 생각하여 구할 수 있다. 지점 A와 지점 B중 더 큰 전단력이 발생하는 점은 다음 식으로 구할 수 있다.

$$P_m > \frac{d_m}{L}\Sigma_m P$$

$$P_1 = 80kN > \frac{3}{12}\Sigma(80+50) = 32.5\,kN$$

따라서, 하중이 그림(a)와 같이 지점 A의 바로 오른쪽에 올 때, 지점 A의 전단력이 최대가 되고, 반력 R_A의 영향선을 작도하면 그림(b)와 같다.

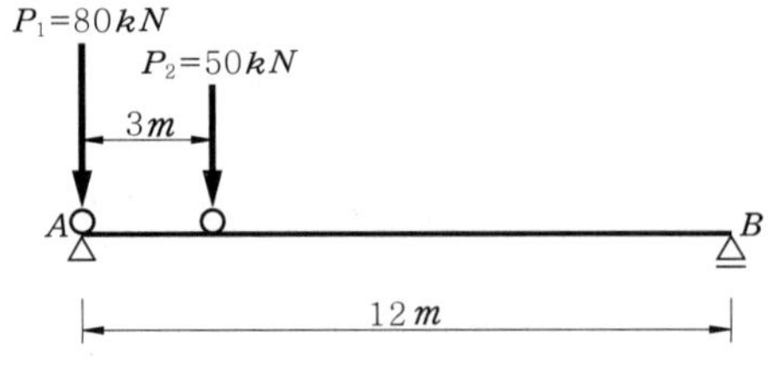

그림(a)

그림(b)

$$V_{\max} = R_A = 80 + 0.75 \times 50 = 117.5 \qquad \therefore\ V_{\max} = 117.5\,kN$$

◆ ◆ ◆ ◆ ◆ ◆

4.9.2 다음 그림과 같이 단순보에 이동하중이 작용할 때, 절대최대휨모멘트의 발생 위치를 지점 A 로부터 떨어진 거리로 바르게 표시하고 절대최대휨모멘트 값을 바르게 구한 것은?

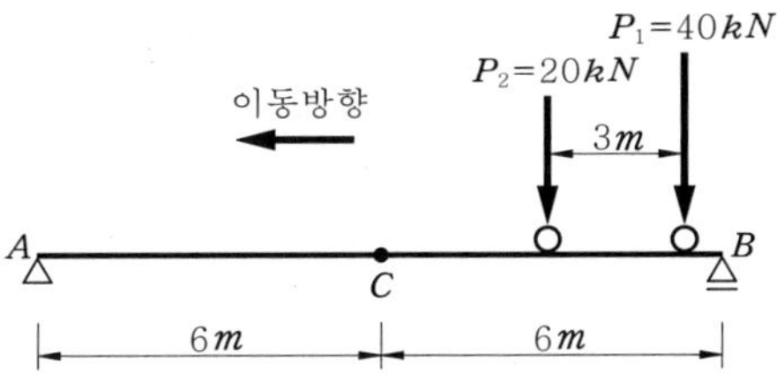

① $x=6.5m$, $M_{\max}=151.25kN\cdot m$　　② $x=5.5m$, $M_{\max}=151.25kN\cdot m$

③ $x=6.5m$, $M_{\max}=91.25kN\cdot m$　　④ $x=5.5m$, $M_{\max}=91.25kN\cdot m$

풀이

정답 ①

(1) 절대최대휨모멘트 발생 위치

P_1, P_2 의 합력 R 의 위치를 구하기 위해 P_1 의 작용점을 중심으로 놓으면,

$20\times3 = 50\times e$　　　　$\therefore\ e=1m$

절대최대휨모멘트는 합력 R 의 작용점과 그와 가장 가까운 하중인 P_1 과의 사이 e 가 보의 중앙에 의하여 2등분될 때 P_1 바로 밑의 위치에서 발생하므로 다음 그림과 같이 나타낼 수 있다.

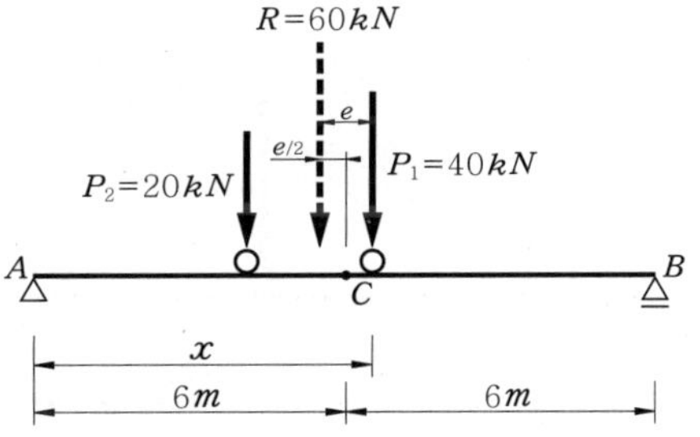

직관적으로 $x=6.5m$ 임을 알 수 있고, 수식을 통해 검토하면 다음과 같다.
지점 A 로부터 절대최대휨모멘트 발생 지점까지의 거리를 x 라고 하면,

지점 A 에서의 반력　:　$R_A=\dfrac{R(L-x+e)}{L}$

P_1 의 작용점에서의 휨모멘트　:　$M_x=\dfrac{R(L-x+e)}{L}x-R\cdot e$

여기서 M_x 를 x 에 관해 미분하여 '0'으로 놓으면 거리 x 를 구할 수 있다.

$x=\dfrac{L+e}{2}$　　　　$\therefore\ x=6.5m$

(2) 절대최대휨모멘트의 크기

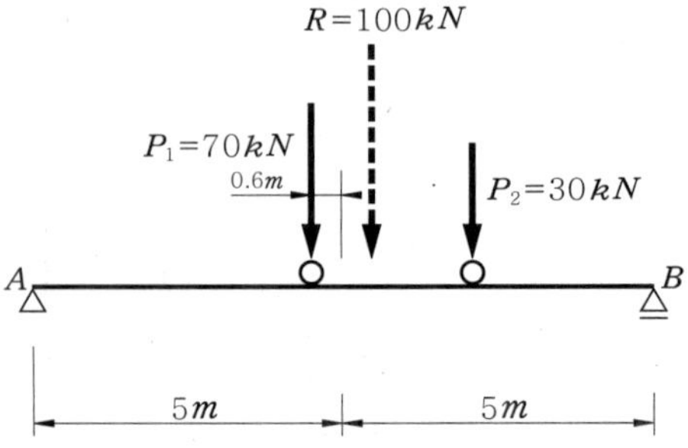

하중 P_1 이 지점 A 로부터 $6.5m$ 의 위치에 작용할 때 절대최대휨모멘트가 발생하므로 이를 계산하면,

$$R_A = \frac{R(L-x+e)}{L} = \frac{60(12-6.5+1)}{12} = 32.5 \quad \therefore R_A = 32.5kN$$

$$M_x = \frac{R(L-x+e)}{L}x - R \cdot e = \frac{60(12-6.5+1)}{12} \times 6.5 - 60 \times 1 = 151.25$$

$$\therefore M_{\max} = 151.25 kN \cdot m$$

◆ ◆ ◆ ◆ ◆ ◆

4.9.3 다음 그림과 같이 단순보에 이동하중이 작용할 때, 절대최대휨모멘트 값을 바르게 구한 것은?

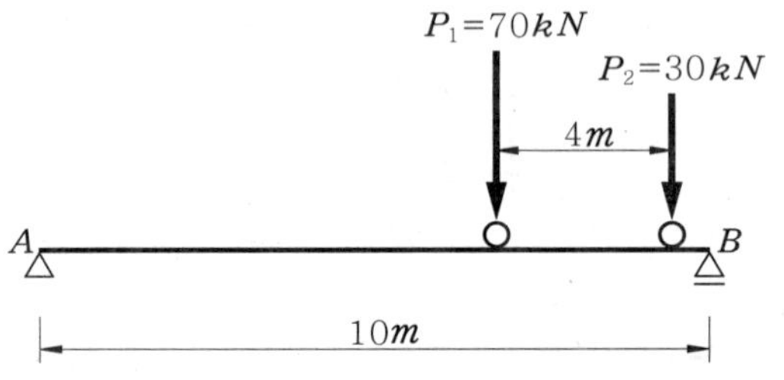

① $M_{\max} = 132kN \cdot m$　　② $M_{\max} = 193.6kN \cdot m$

③ $M_{\max} = 246.4kN \cdot m$　　④ $M_{\max} = 313.6kN \cdot m$

풀이

정답 ②

하중 P_1 의 작용점을 중심으로 놓고 합력 R 의 작용점을 구한다.

$300 \times 4 = 100 \times e \qquad \therefore e = 1.2m$

합력 R 과 하중 P_1 의 거리 e 의 중앙점이 보의 중앙점과 일치하게 놓으면 다음 그림과 같다.

반력 R_A 를 구하면,

$R_A \times 10 - 100 \times 4.4 = 0 \qquad \therefore\ R_A = 44kN$

절대최대휨모멘트는 하중 P_1 의 작용점에서 발생하므로,

$M_{\max} = R_A \times 4.4 = 44 \times 4.4 = 193.6 \qquad \therefore\ M_{\max} = 193.6kN \cdot m$

◆ ◆ ◆ ◆ ◆ ◆

4.9.4 다음 그림과 같이 단순보에 이동하중이 작용할 때, C점에서의 최대휨모멘트의 크기 및 이 단순보의 절대최대휨모멘트 값을 바르게 구한 것은?

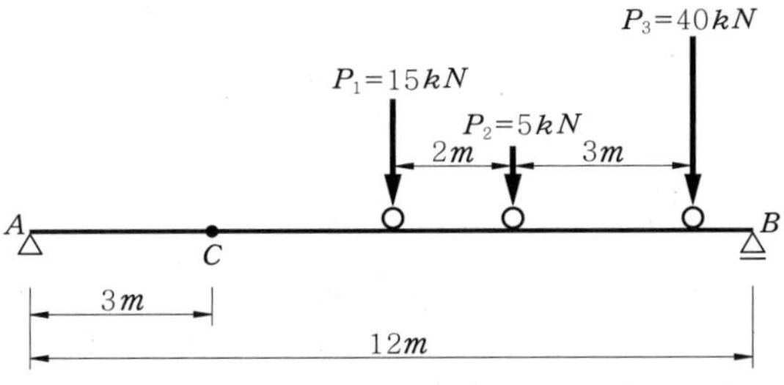

① $M_C = 105kN \cdot m$
$M_{\max} = 152.81kN \cdot m$

② $M_C = 82.5kN \cdot m$
$M_{\max} = 152.81kN \cdot m$

③ $M_C = 82.5kN \cdot m$
$M_{\max} = 137.81kN \cdot m$

④ $M_C = 105kN \cdot m$
$M_{\max} = 137.81kN \cdot m$

풀이

정답 ④

(1) C점에서의 최대휨모멘트

① 하중 P_1 이 C점에 작용할 때

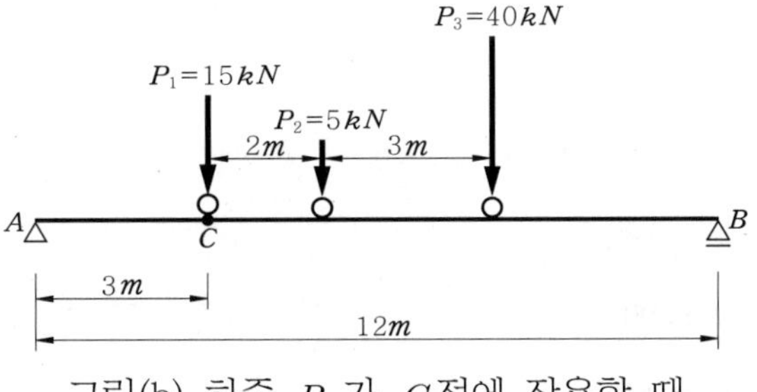

그림(b) 하중 P_1 가 C점에 작용할 때

반력 R_A 를 구하면,

$R_A \times 12 - 15 \times 9 - 5 \times 7 - 40 \times 4 = 0 \qquad \therefore\ R_A = 27.5kN$

C점의 휨모멘트 M_C

$M_C = R_A \times 3 = 27.5 \times 3 = 82.5$ $\quad\quad\quad\quad$ $\therefore\ M_C = 82.5\,kN\cdot m$

② 하중 P_2가 C점에 작용할 때

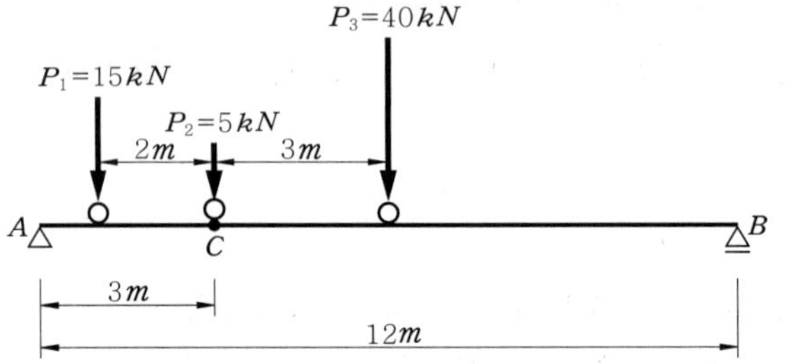

그림(b) 하중 P_2가 C점에 작용할 때

반력 R_A를 구하면,

$R_A \times 12 - 15 \times 11 - 5 \times 9 - 40 \times 6 = 0$ $\quad\quad\quad\quad$ $\therefore\ R_A = 37.5\,kN$

C점의 휨모멘트 M_C

$M_C = R_A \times 3 - 15 \times 2 = 37.5 \times 3 - 30 = 82.5$ $\quad\quad$ $\therefore\ M_C = 82.5\,kN\cdot m$

③ 하중 P_3이 C점에 작용할 때

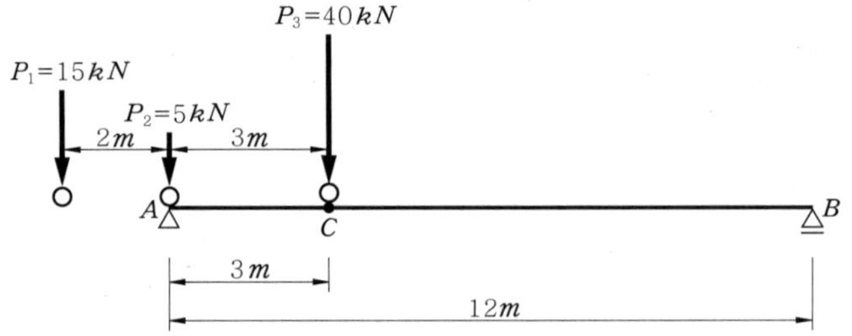

그림(b) 하중 P_3가 C점에 작용할 때

반력 R_A를 구하면,

$R_A \times 12 - 5 \times 12 - 40 \times 9 = 0$ $\quad\quad\quad\quad$ $\therefore\ R_A = 35\,kN$

C점의 휨모멘트 M_C

$M_C = R_A \times 3 - 5 \times 3 = 35 \times 3 - 15 = 90$ $\quad\quad$ $\therefore\ M_C = 90\,kN\cdot m$

④ C점의 최대휨모멘트

$M_C = \max(82.5, 90)$ $\quad\quad\quad\quad$ $\therefore\ M_C = 90\,kN\cdot m$

(2) 절대최대휨모멘트 $M_{\max}$

하중 P_3의 작용점을 중심으로 놓고 합력 R의 작용점을 구한다.

$15 \times 5 + 5 \times 3 = 60 \times e$ $\quad\quad\quad\quad$ $\therefore\ e = 1.5\,m$

합력 R과 하중 P_3의 거리 e의 중앙점이 보의 중앙점과 일치하게 놓으면 다음 그림(d)와 같다.

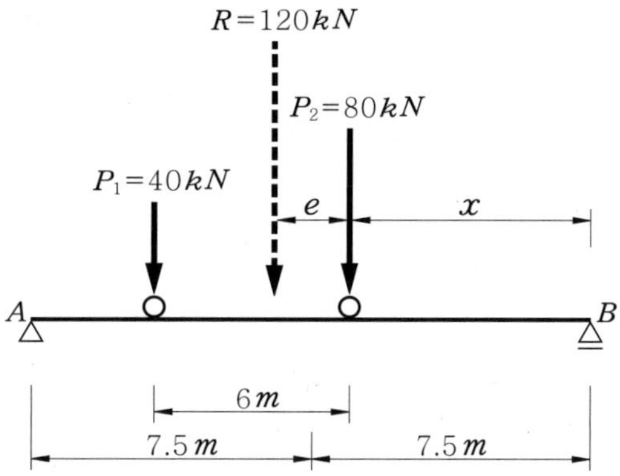

그림(d)

반력 R_A 를 구하면,

$R_A \times 12 - 60 \times 6.75 = 0$ $\qquad\qquad$ $\therefore\ R_A = 33.75\,kN$

절대최대휨모멘트는 하중 P_3 의 작용점에서 발생하므로,

$$M_{\max} = R_A \times 6.75 - 15 \times 5 - 5 \times 3 = 33.75 \times 6.75 - 90 = 137.81$$

$$\therefore\ M_{\max} = 137.81\,kN \cdot m$$

◆ ◆ ◆ ◆ ◆ ◆

4.9.5 다음 그림(a)와 같은 단순보에 그림(b)와 같은 하중이 통과할 때, 이 보에 절대최대휨모멘트를 일어나게 하는 하중 P_2 의 위치를 B 점으로부터 거리로 바르게 표시한 것은?

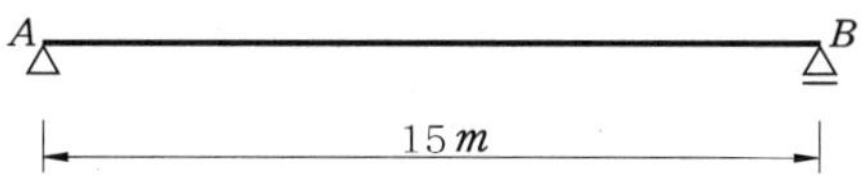

그림(a)

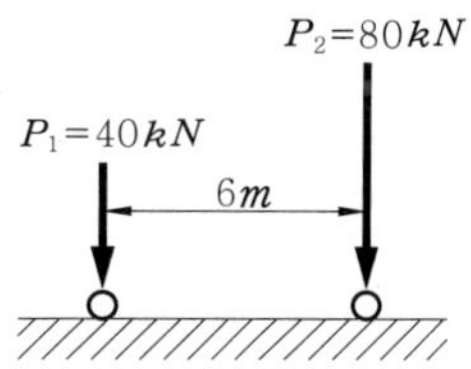

그림(b)

① $x = 6m$ ② $x = 6.5m$ ③ $x = 7.5m$ ④ $x = 8.5m$

풀이

정답 ②

(1) 합력 R 과 하중 P_2 와의 거리 e

$40 \times 6 = 120 \times e$ $\qquad\qquad$ $\therefore\ e = 2m$

(2) B 점으로부터 하중 P_2 까지의 거리 x

그림(c)와 같이 B 점으로부터 하중 P_2 까지의 거리를 x 로 놓고, 하중 P_2 의 작용점에서의 휨모멘트 M_x 의 일반식을 구하고 이를 x 에 관하여 미분한 값이 '0' 이 되는 x 값이 절대최대휨모멘트 발생 위치가 된다.

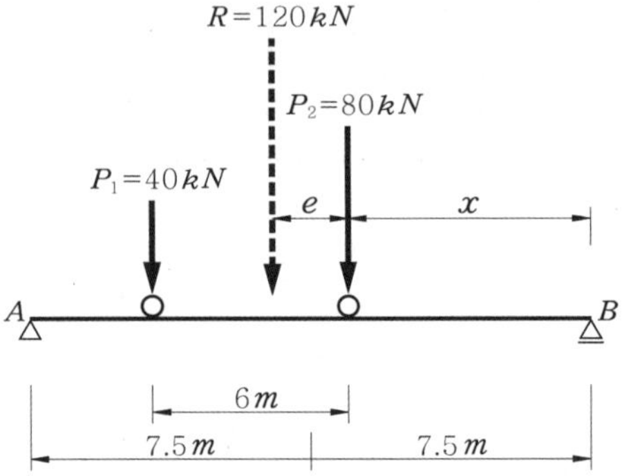

그림(c)

① B 점의 반력 R_B

$$-R_B \times 15 + 120 \times [15-(e+x)] = 0 \qquad \therefore\ R_B = 8 \cdot [15-(e+x)]\ kN$$

② B 점으로부터 절대최대휨모멘트 발생 거리 x

$$M_x = -R_B \times x = -8 \cdot [15-(e+x)] \times x$$

$$\frac{M_x}{dx} = -120 + 8e + 16x = 0$$

$$\therefore\ x = 7.5 - 0.5e = 7.5 - 0.5 \times 2 = 6.5 \qquad \therefore\ x = 6.5m$$

◆ ◆ ◆ ◆ ◆ ◆

5.1 보의 휨응력

5.1.1. 직선보가 휨모멘트의 작용을 받고 휘었을 때 어느 한 점에서의 곡률반경 ρ는 그 점에서의 휨모멘트 M에 관계한다. 이 직선보 단면의 단면2차모멘트를 I, 중립축으로부터 y의 거리에 있는 점의 휨응력을 σ_y, 탄성계수를 E라 할 때 이들 사이에 성립되는 관계식으로 틀린 것은?

① $M \cdot \rho = E \cdot I$
② $M \cdot y = \sigma_y \cdot I$
③ $E \cdot y = \sigma_y \cdot \rho$
④ $M \cdot y = E \cdot I$

풀이

정답 ④

곡률 : $\kappa = \dfrac{1}{\rho} = -\dfrac{M}{EI}$ ⇨ $M \cdot \rho = E \cdot I$ ⇨ $M = \dfrac{E \cdot I}{\rho}$

휨응력 : $\sigma_y = \dfrac{M}{I} y$ ⇨ $M \cdot y = \sigma_y \cdot I$ ⇨ $M = \dfrac{\sigma_y \cdot I}{y}$

$\therefore M = \dfrac{E \cdot I}{\rho} = \dfrac{\sigma_y \cdot I}{y}$ ⇨ $E \cdot y = \sigma_y \cdot \rho$

◆ ◆ ◆ ◆ ◆ ◆

5.1.2 다음과 같이 내민보의 양단부에 $12tf$의 집중하중이 작용하고 있을 때, CD 구간의 곡률반경을 구하시오. (단, 이 보의 휨강도 $E \cdot I = 3800 tf \cdot m^2$ 이다.)

① $1055.6m$
② $1110.4m$
③ $1201.7m$
④ $1375.6m$

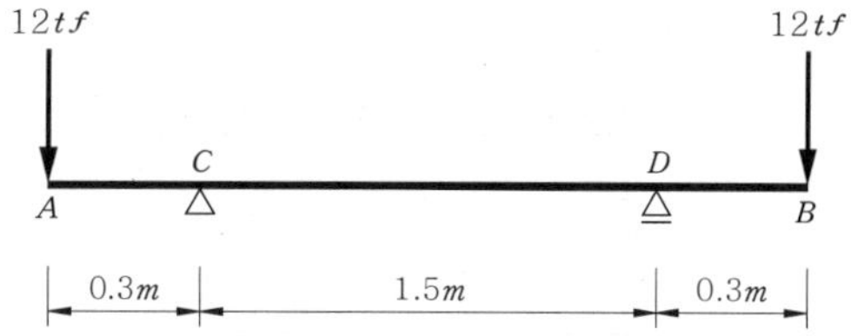

풀이

정답 ①

CD구간의 휨모멘트 $M_{CD} = -12 \times 0.3 = -3.6 tf \cdot m$

$\therefore \rho = \dfrac{E \cdot I}{M} = \dfrac{3800}{3.6} = 1055.6m$

◆ ◆ ◆ ◆ ◆ ◆

5.1.3 다음 그림과 같은 직사각형 단면보가 최대 휨모멘트 $-90kN\cdot m$ 을 받고 있을 때 상단에서 $5cm$ 떨어진 $A-A$ 위치의 휨응력을 구하시오.

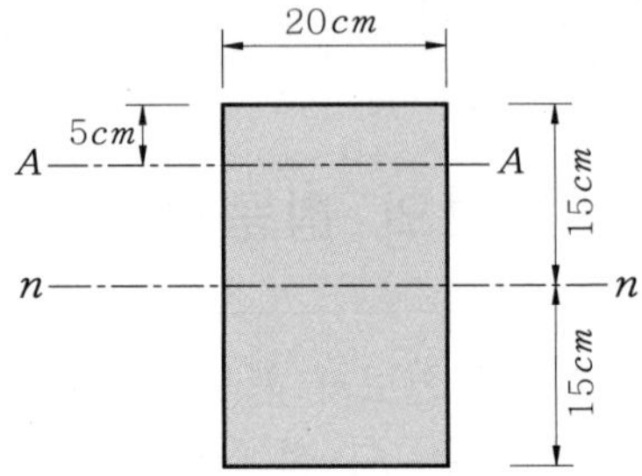

① $10N/mm^2$ (인장응력)
② $10N/mm^2$ (압축응력)
③ $20N/mm^2$ (인장응력)
④ $20N/mm^2$ (압축응력)

풀이

정답 ③

$M = -90{,}000{,}000\,N\cdot mm,$

$I = \frac{bh^3}{12} = \frac{200\times 300^3}{12} = 450{,}000{,}000\,mm^4,$

$y = -100\,mm$ 이므로

$\therefore\ \sigma = \frac{M}{I}y = \frac{-90{,}000{,}000}{450{,}000{,}000}\times -100 = 20\,N/mm^2$ (인장응력)

◆ ◆ ◆ ◆ ◆ ◆

5.1.4 다음과 같이 직사각형 단면의 단순보에 $6tf/m$ 의 등분포하중이 작용하고 있다. 단면이 균일재질이고 크기가 그림(a)와 같을 때, C 단면에서 중립축으로부터 $5cm$ 떨어진 P 점에서의 휨응력을 구하시오. (단, 자중은 무시한다.)

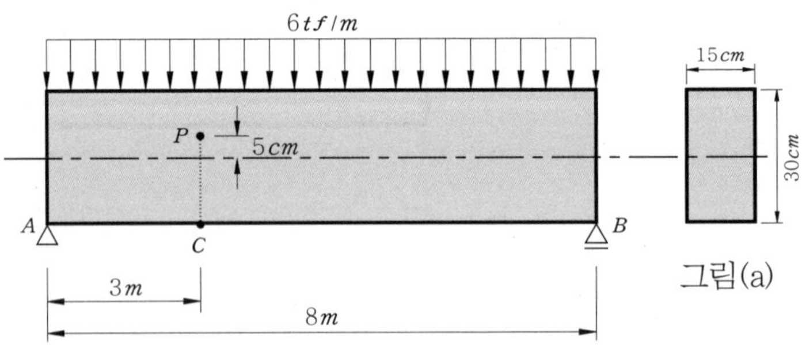

그림(a)

① $666.7\,kgf/cm^2$ (인장응력)　② $666.7\,kgf/cm^2$ (압축응력)
③ $766.4\,kgf/cm^2$ (인장응력)　④ $766.4\,kgf/cm^2$ (압축응력)

풀이

정답 ②

$$\Sigma M_B = 0 \ : \ 8R_A - \left(6 \times 8 \times \frac{8}{2}\right) = 0 \qquad \therefore \ R_A = 24tf \ (\uparrow)$$

$$M_C = (24 \times 3) - \left(6 \times 3 \times \frac{3}{2}\right) = 45tf \cdot m = 4{,}500{,}000\,kgf \cdot cm,$$

$$I = \frac{bh^3}{12} = \frac{15 \times 30^3}{12} = 33{,}750\,cm^4,$$

$y = -5\,cm$ 이므로

$$\therefore \ \sigma = \frac{M_C}{I} y = \frac{4{,}500{,}000}{33{,}750} \times -5 = -666.7\,kgf/cm^2 \ \text{(압축응력)}$$

◆ ◆ ◆ ◆ ◆ ◆

5.1.5 다음과 같이 직사각형 단면의 단순보에 $10kN/m$의 등분포하중이 작용하고 있다. 단면이 균일재질이고 크기가 그림(a)와 같을 때, C점에서의 최대인장응력을 구하시오.

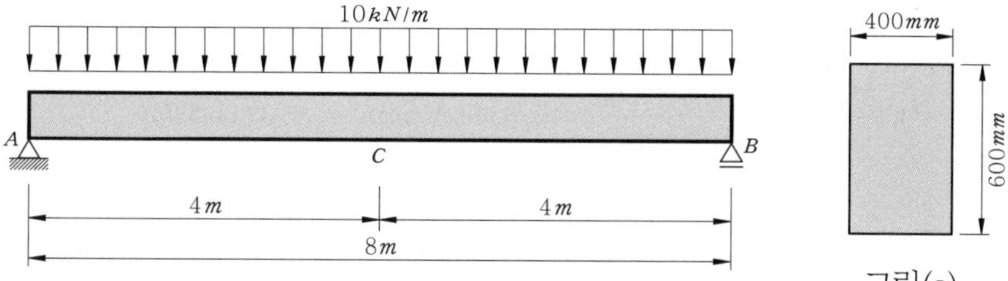

그림(a)

① $1.11\,MPa$ ② $2.22\,MPa$ ③ $3.33\,MPa$ ④ $4.44\,MPa$

풀이

정답 ③

$$\Sigma M_B = 0 \ : \ 8R_A - \left(10 \times 8 \times \frac{8}{2}\right) = 0 \qquad \therefore \ R_A = 40kN \ (\uparrow)$$

$$M_C = (40 \times 4) - \left(10 \times 4 \times \frac{4}{2}\right) = 80kN \cdot m = 80{,}000{,}000\,N \cdot mm,$$

$$Z = \frac{bh^2}{6} = \frac{400 \times 600^2}{6} = 24{,}000{,}000\,mm^3$$

C점에서 양(+)의 휨모멘트가 발생하므로, 단면의 하부 연단에서 최대 인장응력이 발생한다.

$$\therefore \ \sigma_{\max} = +\frac{M_C}{Z} = \frac{80{,}000{,}000}{24{,}000{,}000} = 3.33\,N/mm^2 = 3.33\,MPa$$

◆ ◆ ◆ ◆ ◆ ◆

5.1.6 다음과 같이 직경 $200mm$의 원형단면을 가진 캔틸레버 보의 자유단에 $50kN \cdot m$의 모멘트하중이 작용하고 있다. 단면이 균일재질이고 크기가 그림(a)와 같을 때, 이 보의 최대휨응력 $\sigma_{\max}$를 구하시오.

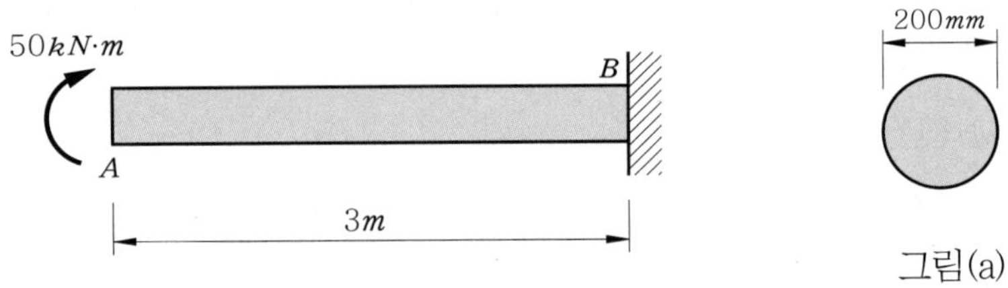

그림(a)

① $\pm 31.89MPa$　② $\pm 46.11MPa$　③ $\pm 53.45MPa$　④ $\pm 63.66MPa$

풀이

정답 ④

$$M_{\max} = 50kN \cdot m = 50{,}000{,}000\,N \cdot mm,$$

$$Z = \frac{\pi d^3}{32} = \frac{\pi \times 200^3}{32} = 785{,}398mm^3$$

$$\therefore \sigma_{\max} = \pm \frac{M_{\max}}{Z} = \pm \frac{50{,}000{,}000}{785{,}398} = \pm 63.66N/mm^2 = \pm 63.66MPa$$

◆ ◆ ◆ ◆ ◆ ◆

5.1.7 다음 그림과 같은 직사각형 단순보에서 최대휨응력 $\sigma_{\max}$의 값을 구하시오. (단, 자중은 무시한다.)

① $\dfrac{3\omega l^2}{8bh^2}$

② $\dfrac{6\omega l^2}{16bh^2}$

③ $\dfrac{9\omega l^2}{32bh^2}$

④ $\dfrac{27\omega l^2}{64bh^2}$

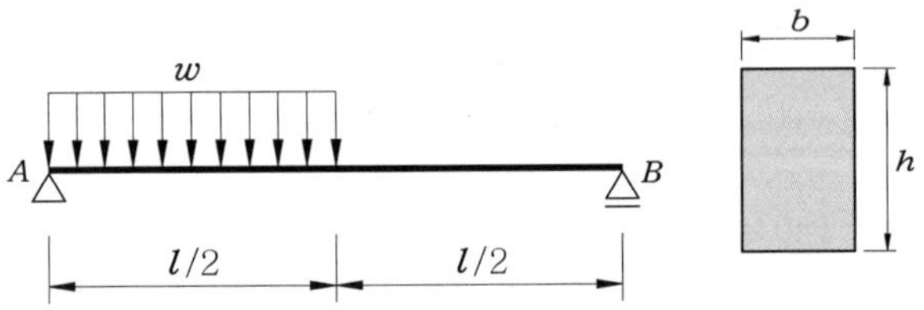

풀이

정답 ④

$$\Sigma M_B = 0 \;:\; (R_A \times l) - \left(w \times \frac{l}{2} \times \frac{3l}{4}\right) = 0 \qquad \therefore R_A = \frac{3}{8}wl\,(\uparrow)$$

최대휨모멘트는 전단력 $V=0$인 점에서 발생하므로 이를 구하면,

(1) A점으로부터 전단력 $V=0$인 지점까지의 거리 x

$$V_x = R_A - wx = \frac{3}{8}wl - wx = 0 \qquad \therefore x = \frac{3}{8}l$$

(2) 최대휨모멘트 및 최대휨응력

$$M_{\max}=\left(\frac{3}{8}wl\times\frac{3}{8}l\right)-\left(w\times\frac{3}{8}l\times\frac{3}{16}l\right)=\frac{9}{128}wl^2$$

$$\sigma_{\max}=\frac{M_{\max}}{Z}=\frac{9\omega l^2/128}{bh^2/6}=\frac{27\omega l^2}{64bh^2}$$

◆ ◆ ◆ ◆ ◆ ◆

5.1.8 다음과 같이 도르레에 강선이 감겨있다. 도르레와 강선의 재질이 동일하고, 지름이 각각 $500\,mm$, $6\,mm$일 때, 강선의 최대인장응력 $\sigma_{\max}$와 강선에서의 최대휨모멘트 $M_{\max}$를 구하시오. (단, $E=2.1\times10^5\,MPa$)

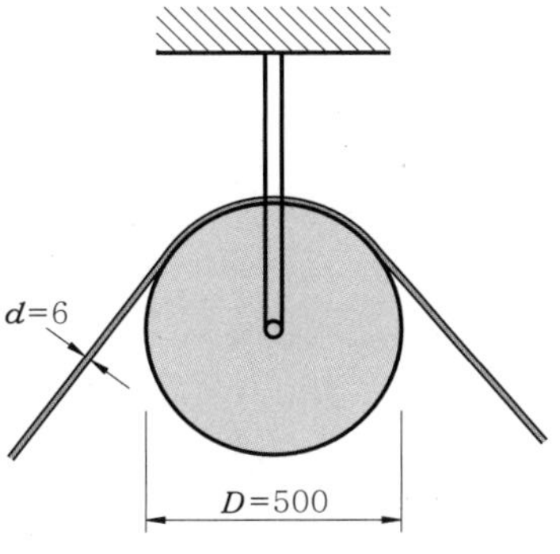

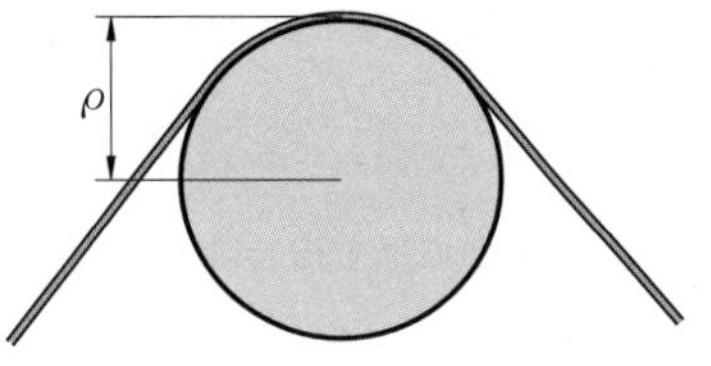

풀이

(1) 강선의 곡률반경 ρ

$$\rho=\frac{D}{2}+\frac{d}{2}=\frac{500}{2}+\frac{6}{2}=253\,mm$$

(2) 강선의 최대인장응력 $\sigma_{\max}$

강선에서, 중립축으로부터의 거리 $y=\frac{d}{2}$ 이므로,

$$\sigma_{\max}=E\times\epsilon=E\times\kappa\times y=E\times\frac{y}{\rho}=E\times\frac{d}{2\rho}=\frac{E\times d}{D+d}$$

$$=\frac{2.1\times10^5\times6}{500+6}=2490.12\,MPa$$

(3) 강선의 최대휨모멘트 $M_{\max}$

$\sigma_{\max}=\frac{M_{\max}}{Z}$ 이고, 강선의 단면계수 $Z=\frac{\pi d^3}{32}$ 이므로,

$$M_{\max}=\sigma_{\max}\times Z=2490.12\times\frac{\pi\times6^3}{32}=52804.83\,N\cdot m$$

∴ 최대인장응력 $\sigma_{\max}=2490.12\,MPa$, 최대휨모멘트 $M_{\max}=52804.83\,N\cdot m$

◆ ◆ ◆ ◆ ◆ ◆

5.2 보의 전단응력

5.2.1 다음과 같이 목재 상자형 보가 플랜지 역할을 하는 $50mm \times 200mm$ 의 단면을 갖는 2개의 판자와 두께가 $20mm$ 인 2개의 합판 웨브로 조립되었다. 합판은 개당 $1000N$ 의 허용전단력을 갖는 목재 나사로 플랜지에 조여졌으며, 보의 전체 높이는 $300mm$ 이다. 단면에 전단력 $V = 15kN$ 이 작용할 경우, 나사의 최대허용간격 $s_{\max}$ 를 구하시오.

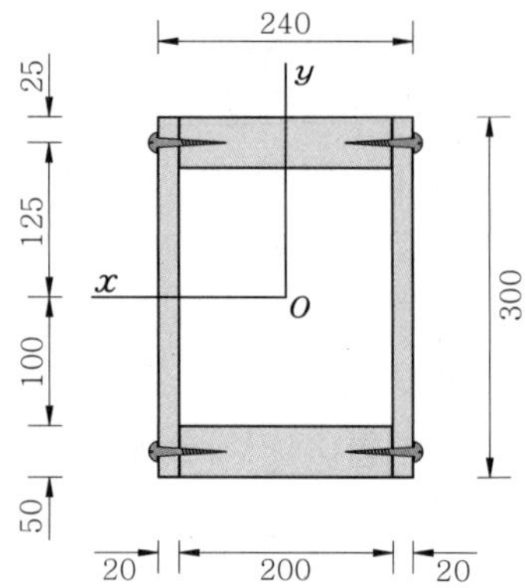

풀이

(1) 단면2차모멘트 I

$$I = \frac{240 \times 300^3}{12} - \frac{200 \times 200^3}{12} = 406{,}666{,}667\,mm^4$$

(2) 플랜지의 단면1차모멘트 S

$$S = 50 \times 200 \times 125 = 1{,}250{,}000\,mm^3$$

(3) 전단흐름 f

$$f = \frac{V \cdot S}{I} = \frac{15{,}000 \times 1{,}250{,}000}{406{,}666{,}667} = 46.11\,N/mm$$

(4) 나사의 최대허용간격 $s_{\max}$

나사가 단면의 좌우 2개씩 짝지어 배치되므로, 단위길이 당 나사의 내력은 $2F/s$ 가 된다.

$$s_{\max} = \frac{2F}{f} = \frac{2 \times 1{,}000}{46.11} = 43.38\,mm$$

∴ 나사의 최대허용간격 $s_{\max}$ 는 $43.38\,mm$ 이다.

◆ ◆ ◆ ◆ ◆ ◆

5.2.2 다음과 같이 중앙에 집중하중 $20kN$ 이 작용하는 $4m$ 길이의 단순보를 그림(a)와 같이 개당 $1.5kN$ 의 허용전단력을 갖는 나무못을 사용하여 목재 조립보로 설계하려 한다. 나무못의 최대허용간격 $s_{\max}$ 를 구하고, 다음 사항에 대하여 검토하시오.

① 전단응력 (목재의 허용전단응력 $F_v = 1\,N/mm^2$)

② 휨응력 (목재의 허용휨응력 $F_b = 18\,N/mm^2$)

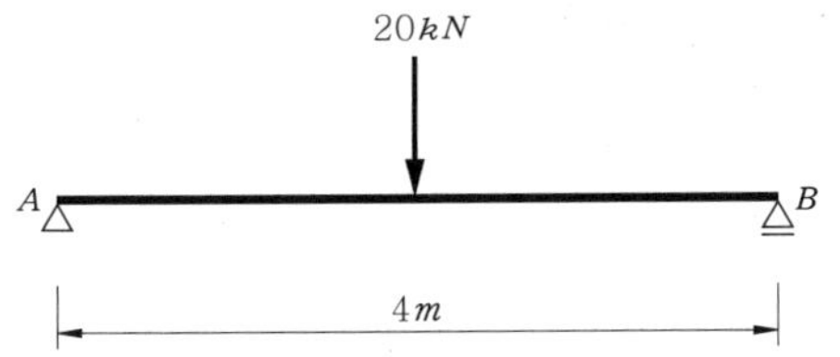

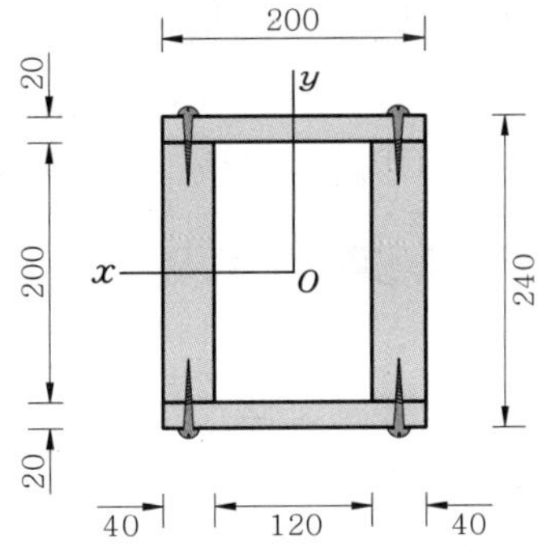

그림(a)

풀이

(1) 최대전단력 및 최대휨모멘트

$$V_{\max} = \frac{P}{2} = \frac{20}{2} = 10\,kN \qquad M_{\max} = \frac{PL}{4} = \frac{20 \times 4}{4} = 20\,kN \cdot m$$

(2) 단면성능

㉠ 단면2차모멘트 I

$$I = \frac{200 \times 240^3}{12} - \frac{120 \times 200^3}{12} = 150{,}400{,}000\,mm^4$$

㉡ 단면계수 Z

$$Z = \frac{150{,}400{,}000}{120} = 1{,}253{,}333\,mm^3$$

㉢ 상부 수평 목재 단면의 도심축에 대한 단면1차모멘트 S_1

$$S_1 = 200 \times 20 \times 110 = 440{,}000\,mm^3$$

㉣ 중립축 상부 단면의 도심축에 대한 단면1차모멘트 S_2

$$S_2 = (200 \times 20 \times 110) + (100 \times 40 \times 50 \times 2) = 840{,}000\,mm^3$$

(3) 나무못의 최대허용간격 $s_{\max}$

㉠ 전단흐름 f

$$f = \frac{V_{\max} \cdot S_1}{I} = \frac{10{,}000 \times 440{,}000}{150{,}400{,}000} = 29.26\,N/mm$$

㉡ 나무못의 최대허용간격 $s_{\max}$

나사가 단면의 좌우 2개씩 짝지어 배치되므로, 단위길이 당 나사의 내력은 $2F/s$ 가 된다.

$$s_{\max} = \frac{2F}{f} = \frac{2 \times 1{,}500}{29.26} = 102.55\,mm$$

∴ 나무못의 최대허용간격 $s_{\max}$ 는 $102.55\,mm$ 이다.

(4) 전단응력 검토

$$\tau_{\max} = \frac{V_{\max} \cdot S_2}{I \cdot b} = \frac{10{,}000 \times 840{,}000}{150{,}400{,}000 \times 80} = 0.7\,N/mm^2 < F_v = 1\,N/mm^2 \quad \cdots\cdots O.K$$

(5) 휨응력 검토

$$\sigma_{\max} = \frac{M_{\max}}{Z} = \frac{20{,}000{,}000}{1{,}253{,}333} = 15.96\,N/mm^2 < F_b = 18\,N/mm^2 \quad \cdots\cdots O.K$$

◆ ◆ ◆ ◆ ◆ ◆

5.2.3 다음과 같이 4개의 목판재가 개당 $1.6\,kN$의 허용전단력을 갖는 못으로 연결되어 조립보를 구성하고 있다. 단면에 전단력 $V=4\,kN$이 작용할 경우,

① $A-A$ 부분의 못의 최대허용간격 $s_{A\max}$

② $B-B$ 부분의 못의 최대허용간격 $s_{B\max}$

③ 각각의 목판재가 단일 부재로 되어 있다고 가정하는 경우 $A-A$ 부분과 $B-B$ 부분에 작용하는 전단응력을 구하시오.

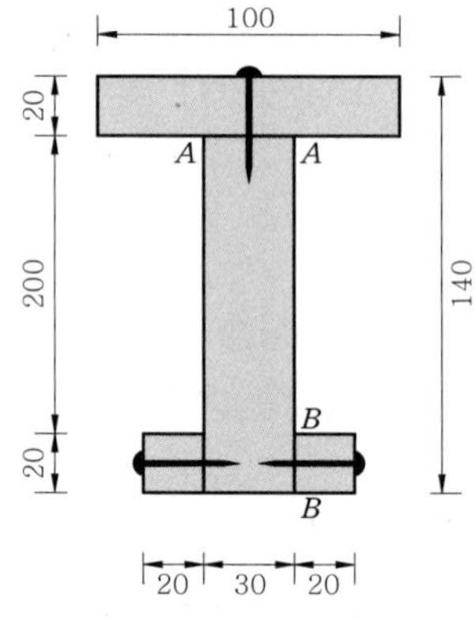

풀이

(1) 도심

$$\bar{y} = \frac{(70 \times 20 \times 10) + (30 \times 100 \times 70) + (100 \times 20 \times 130)}{(70 \times 20) + (30 \times 100) + (100 \times 20)} = 75.625\,mm$$

(2) $A-A$ 부분의 못의 최대허용간격 $s_{A\max}$

㉠ 단면2차모멘트 I

$$I = \frac{100 \times 20^3}{12} + (100 \times 20 \times 54.375^2) + \frac{30 \times 100^3}{12} + (30 \times 100 \times 5.625^2)$$

$$+ \frac{70 \times 20^3}{12} + (70 \times 20 \times 65.625^2) = 14{,}650{,}833\,mm^4$$

㉡ $A-A$ 부분의 상부단면의 도심축에 대한 단면1차모멘트 S_A

$$S_A = 100 \times 20 \times 54.375 = 108{,}750\,mm^3$$

㉢ $A-A$ 부분의 전단흐름 f_A

$$f_A = \frac{V \cdot S_A}{I} = \frac{4{,}000 \times 108{,}750}{14{,}650{,}833} = 29.69\,N/mm$$

㉣ $A-A$ 부분의 못의 최대허용간격 $s_{A\max}$

$$s_{A\max} = \frac{F}{f_A} = \frac{1,600}{29.69} = 53.89\,mm$$

∴ $A-A$ 부분의 못의 최대허용간격 $s_{A\max}$는 $53.89\,mm$이다.

(3) $B-B$ 부분의 못의 최대허용간격 $s_{B\max}$

㉠ $B-B$ 부분의 우측단면의 도심축에 대한 단면1차모멘트 S_B

$$S_B = 20 \times 20 \times 65.625 = 26,250\,mm^3$$

㉡ $B-B$ 부분의 전단흐름 f_B

$$f_B = \frac{V \cdot S_B}{I} = \frac{4,000 \times 26,250}{14,650,833} = 7.17\,N/mm$$

㉢ $B-B$ 부분의 못의 최대허용간격 $s_{B\max}$

$$s_{B\max} = \frac{F}{f_B} = \frac{1,600}{7.17} = 223.25\,mm$$

∴ $B-B$ 부분의 못의 최대허용간격 $s_{B\max}$는 $223.25\,mm$이다.

(4) 전단응력

㉠ $A-A$ 부분의 전단응력 τ_A

$$\tau_A = \frac{f_A}{b} = \frac{29.69}{30} = 0.99\,N/mm = 0.99\,MPa$$

㉡ $B-B$ 부분의 전단응력 τ_B

$$\tau_B = \frac{f_B}{b} = \frac{7.17}{20} = 0.36\,N/mm = 0.36\,MPa$$

◆ ◆ ◆ ◆ ◆ ◆

5.2.4 다음과 같이 중앙부에 $90\,kN$의 집중하중이 작용하고 있는 단순보를 직사각형 단면($h=2b$)의 소나무로 설계하시오. (여기서 허용휨응력 $F_b = 8\,MPa$, 허용전단응력 $F_v = 0.7\,MPa$, 탄성계수 $E = 9 \times 10^3 MPa$, 허용처짐한도는 $L/300$, 단순보의 최대처짐은 보 중앙부에서 $PL^3/48EI$이다.)

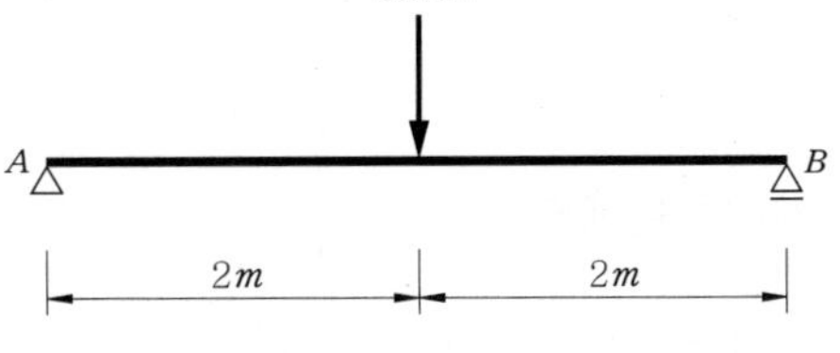

풀이

(1) 최대전단력 및 최대휨모멘트

$$V_{\max}=\frac{P}{2}=\frac{90}{2}=45\,kN \qquad M_{\max}=\frac{PL}{4}=\frac{90\times4}{4}=90\,kN\cdot m$$

(2) 전단응력 검토

$$\tau_{\max}=\frac{3V_{\max}}{2A}=\frac{3\times45,000}{2bh}=\frac{33,750}{b^2}N/mm^2 < F_v=0.7\,N/mm^2$$

$\therefore\ b \geq 219.58\,mm$

(3) 휨응력 검토

$$\sigma_{\max}=\frac{M_{\max}}{Z}=\frac{90,000,000}{bh^2/6}=\frac{135,000,000}{b^3}N/mm^2 < F_b=8\,N/mm^2$$

$\therefore\ b \geq 256.5\,mm$

(4) 처짐 검토

$$\delta_{\max}=\frac{PL^3}{48EI}=\frac{90,000\times4,000^3}{48\times9,000\times\dfrac{bh^3}{12}}=\frac{2\times10^{10}}{b^4}\leq\frac{4,000}{300}$$

$\therefore\ b \geq 196.8\,mm$

(5) 보 설계

소나무 단면을 $b=260\,mm$, $h=520\,mm$ 로 설계하면 휨응력, 전단응력, 처짐에 대하여 모두 안전하다.

◆ ◆ ◆ ◆ ◆ ◆

5.2.5 다음과 같이 $20\,kN/m$ 의 등분포하중이 작용하고 있는 캔틸레버보를 직사각형 단면($h=2b$)의 소나무로 설계하시오. (여기서 허용휨응력 $F_b=8\,MPa$, 허용전단응력 $F_v=0.7\,MPa$, 탄성계수 $E=9\times10^3 MPa$, 허용처짐한도는 $L/300$, 등분포하중을 받는 캔틸레버보의 최대처짐은 자유단에서 $wL^4/8EI$ 이다.)

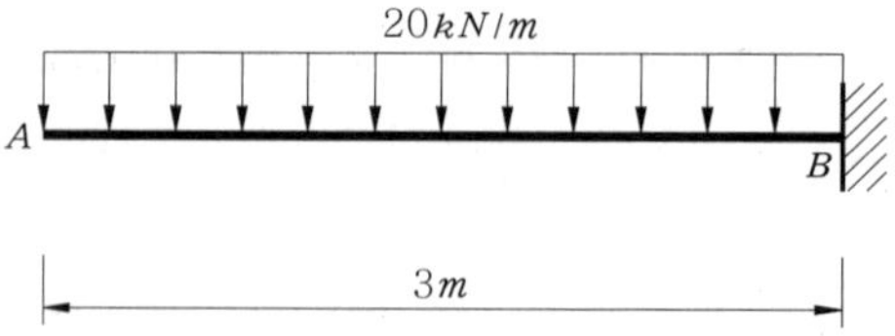

풀이

(1) 최대전단력 및 최대휨모멘트

$$V_{\max}=wL=20\times3=60\,kN \qquad M_{\max}=\frac{wL^2}{2}=\frac{20\times3^2}{2}=90\,kN\cdot m$$

(2) 전단응력 검토

$$\tau_{max} = \frac{3V_{max}}{2A} = \frac{3 \times 60{,}000}{2bh} = \frac{45{,}000}{b^2} N/mm^2 < F_v = 0.7\,N/mm^2$$

$\therefore\ b \ge 253.55\,mm$

(3) 휨응력 검토

$$\sigma_{max} = \frac{M_{max}}{Z} = \frac{90{,}000{,}000}{bh^2/6} = \frac{135{,}000{,}000}{b^3} N/mm^2 < F_b = 8\,N/mm^2$$

$\therefore\ b \ge 256.5\,mm$

(4) 처짐 검토

$$\delta_{max} = \frac{wL^4}{8EI} = \frac{20 \times 3{,}000^4}{8 \times 9{,}000 \times \dfrac{bh^3}{12}} = \frac{3.375 \times 10^{10}}{b^4} \le \frac{3{,}000}{300}$$

$\therefore\ b \ge 241.03\,mm$

(5) 보 설계

소나무 단면을 $b = 260\,mm$, $h = 520\,mm$ 로 설계하면 휨응력, 전단응력, 처짐에 대하여 모두 안전하다.

◆ ◆ ◆ ◆ ◆ ◆

5.2.6 다음과 같이 $3\,kN/m$ 의 등분포하중이 작용하고 있는 캔틸레버보를 직사각형 단면($h = 2b$)의 소나무로 설계하시오. (여기서 허용휨응력 $F_b = 8\,MPa$, 허용전단응력 $F_v = 0.7\,MPa$, 탄성계수 $E = 9 \times 10^3 MPa$, 허용처짐한도는 $L/300$, 등분포하중을 받는 단순보의 최대처짐은 보 중앙부에서 $5wL^4/384EI$ 이다.)

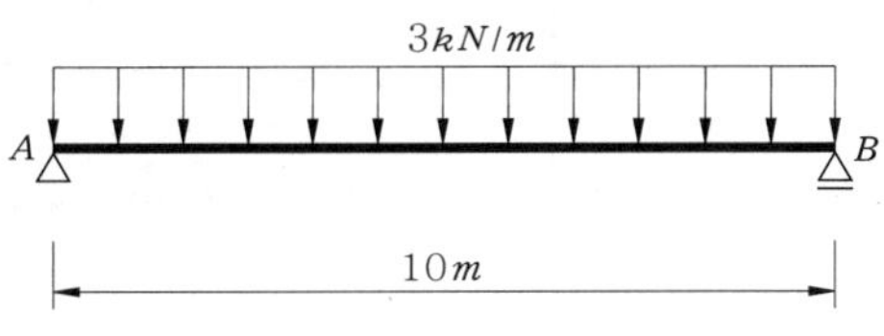

풀이

(1) 최대전단력 및 최대휨모멘트

$$V_{max} = \frac{wL}{2} = \frac{3 \times 10}{2} = 15\,kN \qquad M_{max} = \frac{wL^2}{8} = \frac{3 \times 10^2}{8} = 37.5\,kN \cdot m$$

(2) 전단응력 검토

$$\tau_{max} = \frac{3V_{max}}{2A} = \frac{3 \times 15{,}000}{2bh} = \frac{11{,}250}{b^2} N/mm^2 < F_v = 0.7\,N/mm^2$$

$\therefore\ b \ge 126.77\,mm$

(3) 휨응력 검토

$$\sigma_{\max} = \frac{M_{\max}}{Z} = \frac{37,500,000}{bh^2/6} = \frac{56,250,000}{b^3} N/mm^2 < F_b = 8\,N/mm^2$$

$\therefore\ b \geq 191.58\,mm$

(4) 처짐 검토

$$\delta_{\max} = \frac{5wL^4}{384EI} = \frac{5 \times 3 \times 10,000^4}{384 \times 9,000 \times \dfrac{bh^3}{12}} = \frac{6.51 \times 10^{10}}{b^4} \leq \frac{10,000}{300}$$

$\therefore\ b \geq 210.22\,mm$

(5) 보 설계

소나무 단면을 $b = 220\,mm$, $h = 440\,mm$ 로 설계하면 휨응력, 전단응력, 처짐에 대하여 모두 안전하다.

◆ ◆ ◆ ◆ ◆ ◆

5.3 비균일단면을 가진 보*

5.3.1 다음과 같이 두께가 일정한 강관 형태의 변단면 캔틸레버보의 자유단에 $2.4kN$의 집중하중이 작용하고 있을 때, 이 보의 최대휨응력 $\sigma_{\max}$와 B점에서의 휨응력 σ_B를 구하시오. 단, 강관의 두께는 충분히 얇은 것으로 가정하고 다음과 같은 식에 의해 단면성능을 산정하시오.

$$I = \frac{\pi d^3 t}{8}, \quad Z = \frac{\pi d^2 t}{4}$$

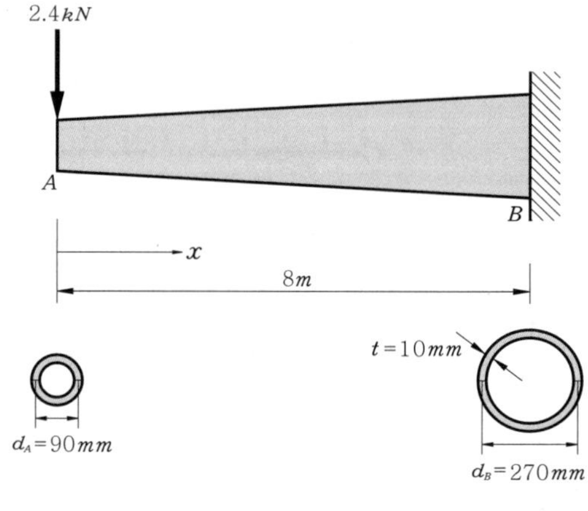

풀이

(1) 임의 위치 x 에서의 단면의 휨응력 σ_x

㉠ 임의 위치 x 에서 단면에 작용하는 휨모멘트 M_x

$$M_x = 2.4x$$

㉡ 임의 위치 x에서의 단면계수 Z_x

$$d_x = d_A + \frac{(d_B - d_A)}{L} x = 90 + \frac{(270-90)}{8000} x = 90 + \frac{9}{400} x$$

$$Z_x = \frac{\pi d_x^2 t}{4} = 7.85 \times \left(90 + \frac{9}{400} x\right)^2$$

㉢ 임의 위치 x에서의 단면의 휨응력 σ_x

$$\sigma_x = \frac{M_x}{Z_x} = \frac{2.4x}{7.85 \times \left(90 + \frac{9}{400} x\right)^2} = \frac{0.31x}{\left(90 + \frac{9}{400} x\right)^2}$$

(2) 최대휨응력 $\sigma_{\max}$

㉠ 최대휨응력이 발생하는 위치 x

$$\frac{d\sigma_x}{dx} = \left(\frac{0.31x}{\left(90 + \frac{9}{400} x\right)^2}\right)' = \frac{0.31\left(90 + \frac{9}{400} x\right)^2 - \frac{18}{400}\left(90 + \frac{9}{400} x\right) \times 0.31x}{\left(90 + \frac{9}{400} x\right)^4} = 0$$

$$0.31\left(90 - \frac{9}{400} x\right) = 0$$

$$\therefore \ x = 4000\,mm$$

㉡ 최대휨응력 $\sigma_{\max}$

$$\sigma_{\max} = \sigma_{(x=4000)} = \frac{0.31 \times 4000}{\left(90 + \frac{36000}{400}\right)^2} = 0.03773\,kN/mm^2 = 37.73\,N/mm^2$$

(3) B점에서의 휨응력 σ_B

$$\sigma_B = \sigma_{(x=8000)} = \frac{0.31 \times 8000}{\left(90 + \frac{72000}{400}\right)^2} = 0.03353\,kN/mm^2 = 33.53\,N/mm^2$$

(4) 최대휨응력 $\sigma_{\max}$와 B점에서의 휨응력 σ_B의 비교

$$\frac{\sigma_{\max}}{\sigma_B} = \frac{37.73}{33.53} = 1.125$$

∴ 최대휨응력 $\sigma_{\max}$가 B점에서의 휨응력 σ_B보다 12.5%만큼 더 크다.

◆ ◆ ◆ ◆ ◆ ◆

5.3.2 다음과 같이 정사각형 형태의 변단면 캔틸레버보의 자유단에 집중하중 P가 작용하고 있을 때, 이 보의 최대휨응력 $\sigma_{\max}$와 최대휨모멘트가 발생하는 위치에서의 단면의 휨응력 $\sigma_{M_{\max}}$를 구하시오.

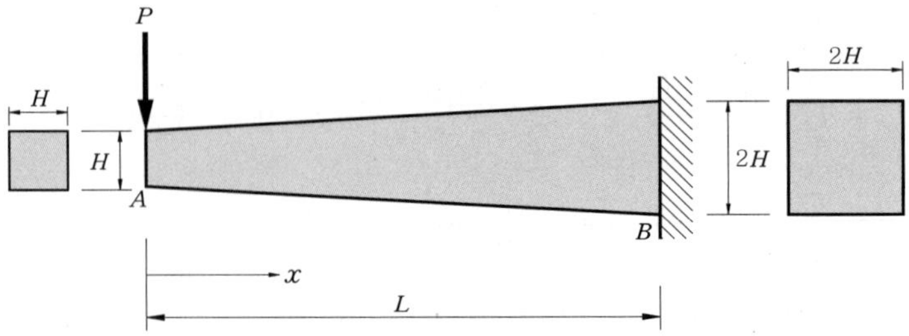

풀이

(1) 임의 위치 x에서 단면에 작용하는 휨모멘트 M_x

$$M_x = Px$$

(2) 임의 위치 x에서의 단면2차모멘트 I_x

㉠ 임의 위치 x에서의 단면의 폭과 높이 H_x

$$H_x = H + \frac{(2H-H)}{L}x = \left(1+\frac{x}{L}\right)H$$

㉡ 단면2차모멘트 I_x

$$I_x = \frac{H_x^4}{12} = \frac{H^4}{12}\left(1+\frac{x}{L}\right)^4$$

(3) 임의 위치 x에서의 단면의 휨응력 σ_x

㉠ 중립축으로부터 연단까지의 거리 y_x

$$y_x = \frac{H_x}{2} = \frac{H}{2}\left(1+\frac{x}{L}\right)$$

㉡ 임의 위치 x에서의 단면의 휨응력 σ_x

$$\sigma_x = \frac{M_x}{I_x}y_x = \frac{6Px}{H^3\left(1+\frac{x}{L}\right)^3}$$

(4) 최대휨응력 $\sigma_{\max}$

㉠ 최대휨응력이 발생하는 위치 x

$$\frac{d\sigma_x}{dx} = \left(\frac{6Px}{H^3\left(1+\frac{x}{L}\right)^3}\right)' = \frac{6P\times\left(1+\frac{x}{L}\right)^3 - \frac{3}{L}\left(1+\frac{x}{L}\right)^2\times 6Px}{H^3\left(1+\frac{x}{L}\right)^6} = 0$$

$$6P\left(1-\frac{2}{L}x\right) = 0$$

$$\therefore\ x = \frac{L}{2}$$

㉡ 최대휨응력 $\sigma_{\max}$

$$\sigma_{\max} = \sigma_{\left(x=\frac{L}{2}\right)} = \frac{3PL}{H^3\left(1+\frac{1}{2}\right)^3} = \frac{8PL}{9H^3}$$

(5) 최대휨모멘트가 발생하는 위치에서의 단면의 휨응력 $\sigma_{M_{\max}}$

최대휨모멘트는 고정단인 B점에서 발생하므로

$$\sigma_{M_{\max}} = \sigma_B = \frac{6PL}{H^3(1+1)^3} = \frac{3PL}{4H^3}$$

(6) 최대휨응력 $\sigma_{\max}$와 $\sigma_{M_{\max}}$의 비교

$$\frac{\sigma_{\max}}{\sigma_{M_{\max}}} = \frac{0.89}{0.75} = 1.185$$

∴ 최대휨응력 $\sigma_{\max}$가 최대휨모멘트가 발생하는 위치에서의 단면의 휨응력 $\sigma_{M_{\max}}$보다 18.5%만큼 더 크다.

◆ ◆ ◆ ◆ ◆ ◆

5.3.3 다음과 같이 직사각형 형태의 변단면 단순보에 집중하중 P가 작용하고 있다. 집중하중 P가 보의 지간을 따라 어느 곳에서도 작용할 수 있을 때, 보의 무게를 최소로 하기 위한 높이 H_x를 H_1에 대한 식으로 나타내시오.

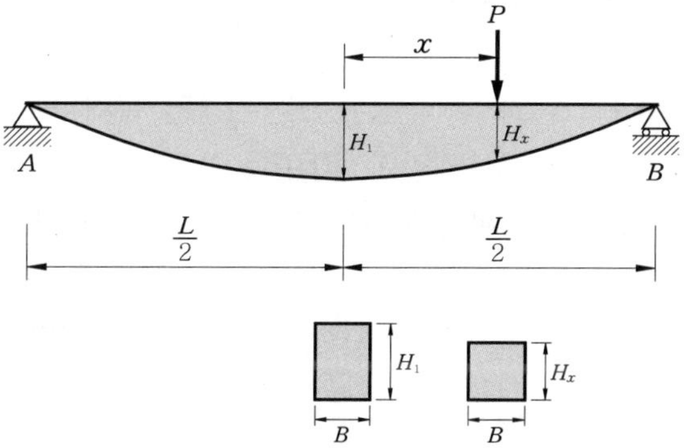

풀이

(1) 지점반력

$$\Sigma M_B = 0 \ : \ (R_A \times L) - P\left(\frac{L}{2} - x\right) = 0 \qquad \therefore\ R_A = \frac{P}{L}\left(\frac{L}{2} - x\right)\ (\uparrow)$$

$$\Sigma V = 0 \ : \ R_A + R_B - P = 0 \qquad \therefore\ R_B = \frac{P}{L}\left(\frac{L}{2} + x\right)\ (\uparrow)$$

(2) 임의 위치 x에서의 단면의 허용휨응력 σ_x

㉠ 임의 위치 x에서 단면에 작용하는 휨모멘트 M_x

$$M_x = \frac{P}{L}\left(\frac{L}{2} - x\right)\left(\frac{L}{2} + x\right) = \frac{P}{L}\left(\frac{L^2}{4} - x^2\right)$$

㉡ 임의 위치 x에서의 단면계수 Z_x

$$Z_x = \frac{BH_x^2}{6}$$

㉢ 임의 위치 x에서의 단면의 허용휨응력 σ_x

$$\sigma_x = \frac{M_x}{Z_x} = \frac{6P}{LBH_x^2}\left(\frac{L^2}{4} - x^2\right)$$

(3) 보의 무게를 최소로 하기 위한 높이 H_x

보의 중앙에서 $x = 0$, $H_x = H_1$ 이므로

$$\sigma_x = \frac{3PL}{2BH_1^2} \qquad \therefore\ H_1^2 = \frac{3PL}{2B\sigma_x}$$

위 식을 연립하여 풀면,

$$\frac{H_x^2}{H_1^2} = 1 - \frac{4x^2}{L^2} \qquad \therefore\ H_x = H_1\sqrt{1 - \frac{4x^2}{L^2}}$$

◆ ◆ ◆ ◆ ◆ ◆

5.4 합성보*

5.4.1 다음과 같이 강판으로 보강된 목재보의 최대허용휨모멘트 $M_{\max}$를 구하시오. (여기서, 강판의 허용휨응력 $\sigma_s = 38\,MPa$ 이고, 목재의 허용휨응력 $\sigma_w = 8\,MPa$ 이고, 목재에 대한 강판의 탄성계수비 $n = 6$ 이다.)

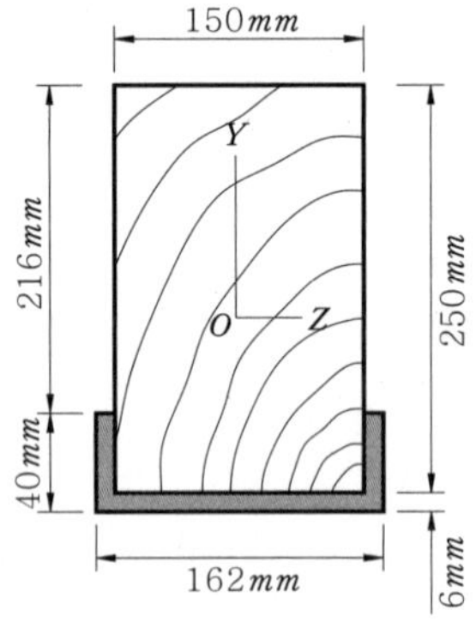

풀이

(1) 환산단면의 중립축 위치

$$y = \frac{(150\times6\times3) + (2\times40\times6\times20) + \dfrac{(150\times250\times131)}{6}}{(150\times6) + (2\times40\times6) + \dfrac{(150\times250)}{6}} = 108.92\,mm$$

(2) 환산단면의 단면2차모멘트 I_t

$$I_t = \left(\frac{150\times 6^3}{12}\right) + \{150\times 6\times(108.92-3)^2\}$$

$$+2\left[\left(\frac{6\times 40^3}{12}\right) + \{6\times 40\times(108.92-20)^2\}\right]$$

$$+\frac{1}{6}\left[\left(\frac{150\times 250^3}{12}\right) + \{150\times 250\times(131-108.92)^2\}\right]$$

$$= 1.01\times 10^7 mm^4 + 0.39\times 10^7 mm^4 + 3.56\times 10^7 mm^4 = 4.96\times 10^7 mm^4$$

(3) 강판으로 보강된 목재보의 최대허용휨모멘트 $M_{\max}$

㉠ 강판의 최대허용휨모멘트 $M_{s\max}$

$$M_{s\max} = \frac{\sigma_s I_t}{y_s} = \frac{38\times 4.96\times 10^7}{108.92}\times 10^{-6} = 17.29\,kN\cdot m$$

㉡ 목재의 최대허용휨모멘트 $M_{w\max}$

$$M_{w\max} = n\times\frac{\sigma_w I_t}{y_w} = 6\times\frac{8\times 4.96\times 10^7}{(256-108.92)}\times 10^{-6} = 16.17\,kN\cdot m \quad (\text{지배})$$

∴ 강판으로 보강된 목재보의 최대허용휨모멘트 $M_{\max} = 16.17\,kN\cdot m$이다.

◆ ◆ ◆ ◆ ◆ ◆

5.4.2 다음과 같이 알루미늄과 구리로 이루어진 합성보가 있을 때, 이 보에 대한 각 재료의 단면계수 값을 구하고 최대휨응력이 발생하는 재료를 구하시오. (단, 알루미늄의 탄성계수 $E_a = 7.0\times 10^4 MPa$이고, 구리의 탄성계수 $E_b = 1.05\times 10^5 MPa$이다.)

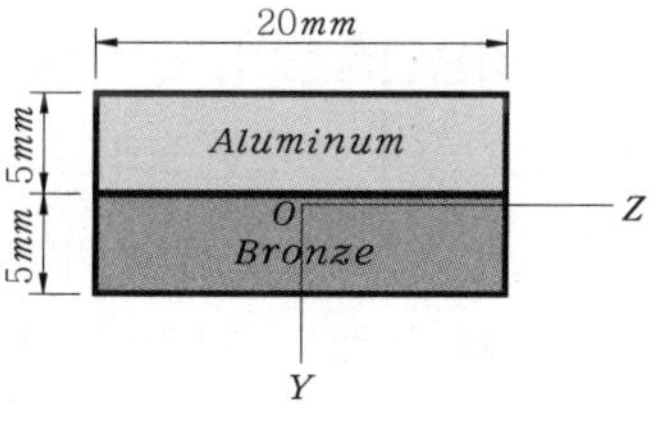

풀이

(1) 환산단면의 중립축 위치

㉠ 알루미늄과 구리의 탄성계수비 n

$$n = \frac{E_b}{E_a} = \frac{1.05\times 10^5}{7.0\times 10^4} = 1.5$$

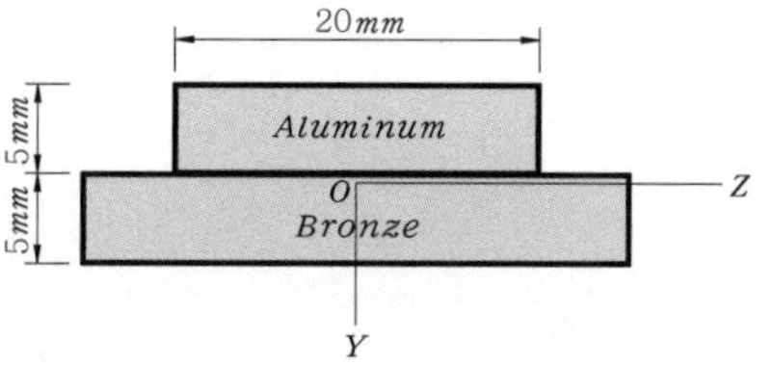

㉡ 환산단면의 중립축 위치

$$y = \frac{(20\times 5\times 7.5) + (20\times 1.5\times 5\times 2.5)}{(20\times 5) + (20\times 1.5\times 5)}$$

$$= 4.5\,mm$$

(2) 환산단면의 단면2차모멘트 I_t

$$I_t = \left(\frac{20\times 5^3}{12}\right) + \{20\times 5\times (7.5-4.5)^2\}$$
$$+\left(\frac{20\times 1.5\times 5^3}{12}\right) + \{20\times 1.5\times 5\times (4.5-2.5)^2\}$$
$$= 1108.33\,mm^4 + 912.5\,mm^4 = 2020.83\,mm^4$$

(3) 알루미늄과 구리의 최대휨응력 σ_a, σ_b

㉠ 합성보에 대한 알루미늄과 구리의 단면계수 Z_a, Z_b

$$Z_a = \frac{I_t}{y_a} = \frac{2020.83}{5.5} = 367.42\,mm^3$$

$$Z_b = \frac{I_t}{n\times y_b} = \frac{2020.83}{1.5\times 4.5} = 299.38\,mm^3$$

㉡ 알루미늄의 최대휨응력 σ_a

$$\sigma_a = \frac{M}{Z_a} = \frac{M}{367.42}$$

㉢ 구리의 최대휨응력 σ_b

$$\sigma_b = \frac{M}{Z_b} = \frac{M}{299.38}$$

$\therefore\ \sigma_a < \sigma_b$ 이므로, 최대휨응력이 발생하는 재료는 구리이다.

◆ ◆ ◆ ◆ ◆ ◆

5.4.3 다음과 같이 철근콘크리트 보가 상단으로부터 $550\,mm$ 떨어진 위치에서 직경 $22\,mm$의 철근 5개로 보강되어 있다. 콘크리트의 허용압축응력 $\sigma_c = 20\,MPa$이고, 철근의 허용인장응력 $\sigma_s = 340\,MPa$일 때, 이 보의 최대허용휨모멘트 $M_{\max}$를 구하시오. (여기서, 콘크리트의 탄성계수 $E_c = 2.5\times 10^4 MPa$이고, 철근의 탄성계수 $E_s = 2.0\times 10^5 MPa$이다. 또한 콘크리트는 압축력만을 받고, 인장력에 저항하지 못하는 것으로 가정한다.)

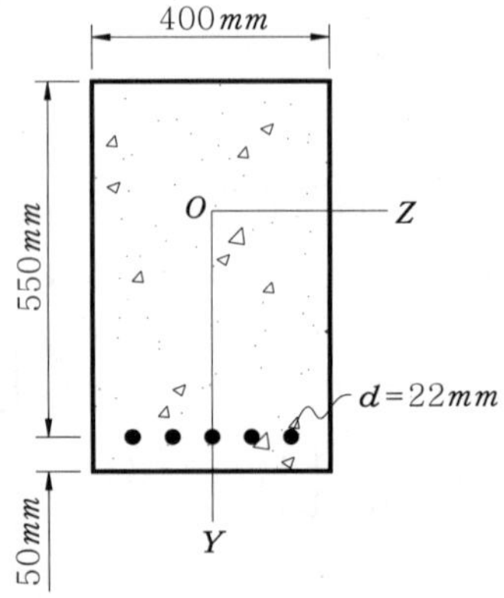

풀이

(1) 환산단면의 중립축 위치

㉠ 철근의 단면적 A_s

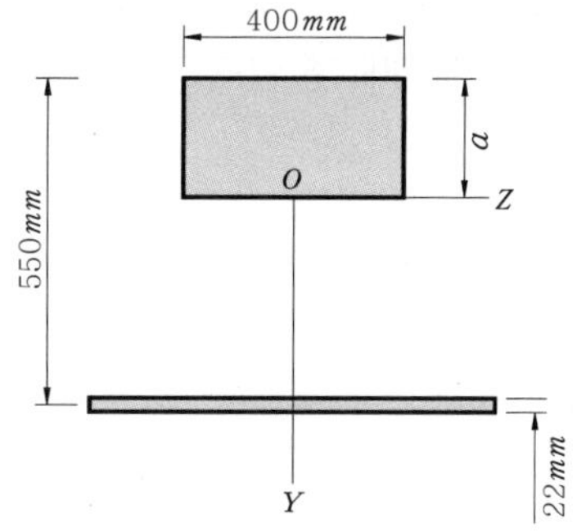

$$A_s = 5\times\frac{\pi\times 22^2}{4} = 1900.66\,mm^2$$

㉡ 콘크리트와 철근의 탄성계수비 n

$$n = \frac{E_s}{E_c} = \frac{2.0\times10^5}{2.5\times10^4} = 8$$

㉢ 철근의 환산단면적

$$nA_s = 8\times1900.66 = 15205.31\,mm^2$$

㉣ 환산단면의 중립축 위치

$$E_c\int_c y\,dA + E_s\int_s y\,dA = 0$$ 이므로,

$$\left\{E_c\times400\times a\times\left(-\frac{a}{2}\right)\right\}+\{8\times E_c\times1900.66\times(550-a)\}=0$$

$$-200a^2-15205.31a+8362920=0$$

$$\therefore\ a = 169.98\,mm$$

(2) 환산단면의 단면2차모멘트 I_t

$$I_t = \left(\frac{400\times169.98^3}{3}\right)+\left(\frac{15205.31\times22^2}{12}\right)+\{15205.31\times(550-169.98)^2\}$$

$$= 0.65\times10^9\,mm^4 + 2.2\times10^9\,mm^4 = 2.85\times10^9\,mm^4$$

(3) 철근콘크리트 보의 최대허용휨모멘트 $M_{\max}$

㉠ 콘크리트의 최대허용휨모멘트 $M_{c\max}$

$$M_{c\max} = \frac{\sigma_c I_t}{y_c} = \frac{20\times2.85\times10^9}{169.98}\times10^{-6} = 335.5\,kN\cdot m$$

㉡ 철근의 최대허용휨모멘트 $M_{s\max}$

$$M_{s\max} = \frac{\sigma_s I_t}{n\times y_s} = \frac{340\times2.85\times10^9}{8\times(550-169.98)}\times10^{-6} = 318.88\,kN\cdot m$$ (지배)

∴ 철근콘크리트 보의 최대허용휨모멘트 $M_{\max} = 318.88\,kN\cdot m$이다.

◆ ◆ ◆ ◆ ◆ ◆

5.5 조합응력을 받는 보*

5.5.1 $1.8\,m$ 길이의 캔틸레버보의 자유단 단면에 다음과 같이 하중이 작용하고 있을 때, 중립축의 위치와 최대휨응력 $\sigma_{\max}$ 를 구하시오.

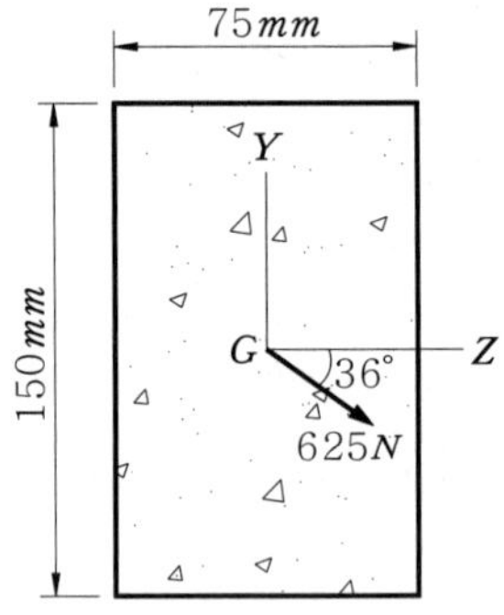

풀이

(1) 최대휨모멘트 $M_{y\max}$, $M_{z\max}$

$$M_{y\max} = P_h L = 625\cos 36^\circ \times 1.8 = 910.14\,N\cdot m$$

$$M_{z\max} = P_v L = -625\sin 36^\circ \times 1.8 = -661.26\,N\cdot m$$

(2) 단면2차모멘트 I_y, I_z

$$I_y = \frac{hb^3}{12} = \frac{150\times 75^3}{12} = 0.53\times 10^7 mm^4$$

$$I_z = \frac{bh^3}{12} = \frac{75\times 150^3}{12} = 2.11\times 10^7 mm^4$$

(3) 중립축 위치

$$\tan\beta = \frac{I_z}{I_y}\tan\theta = \frac{2.11\times 10^7}{0.53\times 10^7}\tan(-54^\circ)$$

$$= 4\times -1.38 = -5.51$$

$$\therefore\ \beta = -79.7^\circ$$

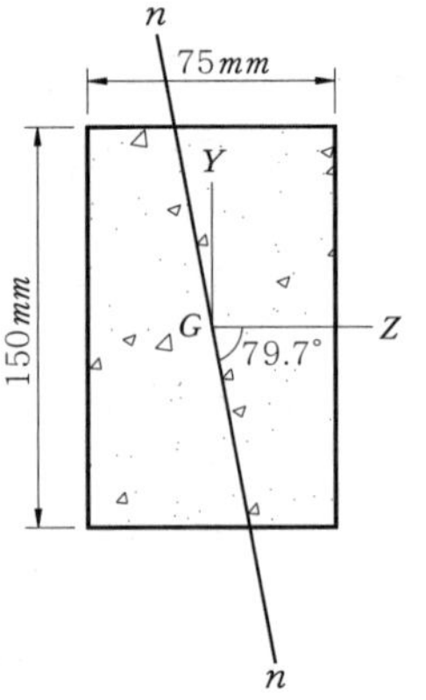

(4) 최대휨응력 $\sigma_{\max}$

$$\sigma_{\max} = \frac{M_{y\max}}{I_y}z - \frac{M_{z\max}}{I_z}y$$

$$= \left(\frac{910.14\times 10^3}{0.53\times 10^7}\times\frac{75}{2}\right) - \left(\frac{-661.26\times 10^3}{2.11\times 10^7}\times\frac{150}{2}\right)$$

$$= 8.82\,N/mm^2$$

◆ ◆ ◆ ◆ ◆ ◆

5.5.2 다음과 같이 $2m$ 길이의 캔틸레버보의 자유단에 $50kN$의 집중하중이 작용하고 있고 단면이 그림(a)와 같을 때, 고정단과 고정단으로부터 $0.5m$ 떨어진 C 단면에서의 최대인장응력 및 최대압축응력을 구하시오.

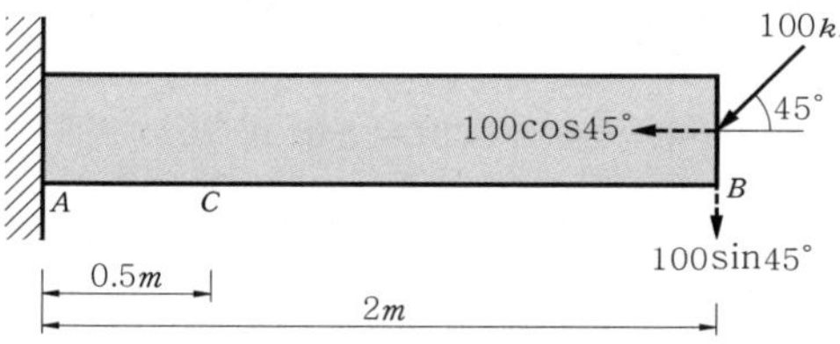

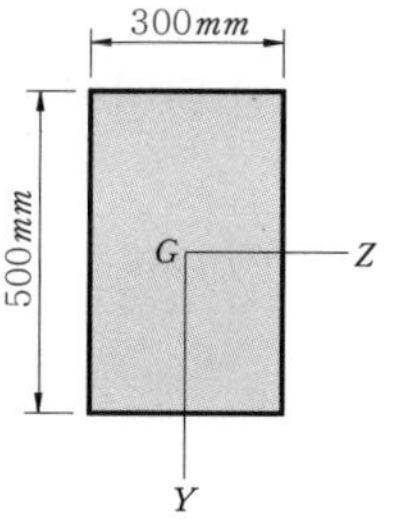

그림(a)

풀이

(1) 축방향력에 의한 수직응력

$$\sigma_c = -\frac{N}{A} = -\frac{100\cos 45^\circ \times 10^3}{300 \times 500} = -0.47\,N/mm^2$$

(2) 고정단에서의 휨모멘트에 의한 수직응력

㉠ 단면계수 Z

$$Z = \frac{bh^2}{6} = \frac{300 \times 500^2}{6} = 1.25 \times 10^7 mm^3$$

㉡ 고정단에서의 휨모멘트 M_A

$$M_A = P_v L = 100\sin 45^\circ \times 2 = 141.42\,kN\cdot m$$

㉢ 휨모멘트에 의한 최대인장응력 σ_{At} 및 최대압축응력 σ_{Ac}

$$\sigma_{At} = \frac{M_A}{Z} = \frac{141.42 \times 10^6}{1.25 \times 10^7} = 11.31\,N/mm^2$$

$$\sigma_{Ac} = -\frac{M_A}{Z} = -\frac{141.42 \times 10^6}{1.25 \times 10^7} = -11.31\,N/mm^2$$

(3) C 단면에서의 휨모멘트에 의한 수직응력

㉠ C 단면에서의 휨모멘트 M_C

$$M_C = P_v L = 100\sin 45^\circ \times 1.5 = 106.07\,kN\cdot m$$

㉡ 휨모멘트에 의한 최대인장응력 σ_{Ct} 및 최대압축응력 σ_{Cc}

$$\sigma_{Ct} = \frac{M_C}{Z} = \frac{106.07 \times 10^6}{1.25 \times 10^7} = 8.49\,N/mm^2$$

$$\sigma_{Cc} = -\frac{M_C}{Z} = -\frac{106.07 \times 10^6}{1.25 \times 10^7} = -8.49\,N/mm^2$$

(4) 최대수직응력 및 최소수직응력

㉠ 고정단에서의 최대인장응력 $\sigma_{At\max}$ 및 최대압축응력 $\sigma_{Ac\max}$

$$\sigma_{At\max} = \sigma_c + \sigma_{At} = -\frac{N}{A} + \frac{M_A}{Z} = -0.47 + 11.31 = 10.84\,N/mm^2$$

$$\sigma_{Ac\max} = \sigma_c + \sigma_{Ac} = -\frac{N}{A} - \frac{M_A}{Z} = -0.47 - 11.31 = -11.79\,N/mm^2$$

㉡ C 단면에서의 최대인장응력 $\sigma_{Ct\max}$ 및 최대압축응력 $\sigma_{Cc\max}$

$$\sigma_{Ct\max} = \sigma_c + \sigma_{Ct} = -\frac{N}{A} + \frac{M_C}{Z} = -0.47 + 8.49 = 8.01\,N/mm^2$$

$$\sigma_{Cc\max} = \sigma_c + \sigma_{Cc} = -\frac{N}{A} - \frac{M_C}{Z} = -0.47 - 8.49 = -8.96\,N/mm^2$$

◆ ◆ ◆ ◆ ◆ ◆

5.5.3 $3m$ 길이의 단순보에 다음과 같이 하중이 작용하고 있고 단면이 그림(a)와 같을 때, 이 보에서의 최대인장응력 $\sigma_{t\max}$와 최대압축응력 $\sigma_{c\max}$를 구하시오.

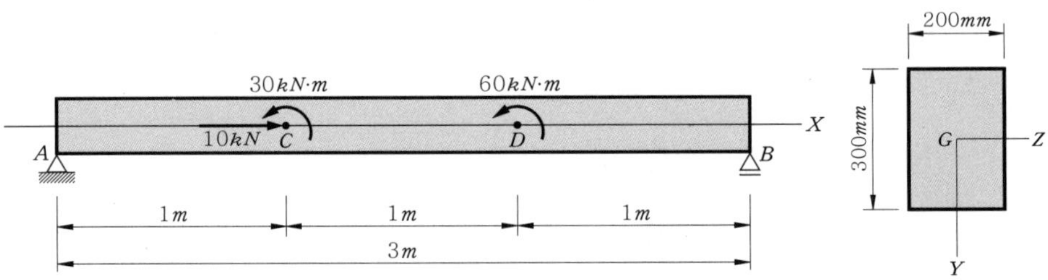

그림(a)

풀이

(1) 반력

반력의 방향을 그림(b)와 같이 가정하고 평형방정식을 세워 반력을 구한다.

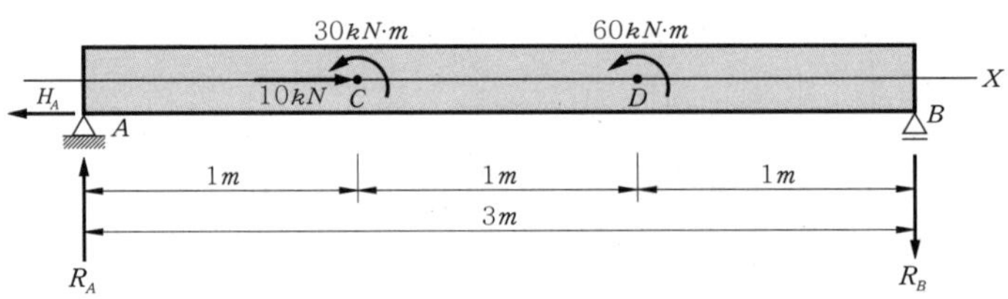

그림(b)

$\Sigma H = 0$: $10 - H_A = 0$ $\quad\therefore H_A = 10kN\,(\leftarrow)$

$\Sigma M_B = 0$: $3R_A - 30 - 60 = 0$ $\quad\therefore R_A = 30kN\,(\uparrow)$

$\Sigma V = 0$: $R_A - R_B = 0$ $\quad\therefore R_A = 30kN\,(\downarrow)$

(2) 단면력도

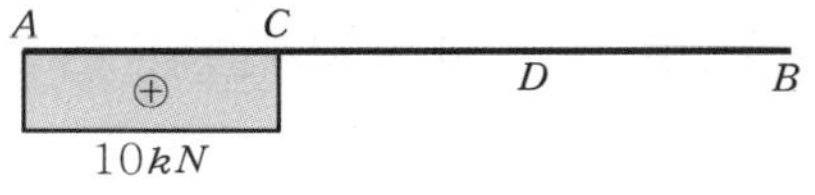

그림(c) 축방향력도(A.F.D)

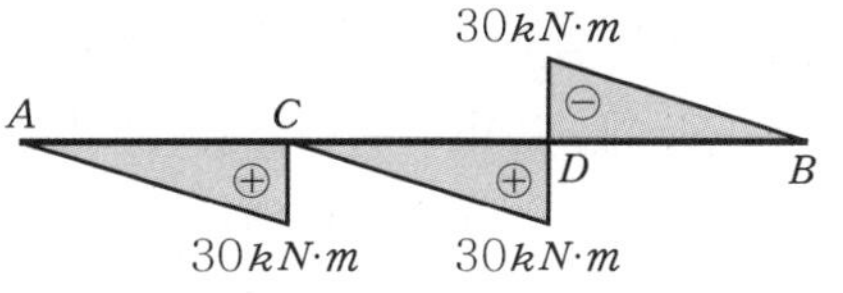

그림(d) 휨모멘트도(B.M.D)

(3) 단면계수 Z

$$Z=\frac{bh^2}{6}=\frac{200\times 300^2}{6}=3\times 10^6 mm^3$$

(4) 구간별 최대인장응력 및 최대압축응력

㉠ $A\sim C$ 구간에서의 최대인장응력 σ_{ACt} 및 최대압축응력 σ_{ACc}

$$\sigma_{ACt}=\frac{N}{A}+\frac{M_{AC\max}}{Z}=\frac{10\times 10^3}{200\times 300}+\frac{30\times 10^6}{3\times 10^6}=10.17\,N/mm^2$$

$$\sigma_{ACc}=\frac{N}{A}-\frac{M_{AC\max}}{Z}=\frac{10\times 10^3}{200\times 300}-\frac{30\times 10^6}{3\times 10^6}=-9.83\,N/mm^2$$

㉡ $C\sim D$ 구간에서의 최대인장응력 σ_{CDt} 및 최대압축응력 σ_{CDc}

$$\sigma_{CDt}=\frac{N}{A}+\frac{M_{CD\max}}{Z}=0+\frac{30\times 10^6}{3\times 10^6}=10\,N/mm^2$$

$$\sigma_{CDc}=\frac{N}{A}-\frac{M_{CD\max}}{Z}=0-\frac{30\times 10^6}{3\times 10^6}=-10\,N/mm^2$$

㉢ $D\sim B$ 구간에서의 최대인장응력 σ_{DBt} 및 최대압축응력 σ_{DBc}

$$\sigma_{DBt}=\frac{N}{A}+\frac{M_{DB\max}}{Z}=0+\frac{30\times 10^6}{3\times 10^6}=10\,N/mm^2$$

$$\sigma_{DBc}=\frac{N}{A}-\frac{M_{DB\max}}{Z}=0-\frac{30\times 10^6}{3\times 10^6}=-10\,N/mm^2$$

(5) 이 보에서의 최대인장응력 $\sigma_{t\max}$ 와 최대압축응력 $\sigma_{c\max}$

$$\sigma_{t\max}=\sigma_{ACt}=10.17\,N/mm^2$$

$$\sigma_{c\max}=\sigma_{CDc}=\sigma_{DBc}=-10\,N/mm^2$$

◆ ◆ ◆ ◆ ◆ ◆

5.6 평면응력 및 보의 주응력*

5.6.1 어떤 요소가 평면응력상태에 있고, 그림과 같은 크기와 방향의 응력을 가질 때, 모어의 원을 이용하여 최대주전단응력 $\tau_{\max}$ 와 반시계방향으로 30° 회전된 요소에 작용하는 응력을 구하시오.

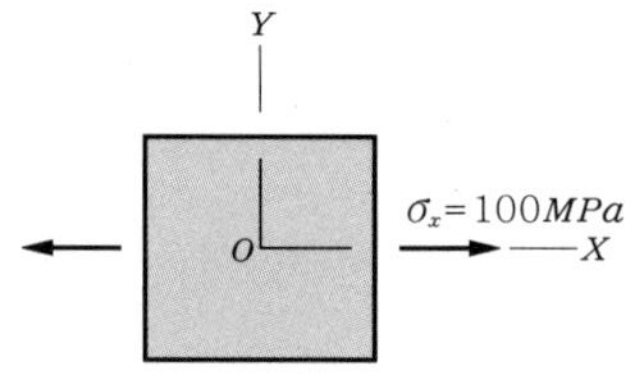

풀이

(1) 모어의 원 작도

풀이의 첫단계는 σ_{x1} 은 오른쪽을 양(+)으로, τ_{x1y1} 은 아래를 양(+)으로 취하는 모어의 원에 대한 축을 구성하는 것이다. 그리고 원의 중심 C는 σ_{x1} 이 평균수직응력 σ_{aver} 과 같은 점에서의 σ_{x1} 축 위에 위치한다.

$$\sigma_{aver} = \frac{\sigma_x + \sigma_y}{2} = \frac{100+0}{2} = 50\,MPa$$

이 요소의 x 면($\theta=0$) 위의 응력을 표시하는 점A는 다음과 같은 좌표를 갖는다.

$$\sigma_{x1} = \sigma_x = 100\,MPa\,,\ \tau_{x1y1} = \tau_{xy} = 0$$

마찬가지로 y면($\theta=90°$) 위의 응력을 표시하는 점B의 좌표는 다음과 같다.

$$\sigma_{x1} = \sigma_y = 0,\ \tau_{x1y1} = -\tau_{xy} = 0$$

이제 점C를 중심으로 하여 점 A와 B를 지나는 원이 그려지며 다음 식으로부터 원의 반지름을 구한다.

$$R = \sqrt{\left(\frac{\sigma_x - \sigma_y}{2}\right)^2 + \tau_{xy}^2} = \sqrt{\left(\frac{100}{2}\right)^2} = 50\,MPa$$

(2) 반시계방향으로 30° 회전한 요소에 작용하는 응력

반시계방향으로 30° 회전한 요소에 작용하는 응력은 점A로부터 $2\theta = 60°$ 되는 점D의 좌표에 의하여 주어진다.

$$\sigma_{x1} = 50 + 50\cos 60° = 75\,MPa$$

$$\tau_{x1y1} = -50\sin 60° = -43.3\,MPa$$

유사한 방법으로 D'에 의하여 나타내어지는 응력을 구할 수 있다. 이 점 D'은 $\theta = 120°\,(2\theta = 240°)$만큼 회전된 평면에 대응되는 점이다.

$$\sigma_{x1} = 50 - 50\cos 60^\circ = 25\,MPa$$

$$\tau_{x1y1} = 50\sin 60^\circ = 43.3\,MPa$$

(3) 최대주전단응력 $\tau_{\max}$

최대주전단응력 $\tau_{\max}$은 모어의 원에서 점 E_1과 E_2로 표시된다.

$$\tau_{\max} = 50\,MPa$$

$$\angle ACE_1 = 2\theta_{s1} = 270^\circ \qquad \therefore\ \theta_{s1} = 135^\circ$$

$$\angle ACE_2 = 2\theta_{s2} = 90^\circ \qquad \therefore\ \theta_{s2} = 45^\circ$$

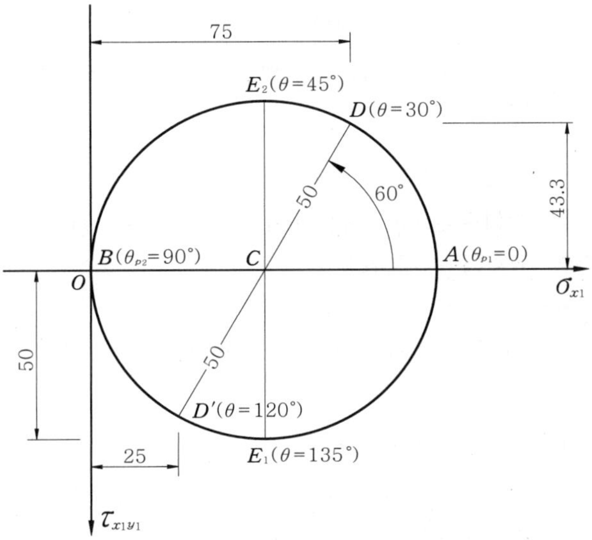

그림(a) 모어의 원 작도

◆ ◆ ◆ ◆ ◆ ◆

5.6.2 어떤 요소가 평면응력상태에 있고, 그림과 같은 크기와 방향의 응력을 가질 때, 모어의 원을 이용하여 주응력 $\sigma_{1,2}$와 반시계방향으로 30° 회전된 요소에 작용하는 응력을 구하시오.

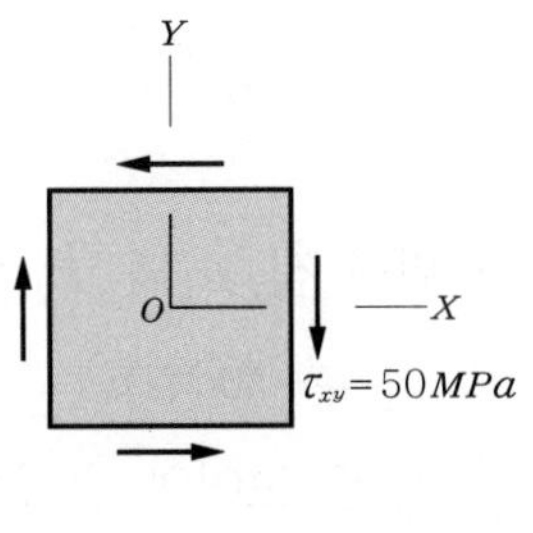

풀이

(1) 모어의 원 작도

풀이의 첫단계는 σ_{x1}은 오른쪽을 양(+)으로, τ_{x1y1}은 아래를 양(+)으로 취하는 모어의 원에 대한 축을 구성하는 것이다. 그리고 원의 중심 C는 σ_{x1}이 평균수직응력 σ_{aver}과 같은 점에서의 σ_{x1}축 위에 위치한다.

$$\sigma_{aver} = \frac{\sigma_x + \sigma_y}{2} = \frac{0+0}{2} = 0$$

이 요소의 x면($\theta = 0$) 위의 응력을 표시하는 점A는 다음과 같은 좌표를 갖는다.

$$\sigma_{x1} = \sigma_x = 0,\ \tau_{x1y1} = \tau_{xy} = -50\,MPa$$

마찬가지로 y면($\theta = 90^\circ$) 위의 응력을 표시하는 점B의 좌표는 다음과 같다.

$$\sigma_{x1} = \sigma_y = 0,\ \tau_{x1y1} = -\tau_{xy} = 50\,MPa$$

이제 점C를 중심으로 하여 점 A와 B를 지나는 원이 그려지며 다음 식으로부터 원의 반지름을 구한다.

$$R = \sqrt{\left(\frac{\sigma_x - \sigma_y}{2}\right)^2 + \tau_{xy}^2} = \sqrt{(-50)^2} = 50\,MPa$$

(2) 반시계방향으로 30° 회전한 요소에 작용하는 응력

반시계방향으로 30° 회전한 요소에 작용하는 응력은 점A로부터 $2\theta = 60^\circ$ 되는 점D의 좌표에 의하여 주어진다.

$$\sigma_{x1} = -50\sin 60^\circ = -43.3\,MPa$$

$$\tau_{x1y1} = -50\cos 60^\circ = -25\,MPa$$

유사한 방법으로 D'에 의하여 나타내어지는 응력을 구할 수 있다. 이 점 D'은 $\theta = 120^\circ\,(2\theta = 240^\circ)$만큼 회전된 평면에 대응되는 점이다.

$$\sigma_{x1} = 50\sin 60^\circ = 43.3\,MPa$$

$$\tau_{x1y1} = 50\cos 60^\circ = 25\,MPa$$

(3) 주응력 $\sigma_{1,2}$

주응력 $\sigma_{1,2}$은 모어의 원 위의 점 E_1과 E_2에 의하여 나타내어진다.

$$\sigma_1 = 50\,MPa \qquad \sigma_2 = -50\,MPa$$

점A로부터 점E_1까지의 $2\theta_{p1}$은 모어의 원 상의 $\angle ACE_1$이다.

$$\angle ACE_1 = 2\theta_{p1} = 270^\circ \qquad \therefore\ \theta_{p1} = 135^\circ$$

$$\theta_{p2} = \theta_{p1} - 90^\circ = 45^\circ \qquad \therefore\ \theta_{p2} = 45^\circ$$

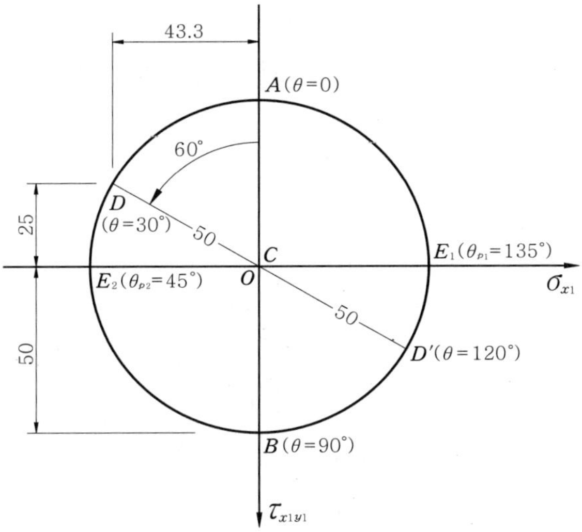

그림(a) 모어의 원 작도

◆ ◆ ◆ ◆ ◆ ◆

5.6.3 어떤 요소가 평면응력상태에 있고, 그림과 같은 크기와 방향의 응력을 가질 때, 모어의 원을 이용하여 최대주전단응력 $\tau_{\max}$ 와 반시계방향으로 30° 회전된 요소에 작용하는 응력을 구하시오.

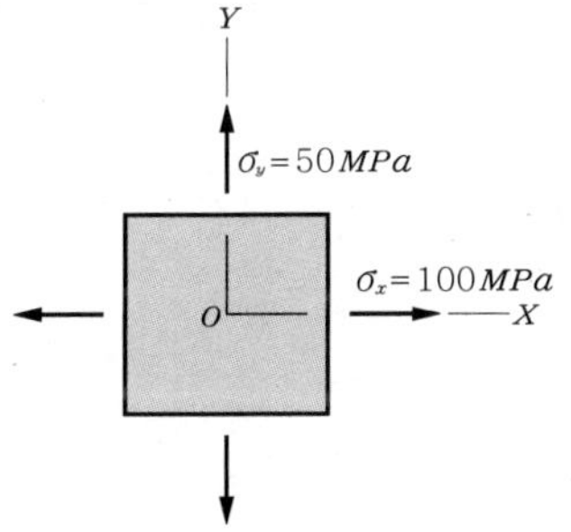

풀이

(1) 모어의 원 작도

풀이의 첫단계는 σ_{x1}은 오른쪽을 양(+)으로, τ_{x1y1}은 아래를 양(+)으로 취하는 모어의 원에 대한 축을 구성하는 것이다. 그리고 원의 중심 C는 σ_{x1}이 평균수직응력 σ_{aver}과 같은 점에서의 σ_{x1}축 위에 위치한다.

$$\sigma_{aver}=\frac{\sigma_x+\sigma_y}{2}=\frac{100+50}{2}=75\,MPa$$

이 요소의 x면($\theta=0$) 위의 응력을 표시하는 점A는 다음과 같은 좌표를 갖는다.

$$\sigma_{x1}=\sigma_x=100\,MPa\,,\ \tau_{x1y1}=\tau_{xy}=0$$

마찬가지로 y면($\theta=90°$) 위의 응력을 표시하는 점B의 좌표는 다음과 같다.

$\sigma_{x1} = \sigma_y = 50\,MPa$, $\tau_{x1y1} = -\tau_{xy} = 0$

이제 점 C를 중심으로 하여 점 A와 B를 지나는 원이 그려지며 다음 식으로부터 원의 반지름을 구한다.

$$R = \sqrt{\left(\frac{\sigma_x - \sigma_y}{2}\right)^2 + \tau_{xy}^2} = \sqrt{\left(\frac{100-50}{2}\right)^2} = 25\,MPa$$

(2) 반시계방향으로 30° 회전한 요소에 작용하는 응력

반시계방향으로 30° 회전한 요소에 작용하는 응력은 점 A로부터 $2\theta = 60°$ 되는 점 D의 좌표에 의하여 주어진다.

$\sigma_{x1} = 75 + 25\cos 60° = 87.5\,MPa$

$\tau_{x1y1} = -25\sin 60° = -21.65\,MPa$

유사한 방법으로 D'에 의하여 나타내어지는 응력을 구할 수 있다. 이 점 D'은 $\theta = 120°\,(2\theta = 240°)$만큼 회전된 평면에 대응되는 점이다.

$\sigma_{x1} = 75 - 25\cos 60° = 62.5\,MPa$

$\tau_{x1y1} = 25\sin 60° = 21.65\,MPa$

(3) 최대주전단응력 $\tau_{\max}$

최대주전단응력 $\tau_{\max}$은 모어의 원에서 점 E_1과 E_2로 표시된다.

$\tau_{\max} = 25\,MPa$

$\angle ACE_1 = 2\theta_{s1} = 270°$ $\therefore\ \theta_{s1} = 135°$

$\angle ACE_2 = 2\theta_{s2} = 90°$ $\therefore\ \theta_{s2} = 45°$

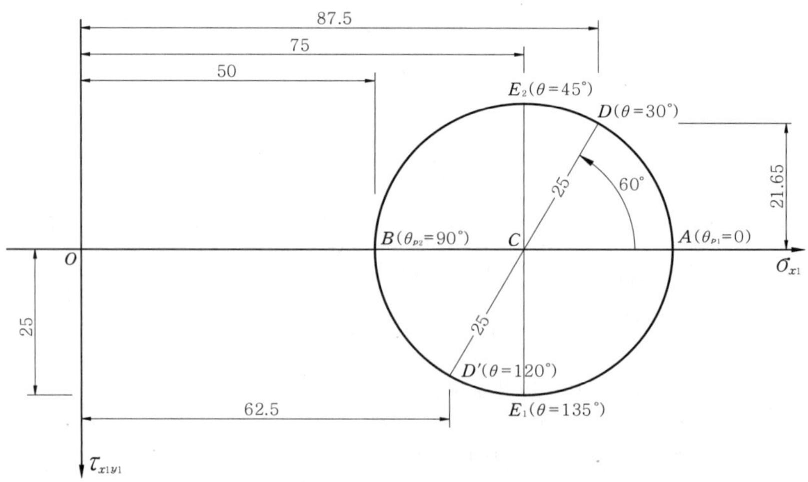

그림(a) 모어의 원 작도

◆ ◆ ◆ ◆ ◆ ◆

6.1 개 요

6.1.1 모든 방향의 유효길이가 같을 때, 장주의 좌굴방향을 구하시오.

① 최대 주축과 같은 방향　② 최소 주축과 같은 방향
③ 최대 주축과 직각방향　④ 최소 주축의 $45°$ 방향

풀이

정답 ①

다른 표현으로 "단면2차모멘트가 최소인 축의 직각방향", "최소2차반경인 축과 직각방향", "단면2차모멘트가 최소인 축에 대하여", "최소2차반경인 축에 대하여", "약축에 대하여", "약축의 직각방향", "강축과 같은 방향" 등이 있다.

◆ ◆ ◆ ◆ ◆ ◆

6.1.2 지름 d 인 원형 기둥의 유효길이가 $10d$ 일 때, 이 기둥의 세장비를 구하시오.

① 20　② 30　③ 40　④ 50

풀이

정답 ③

기둥의 세장비 $\lambda = \dfrac{l}{r}$ 에서 $l = 10d$, $r = \sqrt{\dfrac{I}{A}} = \sqrt{\dfrac{\pi d^4/64}{\pi d^2/4}} = \sqrt{\dfrac{d^2}{16}} = \dfrac{d}{4}$

$\therefore \lambda = \dfrac{l}{r} = \dfrac{10d}{d/4} = 40$

◆ ◆ ◆ ◆ ◆ ◆

6.1.3 다음과 같이 가운데가 비어 있는 직사각형 기둥의 유효길이가 $10m$ 일 때, 이 기둥의 세장비를 구하시오.

① 150.8
② 172.5
③ 190.3
④ 217.4

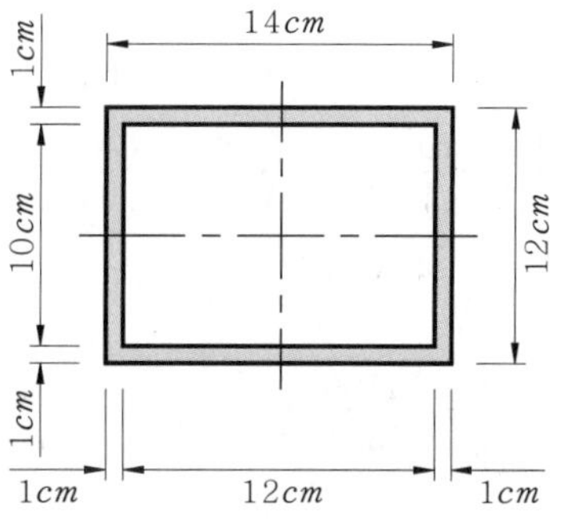

풀이

정답 ④

기둥의 세장비 $\lambda = \dfrac{l}{r_{\min}}$ 에서 $l = 1000\,cm$, $r_{\min} = \sqrt{\dfrac{I_{\min}}{A}}$

$$I_{\min} = I_y = \frac{BH^3}{12} - \frac{bh^3}{12} = \frac{14\times12^3}{12} - \frac{12\times10^3}{12} = 1016\,cm^4 ,$$

$A = (14\times12) - (12\times10) = 48\,cm^2$ 이므로

$$r_{\min} = \sqrt{\frac{I_{\min}}{A}} = \sqrt{\frac{1016}{48}} = 4.6\,cm$$

$$\therefore\ \lambda = \frac{l}{r_{\min}} = \frac{1000}{4.6} = 217.4$$

◆ ◆ ◆ ◆ ◆ ◆

6.1.4 다음 그림과 같은 원통형 기둥의 유효길이가 $20\,m$ 일 때, 이 기둥의 세장비를 구하시오.

① 120.5
② 148.7
③ 158.6
④ 170.2

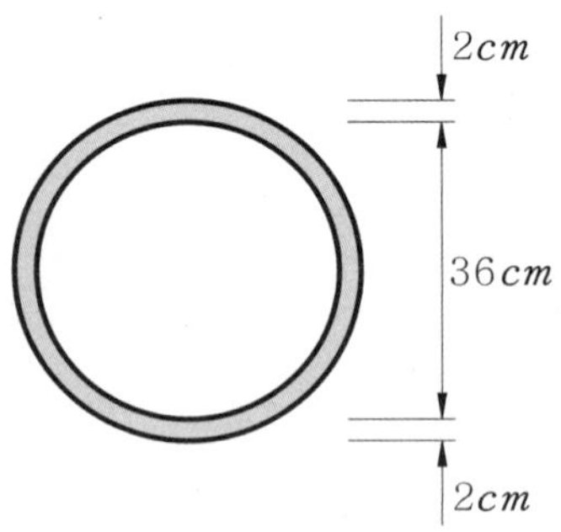

풀이

정답 ②

기둥의 세장비 $\lambda = \dfrac{l}{r}$ 에서 $l = 2000\,cm$, $r = \sqrt{\dfrac{I}{A}}$

$$I = \frac{\pi D^4}{64} - \frac{\pi d^4}{64} = \frac{\pi\times40^4}{64} - \frac{\pi\times36^4}{64} = 43215.75\,cm^4 ,$$

$A = \dfrac{\pi D^2}{4} - \dfrac{\pi d^2}{4} = \dfrac{\pi\times40^2}{4} - \dfrac{\pi\times36^2}{4} = 238.76\,cm^4$ 이므로

$$r = \sqrt{\frac{I}{A}} = \sqrt{\frac{43215.75}{238.76}} = 13.45\,cm$$

$$\therefore\ \lambda = \frac{l}{r_{\min}} = \frac{2000}{13.45} = 148.7$$

◆ ◆ ◆ ◆ ◆ ◆

6.2 축하중 및 휨모멘트를 받는 단주

6.2.1 다음과 같이 A 점에 편심 축하중 $100\,kN$ 을 받는 단주의 최대압축응력 σ_{cmax} 를 구하시오.

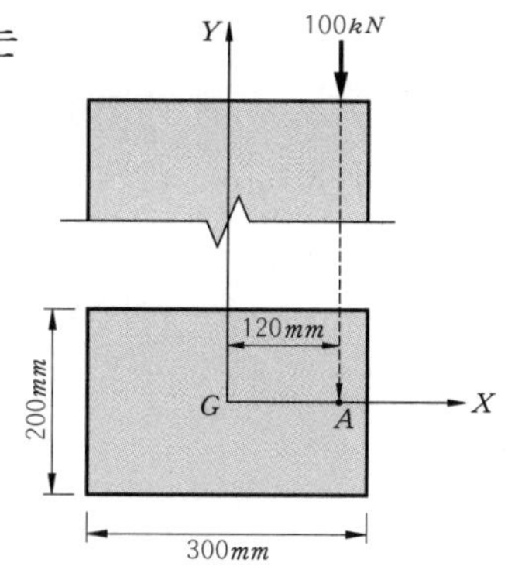

① $4.35\,N/mm^2$
② $5.67\,N/mm^2$
③ $6.72\,N/mm^2$
④ $7.74\,N/mm^2$

풀이

정답 ②

$$M_y = P e_x = 100 \times 10^3 \times 120 = 1.2 \times 10^7\,N \cdot mm$$

$$A = 200 \times 300 = 6 \times 10^4\,mm^2 \qquad Z_y = \frac{200 \times 300^2}{6} = 3 \times 10^6\,mm^3$$

$$\sigma_{cmax} = -\frac{P}{A} - \frac{M_y}{Z_y} = -\frac{100 \times 10^3}{6 \times 10^4} - \frac{1.2 \times 10^7}{3 \times 10^6} = -5.67\,N/mm^2$$

◆ ◆ ◆ ◆ ◆ ◆

6.2.2 일반적으로 기둥에 편심하중이 작용한다면 어느 상태가 되는지 구하시오.

① 압축력 및 인장력이 작용하며 휨모멘트는 작용하지 않는다.
② 압축력과 휨모멘트가 작용하며 인장력이 작용할 때도 있다.
③ 휨모멘트만 작용하고, 압축력은 작용하지 않는다.
④ 압축력만 작용하고, 휨모멘트는 없다.

풀이

정답 ②

◆ ◆ ◆ ◆ ◆ ◆

6.2.3 다음과 같이 E점에 편심 축하중 $600kN$을 받는 단주가 있을 때, CD 부분의 연응력을 구하시오.

① $60N/mm^2$ (인장)
② $60N/mm^2$ (압축)
③ $70N/mm^2$ (인장)
④ $70N/mm^2$ (압축)

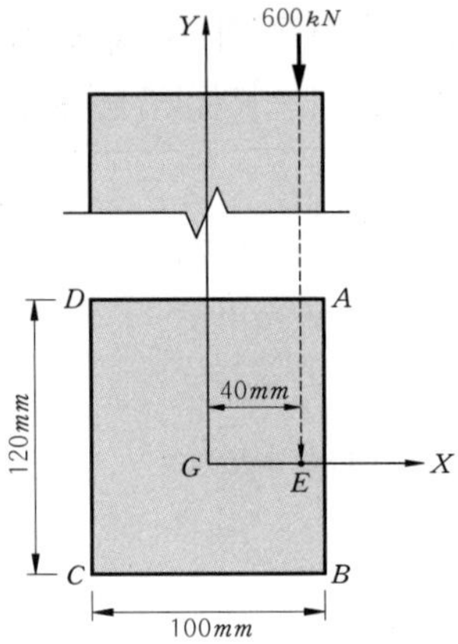

풀이

정답 ③

$M_y = Pe_x = 600 \times 10^3 \times 40 = 2.4 \times 10^7 N \cdot mm$

$A = 120 \times 100 = 1.2 \times 10^4 mm^2 \qquad Z_y = \dfrac{120 \times 100^2}{6} = 2 \times 10^5 mm^3$

$$\sigma_{CD} = -\frac{P}{A} + \frac{M_y}{Z_y} = -\frac{600 \times 10^3}{1.2 \times 10^4} + \frac{2.4 \times 10^7}{2 \times 10^5} = 70N/mm^2$$

◆ ◆ ◆ ◆ ◆ ◆

6.2.4 다음과 같이 E점에 편심 축하중 $400kN$을 받는 단주가 있을 때, A점의 응력을 구하시오.

① $9.55N/mm^2$ (인장)
② $9.55N/mm^2$ (압축)
③ $10.55N/mm^2$ (인장)
④ $10.55N/mm^2$ (압축)

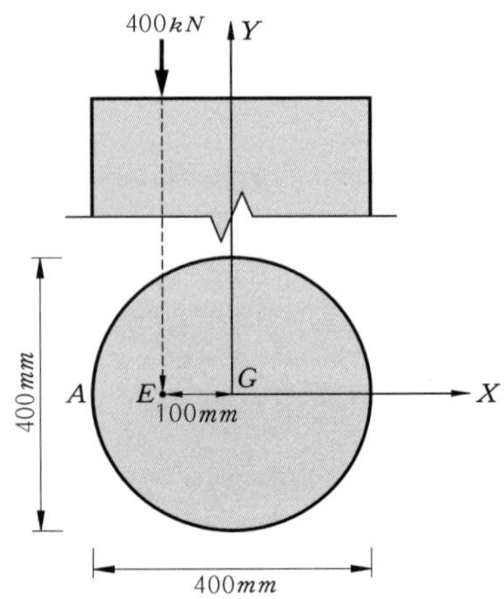

풀이

정답 ②

$$M_y = Pe_x = 400\times10^3\times100 = 4\times10^7 N\cdot mm$$

$$A = \frac{\pi\times400^2}{4} = 1.26\times10^5 mm^2 \qquad Z_y = \frac{\pi\times400^3}{32} = 6.28\times10^6 mm^3$$

$$\sigma_A = -\frac{P}{A}-\frac{M_y}{Z_y} = -\frac{400\times10^3}{1.26\times10^8}-\frac{4\times10^7}{6.28\times10^6} = -9.55\,N/mm^2$$

◆ ◆ ◆ ◆ ◆ ◆

6.2.5 다음과 같은 캔틸레버형 라멘의 기둥 AB를 단주라 가정하고 단면이 그림 (a)와 같을 때, 기둥 AB의 최대압축응력 $\sigma_{c\max}$ 및 최대인장응력 $\sigma_{t\max}$을 구하시오. (단, 골조의 자중은 무시한다.)

	최대압축응력	최대인장응력
①	$20\,MPa$	$18.4\,MPa$
②	$18.4\,MPa$	$20\,MPa$
③	$30\,MPa$	$8.4\,MPa$
④	$8.4\,MPa$	$30\,MPa$

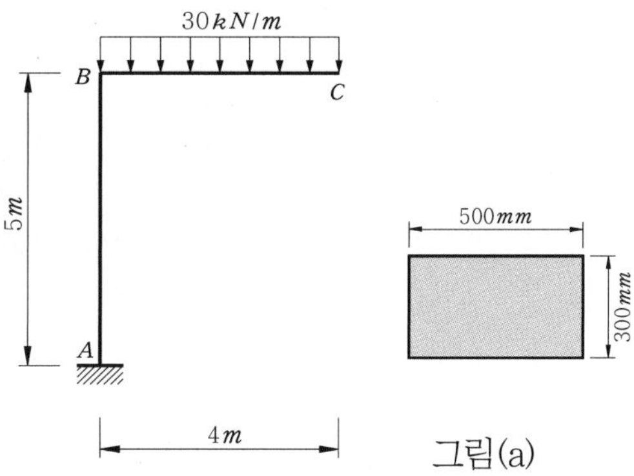

그림(a)

풀이

정답 ①

(1) 반력

반력의 방향을 그림(b)와 같이 가정하고 평형방정식을 세워 반력을 구한다.

$\Sigma M_A = 0$: $(30\times4\times2) - M_A = 0$

$\therefore M_A = 240\,kN\cdot m\,(\curvearrowleft)$

$\Sigma V = 0$: $R_A - 120 = 0$

$\therefore R_A = 120\,kN\,(\uparrow)$

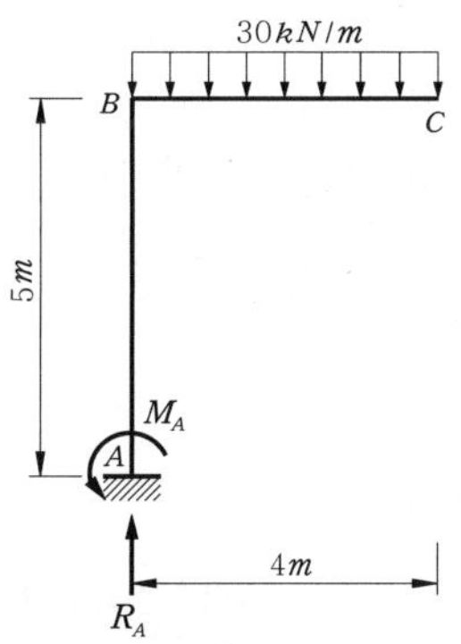

그림(b)

(2) 구간별 단면력

㉠ $A\sim B$ 구간 (지점 A로부터 임의의 거리 x만큼 떨어진 지점의 단면력)

$V_x = 0 \qquad M_x = -240 \qquad N_x = -120$

㉡ $B \sim C$ 구간 (C점으로부터 임의의 거리 x만큼 떨어진 지점의 단면력)

$$V_x = 30x \qquad M_x = -30x \times \frac{x}{2} = -15x^2 \qquad N_x = 0$$

(3) 단면력도

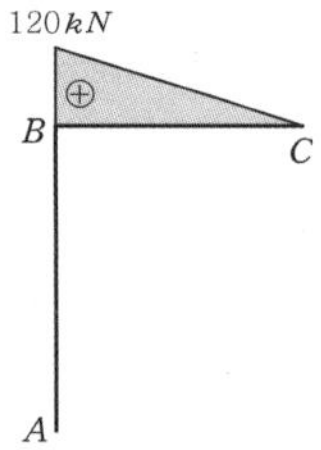

그림(c)
전단력도(S.F.D)

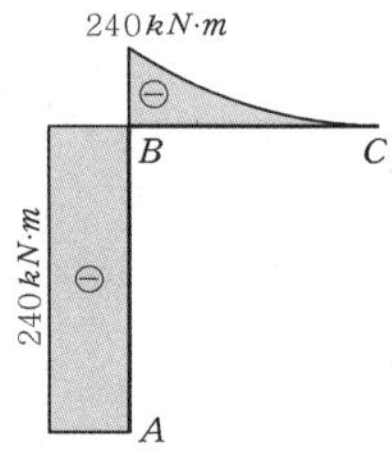

그림(d)
휨모멘트도(B.M.D)

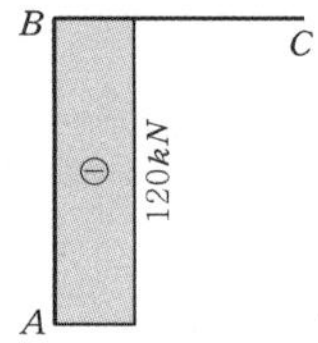

그림(e)
축방향력도(A.F.D)

(4) 최대압축응력 σ_{cmax} 및 최대인장응력 $\sigma_{t\max}$

$$P = 120 \times 10^3 kN \qquad M_y = 240 \times 10^6 N \cdot mm$$

$$A = 300 \times 500 = 1.5 \times 10^5 mm^2 \qquad Z_y = \frac{300 \times 500^2}{6} = 1.25 \times 10^7 mm^3$$

$$\sigma_{\text{cmax}} = -\frac{P}{A} - \frac{M_y}{Z_y} = -\frac{120 \times 10^3}{1.5 \times 10^5} - \frac{240 \times 10^6}{1.25 \times 10^7} = -20\,MPa$$

$$\sigma_{t\max} = -\frac{P}{A} + \frac{M_y}{Z_y} = -\frac{120 \times 10^3}{1.5 \times 10^5} + \frac{240 \times 10^6}{1.25 \times 10^7} = 18.4\,MPa$$

◆ ◆ ◆ ◆ ◆ ◆

6.2.6 다음과 같이 B점에 편심 축하중 $500kN$을 받는 단주가 있을 때, D점에서의 응력을 구하시오.

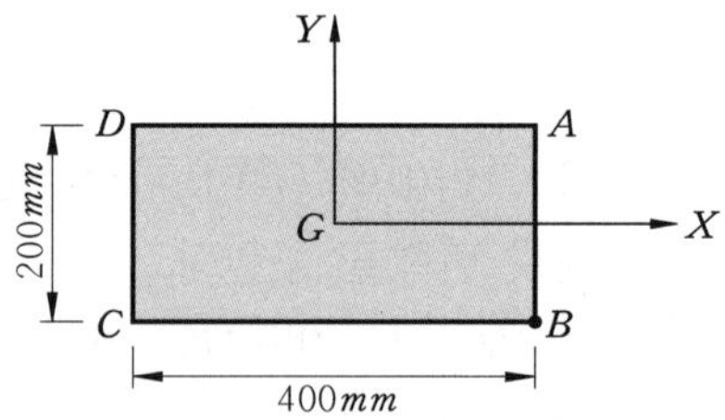

① 25.24 MPa (인장)
② 25.24 MPa (압축)
③ 31.25 MPa (인장)
④ 31.25 MPa (압축)

풀이

정답 ③

$$M_y = Pe_x = 500 \times 10^3 \times 200 = 1 \times 10^8 N \cdot mm$$

$$M_x = Pe_y = 500 \times 10^3 \times (-100) = -5 \times 10^7 N \cdot mm$$

$$A = 200 \times 400 = 8 \times 10^4 mm^2$$

$$Z_y = \frac{200 \times 400^2}{6} = 5.33 \times 10^6 mm^3 \qquad Z_x = \frac{400 \times 200^2}{6} = 2.67 \times 10^6 mm^3$$

$$\sigma_D = -\frac{P}{A} + \frac{M_y}{Z_y} - \frac{M_x}{Z_x} = -\frac{500\times10^3}{8\times10^4} + \frac{1\times10^8}{5.33\times10^6} - \frac{(-5\times10^7)}{2.67\times10^6} = 31.25\,MPa$$

◆ ◆ ◆ ◆ ◆ ◆

6.2.7 다음과 같이 E점에 편심 축하중 $10kN$을 받는 단주의 최대압축응력 σ_{cmax}를 구하시오.

① $1MPa$
② $2MPa$
③ $3MPa$
④ $4MPa$

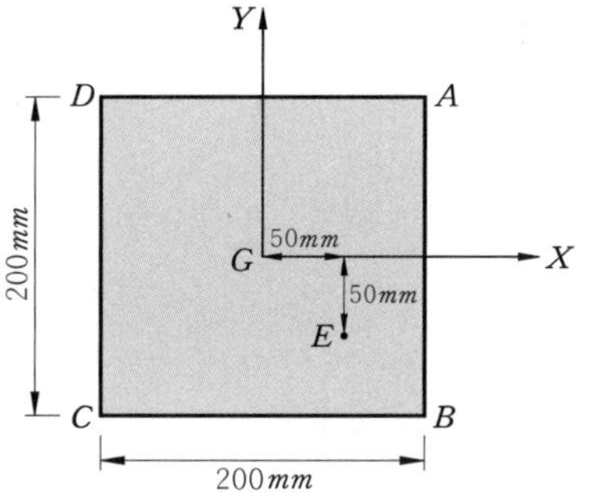

풀이

정답 ①

$M_y = Pe_x = 10\times10^3\times50 = 5\times10^5\,N\cdot mm$

$M_x = Pe_y = 10\times10^3\times(-50) = -5\times10^5\,N\cdot mm$

$A = 200\times200 = 4\times10^4\,mm^2$

$Z_y = \frac{200\times200^2}{6} = 1.33\times10^6\,mm^3 \qquad Z_x = \frac{200\times200^2}{6} = 1.33\times10^6\,mm^3$

$$\sigma_{cmax} = \sigma_B = -\frac{P}{A} - \frac{M_y}{Z_y} + \frac{M_x}{Z_x} = -\frac{10\times10^3}{4\times10^4} - \frac{5\times10^5}{1.33\times10^6} + \frac{(-5\times10^5)}{1.33\times10^6} = -1\,MPa$$

◆ ◆ ◆ ◆ ◆ ◆

6.2.8 다음 그림과 같은 단면의 핵거리 k를 구하시오.

① $\frac{I_y}{A\cdot x_1}$ ② $\frac{I_x}{A\cdot x_1}$

③ $\frac{I_x}{A\cdot x_2}$ ④ $\frac{I_y}{A\cdot x_2}$

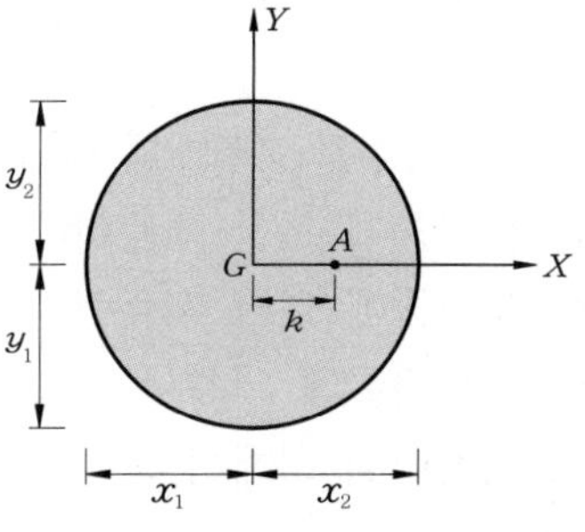

풀이

정답 ①

단면의 주축 X에 대하여 대칭인 단면에서 X축 선상에 도심 G로부터 오른쪽으로 편심거리 e에 편심 축하중 P가 작용하는 단주의 연응력은 다음과 같다.

$$\sigma_x = -\frac{P}{A} \pm \frac{M_x}{I_y}x = -\frac{P}{A} \pm \frac{P\cdot e_x}{I_y}x$$

핵점은 σ_x값이 '0'인 곳이므로

$$\sigma_x = -\frac{P}{A} + \frac{M_x}{I_y}x_1 = -\frac{P}{A} + \frac{P\cdot e_x}{I_y}x_1 = -P\left(\frac{1}{A} - \frac{e_x}{I_y}x_1\right) = 0 \text{ 으로 하면}$$

$$k = e_x = \frac{I_y}{A\cdot x_1}$$

◆ ◆ ◆ ◆ ◆ ◆

6.2.9 삼각형 단면의 핵을 표시한 다음 그림에서 K_1 및 K_2의 값을 구하시오.

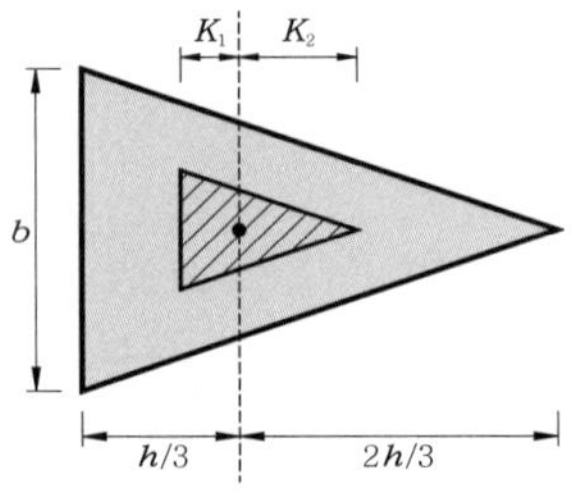

① $K_1 = \frac{h}{3}$, $K_2 = \frac{2h}{3}$

② $K_1 = \frac{h}{4}$, $K_2 = \frac{h}{3}$

③ $K_1 = \frac{h}{6}$, $K_2 = \frac{h}{12}$

④ $K_1 = \frac{h}{12}$, $K_2 = \frac{h}{6}$

풀이

정답 ④

$$K_1 = \frac{I}{A\,x_1} = \frac{\frac{bh^3}{36}}{\frac{bh}{2}\times\frac{2h}{3}} = \frac{h}{12}, \qquad K_2 = \frac{I}{A\,x_2} = \frac{\frac{bh^3}{36}}{\frac{bh}{2}\times\frac{h}{3}} = \frac{h}{6}$$

◆ ◆ ◆ ◆ ◆ ◆

6.3 중심 축하중을 받는 장주

6.3.1 다음 중 장주를 가장 잘 나타낸 것은?

① 중심축 하중에 의한 직응력에 의해서 파괴되는 기둥
② 편심 축하중에 의한 직응력 및 휨응력에 의해서 파괴되는 기둥
③ 주로 탄성좌굴에 의해서 파괴되는 기둥
④ 주로 휨응력에 의해서 파괴되는 기둥

풀이

정답 ③

장주(長柱, Long Column)는 중심 축하중에 따른 압축응력이 단주의 한계값(항복응력, 극한응력 등)에 비하여 낮은 비례한도 σ_p이하의 응력상태임에도 불구

하고 그 기둥 고유의 임계값에 도달하면 기둥이 갑자기 부재축에 직각방향으로 변위가 생겨 휘어지는 탄성좌굴에 의해서 파괴되는 기둥을 말한다.

◆ ◆ ◆ ◆ ◆ ◆

6.3.2 다음 중 장주의 임계하중에 대한 설명 중 옳지 않은 것은?

① 기둥의 탄성계수에 정비례한다.
② 기둥의 휨강도에 반비례한다.
③ 기둥 단면의 단면2차모멘트에 정비례한다.
④ 기둥의 길이의 제곱에 반비례한다.

풀이

정답 ②

장주의 임계하중 즉 좌굴하중은 $P_{cr} = \dfrac{\pi^2 EI}{l_k^2}$이므로, 휨강도 EI에 비례한다.

◆ ◆ ◆ ◆ ◆ ◆

6.3.3. 다음 그림과 같이 단면이 똑같은 장주가 있다. A주는 일단 고정, 일단 자유, B주는 양단 힌지, C주는 양단 고정이다. 세 기둥의 좌굴하중을 비교할 때 옳은 것은?

① $P_{cr\,A} > P_{cr\,B} > P_{cr\,C}$
② $P_{cr\,A} < P_{cr\,B} < P_{cr\,C}$
③ $P_{cr\,A} > P_{cr\,B} = P_{cr\,C}$
④ $P_{cr\,A} < P_{cr\,B} = P_{cr\,C}$

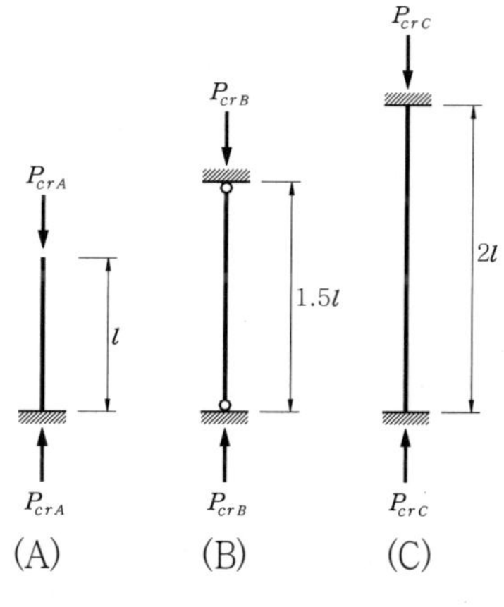

풀이

정답 ②

$P_{cr} = \dfrac{\pi^2 EI}{l_k^2}$에서 $P_{cr} \propto \dfrac{1}{l_k^2}$ 이므로 $P_{cr\,A} = \dfrac{1}{(2\times l)^2} = \dfrac{1}{4\,l^2} = \dfrac{0.25}{l^2}$

$P_{cr\,B} = \dfrac{1}{(1.5l)^2} = \dfrac{1}{2.25\,l^2} = \dfrac{0.44}{l^2}$, $\quad P_{cr\,C} = \dfrac{1}{(0.5\times 2l)^2} = \dfrac{1}{l^2}$

$\therefore\ P_{cr\,A} < P_{cr\,B} < P_{cr\,C}$

◆ ◆ ◆ ◆ ◆ ◆

6.3.4 다음 그림(a)의 장주가 $4tf$에 견딜 수 있다면 그림(b)의 장주가 견딜 수 있는 하중은? (단 재질과 단면은 같다.)

① $16tf$
② $24tf$
③ $32tf$
④ $64tf$

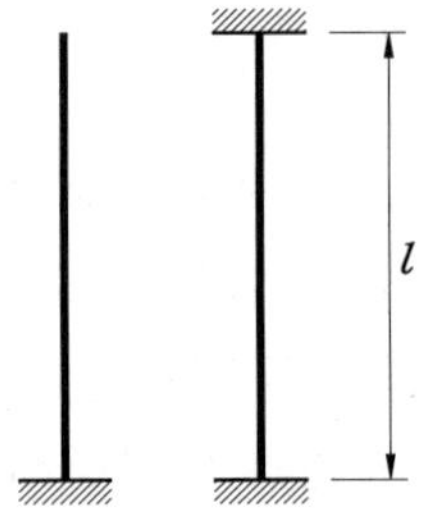

풀이

정답 ④

$$P_{cr(a)} = \frac{\pi^2 EI}{(2l)^2} = \frac{\pi^2 EI}{4l^2} = 0.25\frac{\pi^2 EI}{l^2}, \quad P_{cr(b)} = \frac{\pi^2 EI}{(0.5l)^2} = \frac{\pi^2 EI}{0.25l^2} = 4\frac{\pi^2 EI}{l^2}$$

$$P_{cr(a)} : P_{cr(b)} = 0.25 : 4 \qquad \therefore \ P_{cr(b)} = 16P_{cr(a)} = 16 \times 4tf = 64tf$$

◆ ◆ ◆ ◆ ◆ ◆

6.3.5 다음 중 양단이 고정인 장주의 좌굴응력을 구하는 식은? (단, 기둥의 길이를 l, 탄성계수를 E, 양단 핀일 때의 세장비를 λ라 한다.)

① $\frac{4\pi^2 E}{\lambda^2}$ ② $\frac{2\pi^2 E}{\lambda^2}$ ③ $\frac{\pi^2 E}{4\lambda^2}$ ④ $\frac{\pi^2 E}{2\lambda^2}$

풀이

정답 ①

좌굴하중 $P_{cr} = \frac{\pi^2 EI}{l_k^2} = \frac{\pi^2 EI}{(0.5l)^2} = \frac{4\pi^2 EI}{l^2}$ 이므로

$$\text{좌굴응력 } \sigma_{cr} = \frac{P_{cr}}{A} = \frac{4\pi^2 EI}{A \cdot l^2} = \frac{I}{A} \times \frac{4\pi^2 E}{l^2} = r^2 \times \frac{4\pi^2 E}{l^2}$$

$$= \frac{4\pi^2 E}{(l/r)^2} = \frac{4\pi^2 E}{\lambda^2}$$

◆ ◆ ◆ ◆ ◆ ◆

6.3.6 다음 그림(a)와 같이 길이 $L = 5m$이고, 양단 핀(Pin)인 기둥에 중심 축하중 $P = 3000kN$이 작용하고 있다. 이 기둥이 어떤 방향으로도 좌굴하지 않도록 하기에 적합한 단면을 다음 5개의 단면들 중 모두 선택하라.
(단, $E = 2.6 \times 10^4 MPa$이다.)

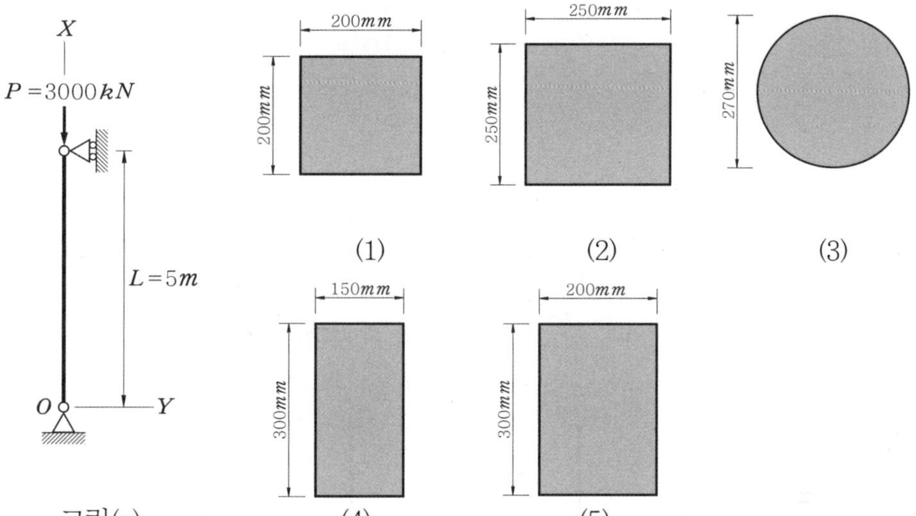

그림(a) (1) (2) (3) (4) (5)

풀이

축하중 $P=3000kN$이 작용할 때, 기둥이 좌굴하지 않기 위해서는

$$P_{cr}=\frac{\pi^2 EI}{l_k^2}\geq P=3000kN$$

을 만족시켜야 한다.

여기서, 유효좌굴길이 $l_k=L=5m$이고, $E=2.6\times10^4MPa$이므로 I값을 알면 좌굴하중을 구할 수 있다. 또한 좌굴하중을 축하중 $P=3000kN$으로 놓으면 소요최소단면2차모멘트 $I_{\min}$을 구할 수 있다.

$$I_{\min}=\frac{PL^2}{\pi^2E}=\frac{(3000\times1000)\times5000^2}{\pi^2\times(2.6\times10^4)}=2.923\times10^8\,mm^4$$

따라서 각 단면의 최소단면2차모멘트를 구하여 이 소요최소단면2차모멘트 $I_{\min}$보다 큰 단면을 선택하면 된다.

각 단면의 최소단면2차모멘트는 다음과 같다.

(1) $I_{(1)\min}=\frac{bh^3}{12}=\frac{200^4}{12}=1.33\times10^8\,mm^4$

(2) $I_{(2)\min}=\frac{bh^3}{12}=\frac{250^4}{12}=3.26\times10^8\,mm^4$

(3) $I_{(3)\min}=\frac{\pi D^4}{64}=\frac{\pi\times270^4}{64}=2.61\times10^8\,mm^4$

(4) $I_{(4)\min}=\frac{hb^3}{12}=\frac{300\times150^3}{12}=8.44\times10^7\,mm^4$

(5) $I_{(5)\min}=\frac{hb^3}{12}=\frac{300\times200^3}{12}=2.0\times10^8\,mm^4$

5개의 단면 중 소요최소단면2차모멘트 $I_{\min}$ 보다 큰 단면2차모멘트를 가지는 단면은 (2)번 단면뿐이므로 (2)번 단면을 선택하면 어떤 방향으로도 좌굴이 발생하지 않는다.

∴ 정답 : (2)

◆ ◆ ◆ ◆ ◆ ◆

6.3.7 다음 그림(a)와 같은 중공원형단면을 가진 길이 $L=3m$의 기둥이 있다. 이 기둥의 재질이 알루미늄($E=7.0\times10^4MPa$)이고 단면의 외경과 내경이 각각 $200mm$, $180mm$일 때, 다음 조건에서의 좌굴하중 P_{cr}을 구하라.

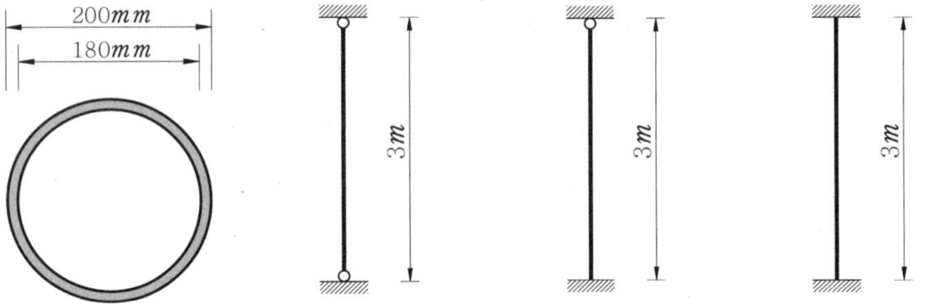

그림(a) ① 양단 핀 ② 핀+고정 ③ 양단고정

풀이

(1) 중공원형단면의 단면2차모멘트 I

$$I=\frac{\pi\left(D_o^4-D_i^4\right)}{64}=\frac{\pi\left(200^4-180^4\right)}{64}=27009842.84mm^4$$

(2) 각 조건에서의 유효좌굴길이 l_k

① 양단 핀 : $l_k=L=3000mm$

② 일단 핀 + 일단고정 : $l_k=0.7L=2100mm$

③ 양단고정 : $l_k=0.5L=1500mm$

(3) 각 조건에서의 좌굴하중 P_{cr}

① 양단 핀 : $P_{cr}=\frac{\pi^2EI}{l_k^2}=\frac{\pi^2\times70000\times27009842.84}{3000^2}=2073372N\fallingdotseq2073kN$

② 핀+고정 : $P_{cr}=\frac{\pi^2EI}{l_k^2}=\frac{\pi^2\times70000\times27009842.84}{2100^2}=4231372N\fallingdotseq4231kN$

③ 양단고정 : $P_{cr}=\frac{\pi^2EI}{l_k^2}=\frac{\pi^2\times70000\times27009842.84}{1500^2}=8293490N\fallingdotseq8293kN$

◆ ◆ ◆ ◆ ◆ ◆

6.3.8 다음 그림(a)와 같이 양단이 핀(Pin)으로 지지된 H형강 단면을 가진 기둥이 있다. 이 기둥이 장주가 되기 위한 최소한의 길이를 강구조의 한계상태설계법(KBC 2016)에 따라 구하라.

(여기서 $E=2.0\times10^5MPa$, $F_y=275MPa$)

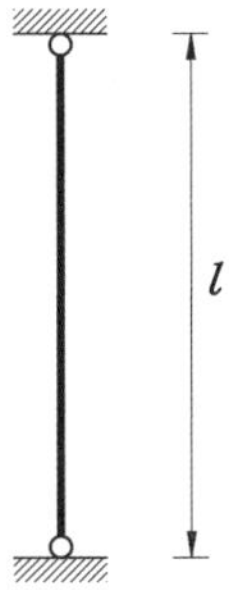

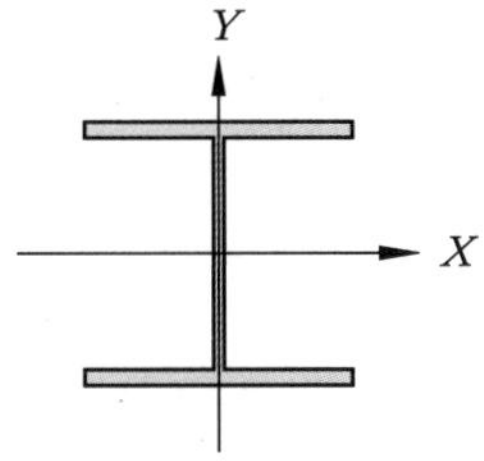

〈 H-200×200×8×12 〉

〈 H-형강의 단면성능 〉

- $r_x=86.2mm$
- $r_y=50.2mm$
- $A=6353mm^2$
- $I_x=4.72\times10^7mm^4$
- $I_y=1.6\times10^7mm^4$
- $Z_x=4.72\times10^5mm^3$
- $Z_y=1.6\times10^5mm^3$

그림(a)

풀이

① 강구조의 한계상태설계법(KBC 2016)에 따른 한계세장비

$$\frac{KL}{r}=1.5\lambda_{cr}=1.5\pi\sqrt{\frac{E}{F_y}}=4.71\sqrt{\frac{E}{F_y}}$$

② 기둥의유효좌굴길이 l_k

$$l_k=KL=l$$

③ 기둥이 장주가 되기 위한 최소한의 길이 l

기둥의 길이는 한계세장비 이상이 되면 장주로 취급할 수 있다. 따라서,

$$\frac{l}{r}\geq4.71\sqrt{\frac{E}{F_y}}\ \rightarrow\ l\geq4.71\sqrt{\frac{E}{F_y}}\times r$$

여기서, 좌굴은 단면2차반경이 최소인 축에 직각방향으로 발생하므로 r값은 $r_y=50.2mm$를 적용하여야 하며 이를 계산하면 다음과 같다.

$$\therefore\ l\geq4.71\sqrt{\frac{E}{F_y}}\times r_y=4.71\sqrt{\frac{200000}{275}}\times50.2=6376.4mm\fallingdotseq6.4m$$

따라서 장주가 되기 위한 최소한의 길이 : $l=6.4m$

◆ ◆ ◆ ◆ ◆ ◆

6.4 비탄성좌굴 (Inelastic Buckling)

6.4.1 다음 중 비탄성좌굴에 해당하지 않은 것은?

① 접선계수이론(接線係數理論, Tangent Modulus Theory)
② 오일러 하중(Euler Load)
③ 감소계수하중(減少係數荷重, Reduced Modulus Load)
④ 샤리이론(Shanley Theory of Inelastic Buckling)

풀이

정답 ②

오일러 하중(Euler Load)은 탄성좌굴이론이며, 비탄성 좌굴이론에는 접선계수이론, 감소계수이론, 샤리이론이 있다.

◆ ◆ ◆ ◆ ◆ ◆

6.4.2 다음 비탄성좌굴의 해석에 관한 이론 중 성격이 다른 것은?

① 감소계수이론(Reduced Modulus Theory)
② 2중계수이론(Double Modulus Theory)
③ 등가계수이론(Equivalent Modulus Theory)
④ 샤리이론(Shanley Theory)

풀이

정답 ④

기둥의 비탄성좌굴의 감소계수이론(Reduced Modulus Theory)에 의하면, 초기 휨이 작용하는 동안 기둥의 오목한 면은 접선계수 E_t, 볼록한 면은 탄성계수 E인 2개의 서로 다른 재료로 만들어진 기둥처럼 거동한다. 이러한 기둥의 휨 해석은 두 재료로 만들어진 보의 이론을 이용하는데, 이 해석결과는 기둥이 E와 E_t 값 사이의 어느 중간정도의 탄성계수를 갖는 재료처럼 거동함을 보여준다. 이 유효계수를 감소계수(Reduced Modulus) E_r이라고 하며, 2중계수 또는 등가계수라고도 부른다.

◆ ◆ ◆ ◆ ◆ ◆

6.4.3 다음 중 오일러의 탄성계수를 E, 접선계수를 E_t, 감소계수를 E_r라고 할 때, 이들 크기를 맞게 표시한 것은?

① $E_r < E_t < E$　　② $E < E_t < E_r$
③ $E_t < E_r < E$　　④ $E < E_r < E_t$

풀이

정답 ③

감소계수(減少係數, Reduced Modulus) E_r은 $E_t < E_r < E$의 범위 내에 있으며 응력의 크기뿐만 아니라 기둥단면의 형태에 따라서도 변한다.

◆ ◆ ◆ ◆ ◆ ◆

6.4.4 다음 중 기둥의 비탄성 좌굴이론에 대한 설명 중 옳지 않은 것은?

① 접선계수이론은 기둥좌굴시 휨으로 인한 기둥의 인장영역에서 축하중으로 인한 압축응력의 감소가 일어난다는 점이 고려되었다.

② 접선계수이론은 기둥 단면의 압축응력이 비례한도를 넘을 때 접선계수 E_t가 $E_t = d\sigma/d\epsilon$의 관계에 있다는 것을 근거로 한 것이다.

③ 감소계수이론에 의하면 기둥이 탄성계수와 접선계수의 값 사이의 어느 중간정도의 탄성계수를 갖는 재료처럼 거동함을 보여준다.

④ 샨리이론에 의하면 비탄성좌굴은 접선계수하중에서 시작되고, 하중은 증가하지만 횡변위가 무한대로 증가할 때까지 감소계수하중에 도달하지 못한다.

풀이

정답 ①

접선계수이론은 좌굴시 휨으로 인한 기둥의 인장영역에서 축하중으로 인한 압축응력의 감소가 일어나지 않는다는 가정이 따른다. 따라서 접선계수이론은 단순성과 사용의 간편성이 가장 큰 장점으로 나타난다.

◆ ◆ ◆ ◆ ◆ ◆

6.5 불완전한 기둥의 좌굴*

6.5.1 다음과 같이 단면의 크기가 $300mm \times 300mm$인 기둥이 편심하중 $P = 200kN$을 받고 있다. 이 기둥의 길이 $L = 3m$일 때, 양단 경계조건과 최대수평변위 $v_{\max}$의 크기를 바르게 짝지은 것을 고르라. (콘크리트의 탄성계수 $E = 30{,}000MPa$이다.)

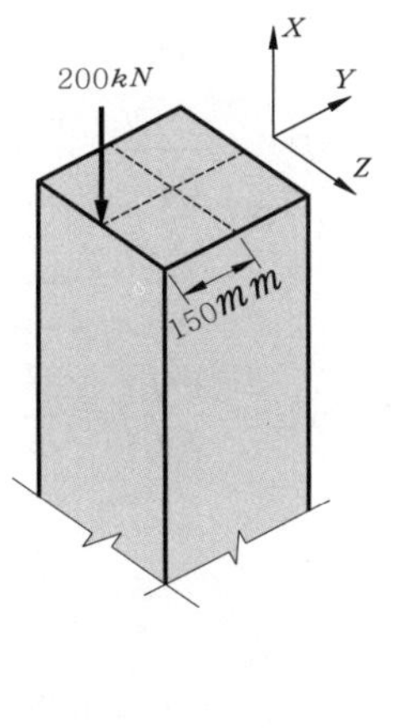

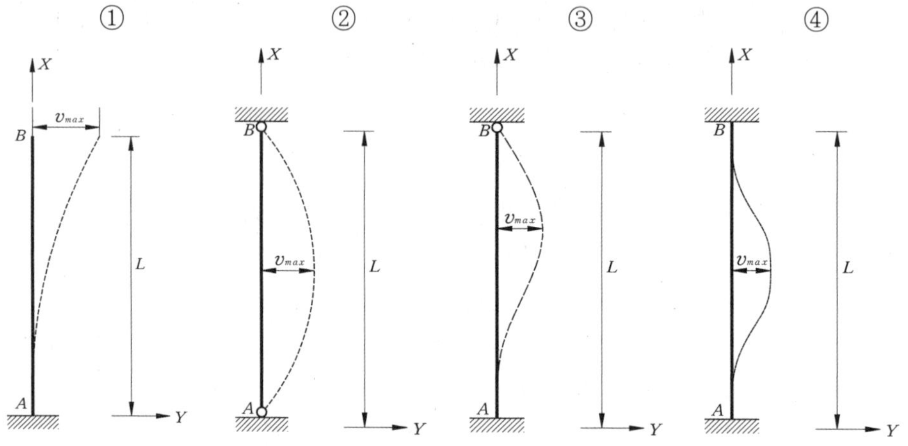

$v_{\max} = 0.82mm$　　$v_{\max} = 6.92mm$　　$v_{\max} = 1.68mm$　　$v_{\max} = 0.42mm$

풀이

(1) 단면2차모멘트 I

$$I = \frac{bh^3}{12} = \frac{300^4}{12} = 6.75 \times 10^8 mm^4$$

(2) 경계조건 별 유효좌굴길이 KL

① 일단고정, 타단자유 : $KL = 2 \times 3m = 6m$

② 양단 핀 : $KL = 3m$

③ 일단고정, 타단 핀 : $KL = 0.7 \times 3m = 2.1m$

④ 양단고정 : $KL = 0.5 \times 3m = 1.5m$

(3) 경계조건 별 오일러의 좌굴하중 P_{cr}

① 일단고정, 타단자유 : $P_{cr} = \dfrac{\pi^2 EI}{KL^2} = \dfrac{\pi^2 \times 30{,}000 \times 6.75 \times 10^8}{6{,}000^2} = 5{,}551{,}652N$

② 양단 핀 : $P_{cr} = \dfrac{\pi^2 EI}{KL^2} = \dfrac{\pi^2 \times 30{,}000 \times 6.75 \times 10^8}{3{,}000^2} = 22{,}206{,}610N$

③ 일단고정, 타단 핀 : $P_{cr} = \dfrac{\pi^2 EI}{KL^2} = \dfrac{\pi^2 \times 30{,}000 \times 6.75 \times 10^8}{2{,}100^2} = 45{,}319{,}612N$

④ 양단고정 : $P_{cr} = \dfrac{\pi^2 EI}{KL^2} = \dfrac{\pi^2 \times 30{,}000 \times 6.75 \times 10^8}{1{,}500^2} = 88{,}826{,}440N$

(4) 경계조건 별 최대 횡방향 변위 $v_{\max}$

① 일단고정, 타단자유 : $v_{\max} = 150\left(\sec\left(\frac{\pi}{2}\sqrt{\frac{200,000}{5,551,652}}\right)-1\right) = 6.92mm$

② 양단 핀 : $v_{\max} = 150\left(\sec\left(\frac{\pi}{2}\sqrt{\frac{200,000}{22,206,610}}\right)-1\right) = 1.68mm$

③ 일단고정, 타단 핀 : $v_{\max} = 150\left(\sec\left(\frac{\pi}{2}\sqrt{\frac{200,000}{45,319,612}}\right)-1\right) = 0.82mm$

④ 양단고정 : $v_{\max} = 150\left(\sec\left(\frac{\pi}{2}\sqrt{\frac{200,000}{88,826,440}}\right)-1\right) = 0.42mm$

경계조건과 최대수평변위가 일치하는 것은 ④번 양단고정인 경우이다.

∴ 정답 : ④

◆ ◆ ◆ ◆ ◆ ◆

6.5.2 다음 그림과 같이 A점은 고정단, B점은 자유단인 콘크리트 기둥이 있다. 이 기둥의 단면 사이즈는 $600mm \times 600mm$이고 $100kN$의 편심하중을 받고 있을 때, 자유단 B점에서의 수평변위 v를 $5mm$ 이내로 제한하기 위한 기둥의 최대길이 $L_{\max}$를 구하시오. (콘크리트 기둥의 탄성계수 $E = 30,000MPa$ 이다.)

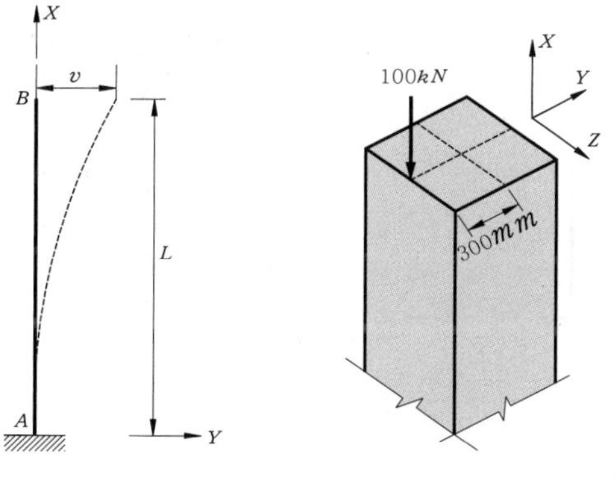

풀이

(1) 단면2차모멘트 I

$$I = \frac{bh^3}{12} = \frac{600^4}{12} = 1.08 \times 10^{10} mm^4$$

(2) 오일러의 좌굴하중 P_{cr}

$$P_{cr} = \frac{\pi^2 EI}{4L^2} = \frac{\pi^2 \times 30,000 \times 1.08 \times 10^{10}}{4L^2} = \frac{7.99 \times 10^{14}}{L^2} N$$

(3) 자유단 B 점에서의 수평변위 v

$$v_{\max} = e\left(\sec\frac{kl}{2}-1\right) = e\left[\sec\left(\frac{\pi}{2}\sqrt{\frac{P}{P_{cr}}}\right)-1\right]$$

$$v = 300\left(\sec\left(\frac{\pi}{2}\sqrt{\frac{100{,}000}{7.99\times10^{14}/L_{\max.}^2}}\right)-1\right)=5$$

$$\sec(0.00001757L_{\max.}) = \frac{1}{\cos(0.00001757L_{\max.})} = 1.017$$

$$\cos(0.00001757L_{\max.}) = 0.983$$

$$0.00001757L_{\max.} = 0.183$$

$$\therefore\ L_{\max.} = 10415\,mm = 10.415\,m$$

◆ ◆ ◆ ◆ ◆ ◆

6.5.3 다음과 같이 A점은 고정단, B점은 자유단인 길이가 $10m$이고, 단면 사이즈는$400mm \times 400mm$인 콘크리트 기둥이 P의 편심하중을 받고 있다. 이때 자유단 B점에서의 수평변위 v를 $10mm$ 이내로 제한하기 위한 최대허용 축하중 P_{allow}를 구하시오. (콘크리트 기둥의 탄성계수 $E=30{,}000MPa$이다.)

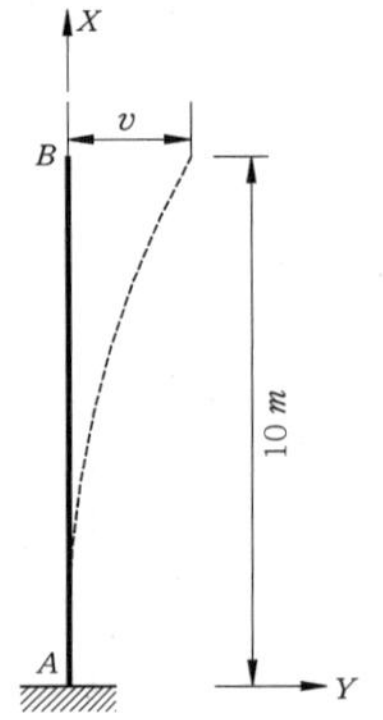

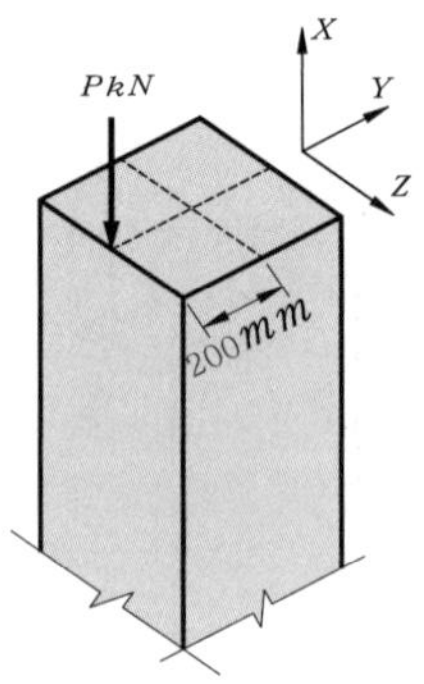

풀이

(1) 단면2차모멘트 I

$$I = \frac{bh^3}{12} = \frac{400^4}{12} = 2.13\times10^9 mm^4$$

(2) 오일러의 좌굴하중 P_{cr}

$$P_{cr} = \frac{\pi^2 EI}{4L^2} = \frac{\pi^2\times30{,}000\times2.13\times10^9}{4\times10000^2} = 1{,}576{,}669.3N$$

(3) 자유단 B점에서의 수평변위 v

$$v = 200\left(\sec\left(\frac{\pi}{2}\sqrt{\frac{P_{allow}}{1{,}576{,}669.3}}\right)-1\right)=10$$

$$\sec(0.00125\sqrt{P_{allow}}) = \frac{1}{\cos(0.00125\sqrt{P_{allow}})} = 1.05$$

$$\cos\left(0.00125\sqrt{P_{allow}}\right)=0.952$$

$$0.00125\sqrt{P_{allow}}=0.311$$

$$\therefore\ P_{allow}=61.9\,kN$$

◆ ◆ ◆ ◆ ◆ ◆

6.6 편심 축하중을 받는 기둥의 최대응력*

6.6.1 길이 $6m$인 H형강 기둥이 양단 핀으로 지지되고 있다. 그림(b)와 같이 기둥의 중심에 축하중 $P_1=1{,}400kN$과 기둥의 중심으로부터 $400mm$ 떨어진 곳에 편심축하중 $P_2=200kN$이 작용하고 있다. 휨은 단면의 Y축에 대해 일어날 때 기둥의 최대 압축응력을 구하시오. (단면 : $H-400\times200\times9\times14$, 탄성계수 $E=210GPa$, 단면적 $A=9616mm^2$, Y축에 대한 단면2차반경 $r_y=169mm$)

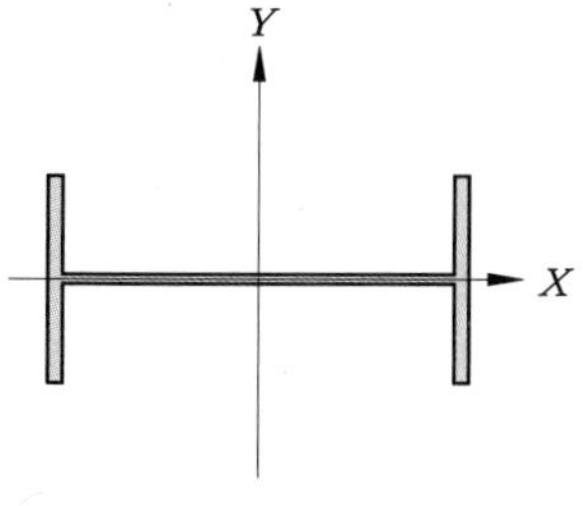

그림(a)

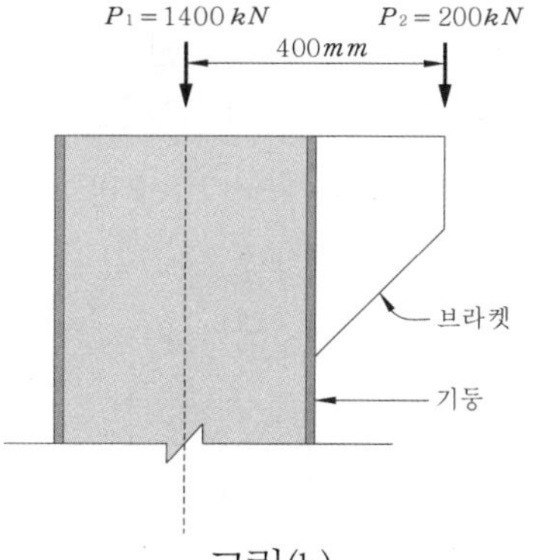

그림(b)

풀이

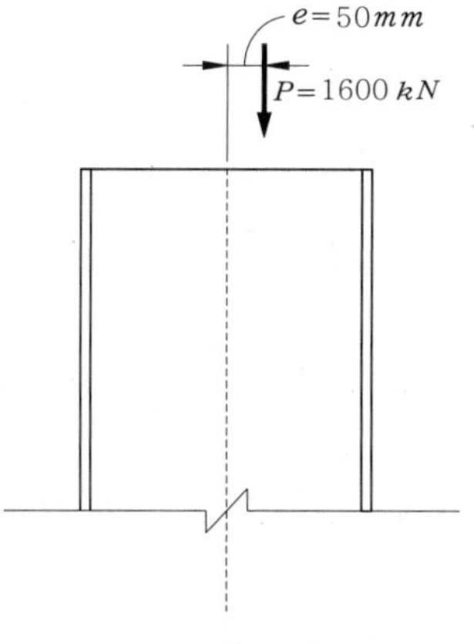

그림(c)

그림(b)에서 작용하는 2개의 하중 P_1, P_2는 그림(c)와 같이 편심 $e=50mm$를 가지고 작용하는 한 개의 하중 $P=1{,}600kN$과 정역학적으로 같다. 따라서 최대 응력을 구하기 위해 시컨트 공식을 사용할 수 있다.
시컨트 공식에 필요한 사항들은 다음과 같이 계산된다.

$$\frac{P}{A}=\frac{1{,}600{,}000}{9616}=166.39MPa \qquad \frac{ec}{r^2}=\frac{50\times 200}{169^2}=0.35$$

$$\frac{L}{r}=\frac{6{,}000}{169}=35.5$$

$$\frac{P}{EA}=\frac{1{,}600{,}000}{210{,}000\times 9616}=0.0007923$$

이 값들을 시컨트 공식에 대입하면 다음값을 얻는다.

$$\sigma_{\max}=\frac{P}{A}\left[1+\frac{ec}{r^2}sec\left(\frac{L}{2r}\sqrt{\frac{P}{EA}}\right)\right]=232.64MPa$$

◆ ◆ ◆ ◆ ◆ ◆

6.6.2 다음 그림의 캔틸레버형 원형강관 기둥은 $P=800kN$의 축력이 작용하고 편심비는 1.0 이다. 원형강관의 재질은 일반구조용 강관($STK275$, $F_y=275MPa$)이고 이 기둥의 단면으로 $\phi 400\times 5t$이 적합한지 검토하라. (단, 강재의 탄성계수 $E=2.05\times 10^5 MPa$이다.)

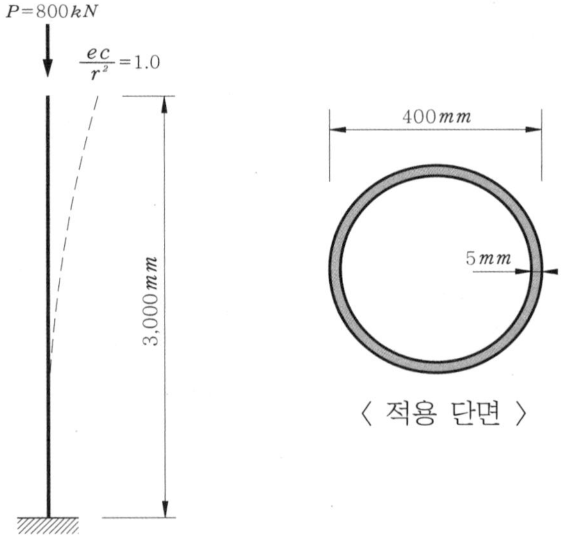

풀이

(1) 유효좌굴길이
캔틸레버 기둥이므로 시컨트 공식에 적용하기 위해서는 유효좌굴길이 l_k를 구하여야 한다.

$$L=l_k=2\times 3000=6000mm$$

(2) 부재의 단면성능을 구하면 다음과 같다.

① 단면적 : $A = \dfrac{\pi \times (400^2 - 390^2)}{4} = 6204.6mm^2$

② 단면2차모멘트 : $I = \dfrac{\pi \times (400^4 - 390^4)}{64} = 1.21 \times 10^8 mm^4$

③ 단면2차반경 : $r = \sqrt{\dfrac{I}{A}} = \sqrt{\dfrac{1.21 \times 10^8}{6204.6}} = 139.6mm$

(3) 시컨트 공식을 통해 기둥의 좌굴하중을 구할 수 있다.

$$\frac{P}{A} = \frac{\sigma_{\max}}{1 + \dfrac{e\,c}{r^2}\sec\left(\dfrac{l_k}{2r}\sqrt{\dfrac{P}{EA}}\right)}$$

$$P_{cr} = \frac{F_y}{1 + \dfrac{e\,c}{r^2}\sec\left(\dfrac{l_k}{2r}\sqrt{\dfrac{P}{EA}}\right)} \times A$$

$$= \frac{275}{1 + 1.0 \times \sec\left(\dfrac{6000}{2 \times 139.6}\sqrt{\dfrac{800000}{205000 \times 6204.6}}\right)} \times 6204.6 \times 10^{-3}$$

$$= 788.05kN$$

(4) 적합여부 검토

$P_{cr} = 788.05kN < P = 800kN$

∴ $\phi 400 \times 5t$ 단면을 사용할 경우, 좌굴하중 P_{cr}이 $P = 800kN$의 축력보다 작으므로 기둥에 좌굴이 발생한다. 따라서 $\phi 400 \times 5t$ 단면은 부적합하다.

◆ ◆ ◆ ◆ ◆ ◆ ◆

6.6.3 연습문제 6.6.2의 기둥을 $P = 800kN$의 축력에 대해 좌굴하지 않도록 편심비를 조정한다면, 얼마 이하로 조정하여야 하는지 구하라.

풀이

좌굴이 발생하지 않는 최대 편심비

$F_y \geq \dfrac{P}{A}\left[1 + \dfrac{ec}{r^2} sec\left(\dfrac{L}{2r}\sqrt{\dfrac{P}{EA}}\right)\right]$ 이므로,

$$\frac{ec}{r^2} \leq \cos\left(\frac{L}{2r}\sqrt{\frac{P}{EA}}\right)\left(\frac{F_y A}{P} - 1\right)$$

$$\frac{ec}{r^2} \leq \cos\left(\frac{6000}{2 \times 139.6}\sqrt{\frac{800000}{205000 \times 6204.6}}\right)\left(\frac{275 \times 6204.6}{800000} - 1\right) = 0.8193$$

∴ $\dfrac{ec}{r^2} \leq 0.82$ 이면 연습문제 6.6.2의 기둥은 좌굴하지 않는다.

◆ ◆ ◆ ◆ ◆ ◆ ◆

6.7 기둥의 실험공식과 설계공식 *

6.7.1 $H-200\times200\times8\times12$ 단면을 가지는 양단 핀지지인 철골기둥이 있다. 다음 중 철골기둥의 길이와 강구조설계기준(1983)에 따른 해당 길이에서의 허용 축하중이 바르게 짝지어진 것을 고르시오. ($A=6{,}353mm^2$, $r_x=86.2mm$, $r_y=50.2mm$, $E=2.05\times10^5MPa$, $F_y=315MPa$)

① $L=1.5m$, $P_{allow}=1006.82kN$
② $L=3.0m$, $P_{allow}=1243.54kN$
③ $L=5.0m$, $P_{allow}=594.70kN$
④ $L=6.0m$, $P_{allow}=233.66kN$
⑤ $L=8.0m$, $P_{allow}=186.71kN$
⑥ $L=9.0m$, $P_{allow}=415.42kN$

풀이

(1) $H-200\times200\times8\times12$ 단면의 한계세장비 λ_p

$$\lambda_p=\sqrt{\frac{\pi^2E}{0.6F_y}}=\sqrt{\frac{\pi^2\times205{,}000}{0.6\times315}}=103.47$$

(2) 길이 별 세장비 λ 및 λ_p와의 비교

① $L=1.5m$: $\lambda=\dfrac{KL}{r_y}=\dfrac{1{,}500}{50.2}=29.88 < \lambda_p=103.47$

② $L=3.0m$: $\lambda=\dfrac{KL}{r_y}=\dfrac{3{,}000}{50.2}=59.76 < \lambda_p=103.47$

③ $L=5.0m$: $\lambda=\dfrac{KL}{r_y}=\dfrac{5{,}000}{50.2}=99.6 < \lambda_p=103.47$

④ $L=6.0m$: $\lambda=\dfrac{KL}{r_y}=\dfrac{6{,}000}{50.2}=119.52 > \lambda_p=103.47$

⑤ $L=8.0m$: $\lambda=\dfrac{KL}{r_y}=\dfrac{8{,}000}{50.2}=159.36 > \lambda_p=103.47$

⑥ $L=9.0m$: $\lambda=\dfrac{KL}{r_y}=\dfrac{9{,}000}{50.2}=179.28 > \lambda_p=103.47$

(3) 허용압축응력 f_c

① $L=1.5m$: $\lambda<\lambda_p$ 이므로, $f_c=\dfrac{\{1-0.4(\lambda/\lambda_p)^2\}F_y}{3/2+2(\lambda/\lambda_p)^2/3}=195.74MPa$

② $L=3.0m$: $\lambda<\lambda_p$ 이므로, $f_c=\dfrac{\{1-0.4(\lambda/\lambda_p)^2\}F_y}{3/2+2(\lambda/\lambda_p)^2/3}=158.48MPa$

③ $L = 5.0m$: $\lambda < \lambda_p$ 이므로, $f_c = \dfrac{\{1 - 0.4(\lambda/\lambda_p)^2\}F_y}{3/2 + 2(\lambda/\lambda_p)^2/3} = 93.61MPa$

④ $L = 6.0m$: $\lambda > \lambda_p$ 이므로, $f_c = \dfrac{0.277F_y}{(\lambda/\lambda_p)^2} = 65.39MPa$

⑤ $L = 8.0m$: $\lambda > \lambda_p$ 이므로, $f_c = \dfrac{0.277F_y}{(\lambda/\lambda_p)^2} = 36.78MPa$

⑥ $L = 9.0m$: $\lambda > \lambda_p$ 이므로, $f_c = \dfrac{0.277F_y}{(\lambda/\lambda_p)^2} = 29.39MPa$

(4) 허용축하중 P_{allow}

① $L = 1.5m$: $P_{allow} = A \cdot f_c = 6{,}353 \times 195.74 \times 10^{-3} = 1243.54kN$

② $L = 3.0m$: $P_{allow} = A \cdot f_c = 6{,}353 \times 158.48 \times 10^{-3} = 1006.82kN$

③ $L = 5.0m$: $P_{allow} = A \cdot f_c = 6{,}353 \times 93.61 \times 10^{-3} = 594.70N$

④ $L = 6.0m$: $P_{allow} = A \cdot f_c = 6{,}353 \times 65.39 \times 10^{-3} = 415.42kN$

⑤ $L = 8.0m$: $P_{allow} = A \cdot f_c = 6{,}353 \times 36.78 \times 10^{-3} = 233.66kN$

⑥ $L = 9.0m$: $P_{allow} = A \cdot f_c = 6{,}353 \times 29.39 \times 10^{-3} = 186.71kN$

따라서 길이에 따른 허용축하중이 바르게 짝지어진 것은 ③번이다.

∴ 정답 : ③

◆ ◆ ◆ ◆ ◆ ◆

6.7.2 다음 그림과 같이 중심 축하중을 받는 기둥을 강구조설계기준(1983)으로 검토하시오. ($E = 2.0 \times 10^5 MPa$, $F_y = 275MPa$, $A = 11980mm^2$, $r_x = 131mm$, $r_y = 75.1mm$)

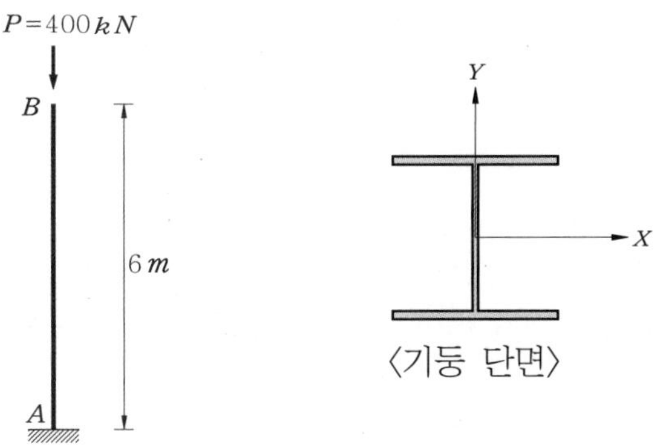

〈기둥 단면〉

풀이

① 기둥의 좌굴길이 l_k 및 세장비 λ

$$l_k = 2(6) = 12m = 12000mm$$

$$\lambda_x = \frac{l_k}{r_x} = \frac{12000}{131} = 91.6$$

$$\lambda_y = \frac{l_k}{r_y} = \frac{12000}{75.1} = 159.8$$

② 기둥의 한계세장비 λ_p

$$\lambda_p = \sqrt{\frac{\pi^2 E}{0.6F_y}} = 109$$

③ 강축에 대한 검토

$\lambda_x < \lambda_p$이므로 $f_c = \dfrac{[1-0.4(\frac{\lambda_x}{\lambda_p})^2]F_y}{\frac{3}{2}+\frac{2}{3}(\frac{\lambda_x}{\lambda_p})^2} = 100.1MPa$

$$\sigma_c = \frac{P}{A} = \frac{400000}{11980} = 33.39MPa$$

$f_c = 100.1MPa > \sigma_c = 33.39MPa$ ································· $O.K.$

④ 약축에 대한 검토

$\lambda_y > \lambda_p$이므로 $f_c = \dfrac{0.277F_y}{(\lambda_y/\lambda_p)^2} = 35.4MPa$

$f_c = 35.4MPa > \sigma_c = 33.39MPa$ ································· $O.K.$

◆ ◆ ◆ ◆ ◆ ◆

6.7.3 다음과 같이 양단이 고정된 길이 $8m$인 원형강관기둥이 있다. 기둥의 단면은 $\phi 165.2 \times 5t$이고 강재는 $STK275$일 때, 강구조설계기준(1983)에 따른 허용 축하중은 얼마인가? 또한 이 기둥이 한계세장비일 때의 허용 축하중 및 길이는 얼마인가?

($A = 2{,}516mm^2$, $r = 56.7mm$, $E = 2.05 \times 10^5 MPa$, $F_y = 275MPa$)

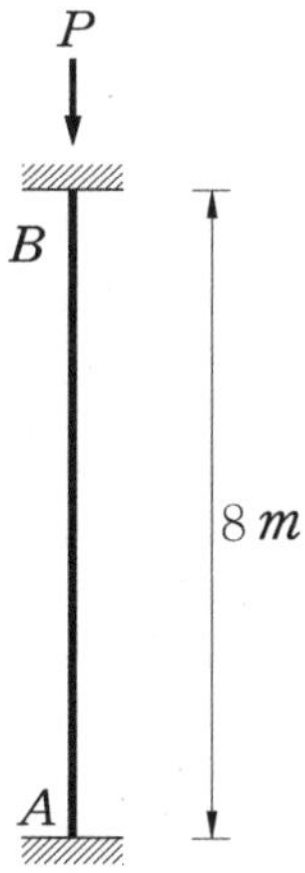

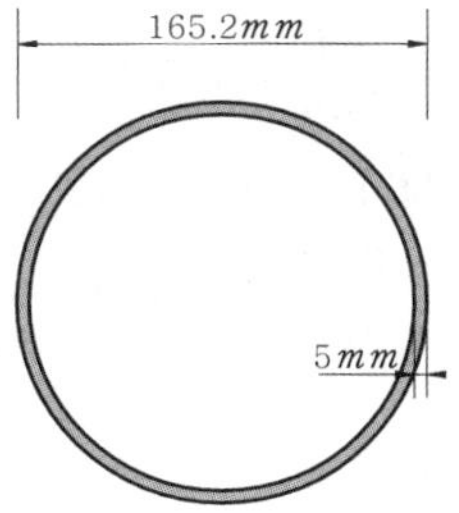

〈기둥 단면〉

풀이

(1) 기둥의 길이가 $8m$ 일 경우

① 한계세장비 λ_p

$$\lambda_p = \sqrt{\frac{\pi^2 E}{0.6F_y}} = \sqrt{\frac{\pi^2 \times 205{,}000}{0.6 \times 275}} = 110.7$$

② 유효좌굴길이 KL

$$KL = 0.5 \times 8m = 4m$$

③ 원형강관기둥의 세장비 λ

$$\lambda = \frac{KL}{r} = \frac{4{,}000}{56.7} = 70.55 \quad < \quad \lambda_p = 110.7$$

④ 원형강관기둥의 허용압축응력 f_c

$$f_c = \frac{\{1 - 0.4\,(\lambda/\lambda_p)^2\}F_y}{3/2 + 2(\lambda/\lambda_p)^2/3} = 130.07MPa$$

⑤ 원형강관기둥의 허용 축하중 P_{allow}

$$\therefore \;\; P_{allow} = A \cdot f_c = 2{,}516 \times 130.07 \times 10^{-3} = 327.26kN$$

(2) 기둥이 한계세장비를 가지는 경우

① 원형강관기둥의 허용압축응력 f_c

$\lambda = \lambda_p$ 이므로, $\lambda/\lambda_p = 1.0$

$$f_c = \frac{\left\{1 - 0.4\,(\lambda/\lambda_p)^2\right\} F_y}{3/2 + 2(\lambda/\lambda_p)^2/3} = 76.15MPa$$

② 원형강관기둥의 허용 축하중 P_{allow}

$$\therefore\ P_{allow} = A \cdot f_c = 2{,}516 \times 76.15 \times 10^{-3} = 191.59kN$$

③ 한계세장비일 때의 길이 L

$$\lambda = \lambda_p = \frac{KL}{r} = \frac{KL}{56.7} = 110.7$$

$$KL = 110.7 \times 56.7 \times 10^{-3} = 6.28m$$

$$\therefore\ \ L = \frac{6.28}{K} = \frac{6.28}{1/2} = 12.56m$$

◆ ◆ ◆ ◆ ◆ ◆

7.1 정정라멘

7.1.1. 다음 그림과 같은 구조물의 D점에 $50kN$의 상향 반력이 생길 때 B점에 작용하는 모멘트 M의 값은?

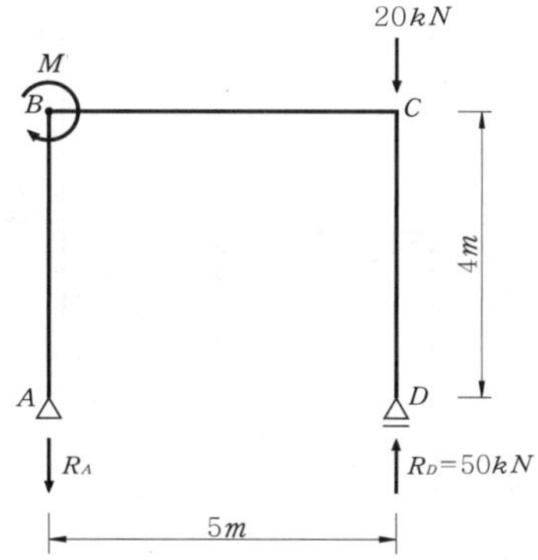

① $M=120kN \cdot m$

② $M=150kN \cdot m$

③ $M=200kN \cdot m$

④ $M=250kN \cdot m$

풀이

정답 ②

$\Sigma M_A=0$: $M+20\times5-50\times5=0$ $\therefore$ $M=150kN\cdot m(\curvearrowright)$

◆ ◆ ◆ ◆ ◆ ◆

7.1.2 다음 그림과 같은 라멘에서 C점의 휨모멘트는?

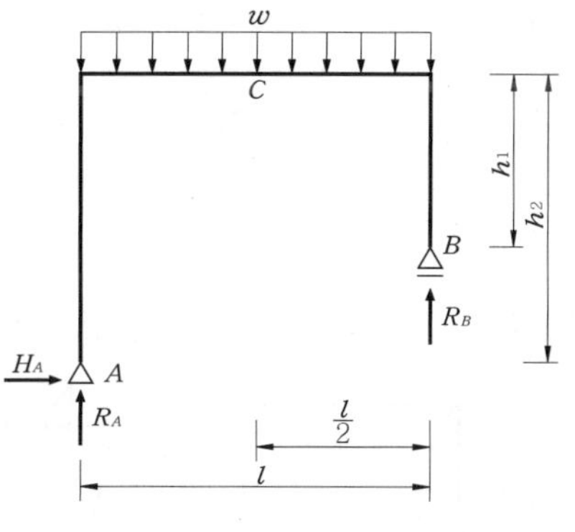

① $\dfrac{\omega l}{8}(h_1+h_2)$

② $\dfrac{\omega l^2}{8}+\dfrac{\omega l}{2}h_1$

③ $\dfrac{\omega l^2}{4}+\dfrac{\omega l}{2}h_1$

④ $\dfrac{\omega l^2}{8}$

풀이

정답 ④

$\Sigma H=0$: $\therefore$ $H_A=0$

$\Sigma M_B=0$: $R_A\cdot l-H_A(h_2-h_1)-w\,l\cdot\dfrac{l}{2}=0$ $\therefore$ $R_A=\dfrac{wl}{2}(\uparrow)$

$$\therefore\ M_C = R_A \cdot \frac{l}{2} - H_A \cdot h_2 - \omega \cdot \frac{l}{2} \cdot \frac{l}{4} = \frac{\omega l}{2} \cdot \frac{l}{2} - \frac{\omega l^2}{8} = \frac{\omega l^2}{8}$$

◆ ◆ ◆ ◆ ◆ ◆

7.1.3 다음 그림과 같은 구조물에 우력이 작용할 때 휨모멘트도 중 옳은 것은?

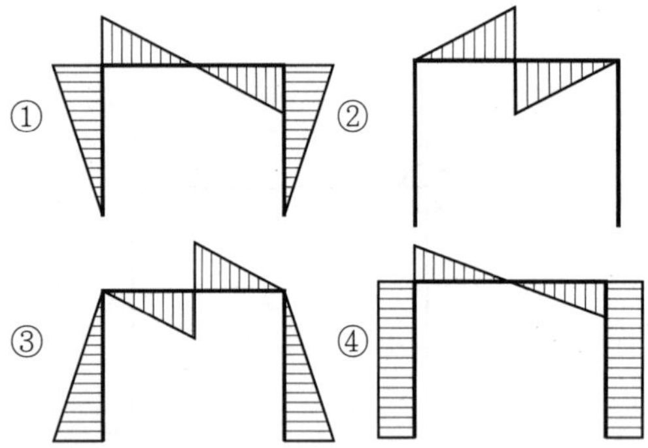

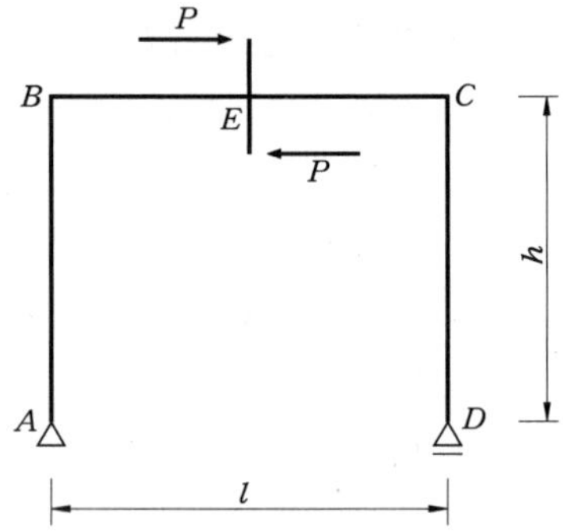

풀이

정답 ②

다음과 같이 모멘트하중 M이 작용하는 라멘으로 볼 수 있다.

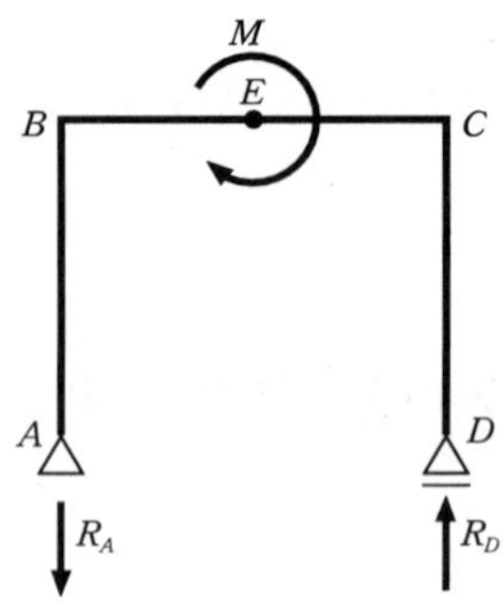

$\sum H = 0 \quad : \quad \therefore\ H_A = 0$

$\sum M_A = 0 \ : \ M - l \cdot R_B = 0 \qquad \therefore\ R_B = \dfrac{M}{l}\ (\uparrow)$

$\sum M_D = 0 \ : \ M - l \cdot R_A = 0 \qquad \therefore\ R_A = \dfrac{M}{l}\ (\downarrow)$

$M_{A\sim B} = M_{C\sim D} = 0\ ,\ M_{B\sim E} = -R_A \cdot x = -\dfrac{M}{l}x\ ,$

$M_{E\sim C} = -R_A \cdot x + M = -\dfrac{M}{l}x + M$

◆ ◆ ◆ ◆ ◆ ◆

7.1.4 다음 그림과 같은 하중을 받는 구조물의 휨모멘트도로 옳은 것은?

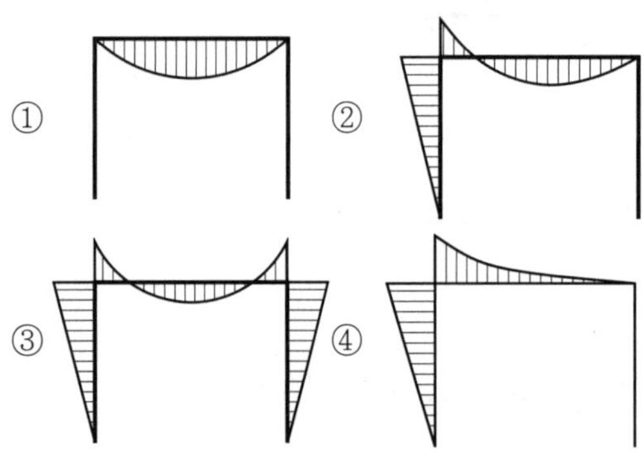

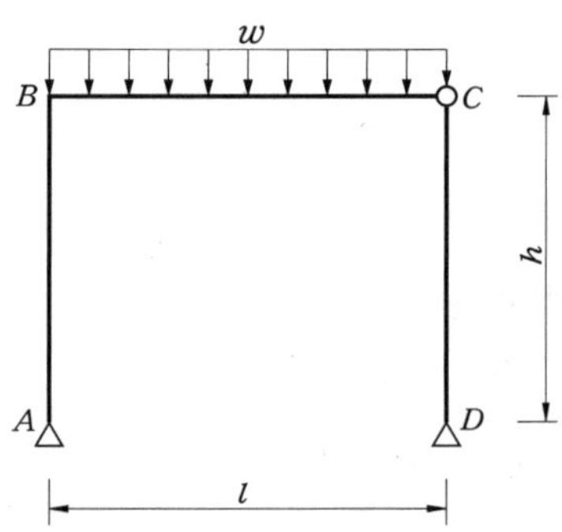

풀이

정답 ①

$\Sigma H=0 \quad : \ H_A + H_D = 0$

$\Sigma M_C=0 \quad : \ -H_D \cdot h = 0\,, \qquad \therefore \ H_D = 0\,,\ H_A = 0$

$\Sigma V=0 \quad : \ R_A + R_D - \omega \cdot l = 0 \quad \therefore \ R_A = R_D = \dfrac{\omega l}{2}\,(\uparrow)$

$\therefore \ M_{A\sim B} = M_{C\sim D} = 0\,, \quad M_{B\sim C} = \dfrac{\omega l}{2}x - \dfrac{\omega}{2}x^2$

◆ ◆ ◆ ◆ ◆ ◆

7.1.5 다음과 같은 단순보형 라멘의 전단력도(S.F.D), 휨모멘트도(B.M.D), 축방향력도(A.F.D)를 구하시오.

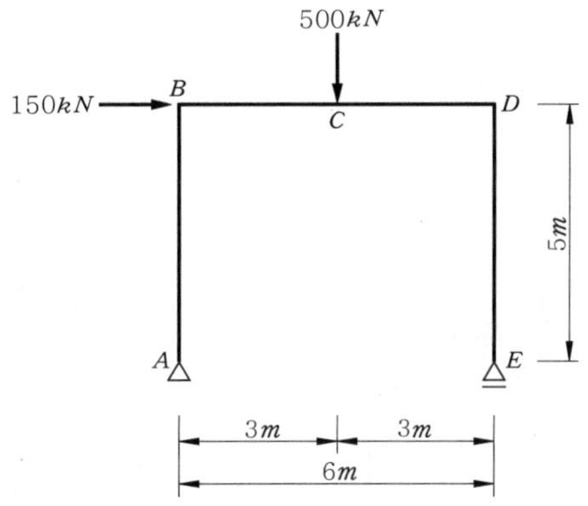

풀이

(1) 반력

반력의 방향을 그림(a)와 같이 가정하고 평형방정식을 세워 반력을 구한다.

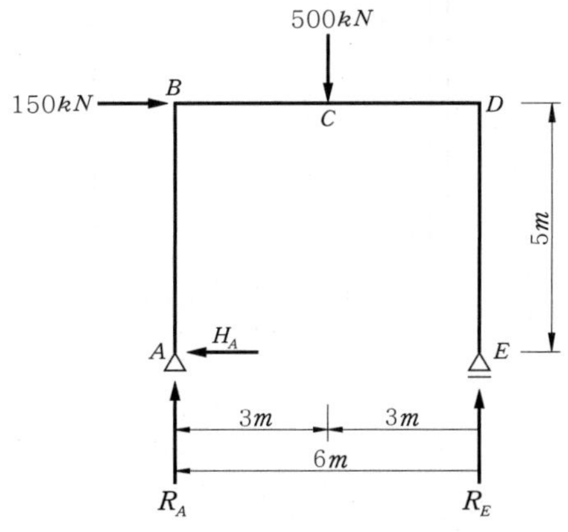

그림(a)

$\sum H = 0 \quad : \quad 150 - H_A = 0 \qquad \therefore \; H_A = 150\,kN\,(\leftarrow)$

$\sum M_E = 0 \; : \; (R_A \times 6) + (150 \times 5) - (500 \times 3) = 0 \qquad \therefore \; R_A = 125\,kN\,(\uparrow)$

$\sum V = 0 \quad : \quad R_A + R_E - 500 = 0 \qquad \therefore \; R_E = 375\,kN\,(\uparrow)$

(2) 구간별 단면력

㉠ $A \sim B$ 구간 (지점 A 로부터 임의의 거리 x 만큼 떨어진 지점의 단면력)

$V_x = 150 \qquad M_x = 150x \qquad N_x = -125$

㉡ $B \sim C$ 구간 (B 점으로부터 임의의 거리 x 만큼 떨어진 지점의 단면력)

$V_x = 125 \qquad M_x = 750 + 125x \qquad N_x = 0$

㉢ $C \sim D$ 구간 (D 점으로부터 임의의 거리 x 만큼 떨어진 지점의 단면력)

$V_x = -375 \qquad M_x = 375x \qquad N_x = 0$

㉣ $D \sim E$ 구간

$V_x = 0 \qquad M_x = 0 \qquad N_x = -375$

(3) 단면력도

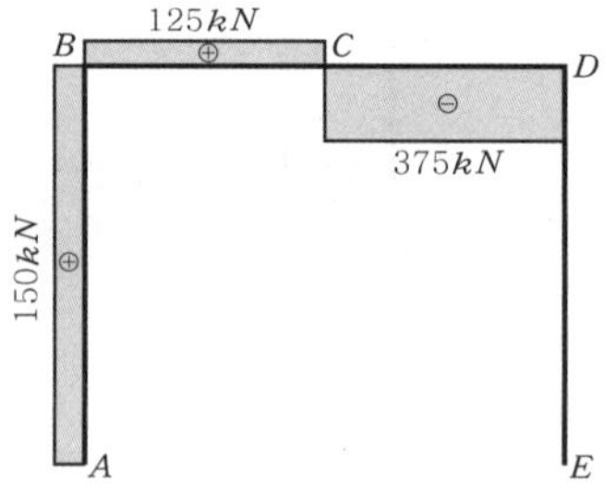

그림(b) 전단력도(S.F.D)

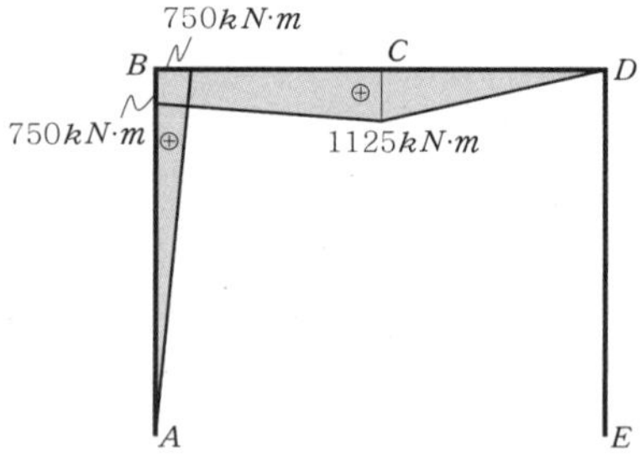

그림(c) 휨모멘트도(B.M.D)

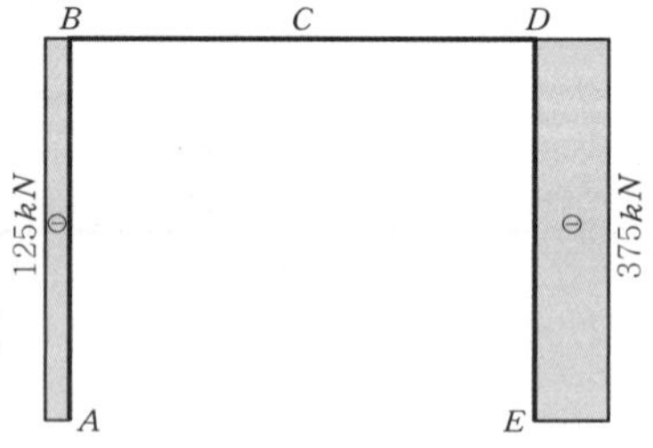

그림(d) 축방향력도(A.F.D)

◆ ◆ ◆ ◆ ◆ ◆

7.1.6 다음과 같은 단순보형 라멘의 전단력도(S.F.D), 휨모멘트도(B.M.D), 축방향력도(A.F.D)를 구하시오.

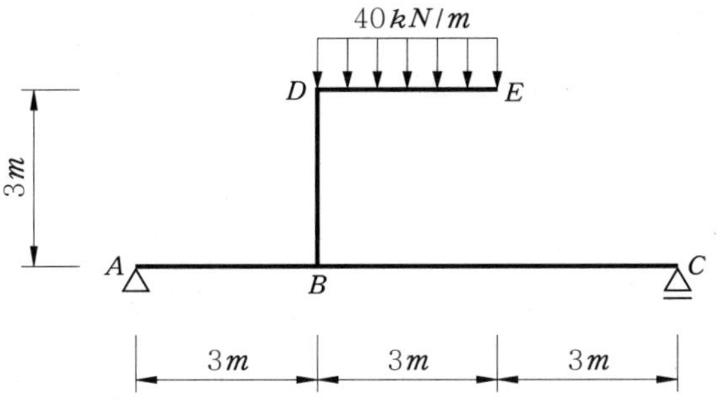

풀이

(1) 반력

반력의 방향을 그림(a)와 같이 가정하고 평형방정식을 세워 반력을 구한다.

$$R_A = R_C = \frac{wl}{2} = \frac{40 \times 3}{2} = 60\,kN\,(\uparrow)$$

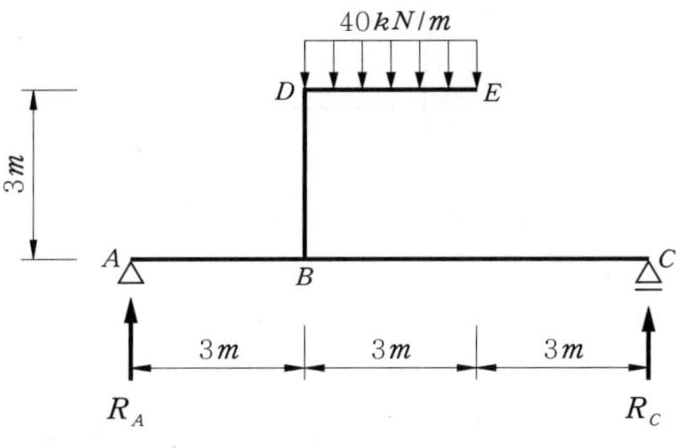

그림(a)

(2) 구간별 단면력

㉠ $A \sim B$ 구간 (지점 A로부터 임의의 거리 x만큼 떨어진 지점의 단면력)

$V_x = 60$ $\quad M_x = 60x$ $\quad N_x = 0$

㉡ $B \sim C$ 구간 (지점 C로부터 임의의 거리 x만큼 떨어진 지점의 단면력)

$V_x = -60$ $\quad M_x = 60x$ $\quad N_x = 0$

㉢ $B \sim D$ 구간

$V_x = 0$ $\quad M_x = -40 \times 3 \times 1.5 = -180$ $\quad N_x = -120$

㉣ $D \sim E$ 구간 (E점으로부터 임의의 거리 x만큼 떨어진 지점의 단면력)

$V_x = 40x$ $\quad M_x = -40x \times \dfrac{x}{2} = -20x^2$ $\quad N_x = 0$

(3) 단면력도

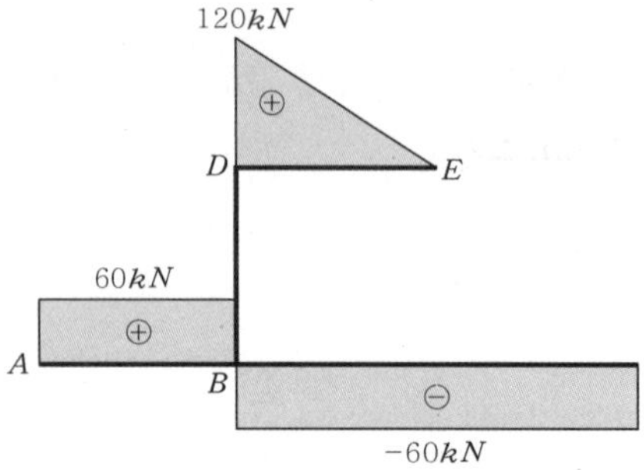

그림(b) 전단력도(S.F.D)

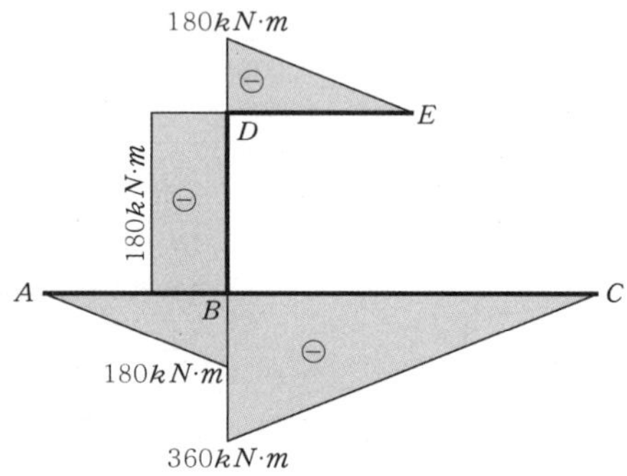

그림(c) 휨모멘트도(B.M.D)

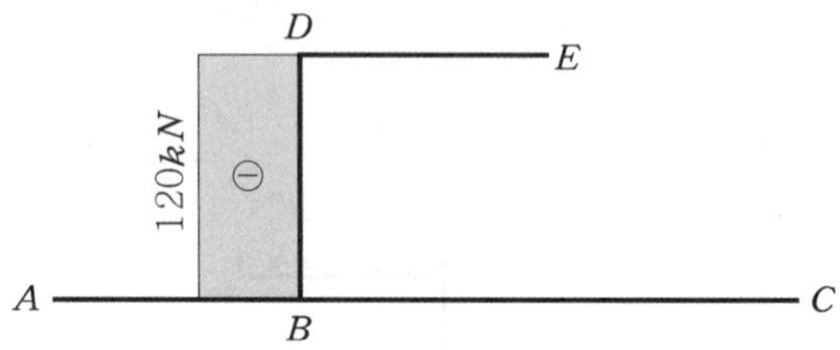

그림(d) 축방향력도(A.F.D)

◆ ◆ ◆ ◆ ◆ ◆

7.1.7 다음과 같은 단순보형 라멘의 전단력도(S.F.D), 휨모멘트도(B.M.D), 축방향력도(A.F.D)를 구하시오.

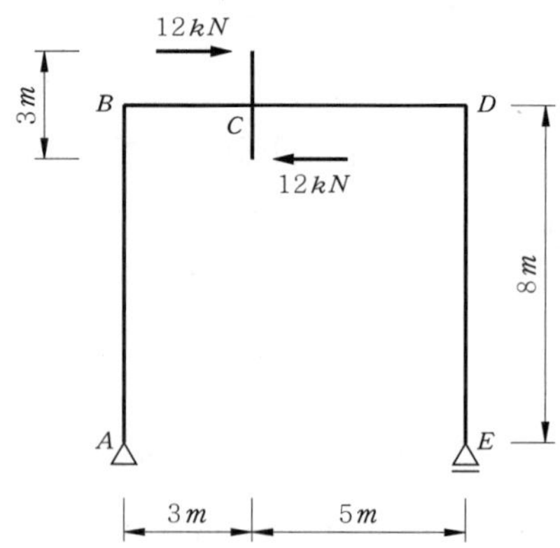

풀이

(1) 반력

반력의 방향을 그림(a)와 같이 가정하고 평형방정식을 세워 반력을 구한다.

$\Sigma M_E = 0 \; : \; -(R_A \times 8) + 36 = 0$

$\therefore \; R_A = 4.5\,kN\,(\downarrow)$

$\Sigma V = 0 \; : \; -R_A + R_E = 0$

$\therefore \; R_E = 4.5\,kN\,(\uparrow)$

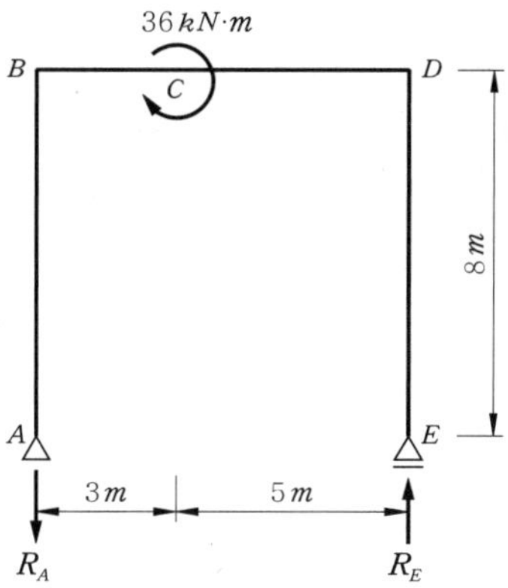

그림(a)

(2) 구간별 단면력

㉠ $A \sim B$ 구간

$V_x = 0 \qquad M_x = 0 \qquad N_x = 4.5$

㉡ $B \sim C$ 구간 (B 점으로부터 임의의 거리 x 만큼 떨어진 지점의 단면력)

$V_x = -4.5 \qquad M_x = -4.5x \qquad N_x = 0$

㉢ $C \sim D$ 구간 (D 점으로부터 임의의 거리 x 만큼 떨어진 지점의 단면력)

$V_x = -4.5 \qquad M_x = 4.5x \qquad N_x = 0$

㉠ $D \sim E$ 구간

$V_x = 0 \qquad M_x = 0 \qquad N_x = -4.5$

(3) 단면력도

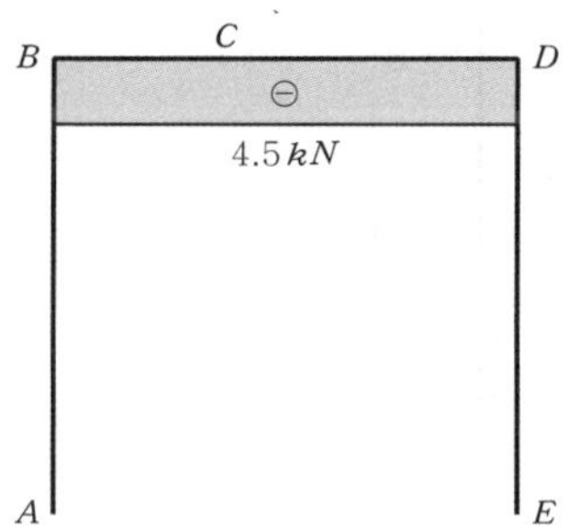

그림(b) 전단력도(S.F.D)

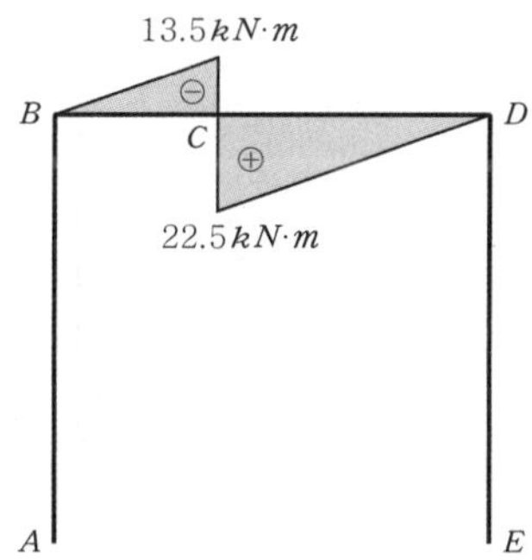

그림(c) 휨모멘트도(B.M.D)

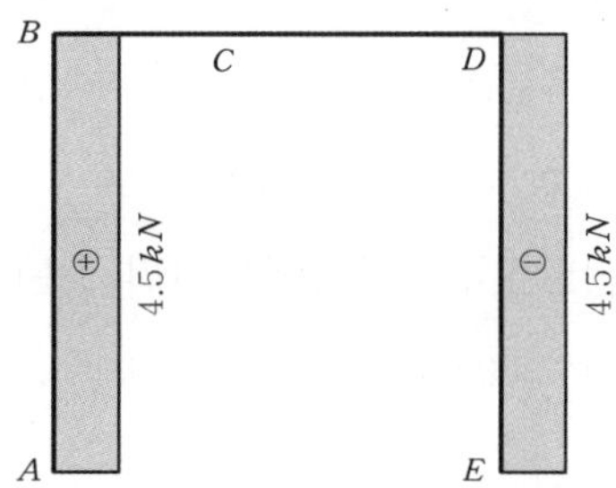

그림(d) 축방향력도(A.F.D)

◆ ◆ ◆ ◆ ◆ ◆

7.1.8 다음과 같은 단순보형 라멘의 전단력도(S.F.D), 휨모멘트도(B.M.D), 축방향력도(A.F.D)를 구하시오.

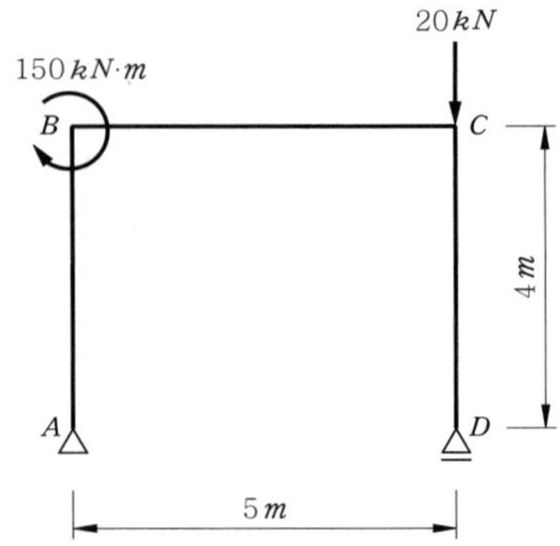

풀이

(1) 반력

반력의 방향을 그림(a)와 같이 가정하고 평형방정식을 세워 반력을 구한다.

$\sum M_D = 0$: $-(R_A \times 5) + 150 = 0$

$\therefore\ R_A = 30kN\ (\downarrow)$

$\sum V = 0$: $-R_A + R_D - 20 = 0$

$\therefore\ R_D = 50kN\ (\uparrow)$

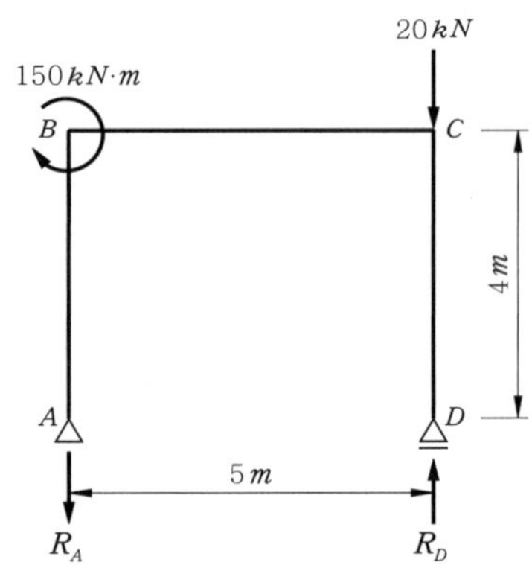

그림(a)

(2) 구간별 단면력

㉠ $A \sim B$ 구간

$V_x = 0$ $M_x = 0$ $N_x = 30$

㉡ $B \sim C$ 구간 (B점으로부터 임의의 거리 x만큼 떨어진 지점의 단면력)

$V_x = -30$ $M_x = -30x + 150$ $N_x = 0$

㉢ $C \sim D$ 구간

$V_x = 0 \qquad M_x = 0 \qquad N_x = -50$

(3) 단면력도

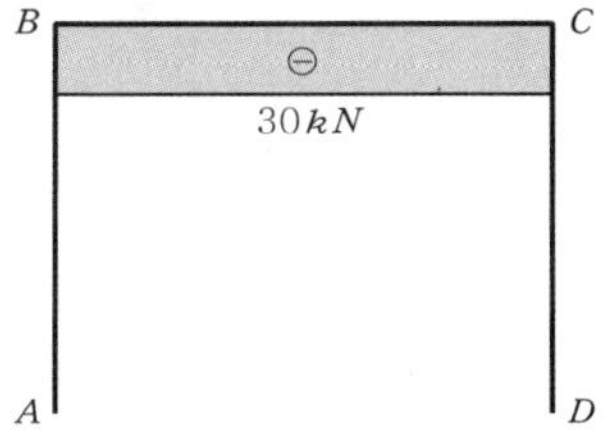

그림(b) 전단력도(S.F.D)

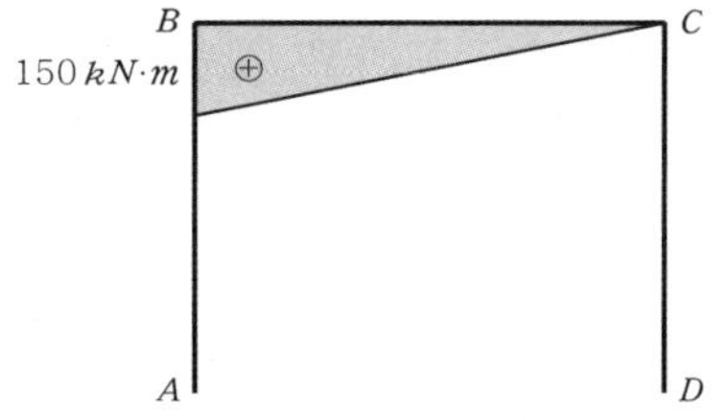

그림(c) 휨모멘트도(B.M.D)

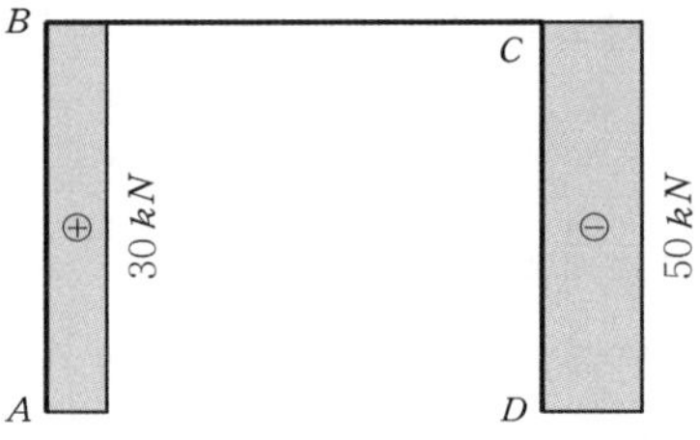

그림(d) 축방향력도(A.F.D)

◆ ◆ ◆ ◆ ◆ ◆

7.1.9 그림과 같이 풍압력 $20\,kPa$을 받고 있는 플레이트(Plate)가 양단부의 캔틸레버형 라멘에 지지되고 있다. 이 때 캔틸레버형 라멘의 전단력도(S.F.D), 휨모멘트도(B.M.D), 축방향력도(A.F.D)를 구하시오. (단, C_1, C_2는 풍력계수이다.)

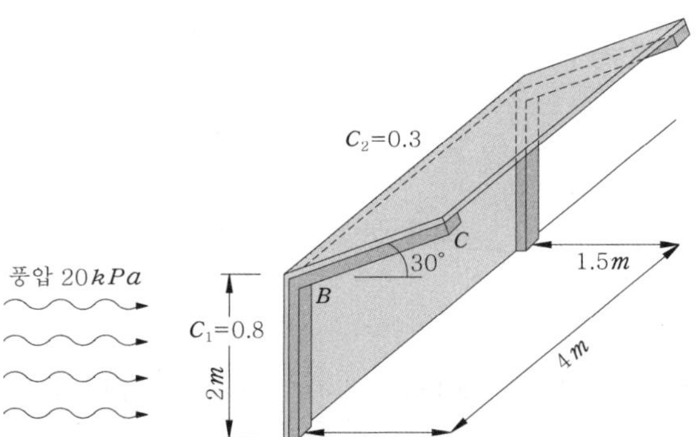

풀이

(1) 반력

플레이트의 $4m$ 폭에 작용하는 풍압을 양 끝의 라멘이 지지하고 있고, 풍하중은 풍압력(p)과 유효면적(A)의 곱이므로, 풍하중을 구하면

$W = p \times A$

㉠ $A \sim B$ 구간

$0.8 \times 20\,kPa \times 2\,m$(분담폭) $= 32\,kN/m$

㉡ $B \sim C$ 구간

$0.3 \times 20\,kPa \times 2\,m$(분담폭) $= 12\,kN/m$

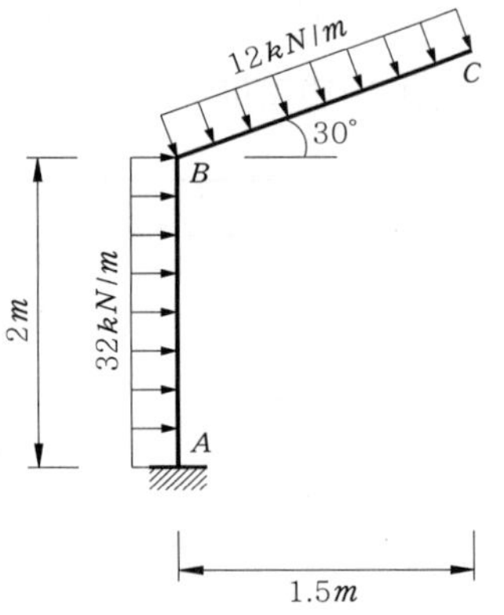

그림(a)

그림(b)와 같이 등분포하중의 합력을 도심에 작용시키고 수직, 수평분력으로 나눈 후 반력의 방향을 가정하여 평형방정식을 세워 반력을 구한다.

$\sum H = 0 \;:\; 64 + 10.39 - H_A = 0$

$\therefore\; H_A = 74.39\,kN\,(\leftarrow)$

$$\sum M_A = 0 : -M_A + (64 \times 1) + \left(18 \times \frac{1.5}{2}\right) + \left(10.39 \times \left(2 + \frac{1.5 \times \tan 30^\circ}{2}\right)\right) = 0$$

$\therefore\; M_A = 102.78\,kN \cdot m\,(\curvearrowleft)$

$\sum V = 0 \;:\; R_A - 18 = 0$

$\therefore\; R_A = 18\,kN\,(\uparrow)$

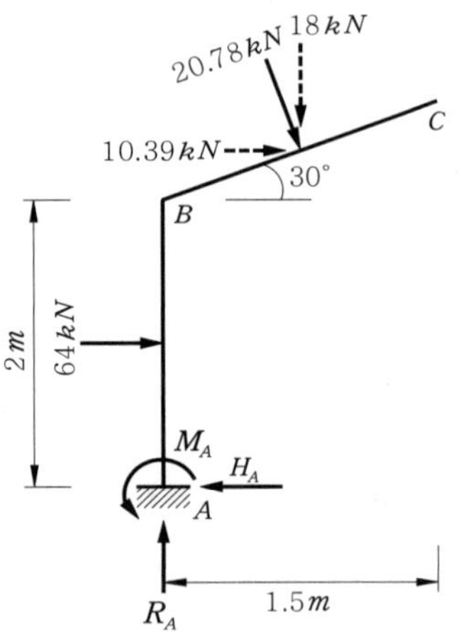

그림(b)

(2) 구간별 단면력

㉠ $A \sim B$ 구간 (지점 A로부터 임의의 거리 x만큼 떨어진 지점의 단면력)

$V_x = 74.39 - 32x$

$$M_x = -102.78 + 74.39x - \left(32x \times \frac{x}{2}\right) = -102.78 + 74.39x - 16x^2$$

$N_x = -18$

㉡ $B \sim C$ 구간 (C점으로부터 임의의 거리 x만큼 떨어진 지점의 단면력)

$V_x = 12x \qquad M_x = -12x \times \dfrac{x}{2} = -6x^2 \qquad N_x = 0$

(3) 단면력도

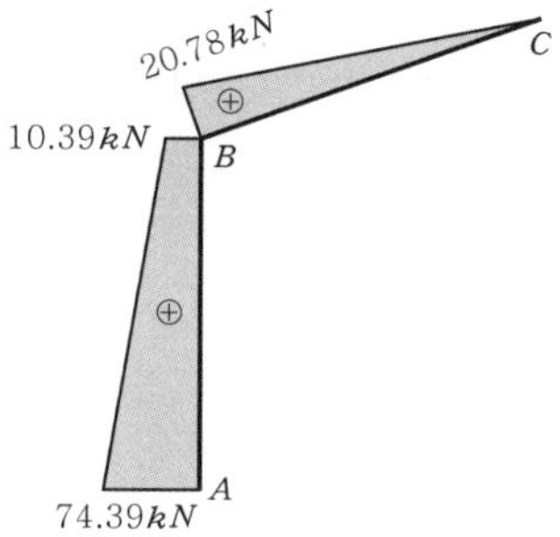

그림(c)
전단력도(S.F.D)

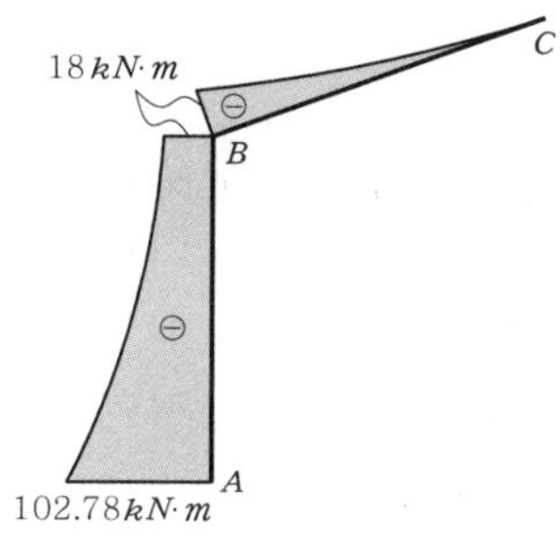

그림(d)
휨모멘트도(B.M.D)

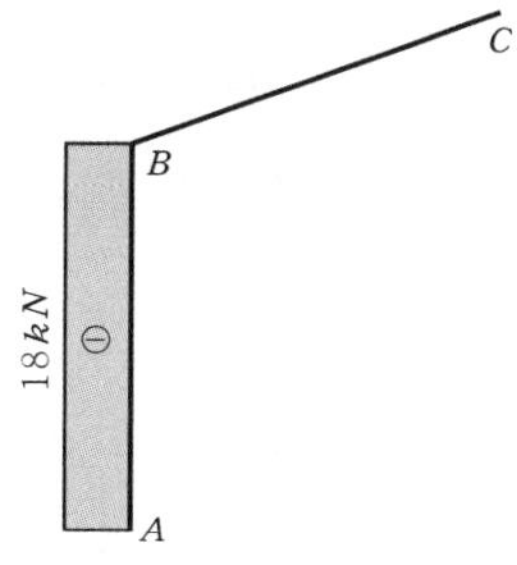

그림(e)
축방향력도(A.F.D)

◆ ◆ ◆ ◆ ◆ ◆

7.1.10 다음과 같은 3힌지 라멘의 전단력도(S.F.D), 휨모멘트도(B.M.D), 축방향력도(A.F.D)를 구하시오.

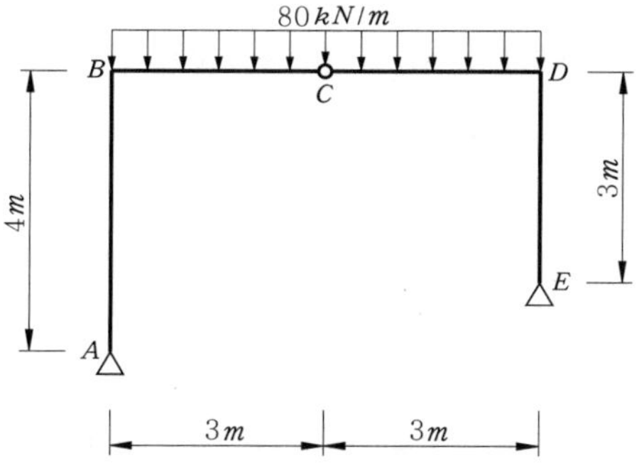

풀이

(1) 반력

반력의 방향을 그림(a)와 같이 가정하고 평형방정식을 세워 반력을 구한다.

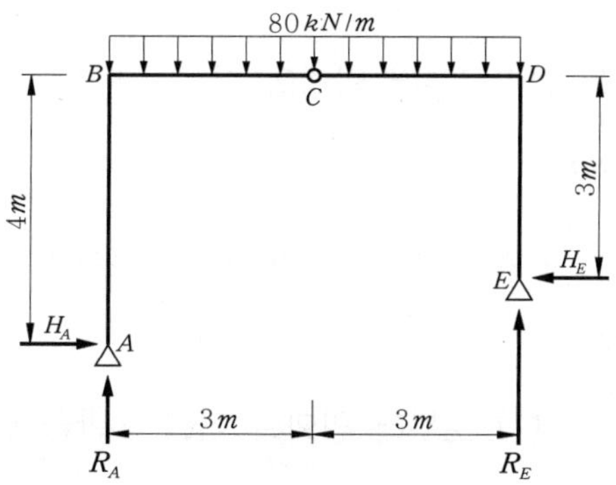

그림(a)

$\sum M_E = 0$: $(R_A \times 6) - (H_A \times 1) - (80 \times 6 \times 3) = 0$

$\therefore H_A = 6R_A - 1440$ ·· (1)

$\sum M_A = 0$: $-(R_E \times 6) - (H_E \times 1) + (80 \times 6 \times 3) = 0$

$\therefore H_E = -6R_E + 1440$ ·· (2)

$\sum M_C = 0$: $3R_A - 4H_A - (80 \times 3 \times 1.5) = 0$

$\therefore 3R_A - 4H_A = 360$ ·· (3)

$\sum M_C = 0$: $-3R_E + 3H_E + (80 \times 3 \times 1.5) = 0$

$\therefore 3R_E - 3H_E = 360$ ·· (4)

식(1), 식(3)를 연립하여 풀면

$\therefore R_A = 257.14\,kN\,(\uparrow)$ $\quad H_A = 102.86\,kN\,(\rightarrow)$

식(2), 식(4)를 연립하여 풀면

$\therefore R_E = 222.86\,kN\,(\uparrow)$ $\quad H_E = 102.86\,kN\,(\leftarrow)$

(2) 구간별 단면력

㉠ $A \sim B$ 구간 (지점 A 로부터 임의의 거리 x 만큼 떨어진 지점의 단면력)

$V_x = -102.86$ $\quad M_x = -102.86\,x$ $\quad N_x = -257.14$

㉡ $B \sim C$ 구간 (B 점으로부터 임의의 거리 x 만큼 떨어진 지점의 단면력)

$V_x = 257.14 - 80\,x$

$M_x = 257.14\,x - \left(80\,x \times \dfrac{x}{2}\right) - (102.86 \times 4) = 257.14\,x - 40\,x^2 - 411.44$

$N_x = -102.86$

㉢ $C \sim D$ 구간 (D 점으로부터 임의의 거리 x 만큼 떨어진 지점의 단면력)

$V_x = 80\,x - 222.86$

$M_x = 222.86\,x - \left(80\,x \times \dfrac{x}{2}\right) - (102.86 \times 3) = 222.86\,x - 40\,x^2 - 308.58$

$N_x = -102.86$

㉣ $D \sim E$ 구간 (지점 E 로부터 임의의 거리 x 만큼 떨어진 지점의 단면력)

$V_x = 102.86$ $\quad M_x = -102.86\,x$ $\quad N_x = -222.86$

(3) 단면력도

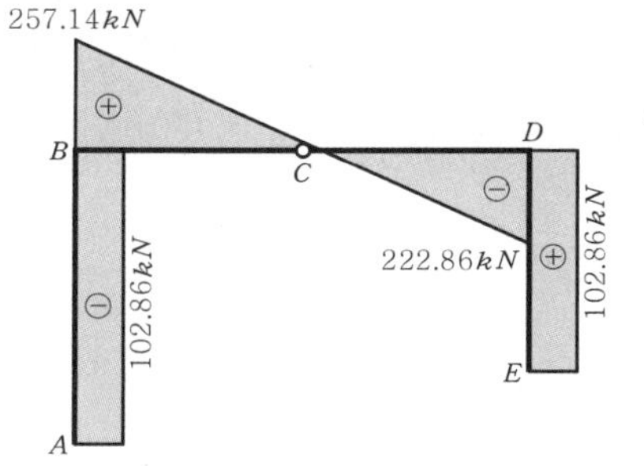

그림(b) 전단력도(S.F.D)

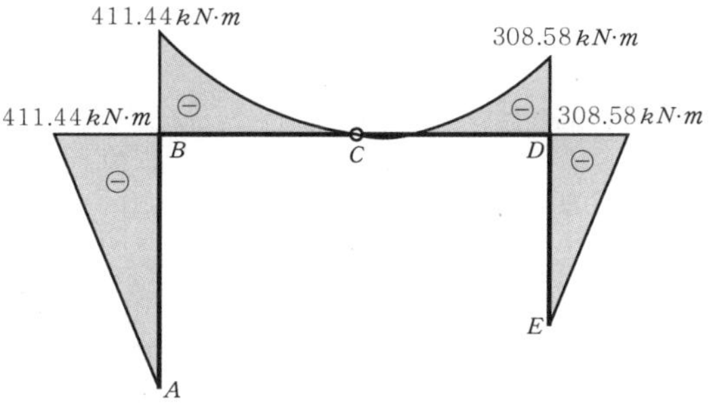

그림(c) 휨모멘트도(B.M.D)

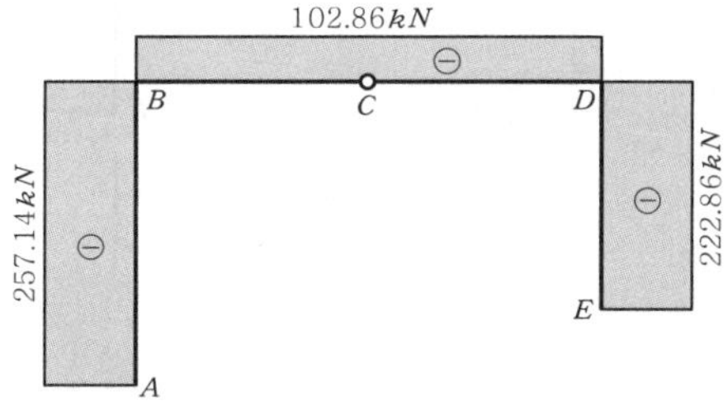

그림(d) 축방향력도(A.F.D)

◆ ◆ ◆ ◆ ◆ ◆

7.1.11 다음과 같은 3힌지 라멘의 전단력도(S.F.D), 휨모멘트도(B.M.D), 축방향력도(A.F.D)를 구하시오.

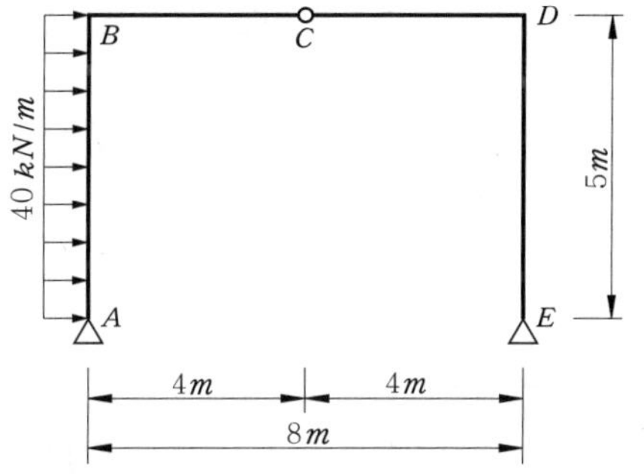

풀이

(1) 반력

반력의 방향을 그림(a)와 같이 가정하고 평형방정식을 세워 반력을 구한다.

$\sum M_E = 0$: $-(R_A \times 8) + (200 \times 2.5) = 0$ $\quad \therefore R_A = 62.5\,kN\,(\downarrow)$

$\sum V = 0$: $-R_A + R_E = 0$ $\quad \therefore R_E = 62.5\,kN\,(\uparrow)$

$\sum M_C = 0$: $-(R_A \times 4) - (200 \times 2.5) + (H_A \times 5) = 0$ $\quad \therefore H_A = 150\,kN\,(\leftarrow)$

$\sum H = 0$: $200 - (H_A + H_E) = 0$ $\quad \therefore H_E = 50\,kN\,(\leftarrow)$

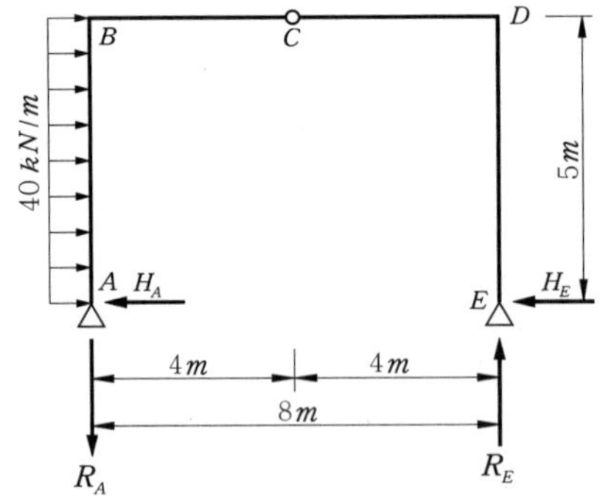

그림(a)

(2) 구간별 단면력

㉠ $A \sim B$ 구간 (지점 A로부터 임의의 거리 x만큼 떨어진 지점의 단면력)

$V_x = 150 - 40x \qquad M_x = 150x - \left(40x \times \dfrac{x}{2}\right) = 150x - 20x^2 \qquad N_x = 62.5$

㉡ $B \sim D$ 구간 (D점으로부터 임의의 거리 x만큼 떨어진 지점의 단면력)

$V_x = -62.5 \qquad M_x = -(50 \times 5) + 62.5x = -250 + 62.5x \qquad N_x = -50$

㉢ $D \sim E$ 구간 (지점 E로부터 임의의 거리 x만큼 떨어진 지점의 단면력)

$V_x = 50 \qquad M_x = -50x \qquad N_x = -62.5$

(3) 단면력도

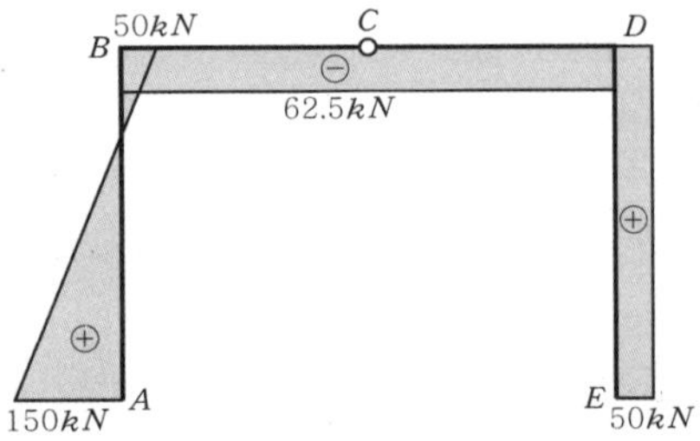

그림(b) 전단력도(S.F.D)

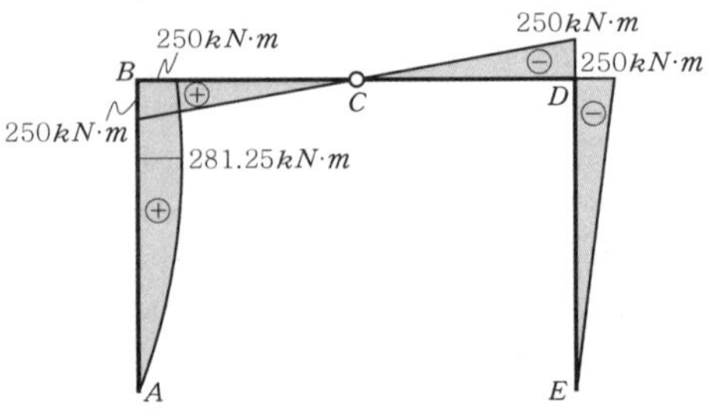

그림(c) 휨모멘트도(B.M.D)

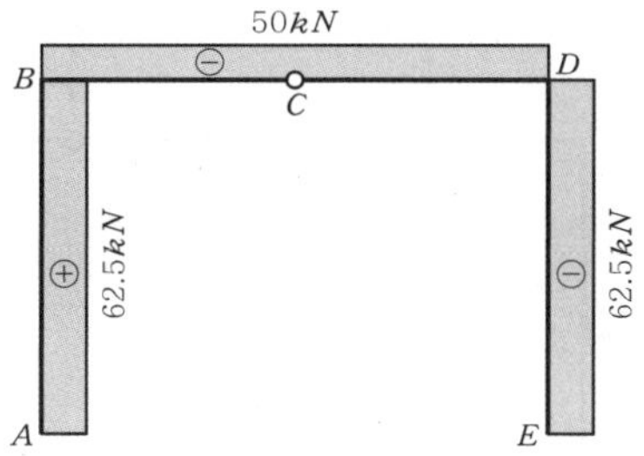

그림(d) 축방향력도(A.F.D)

◆ ◆ ◆ ◆ ◆ ◆

7.1.12 다음과 같은 3힌지 라멘의 전단력도(S.F.D), 휨모멘트도(B.M.D), 축방향력도(A.F.D)를 구하시오.

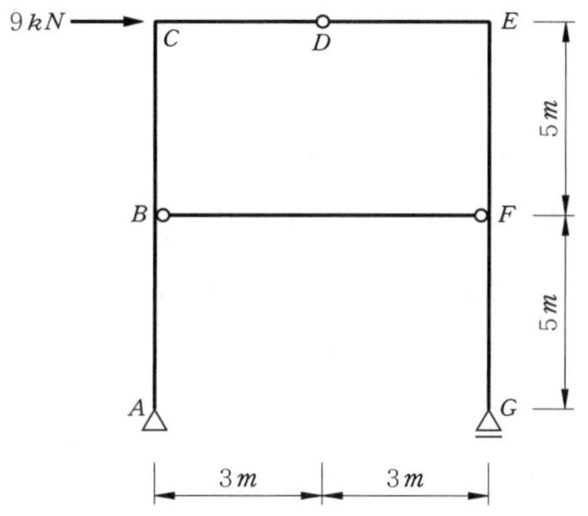

풀이

(1) 반력

반력의 방향을 그림(a)와 같이 가정하고 평형방정식을 세워 반력을 구한다.

$\sum H = 0 \quad : \ 9 - H_A = 0$

$\therefore \ H_A = 9\,kN\,(\leftarrow)$

$\sum M_G = 0 \ : \ -(R_A \times 6) + (9 \times 10) = 0$

$\therefore \ R_A = 15\,kN\,(\uparrow)$

$\sum V = 0 \quad : \ -15 + R_G = 0$

$\therefore \ R_D = 15\,kN\,(\downarrow)$

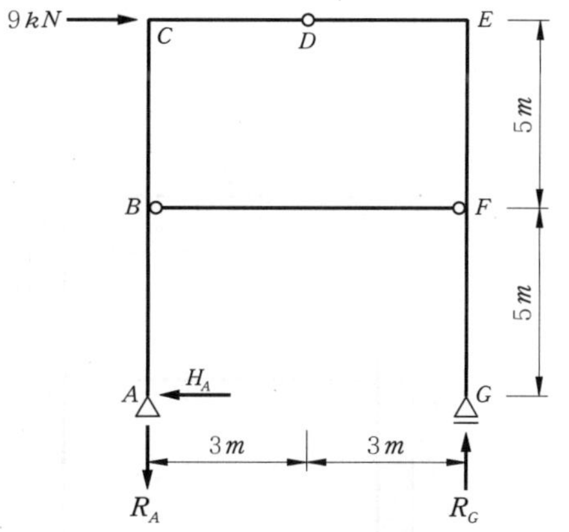

그림(a)

그림(b)와 같이 D점 좌측의 자유물체도를 고려하여 BF부재의 반력을 구하고, 반력 P_B를 힌지 B와 F에 작용하는 하중으로 계산한다.

$\sum M_D = 0 \ : \ -(15 \times 3) + (9 \times 10) - (P_B \times 5) = 0 \qquad \therefore \ P_B = 9\,kN\,(\rightarrow)$

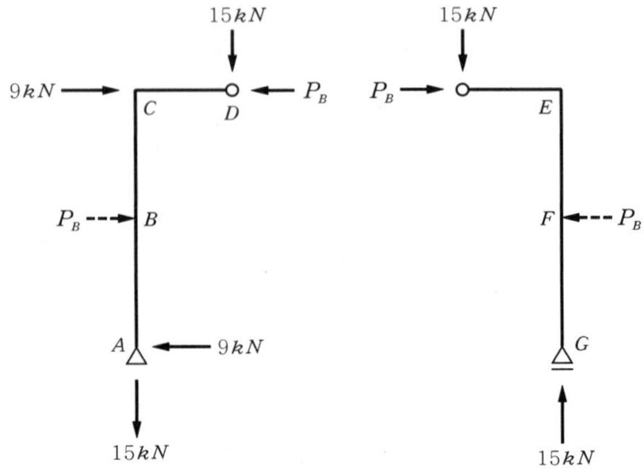

그림(b)

(2) 구간별 단면력

㉠ $A \sim B$ 구간 (지점 A로부터 임의의 거리 x만큼 떨어진 지점의 단면력)

$V_x = 9$ $\quad M_x = 9x$ $\quad N_x = 15$

㉡ $B \sim C$ 구간 (B점으로부터 임의의 거리 x만큼 떨어진 지점의 단면력)

$V_x = 0$ $\quad M_x = 9(5+x) - 9x = 45$ $\quad N_x = 15$

㉢ $C \sim E$ 구간 (C점로부터 임의의 거리 x만큼 떨어진 지점의 단면력)

$V_x = -15$ $\quad M_x = -15x + (9 \times 10) - (9 \times 5) = -15x + 45$ $\quad N_x = -9$

㉣ $E \sim F$ 구간 (F점으로부터 임의의 거리 x만큼 떨어진 지점의 단면력)

$V_x = 9$ $\quad M_x = -9x$ $\quad N_x = -15$

㉤ $F \sim G$ 구간 (지점 G로부터 임의의 거리 x만큼 떨어진 지점의 단면력)

$V_x = 0$ $\quad M_x = 0$ $\quad N_x = -15$

(3) 단면력도

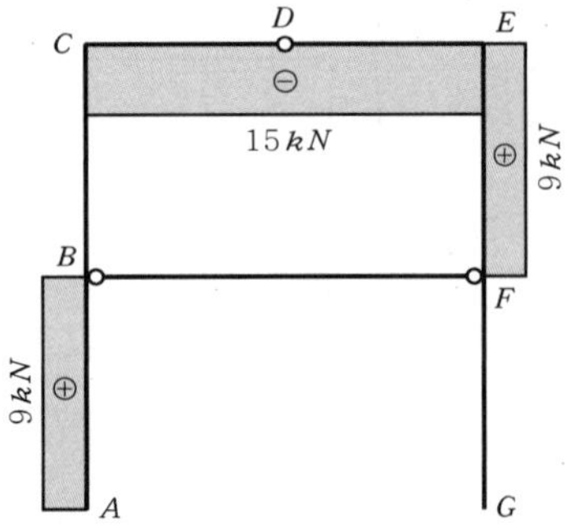

그림(c) 전단력도(S.F.D)

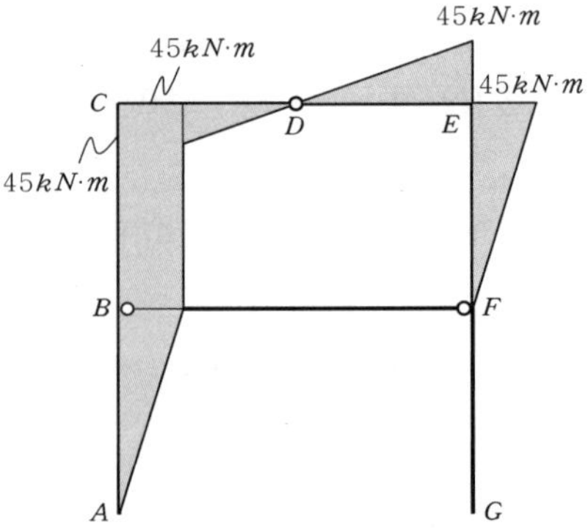

그림(d) 휨모멘트도(B.M.D)

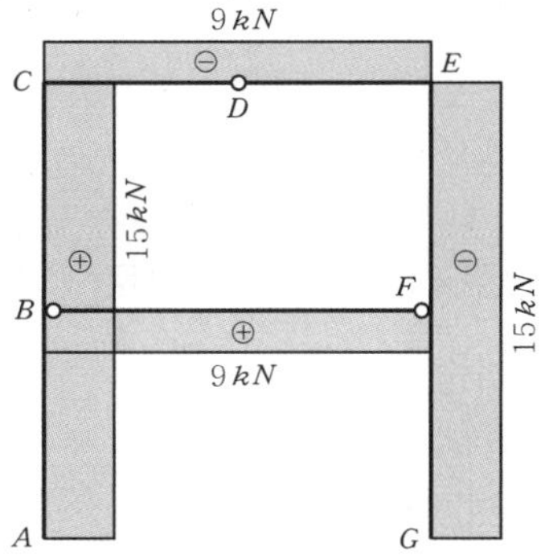

그림(e) 축방향력도(A.F.D)

◆ ◆ ◆ ◆ ◆ ◆

7.1.13 다음과 같은 3이동단 라멘의 전단력도(S.F.D), 휨모멘트도(B.M.D), 축방향력도(A.F.D)를 구하시오.

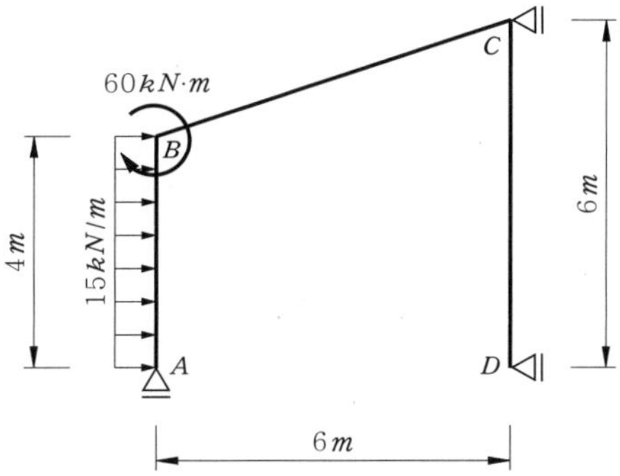

풀이

(1) 반력

반력의 방향을 그림(a)와 같이 가정하고 평형방정식을 세워 반력을 구한다.

$\sum V = 0 \quad : \; R_A = 0$

$\therefore \; R_A = 0$

$\sum M_A = 0 \; : \; 60 + (15 \times 4 \times 2) - (R_C \times 6) = 0$

$\therefore \; R_C = 30\,kN\,(\leftarrow)$

$\sum H = 0 \quad : \; (15 \times 4) - R_C - R_D = 0$

$\therefore \; R_D = 30\,kN\,(\leftarrow)$

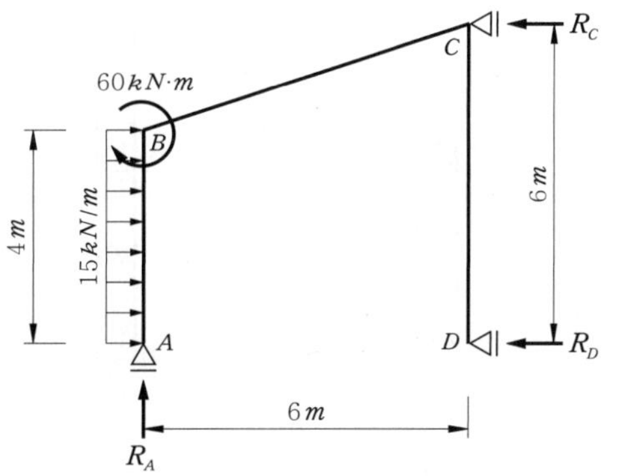

그림(a)

(2) 구간별 단면력

㉠ $A \sim B$ 구간 (지점 A로부터 임의의 거리 x만큼 떨어진 지점의 단면력)

$$V_x = -15x \qquad M_x = -\left(15x \times \frac{x}{2}\right) = -7.5x^2 \qquad N_x = 0$$

㉡ $B \sim C$ 구간 (B점으로부터 y축 방향으로 x만큼 떨어진 지점의 단면력)

그림(b)와 같이 등분포하중의 합력을 BC부재의 수직, 수평 분력으로 나눈 후 부재의 단면력을 구한다.

$$V_x = -60\sin\theta = -60 \times \frac{2}{2\sqrt{10}} = -18.97$$

$$M_x = 60 - (60 \times 2) - 60x = -60 - 60x$$

$$N_x = -60\cos\theta = -60 \times \frac{6}{2\sqrt{10}} = -56.92$$

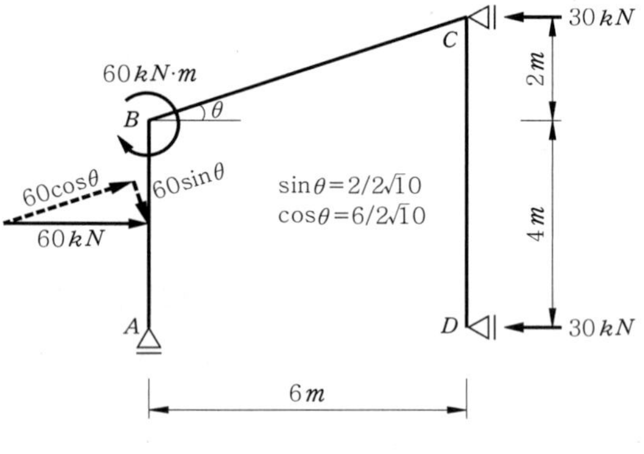

그림(b)

㉢ $C \sim D$ 구간 (지점 D로부터 임의의 거리 x만큼 떨어진 지점의 단면력)

$$V_x = 30 \qquad M_x = -30x \qquad N_x = 0$$

(3) 단면력도

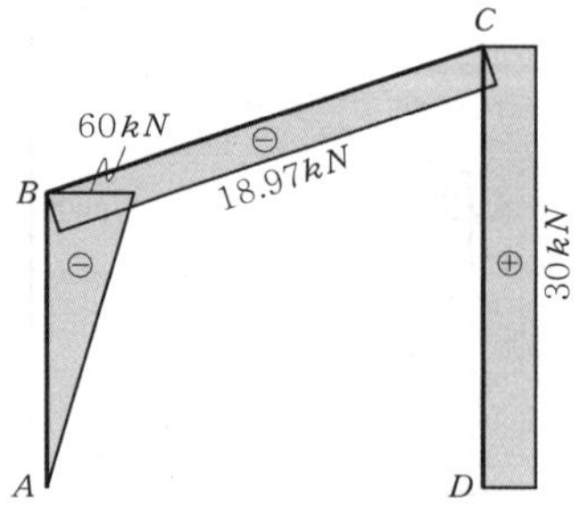

그림(c) 전단력도(S.F.D)

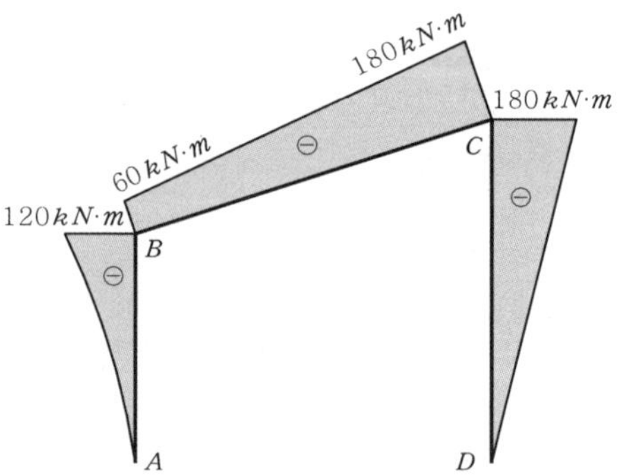

그림(d) 휨모멘트도(B.M.D)

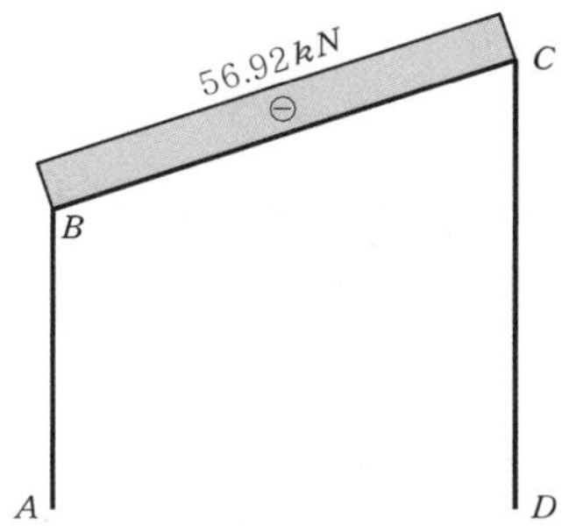

그림(e) 축방향력도(A.F.D)

◆ ◆ ◆ ◆ ◆ ◆

7.1.14 다음과 같은 3이동단 라멘의 전단력도(S.F.D), 휨모멘트도(B.M.D), 축방향력도(A.F.D)를 구하시오.

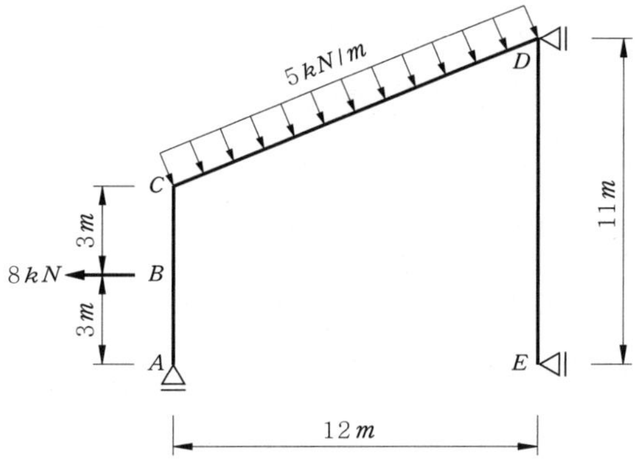

풀이

(1) 반력

그림(a)와 같이 등분포하중의 합력을 도심에 작용시키고 수직, 수평분력으로 나눈 후 반력의 방향을 가정하여 평형방정식을 세워 반력을 구한다.

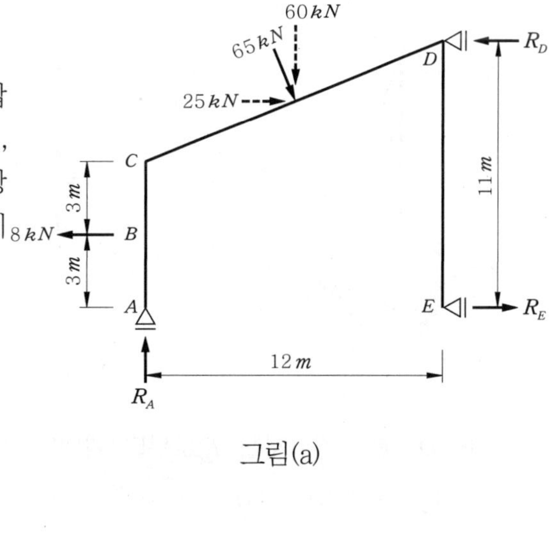

그림(a)

$\sum V = 0 \quad : \; R_A - 60 = 0$

$\therefore \; R_A = 60\,kN\,(\uparrow)$

$\sum M_D = 0 \; : \; (60\times 12) + (8\times 8) - (60\times 6) - (25\times 2.5) - \left(R_E\times 11\right) = 0$

$\therefore \; R_E = 32.86\,kN\,(\rightarrow)$

$\sum H = 0 \quad : \; -8 + 25 + 32.86 - R_D = 0$

$\therefore \; R_D = 49.86\,kN\,(\leftarrow)$

(2) 구간별 단면력

㉠ $A\sim B$ 구간

$V_x = 0 \qquad M_x = 0 \qquad N_x = -60$

㉡ $B\sim C$ 구간 (B점으로부터 임의의 거리 x만큼 떨어진 지점의 단면력)

$V_x = 8 \qquad M_x = 8x \qquad N_x = -60$

㉢ $C\sim D$ 구간 (C점으로부터 임의의 거리 x만큼 떨어진 지점의 단면력)
그림(b)와 같이 반력 R_A와 하중 P_B를 CD부재의 수직, 수평분력으로 나눈 후 부재의 단면력을 구한다.

$$V_x = 55.38 + 3.08 - 5x = 58.46 - 5x$$

$$M_x = 55.38(2.31 + x) - (23.08\times 5.54) + 3.08(1.15 + x) + (7.38\times 2.77) - \left(5x\times\frac{x}{2}\right)$$

$$= -2.5x^2 + 58.46x + 24$$

$$N_x = -23.08 + 7.38 = -15.7$$

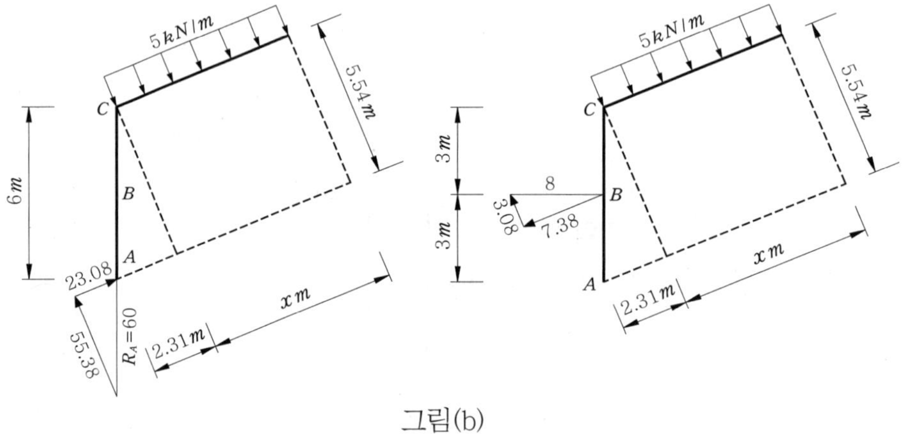

그림(b)

㉣ $D\sim E$ 구간 (지점 E로부터 임의의 거리 x만큼 떨어진 지점의 단면력)

$V_x = -32.86 \qquad M_x = 32.86x \qquad N_x = 0$

(3) 단면력도

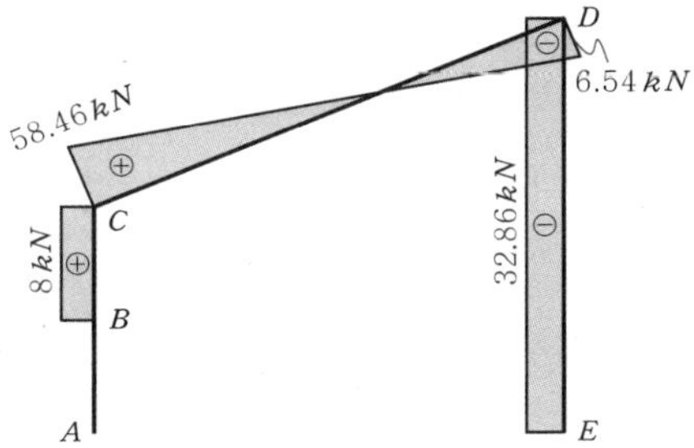

그림(c) 전단력도(S.F.D)

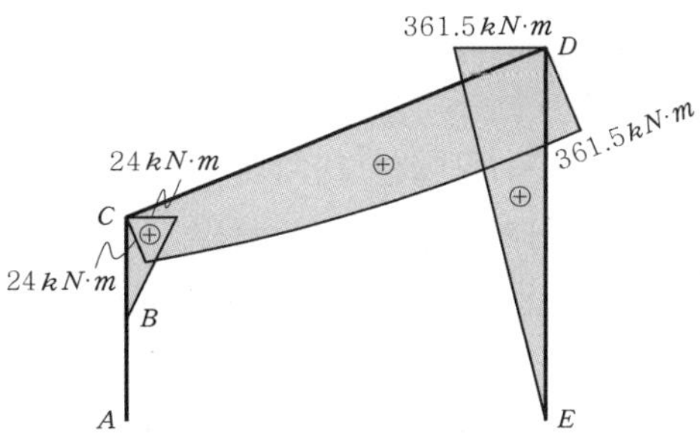

그림(d) 휨모멘트도(B.M.D)

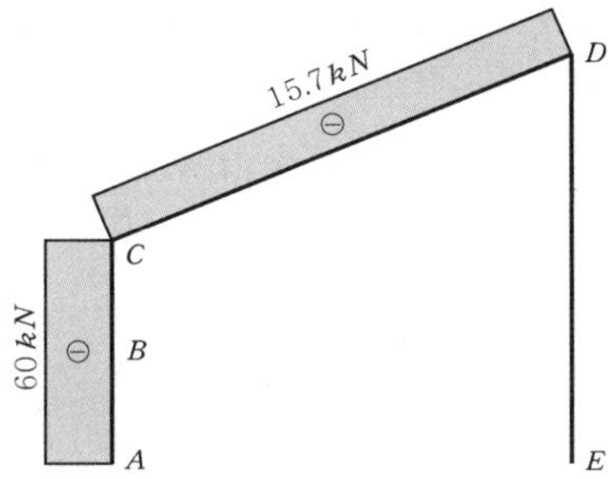

그림(e) 축방향력도(A.F.D)

◆ ◆ ◆ ◆ ◆ ◆

7.2 정정아치

7.2.1 다음 중 아치(Arch)의 특성에 대하여 잘못 설명한 것은?

① 아치는 부재축이 원호, 포물선, 현수선 등의 곡선재로 구성된 구조물로, 주로 축방향 압축력이 크게 작용한다.

② 연직하중에 대하여 양 지점에 작용하는 수평반력은 아치에 작용하는 휨모멘트를 감소시킨다.

③ 근래에 지어지는 철근콘크리트나 강재로 만든 아치는 축방향력 뿐만 아니라 휨모멘트와 전단력에 대해서도 저항할 수 있다.

④ 등분포하중이 작용하는 포물선 아치는 아치의 축선과 압력선이 일치함으로 모든 단면에 축방향 압축력과 함께 휨모멘트와 전단력이 작용한다.

풀이

정답 ④

등분포하중이 작용하는 포물선 아치(Parabolic Arch)와 아치의 축선에 수직한 방향의 등분포하중을 받는 원형 아치(Circular Arch)는 아치의 축선과 압력선이 일치하여 모든 단면에 축방향 압축력만 작용하고, 휨모멘트와 전단력은 작용하지 않는다.

◆ ◆ ◆ ◆ ◆ ◆

7.2.2 3힌지 포물선 아치에 하향 등분포하중이 작용할 때, 단면력에 대한 설명으로 다음 중 맞는 것은?

① 전단력과 압축력은 지점에서 최대가 되고, 중간 힌지에서의 휨모멘트는 '0' 이다.

② 전단력은 지점에서 최대이고, 휨모멘트는 중간 힌지와 지점사이에서 최대이며, 압축력은 중간 힌지에서 최대이다.

③ 부재의 어느 점에서도 휨모멘트는 작용하지 않으나, 압축력과 전단력은 작용한다.

④ 부재의 어느 점에서도 전단력과 휨모멘트는 작용하지 않으며, 압축력만 작용한다.

풀이

정답 ④

◆ ◆ ◆ ◆ ◆ ◆

7.2.3 다음 그림과 같은 3힌지 아치에서 D점의 전단력 S_D는?

① $S_D = V_A \cdot \cos\theta + H_A \cdot \sin\theta$

② $S_D = V_A \cdot \cos\theta - H_A \cdot \sin\theta$

③ $S_D = V_A \cdot \sin\theta + H_A \cdot \cos\theta$

④ $S_D = V_A \cdot \sin\theta - H_A \cdot \cos\theta$

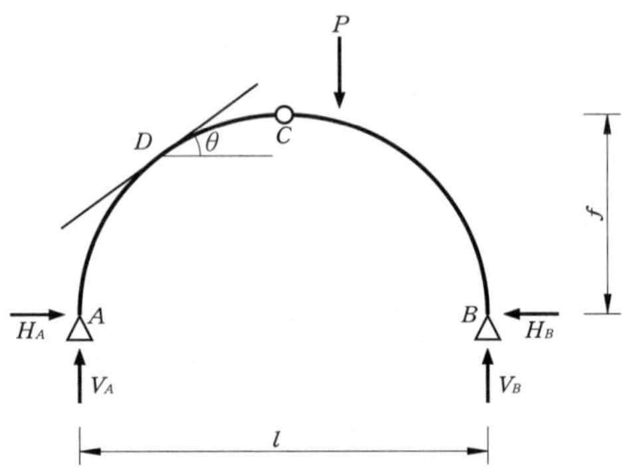

풀이

정답 ②

H_A, V_A를 D점에서의 접선의 수직, 수평분력으로 나눈 후 전단력을 구한다.

$S_D = V_A \cdot \cos\theta - H_A \cdot \sin\theta$

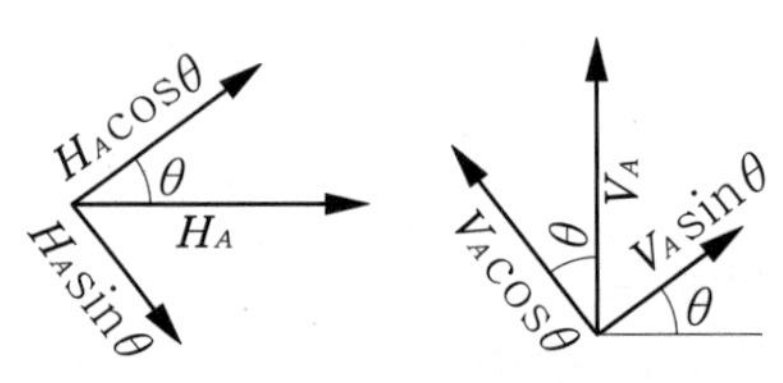

H_A의 분력 V_A의 분력

7.2.4 다음 그림과 같은 타이드 아치에서 AB 부재의 부재력 N_{AB} 는?

① H_A

② $\frac{P}{2}\sin\theta$

③ $\frac{P}{2}\cos\theta$

④ $\frac{Pl}{4h}$

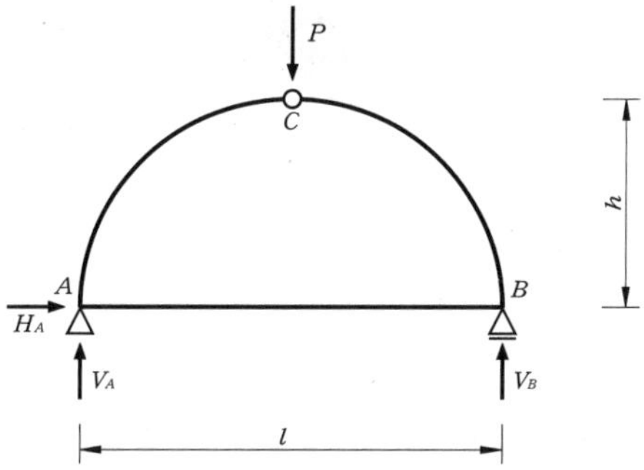

풀이

정답 ④

좌우대칭이므로 $V_A = \frac{P}{2}$, $\Sigma H = 0$: $H_A = 0$

$\Sigma M_{C(좌)} = 0$: $\frac{P}{2} \cdot \frac{l}{2} - N_{AB} \cdot h = 0$ $\therefore N_{AB} = \frac{Pl}{4h}$

7.2.5 다음과 같은 아치의 휨모멘트도로 옳은 것은?

① ② ③ ④

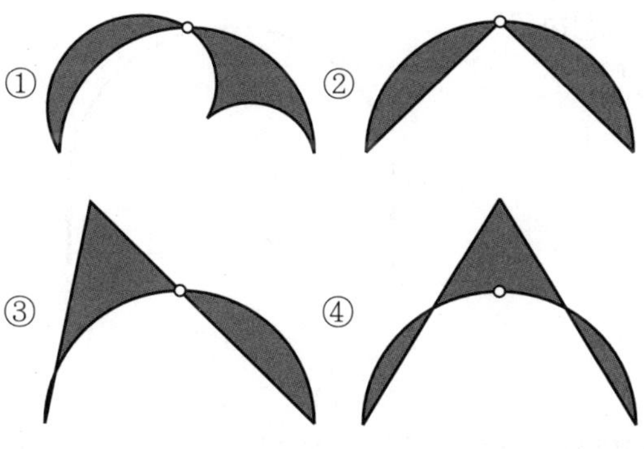

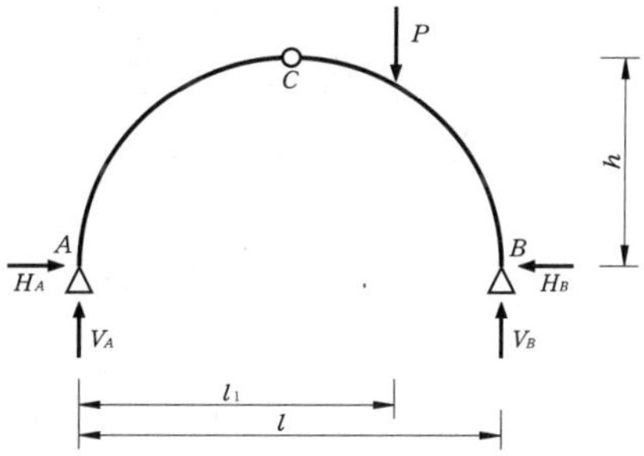

풀이

정답 ①

$0 \le x \le l_1 \quad M_x = V_A \cdot x - H_A \cdot y$

$l_1 \le x \le l \quad M_x = V_A \cdot x - H_A \cdot y - P(x - l_1)$

※ 수직하중이 작용하는 점에서 휨모멘트는 굴절하고, 힌지 절점에서의 휨모멘트는 '0' 이다.

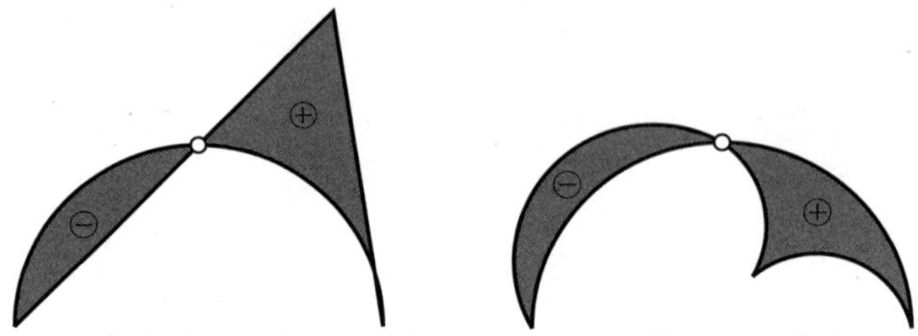

(−)를 밑에 표시한 경우　　(−)를 위에 표시한 경우

◆ ◆ ◆ ◆ ◆ ◆

7.2.6 다음과 같은 단순보형 반원 아치의 단면력을 구하고 단면력도를 그리시오.

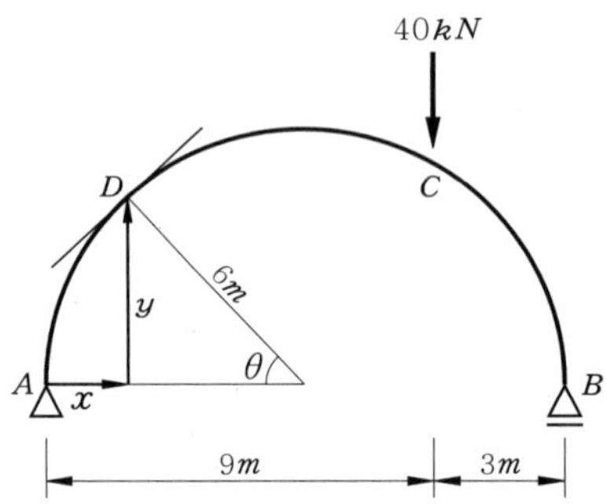

풀이

(1) 반력

반력의 방향을 그림(a)와 같이 가정하고 평형방정식을 세워 반력을 구한다.

$\sum M_B = 0$: $(R_A \times 12) - (40 \times 3) = 0$

$\therefore\ R_A = 10\,kN\,(\uparrow)$

$\sum V = 0$: $R_A + R_B - 40 = 0$

$\therefore\ R_B = 30\,kN\,(\uparrow)$

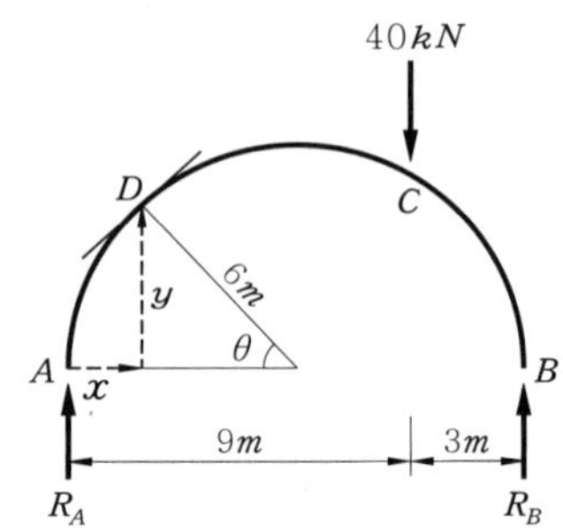

그림(a)

(2) 임의단면의 단면력

임의의 각 θ 일 때 전단력, 휨모멘트, 축방향력을 구하기 위하여 그림(b), 그림(c)와 같이 외력을 D 점에서의 접선의 수직, 수평분력으로 나눈 후 전단력, 휨모멘트, 축방향력을 구한다.

㉠ AC 구간 $(0 \le \theta \le 120^\circ)$

$V_D = 10\sin\theta$

$M_D = 10 \times x = 10 \times 6(1-\cos\theta)$

$\quad = 60(1-\cos\theta)$

$N_D = -10\cos\theta$　　　(여기서, $x = 6(1-\cos\theta)$, $y = 6\sin\theta$이다.)

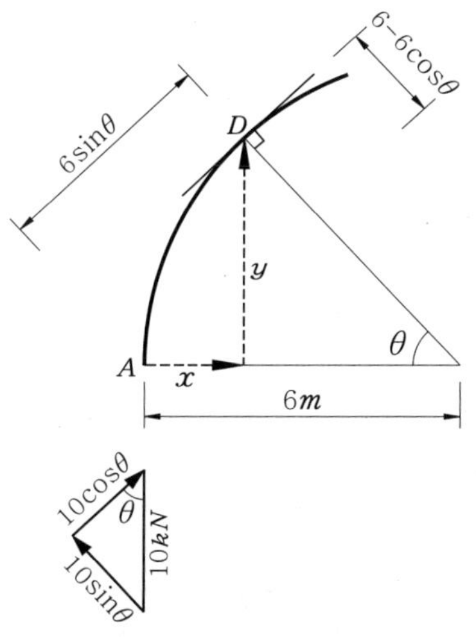

그림(b)

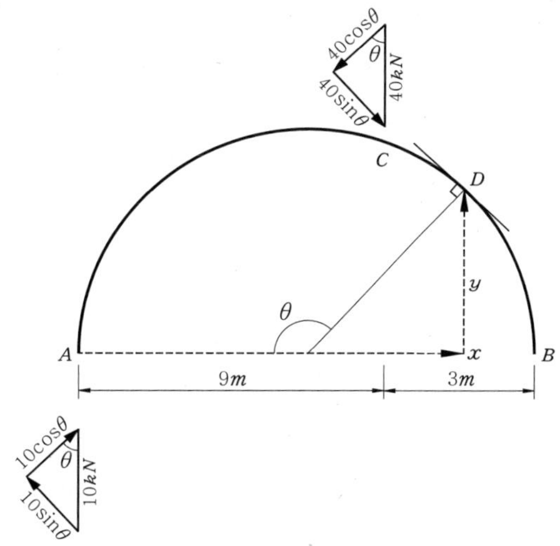

그림(c)

㉡ CB구간 $(120^\circ \le \theta \le 180^\circ)$

$$V_D = 10\sin\theta - 40\sin\theta = -30\sin\theta$$

$$M_D = (10 \times x) - 40(x-9) = -30x + 360 = 30(120-x) = 180(1+\cos\theta)$$

$$N_D = -10\cos\theta + 40\cos\theta = 30\cos\theta$$

(여기서, $x = 6(1-\cos\theta)$, $y = 6\sin\theta$이다.)

(3) 단면력도

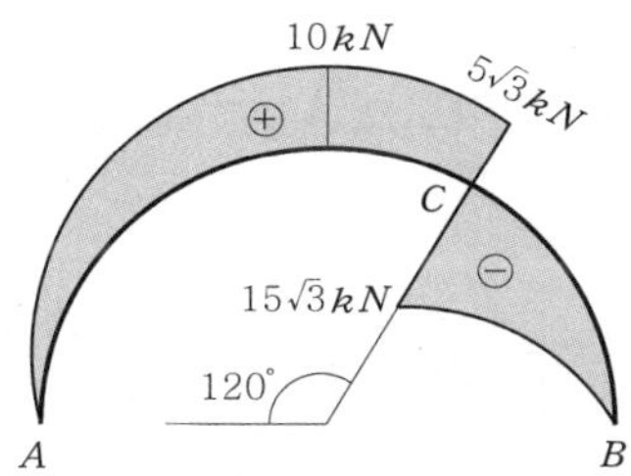

그림(d) 전단력도(S.F.D)

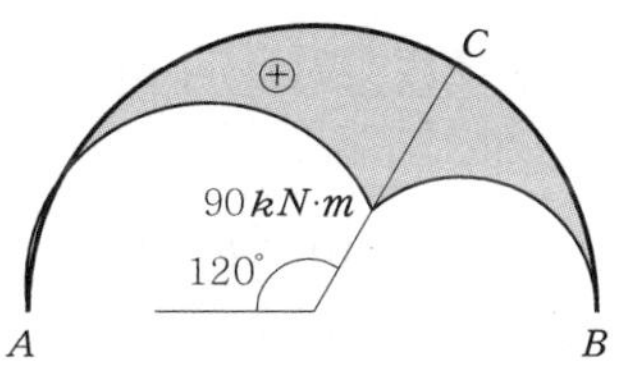

그림(e) 휨모멘트도(B.M.D)

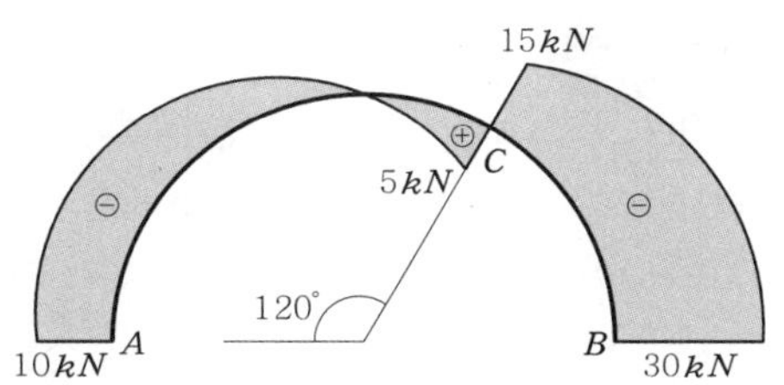

그림(f) 축방향력도(A.F.D)

◆ ◆ ◆ ◆ ◆ ◆

7.2.7 다음과 같은 단순보형 반원 아치의 단면력을 구하고 단면력도를 그리시오.

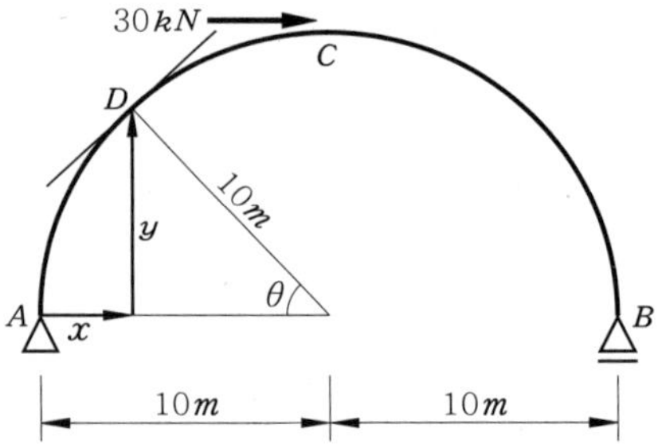

풀이

(1) 반력

반력의 방향을 그림(a)와 같이 가정하고 평형방정식을 세워 반력을 구한다.

$\sum M_B = 0\ :\ -(R_A \times 20) + (30 \times 10) = 0$

$\therefore\ R_A = 15\,kN\ (\downarrow)$

$\sum V = 0\ \ :\ -R_A + R_B = 0$

$\therefore\ R_B = 15\,kN\ (\uparrow)$

$\sum H = 0\ \ :\ -H_A + 30 = 0$

$\therefore\ H_B = 30\,kN\ (\leftarrow)$

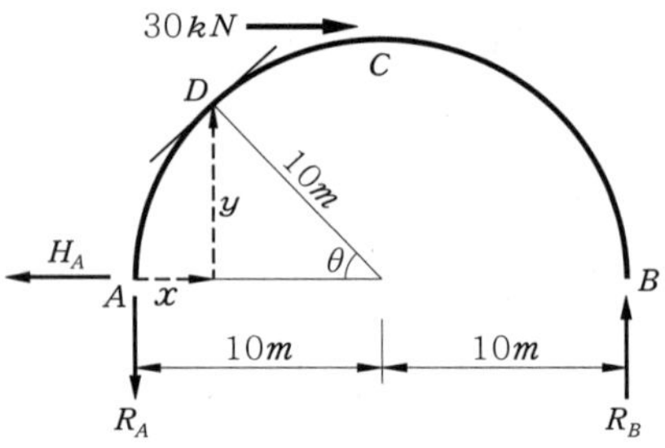

그림(a)

(2) 임의단면의 단면력

임의의 각 θ 일 때 전단력, 휨모멘트, 축방향력을 구하기 위하여 그림(b)와 같이 외력을 D 점에서의 접선의 수직, 수평분력으로 나눈 후 전단력, 휨모멘트, 축방향력을 구한다.

㉠ AC 구간 $(0 \le \theta \le 90^{\circ})$

$V_D = -15\sin\theta + 30\cos\theta$

$M_D = -(15 \times x) + (30 \times y)$

$\quad = 150(2\sin\theta + \cos\theta - 1)$

$N_D = 15\cos\theta + 30\sin\theta$

$\quad = 15(\cos\theta + 2\sin\theta)$

(여기서, $x = 10(1-\cos\theta)$, $y = 10\sin\theta$ 이다.)

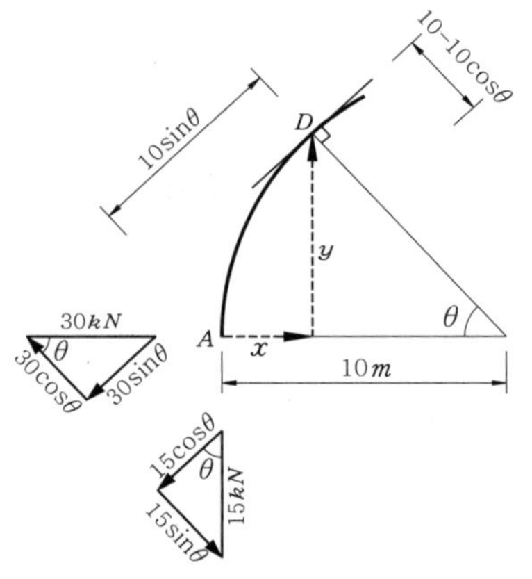

그림(b)

㉡ CB구간 ($90^\circ \le \theta \le 180^\circ$)

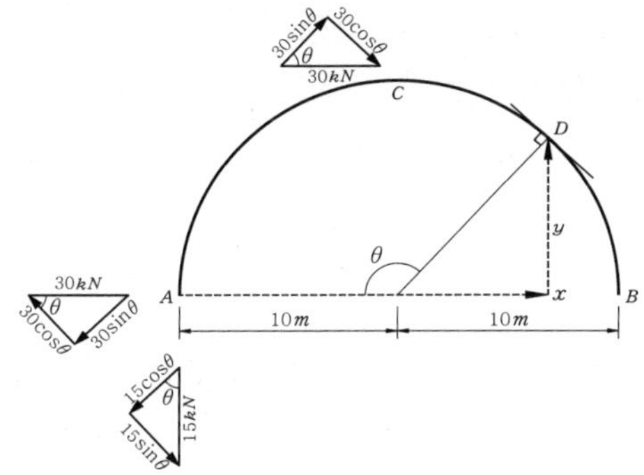

그림(c)

$V_D = -15\sin\theta + 30\cos\theta - 30\cos\theta = -15\sin\theta$

$M_D = -(15 \times x) + (30 \times y) + 30(10 - y) = 15(20 - x) = 150(\cos\theta + 1)$

$N_D = 15\cos\theta + 30\sin\theta - 30\sin\theta = 15\cos\theta$

(여기서, $x = 10(1 - \cos\theta)$, $y = 10\sin\theta$이다.)

(3) 단면력도

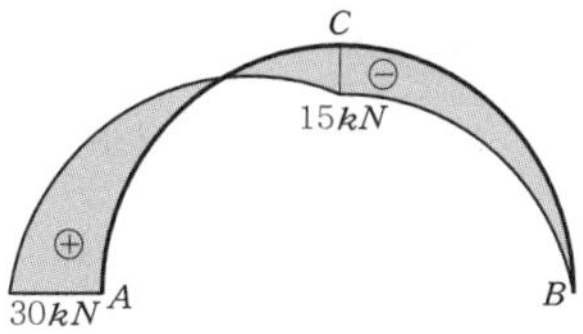

그림(d) 전단력도(S.F.D)

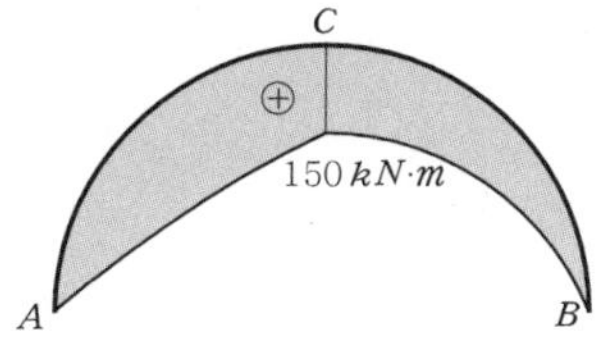

그림(e) 휨모멘트도(B.M.D)

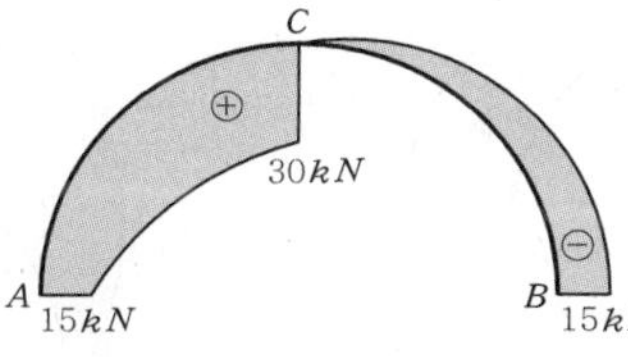

그림(f) 축방향력도(A.F.D)

◆ ◆ ◆ ◆ ◆ ◆

7.2.8 다음과 같은 캔틸레버형 반원 아치의 단면력을 구하고 단면력도를 그리시오.

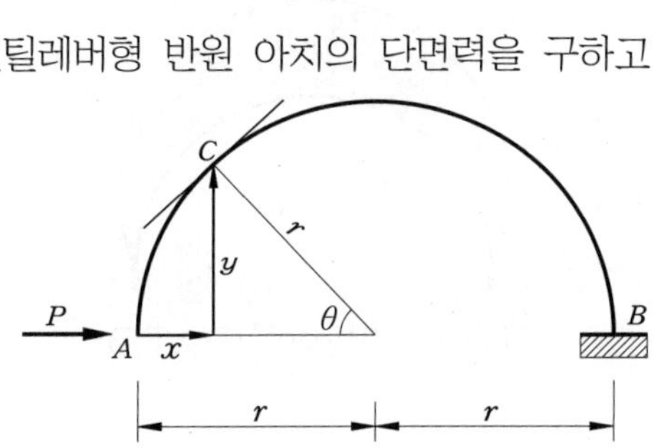

풀이

(1) 반력

반력의 방향을 그림(a)와 같이 가정하고 평형방정식을 세워 반력을 구한다.

$\sum H = 0 \quad : \ P - H_B = 0$

$\therefore \ H_B = P \ (\leftarrow)$

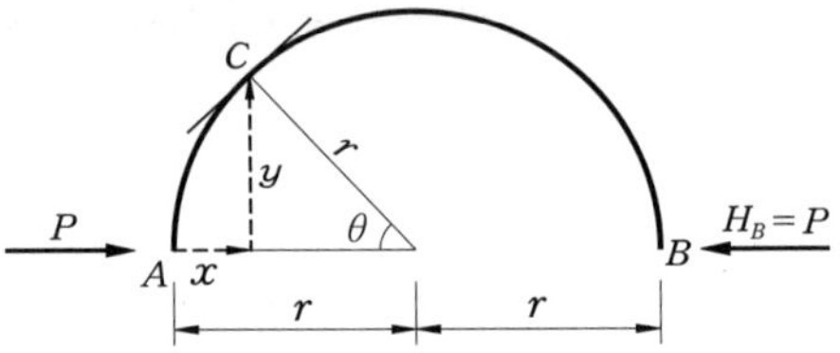

그림(a)

(2) 임의단면의 단면력

임의의 각 θ 일 때 전단력, 휨모멘트, 축방향력을 구하기 위하여 그림(b)와 같이 외력을 C 점에서의 접선의 수직, 수평분력으로 나눈 후 전단력, 휨모멘트, 축방향력을 구한다.

$V_C = -P\cos\theta$

$M_C = -P \times y = -rP\sin\theta$

$N_C = -P\sin\theta$

(여기서, $x = r(1-\cos\theta)$, $y = r\sin\theta$이다.)

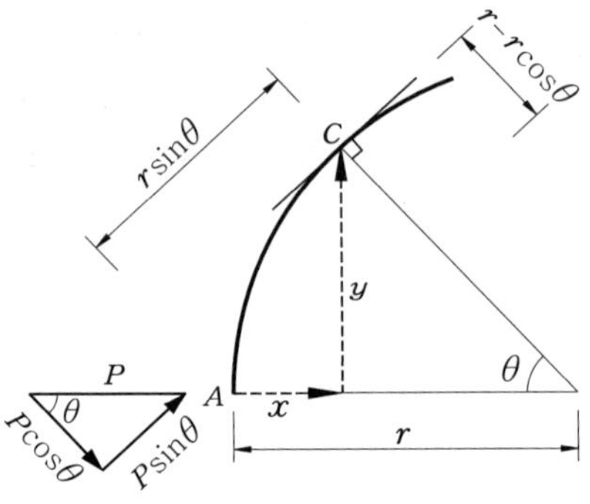

그림(b)

(3) 단면력도

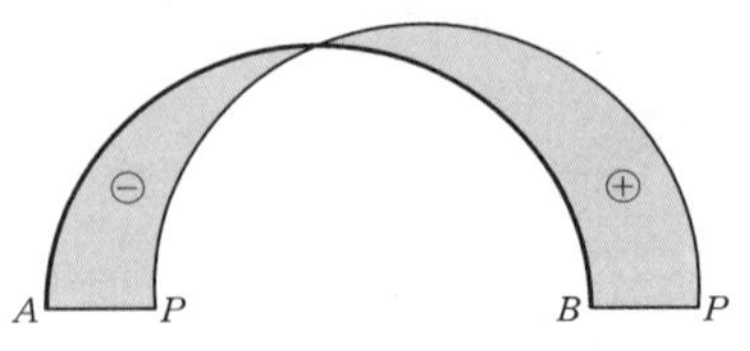

그림(c) 전단력도(S.F.D)

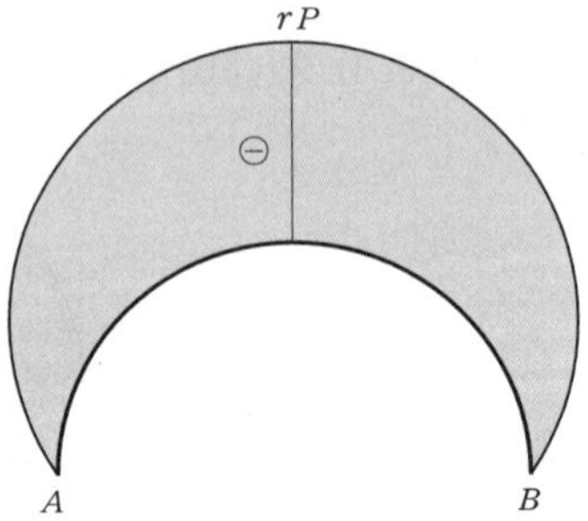

그림(d) 휨모멘트도(B.M.D)

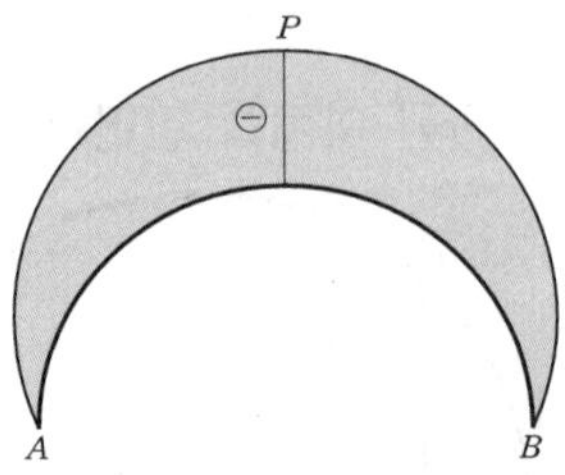

그림(e) 축방향력도(A.F.D)

◆ ◆ ◆ ◆ ◆ ◆

7.2.9 다음과 같은 캔틸레버형 아치의 단면력을 구하고 단면력도를 그리시오.

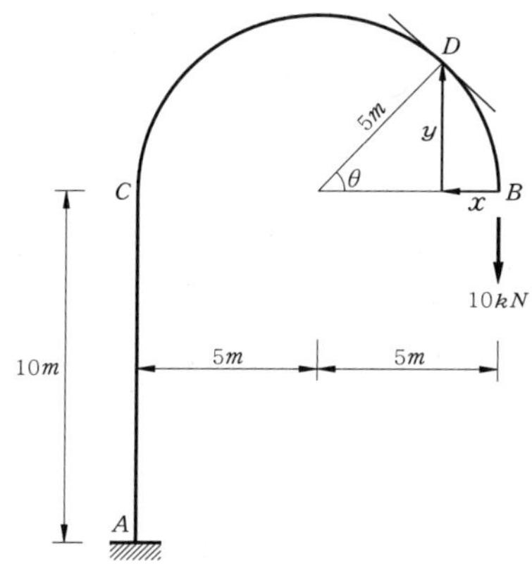

풀이

(1) 반력

반력의 방향을 그림(a)와 같이 가정하고 평형방정식을 세워 반력을 구한다.

$\sum V = 0 \quad : \ R_A - 10 = 0$

$\therefore \ R_A = 10\,kN\,(\uparrow)$

$\sum M_B = 0 \ : (R_A \times 10) - M_A = 0$

$\therefore \ M_A = 100\,kN\cdot m\,(\curvearrowleft)$

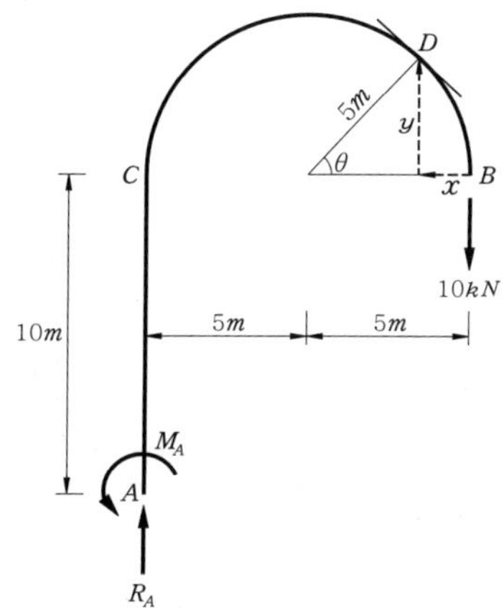

그림(a)

(2) 임의단면의 단면력

임의의 각 θ 일 때 전단력, 휨모멘트, 축방향력을 구하기 위하여 그림(b)와 같이 외력을 D 점에서의 접선의 수직, 수평분력으로 나눈 후 전단력, 휨모멘트, 축방향력을 구한다.

㉠ BC 구간 $(0 \le \theta \le 180^\circ)$

$V_D = 10\sin\theta$

$M_D = -10 \times x = -10 \times 5(1-\cos\theta)$

$\quad = 50(\cos\theta - 1)$

$N_D = 10\cos\theta$

㉡ CD 구간 $(180^\circ \le \theta)$

$V_D = 10 \times \sin 180^\circ = 0$

$M_D = 50(\cos 180^\circ - 1) = -100\,kN\cdot m$

$N_D = 10 \times \cos 180^\circ = -10\,kN$

(여기서, $x = 5(1-\cos\theta)$, $y = 5\sin\theta$이다.)

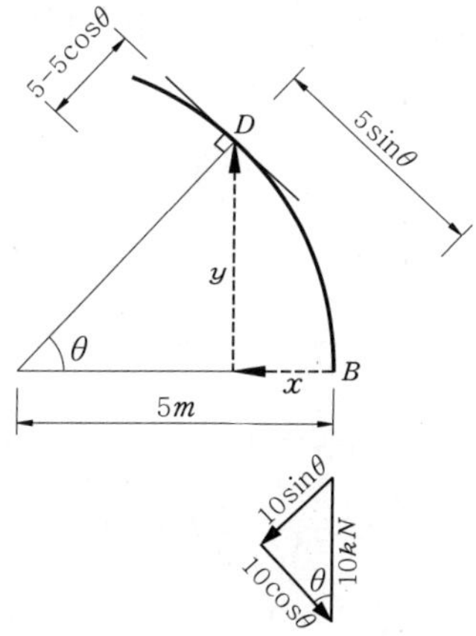

그림(b)

(3) 단면력도

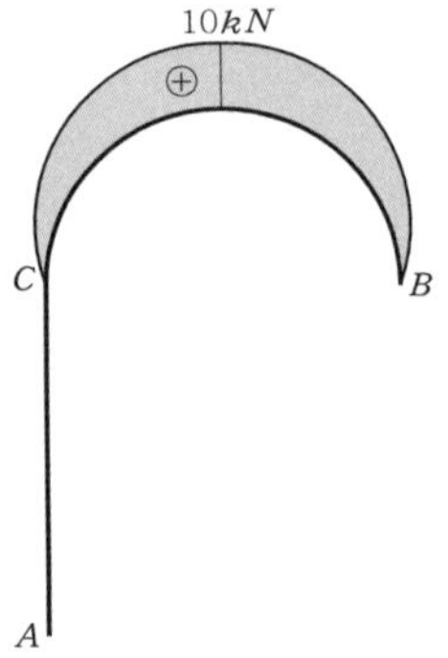

그림(c)
전단력도(S.F.D)

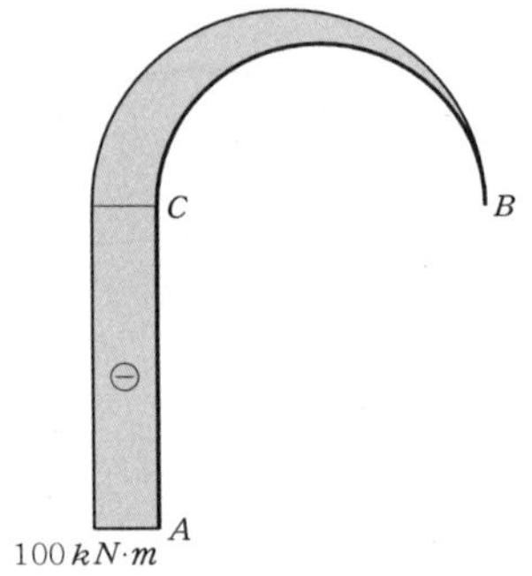

그림(d)
휨모멘트도(B.M.D)

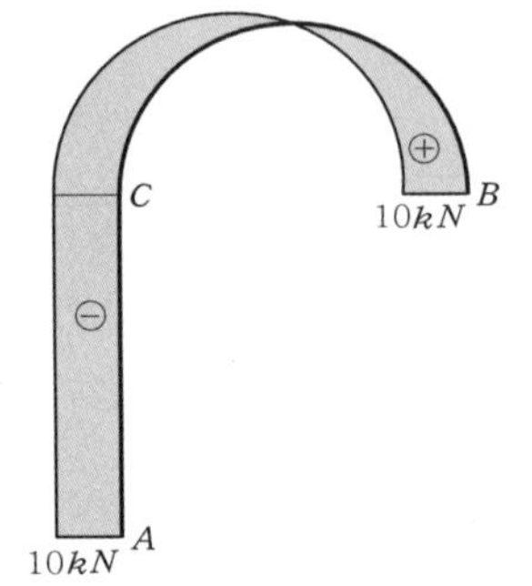

그림(e)
축방향력도(A.F.D)

◆ ◆ ◆ ◆ ◆ ◆

7.2.10 다음과 같은 3힌지 반원 아치의 단면력을 구하고 단면력도를 그리시오.

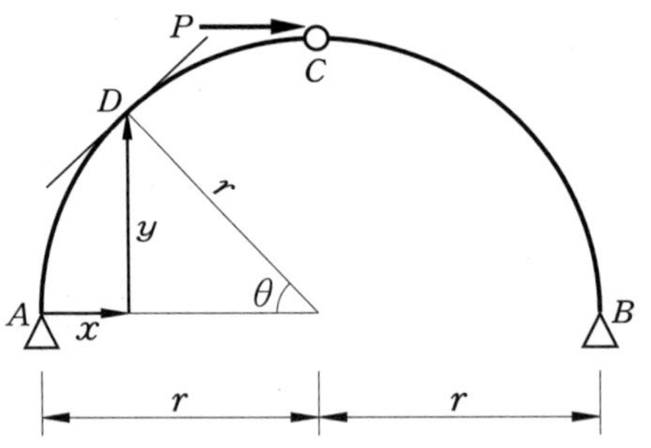

풀이

(1) 반력

반력의 방향을 그림(a)와 같이 가정하고
평형방정식을 세워 반력을 구한다.

$\sum M_B = 0$: $-(R_A \times 2r) + (P \times r) = 0$

$\therefore\ R_A = \dfrac{1}{2}P\,(\downarrow)$

$\sum V = 0$: $-R_A + R_B = 0$

$\therefore\ R_B = \dfrac{1}{2}P\,(\uparrow)$

$\sum M_C = 0$: $-(R_A \times r) + (H_A \times r) = 0$

$\therefore\ H_A = \dfrac{1}{2}P\,(\leftarrow)$

$\sum H = 0$: $P - H_A - H_B = 0$

$\therefore\ H_B = \dfrac{1}{2}P\,(\leftarrow)$

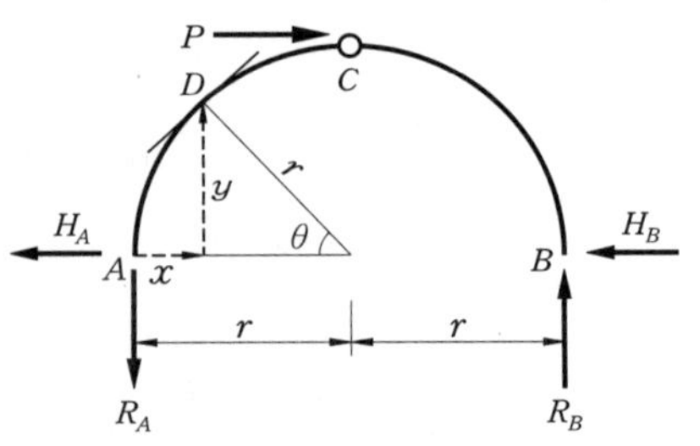

그림(a)

(2) 임의단면의 단면력

임의의 각 θ 일 때 전단력, 휨모멘트, 축방향력을 구하기 위하여 그림(b), 그림(c)와 같이 외력을 D 점에서의 접선의 수직, 수평분력으로 나눈 후 전단력, 휨모멘트, 축방향력을 구한다.

㉠ AC 구간 $(0 \le \theta \le 90^\circ)$

$$V_D = -\frac{1}{2}P\sin\theta + \frac{1}{2}P\cos\theta$$

$$= \frac{1}{2}P(\cos\theta - \sin\theta)$$

$$M_D = -\left(\frac{1}{2}P \times x\right) + \left(\frac{1}{2}P \times y\right)$$

$$= \frac{1}{2}P(y - x)$$

$$= \frac{1}{2}rP(\sin\theta + \cos\theta - 1)$$

$$N_D = \frac{1}{2}P\cos\theta + \frac{1}{2}P\sin\theta$$

$$= \frac{1}{2}P(\cos\theta + \sin\theta)$$

(여기서, $x = r(1-\cos\theta)$, $y = r\sin\theta$이다.)

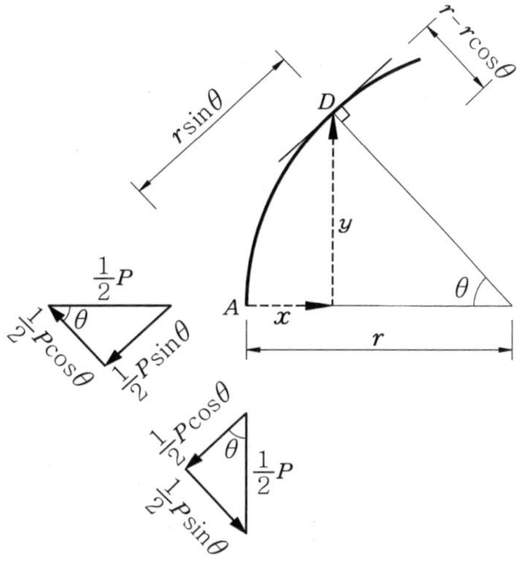

그림(b)

㉡ CB 구간 $(90^\circ \le \theta \le 180^\circ)$

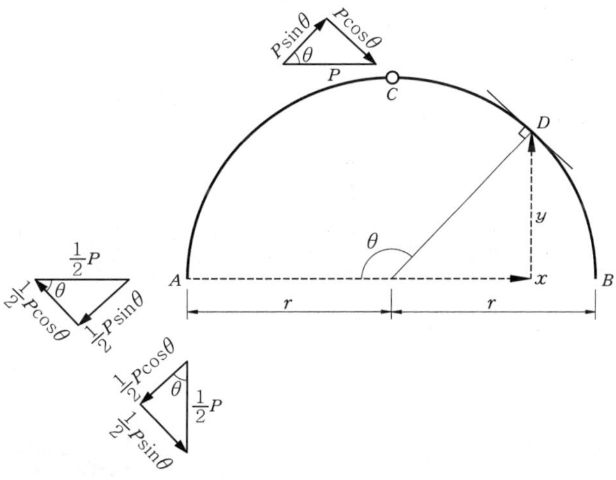

그림(c)

$$V_D = -\frac{1}{2}P\sin\theta + \frac{1}{2}P\cos\theta - P\cos\theta = -\frac{1}{2}P(\sin\theta + \cos\theta)$$

$$M_D = -\left(\frac{1}{2}P \times x\right) + \left(\frac{1}{2}P \times y\right) + P(r - y) = \frac{1}{2}P(2r - x - y)$$

$$= \frac{1}{2}rP(1 + \cos\theta - \sin\theta)$$

$$N_D = \frac{1}{2}P\cos\theta + \frac{1}{2}P\sin\theta - P\cos\theta = \frac{1}{2}P(\sin\theta - \cos\theta)$$

(여기서, $x = r(1-\cos\theta)$, $y = r\sin\theta$이다.)

(3) 단면력도

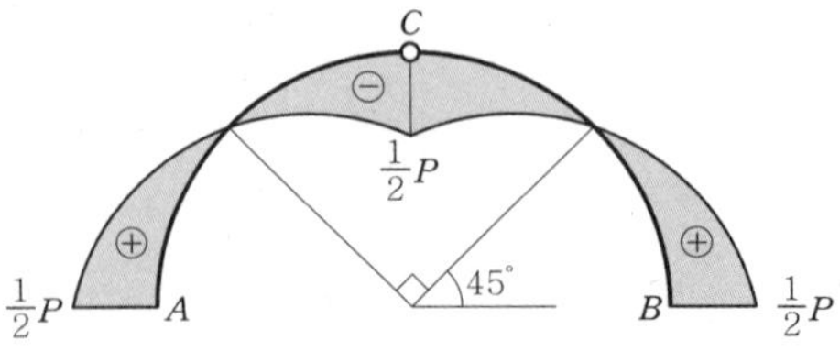

그림(d) 전단력도(S.F.D)

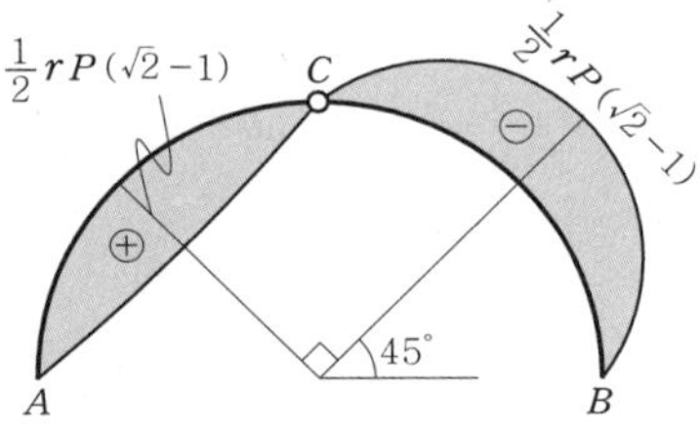

그림(e) 휨모멘트도(B.M.D)

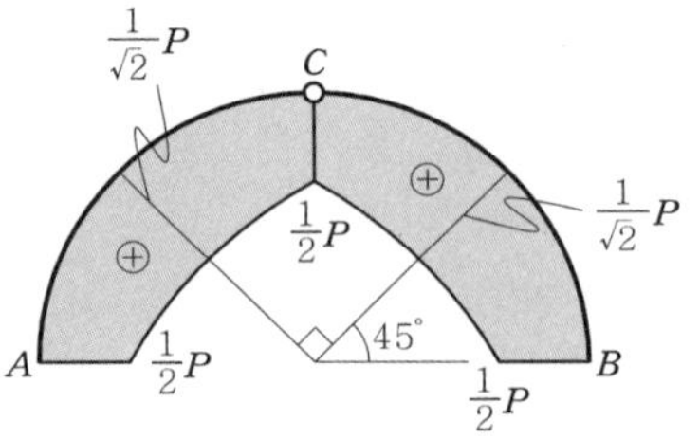

그림(f) 축방향력도(A.F.D)

◆ ◆ ◆ ◆ ◆ ◆

7.2.11 다음과 같은 3힌지 반원 아치의 F점에서의 단면력을 구하시오.

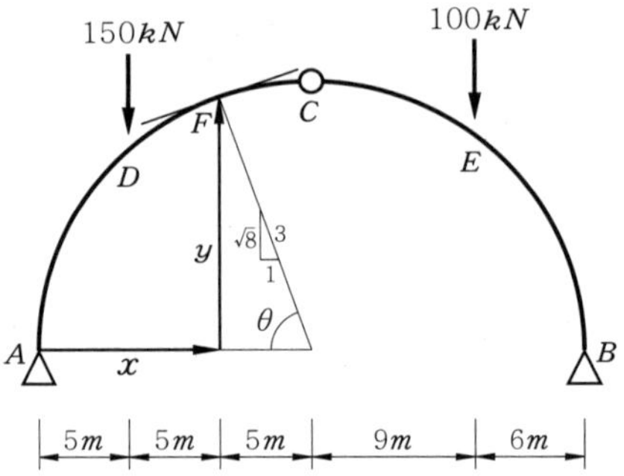

풀이

(1) 반력

반력의 방향을 그림(a)와 같이 가정하고 평형방정식을 세워 반력을 구한다.

$$\Sigma M_B = 0 \ : \ (R_A \times 30) - (150 \times 25) - (100 \times 6) = 0$$

$$\therefore \ R_A = 145kN(\uparrow)$$

$$\Sigma V = 0 \ : \ R_A + R_B - 150 - 100 = 0$$

$$\therefore \ R_B = 105kN(\uparrow)$$

$$\Sigma M_C = 0 \ : \ (R_A \times 15) - (H_A \times 15)$$

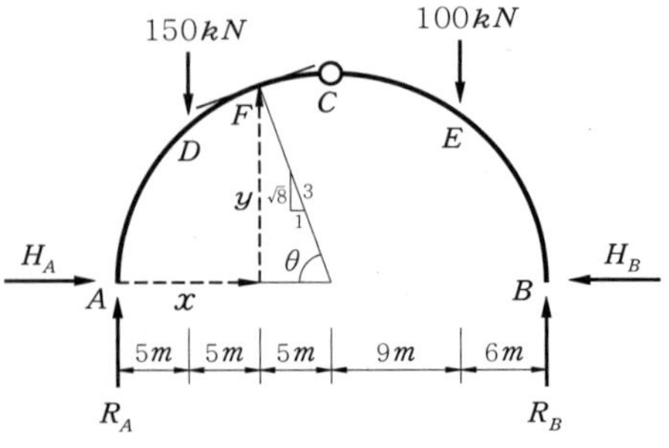

그림(a)

$$-(150\times 10)=0$$

$\therefore\ H_A = 45\,kN\,(\rightarrow)$

$\sum H = 0\quad : \ H_A - H_B = 0$

$\therefore\ H_B = 45\,kN\,(\leftarrow)$

(2) 임의단면의 단면력

F점에서의 전단력, 휨모멘트, 축방향력을 구하기 위하여 그림(b)와 같이 외력을 F점에서의 접선의 수직, 수평분력으로 나눈 후 전단력, 휨모멘트, 축방향력을 구한다.

$$V_F = 145\sin\theta - 45\cos\theta - 150\sin\theta$$
$$= -5\sin\theta - 45\cos\theta$$
$$= -\left(5\times\frac{\sqrt{8}}{3}\right) - \left(45\times\frac{1}{3}\right)$$
$$= 19.71\,kN$$

$$M_F = (145\times 10) - (45\times 15\sin\theta)$$
$$-(150\times 5)$$
$$= 700 - 675\sin\theta$$
$$= 700 - \left(675\times\frac{\sqrt{8}}{3}\right)$$
$$= 63.6\,kN$$

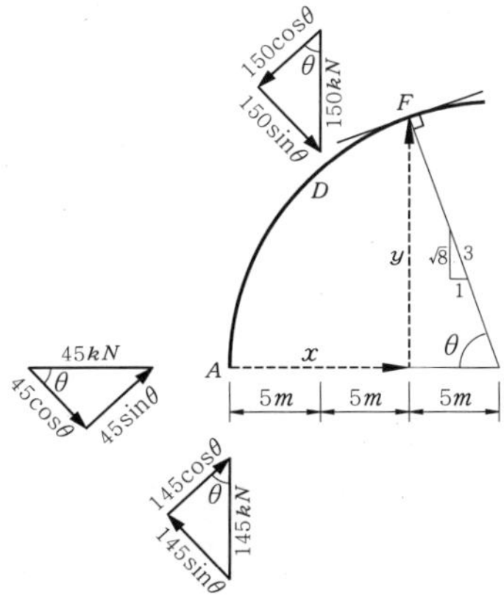

그림(b)

$$N_F = -145\cos\theta - 45\sin\theta + 150\cos\theta$$
$$= 5\cos\theta - 45\sin\theta$$
$$= \left(5\times\frac{1}{3}\right) - \left(45\times\frac{\sqrt{8}}{3}\right)$$
$$= 40.76\,kN$$

(여기서, $\sin\theta = \dfrac{\sqrt{8}}{3}$, $\cos\theta = \dfrac{1}{3}$이다.)

◆ ◆ ◆ ◆ ◆ ◆

7.2.12 다음과 같은 3힌지 반원 아치의 단면력을 구하고 단면력도를 그리시오.

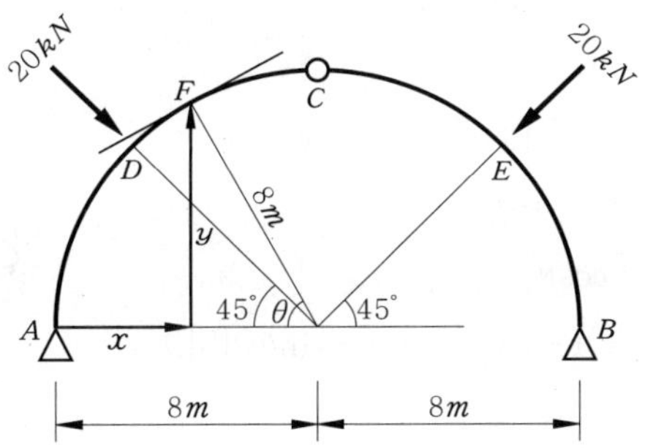

풀이

(1) 반력

반력의 방향을 그림(a)와 같이 가정하고 평형방정식을 세워 반력을 구한다.

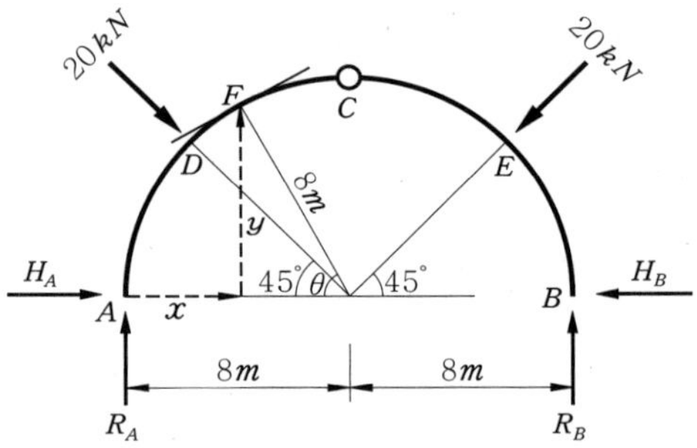

그림(a)

$$\Sigma M_B = 0 \ : \ (R_A \times 16) - [20\sin45^\circ \times (8 + 8\cos45^\circ)] + (20\cos45^\circ \times 8\sin45^\circ)$$
$$- [20\sin45^\circ \times (8 - 8\cos45^\circ)] - (20\cos45^\circ \times 8\sin45^\circ) = 0$$

$\therefore \ R_A = 10\sqrt{2}\ kN\ (\uparrow)$

$$\Sigma V = 0 \ : \ R_A + R_B - (2 \times 20\sin45^\circ) = 0$$

$\therefore \ R_B = 10\sqrt{2}\ kN\ (\uparrow)$

$$\Sigma M_C = 0 \ : \ (R_A \times 8) - (H_A \times 8) - (20\sin45^\circ \times 8\cos45^\circ)$$
$$- [20\cos45^\circ \times (8 - 8\sin45^\circ)] = 0$$

$\therefore \ H_A = 0$

$$\Sigma H = 0 \ : \ H_A - H_B = 0$$

$\therefore \ H_B = 0$

(2) 임의단면의 단면력

임의의 각 θ일 때 전단력, 휨모멘트, 축방향력을 구하기 위하여 그림(b), 그림(c), 그림(d)와 같이 외력을 F점에서의 접선의 수직, 수평분력으로 나눈 후 전단력, 휨모멘트, 축방향력을 구한다.

㉠ AD 구간 $(0 \le \theta \le 45^\circ)$

$V_F = 10\sqrt{2}\sin\theta$

$M_F = 10\sqrt{2} \times x = 10\sqrt{2} \times 8(1 - \cos\theta)$

$= 80\sqrt{2}(1 - \cos\theta)$

$N_F = -10\sqrt{2}\cos\theta$

(여기서, $x = 8(1 - \cos\theta)$, $y = 8\sin\theta$이다.)

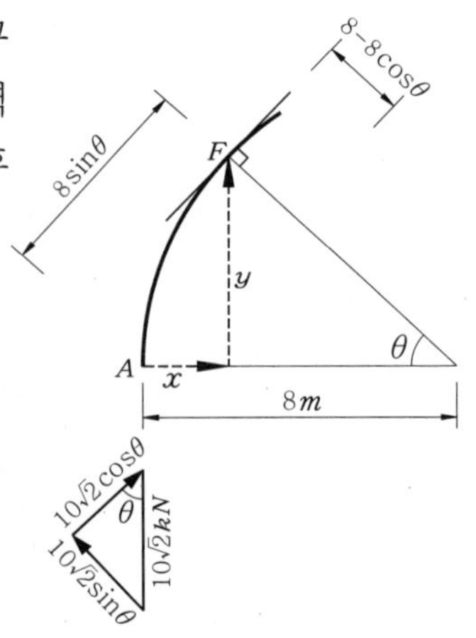

그림(b)

㉡ DE구간 $(45^\circ \le \theta \le 135^\circ)$

$V_F = 10\sqrt{2}\sin\theta - 10\sqrt{2}\sin\theta - 10\sqrt{2}\cos\theta$

$= -10\sqrt{2}\cos\theta$

$M_F = (10\sqrt{2} \times x) - 10\sqrt{2}\,[x - (8 - 8\cos 45^\circ)]$

$- 10\sqrt{2}\,(y - 8\sin 45^\circ)$

$= 10\sqrt{2}\,(8 - y)$

$= 80\sqrt{2}\,(1 - \sin\theta)$

$N_F = -10\sqrt{2}\cos\theta + 10\sqrt{2}\cos\theta - 10\sqrt{2}\sin\theta$

$= -10\sqrt{2}\sin\theta$

(여기서, $x = 8(1 - \cos\theta)$, $y = 8\sin\theta$이다.)

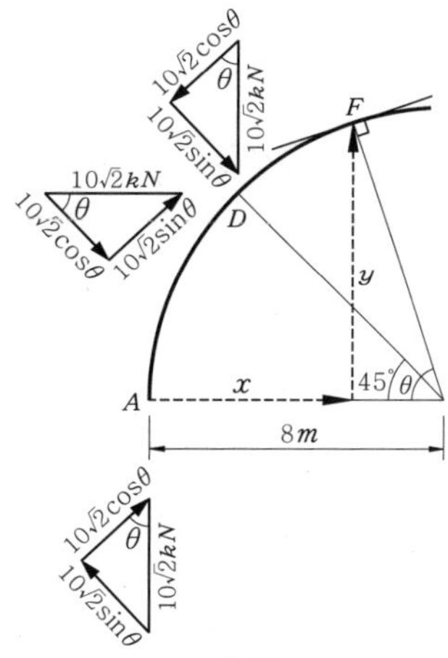

그림(c)

㉢ EB구간 $(135^\circ \le \theta \le 180^\circ)$

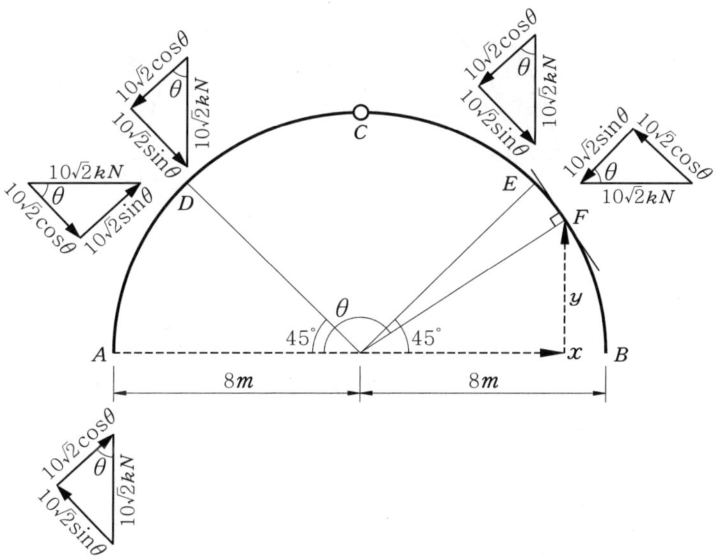

그림(d)

$V_F = 10\sqrt{2}\sin\theta - 10\sqrt{2}\sin\theta - 10\sqrt{2}\cos\theta - 10\sqrt{2}\sin\theta + 10\sqrt{2}\cos\theta$

$= -10\sqrt{2}\sin\theta$

$M_F = (10\sqrt{2} \times x) - 10\sqrt{2}\,[x - (8 - 8\cos 45^\circ)] + 10\sqrt{2}\,(8\sin 45^\circ - y)$

$- 10\sqrt{2}\,[x - (8 + 8\cos 45^\circ)] - 10\sqrt{2}\,(8\sin 45^\circ - y)$

$= 10\sqrt{2}\,(16 - x) = 80\sqrt{2}\,(\cos\theta + 1)$

$N_F = -10\sqrt{2}\cos\theta + 10\sqrt{2}\cos\theta - 10\sqrt{2}\sin\theta + 10\sqrt{2}\cos\theta + 10\sqrt{2}\sin\theta$

$= 10\sqrt{2}\cos\theta$

(여기서, $x = 8(1 - \cos\theta)$, $y = 8\sin\theta$이다.)

(3) 단면력도

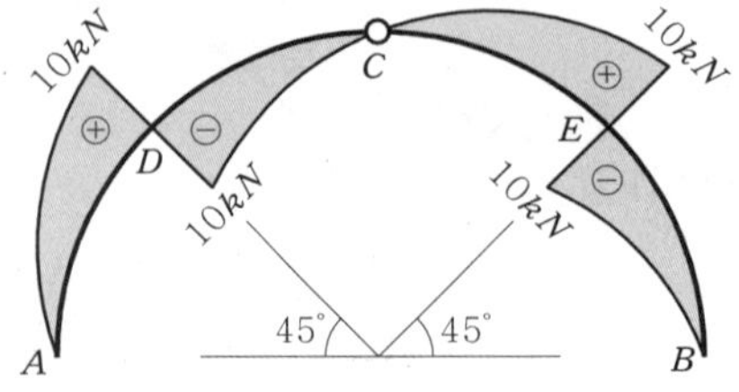

그림(e) 전단력도(S.F.D)

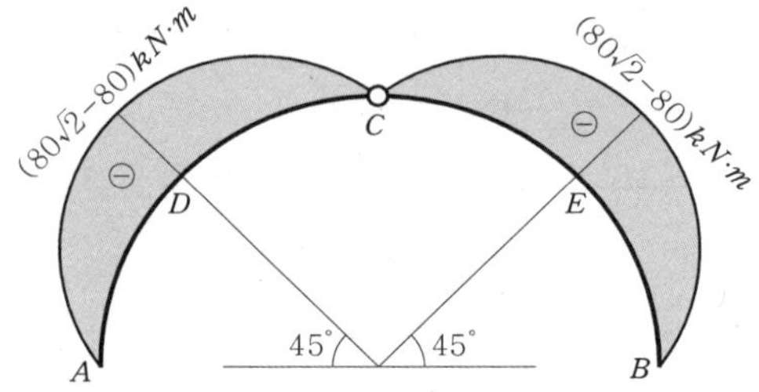

그림(f) 휨모멘트도(B.M.D)

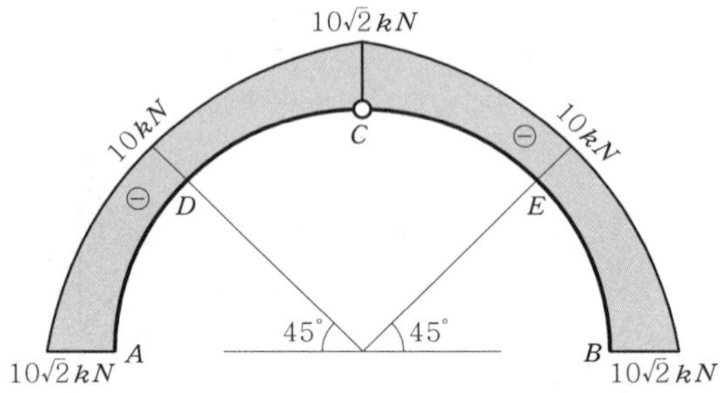

그림(g) 축방향력도(A.F.D)

◆ ◆ ◆ ◆ ◆ ◆

7.2.13 다음과 같은 3힌지 반원 아치의 반경 r을 구한 뒤, 단면력을 구하고 단면력도를 그리시오.

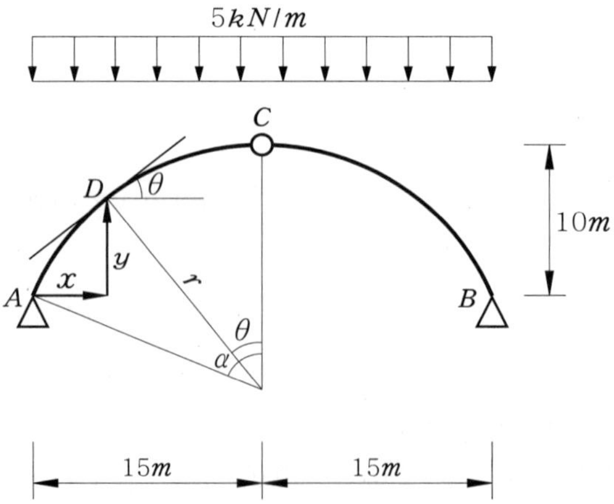

풀이

(1) 아치의 반경 r

아치의 반경 r을 구하면

$$r^2 = 15^2 + (r-10)^2 = r^2 - 20r + 325$$

$$\therefore\ r = 16.25m$$

(2) 반력

반력의 방향을 그림(a)와 같이 가정하고 평형방정식을 세워 반력을 구한다.

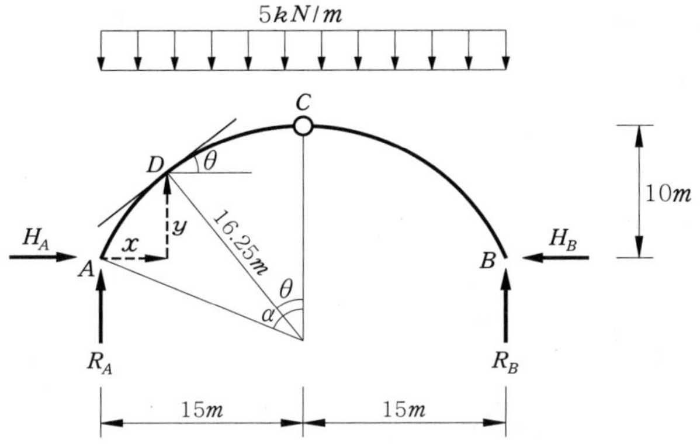

그림(a)

$$\Sigma M_B = 0\ :\ (R_A \times 30) - \left(5 \times 30 \times \frac{30}{2}\right) = 0 \qquad \therefore\ R_A = 75kN\,(\uparrow)$$

$$\Sigma V = 0\ :\ R_A + R_B - (5 \times 30) = 0 \qquad \therefore\ R_B = 75kN\,(\uparrow)$$

$$\Sigma M_C = 0\ :\ (R_A \times 15) - (H_A \times 10) - \left(5 \times 15 \times \frac{15}{2}\right) = 0 \quad \therefore\ H_A = 56.25kN\,(\rightarrow)$$

$$\Sigma H = 0\ :\ H_A - H_B = 0 \qquad \therefore\ H_B = 56.25kN\,(\leftarrow)$$

(3) 임의단면의 단면력

임의의 각 θ일 때 전단력, 휨모멘트, 축방향력을 구하기 위하여 그림(b)와 같이 외력을 D점에서의 접선의 수직, 수평분력으로 나눈 후 전단력, 휨모멘트, 축방향력을 구한다.

$$V_D = 75\cos\theta - 56.25\sin\theta - 5x\cos\theta$$
$$= 5\cos\theta(15-x) - 56.25\sin\theta$$
$$= \sin\theta(81.25\cos\theta - 56.25)$$
$$M_D = (75\times x) - (56.25\times y)$$
$$-\left(5x\times\frac{1}{2}x\right)$$
$$= 75x - 56.25y - 2.5x^2$$
$$= 40.625\cos\theta(16.25\cos\theta - 22.5)$$
$$+253.90625$$
$$N_D = -75\sin\theta - 56.25\cos\theta + 5x\sin\theta$$
$$= 5\sin\theta(x-15) - 56.25\cos\theta$$
$$= 5\cos\theta(16.25\cos\theta - 11.25)$$
$$-81.25$$

(여기서, $x = 16.25(\sin\alpha - \sin\theta) = 15 - 16.25\sin\theta$,
$y = 16.25(\cos\theta - \cos\alpha) = 16.25\sin\theta - 6.25$이다.)

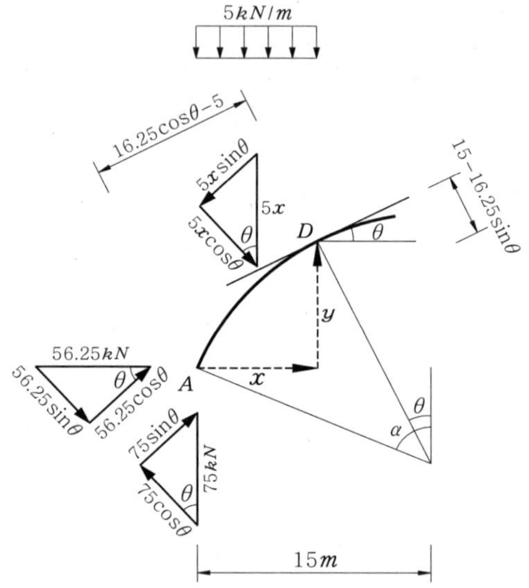

그림(b)

(4) 단면력도

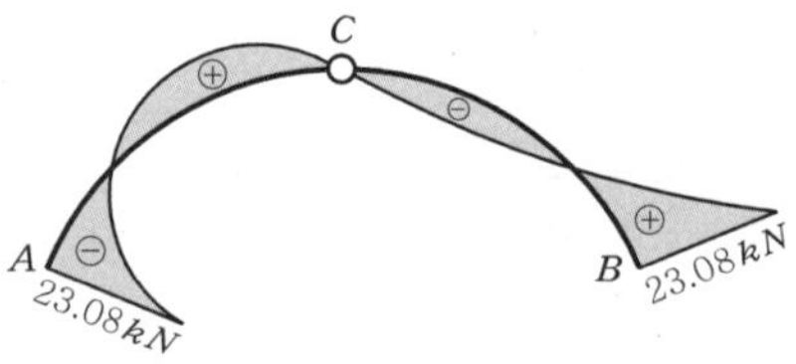

그림(c) 전단력도(S.F.D)

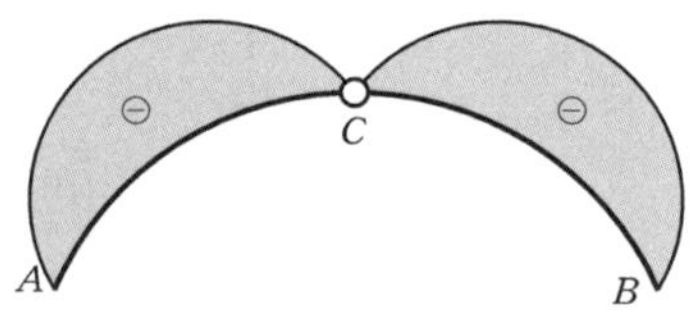

그림(d) 휨모멘트도(B.M.D)

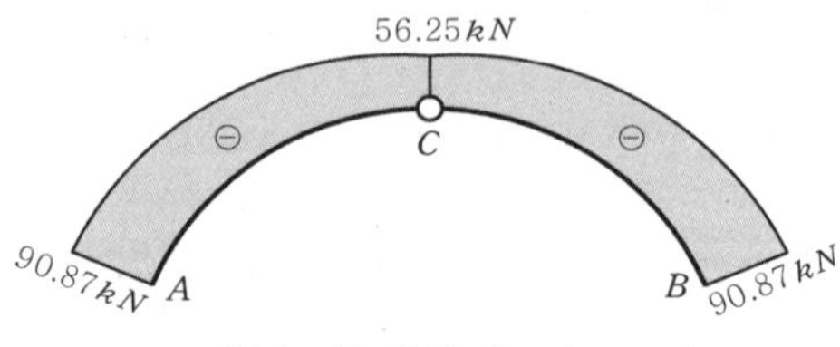

그림(e) 축방향력도(A.F.D)

◆ ◆ ◆ ◆ ◆ ◆

7.2.14 다음과 같은 경사진 3힌지 포물선 아치의 내부 힌지는 아치의 크라운에 배치되어 있다. 크라운의 위치를 구한 뒤, 단면력을 구하고 단면력도를 그리시오.

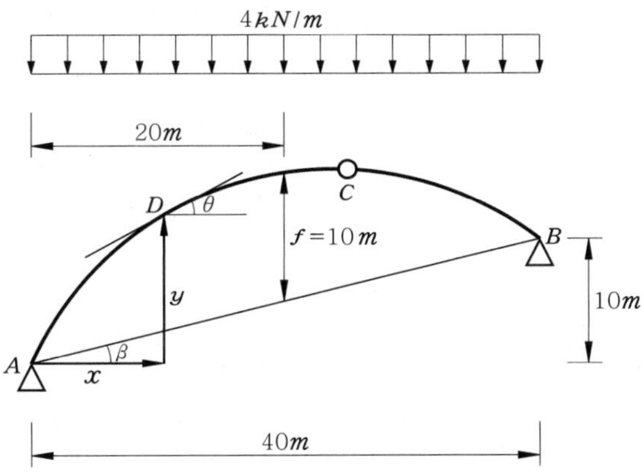

풀이

(1) 크라운의 위치

그림과 같은 경사진 포물선 아치의 축선 방정식은

$$y = x\tan\beta + \frac{4f}{L^2}(Lx - x^2)$$

이다. 따라서 이 아치의 축선 방정식은 다음과 같다.

$$y = \frac{10}{40}x + \frac{4\times10}{40^2}(40x - x^2) = 1.25x - \frac{1}{40}x^2$$

따라서 y가 최대인 크라운의 위치의 x 값은

$$\frac{dy}{dx} = 1.25 - \frac{1}{20}x = 0$$

$$\therefore\ x = a = 25m$$

크라운의 위치의 y 값은

$$y_{\max} = y_c = (1.25\times25) - \left(\frac{1}{40}\times25^2\right) = 15.625m$$

또는

$$y_c = y_{x=25} = x\tan\beta + \frac{4f}{L^2}(Lx - x^2)$$

$$= \frac{10}{40}\times25 + \frac{4\times10}{40^2}(40\times25 - 25^2)$$

$$= 6.25 + 9.375 = 15.625m$$

(2) 반력

반력의 방향을 그림(a)와 같이 가정하고 평형방정식을 세워 반력을 구한다.

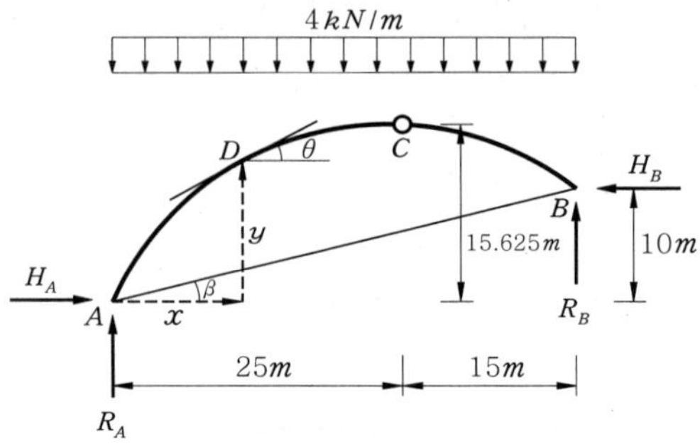

그림(a)

$$\Sigma M_B = 0 \;:\; (R_A \times 40) - (H_A \times 10) - \left(4 \times 40 \times \frac{40}{2}\right) = 0$$

$$\therefore\; 4R_A - H_A - 320 = 0 \quad \cdots\cdots\cdots\; (1)$$

$$\Sigma M_A = 0 \;:\; -(R_B \times 40) - (H_B \times 10) + \left(4 \times 40 \times \frac{40}{2}\right) = 0$$

$$\therefore\; 4R_B + H_B - 320 = 0 \quad \cdots\cdots\cdots\; (2)$$

$$\Sigma M_C = 0 \;:\; (R_A \times 25) - (H_A \times 15.625) - \left(4 \times 25 \times \frac{25}{2}\right) = 0$$

$$\therefore\; 25R_A - 15.625H_A - 1250 = 0 \quad \cdots\cdots\cdots\; (3)$$

$$\Sigma M_C = 0 \;:\; -(R_B \times 15) + (H_B \times 5.625) + \left(4 \times 15 \times \frac{15}{2}\right) = 0$$

$$\therefore\; 15R_B - 5.625H_B - 450 = 0 \quad \cdots\cdots\cdots\; (4)$$

식(1), 식(3)를 연립하여 풀면

$\therefore\; R_A = 100\,kN\,(\uparrow) \qquad H_A = 80\,kN\,(\rightarrow)$

식(2), 식(4)를 연립하여 풀면

$\therefore\; R_E = 60\,kN\,(\uparrow) \qquad H_E = 80\,kN\,(\leftarrow)$

(3) 임의단면의 단면력

임의의 좌표 (x, y)일 때 전단력, 휨모멘트, 축방향력을 구하기 위하여 그림(b)와 같이 외력을 D점에서의 접선의 수직, 수평분력으로 나눈 후 전단력, 휨모멘트, 축방향력을 구한다.

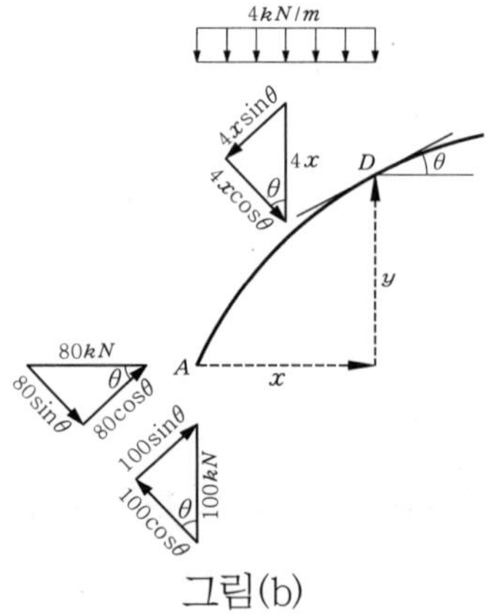

그림(b)

$$V_D = 100\cos\theta - 80\sin\theta - 4x\cos\theta = \cos\theta(100 - 4x - 80\tan\theta)$$

$$= \cos\theta\left[100 - 4x - \left(80 \times \frac{125-5x}{100}\right)\right] = 0$$

$$M_D = (100 \times x) - (80 \times y) - \left(4x \times \frac{1}{2}x\right) = 100x - 80y - 2x^2$$

$$= 100x - 80\left(1.25x - \frac{1}{40}x^2\right) - 2x^2 = 0$$

$$N_D = -100\sin\theta - 80\cos\theta + 4x\sin\theta = (4x-100)\sin\theta - 80\cos\theta$$

$$= (4x-100) \times \frac{125-5x}{\sqrt{100^2+(125-5x)^2}} - 80 \times \frac{100}{\sqrt{100^2+(125-5x)^2}}$$

$$= \frac{-20500+1000x-20x^2}{\sqrt{100^2+(125-5x)}}$$

여기서,

$$y = 1.25x - \frac{1}{40}x^2$$

$$\tan\theta = \frac{dy}{dx} = 1.25 - \frac{1}{20}x = \frac{125-5x}{100}$$

$$\sin\theta = \frac{125-5x}{\sqrt{100^2+(125-5x)^2}}, \quad \cos\theta = \frac{100}{\sqrt{100^2+(125-5x)^2}}$$

이다.

※ 일반적으로 3힌지 포물선 아치에 등분포하중이 작용하면 아치가 수평이든 경사지든 관계없이 단면에 전단력과 휨모멘트는 작용하지 않고 축방향 압축력만 작용한다.

(4) 단면력도

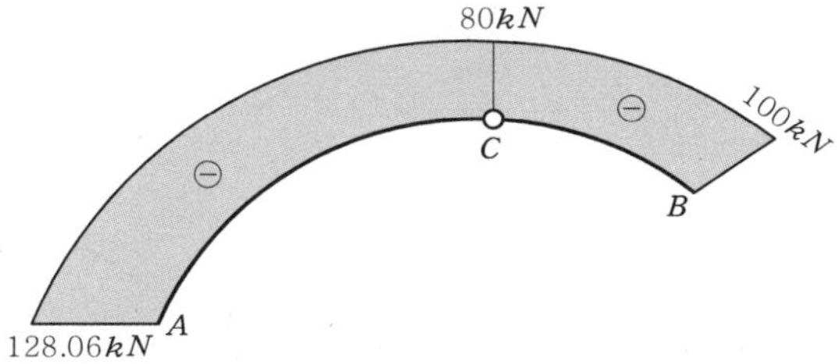

그림(c) 축방향력도(A.F.D)

◆ ◆ ◆ ◆ ◆ ◆

7.3 케이블 (Cable)*

7.3.1 다음 중 케이블(Cable)의 특성에 대하여 잘못 설명한 것은?

① 케이블은 단면력 중 오직 인장력만을 저항할 수 있는 유연한 부재로, 단면에 응력을 균등하게 받기 때문에 재료를 매우 효율적으로 사용할 수 있다.

② 케이블 자중에 의하여 늘어진 케이블의 모양을 현수선이라고 한다.

③ 자중을 무시하고 수평경간에 따라 작용하는 등분포하중에 의하여 늘어진 케이블의 모양은 포물선의 형태이다.

④ 연직하중을 받는 케이블의 임의 점에서의 케이블의 인장력의 수평분력과 그 점에서 케이블의 현(弦)까지의 연직거리를 곱한 값은 케이블에 작용하는 하중이 케이블과 같은 경간의 단순보에 작용할 때 그 점에 일어나는 전단력과 같다.

풀이

정답 ④

『케이블의 일반정리』

연직하중을 받는 케이블의 임의 점에서의 케이블의 인장력의 수평분력과 그 점에서 케이블의 현(弦)까지의 연직거리를 곱한 값은 케이블에 작용하는 하중이 케이블과 같은 경간의 단순보에 작용할 때 그 점에 일어나는 휨모멘트와 같다. 이 정리는 임의의 연직하중에 대하여 케이블의 현이 수평이든 경사지든 관계없이 성립된다.

◆ ◆ ◆ ◆ ◆ ◆

7.3.2 다음 그림과 같은 케이블에서 각 지점의 반력 V_A, V_B와 각 점과 케이블 현의 연직거리 y_D, y_E 및 최대장력 $T_{\max}$를 구하여라.

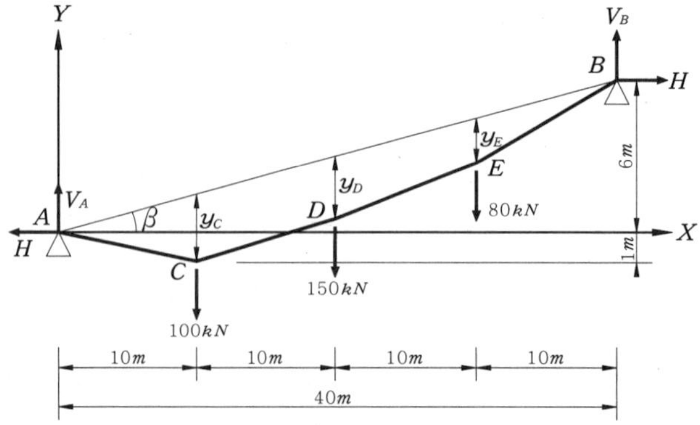

풀이

1. 수평력 H의 산정

(1) 그림(a)와 같이 단순보로 가정한 후 반력 R_A, R_B를 산정

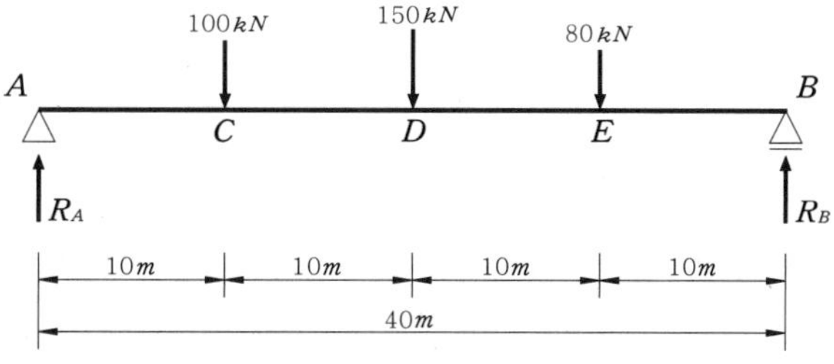

그림(a)

$$40R_A - 100\times30 - 150\times20 - 80\times10 = 0$$

$\therefore\ R_A = 170kN,$ $\qquad R_B = 160kN$

(2) C점에서의 휨모멘트 M_C

$M_C = R_A \times 10$ $\qquad \therefore\ M_C = 1700kN\cdot m$

(3) 케이블의 일반정리

① C점에서의 연직거리 y_C 계산

기울기 β는 알 수 없으나 B점에서의 연직거리를 알고 있으므로 그림(b)와 같이 삼각형의 비례식으로 구할 수 있다.

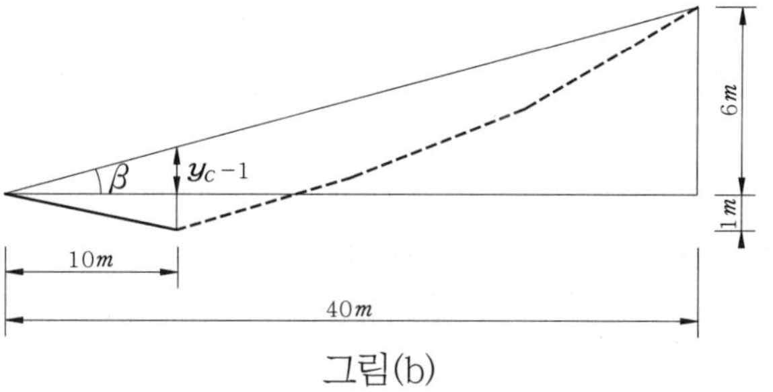

그림(b)

$40m : 6m = 10m : (y_C - 1)$ $\qquad \therefore\ y_C = 2.5m$

② 수평력 H의 계산

$M_C = H \times y_C$ $\qquad \therefore\ H = 680kN$

2. 케이블의 반력 V_A, V_B의 계산

실제 케이블의 반력은 평형방정식으로 구할 수 있다.

$\sum M_B = 0$

$V_A \times 40 + H \times 6 - 100 \times 30 - 150 \times 20 - 80 \times 10 = 0 \qquad (\Leftarrow\ H = 680\,kN)$

$\therefore\ V_A = 68\,kN, \qquad V_B = 262\,kN$

3. 각 점과 케이블 현의 연직거리 y_D, y_E의 계산

(1) y_D의 계산

단순보에서 D점에서의 휨모멘트 M_D

$M_D = R_A \times 20 - 100 \times 10 = 2400\,kN \cdot m \qquad (\Leftarrow\ R_A = 170\,kN)$

$M_D = H \times y_D \qquad (\Leftarrow\ H = 680\,kN)$

$\therefore\ y_D = 3.53\,m$

(2) y_E의 계산

단순보에서 E점에서의 휨모멘트 M_E

$M_E = R_A \times 30 - 100 \times 20 - 150 \times 10 = 1600\,kN \cdot m \qquad (\Leftarrow\ R_A = 170\,kN)$

$M_E = H \times y_E \qquad (\Leftarrow\ H = 680\,kN)$

$\therefore\ y_E = 2.35\,m$

4. 최대장력 $T_{\max}$의 산정

케이블의 최대장력은 수평력 H가 일정하므로 수직성분 V_m이 최대인 B점에서 발생한다.

$T_{\max} = \sqrt{H^2 + V_B^2} = \sqrt{680^2 + 262^2} = 728.73\,kN \qquad \therefore\ T_{\max} = 728.73\,kN$

◆ ◆ ◆ ◆ ◆ ◆

7.3.3 다음 그림과 같은 케이블에서 케이블의 허용인장력이 $100\,kN$ 일 때, 이 케이블이 지지할 수 있는 최대 등분포하중 $\omega\ kN/m$ 를 결정하여라.

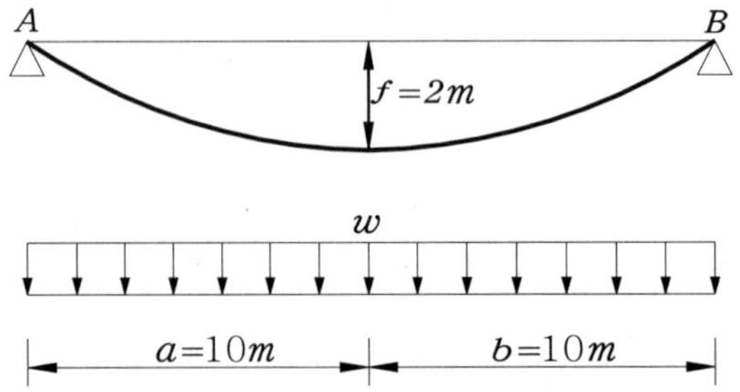

풀이

(1) 수평력 H의 산정

케이블의 일반정리를 통해 구할 수 있다.

$$H = \frac{\omega L^2}{8f} = 25\omega\, kN$$

(2) 처짐비 n의 산정

$$n = \frac{f}{L} = 0.1$$

(3) 케이블의 최대장력 $T_{\max}$

케이블의 현이 수평이므로 양단에서 인장력이 최대이며

$$T_{\max} = H\sqrt{1+16n^2} = 25\,\omega\,\sqrt{1+16\times 0.1^2} = 26.93\,\omega\, kN$$

(4) 최대 등분포하중 ω

$$T_{\max} = 26.93w\, kN \le 100 kN \qquad \therefore\ \omega = 3.71\, kN/m$$

◆ ◆ ◆ ◆ ◆ ◆

7.3.4 그림과 같은 케이블이 무게 $\omega = 5kN/m$의 보를 지지하고 있다. 케이블의 최대허용장력이 $1000kN$일 때 소요되는 케이블의 최소길이를 구하여라. (단, 케이블의 자중은 무시하며, 처짐에는 제한이 없다.)

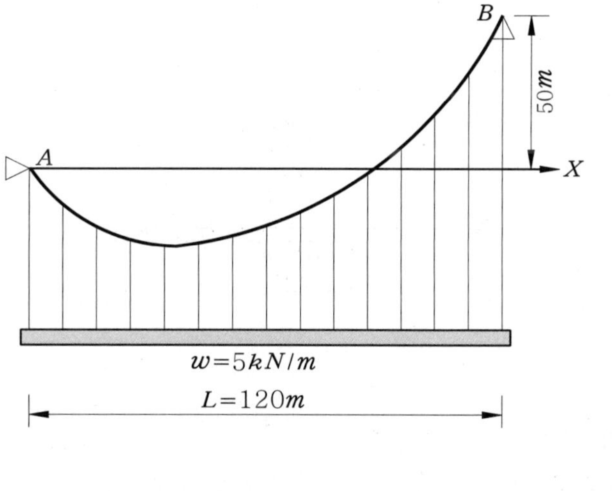

풀이

(1) 수평력 H의 산정

케이블의 일반정리를 통해 구할 수 있다.

$$H = \frac{\omega L^2}{8f} = \frac{\omega L^2}{8nL} = \frac{\omega L}{8n} = \frac{75}{n} kN$$

(2) 최대장력 $T_{\max} = 1000\,kN$

$$T_{\max} = H\sqrt{1+16n^2+\tan^2\beta+8n\tan\beta} = 1000\,kN$$

$$\therefore\ \frac{1456}{9}n^2 - \frac{10}{3}n - \frac{169}{144} = 0$$

$$\therefore\ n = 0.096$$

$$\therefore\ f = n\,L = 0.096\times 120 = 11.52\,m$$

(3) 케이블의 길이 S_O

$$S_O = L'\left(1+\frac{8}{3}n'^2 - \frac{32}{5}n'^4\right) = 132.3m \qquad \text{(근사식)}$$

(여기서, $L' = \dfrac{L}{\cos\beta} = 130$, $f' \approx f\cos\beta = 10.63$, $n' = \dfrac{f'}{L'} = 0.082$)

◆ ◆ ◆ ◆ ◆ ◆

7.3.5 그림과 같은 케이블이 무게 $\omega = 5\,kN/m$ 의 보를 지지하고 있을 때 다음을 구하여라. (단, 케이블의 자중은 무시하며, $E = 2.0\times10^5\,MPa$, $A = 6000\,mm^2$)

(1) 케이블의 방정식　　(2) 반력성분　　(3) 최대장력

(4) 케이블의 길이　　(5) 케이블의 탄성신장량

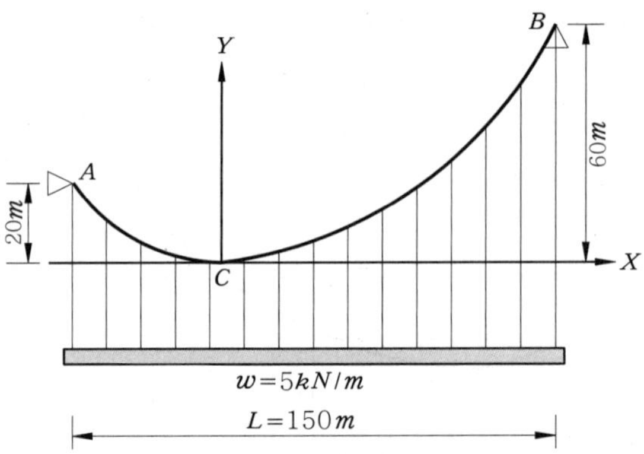

풀이

(1) 케이블의 방정식

f 값이 미지수 이므로 그림(a)와 같이 원점이 C 인 좌표축을 택한다.

케이블의 방정식은

$$y = \frac{\omega}{2H}x^2 = \frac{5}{2H}x^2$$

점 B $(b,\ 60)$에서 $H = \dfrac{b^2}{24}$

점 A $(-(150-b),\ 20)$에서

$H = \dfrac{(150-b)^2}{8}$

H는 케이블의 모든 점에서 일정하므로 위의 두 식을 연립하여 풀면

$b = 95.1m$,

$H = 376.83kN$

따라서 케이블의 방정식은

$y = (0.663 \times 10^{-2})\,x^2$

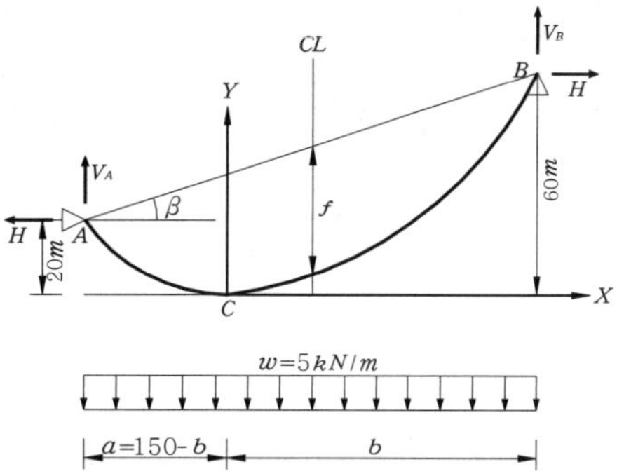

그림(a)

(2) 케이블의 반력 성분

$\Sigma M_A = 0$

$\Sigma M_A = -150\,V_B + 40H + \dfrac{\omega}{2}(150)^2 = 0$ $\qquad\therefore\ V_B = 475.5kN\,(\uparrow)$

$\Sigma V = 0$

$\Sigma M_A = V_A + V_B - 150\,\omega = 0$ $\qquad\therefore\ V_A = 274.5kN\,(\uparrow)$

$\Sigma H = 0$

H는 케이블의 모든점에서 일정하므로

$\therefore\ H_A = 376.83kN\,(\leftarrow)$, $\qquad\therefore\ H_B = 376.83kN\,(\rightarrow)$

(3) 케이블의 최대장력 $T_{\max}$

케이블의 현이 경사일 경우 케이블의 최대인장력은 높은 지점 B에서 발생한다.

$T_{\max} = T_B = H\sqrt{1+16n^2+\tan^2\beta+8n\tan\beta} = 607\,kN$

(여기서, $f = \dfrac{\omega L^2}{8H} = 37.32m$, $n = \dfrac{f}{L} = 0.249$, $\tan\beta = 0.267$)

(4) 케이블의 길이 S_O

$S_O = L'\left(1+\dfrac{8}{3}n'^2 - \dfrac{32}{5}n'^4\right) = 174.7m$ (근사식)

(여기서, $L' = \dfrac{L}{\cos\beta} = 155.28$, $f' \approx f\cos\beta = 36.05$, $n' = \dfrac{f'}{L'} = 0.232$)

(5) 케이블의 탄성신장량 ΔS

$\Delta S = \dfrac{HL}{EA}\left(1+\dfrac{16}{3}n^2+\tan^2\beta\right) = 660\,mm$

◆ ◆ ◆ ◆ ◆ ◆

7.3.6 다음 그림과 같이 길이 $200m$인 양단에 강선을 매달았을 때 강선의 중심점의 처짐을 $25m$로 유지하려고 할 때 최대 인장력을 구하시오. (단, 강선의 자중은 수평거리 $1m$당 $1kN$이다.)

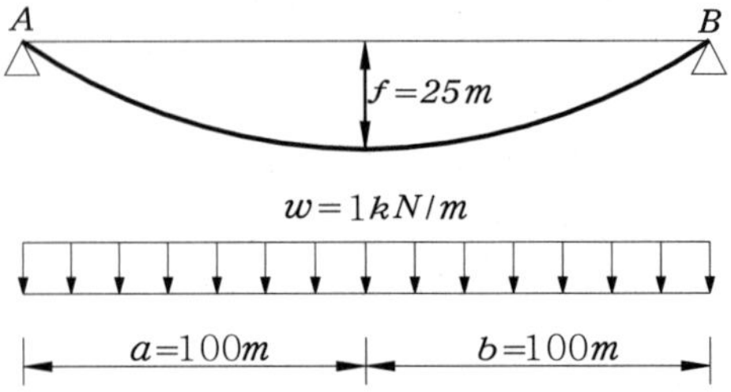

풀이

(1) 수평력 H의 산정

케이블의 일반정리를 통해 구할 수 있다.

$$H=\frac{\omega L^2}{8f}=200\,kN$$

(2) 처짐비 n의 산정

$$n=\frac{f}{L}=0.125$$

(3) 최대인장력 $T_{\max}$

케이블의 현이 수평이므로 양단에서 인장력이 최대이며

$$T_{\max}=H\sqrt{1+16n^2}=200\sqrt{1+16\times 0.125^2}=223.6\,kN$$

◆ ◆ ◆ ◆ ◆ ◆

제8장 정정트러스

8.1 트러스의 구성과 종류

8.1.1 다음과 같은 트러스의 안정·불안정 및 정정·부정정을 판별하여라.

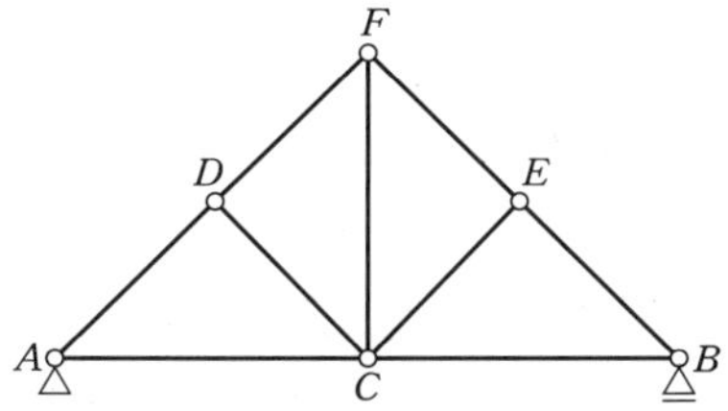

그림(a)

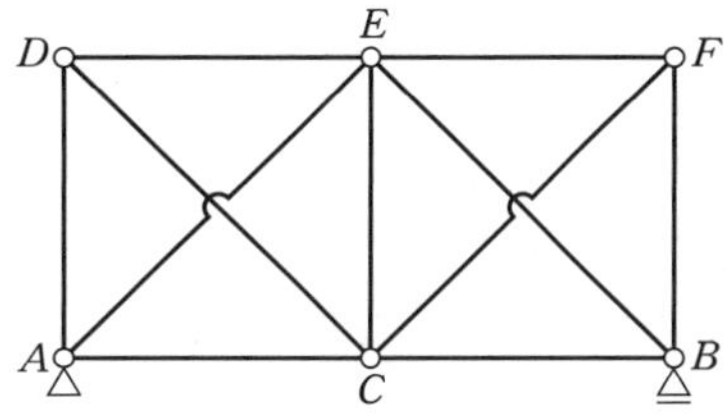

그림(b)

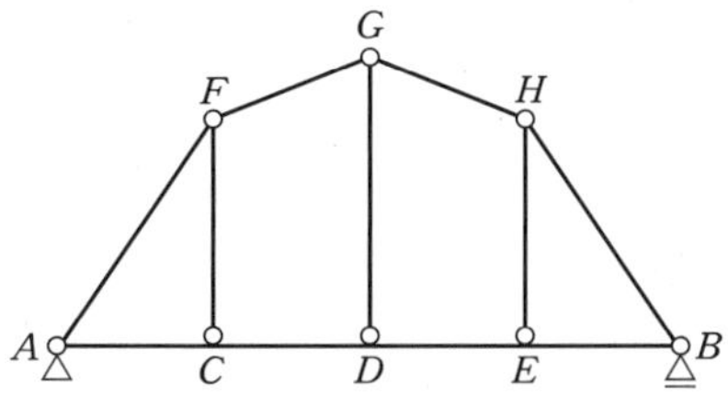

그림(c)

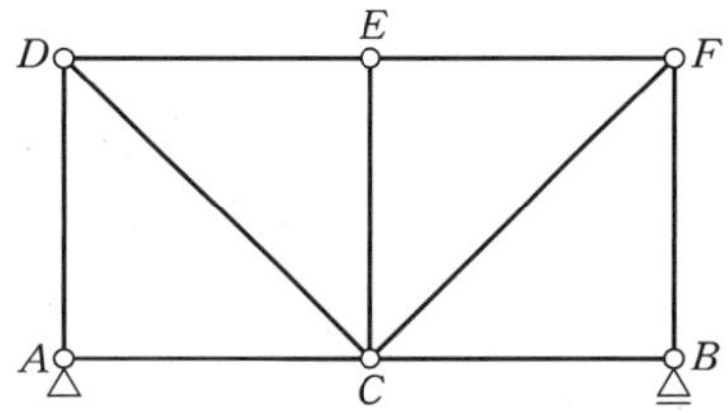

그림(d)

풀이

(1) 그림(a)

반력수 $n=3$, 부재수 $s=9$, 강절수 $r=0$, 절점수 $k=6$

구조물의 판별식 : $m=n+s+r-2k=3+9+0-2\times6=0$

위의 판별식으로는 $m=0$ 이므로 안정이며 정정구조물로 계산된다.

한편 트러스의 내적 안정에 필요한 조건은 다음 조건을 만족시켜야 한다.

$$s \geq 2k-3$$

그림(a)에서 $s=2k-3=2\times6-3=9$이므로 내적 안정구조로 판정된다.

∴ 정정구조물

(2) 그림(b)

반력수 $n=3$, 부재수 $s=11$, 강절수 $r=0$, 절점수 $k=6$

구조물의 판별식 : $m=n+s+r-2k=3+11+0-2\times6=2$

위의 판별식으로는 $m=2$ 이므로 안정구조물로서 2차 부정정구조물이다.

한편 트러스의 내적 안정에 필요한 조건은 다음 조건을 만족시켜야 한다.

$$s \geq 2k-3$$

그림(b)에서 $s=2k-3=2\times6-3=9$이므로 내적 안정구조로 판정된다.

∴ 2차 부정정구조물

(3) 그림(c)

반력수 $n=3$, 부재수 $s=11$, 강절수 $r=3$, 절점수 $k=8$

구조물의 판별식 : $m=n+s+r-2k=3+11+3-2\times 8=1$

위의 판별식으로는 $m=1$ 이므로 안정구조물로서 1차 부정정구조물이다.

한편 트러스의 내적 안정에 필요한 조건은 다음 조건을 만족시켜야 한다.

$$s \geq 2k-3$$

그림(c)에서 $s=2k-3=2\times 8-3=13$이므로 내적 안정구조로 판정된다.

∴ 1차 부정정구조물

(4) 그림(d)

반력수 $n=3$, 부재수 $s=9$, 강절수 $r=0$, 절점수 $k=6$

구조물의 판별식 : $m=n+s+r-2k=3+9+0-2\times 6=0$

위의 판별식으로는 $m=0$ 이므로 안정구조물로서 정정구조물이다.

한편 트러스의 내적 안정에 필요한 조건은 다음 조건을 만족시켜야 한다.

$$s \geq 2k-3$$

그림(b)에서 $s=2k-3=2\times 6-3=9$이므로 내적 안정구조로 판정된다.

∴ 정정구조물

◆ ◆ ◆ ◆ ◆ ◆

8.2 트러스 해법상의 가정

8.2.1 트러스 해석을 위한 가정 중 틀린 것은?

① 각 부재는 마찰 없는 핀(Pin)으로 연결되어 있다.

② 부재의 응력은 탄성한계 내에 있다.

③ 부재는 직선재이다.

④ 내력은 전단력과 축력을 함께 고려한다.

⑤ 하중은 절점에만 작용한다.

풀이

정답 ④

트러스의 부재는 축방향력만 받는다고 가정한다.

◆ ◆ ◆ ◆ ◆ ◆

8.2.2 트러스 해법상의 가정 중 틀린 것은?

① 하중은 격점에만 작용한다.

② 변형은 미소하므로 무시한다.

③ 부재는 직선재와 곡선재를 혼용하여 사용할 수 있다.

④ 전단력과 휨모멘트는 작용하지 않는다.

풀이

정답 ③

트러스 부재는 직선재로 본다.

◆ ◆ ◆ ◆ ◆ ◆

8.2.3 트러스 구조물 해석시 가정사항이다. 틀린 것은?

① 부재는 마찰이 없고 힌지(Hinge)로 연결된다.

② 축방향력은 작용하나 휨모멘트와 전단력은 무시한다.

③ 부재응력은 탄성한도 내에 성립한다.

④ 하중은 절점에 집중하여 작용한다.

⑤ 부재의 변형과 함께 2차응력은 반드시 고려한다.

풀이

정답 ⑤

부재의 변형은 미소하여 2차응력은 무시할 수 있다.

◆ ◆ ◆ ◆ ◆ ◆

8.3 평면트러스의 해법

8.3.1 아래 그림과 같은 트러스의 부재력을 절점법으로 구하여라.

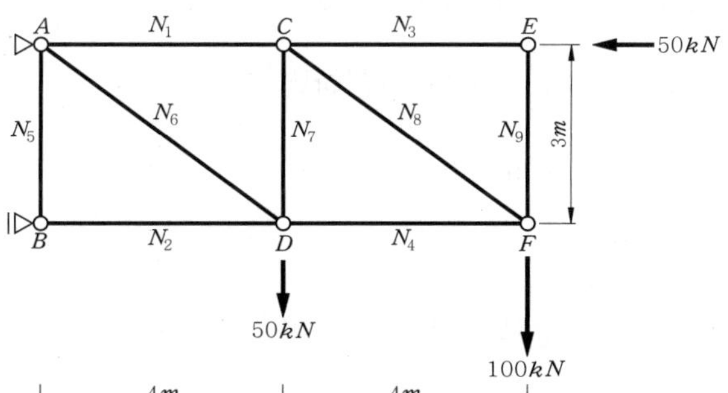

풀이

(1) 반력

트러스 전체에 평형방정식을 적용하여 H_A와 H_B 및 V_A를 구하면

$\sum M_A = 0 : 50 \times 4 + 100 \times 8 - H_B \times 3 = 0$　　$\therefore\ H_B = 333.33\,kN$

$\sum H = 0 : 333.33 - 50 + H_A = 0$　　$\therefore\ H_A = -283.33\,kN$

$\sum V = 0 : V_A - 50 - 100 = 0$　　$\therefore\ V_A = 150\,kN$

(2) 부재력

① 절점 B에 연결되는 부재 N_2, N_5의 부재력을 인장으로 가정한다.

$\sum H_A = 0\ :\ N_2 + 333.33 = 0$　　$\therefore\ N_2 = -333.33\,kN$ (압축)

$\sum V = 0\ :\ N_5 = 0$　　$\therefore\ N_5 = 0$

② 그림(a)에서 N_5는 ①항에서 구한 결과값에 의해 부재력이 0 이고, N_1과 N_6는 부재력을 인장으로 가정한다.

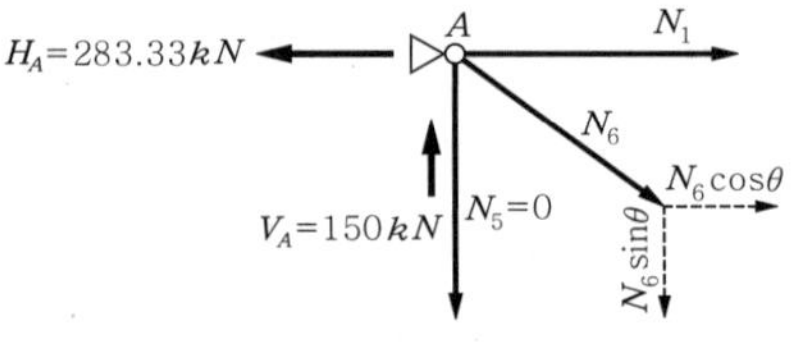

그림(a)

$\sum V = 0 : 150 - N_6 \sin\theta = 0$

$\therefore\ N_6 = 250\,kN$ (인장)

$\sum H = 0 : -283.33 + N_1 + N_6 \cos\theta = 0$

$\therefore\ N_1 = 83.33\,kN$ (인장)

③ 절점 D에서 그림(b)와 같이 부재력을 가정한다.

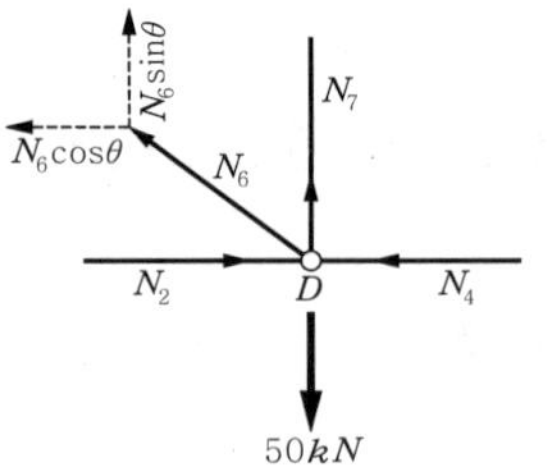

그림(b)

$\sum V = 0\ :\ N_7 - 50 + N_6 \sin\theta = 0$

$\therefore\ N_7 = -100\,kN$ (압축)

$\sum H = 0\ :\ -N_2 + N_4 - N_6 \cos\theta = 0$

$\therefore\ N_4 = -133.33\,kN$ (압축)

④ 절점 E에서 N_3를 인장으로 가정하면

$\sum H = 0\ :\ -N_3 - 50 = 0$　　$\therefore\ N_3 = -50\,kN$ (압축)

$\sum V = 0\ :\ N_9 = 0$　　$\therefore\ N_9 = 0$

⑤ 절점 F에서 N_8를 인장으로 가정하면

$\sum V = 0\ :\ -100 + N_8 \sin\theta = 0$　　$\therefore\ N_8 = 166.67\,kN$ (인장)

⑥ 트러스 전체의 부재력 값은 그림(c)와 같다.

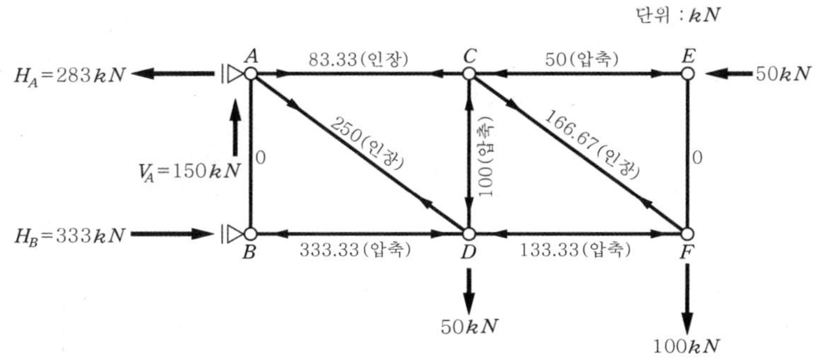

그림(c)

◆ ◆ ◆ ◆ ◆ ◆

8.3.2 아래 그림과 같은 트러스의 부재력을 절점법으로 구하여라.

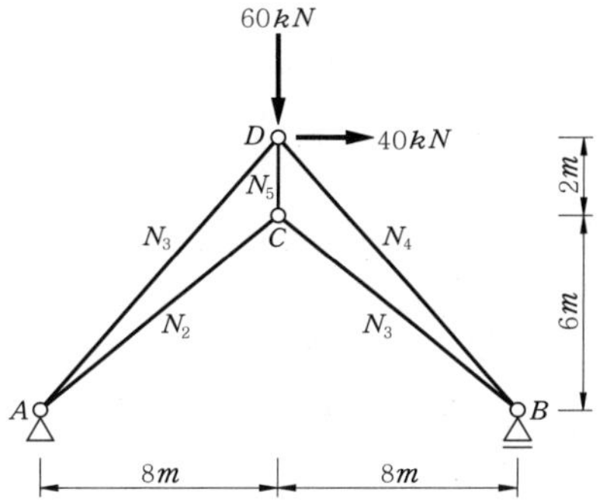

풀이

(1) 반력

$\Sigma M_A = 0 \ : \ 60\times 8 + 40\times 8 - R_B \times 16 = 0 \qquad \therefore\ R_B = 50kN\ (\uparrow)$

$\Sigma V = 0 \ : \ R_A + 50 - 60 = 0 \qquad \therefore\ R_A = 10kN\ (\uparrow)$

$\Sigma H = 0 \ : \ H_A + 40 = 0 \qquad \therefore\ H_A = -40kN\ (\leftarrow)$

(2) 부재력

① 절점A를 기준으로 부재 N_1이 이루는 각을 θ_A, N_2는 θ_B로 하고 N_1과 N_2의 부재력을 인장으로 가정한다. (그림(a))

$\Sigma V = 0 \ : \ 10 + N_1 \sin\theta_A + N_2 \sin\theta_B = 0$

$$N_1 \times \frac{1}{\sqrt{2}} + N_2 \times \frac{3}{5} = -10 \quad \cdots\cdots ⓐ$$

$\Sigma H = 0 \ : \ -40 + N_1 \cos\theta_A + N_2 \cos\theta_B = 0$

$$N_1 \times \frac{1}{\sqrt{2}} + N_2 \times \frac{4}{5} = 40 \quad \cdots\cdots ⓑ$$

ⓐ와 ⓑ식을 연립방정식을 이용하여 풀이하면

$\therefore\ N_1 = -160\sqrt{2}\ kN$ (압축) $\qquad\qquad$ $\therefore\ N_2 = 250\,kN$ (인장)

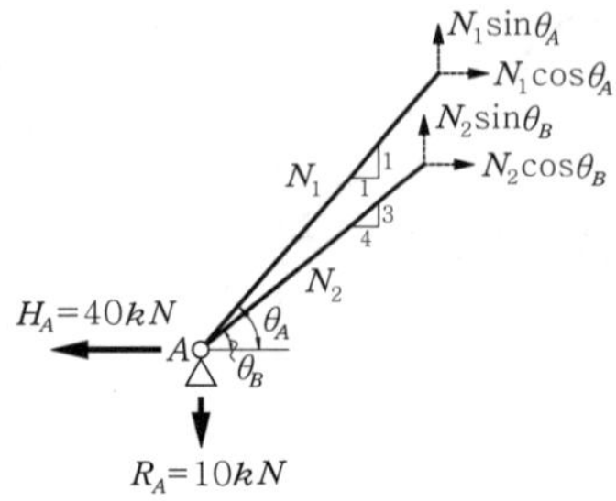

그림(a)

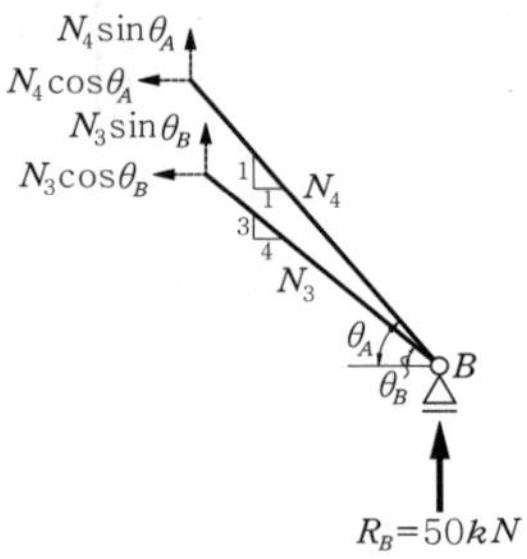

그림(b)

② ①항에서 풀이한 과정과 동일한 방법으로 절점B에 연결되는 부재 N_3과 N_4의 미지의 부재력을 인장이라 가정하고 그림(b)에서와 같이 힘을 분해한다. 부재 N_4가 이루는 각을 θ_A, N_3가 이루는 각을 θ_B라 한다.

$\Sigma V=0$: $50+N_4\sin\theta_A+N_3\sin\theta_B=0$

$$50+N_4\times\frac{1}{\sqrt{2}}+N_3\times\frac{3}{5}=0 \quad \cdots\cdots\cdots\cdots \quad ⓒ$$

$\Sigma H=0$: $-N_4\cos\theta_A-N_3\cos\theta_B=0$

$$-N_4\times\frac{1}{\sqrt{2}}-N_3\times\frac{4}{5}=0 \quad \cdots\cdots\cdots\cdots \quad ⓓ$$

ⓒ와 ⓓ식을 연립방정식으로 풀이한다.

$\therefore\ N_3=250\,kN$ (인장) $\qquad\qquad$ $\therefore\ N_4=-200\sqrt{2}\ kN$ (압축)

③ 절점C에서 N_5를 인장으로 가정하면

$\Sigma V=0$: $-N_2\sin\theta_B-N_3\sin\theta_B+N_5=0$ $\qquad$ $\therefore\ N_5=300\,kN$ (인장)

◆ ◆ ◆ ◆ ◆ ◆

8.3.3 트러스의 부재력을 절점법을 이용하여 구하여라.

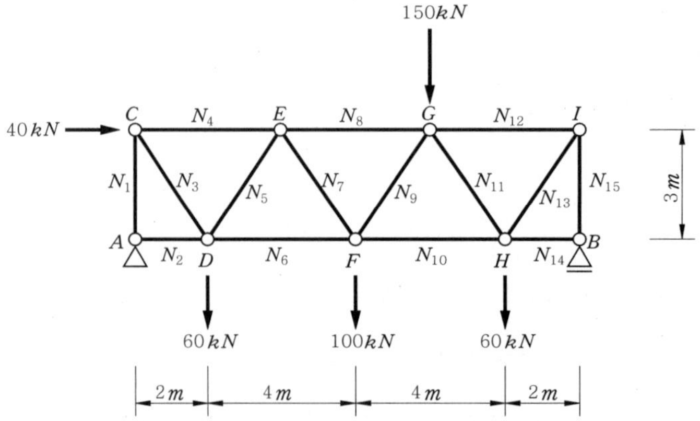

풀이

(1) 반력

트러스 전체에서 평형방정식을 적용하여 반력 R_A, R_B, H_A를 다음과 같이 구할 수 있다.

$\Sigma M_A = 0$: $40 \times 3 + 60 \times 2 + 100 \times 6 + 150 \times 8 + 60 \times 10 - 12R_B = 0$

$\therefore R_B = 220\,kN$ (↑)

$\Sigma V = 0$: $R_A - 60 - 100 - 150 - 60 + 200 = 0$ $\therefore R_A = 150\,kN$ (↑)

$\Sigma H = 0$: $H_A + 40 = 0$ $\therefore H_A = -40KN$ (←)

(2) 부재력

① 그림(a)와 같이 절점 A를 중심으로 각 부재들을 인장으로 가정한다.

$\Sigma H = 0$: $-40 + N_2 = 0$ $\therefore N_2 = 40\,kN$ (인장)

$\Sigma V = 0$: $150 + N_1 = 0$ $\therefore N_1 = -150\,kN$ (압축)

② 그림(b)와 같이 절점 C를 중심으로 각 부재들을 인장으로 가정한다.

$\Sigma V = 0$: $-N_1 - N_3 \sin\theta = 0$ $\therefore N_3 = 180.28\,kN$ (인장)

$\Sigma H = 0$: $N_3 \cos\theta + N_4 + 40 = 0$ $\therefore N_4 = -140\,kN$ (압축)

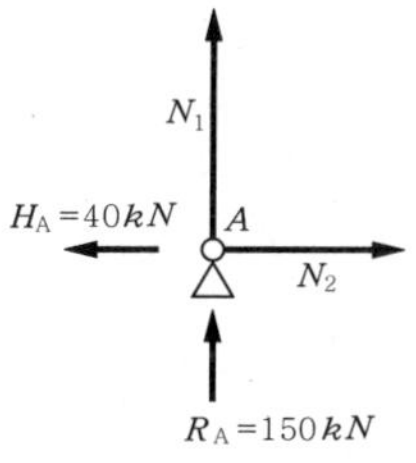

그림(a)

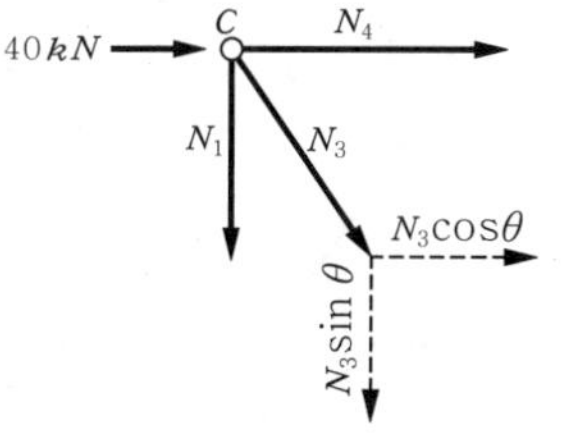

그림(b)

③ 그림(c)와 같이 절점 D를 중심으로 각 부재들을 인장으로 가정한다.

$\Sigma V = 0$: $N_3 \sin\theta + N_5 \sin\theta - 60 = 0$ $\therefore N_5 = -108.17\,kN$ (압축)

$\Sigma H = 0$: $-N_3 \cos\theta + N_5 \cos\theta - N_2 + N_6 = 0$

$\therefore N_6 = 200\,kN$ (인장)

④ 그림(d)와 같이 절점 E를 중심으로 각 부재들을 인장으로 가정한다.

$\Sigma V = 0$: $-N_5 \sin\theta - N_7 \sin\theta = 0$ $\therefore N_7 = 108.17\,kN$ (인장)

$\Sigma H = 0$: $-N_5 \cos\theta + N_7 \cos\theta - N_4 + N_8 = 0$

$\therefore N_8 = -260\,kN$ (압축)

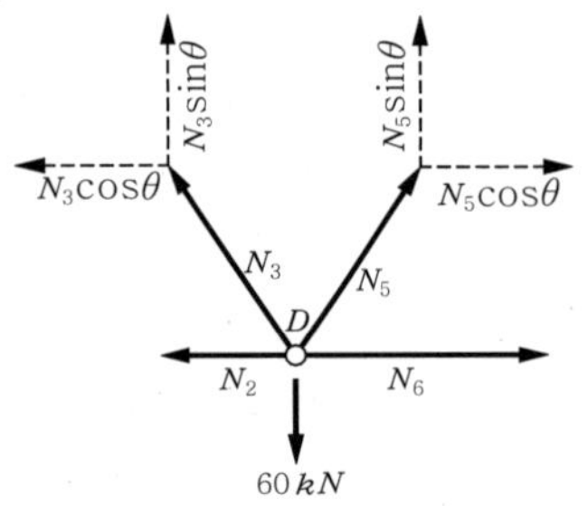

그림(c)

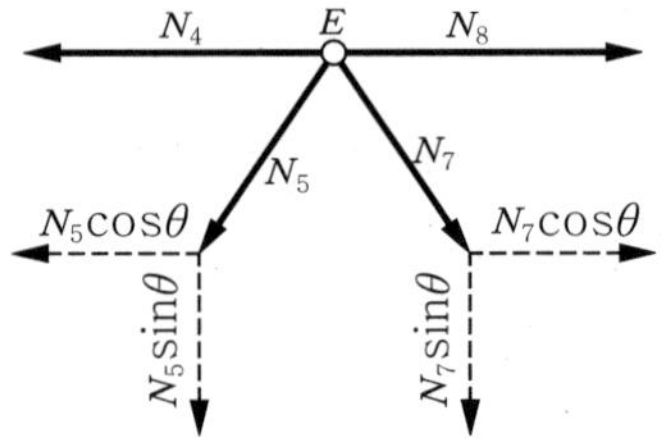

그림(d)

⑤ 그림(e)와 같이 절점 F를 중심으로 각 부재들을 인장으로 가정한다.

$\sum V=0$: $N_7\sin\theta+N_9\sin\theta-100=0$ $\quad\therefore\ N_9=10.22\,kN$ (인장)

$\sum H=0$: $-N_7\cos\theta+N_9\cos\theta-N_6+N_{10}=0$

$\therefore\ N_{10}=253.33\,kN$ (인장)

⑥ 그림(f)와 같이 절점 G를 중심으로 각 부재들을 인장으로 가정한다.

$\sum V=0$: $-N_9\sin\theta-N_{11}\sin\theta-150=0$ $\quad\therefore\ N_{11}=-192.3\,kN$ (압축)

$\sum H=0$: $-N_9\cos\theta+N_{11}\cos\theta-N_8+N_{12}=0$

$\therefore\ N_{12}=-146.67\,kN$ (압축)

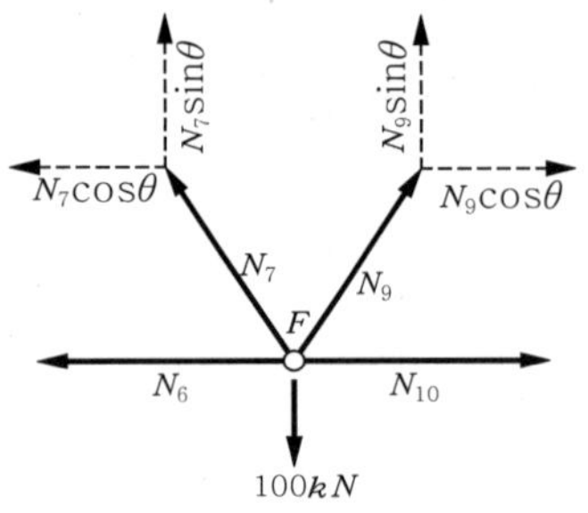

그림(e)

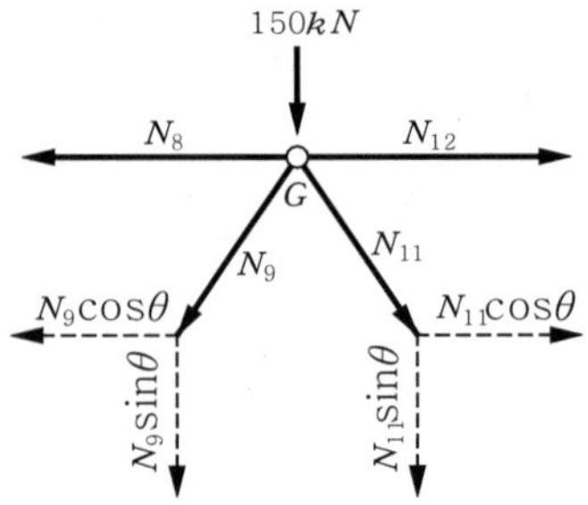

그림(f)

⑦ 그림(g)와 같이 절점 H를 중심으로 각 부재들을 인장으로 가정한다.

$\sum V=0$: $N_{11}\sin\theta+N_{13}\sin\theta-60=0$ $\quad\therefore\ N_{13}=264.4\,kN$ (인장)

$\sum H=0$: $-N_{11}\cos\theta+N_{13}\cos\theta-N_{10}+N_{14}=0$

$\therefore\ N_{14}=0$

⑧ 그림(h)와 같이 절점 B를 중심으로 각 부재들을 인장으로 가정한다.

$\sum V=0$: $N_{15}+220=0$ $\quad\therefore\ N_{15}=-220\,kN$ (압축)

$\sum H=0$: $N_{14}=0$ $\quad\therefore\ N_{14}=0$

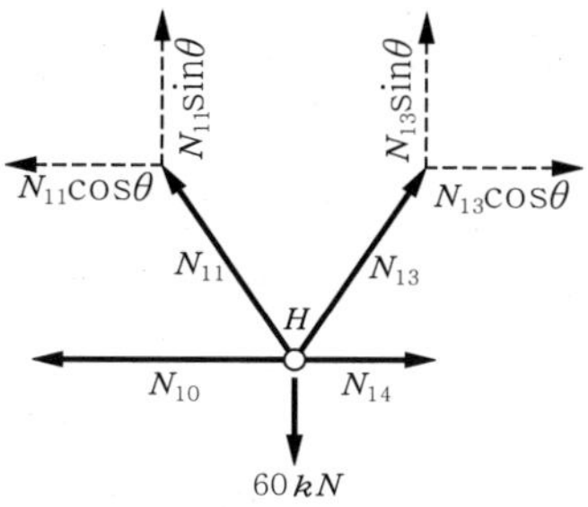

그림(g)

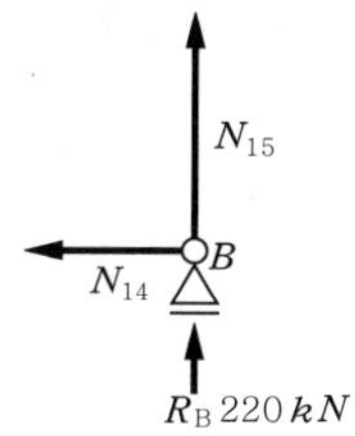

그림(h)

⑨ 트러스 전체의 부재력 값은 그림(i)와 같다.

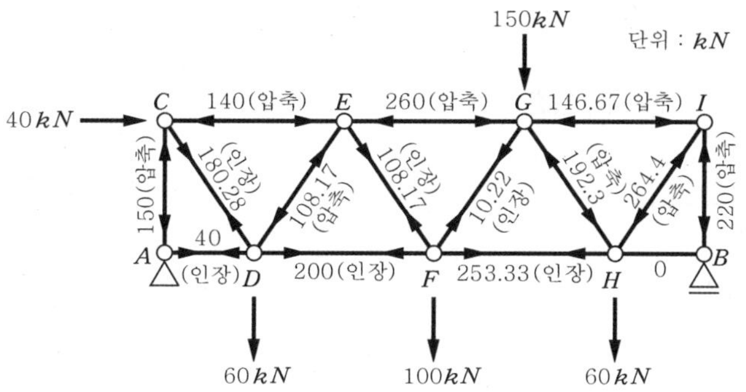

그림(i)

◆ ◆ ◆ ◆ ◆ ◆

8.3.4 트러스의 부재력을 절점법을 이용하여 구하여라.

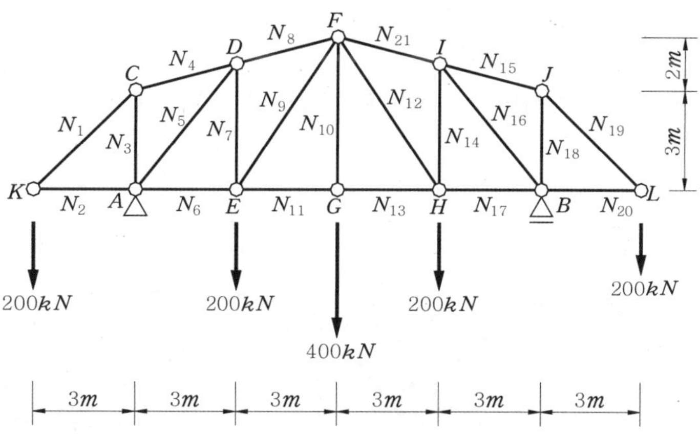

풀이

(1) 반력

반력 R_A 및 R_B 를 구하면 대칭하중이므로

$$R_A = R_B = \frac{\text{전체하중}}{2} = \frac{1200}{2} = 600kN(\uparrow)$$

(2) 부재력

① 그림(a)와 같이 절점K를 중심으로 각 부재들을 인장으로 가정한다.

$\sum V=0$: $N_1\sin\theta-200=0$ ∴ $N_1=284.84kN$ (인장)

$\sum H=0$: $N_2+N_1\cos\theta=0$ ∴ $N_2=199.9kN$ (압축)

② 그림(b)와 같이 절점C를 중심으로 각 부재들을 인장으로 가정한다.

$\sum H=0$: $-N_1\cos\theta_1+N_4\cos\theta_2=0$ ∴ $N_4=210.82kN$ (인장)

$\sum V=0$: $-N_1\sin\theta_1+N_4\sin\theta_2-N_3=0$ ∴ $N_3=-133.33kN$ (압축)

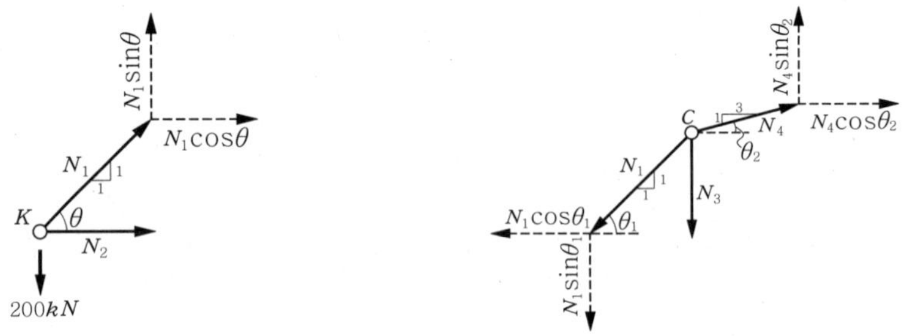

그림(a) 그림(b)

③ 그림(c)와 같이 절점A를 중심으로 각 부재들을 인장으로 가정한다.

$\sum V=0$: $N_3+N_5\sin\theta+600=0$ ∴ $N_5=-588.33kN$ (압축)

$\sum H=0$: $-N_2+N_5\cos\theta+N_6=0$ ∴ $N_6=150kN$ (인장)

④ 그림(d)와 같이 절점D를 중심으로각 부재들을 인장으로 가정한다.

$\sum H=0$: $-N_4\cos\theta_2-N_5\cos\theta_1+N_8\cos\theta_2=0$

∴ $N_8=-158.11kN$ (압축)

$\sum V=0$: $-N_4\sin\theta_2-N_5\sin\theta_1+N_8\sin\theta_1-N_7=0$

∴ $N_7=350kN$ (인장)

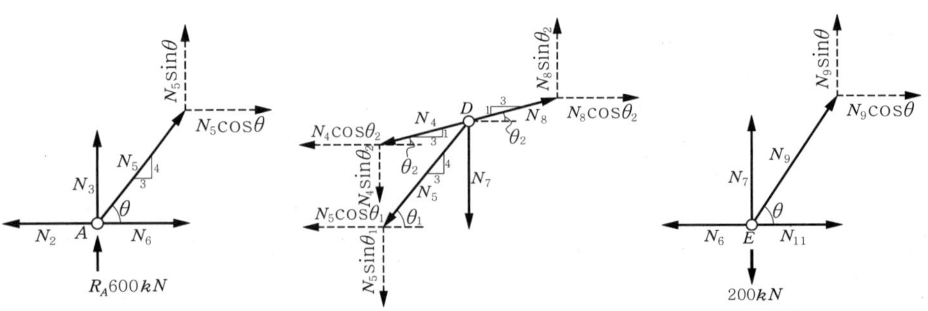

그림(c) 그림(d) 그림(e)

⑤ 그림(e)와 같이 절점E를 중심으로 각 부재들을 인장으로 가정한다.

$$\Sigma V = 0 \ : \ N_7 + N_9 \sin\theta - 200 = 0 \qquad \therefore \ N_9 = -174.93\,kN \ (\text{압축})$$

$$\Sigma H = 0 \ : \ -N_6 + N_9 \cos\theta + N_{11} = 0 \qquad \therefore \ N_{11} = 240\,kN \ (\text{인장})$$

⑥ 그림(f)와 같이 절점 G를 중심으로 각 부재들을 인장으로 가정한다.

$$\Sigma V = 0 \ : \ N_{10} - 400 = 0$$

$$\therefore \ N_{10} = 400\,kN \ (\text{인장})$$

$$\Sigma H = 0 \ : \ -N_{11} + N_{13} = 0$$

$$\therefore \ N_{13} = 240\,kN \ (\text{인장})$$

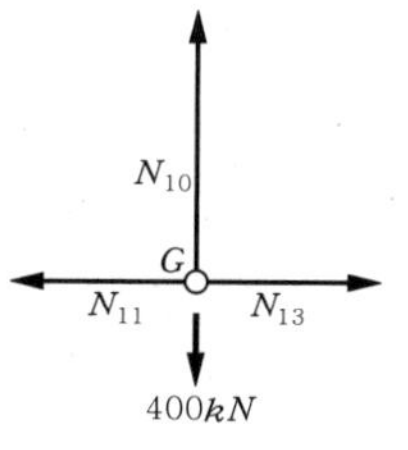

그림(f)

⑦ 좌우 대칭 트러스이므로 트러스 전체의 부재력 값은 그림(g)와 같다.

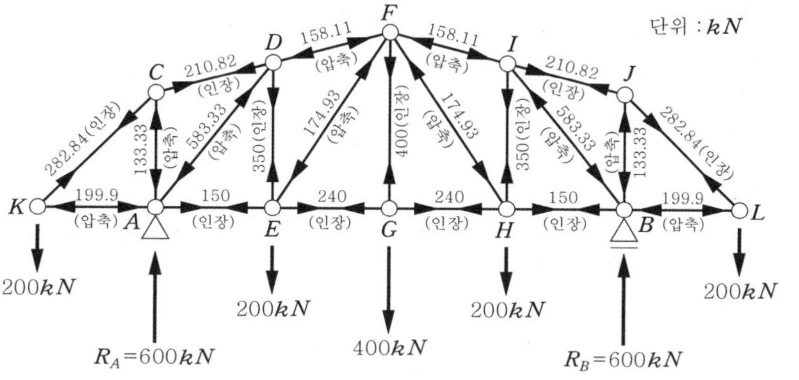

그림(g)

◆ ◆ ◆ ◆ ◆ ◆

8.3.5 아래 트러스의 부재력 N_1, N_2, N_3을 절단법으로 구하여라.

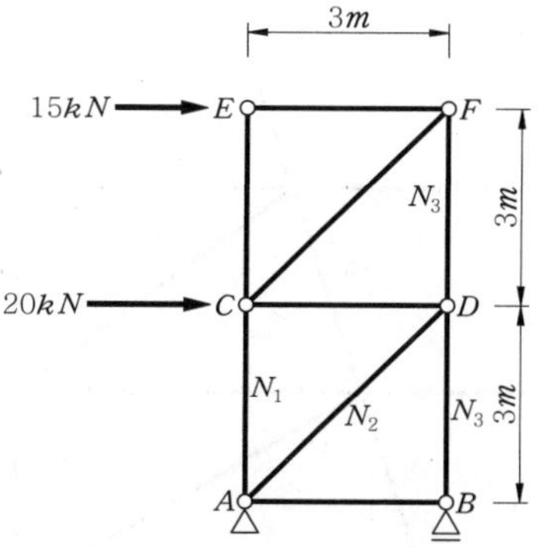

풀이

(1) 반력

$\sum M_A = 0$: $15\times6+20\times3-3R_B=0$ $\quad\therefore\ R_B = 50kN$ (↑)

$\sum V = 0$: $R_A + R_B = 0$ $\quad\therefore\ R_A = -50kN$ (↓)

$\sum H = 0$: $H_A + 15 + 20 = 0$ $\quad\therefore\ H_A = -35kN$(←)

(2) 부재력

① 그림(a)와 같이 절단 후 미지의 N_1, N_2, N_3를 인장력으로 가정한 후 절점 A를 중심으로 모멘트법을 적용하여 다음과 같이 N_3값을 구하였다.

$\sum M_A = 0$: $15\times6+20\times3+3N_3=0$

$\therefore\ N_3 = -50kN$ (압축)

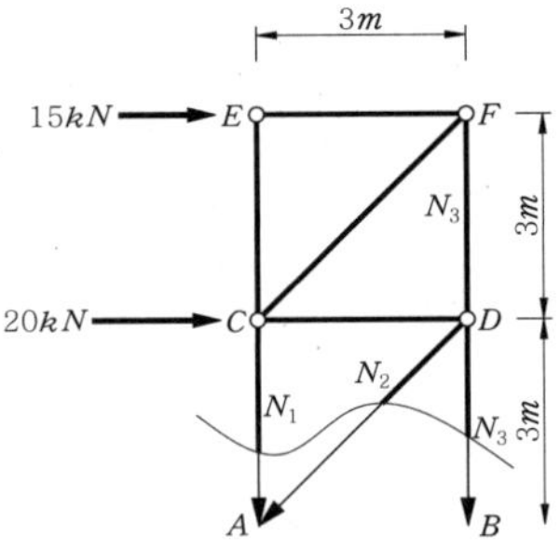

그림(a)

② 절점 D를 중심으로 모멘트법을 적용하여 다음과 같이 N_1값을 구하였다.

$\sum M_D = 0$: $15\times3-3N_1=0$

$\therefore\ N_1 = 15kN$ (인장)

③ N_2의 힘을 수직, 수평방향으로 분해하여 전단력법을 적용한다.

$\sum H = 0$: $15+20-N_2\cos45^\circ=0$ $\quad\therefore\ N_2 = 35\sqrt{2}\,kN$ (인장)

◆ ◆ ◆ ◆ ◆ ◆

8.3.6 아래 트러스의 부재력 N_1, N_2, N_3을 절단법으로 구하여라.

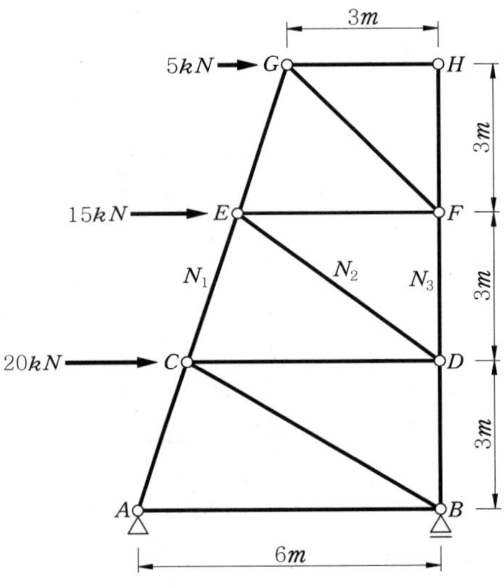

풀이

(1) 반력

$\Sigma M_A = 0$: $20 \times 3 + 15 \times 6 + 5 \times 9 - 6 \times R_B = 0$ $\therefore$ $R_B = 32.5kN$ (↑)

$\Sigma V = 0$: $R_A + R_B = 0$ $\therefore$ $R_A = -32.5kN$ (↓)

$\Sigma H = 0$: $H_A + 20 + 15 + 5 = 0$ $\therefore$ $H_A = -40kN$ (←)

(2) 부재력

① 그림(a)와 같이 절단 후 미지의 N_1, N_2, N_3를 인장력으로 가정한 후 절점E를 중심으로 모멘트법을 적용하여 다음과 같이 N_3값을 구하였다.

$\Sigma M_E = 0$: $5 \times 3 + 4 \times N_3 = 0$

$\therefore$ $N_3 = -3.75kN$ (압축)

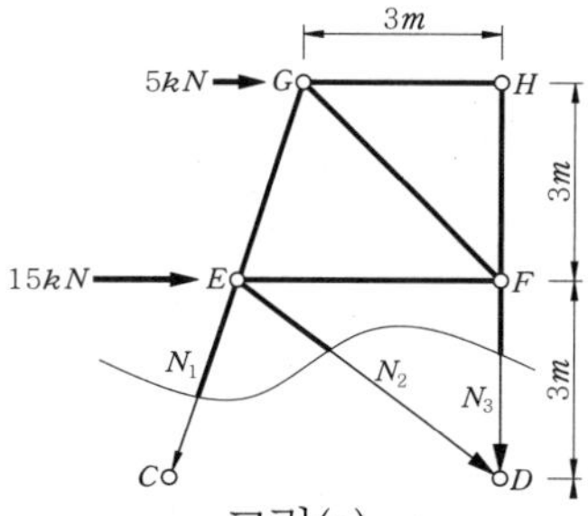

그림(a)

② 절점D를 중심으로 모멘트법을 적용하여 다음과 같이 N_1값을 구하였다. 이때 CE부재와 절점D 사이의 수직거리는 그림(b)에서 삼각형의 닮음비를 이용하여 구한다.

$\Sigma M_D = 0$

: $5 \times 6 + 15 \times 3 - 4.743 \times N_1 = 0$

$\therefore$ $N_1 = 15.81kN$ (인장)

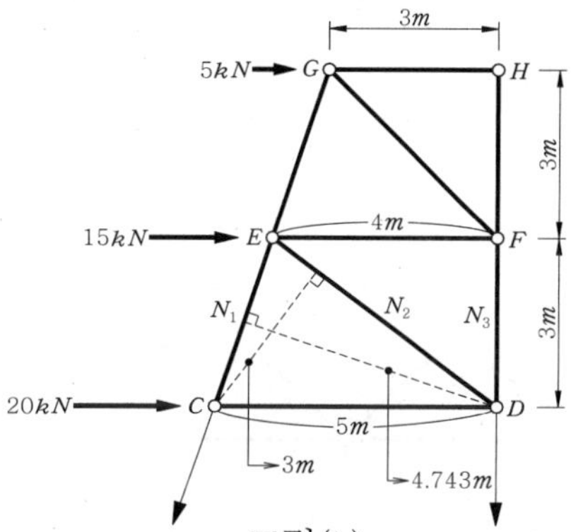

그림(b)

③ 절점C를 중심으로 모멘트법을 적용하여 다음과 같이 N_2값을 구하였다. 이때, DE부재와 절점C 사이의 수직거리는 그림(b)에서 삼각형의 닮음비를 이용하여 구한다.

$$\Sigma M_C = 0 : 5 \times 6 + 15 \times 3 - 3.75 \times 5 + N_2 \times 3 = 0$$

$\therefore$ $N_2 = -18.75kN$ (압축)

◆ ◆ ◆ ◆ ◆ ◆

8.3.7 다음 트러스의 부재력 N_1, N_2, N_3, N_4를 구하여라.

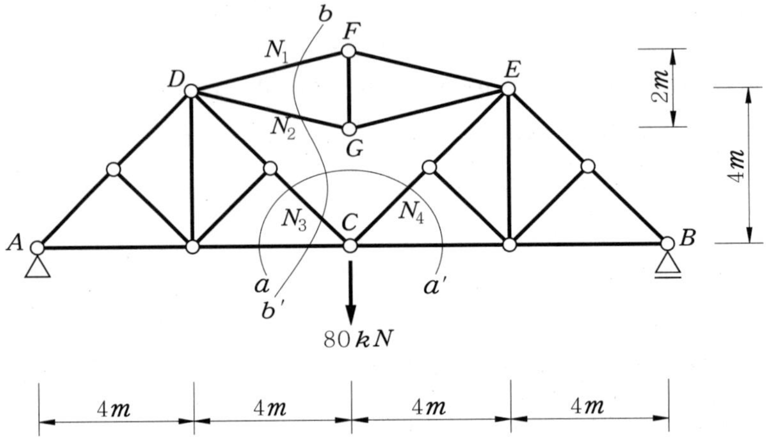

풀이

(1) 반력

반력 R_A 및 R_B를 구하면 대칭하중이므로

$$R_A = R_B = \frac{\text{전체하중}}{2} = \frac{80}{2} = 40kN\ (\uparrow)$$

(2) 부재력

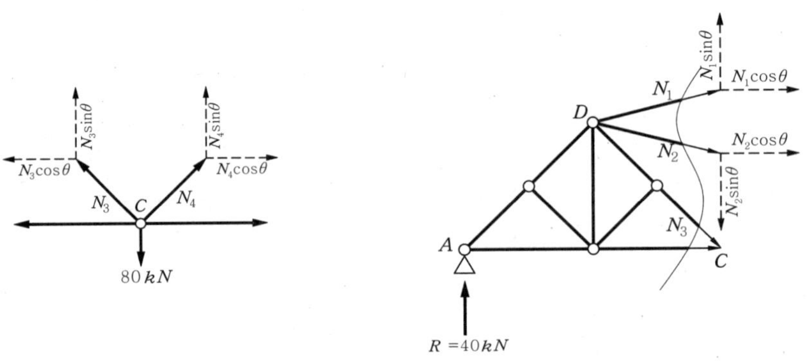

그림(a)　　　　　　　　　　그림(b)

① 그림(a)와 같이 절점C를 중심으로 $a \sim a'$를 따라 절단 후 미지의 N_3, N_4를 인장력으로 가정한다.

$\Sigma V = 0$: $N_3\sin\theta + N_4\sin\theta - 80 = 0$

좌우 대칭트러스이므로　　　　　$\therefore\ N_3 = N_4 = 56.57kN$ (인장)

② 그림(b)와 같이 $b \sim b'$를 따라 절단 후 N_1, N_2, N_3를 인장력으로 가정한다.

$\Sigma V = 0$: $N_1\sin\theta - N_2\sin\theta - N_3\sin\theta + 40 = 0$

$N_1 - N_2 = 0$　　　　　　　　........................ ⓐ

$$\Sigma H = 0 \ : \ N_1 \cos\theta + N_2 \cos\theta + N_3 \cos\theta = 0$$

$$N_1 + N_2 = -10\sqrt{17} \quad \cdots\cdots\cdots\cdots\cdots\cdots \quad ⓑ$$

③ ⓐ, ⓑ식을 연립하여 풀면

$$\therefore \ N_1 = N_2 = -5\sqrt{17}\ kN \ (\text{압축})$$

◆ ◆ ◆ ◆ ◆ ◆

8.3.8 다음 트러스의 부재력 N_1, N_2를 구하여라.

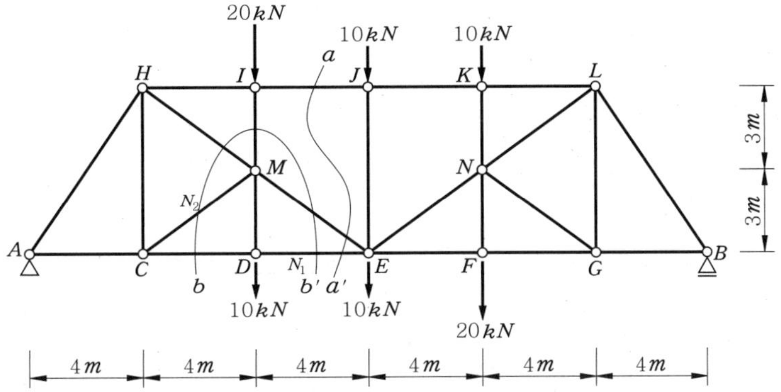

풀이

(1) 반력

$$\Sigma M_A = 0 \ : \ 30\times 8 + 20\times 12 + 30\times 16 - 24R_B = 0$$

$$\therefore \ R_B = 40kN \ (\uparrow)$$

$$\Sigma V = 0 \ : \ R_A + R_B = 0 \qquad \therefore \ R_A = 40kN(\uparrow)$$

(2) 부재력

① 그림(a)와 같이 aa를 '따라 절단 후 각각의 힘을 인장력으로 가정한다.

$$\Sigma M_H = 0 \ : \ 40\times 4 + 30\times 4 - 6N_1 = 0 \qquad \therefore \ N_1 = 46.67\,kN \ (\text{인장})$$

② 그림(b)와 같이 bb를 '따라 절단 후 각각의 힘을 인장력으로 가정한다.

$$\Sigma M_E = 0 \ : \ -30\times 4 - 4.8N_2 = 0 \qquad \therefore \ N_2 = -25kN \ (\text{압축})$$

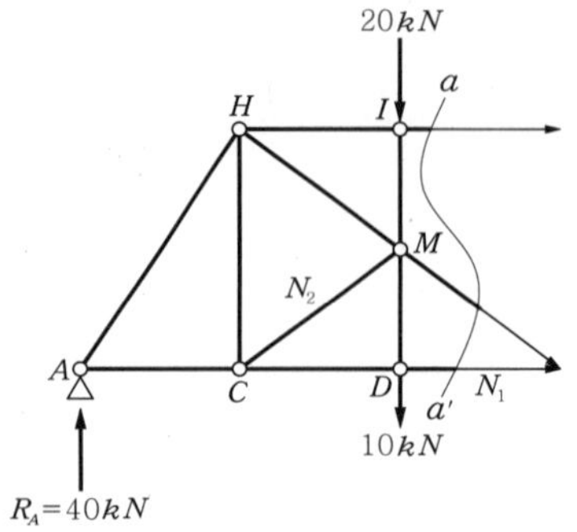

그림(a)

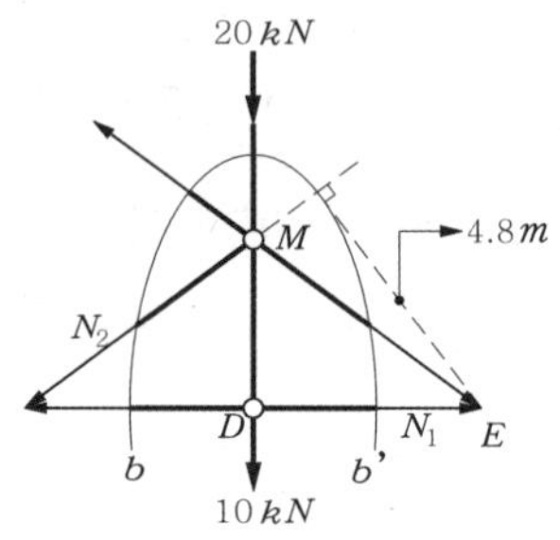

그림(b)

◆ ◆ ◆ ◆ ◆ ◆

8.3.9 다음과 같은 정정트러스에서 EF의 부재력을 구하시오. 그리고 부재 EF의 단면적이 $10cm^2$, 탄성계수가 2.0×10^5MPa일 때 부재 EF의 축방향 변형량은 얼마인가?

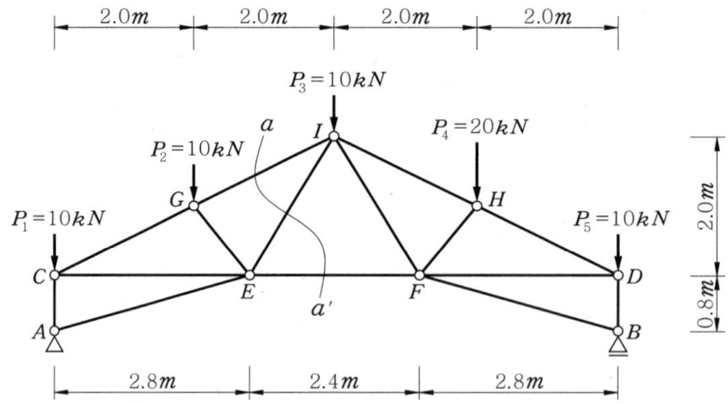

풀이

(1) 반력

$$\sum M_A=0\ :\ 10\times2+10\times4+20\times6+10\times8-8R_B=0$$

$$\therefore\ R_B=32.5kN\ (\uparrow)$$

$$\sum V=0\ :\ R_A+32.5-60=0 \qquad \therefore\ R_A=27.5kN\ (\uparrow)$$

(2) 부재력 N_{EF}

그림(a)와 같이 aa'를 따라 절단 후 각각의 힘을 인장력으로 가정하여 I점에서의 모멘트 합을 취하면

$$\sum M_I=17.5\times4-10\times2-2N_{EF}=0$$

$$\therefore\ N_{EF}=25kN\ (\text{인장})$$

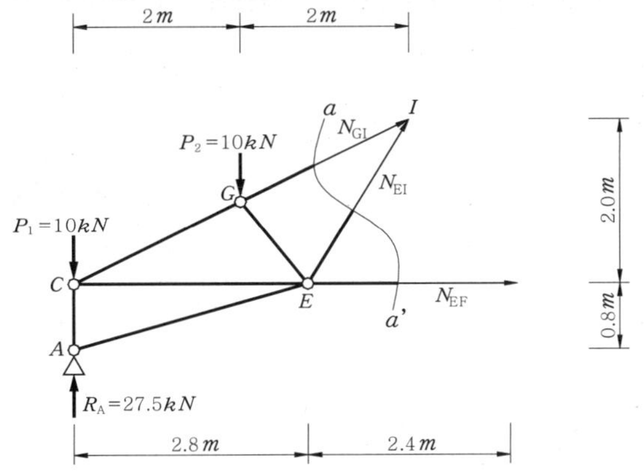

그림(a)

(3) 부재 EF 축방향 변형량 δ_{EF}

$$\therefore \delta_{EF}=\frac{N_{EF}L_{EF}}{EA}=\frac{25{,}000\times 2{,}400}{200{,}000\times 1{,}000}=0.3\,mm$$

◆ ◆ ◆ ◆ ◆ ◆

8.4 트러스 부재력의 성질

8.4.1 다음 그림과 같이 불균형 하중을 받는 트러스에서 부재력이 '0' 인 부재수는?

① 3개
② 4개
③ 5개
④ 6개

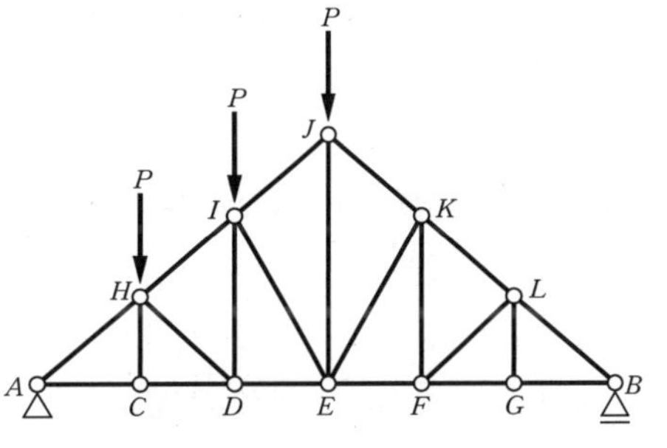

풀이

정답 ③

트러스 부재력의 성질에 의하여 그림(a)에서 표시한 5개의 부재 CH, GL, FL, FK, EK의 부재력이 '0' 이다.

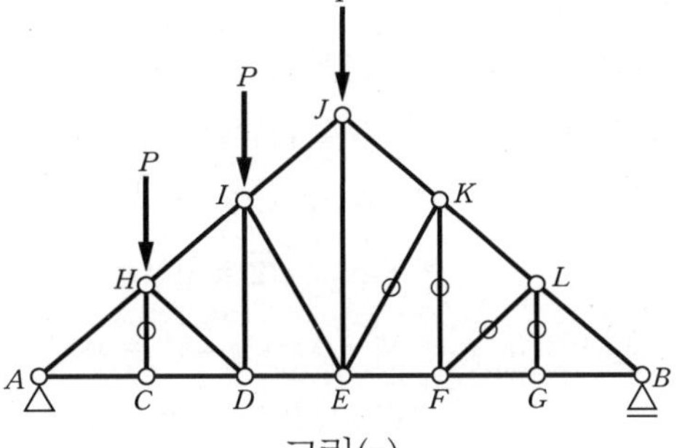

그림(a)

◆ ◆ ◆ ◆ ◆ ◆

8.4.2 다음 그림과 같은 트러스에서 CD 부재의 부재력은?

① $30\,kN$ (인장력)
② $30\,kN$ (압축력)
③ $50\,kN$ (인장력)
④ $50\,kN$ (압축력)

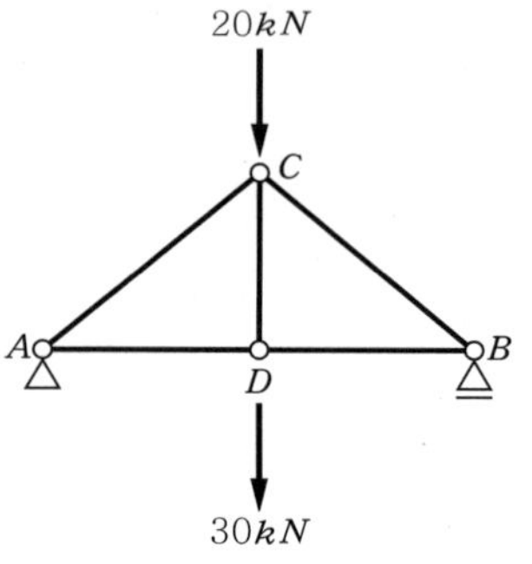

풀이

정답 ①

한 절점에 3개의 부재가 연결되고 이 중 2개의 부재가 동일직선상에 있을 때, 이 절점에 동일직선상에 있지 않은 1개의 부재와 같은 방향으로 외력이 작용하면, 외력과 같은 방향의 부재의 부재력은 작용하는 외력과 같고, 동일 직선상에 있는 2개의 부재의 부재력은 서로 같다. 따라서 절점 D 에서 CD 부재 방향으로 인장력 $30\,kN$ 이 작용함으로, CD 부재의 부재력은 인장력 $30\,kN$ 이다.

◆ ◆ ◆ ◆ ◆ ◆

8.4.3 다음 그림과 같은 트러스에서 N_1 과 N_2 의 부재력으로 옳은 것은?

	N_1	N_2
①	P (인장)	$\sqrt{2}\,P$ (압축)
②	$\sqrt{2}\,P$ (인장)	P (압축)
③	$\sqrt{2}\,P$ (인장)	$\sqrt{2}\,P$ (압축)
④	$\sqrt{2}\,P$ (압축)	$\sqrt{2}\,P$ (인장)

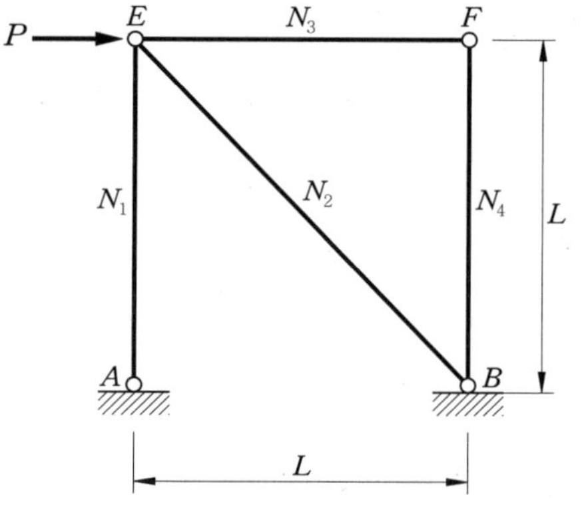

풀이

정답 ①

트러스 부재력의 성질에 의하여 절점 F 에서 $N_3 = N_4 = 0$ 이다.

따라서 절점 E 에서 절점법을 사용하면 다음과 같다.

$$\sum H = 0 \ : \ P + N_2 \cdot \cos 45^\circ = 0$$

$$P + N_2 / \sqrt{2} = 0 \qquad \therefore \ N_2 = -\sqrt{2}\,P \ \text{(압축)}$$

$$\sum V = 0 \ : \ -N_1 - N_2 \cdot \sin 45^\circ = 0$$

$$-N_1 + \sqrt{2}\,P / \sqrt{2} = 0 \qquad \therefore \ N_1 = P \ \text{(인장)}$$

◆ ◆ ◆ ◆ ◆ ◆

8.4.4 다음 그림과 같은 트러스의 절점 b에 부재 ab와 평행인 방향으로 하중 $P=30kN$이 작용할 때 부재 cd의 단면력은?

① $15kN$(인장)
② $30kN$(인장)
③ $30kN$(압축)
④ 0

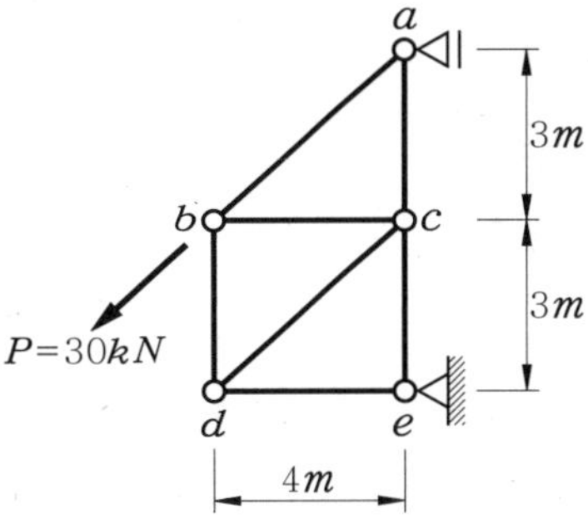

풀이

정답 ④

지점 e에서의 반력을 계산하기 위하여 $\sum M_a = 0$을 사용하면, 지점 e에서의 반력 $V_e = H_e = 0$이다. 그래서 트러스 부재력의 성질에 의하여 지점 e에서 부재 de와 부재 ce의 부재력은 '0' 이다. 따라서 절점 d에서 부재 bd와 부재 cd의 부재력은 '0' 이다. 한편 부재 bc와 부재 ac의 부재력도 '0' 이 된다. 결국 본 트러스의 부재 ab의 부재력은 $30kN$(인장)이고, 나머지 부재들의 부재력은 모두 '0' 이다.

◆ ◆ ◆ ◆ ◆ ◆

8.5 트러스의 사고방법

8.5.1 다음과 같은 트러스의 일반적인 성질에 대한 설명으로 옳지 않은 것은?

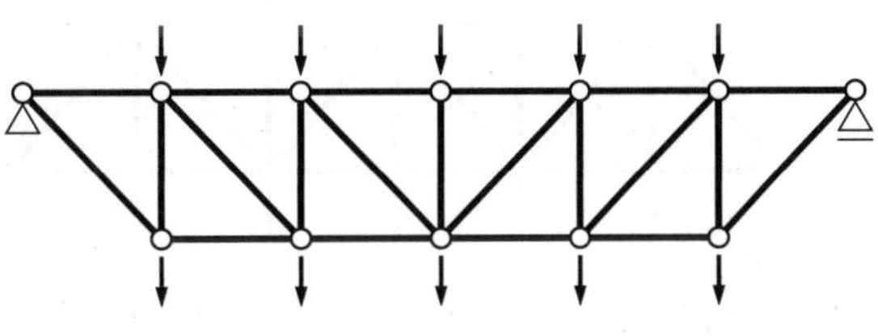

① 프랫트러스(Pratt Truss)로, 일반적으로 목조트러스 보다는 철골트러스에 적합이다.
② 상현재는 모두 압축재이며, 하현재는 모두 인장재이다.
③ 수직재는 모두 압축재이며, 경사재는 모두 인장재이다.
④ 상현재와 하현재의 부재력은 중앙부에서 단부로 갈수록 작아진다.
⑤ 수직재와 경사재의 부재력은 중앙부에서 단부로 갈수록 작아진다.

풀이

정답 ⑤

프랫트러스(Pratt Truss)로, 수직재와 경사재는 일반적으로 중앙부에서 단부로 갈수록 부재력이 커진다.

◆ ◆ ◆ ◆ ◆ ◆

8.5.2 다음과 같은 트러스의 일반적인 성질에 대한 설명으로 옳지 않은 것은?

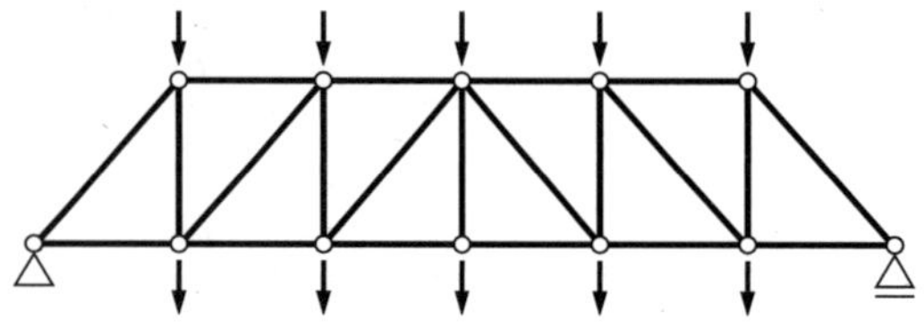

① 하우트러스(Howe Truss)로, 일반적으로 목조트러스에 적합한 구조이다.
② 상현재는 모두 압축재이며, 하현재는 모두 인장재이다.
③ 수직재는 모두 압축재이며, 경사재는 모두 인장재이다.
④ 수직재와 경사재의 부재력은 중앙부에서 단부로 갈수록 커진다.
⑤ 상현재와 하현재의 부재력은 단부에서 중앙부로 갈수록 커진다.

풀이

정답 ③
하우트러스(Howe Truss)로, 수직재는 모두 인장재이며, 경사재는 모두 압축재이다.

◆ ◆ ◆ ◆ ◆ ◆

8.5.3 다음과 같은 트러스의 일반적인 성질에 대한 설명으로 옳지 않은 것은?

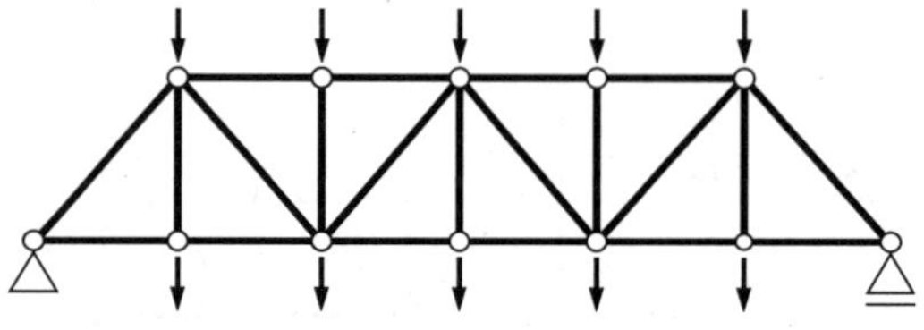

① 하부지점형의 수직재가 있는 와렌트러스(Warren Truss)이다.
② 상현재는 모두 압축재이며, 하현재는 모두 인장재이다.
③ 수직재는 모두 압축재이며, 경사재는 모두 인장재이다.
④ 수직재와 경사재의 부재력은 중앙부에서 단부로 갈수록 커진다.
⑤ 상현재와 하현재의 부재력은 단부에서 중앙부로 갈수록 커진다.

풀이

정답 ③
와렌트러스(Warren Truss)는 하현재와 상현재의 절점을 교대로 달아매거나 떠받칠 수 있도록 경사재를 배치함으로써, 경사재 및 수직재가 교대로 인장과 압축을 반복한다.

◆ ◆ ◆ ◆ ◆ ◆

8.5.4 다음과 같은 트러스의 일반적인 성질에 대한 설명으로 옳지 않은 것은?

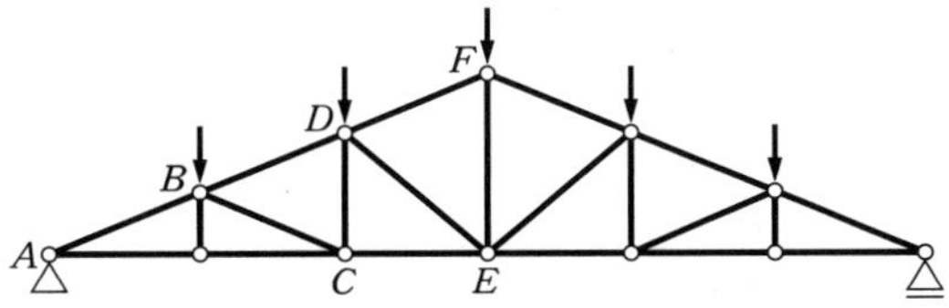

① 단순지지 형태의 왕대공트러스(King Post Truss)이다.

② 수직재 EF는 왕대공(King Post)으로 인장재이다.

③ 복재(腹材, Web Member)의 수직재는 모두 압축재이며, 복재의 경사재는 모두 인장재이다.

④ 상현재는 압축재이며, 하현재는 인장재이다.

풀이

정답 ③

왕대공트러스(King Post Truss)로, 복재의 수직재는 모두 인장재이고 복재의 경사재는 모두 압축재이다.

◆ ◆ ◆ ◆ ◆ ◆

8.5.5 다음과 같은 트러스의 일반적인 성질에 대한 설명으로 옳지 않은 것은?

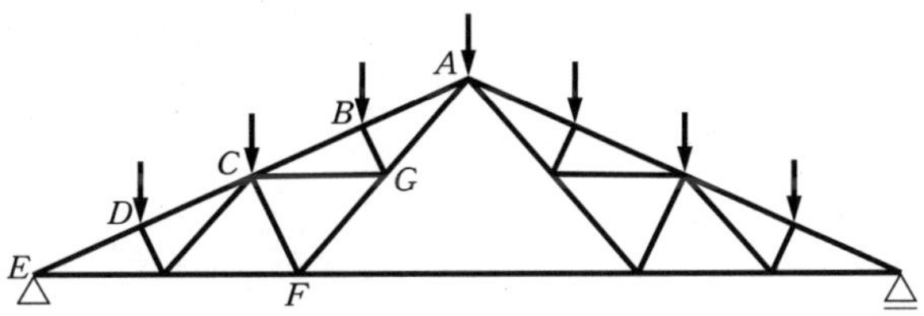

① 단순지지 형태의 핑크트러스(Fink Truss)이다.

② 수직재 BG와 상현재 AB와 BC는 압축재이다.

③ 경사재 AG와 CG는 인장재이다.

④ 수직재 CF는 인장재이다.

⑤ 하현재는 모두 인장재이다.

풀이

정답 ④

핑크트러스(Fink Truss)로, 수직재 CF는 압축재이다.

◆ ◆ ◆ ◆ ◆ ◆

8.6 입체트러스 (Space Truss)*

8.6.1 다음 그림과 같은 입체트러스의 부재력을 구하여라. 단, 각각의 지점은 그림과 같이 A점은 볼 지점, B점은 볼 소켓 지점이고, C점은 홈 속의 로울러 지점으로 지지되어 있다.

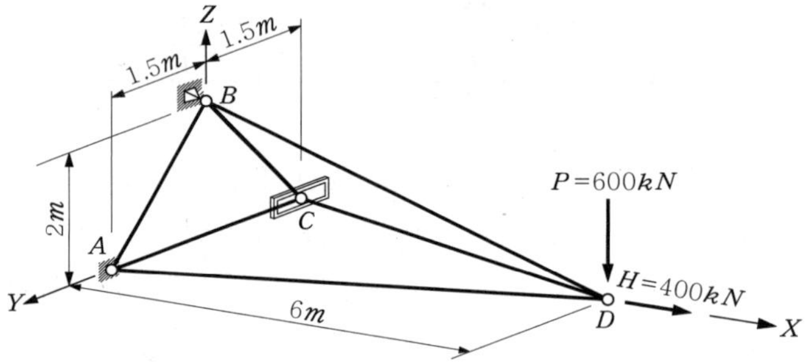

풀이

지점의 종류에 따라 반력은 그림(a)와 같이 표시할 수 있다.
$n+s=3k$ 로부터 $6+6=3\times4$ 가 되므로 이 입체트러스는 정정구조물이다.

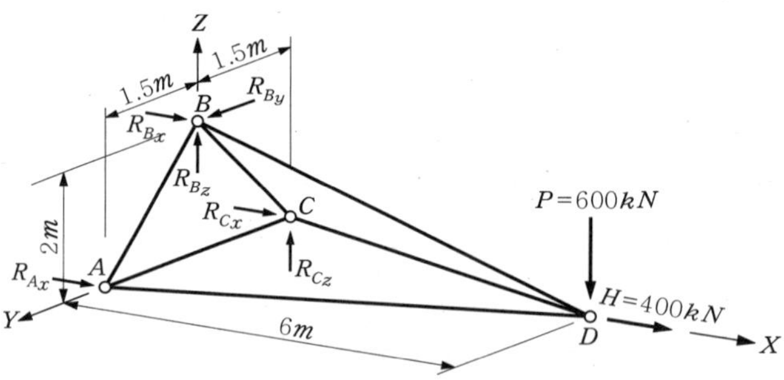

그림(a)

(1) 반력

각 절점에서의 반력의 방향을 그림(a)와 같이 가정하면, 다음과 같은 평형방정식을 세울 수 있다.

$$\Sigma X=0 \quad : \quad R_{Ax}+R_{Bx}+R_{Cx}+400=0$$

$$\Sigma Y=0 \quad : \quad R_{By}=0 \qquad \therefore \ R_{By}=0$$

$$\Sigma Z=0 \quad : \quad R_{Bz}+R_{Cz}-600=0$$

그리고 x축에 대한 모멘트를 모두 취하면,

$$\Sigma M_x=0 \ : \ -R_{By}\times2-R_{Cz}\times3=0 \qquad \therefore \ R_{Cz}=0$$

마찬가지로 y축과 z축에 대한 모멘트를 모두 취하면,

$$\Sigma M_y = 0 \ : \ R_{Bx} \times 2 + 600 \times 6 = 0 \qquad \therefore \ R_{Bx} = -1800kN$$

$$\Sigma M_z = 0 \ : \ -R_{Ax} \times 1.5 + R_{Cx} \times 1.5 = 0 \qquad \therefore \ R_{Ax} = R_{Cx}$$

구해진 각각의 반력을 평형방정식에 대입하면 나머지 반력을 구할 수 있다.

$$\therefore \ R_{Ax} = 700kN \qquad \therefore \ R_{Cx} = 700kN \qquad \therefore \ R_{Bz} = 600kN$$

구해진 각 절점에서의 반력을 바르게 도시하면 그림(b)와 같다.

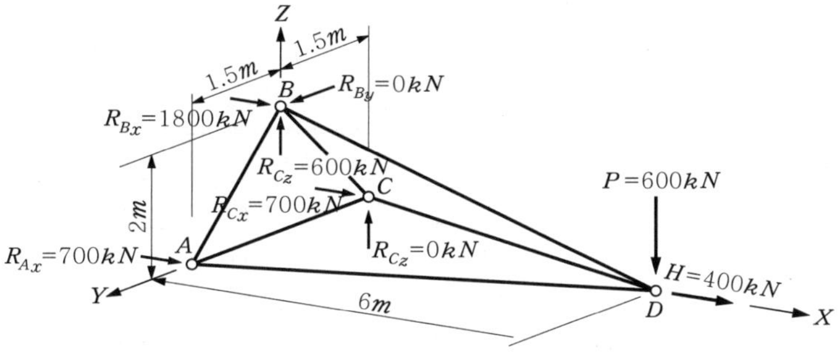

그림(b)

(2) 트러스 부재력

평형조건식을 통해 각각의 부재력을 구한다.

그림(c)와 같이 A점의 자유물체도를 통해 부재력을 구하면,

$$\Sigma X = 0 \ : \ 700 + X_{AD} = 700 + \frac{6}{\sqrt{38.25}} F_{AD} = 0$$

$$\therefore \ F_{AD} = 721.5\,kN \ (\text{압축})$$

$$\Sigma Y = 0 \ : \ F_{AC} + Y_{AD} = F_{AC} + \frac{1.5}{\sqrt{38.25}} F_{AD} = 0$$

$$\therefore \ F_{AC} = 175kN \ (\text{인장})$$

$$\Sigma Z = 0 \ : \ Z_{AB} = \frac{2}{2.5} F_{AB} = 0 \qquad \therefore \ F_{AB} = 0$$

그림(d)와 같이 B점의 자유물체도를 통해 부재력을 구하면,

$$\Sigma X = 0 \ : \ -1800 + X_{BD} = -1800 + \frac{6}{\sqrt{40}} F_{BD} = 0$$

$$\therefore \ F_{BD} = 1897.4kN \ (\text{인장})$$

$$\Sigma Z = 0 \ : \ 600 - Z_{BC} - Z_{BD} = 600 - \frac{2}{2.5} F_{BC} - \frac{2}{\sqrt{40}} F_{BD} = 0$$

$$\therefore \ F_{BC} = 0$$

그림(e)와 같이 C점의 자유물체도를 통해 부재력을 구하면,

$$\Sigma X = 0 \ : \ 700 + X_{CD} = 700 + \frac{6}{\sqrt{38.25}} F_{CD} = 0 \qquad \therefore \ F_{CD} = 721.5kN \ (\text{압축})$$

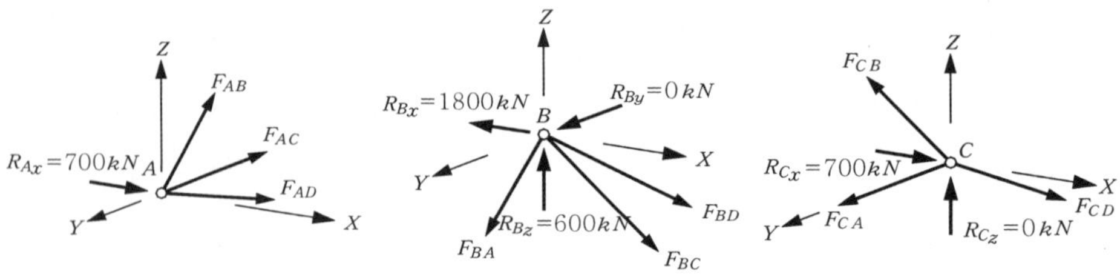

그림(c) 그림(d) 그림(e)

결국 구해진 트러스의 부재력을 표로 정리하면 다음과 같다.

부재	l_x (m)	l_y (m)	l_z (m)	l (m)	F_x (kN)	F_y (kN)	F_z (kN)	F (kN)
AB	0	1.5	2	2.5	0	0	0	0
AC	0	3	0	3	0	175	0	175
AD	6	1.5	0	6.185	−700	−175	0	−721.5
BC	0	1.5	2	2.5	0	0	0	0
BD	6	0	2	6.325	1800	0	600	1897.4
CD	6	1.5	0	6.185	−700	−175	0	−721.5

◆ ◆ ◆ ◆ ◆ ◆

8.6.2 다음 그림과 같은 입체트러스의 부재력을 구하여라. 단, 각각의 지점은 그림과 같이 A점은 볼 소켓 지점이고, B점은 홈 속의 로울러 지점, C점은 케이블로 지지되어 있다.

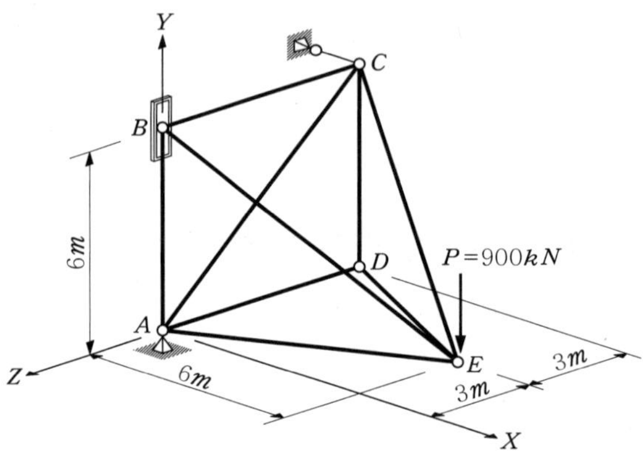

풀이

지점의 종류에 따라 반력은 그림(a)와 같이 표시할 수 있다.

$n+s=3k$ 로부터 $9+6=3\times5$ 가 되므로 이 입체트러스는 정정구조물이다.

(1) 반력

각 절점에서의 반력의 방향을 그림(a)와 같이 가정한 후, 그림(a)에서의 x축

에 대한 모멘트를 취하면,

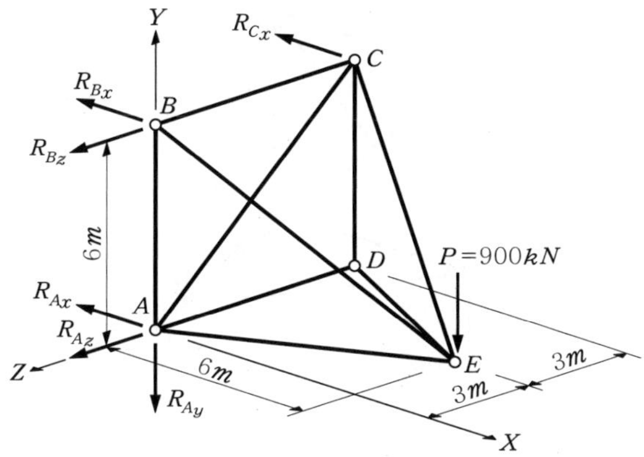

그림(a)

$$\Sigma M_{Ax}=0 \ : \ 900\times 3-R_{Bz}\times 6=0 \qquad \therefore \ R_{Bz}=450kN$$

그림(a)에서 절점A에서의 y축에 대한 모멘트를 취하면,

$$\Sigma M_{Ay}=0 \ : \ R_{Cx}\times 6=0 \qquad \therefore \ R_{Cx}=0\,kN$$

그림(a)에서 절점A에서의 z축에 대한 모멘트를 취하면,

$$\Sigma M_{Az}=0 \ : \ 900\times 3-R_{Bx}\times 6-R_{Cx}\times 6=0 \qquad \therefore \ R_{Bx}=900\,kN$$

그림(a)에서 $\Sigma X=0$ 이므로,

$$\Sigma X=0 \ : \ -R_{Ax}-900-0=0 \qquad \therefore \ R_{Ax}=-900\,kN$$

그림(a)에서 $\Sigma Y=0$ 이므로,

$$\Sigma Y=0 \ : \ -P-R_{Ay}=-900-R_{Ay}=0 \qquad \therefore \ R_{Ay}=-900kN$$

그림(a)에서 $\Sigma Z=0$ 이므로,

$$\Sigma Z=0 \ : \ -R_{Az}-R_{Bz}=-R_{Az}-450=0 \qquad \therefore \ R_{Az}=-450kN$$

구해진 각 절점에서의 반력을 바르게 도시하면 그림(b)와 같다.

(2) 트러스 부재력

미지의 부재력이 3개 이하인 B점에서부터 평형조건식을 통해 부재력을 구한다.

그림(c)와 같이 B점의 자유물체도를 통해 부재력을 구하면,

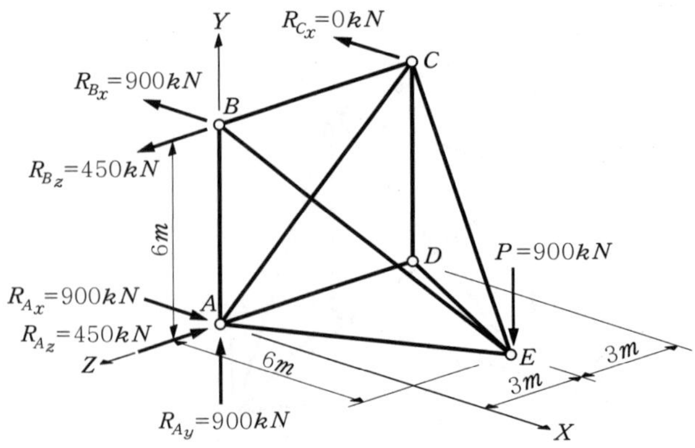

그림(b)

$$\Sigma X=0 \;:\; -900+X_{BE}=-900+\frac{6}{9}F_{BE}=0 \qquad \therefore\; F_{BE}=1350\,kN\ (\text{인장})$$

$$\Sigma Y=0 \;:\; -F_{BA}+Y_{BE}=-F_{BA}-900=0 \qquad \therefore\; F_{BA}=900\,kN\ (\text{압축})$$

$$\Sigma Z=0 \;:\; -450+F_{BC}+Z_{BE}=-450+F_{BC}+\frac{3}{9}F_{BE}=0$$

$$\therefore\; F_{BC}=0$$

그림(d)와 같이 A점의 자유물체도를 통해 부재력을 구하면,

$$\Sigma X=0 \;:\; 900+X_{AE}=900+\frac{2}{\sqrt{5}}F_{AE}=0 \qquad \therefore\; F_{AE}=450\sqrt{5}\,kN\ (\text{압축})$$

$$\Sigma Y=0 \;:\; -900+900+Y_{AC}=0 \qquad \therefore\; F_{AC}=0$$

$$\Sigma Z=0 \;:\; 450+F_{AD}+Y_{AC}+Y_{AE}=450+F_{AD}+\frac{1}{\sqrt{2}}F_{AC}+\frac{1}{\sqrt{5}}F_{AE}=0$$

$$\therefore\; F_{AD}=0$$

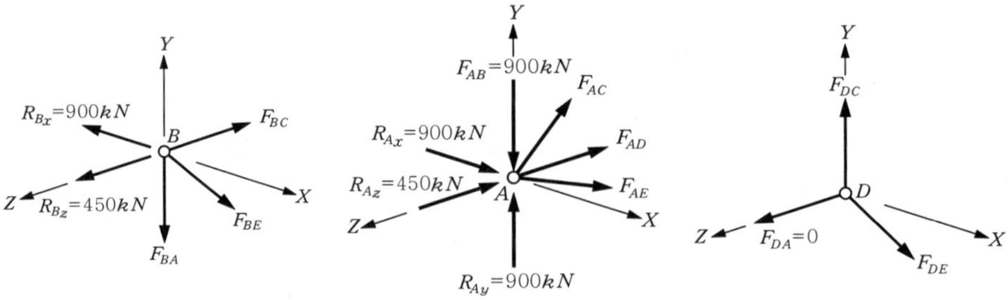

그림(c) 그림(d) 그림(e)

그림(e)와 같이 D점의 자유물체도를 통해 부재력을 구하면,

$$\Sigma X=0 \;:\; X_{DE}=\frac{2}{\sqrt{5}}F_{DE}=0 \qquad \therefore\; F_{DE}=0$$

$$\Sigma Y=0 \;:\; F_{DC}=0 \qquad \therefore\; F_{DC}=0$$

C점의 모든 부재력 및 반력은 0이므로,

$$\Sigma X = \Sigma Y = \Sigma Z = 0 \;:\; F_{CE} = 0 \qquad \therefore\; F_{CE} = 0$$

결국 구해진 트러스의 부재력을 표로 정리하면 다음과 같다.

부재	l_x (m)	l_y (m)	l_z (m)	l (m)	F_x (kN)	F_y (kN)	F_z (kN)	F (kN)
AB	0	6	0	6	0	−900	0	−900
AC	6	6	0	8.49	0	0	0	0
AD	0	6	0	6	0	0	0	0
AE	6	0	3	6.71	−900	−450	0	−636.4
BC	0	0	6	6	0	0	0	0
BE	6	3	6	9	900	900	450	1350
CD	0	6	0	6	0	0	0	0
CE	6	3	6	9	0	0	0	0
DE	6	0	3	6.71	0	0	0	0

◆ ◆ ◆ ◆ ◆ ◆

8.6.3 다음 그림과 같은 입체트러스의 부재력을 구하여라. 단, 모든 지점은 그림과 같이 홈 속의 로울러 지점이며 방향은 그림과 같다.

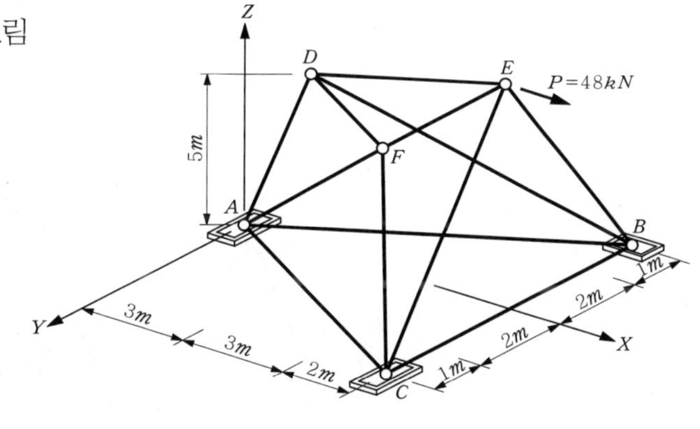

풀이

지점의 종류에 따라 반력은 그림(a)와 같이 표시할 수 있다.

$n+s=3k$ 로부터 $6+12=3\times6$ 이 되므로 이 입체트러스는 정정구조물이다.

(1) 반력

각 절점에서의 반력의 방향을 그림(a)와 같이 가정하면, 다음과 같은 평형방정식을 세울 수 있다.

$$\Sigma X = 0 \;:\; R_{Ax} + R_{Cx} + 48 = 0$$

$$\Sigma Y = 0 \;:\; R_{By} = 0 \qquad \therefore R_{By} = 0$$

$$\Sigma Z = 0 \;:\; R_{Az} + R_{Bz} + R_{Cz} = 0$$

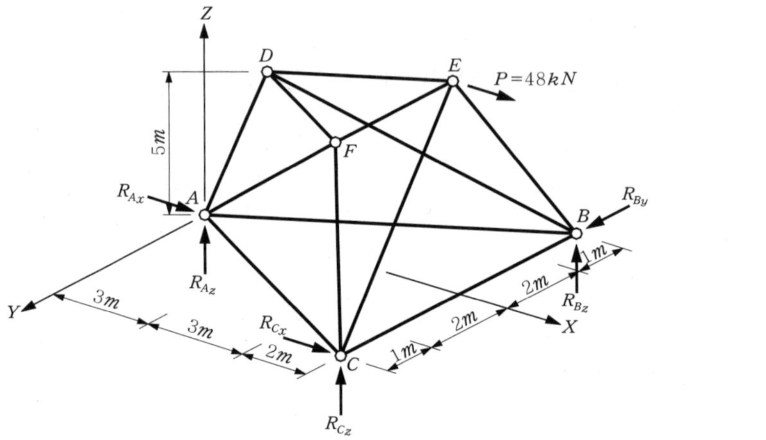

그림(a)

그리고, 각 축에 대한 모멘트를 모두 취하면,

$\Sigma M_x = 0$: $R_{Cz} \times 3 - R_{Bz} \times 3 = 0$ $\therefore R_{Bz} = R_{Cz}$

$\Sigma M_y = 0$: $48 \times 5 - R_{Bz} \times 8 - R_{Cz} \times 8 = 0$ $\therefore R_{Bz} = R_{Cz} = 15kN$

$\Sigma M_z = 0$: $48 \times 2 - R_{Cx} \times 3 = 0$ $\therefore R_{Cx} = 32kN$

이를 각각의 평형방정식에 대입하면 나머지 반력을 구할 수 있다.

$\therefore R_{Ax} = -80kN$ $\therefore R_{Az} = -30kN$

구해진 각 절점에서의 반력을 바르게 도시하면 그림(b)와 같다.

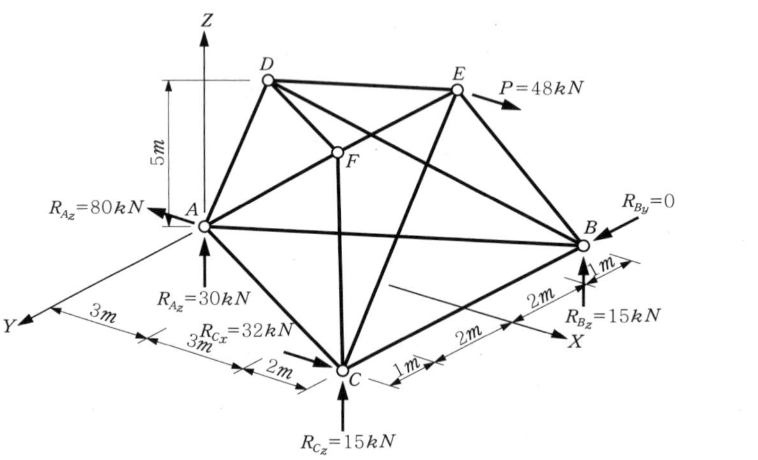

그림(b)

(2) 트러스 부재력

그림(c)와 같이 E 점의 자유물체도를 통해 부재력을 구하면,

$$\sum X=0 \quad : \quad 48+X_{EB}+X_{EC}-X_{ED}$$
$$=48+\frac{2}{\sqrt{30}}F_{EB}+\frac{2}{\sqrt{54}}F_{EC}-\frac{3}{\sqrt{13}}F_{ED}=0$$
$$\sum Y=0 \quad : \quad -Y_{EB}+Y_{EC}+Y_{ED}+F_{EF}$$
$$=-\frac{1}{\sqrt{30}}F_{EB}+\frac{5}{\sqrt{54}}F_{EC}+\frac{2}{\sqrt{13}}F_{ED}+F_{EF}=0$$
$$\sum Z=0 \quad : \quad -Z_{EB}-Z_{EC}=-\frac{5}{\sqrt{30}}F_{EB}-\frac{5}{\sqrt{54}}F_{EC}=0$$

$\sum Z=0$에 의해 $F_{EC}=-\frac{\sqrt{54}}{\sqrt{30}}F_{EB}$ 이므로 이를 각 식에 대입하면,

$$\sum X=0 \quad : \quad 48-\frac{3}{\sqrt{13}}F_{ED}=0 \qquad \therefore F_{ED}=16\sqrt{13}=57.69kN$$
$$\sum Y=0 \quad : \quad -\frac{6}{\sqrt{30}}F_{EB}+32+F_{EF}=0 \qquad \therefore F_{EF}=\frac{6}{\sqrt{30}}F_{EB}-32$$

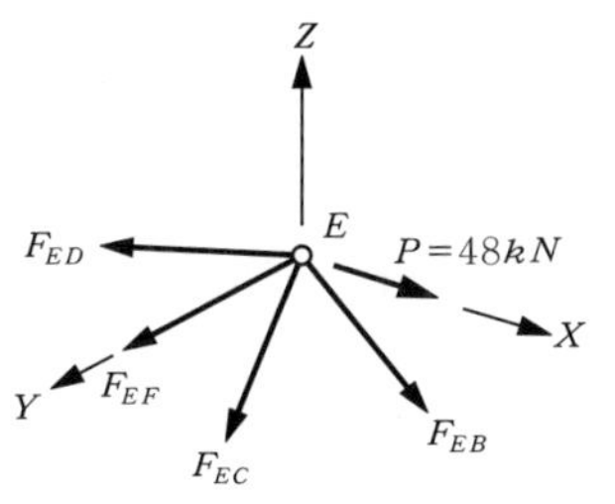

그림(c)

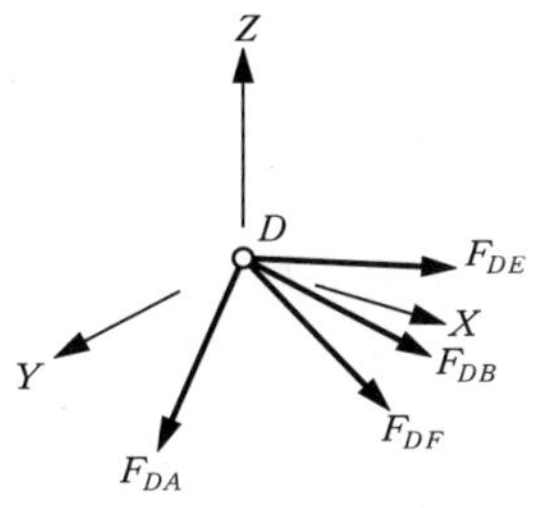

그림(d)

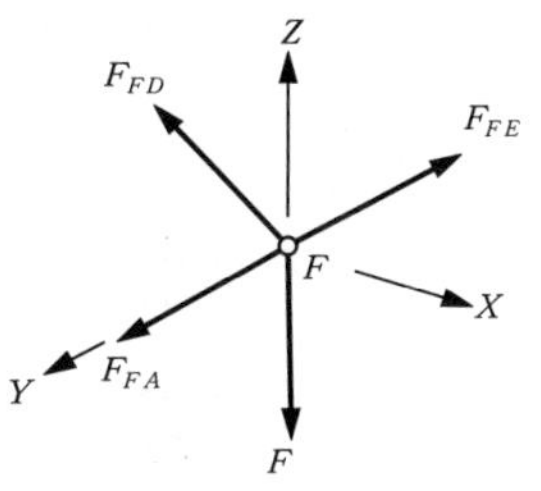

그림(e)

그림(d)와 같이 D점의 자유물체도를 통해 부재력을 구하면,

$$\sum X=0 \quad : \quad -X_{DA}+X_{DB}+X_{DE}+X_{DF}$$
$$=-\frac{3}{\sqrt{34}}F_{DA}+\frac{5}{\sqrt{59}}F_{DB}+\frac{3}{\sqrt{13}}F_{DE}+\frac{3}{\sqrt{13}}F_{DF}=0$$
$$\sum Y=0 \quad : \quad -Y_{DB}-Y_{DE}+Y_{DF}$$
$$=-\frac{3}{\sqrt{59}}F_{DB}-\frac{2}{\sqrt{13}}F_{DE}+\frac{2}{\sqrt{13}}F_{DF}=0$$
$$\sum Z=0 \quad : \quad -Z_{DA}-Z_{DB}=-\frac{5}{\sqrt{34}}F_{DA}-\frac{5}{\sqrt{59}}F_{DB}=0$$

$\sum Z=0$에 의해 $F_{DB}=-\frac{\sqrt{59}}{\sqrt{34}}F_{DA}$ 이고, $F_{DE}=16\sqrt{13}\,kN$ 이므로,

$$\sum X=0 \quad : \quad -\frac{8}{\sqrt{34}}F_{DA}+48+\frac{3}{\sqrt{13}}F_{DF}=0$$
$$\sum Y=0 \quad : \quad \frac{3}{\sqrt{34}}F_{DA}-32+\frac{2}{\sqrt{13}}F_{DF}=0$$

이를 연립하여 풀면,

$\therefore\ F_{DA} = \dfrac{192\sqrt{34}}{25} = 44.78kN$　　　　$\therefore\ F_{DF} = \dfrac{112\sqrt{13}}{25} = 16.15kN$

$\therefore\ F_{DB} = -\dfrac{192\sqrt{59}}{25} = -58.99kN$

그림(e)와 같이 F점의 자유물체도를 통해 부재력을 구하면,

$$\Sigma X=0 \quad : \quad -X_{FA}+X_{FC}-X_{FD} = -\frac{6}{\sqrt{65}}F_{FA}+\frac{2}{\sqrt{30}}F_{FC}-\frac{3}{\sqrt{13}}F_{FD}=0$$

$$\Sigma Y=0 \quad : \quad -Y_{FA}+Y_{FC}-Y_{FD}-F_{FE}$$
$$= -\frac{2}{\sqrt{65}}F_{FA}+\frac{1}{\sqrt{30}}F_{FC}-\frac{2}{\sqrt{13}}F_{FD}-F_{FE}=0$$

$$\Sigma Z=0 \quad : \quad -Z_{FA}-Z_{FC} = -\frac{5}{\sqrt{65}}F_{FA}-\frac{5}{\sqrt{30}}F_{FC}=0$$

$\Sigma Z=0$에 의해 $F_{FC} = -\dfrac{\sqrt{30}}{\sqrt{65}}F_{FA}$ 이고, $F_{FD} = \dfrac{112\sqrt{13}}{25}$ 이므로,

$\therefore\ F_{FA} = -\dfrac{42\sqrt{65}}{25} = -13.54kN$　　　　$\therefore\ F_{FC} = \dfrac{42\sqrt{30}}{25} = 9.2kN$

$\therefore\ F_{FE} = -\dfrac{98}{25} = -3.92kN$

구해진 부재력을 통해 E점에서의 부재력 또한 구할 수 있다.

$\therefore\ F_{EB} = \dfrac{1053\sqrt{30}}{225} = 25.63kN$　　　　$\therefore\ F_{EC} = -\dfrac{89\sqrt{54}}{25} = -26.16kN$

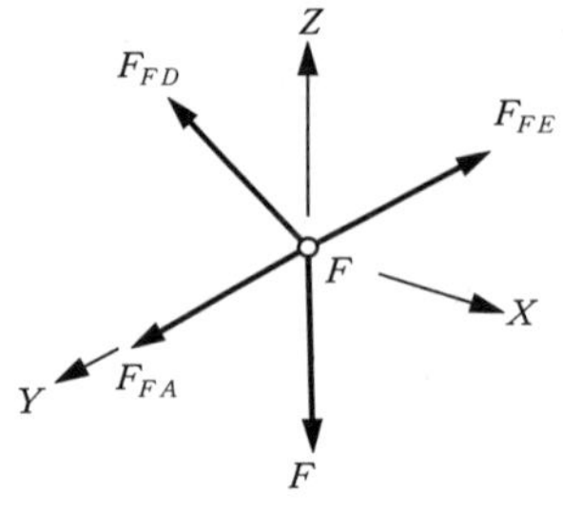

그림(f)

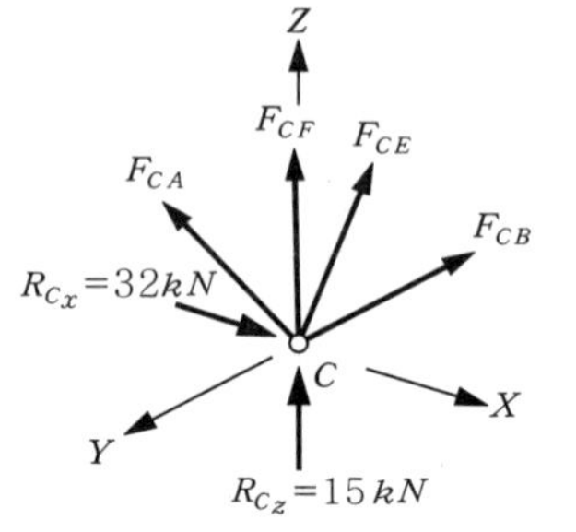

그림(g)

그림(f)와 같이 A점의 자유물체도를 통해 부재력을 구하면,

$$\Sigma X=0 \quad : \quad -80+X_{AB}+X_{AC}+X_{AD}+X_{AF}$$
$$= -80+\frac{8}{\sqrt{73}}F_{AB}+\frac{8}{\sqrt{73}}F_{AC}+\frac{3}{\sqrt{34}}F_{AD}+\frac{6}{\sqrt{65}}F_{AF}=0$$

$$\Sigma Y=0 \quad : \quad -Y_{AB}+Y_{AC}+Y_{AF}$$
$$= -\frac{3}{\sqrt{73}}F_{AB}+\frac{3}{\sqrt{73}}F_{AC}+\frac{2}{\sqrt{65}}F_{AF}=0$$

이미 구해진 부재력을 대입하여 풀면,

$$\Sigma X=0 \quad : \quad -\frac{1676}{25}+\frac{8}{\sqrt{73}}F_{AB}+\frac{8}{\sqrt{73}}F_{AC}=0$$

$$\Sigma Y=0 \quad : \quad -\frac{3}{\sqrt{73}}F_{AB}+\frac{3}{\sqrt{73}}F_{AC}-\frac{84}{25}=0$$

이를 연립하여 풀면,

$$\therefore F_{AB}=\frac{363\sqrt{73}}{100}=31.01kN \qquad \therefore F_{AC}=\frac{19\sqrt{73}}{4}=40.58kN$$

그림(g)와 같이 C점의 자유물체도를 통해 부재력을 구하면,

$$\begin{aligned}\Sigma Y=0 \quad : \quad & -Y_{CA}-F_{CB}-Y_{CE}-Y_{CF} \\ & =-\frac{3}{\sqrt{73}}F_{CA}-F_{CB}-\frac{5}{\sqrt{54}}F_{CE}-\frac{1}{\sqrt{30}}F_{CF}=0\end{aligned}$$

이미 구해진 부재력을 대입하여 풀면,

$$\Sigma Y=0 \quad : \quad \frac{747}{100}-F_{CB}=0 \qquad \therefore F_{CB}=7.47kN$$

결국 구해진 트러스의 부재력을 표로 정리하면 다음과 같다.

부재	l_x (m)	l_y (m)	l_z (m)	l (m)	F (kN)	비고
AB	8	3	0	8.54	31.01	인장
AC	8	3	0	8.54	40.58	인장
AD	0	3	5	5.83	44.78	인장
AF	6	2	5	8.06	−13.54	압축
BC	0	6	0	6	7.47	인장
BD	5	3	5	7.68	−58.99	압축
BE	2	1	5	5.48	25.63	인장
CE	2	5	5	7.35	−34.39	압축
CF	2	1	5	5.48	9.2	인장
DE	3	2	0	3.61	57.69	인장
DF	3	2	0	3.61	16.15	인장
EF	0	4	0	4	−3.92	압축

◆ ◆ ◆ ◆ ◆ ◆

8.6.4 다음 그림과 같은 입체트러스의 반력을 구하여라. 단, 모든 부재의 길이는 $4m$ 이고 모든 지점은 그림과 같이 볼 소켓 지점이다.

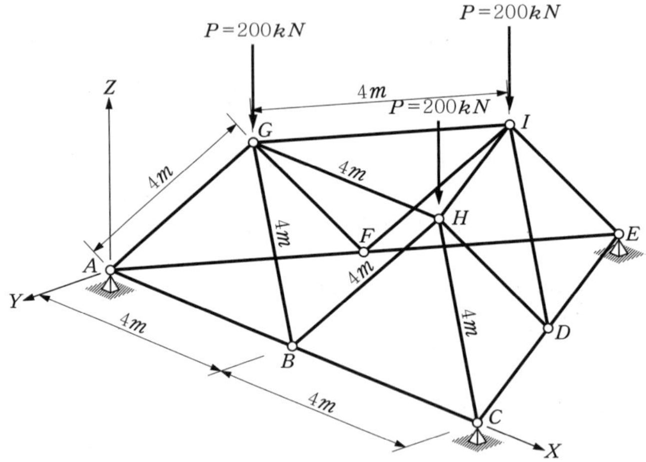

풀이

지점의 종류에 따라 반력은 그림(a)와 같이 표시할 수 있다.

$n+s=3k$ 로부터 $9+18=3\times 9$ 가 되므로 이 입체트러스는 정정구조물이다.

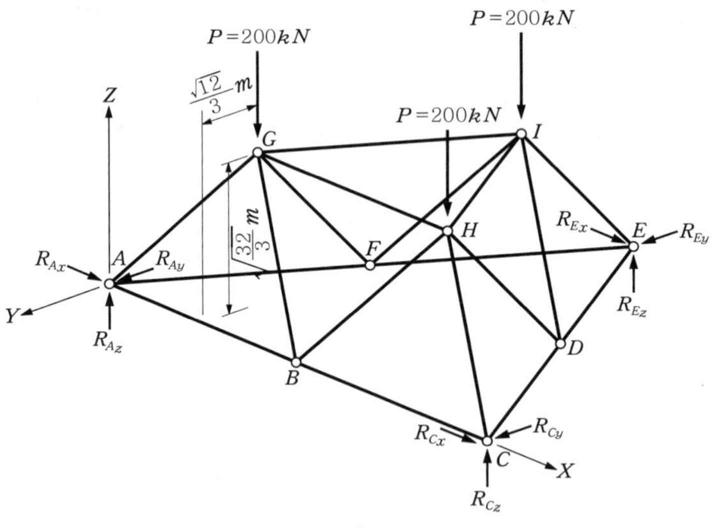

그림(a)

(1) 반력

각 절점에서의 반력의 방향을 그림(a)와 같이 가정하면, 다음과 같은 평형방정식을 세울 수 있다.

$$\Sigma X=0 \quad : \quad R_{Ax}+R_{Cx}+R_{Ex}=0$$

$$\Sigma Y=0 \quad : \quad R_{Ay}+R_{Cy}+R_{Ey}=0$$

$$\Sigma Z=0 \quad : \quad R_{Az}+R_{Cz}+R_{Ez}-600=0$$

그리고 각 축에 대한 모멘트를 모두 취하면,

$$\Sigma M_x=0 \quad : \quad 2\times 200\times \frac{\sqrt{12}}{3}+200\times\left(\frac{\sqrt{12}}{3}+\sqrt{12}\right)-R_{Ez}\times 2\sqrt{12}=0$$

$$\therefore \ R_{Ez}=200kN$$

$$\Sigma M_y=0 \quad : \quad 200\times 2+200\times 4+200\times 6-R_{Cz}\times 8-R_{Ez}\times 3=0$$

$$\therefore \ R_{Cz}=200kN$$

$$\Sigma M_z=0 \quad : \quad R_{Cy}\times 8+R_{Ey}\times 4+R_{Ex}\times 2\sqrt{12}=0$$

구해진 R_{Cz}, R_{Ez}를 평형방정식에 대입하면 나머지 R_{Az}를 구할 수 있다.

$$R_{Az}+R_{Cz}+R_{Ez}-600=0 \qquad \therefore \ R_{Az}=200kN$$

여기서, 이 입체트러스는 미지의 반력은 9개고 평형방정식은 6개 밖에 없으므로 $m_e=n-6$으로부터 외적 3차부정정임을 알 수 있다. 따라서 나머지 반력들은 부재력과 각 절점에서의 평형방정식을 통해 구하여야한다.

(2) A점의 평형방정식

그림(b)와 같이 A점에서의 자유물체도를 그리면,

$$\Sigma X=0 \quad : \quad R_{Ax}+F_{AB}+X_{AF}+X_{AG}=R_{AX}+F_{AB}+\frac{1}{2}F_{AF}+\frac{1}{2}F_{AG}=0$$

$$\Sigma Y=0 \quad : \quad R_{Ay}-Y_{AF}-Y_{AG}=R_{AY}-\frac{\sqrt{3}}{2}F_{AF}-\frac{\sqrt{12}}{12}F_{AG}=0$$

$$\Sigma Z=0 \quad : \quad R_{Az}+Z_{AG}=R_{AZ}+\frac{1}{4}\frac{\sqrt{32}}{3}F_{AG}=0$$

이를 정리하면 다음과 같다.

$$\Sigma Z=0 \quad : \quad F_{AG}=-4\sqrt{\frac{3}{32}}R_{Az}=-244.95kN$$

$$\Sigma X=0 \quad : \quad R_{Ax}=2\sqrt{\frac{3}{32}}R_{Az}-F_{AB}-\frac{1}{2}F_{AF}$$

$$\Sigma Y=0 \quad : \quad R_{Ay}=-\frac{\sqrt{12}}{3}\sqrt{\frac{3}{32}}R_{Az}+\frac{\sqrt{3}}{2}F_{AF}$$

(3) F점에서의 평형방정식

그림(c)와 같이 F점에서의 자유물체도를 그리면,

$$\Sigma X=0 \quad : \quad X_{FE}-X_{FA}+X_{FG}-X_{FI}=\frac{1}{2}F_{FE}-\frac{1}{2}F_{FA}+\frac{1}{3}F_{FG}-\frac{1}{2}F_{FI}=0$$

$$\Sigma Y=0 \quad : \quad Y_{FA}-Y_{FE}+Y_{FG}-Y_{FI}$$
$$=\frac{\sqrt{3}}{2}F_{FA}-\frac{\sqrt{3}}{2}F_{FE}+\frac{\sqrt{12}}{6}F_{FG}-\frac{\sqrt{12}}{12}F_{FI}=0$$

$$\Sigma Z=0 \quad : \quad Z_{FG}+Z_{FI}=\frac{1}{4}\sqrt{\frac{32}{3}}F_{FG}+\frac{1}{4}\sqrt{\frac{32}{3}}F_{FI}=0$$

이를 정리하면 다음과 같다.

$$\Sigma Z=0 \quad : \quad F_{FI}=-F_{FG}$$

$$\Sigma X=0 \quad : \quad -\frac{1}{2}F_{FA}+\frac{1}{2}F_{FE}+\frac{5}{6}F_{FG}=0$$
$$\therefore F_{FG}=\frac{3}{5}F_{FA}-\frac{3}{5}F_{FE}$$

$$\Sigma Y=0 \quad : \quad \frac{\sqrt{3}}{2}F_{FA}-\frac{\sqrt{3}}{2}F_{FE}+\frac{\sqrt{12}}{4}F_{FG}=0$$
$$\therefore F_{FG}=F_{FE}-F_{FA}$$

따라서

$$F_{FG}=\frac{3}{5}F_{FA}-\frac{3}{5}F_{FE}=F_{FE}-F_{FA} \qquad \therefore F_{FA}=F_{FE}$$

이를 $\Sigma X=0$으로 정리하면,

$$-\frac{1}{2}F_{FA}+\frac{1}{2}F_{FA}+\frac{5}{6}F_{FG}=0 \qquad \therefore F_{FG}=-F_{FI}=0$$

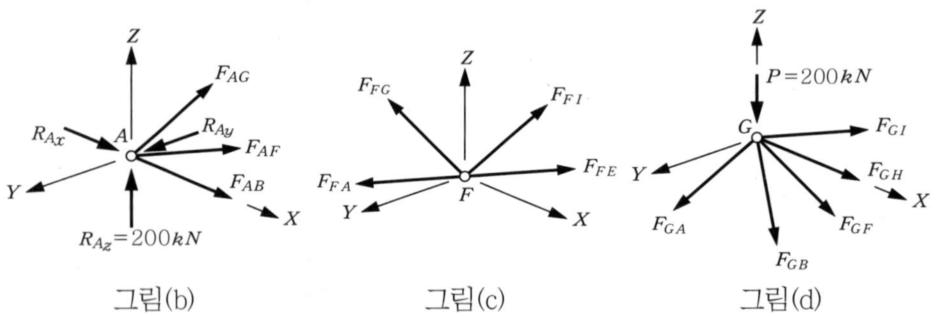

그림(b) 그림(c) 그림(d)

(4) G점에서의 평형방정식

그림(d)와 같이 G점에서의 자유물체도를 그리면,

$$\Sigma X=0 \quad : \quad F_{GH}-X_{AG}+X_{GI}+X_{GB}-X_{GF}$$
$$=F_{GH}-\frac{1}{2}F_{GA}+\frac{1}{2}F_{GI}+\frac{1}{2}F_{GB}-\frac{1}{3}F_{GF}=0$$

$$\Sigma Y=0 \quad : \quad Y_{GA}+Y_{GB}-Y_{GF}-Y_{GI}$$

$$= \frac{\sqrt{12}}{12} F_{GA} + \frac{\sqrt{12}}{12} F_{GB} - \frac{\sqrt{12}}{12} F_{GF} - \frac{\sqrt{3}}{2} F_{GI} = 0$$

$$\sum Z = 0 \quad : \quad -200 - Z_{GA} - Z_{GB} - Z_{GF}$$

$$= -200 - \frac{1}{4}\frac{\sqrt{32}}{3} F_{GA} - \frac{1}{4}\frac{\sqrt{32}}{3} F_{GB} - \frac{1}{4}\frac{\sqrt{32}}{3} F_{GF} = 0$$

여기서, $F_{GA} = -4\sqrt{\frac{3}{32}} R_{Az}$, $F_{GF} = 0$ 이므로 이를 대입하여 정리하면,

$$\sum Z = 0 \quad : \quad \therefore F_{GB} = 0$$

$$\sum Y = 0 \quad : \quad \therefore F_{GI} = -\frac{1}{\sqrt{6}} R_{Az} = -81.65kN$$

$$\sum X = 0 \quad : \quad \therefore F_{GH} = -\frac{1}{\sqrt{6}} R_{Az} = -81.65kN$$

(5) B점에서의 평형방정식

그림(e)와 같이 B점에서의 자유물체도를 그리면,

$$\sum X = 0 \quad : \quad -F_{BA} + F_{BC} - X_{BG} + X_{BH} = -F_{BA} + F_{BC} - \frac{1}{2} F_{BG} + \frac{1}{2} F_{BH} = 0$$

$$\sum Y = 0 \quad : \quad Y_{BG} + Y_{BH} = \frac{\sqrt{12}}{12} F_{BG} + \frac{\sqrt{12}}{12} F_{BH} = 0$$

$$\sum Z = 0 \quad : \quad Z_{BG} + Z_{BH} = \frac{\sqrt{3}}{2} F_{BG} + \frac{\sqrt{3}}{2} F_{BH} = 0$$

이를 정리하면 다음과 같다.

$$\sum Y = 0 \quad : \quad \therefore F_{BG} = -F_{BH} = 0$$

$$\sum X = 0 \quad : \quad \therefore F_{BA} = F_{BC}$$

(6) C점에서의 평형방정식

그림(f)와 같이 C점에서의 자유물체도를 그리면,

$$\sum X = 0 \quad : \quad R_{Cx} - F_{CB} - X_{CD} - X_{CH} = R_{Cx} - F_{CB} - \frac{1}{2} F_{CD} - \frac{1}{2} F_{CH} = 0$$

$$\sum Y = 0 \quad : \quad R_{Cy} - Y_{CD} - Y_{CH} = R_{Cy} - \frac{\sqrt{3}}{2} F_{CD} - \frac{\sqrt{12}}{12} F_{CH} = 0$$

$$\sum Z = 0 \quad : \quad R_{Cz} + Z_{CH} = R_{Cz} + \frac{1}{4}\sqrt{\frac{32}{3}} F_{CH} = 0$$

이를 정리하면 다음과 같다.

$$\sum Z = 0 \quad : \quad \therefore F_{CH} = -4\sqrt{\frac{3}{32}} R_{Cz} = -244.95kN$$

$$\sum X = 0 \quad : \quad \therefore R_{Cx} = -2\sqrt{\frac{3}{32}} R_{Cz} + F_{BC} + \frac{1}{2} F_{CD}$$

$$\sum Y = 0 \quad : \quad \therefore R_{Cy} = -\frac{1}{\sqrt{8}} R_{Cz} + \frac{\sqrt{3}}{2} F_{CD}$$

(7) H점에서의 평형방정식

그림(g)와 같이 H점에서의 자유물체도를 그리면,

$$\Sigma X=0 \quad : \quad -X_{HB}+X_{HC}+X_{HD}-F_{HG}-X_{HI}$$
$$=-\frac{1}{2}F_{HB}+\frac{1}{2}F_{HC}+\frac{4}{3}F_{HD}-F_{HG}-\frac{1}{2}F_{HI}=0$$

$$\Sigma Y=0 \quad : \quad Y_{HB}+Y_{HC}-Y_{HD}-Y_{HI}$$
$$=\frac{\sqrt{12}}{12}F_{HB}+\frac{\sqrt{12}}{12}F_{HC}-\frac{\sqrt{12}}{6}F_{HD}-\frac{\sqrt{3}}{2}F_{HI}=0$$

$$\Sigma Z=0 \quad : \quad -200-Z_{HB}-Z_{HC}-Z_{HD}$$
$$=-200-\frac{1}{4}\sqrt{\frac{32}{3}}F_{HB}-\frac{1}{4}\sqrt{\frac{32}{3}}F_{HC}-\frac{1}{4}\sqrt{\frac{32}{3}}F_{HD}=0$$

여기서, $F_{HC}=-4\sqrt{\frac{3}{32}}R_{Cz}$, $F_{HG}=-\frac{1}{\sqrt{6}}R_{Az}$, $F_{HB}=0$ 이므로 이를 대입하여 정리하면,

$$\Sigma Z=0 \quad : \quad \therefore F_{HD}=0$$

$$\Sigma Y=0 \quad : \quad \therefore F_{HI}=-\frac{1}{\sqrt{6}}R_{Cz}=-81.65kN$$

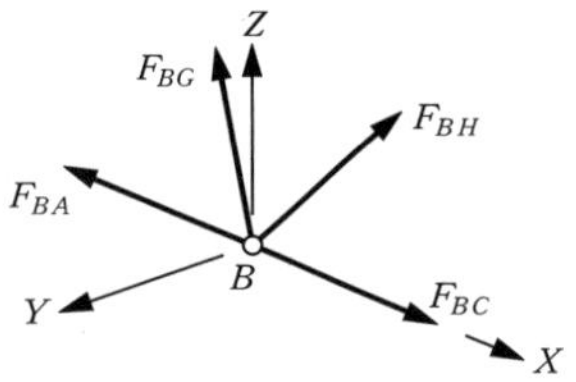

그림(e)

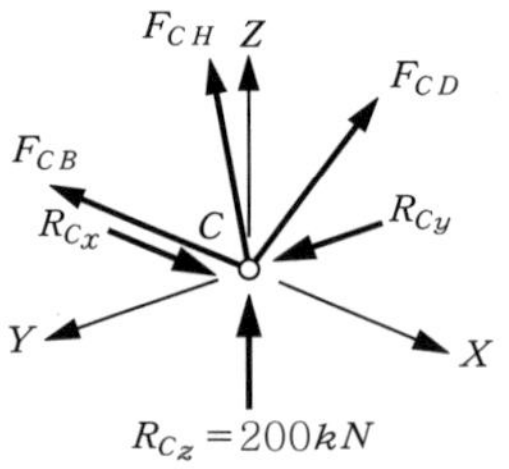

그림(f)

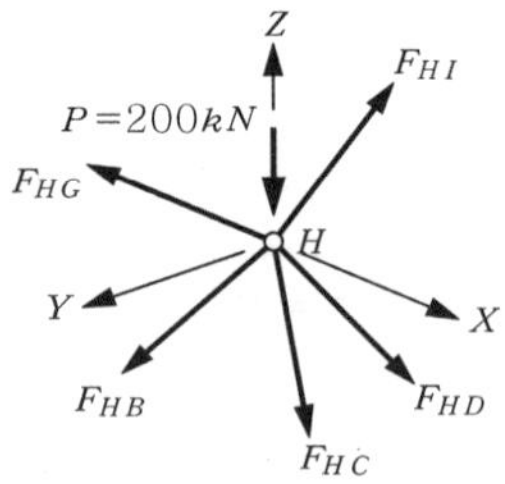

그림(g)

(8) D점에서의 평형방정식

그림(h)와 같이 D점에서의 자유물체도를 그리면,

$$\Sigma X=0 \quad : \quad X_{DC}-X_{DE}-X_{DH}-X_{DI}=\frac{1}{2}F_{DC}-\frac{1}{2}F_{DE}-\frac{4}{3}F_{DH}-\frac{4}{3}F_{DI}=0$$

$$\Sigma Y=0 \quad : \quad Y_{DC}-Y_{DE}+Y_{DH}-Y_{DI}$$
$$=\frac{\sqrt{3}}{2}F_{DC}-\frac{\sqrt{3}}{2}F_{DE}+\frac{\sqrt{12}}{6}F_{DH}-\frac{\sqrt{12}}{12}F_{DI}=0$$

$$\Sigma Z=0 \quad : \quad Z_{DH}+Z_{DI}=\frac{1}{4}\sqrt{\frac{32}{3}}F_{DH}+\frac{1}{4}\sqrt{\frac{32}{3}}F_{DI}=0$$

여기서, $F_{DH}=0$ 이므로 이를 대입하여 정리하면,

$\sum Z=0 \quad : \quad \therefore F_{DH}=-F_{DI}=0$

$\sum Y=0 \quad : \quad \therefore F_{DC}=F_{DE}$

(9) E 점에서의 평형방정식

그림(i)와 같이 E 점에서의 자유물체도를 그리면,

$$\sum X=0 \quad : \quad R_{Ex}+X_{ED}-X_{EF}=R_{Ex}+\frac{1}{2}F_{ED}-\frac{1}{2}F_{EF}=0$$

$$\sum Y=0 \quad : \quad R_{Ey}+Y_{ED}+Y_{EF}+Y_{EI}$$

$$=R_{Ey}+\frac{\sqrt{3}}{2}F_{ED}+\frac{\sqrt{3}}{2}F_{EF}+\frac{\sqrt{12}}{6}F_{EI}=0$$

$$\sum Z=0 \quad : \quad R_{Ez}+\frac{1}{4}\sqrt{\frac{32}{3}}F_{EI}=0$$

이를 정리하면 다음과 같다.

$$\sum Z=0 \quad : \quad \therefore F_{EI}=-4\sqrt{\frac{3}{32}}R_{Ez}=-244.95kN$$

$$\sum Y=0 \quad : \quad \therefore R_{Ey}=\frac{1}{\sqrt{2}}R_{Ez}-\frac{\sqrt{3}}{2}F_{ED}-\frac{\sqrt{3}}{2}F_{EF}$$

$$\sum X=0 \quad : \quad \therefore R_{Ex}=\frac{1}{2}F_{EF}-\frac{1}{2}F_{ED}$$

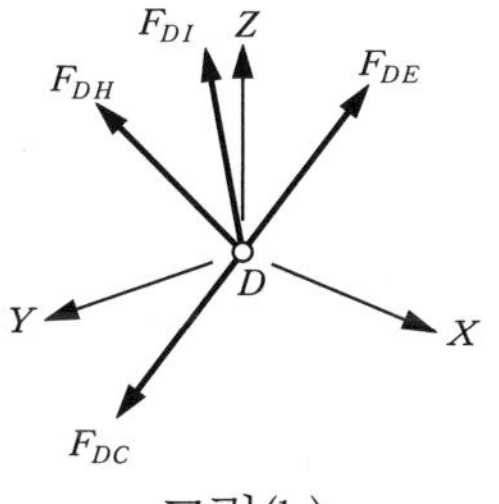

그림(h)

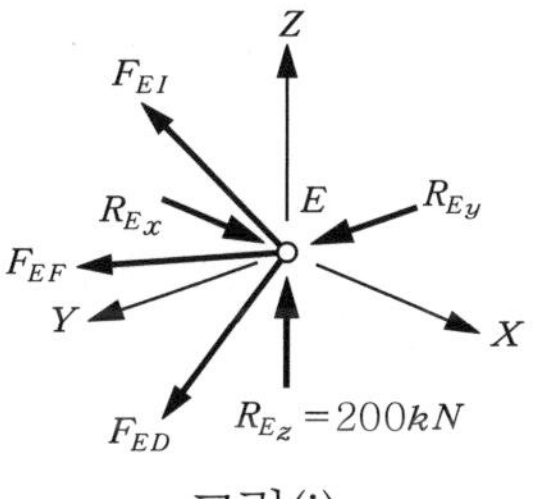

그림(i)

(10) 미지의 반력 계산

각 절점에서의 평형방정식을 통해 구해진 반력을 정리하면 다음과 같다.

$$R_{Ax}=\sqrt{\frac{3}{8}}R_{Az}-F_{AB}-\frac{1}{2}F_{AF}$$

$$R_{Ay}=-\frac{1}{\sqrt{8}}R_{Az}+\frac{\sqrt{3}}{2}F_{AF}$$

$$R_{Cx}=-\sqrt{\frac{3}{8}}R_{Cz}+F_{BC}+\frac{1}{2}F_{CD}$$

$$R_{Cy}=-\frac{1}{\sqrt{8}}R_{Cz}+\frac{\sqrt{3}}{2}F_{CD}$$

$$R_{Ex}=\frac{1}{2}F_{EF}-\frac{1}{2}F_{ED}$$

$$R_{Ey} = \frac{1}{\sqrt{2}} R_{Ez} - \frac{\sqrt{3}}{2} F_{ED} - \frac{\sqrt{3}}{2} F_{EF}$$

입체트러스에서 A, B, C, H, G 점으로 이루어진 트러스를 그림 (j)에서 aa'와 같이 절단법으로 풀면,

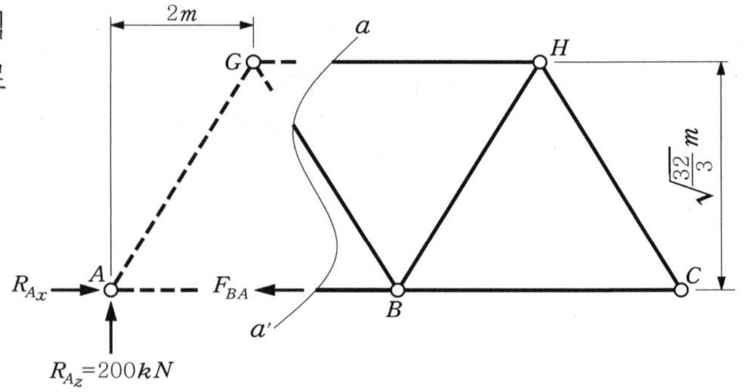

그림(j)

$$\Sigma M_G = 0 \quad : \quad R_{Az} \times 2 - R_{Ax} \times \sqrt{\frac{32}{3}} - F_{BA} \times \sqrt{\frac{32}{3}} = 0$$

$$\therefore R_{Ax} = \sqrt{\frac{3}{8}} R_{Az} - F_{BA}$$

여기서,

$$R_{Ax} = \sqrt{\frac{3}{8}} R_{Az} - F_{AB} - \frac{1}{2} F_{AF} = \sqrt{\frac{3}{8}} R_{Az} - F_{AB} \qquad \therefore F_{AF} = 0$$

$$R_{Ay} = -\frac{1}{\sqrt{8}} R_{Az} + \frac{\sqrt{3}}{2} F_{AF} = -\frac{1}{\sqrt{8}} R_{Az} \qquad \therefore R_{Ay} = -70.71kN$$

마찬가지 방법으로 나머지 부재력을 구하면,

$\therefore F_{FE} = 0$ $\quad \therefore F_{BA} = 0$ $\quad \therefore F_{BC} = 0$

$\therefore F_{DC} = 0$ $\quad \therefore F_{DE} = 0$

모든 부재력을 구했으므로 나머지 미지의 반력들을 구할 수 있다.

$$R_{Ax} = \sqrt{\frac{3}{8}} R_{Az} - F_{AB} - \frac{1}{2} F_{AF} \qquad \therefore R_{Ax} = 122.47kN$$

$$R_{Cx} = -\sqrt{\frac{3}{8}} R_{Cz} + F_{BC} + \frac{1}{2} F_{CD} \qquad \therefore R_{Cx} = -122.47kN$$

$$R_{Cy} = -\frac{1}{\sqrt{8}} R_{Cz} + \frac{\sqrt{3}}{2} F_{CD} \qquad \therefore R_{Cy} = -70.71kN$$

$$R_{Ex} = \frac{1}{2} F_{EF} - \frac{1}{2} F_{ED} \qquad \therefore R_{Ex} = 0$$

$$R_{Ey} = \frac{1}{\sqrt{2}} R_{Ez} - \frac{\sqrt{3}}{2} F_{ED} - \frac{\sqrt{3}}{2} F_{EF} \qquad \therefore R_{Ey} = 141.42kN$$

구해진 각 절점에서의 반력을 바르게 도시하면 그림(k)와 같다.

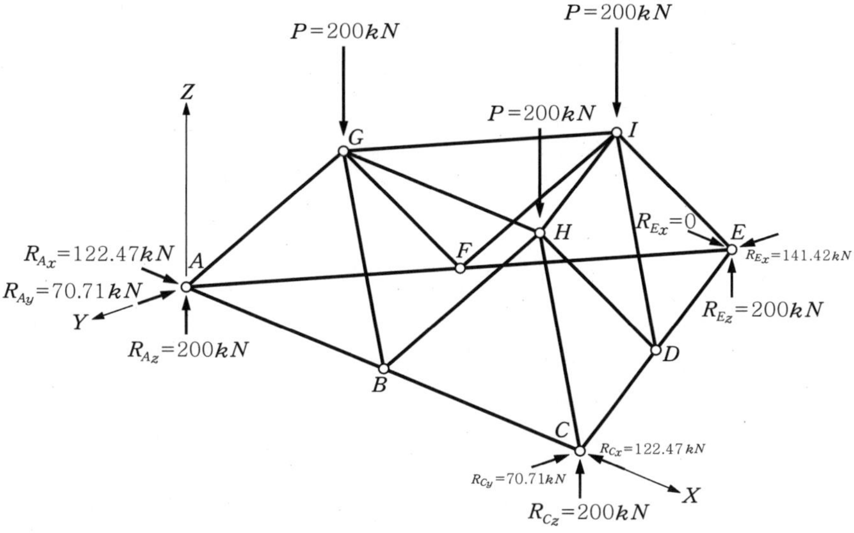

P=200kN
P=200kN
P=200kN
Z
G
I
H
F
E
A
B
C
D
Y
X
R_{Ax}=122.47kN
R_{Ay}=70.71kN
R_{Az}=200kN
R_{Ex}=0
R_{Ex}=141.42kN
R_{Ez}=200kN
R_{Cx}=122.47kN
R_{Cy}=70.71kN
R_{Cz}=200kN

그림(k)

◆ ◆ ◆ ◆ ◆ ◆

9.2 원형단면 봉의 비틀림

9.2.1 다음 그림과 같이 길이 $3m$, 직경 $50mm$ 원형단면 봉이 양 단부에 작용하는 비틀림모멘트 T에 의해 양 단부 간 비틀림각이 $\phi=0.1rad$로 측정되었다면, 이 원형단면봉의 최대전단응력 $\tau_{\max}$는 얼마인가? (여기서, 전단탄성계수는 $G=3.0\times10^4MPa$이다.)

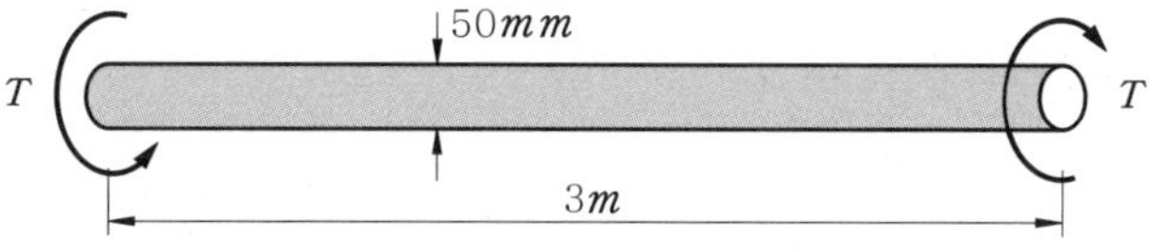

풀이

$\theta=\dfrac{T}{G\cdot I_P}$ 이므로 $T=G\cdot I_P\cdot\theta$ 이고, $\theta=\dfrac{\phi}{L}$ 이므로

$$\tau_{\max}=\frac{T\cdot r}{I_P}=G\cdot r\cdot\frac{\phi}{L}$$

$$\therefore\ \tau_{\max}=3.0\times10^4\times25\times\frac{0.1}{3000}=25MPa$$

◆ ◆ ◆ ◆ ◆ ◆

9.2.2 다음 그림과 같이 지름 $d=50mm$인 캔틸레버 원형단면 봉 AB의 자유단부에 지름이 $D=200mm$인 플레이트를 용접한 후, 한쪽 끝에서 $P=10kN$의 힘을 작용시켰다. 원형단면 봉 AB에 생기는 최대전단응력 $\tau_{\max}$는 얼마인가?

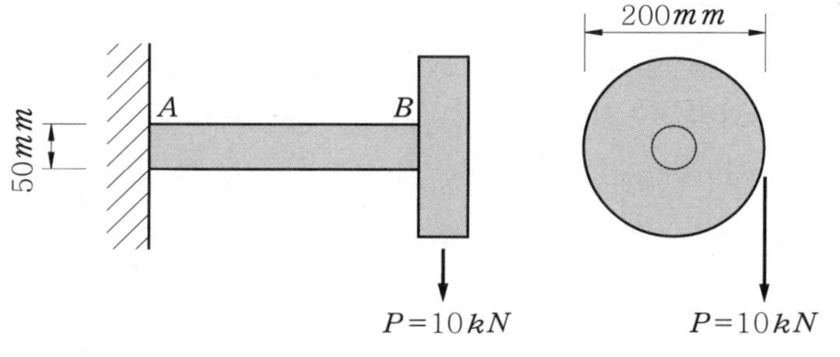

풀이

(1) 비틀림모멘트 T

$$T=P\cdot\frac{D}{2}=(10\times10^3)\times100=1.0\times10^6N\cdot mm$$

(2) 최대전단응력 $\tau_{\max}$

$$\therefore \ \tau_{max} = \frac{T \cdot d/2}{I_P} = \frac{(1.0 \times 10^6) \times 25}{(\pi \times 50^4 / 32)} = 40.74\,MPa$$

◆ ◆ ◆ ◆ ◆ ◆

9.2.3 지름 $d = 60\,mm$ 이고, 길이 $L = 2\,m$ 인 원형강봉의 최대허용전단응력을 측정한 결과, $\tau_{max} = 150\,MPa$ 로 측정되었다. 이 원형강봉의 최대허용비틀림모멘트는 얼마인가? 또한 최대비틀림모멘트가 작용할 때 이 원형강봉의 비틀림각은 몇 도(°) 비틀렸는지 구하여라. (단, $G = 8.0 \times 10^4\,MPa$ 이다.)

풀이

(1) 최대허용비틀림모멘트 T_{max}

$$\therefore \ T_{max} = \frac{\tau_{max} \cdot I_P}{r} = \frac{150 \times (\pi \times 60^4 / 32)}{30} \times 10^{-6} = 6.36\,kN \cdot m$$

(2) 최대비틀림모멘트 작용 시 비틀림각 ϕ

$\theta = \dfrac{\phi}{L} = \dfrac{T_{max}}{G \cdot I_P}$ 이므로, $\phi = \dfrac{T_{max} \cdot L}{G \cdot I_P}$

$$\phi = \frac{T_{max} \cdot L}{G \cdot I_P} = \frac{(6.36 \times 10^6) \times 2000}{(8.0 \times 10^4) \times (\pi \times 60^4/32)} = 0.125\,rad$$

$$\therefore \ \text{degree} = \frac{radian \times 180}{\pi} = \frac{0.125 \times 180}{\pi} = 7.16°$$

◆ ◆ ◆ ◆ ◆ ◆

9.2.4 중실원형단면으로 이루어진 어떤 회전축의 허용전단응력 $\tau_{allow} = 50\,MPa$ 이고, 이 회전축이 길이 $L = 2\,m$ 이고 허용비틀림각 $\phi_{allow} = 2°$ 이다. 직경 $d = 50\,mm$ 이고 $G = 8.0 \times 10^4\,MPa$ 일 때, 이 회전축의 최대허용비틀림모멘트 T_{allow} 는 얼마인가?

풀이

회전축이 허용전단응력 τ_{allow} 에 도달하는 경우와 허용비틀림각 ϕ_{allow} 에 도달하는 경우를 구분한 후 최대허용비틀림모멘트를 구해야한다.

(1) 허용전단응력 τ_{allow} 에 도달하는 경우의 허용비틀림모멘트 T_1

$$\therefore \ T_1 = \frac{\tau_{allow} \cdot I_P}{r} = \frac{50 \times (\pi \times 50^4/32)}{25} \times 10^{-6} = 1.23\,kN \cdot m$$

(2) 허용비틀림각 ϕ_{allow} 에 도달하는 경우의 허용비틀림모멘트 T_2

$\theta_{allow} = \dfrac{\phi_{allow}}{L} = \dfrac{T_{max}}{G \cdot I_P}$ 이므로,

$$radian = \frac{\text{degree} \times \pi}{180} = \frac{2 \times \pi}{180} = 0.035\,rad$$

$$T_2 = G \cdot I_P \cdot \frac{\phi_{allow}}{L} = 8.0 \times 10^4 \times \frac{\pi \times 50^4}{32} \times \frac{0.035}{2000} \times 10^{-6} = 0.86\,kN \cdot m$$

(3) 최대허용비틀림모멘트 $T_{\max}$

$\therefore\ T_{\max} = \min(T_1, T_2) = 0.86\,kN\cdot m$

◆ ◆ ◆ ◆ ◆ ◆

9.3 중공 원형단면 봉의 비틀림

9.3.1 다음 그림과 같은 원형강관의 축이 있다. 축은 $40MPa$의 허용전단응력과 $0.75^\circ/m$ 의 허용비틀림변형률을 넘지 않도록 $1200\,N\cdot m$ 의 토크를 전달해야만 한다. 축의 두께 t가 바깥 지름 d_2의 1/10 로 정해졌을 때, 필요한 바깥 지름 d_2를 구하여라. (여기서, 강관의 전단 탄성계수 G는 $78\,GPa$ 이다.)

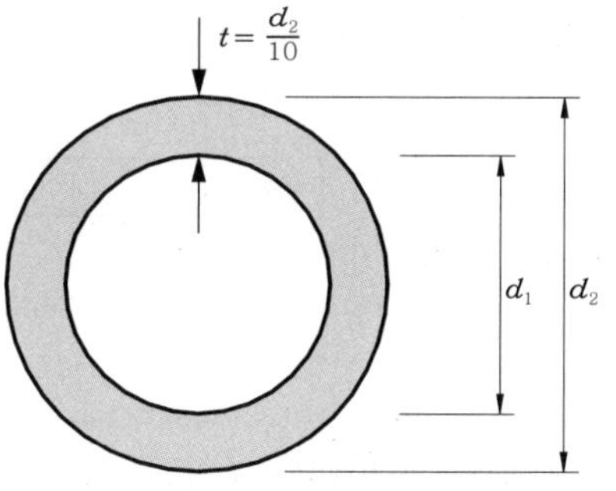

풀이

$d_1 = d_2 - 2t = d_2 - 2(0.1d_2) = 0.8d_2$

원형강관의 단면극2차모멘트 I_P는

$$I_P = \frac{\pi}{32}\left(d_2^4 - d_1^4\right) = \frac{\pi}{32}\left(d_2^4 - (0.8\,d_2)^4\right) = 0.05796\,d_2^4$$

(1) 허용전단응력을 만족하는 강관의 바깥지름 d_2를 구하면

허용전단응력 τ_{allow}이 최대전단응력 $\tau_{\max}$ 이므로

$$\tau_{allow} = \tau_{\max} = \frac{T\,r}{I_P} = \frac{T\,(d_2/2)}{0.05796\,d_2^4} = \frac{T}{0.1159\,d_2^3}$$

d_2에 대하여 정리하면

$$d_2^3 = \frac{T}{0.1159\,\tau_{allow}} = \frac{1200N\cdot\ m}{0.1159(40MPa)} = 258.8\times10^{-6}m^3$$

$\therefore\ d_2 = 0.0637m = 63.7mm$

(2) 허용비틀림변형률을 만족하는 강관의 바깥지름 d_2를 구하면

$$\theta_{allow} = \frac{T}{G\,I_P} = \frac{T}{G(\,0.05796\,d_2^4)}$$

d_2에 대하여 정리하면

$$d_2^4 = \frac{T}{0.05796\,G\,\theta_{allow}} = \frac{1200N\cdot\ m}{0.05796(78MPa)(0.75^\circ/m)(\pi\,rad/180^\circ)}$$

$$= 20.28\times10^{-6}\,m^4$$

$\therefore\ d_2 = 0.0671m = 67.1mm$

(3) 필요한 강관의 바깥 지름 d_2

(1)와 (2)를 모두 만족시켜야 함으로 $d_2 = 67.1mm$이다.

◆ ◆ ◆ ◆ ◆ ◆

9.3.2 다음 그림과 같이 양 끝단에 작용하는 비틀림모멘트 T에 의하여 길이 $L = 0.5m$, 내경과 외경이 각각 $30mm$, $40mm$인 원형강관이 비틀림을 받고 있다. 비틀림모멘트 $T = 650\ N \cdot m$일 때 비틀림각 ϕ가 $0.068rad$으로 측정되었다. 이 강관의 전단탄성계수 G와 최대전단응력 $\tau_{\max}$를 구하여라.

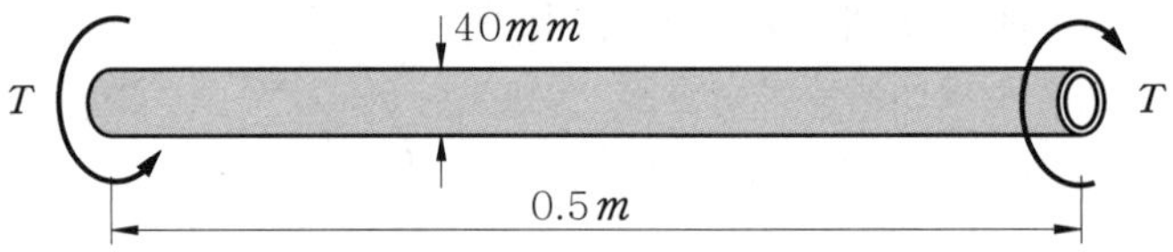

풀이

단면극2차모멘트 I_P는

$$I_P = \frac{\pi}{32}(40^4 - 30^4) = 171{,}806mm^4$$

비틀림각 $\phi = \dfrac{TL}{GI_P}$ 이므로

$$\therefore\ G = \frac{TL}{\phi I_P} = \frac{(650{,}000N \cdot mm)(500mm)}{0.068(171{,}806mm^4)} = 27{,}818N/mm^2 = 27.818GPa$$

$$\therefore\ \tau_{\max} = \frac{Tr}{I_P} = \frac{(650{,}000N \cdot mm)\,20mm}{171{,}806mm^4} = 75.67N/mm^2 = 75.67MPa$$

◆ ◆ ◆ ◆ ◆ ◆

9.3.3 다음 그림과 같은 원형강관이 있다. 외경이 $d_2 = 100mm$, 내경이 $d_1 = 70mm$이고, 비틀림모멘트 $T = 700\,N \cdot m$가 작용하고 있을 때, 강관의 내면과 외면에 작용하는 전단응력 τ_1과 τ_2를 계산하여라.

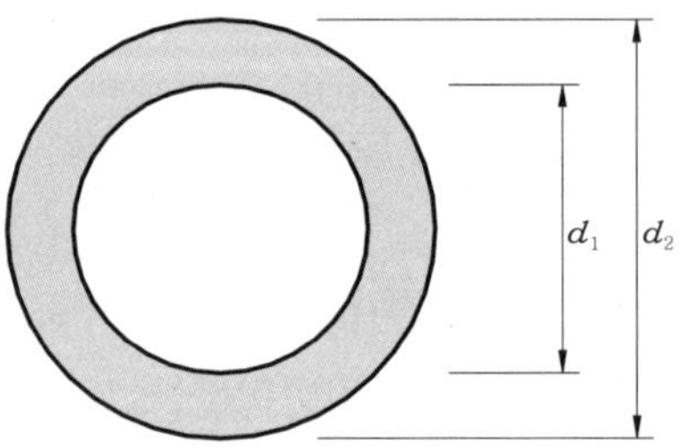

풀이

단면극2차모멘트 I_P는

$$I_P = \frac{\pi}{32}(d_2^4 - d_1^4) = \frac{\pi}{32}(100^4 - 70^4) = 7{,}460{,}300mm^4$$

$$\therefore\ \tau_1 = \frac{Tr_1}{I_p} = \frac{(700{,}000N \cdot mm)35mm}{7{,}460{,}300mm^4} = 3.28\,N/mm^2 = 3.28\,MPa$$

$$\therefore \quad \tau_2 = \frac{T\,r_2}{I_p} = \frac{(700{,}000N\cdot mm)50mm}{7{,}460{,}300mm^4} = 4.69\,N/mm^2 = 4.69\,MPa$$

◆ ◆ ◆ ◆ ◆ ◆

9.3.4 다음 그림과 같이 $5kN/m^2$의 풍압을 받는 표지판을 지지하는 중공원형관 기둥이 있다. 이 기둥의 직경 $D = 300mm$이고, 두께 $t = 15mm$일 때, 이 기둥에 생기는 최대전단응력과 이 기둥의 꼭지점에서의 회전각을 구하시오. (단, 전단탄성계수는 $G = 80\,GPa$ 임.)

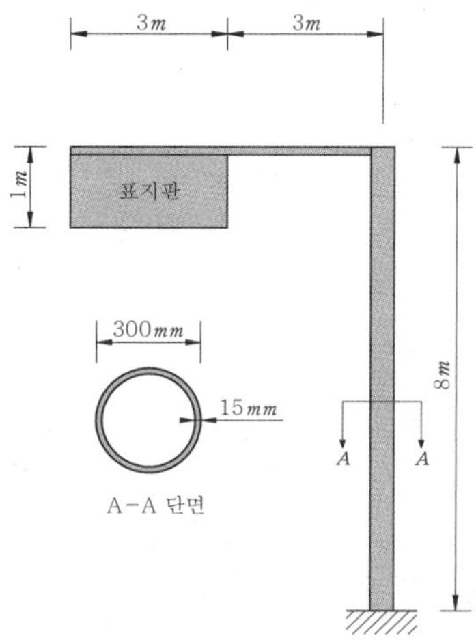

풀이

(1) 바람에 의한 비틀림모멘트 T

$$T = 1m \times 3m \times 5\,kN/m^2 \times 4.5m \times 2 = 135\,kN\cdot m$$

(2) 기둥의 단면극2차모멘트 I_P

$$I_P = \frac{\pi}{32}\left(300^4 - 285^4\right) = 147{,}507{,}531\,mm^4$$

(3) 기둥의 최대전단응력 τ

$$\tau = \frac{T\ r}{I_P} = \frac{135{,}000{,}000 \times 150}{147{,}507{,}531} = 137.3\,MPa$$

(4) 기둥의 비틀림각 ϕ

$$\phi = \frac{T\,L}{G\,I_P} = \frac{135{,}000{,}000 \times 8{,}000}{80{,}000 \times 147{,}507{,}531} = 0.09152\,rad$$

◆ ◆ ◆ ◆ ◆ ◆

9.4 비균일분포 비틀림*

9.4.1 외경 $d_2 = 25mm$를 가지는 원형강관에 부착된 기어가 그림과 같이 비틀림모멘트를 받고 있다. 원경강관의 허용전단응력이 $83MPa$이고, 허용비틀림변형율이 $6.6^\circ/m$, 전단탄성계수 $G = 80GPa$일 때 , 허용가능한 원경강관의 최대 내경 d_1을 구하시오

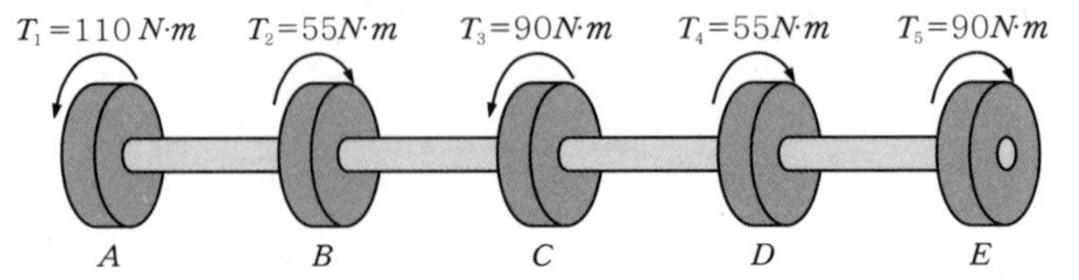

풀이

(1) 각 구간에서의 비틀림 모멘트 T

AB 구간 : $T_{AB} = -T_1 = -110\,N\cdot m$

BC 구간 : $T_{BC} = -T_1 + T_2 = -110 + 55 = -55N\cdot m$

CD 구간 : $T_{CD} = -T_1 + T_2 - T_3 = -110 + 55 - 90 = -145N\cdot m$

DE 구간 : $T_{DE} = -T_1 + T_2 - T_3 + T_4 = -110 + 55 - 90 + 55 = -90N\cdot m$

∴ 따라서 최대 비틀림 모멘트는 CD 구간에서 $-145N\cdot m$

(2) 전단응력 τ

$$\tau_{\max} = \frac{T_{\max}\cdot(r/2)}{I_P}$$ 이므로

$$I_{P_{(Req.)}} = \frac{T_{\max}\cdot r}{\tau_{allow}} = \frac{145\times10^3(N\cdot mm)\times(25/2)mm}{83N/mm^2} = 21{,}837mm^4$$

(3) 비틀림변형율 θ

$$\theta = \frac{T_{\max}}{G\cdot I_P}$$ 이므로

$$I_{P_{(Req.)}} = \frac{T_{\max}}{G\cdot\theta_{allow}} = \frac{145\times10^3(N\cdot mm)}{80{,}000(N/mm^2)\times0.0066(\,^\circ/mm)\times(\pi/180^\circ)} = 15{,}735mm^4$$

(4) 원경강관의 최대내경 d_1

위의 계산결과 원형강관에 필요한 $I_P = 21{,}837mm^4$ 이다.

$$I_P = \frac{\pi}{32}(d_2^4 - d_1^4)$$ 이므로

$$d_1^4 = d_2^4 - \frac{32I_P}{\pi} = 25^4 - \frac{32\times21{,}837}{\pi} = 168{,}195mm^4$$

∴ 원경강관의 최대내경 $d_1 = 20.25mm$

◆ ◆ ◆ ◆ ◆ ◆

9.4.2 다음 그림과 같이 서로 다른 직경의 원형강봉이 접합된 캔틸레버보가 A 점과 B 점에 각각 $T_1 = 3kN\cdot m$, $T_2 = 1kN\cdot m$의 비틀림모멘트를 받고 있다. 이때 원형강봉의 최대전단응력 $\tau_{\max}$ 과 C 점에서의 비틀림각 ϕ_C 를 구하여라. (단, $G = 8.0\times10^4MPa$ 이다.)

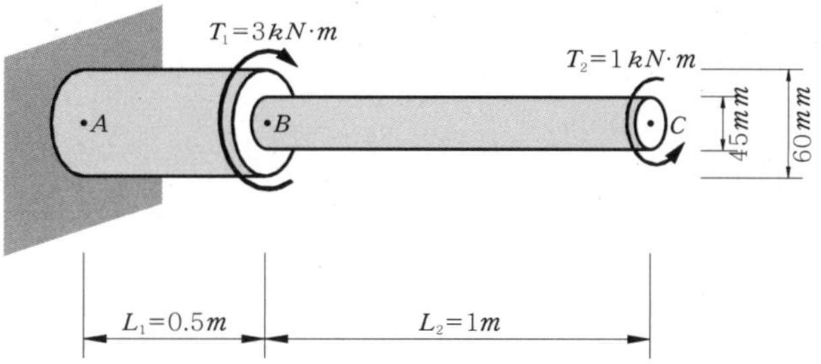

풀이

(1) 최대전단응력 $\tau_{\max}$

$$T_{AB}=T_2-T_1=-2kN\cdot m$$

$$\tau_{AB_{(\max)}}=\frac{16T_{AB}}{\pi d_1^3}=\frac{16\times 2\times 10^6 N\cdot mm}{\pi\cdot 60^3 mm^3}=47.16N/mm^2$$

$$T_{BC}=T_2=1kN\cdot m$$

$$\tau_{BC_{(\max)}}=\frac{16T_{BC}}{\pi d_2^3}=\frac{16\times 10^6 N\cdot mm}{\pi\cdot 45^3 mm^3}=55.89N/mm^2$$

∴ 따라서 최대 전단응력은 BC 구간에서 $\tau_{\max}=55.89MPa$

(2) C점에서의 비틀림각 ϕ_C

$$\phi_{AB}=\frac{T_{AB}\cdot L_1}{G\cdot I_{P_{(AB)}}}=\frac{-2\times 10^6(N\cdot mm)\times 500mm}{8\times 10^4(N/mm^2)\times\frac{\pi}{32}\times 60^4 mm^4}=-0.00982rad$$

$$\phi_{BC}=\frac{T_{BC}\cdot L_2}{G\cdot I_{P_{(BC)}}}=\frac{10^6(N\cdot mm)\times 1{,}000mm}{8\times 10^4(N/mm^2)\times\frac{\pi}{32}\times 45^4 mm^4}=0.03105rad$$

$$\therefore\ \phi_C=\phi_{AB}+\phi_{BC}=0.0213rad=1.22^\circ$$

◆ ◆ ◆ ◆ ◆ ◆

9.4.3 다음 그림과 같이 서로 다른 직경의 원형강봉이 접합된 캔틸레버보가 있다. 원형강봉의 최대전단응력 $\tau_{\max}$과 D점에서의 비틀림각 ϕ_D를 구하여라. (단, $G=8.0\times 10^4 MPa$ 이다.)

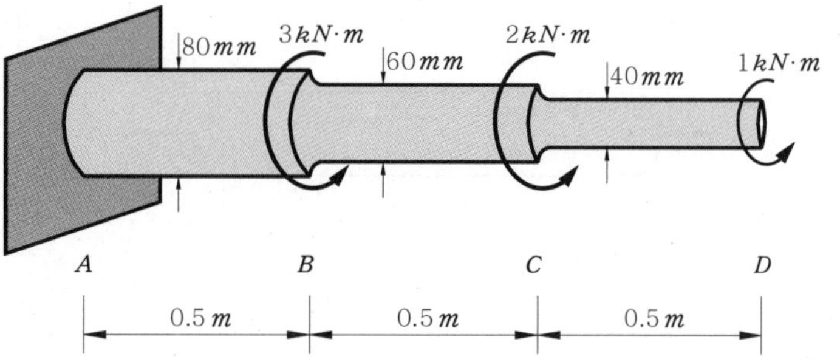

풀이

(1) 최대전단응력 $\tau_{\max}$

$T_{AB} = 3+2+1 = 6kN\cdot m$

$$\tau_{AB(\max)} = \frac{16T_{AB}}{\pi d^3} = \frac{16\times 6\times 10^6 N\cdot mm}{\pi\cdot 80^3 mm^3} = 59.68N/mm^2$$

$T_{BC} = 2+1 = 3kN\cdot m$

$$\tau_{BC(\max)} = \frac{16T_{BC}}{\pi d^3} = \frac{16\times 3\times 10^6 N\cdot mm}{\pi\cdot 60^3 mm^3} = 70.74N/mm^2$$

$T_{CD} = 1kN\cdot m$

$$\tau_{CD(\max)} = \frac{16T_{CD}}{\pi d^3} = \frac{16\times 10^6 N\cdot mm}{\pi\cdot 40^3 mm^3} = 79.58N/mm^2$$

∴ 따라서 최대전단응력은 CD 구간에서 $\tau_{\max} = 79.58MPa$

(2) D 점에서의 비틀림각 ϕ_D

$$\phi_{AB} = \frac{T_{AB}\cdot L_1}{G\cdot I_{P(AB)}} = \frac{6\times 10^6(N\cdot mm)\times 500mm}{8\times 10^4(N/mm^2)\times \frac{\pi}{32}\times 80^4 mm^4} = 0.00933rad$$

$$\phi_{BC} = \frac{T_{BC}\cdot L_2}{G\cdot I_{P(BC)}} = \frac{3\times 10^6(N\cdot mm)\times 500mm}{8\times 10^4(N/mm^2)\times \frac{\pi}{32}\times 60^4 mm^4} = 0.01474rad$$

$$\phi_{CD} = \frac{T_{CD}\cdot L_2}{G\cdot I_{P(CD)}} = \frac{10^6(N\cdot mm)\times 500mm}{8\times 10^4(N/mm^2)\times \frac{\pi}{32}\times 40^4 mm^4} = 0.02487rad$$

$\therefore\ \phi_D = \phi_{AB}+\phi_{BC}+\phi_{CD} = 0.04894rad = 2.8^\circ$

◆ ◆ ◆ ◆ ◆ ◆

9.5 순수전단*

9.5.1 길이 $L=1\,m$ 이고, 외경이 $100\,mm$, 내경이 $90\,mm$ 인 동관이 있다. 비틀림각 $\phi=2.5^\circ$를 발생시키는 비틀림모멘트 T를 받고 있을 때, 최대전단응력 $\tau_{\max}$ 과 이때의 비틀림모멘트 T를 구하여라. ($G=4.0\times 10^4 MPa$)

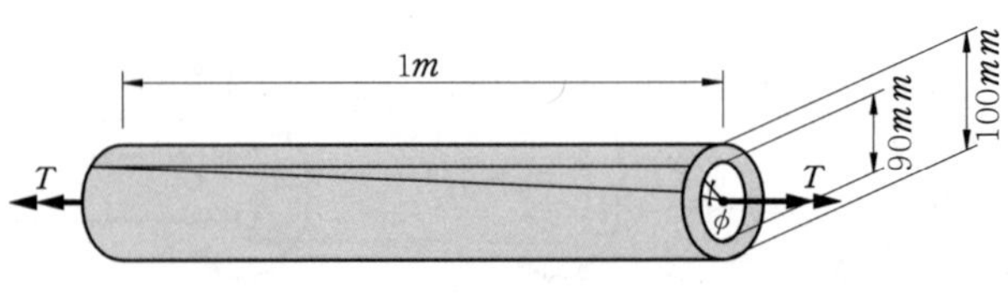

풀이

(1) 동관의 단면극2차모멘트 I_P

$$I_P = \frac{\pi}{32}(100^4 - 90^4) = 3376230\,mm^4$$

(2) 단위길이당 비틀림각 θ

$\gamma = r \cdot \theta$ 이므로

$$\theta = \frac{\phi}{L} = \frac{2.5 \times (\pi/180^\circ)}{1000} = 0.000044\ rad/m$$

(3) 최대전단응력 $\tau_{\max}$

$$\tau_{\max} = G\gamma = Gr\theta = Gr\frac{\phi}{L}$$

$$\therefore\ \tau_{\max} = G \times r \times \frac{\phi}{L} = (4.0 \times 10^4) \times 50 \times 0.000044 = 88\,MPa$$

(4) 비틀림모멘트 T

$\tau_{\max} = \dfrac{T \cdot r}{I_P}$ 이므로,

$$\therefore\ T = \frac{\tau_{\max} \cdot I_P}{r} = \frac{88 \times 3376230}{50} = 5942164.8\,N \cdot mm = 5.94\,kN \cdot m$$

◆ ◆ ◆ ◆ ◆ ◆

9.5.2 외경이 $15\,mm$ 인 동관에 비틀림모멘트 $T = 0.05\,kN \cdot m$ 가 작용한다. 이때 동관 표면에 있고 동관 축에 대해 45° 기울어진 요소의 수직변형률 $\epsilon = 1.26 \times 10^{-3}$ 이라면, 이 동관의 내경은 얼마인가? (단, 동관의 $E = 1.0 \times 10^5 MPa$, $G = 4.0 \times 10^4 MPa$, $\nu = 0.34$ 이다.)

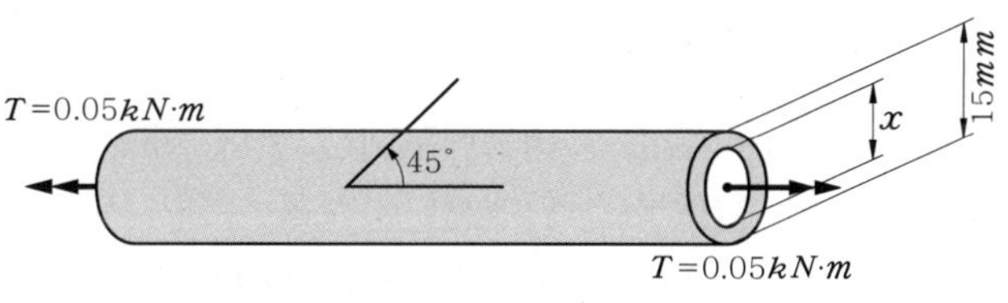

풀이

(1) 동관 표면에서의 전단응력 τ

$\epsilon = \dfrac{\tau}{E}(1+\nu)$ 이므로,

$$\therefore\ \tau = \frac{\epsilon \cdot E}{(1+\nu)} = \frac{1.0 \times 10^5 \times 1.26 \times 10^{-3}}{1+0.34} = 94.03\,MPa$$

(2) 동관의 내경 x 의 계산

$\tau = \dfrac{T \cdot r}{I_P}$ 이므로,

$$I_P = \frac{T \cdot r}{\tau} = \frac{0.05 \times 10^6 \times 7.5}{94.03} = 3988.09\,mm^4$$

$$I_P = \frac{\pi}{32}(15^4 - x^4) = 3988.09\,mm^4$$

$$x^4 = 15^4 - \frac{3988.09 \times 32}{\pi} \text{ 이므로,}$$

$$\therefore\ x = \sqrt[4]{15^4 - \frac{3988.09 \times 32}{\pi}} = 10mm$$

◆ ◆ ◆ ◆ ◆ ◆

9.6 탄성계수와 전단탄성계수 사이의 관계*

9.6.1 순수전단상태의 어떤 요소가 전단응력 $\tau = 95\,MPa$ 를 받고 있다. 이 요소의 탄성계수 $E = 1.2 \times 10^5 MPa$ 이고, 프와송비 $\nu = 0.34$ 라면 전단변형률 γ 는 얼마인가?

풀이

(1) 전단탄성계수 G

$$G = \frac{E}{2(1+\nu)} = \frac{1.2 \times 10^5}{2(1+0.34)} = 44776.12\,MPa$$

(2) 전단변형률 γ

$\tau = G \cdot \gamma$ 이므로,

$$\therefore\ \gamma = \frac{\tau}{G} = \frac{95}{44776.12} = 0.0021 = 2.1 \times 10^{-3}$$

◆ ◆ ◆ ◆ ◆ ◆

9.6.2 어떤 원형봉이 비틀림모멘트 T를 받고 있다. 이 원형봉의 길이방향 축에 대해 45° 기울어진 요소가 비틀림모멘트 T에 의해 인장응력 $\sigma = 70\,MPa$ 이 발생한다면, 이 원형봉의 최대전단변형률 γ와 수직변형률 ϵ을 구하여라. (단, 원형봉의 $E = 1.1 \times 10^5 MPa$, $\nu = 0.33$ 이다.)

풀이

(1) 전단탄성계수 G

$$G = \frac{E}{2(1+\nu)} = \frac{1.1 \times 10^5}{2(1+0.33)} = 41353.4\,MPa$$

(2) 전단응력 τ

$\sigma = \tau \cdot \sin 2\theta$ 이므로, $\tau = \dfrac{\sigma}{\sin 2\theta}$ 이고, $\theta = 45^\circ$ 이다.

$$\therefore\ \tau = \frac{55}{\sin 90^\circ} = 55\,MPa$$

(3) 전단변형률 γ

$\tau = G \cdot \gamma$ 이므로,

$$\therefore\ \gamma = \frac{\tau}{G} = \frac{55}{41353.4} = 0.00133 = 1.33 \times 10^{-3}$$

(4) 수직변형률 ϵ

$$\epsilon = \frac{\gamma}{2} = \frac{1.3\times 10^{-3}}{2} = 0.000665 = 0.665\times 10^{-3}$$

또는

$$\epsilon = \frac{\tau}{E}(1+\nu) = \frac{55}{1.1\times 10^{5}}(1+0.33) = 0.000665 = 0.665\times 10^{-3}$$

◆ ◆ ◆ ◆ ◆ ◆

9.6.3 다음 그림과 같이 외경이 $80mm$ 내경이 $50mm$인 알루미늄관이 비틀림모멘트 $T=4kN\cdot m$를 받고 있다. 이 관의 전단탄성계수 $G=28GPa$일 때, 알루미늄관의 축에 $45°$ 기울어진 요소의 최대 수직변형률 ϵ_{max}과 최대 전단변형률 γ_{max}을 구하여라.

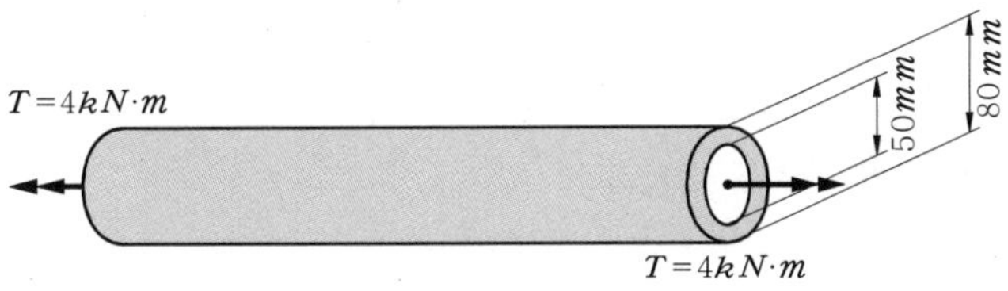

풀이

(1) 단면극2차모멘트 I_P

$$I_P = \frac{\pi}{32}(80^4 - 50^4) = 3{,}407{,}646\,mm^4$$

(2) 최대전단응력

$$\tau_{max} = \frac{T\cdot r}{I_P} = \frac{(4\times 10^6)\times 40}{3{,}407{,}646} = 46.95\,MPa$$

(3) 최대전단변형률

$$\gamma_{max} = \frac{T_{max}}{G} = \frac{46.95}{27{,}000} = 1.74\times 10^{-3}$$

(4) 최대 수직변형율

$$\epsilon_{max} = \frac{\gamma_{max}}{2} = \frac{1.74\times 10^{-3}}{2} = 8.7\times 10^{-4}$$

◆ ◆ ◆ ◆ ◆ ◆

9.6.4 다음 그림과 같이 외경이 $100mm$ 내경이 $50mm$인 알루미늄관이 비틀림 모멘트 T를 받고 있다. 이 관의 전단탄성계수 $G=28GPa$이고, 최대변형률 $\epsilon_{max}=0.65\times 10^{-3}$일 때 비틀림 모멘트 T를 구하여라.

풀이

(1) 단면극2차모멘트 I_P

$$I_P = \frac{\pi}{32}(100^4 - 50^4) = 9{,}203{,}885\,mm^4$$

(2) 최대전단변형률

$$\gamma_{\max} = 2\epsilon_{\max} = 1.3 \times 10^{-3}$$

(3) 최대전단응력

$$T_{\max} = G\gamma_{\max} = \frac{Tr}{I_P}$$

$$28{,}000 \times 1.3 \times 10^{-3} = \frac{50\,T}{9{,}203{,}885}$$

(4) 비틀림모멘트

$$\therefore T = 6.7kN.m$$

◆ ◆ ◆ ◆ ◆ ◆ ◆

9.7 비틀림을 받는 부정정구조물*

9.7.1 양단이 고정된 중실 원형단면 봉이 그림과 같이 C점과 E점에 T_0의 비틀림모멘트를 받고 있다. 이 봉의 각 지점 A, B에 발생하는 반력비틀림 T_A, T_B를 구하고, C점과 D점에서의 비틀림각 ϕ_C 및 ϕ_D를 구하여라. (단, 봉의 재료는 균질하다.)

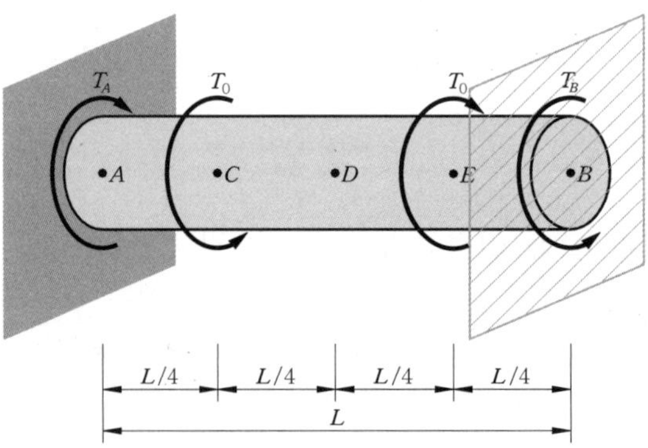

풀이

(1) 힘의 평형조건식

$$-T_A + T_0 - T_0 + T_B = 0$$

(2) 변형의 적합조건식

$$\phi_B = \frac{T_0L/4 - T_0L/4 + T_BL/4 - T_0L/2 + T_BL/2 + T_BL/4}{GI_P} = 0$$

(3) 반력 T_A, T_B의 계산

$$\frac{T_0}{4} - \frac{T_0}{4} + \frac{T_B}{4} - \frac{2T_0}{4} + \frac{2T_B}{4} + \frac{T_B}{4} = 0 \qquad \therefore\ T_B = \frac{T_0}{2}$$

$-T_A + T_0 - T_0 + T_B = 0$ 이므로 $\qquad \therefore\ T_A = \dfrac{T_0}{2}$

(4) C점 및 D점에서의 비틀림각 ϕ_C 및 ϕ_D

$$\therefore\ \phi_C = \frac{(T_0/2)\times(L/4)}{GI_P} = \frac{T_0L}{8GI_P}$$

$$\therefore\ \phi_D = -\frac{(T_0/2)\times(L/2)}{GI_P} + \frac{T_0\times(L/4)}{GI_P} = -\frac{T_0L}{4GI_P} + \frac{T_0L}{4GI_P} = 0$$

◆ ◆ ◆ ◆ ◆ ◆

9.7.2 다음 그림과 같이 서로 다른 길이와 다른 단면을 가진 양단이 고정인 봉재가 있다. 이 봉재의 최대허용전단응력이 $55MPa$ 일 때, C점에서 허용가능한 비틀림 모멘트 T_{allow} 를 구하여라.

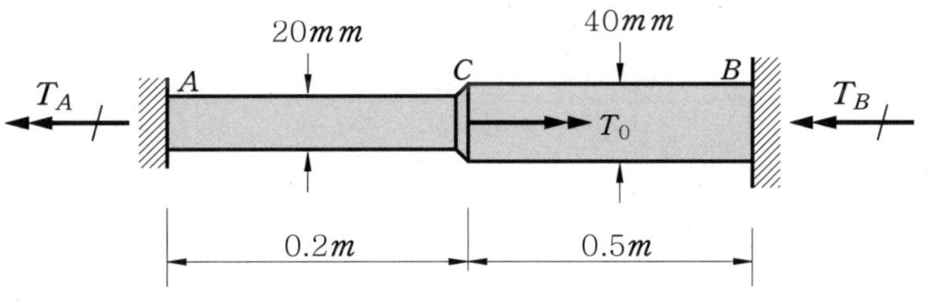

풀이

(1) 단면극2차모멘트 I_P

$$I_{PA} = \frac{\pi d_A^4}{32} = \frac{\pi 20^4}{32} = 15{,}708mm^4, \qquad I_{PB} = \frac{\pi d_B^4}{32} = \frac{\pi 40^4}{32} = 251{,}327mm^4$$

(2) 양 단의 비틀림 반력

$$T_A = T_0\left(\frac{I_{PA}\cdot b}{I_{PA}\cdot b + I_{PB}\cdot a}\right) = T_0\left(\frac{15{,}708\times 500}{15{,}708\times 500 + 251{,}317\times 200}\right) = 0.1351\,T_0$$

$$T_B = T_0 - T_A = 0.8649\,T_0$$

(3) 최대전단응력

$$T_{AC} = \frac{T_A \cdot d_A}{2I_{PA}} = \frac{16T_A}{\pi d_A^3} = \frac{16 \times 0.1351\,T_0}{\pi \cdot 20^3} = 55N/mm^2 \qquad \therefore \ T_0 = 639.48N.mm$$

$$T_{CB} = \frac{T_B \cdot d_B}{2I_{PB}} = \frac{16T_B}{\pi d_B^3} = \frac{16 \times 0.8649\,T_0}{\pi \cdot 40^3} = 55N/mm^2 \qquad \therefore \ T_0 = 799.11N.mm$$

∴ 따라서 C점에서 허용가능한 비틀림 모멘트 $T_{allow} = 799.11N \cdot mm$

◆ ◆ ◆ ◆ ◆ ◆

9.8 순수전단과 비틀림에 의한 변형에너지*

9.8.1 길이 $L = 1.2m$ 이고, 직경 $400mm$ 인 중실원형단면봉이 순수전단상태에서 비틀림모멘트 T를 받고 있다. 이때 발생하는 최대전단변응력이 $\tau_{\max} = 75\,MPa$ 라면 변형에너지 U는 얼마인가? (단, $G = 41\,GMPa$ 이다.)

풀이

(1) 단면극2차모멘트 I_P의 계산

$$I_P = \frac{\pi D^4}{32} = \frac{\pi \times 400^4}{32} = 2{,}513{,}274{,}123mm^4$$

(2) 비틀림모멘트 T의 계산

$\tau_{\max} = \dfrac{T \cdot r}{I_P}$ 이므로,

$$T = \frac{\tau_{\max} I_p}{r} = \frac{25 \times 2{,}513{,}274{,}123}{200} = 351{,}858{,}377\,N \cdot mm$$

(3) 변형에너지 U의 계산

$$U = \frac{T^2 L}{2\,GI_P} = \frac{351{,}858{,}377^2 \times 1200}{2 \times 41{,}000 \times 2{,}513{,}274{,}123} = 720{,}880\,N \cdot mm = 720.9\,J$$

◆ ◆ ◆ ◆ ◆ ◆

9.8.2 다음 그림과 같이 직경이 다른 봉재가 비틀림 모멘트 T를 받고 있다. 이 봉재의 비틀림각 $\phi = 3.0°$ 라면 변형에너지 U는 얼마인가? (단, $G = 81\,GMPa$ 이다.)

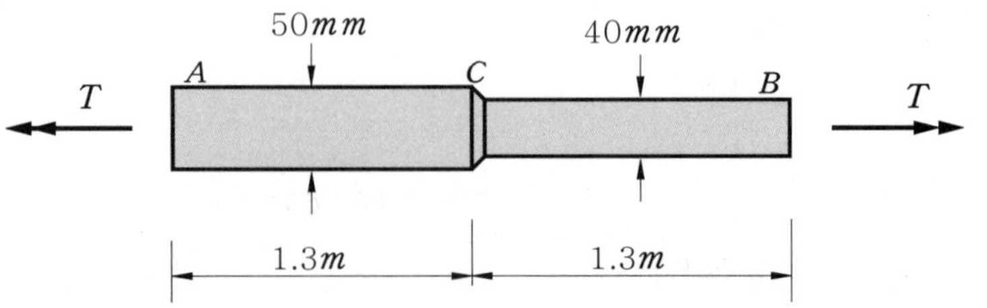

풀이

$$U = \sum \frac{T^2 L}{2GI_P} = \frac{16T^2(L/2)}{\pi d_1^4} + \frac{16T^2(L/2)}{\pi d_2^4} = \frac{8T^2 L}{\pi G}\left(\frac{1}{d_1^4} + \frac{1}{d_2^4}\right) \quad \cdots\cdots\cdots\cdots (1)$$

$$U = \frac{T \cdot \phi}{2} \quad \cdots\cdots\cdots\cdots (2)$$

(1)식과 (2)식을 연립방정식으로 풀면

$$T = \frac{\pi G d_1^4 d_2^4 \phi}{16L(d_1^4 + d_2^4)} = \frac{\pi \times 81{,}000 \times 50^4 \times 40^4 \times 0.05236}{16 \times 1.3(50^4 + 40^4)} = 1{,}163{,}363{,}058 N\cdot mm$$

$$\therefore U = \frac{T \cdot \phi}{2} = \frac{1{,}163{,}363{,}058 \times 0.05236}{2} = 30{,}456{,}844.86 N\cdot mm = 30{,}456 J$$

◆ ◆ ◆ ◆ ◆ ◆

9.8.3 다음 그림과 같이 길이가 L 이고, 한쪽은 고정 한쪽은 자유단인 강봉이 있다. 이 강봉의 자유단에 비틀림 모멘트 T가 작용하고 있고, 강봉의 전 길이에 걸쳐서 단위 길이당 비틀림 모멘트 t가 작용하고 있다. 강봉의 자유단에 비틀림 모멘트 T만 작용할 때의 변형에너지 U_1, 단위 길이당 비틀림 모멘트 t만 작용할 때의 변형에너지 U_2, 자유단의 비틀림모멘트 T와 단위 길이당 비틀림 모멘트 t가 동시에 작용할 때의 변형에너지 U_3를 구하시오.

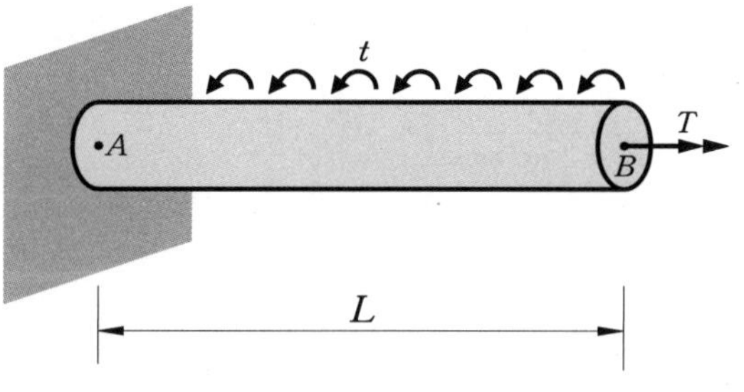

풀이

(1) 자유단에 비틀림 모멘트 T만 작용할 때의 변형에너지 U_1

$$U_1 = \frac{T^2 L}{2GI_P}$$

(2) 단위 길이당 비틀림 모멘트 t만 작용할 때의 변형에너지 U_2

$$U_1 = \frac{T^2 L^3}{6GI_P}$$

(3) 자유단의 비틀림모멘트 T와 단위 길이당 비틀림 모멘트 t가 동시에 작용할 때의 변형에너지 U_3

$T(x) = T + tx$ 이므로

$$U_3 = \int_0^L \frac{[T(x)^2]dx}{2GI_P} = \frac{1}{2GI_P \int_0^L (T+tx)^2 dx} = \frac{T^2 L}{2GI_P} + \frac{TtL^2}{2GI_P} + \frac{t^2 L^3}{6GI_P}$$

◆ ◆ ◆ ◆ ◆ ◆

9.9 두께가 얇은 관의 비틀림*

9.9.1 다음 그림과 같은 원형강관에 $15kN \cdot m$의 비틀림모멘트가 작용할 때 두께가 얇은 관의 비틀림이론을 적용하여 원형강관의 전단력과 비틀림각을 구하여라. (전단탄성계수 $G=70GPa$, $r=156mm$, $t=12mm$, 원형강관의 길이 $L=1.2m$)

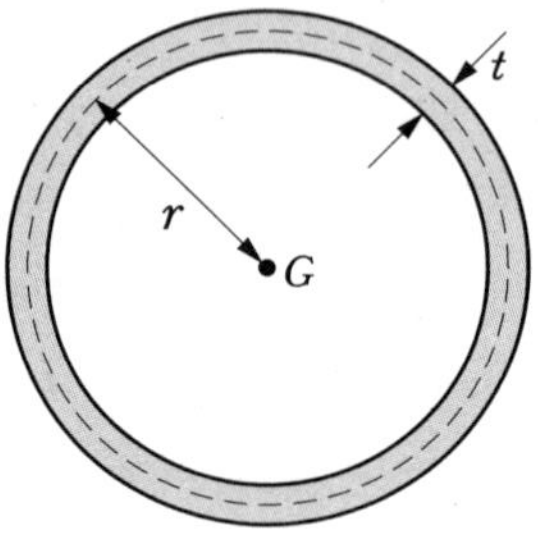

풀이

(1) 원형강관의 전단응력 τ

$$\tau = \frac{T}{2\,tA_m} = \frac{15 \times 10^6}{2 \times 12 \times 156^2 \times \pi} = 8.17\,MPa$$

(2) 원형강관의 비틀림각 ϕ

$$J = \frac{4\,t\,A_m^2}{L_m} = \frac{4 \times 12 \times 156^2 \times \pi}{2 \times 156 \times \pi} = 3{,}744\;mm^4$$

$$\phi = \frac{TL}{GJ} = \frac{15 \times 10^6 \times 1.2 \times 10^3}{70 \times 10^3 \times 3{,}744} = 68.68\ \text{rad}$$

◆ ◆ ◆ ◆ ◆ ◆

9.9.2 다음 그림과 같은 길이 $3m$인 직사각형강관에 $20kN \cdot m$의 비틀림모멘트가 작용할 때 두께가 얇은 관의 비틀림이론을 적용하여 직사각형강관의 전단력과 비틀림각을 구하여라. (전단탄성계수 $G=70GPa$)

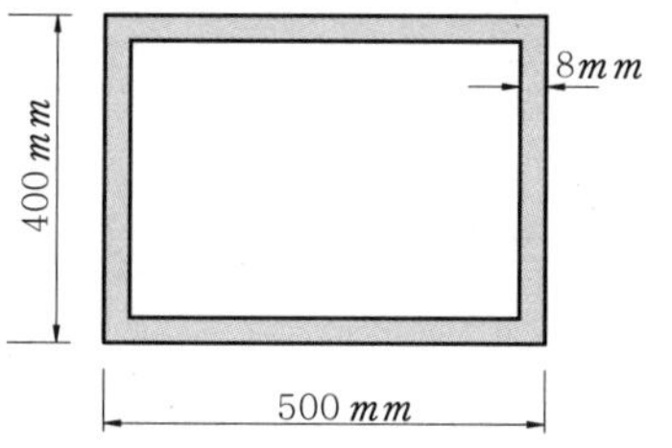

풀이

(1) 직사각형강관의 전단응력 τ

$$\tau = \frac{T}{2\,tA_m} = \frac{20 \times 10^6}{2 \times 8 \times 392 \times 492} = 6.48\,MPa$$

(2) 직사각형강관의 비틀림각 ϕ

$$J = \frac{4\,t\,A_m^2}{L_m} = \frac{4 \times 8 \times (392 \times 492)^2}{2(392+492)} = 673{,}240{,}226mm^4$$

$$\phi = \frac{TL}{GJ} = \frac{20 \times 10^6 \times 3 \times 10^3}{70 \times 10^3 \times 673{,}240{,}226} = 0.001273\,rad$$

◆ ◆ ◆ ◆ ◆ ◆

9.9.3 직경 d인 원형강봉을 대신하여 두께가 t이고 단면의 크기가 $d \times 2d$인 각형강관을 사용하려 한다. 각형강관의 최대전단응력이 강봉의 최대전단응력을 초과하지 않기 위한 각형강관의 최소두께 $t_{\min}$을 구하여라.

풀이

강봉의 최대전단응력 $\tau_1 = \dfrac{16T}{\pi d^3}$

강관의 최대전단응력 $\tau_2 = \dfrac{T}{2tA_m} = \dfrac{T}{4td^2}$

$\tau_2 > \tau_1$ 이므로 $\dfrac{T}{4td^2} > \dfrac{16T}{\pi d^3}$, $t < \dfrac{\pi d}{64}$

따라서 $t_{\min} = \dfrac{\pi d}{64}$

◆ ◆ ◆ ◆ ◆ ◆

9.9.4 중공단면을 가진 길고 두께가 얇은 테이퍼 관 AB가 비틀림모멘트 T를 받고 있다. 관의 두께는 t로 일정하고 길이는 L이다. 양단 A, B에서 관 두께의 중앙선을 따라 젠 직경은 각각 d_a와 d_b이다. 이 관의 비틀림각 ϕ를 구하여라.

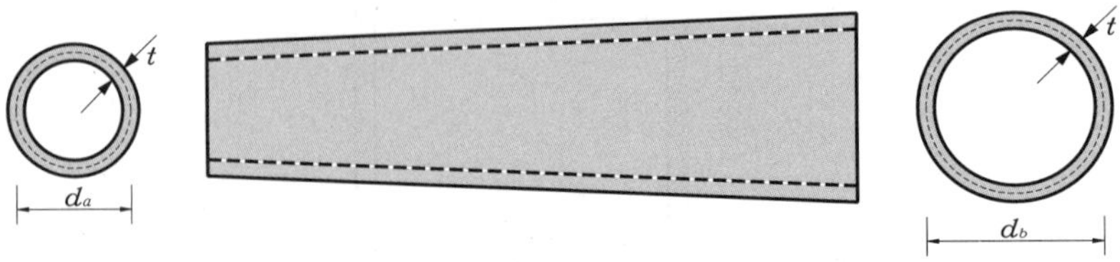

풀이

우측 그림과 같이 A에서 x만큼 떨어진 위치에서의 관 두께 중앙선의 직경을 $d(x)$라고 하면

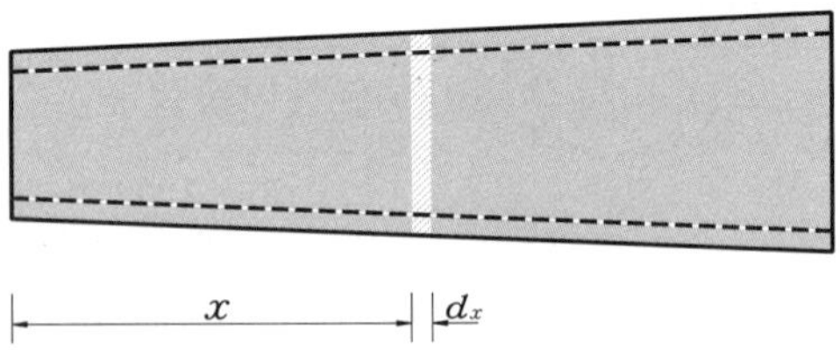

$$d(x) = d_a + \frac{d_b - d_a}{L} x \text{ 이고,}$$

비틀림상수 $J = 2\pi r^3 t = \dfrac{\pi d^3 t}{4}$ 이므로

$$J(x) = \frac{\pi t}{4} [\, d(x)\,]^3 = \frac{\pi t}{4} \left[d_a + \left(\frac{d_b - d_a}{L} \right) x \right]^3$$

$$d(\phi) = \frac{T\,dx}{GJ(x)} = \frac{4\,T\,dx}{G\pi t \left[d_a + \left(\frac{d_b - d_a}{L} \right) x \right]^3}$$

$$\phi = \frac{4T}{\pi G t} \int_0^L \frac{dx}{\left[d_a + \left(\frac{d_b - d_a}{L} \right) x \right]^3}$$

$$= \frac{4T}{\pi G t} \left[- \frac{1}{2 \left(\frac{d_b - d_a}{L} \right) \left(d_a + \frac{d_b - d_a}{L} x \right)^2} \right]_0^L$$

$$= \frac{4T}{\pi G t} \left[- \frac{L}{2(d_b - d_a)(d_b)^2} + \frac{L}{2(d_b - d_a)(d_a)^2} \right]$$

$$= \frac{2TL}{\pi G t} \left(\frac{d_a + d_b}{d_a^2\, d_b^2} \right)$$

◆ ◆ ◆ ◆ ◆ ◆

10.1 보의 처짐곡선의 미분방정식

10.1.1 길이 L 인 단순보 AB 가 중앙부 C 에서 휨모멘트 M_0 를 받을 때 처짐곡선식을 구하여라. 또 각 지점의 처짐각 θ_A 와 θ_B 그리고 보 중앙부의 처짐 δ_C 를 구하여라.

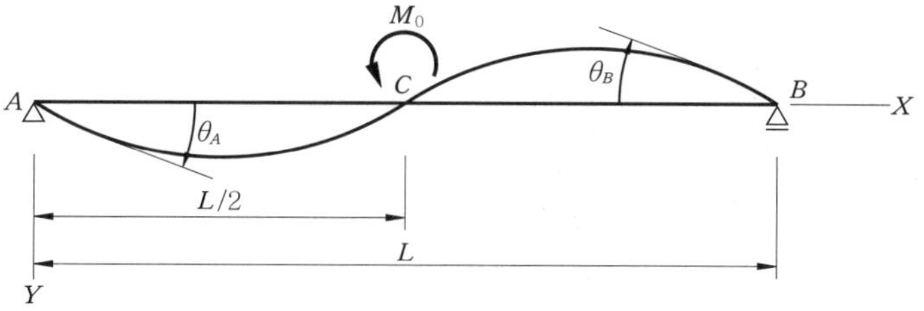

풀이

$EIv'' = -M$ 식을 이용하되 휨모멘트 M_0 를 경계로 식이 구분된다.

$$EIv'' = -M = -\frac{M_0}{L}x \qquad \left(0 \le x \le \frac{L}{2}\right)$$

$$EIv'' = -M = -\frac{M_0}{L}x + M_0 \qquad \left(\frac{L}{2} \le x \le L\right)$$

$$EIv' = -\frac{M_0}{2L}x^2 + C_1 \qquad \left(0 \le x \le \frac{L}{2}\right) \qquad (1\text{-}1)$$

$$EIv' = -\frac{M_0}{2L}x^2 + M_0 x + C_2 \qquad \left(\frac{L}{2} \le x \le L\right) \qquad (1\text{-}2)$$

$$EIv = -\frac{M_0}{6L}x^3 + C_1 x + C_3 \qquad \left(0 \le x \le \frac{L}{2}\right) \qquad (2\text{-}1)$$

$$EIv = -\frac{M_0}{6L}x^3 + \frac{M_0}{2}x^2 + C_2 x + C_4 \qquad \left(\frac{L}{2} \le x \le L\right) \qquad (2\text{-}2)$$

4개의 적분상수 C_1, C_2, C_3, C_4 를 구하기 위해서는 경계조건을 이용한 4개의 연립방정식이 필요하다.

① 지점 A 점의 처짐은 '0' ($v_{x=0} = 0$)이다. 식(2-1)에서

$$0 = -\frac{M_0}{6L} \cdot 0^3 + C_1 \cdot 0 + C_3 \qquad \therefore\ C_3 = 0$$

② 지점 B 점의 처짐은 '0' ($v_{x=L} = 0$)이다. 식(2-2)에서

$$0 = -\frac{M_0}{6L}L^3 + \frac{M_0}{2}L^2 + C_2 L + C_4 \qquad \therefore\ C_4 = -\frac{M_0}{3}L^2 - C_2 L$$

③ $x = L/2$ 에서 보의 각 구간에서 구한 처짐각($v'_{x=L/2}$)은 같다.
식(1-1)과 식(1-2)에 각각 $x = L/2$ 를 대입하여 같게 놓으면 다음과 같다.

$$-\frac{M_0}{2L}\cdot\left(\frac{L}{2}\right)^2+C_1=-\frac{M_0}{2L}\cdot\left(\frac{L}{2}\right)^2+M_0\cdot\frac{L}{2}+C_2$$

$$\therefore\ C_1=\frac{M_0L}{2}+C_2$$

④ $x=L/2$에서 보의 각 구간에서 구한 처짐($v_{x=L/2}$)은 같다.

식(2-1)과 식(2-2)에 각각 $x=L/2$를 대입하여 같게 놓으면 다음과 같다.

$$-\frac{M_0}{6L}(\frac{L}{2})^3+C_1\frac{L}{2}+C_3=-\frac{M_0}{6L}(\frac{L}{2})^3+\frac{M_0}{2}(\frac{L}{2})^2+C_2\frac{L}{2}+C_4$$

$$\therefore\ C_1=C_2+\frac{2C_4}{L}+\frac{M_0L}{4}$$

결국 ①, ②, ③, ④의 식을 풀이하면 다음과 같은 적분상수가 구해진다.

$$C_1=\frac{M_0L}{24}\quad,\quad C_2=-\frac{11M_0L}{24}$$

$$C_3=0\quad,\quad C_4=\frac{M_0L^2}{8}$$

따라서 식(1-1)과 식(1-2)의 보의 처짐각에 대한 식은 다음과 같이 완성된다.

$$EIv'=-\frac{M_0}{2L}x^2+\frac{M_0L}{24}\qquad\left(0\le x\le\frac{L}{2}\right)\qquad(3\text{-}1)$$

$$EIv'=-\frac{M_0}{2L}x^2+M_0x-\frac{11M_0L}{24}\qquad\left(\frac{L}{2}\le x\le L\right)\qquad(3\text{-}2)$$

한편 식(2-1)과 식(2-2)의 처짐곡선식은 다음과 같이 완성된다.

$$EIv=-\frac{M_0}{6L}x^3+\frac{M_0L}{24}x\qquad\left(0\le x\le\frac{L}{2}\right)\qquad(4\text{-}1)$$

$$EIv=-\frac{M_0}{6L}x^3+\frac{M_0}{2}x^2-\frac{11M_0L}{24}x+\frac{M_0L^2}{8}\qquad\left(\frac{L}{2}\le x\le L\right)\qquad(4\text{-}2)$$

처짐각 θ_A를 구하기 위해서는 식(3-1)에 $x=0$을 대입하면 된다.

$$\theta_A=v'_{x=0}=\frac{1}{EI}\left(-\frac{M_0}{2L}\cdot 0^2+\frac{M_0L}{24}\right)=\frac{M_0L}{24EI}(\curvearrowright)$$

처짐각 θ_B를 구하기 위해서는 식(3-2)에 $x=L$을 대입하면 된다.

$$\theta_B=v'_{x=L}=\frac{1}{EI}\left(-\frac{M_0}{2L}\cdot L^2+M_0\cdot L-\frac{11M_0L}{24}\right)=\frac{M_0L}{24EI}(\curvearrowright)$$

보 중앙부 C점의 처짐 δ_C를 구하기 위해서는 식(4-1)에 $x=L/2$을 대입하면 된다.

$$\delta_C=v_{x=L/2}=-\frac{M_0}{6EI}\cdot\left(\frac{L}{2}\right)^3+\frac{M_0L}{24}\cdot\frac{L}{2}=0$$

◆ ◆ ◆ ◆ ◆ ◆ ◆

10.1.2 다음과 같이 등분포하중 w 를 받는 내민보의 처짐곡선식을 구하여라. 또 각 지점의 처짐각 θ_A, θ_B, θ_C 와 그리고 처짐 δ_C 를 구하여라.

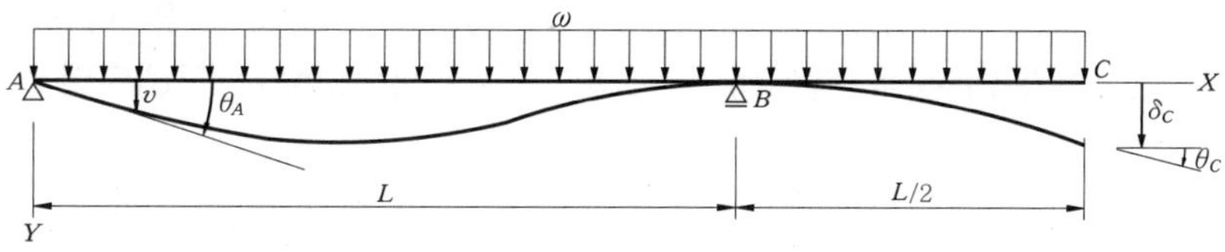

풀이

$EIv'' = -M$ 식을 이용하되 B 점을 경계로 식이 구분된다.

$$EIv'' = -M = \frac{w}{2}x^2 - \frac{3wL}{8}x \qquad (0 \le x \le L)$$

$$EIv'' = -M = \frac{w}{2}x^2 - \frac{wL}{2}x + \frac{9wL^2}{8} \qquad \left(L \le x \le \frac{3L}{2}\right)$$

$$EIv' = \frac{w}{6}x^3 - \frac{3wL}{16}x^2 + C_1 \qquad (0 \le x \le L) \qquad (1\text{-}1)$$

$$EIv' = \frac{w}{6}x^3 - \frac{wL}{4}x^2 + \frac{9wL^2}{8}x + C_2 \qquad \left(L \le x \le \frac{3L}{2}\right) \qquad (1\text{-}2)$$

$$EIv = \frac{w}{24}x^4 - \frac{wL}{16}x^3 + C_1x + C_3 \qquad (0 \le x \le L) \qquad (2\text{-}1)$$

$$EIv = \frac{w}{24}x^4 - \frac{wL}{12}x^3 + \frac{9wL^2}{16}x^2 + C_2x + C_4 \qquad \left(L \le x \le \frac{3L}{2}\right) \qquad (2\text{-}2)$$

4개의 적분상수 C_1, C_2, C_3, C_4 를 구하기 위해서는 경계조건을 이용한 4개의 연립방정식이 필요하다.

① 지점 A 점의 처짐은 '0' $(v_{x=0} = 0)$ 이다. 식(2-1)에서

$$0 = \frac{w}{24}\cdot 0^4 - \frac{wL}{16}\cdot 0^3 + C_1\cdot 0 + C_3 \qquad \therefore\ C_3 = 0$$

② 지점 B 점의 처짐은 '0' $(v_{x=L} = 0)$ 이다. 식(2-1)에서

$$0 = \frac{w}{24}L^4 - \frac{wL}{16}L^3 + C_1L + C_3 \qquad \therefore\ C_1 = \frac{wL^3}{48}$$

식(2-2)에서

$$0 = \frac{w}{24}L^4 - \frac{wL}{12}L^3 + \frac{9wL^2}{16}L^2 + C_2L + C_4$$

$$\therefore\ C_4 = -\frac{25wL^4}{48} - C_2L$$

③ $x = L$ 에서 보의 각 구간에서 구한 처짐각$(v'_{x=L})$은 같다.
식(1-1)과 식(1-2)에 각각 $x = L$ 을 대입하여 같게 놓으면 다음과 같다.

$$\frac{wL^3}{6} - \frac{3wL^3}{16} + C_1 = \frac{wL^3}{6} - \frac{wL^3}{4} + \frac{9wL3}{8} + C_2$$

$$\therefore\ C_1 = \frac{17wL^3}{16} + C_2$$

결국 ①, ②, ③의 식을 풀이하면 다음과 같은 적분상수가 구해진다.

$$C_1 = \frac{wL^3}{48} \quad , \quad C_2 = -\frac{25wL^3}{24}$$

$$C_3 = 0 \quad , \quad C_4 = \frac{25wL^4}{48}$$

따라서 식(1-1)과 식(1-2)의 보의 처짐각에 대한 식은 다음과 같이 완성된다.

$$EIv' = \frac{w}{6}x^3 - \frac{3wL}{16}x^2 + \frac{wL^3}{48} \qquad (0 \le x \le L) \qquad (3\text{-}1)$$

$$EIv' = \frac{w}{6}x^3 - \frac{wL}{4}x^2 + \frac{9wL^2}{8}x - \frac{25wL^3}{24} \qquad \left(L \le x \le \frac{3L}{2}\right) \qquad (3\text{-}2)$$

한편 식(2-1)과 식(2-2)의 처짐곡선식은 다음과 같이 완성된다.

$$EIv = \frac{w}{24}x^4 - \frac{wL}{16}x^3 + \frac{wL^3}{48}x \qquad (0 \le x \le L) \qquad (4\text{-}1)$$

$$EIv = \frac{w}{24}x^4 - \frac{wL}{12}x^3 + \frac{9wL^2}{16}x^2 - \frac{25wL^3}{24}x + \frac{25wL^4}{48} \qquad \left(L \le x \le \frac{3L}{2}\right) \qquad (4\text{-}2)$$

처짐각 θ_A를 구하기 위해서는 식(3-1)에 $x=0$을 대입하면 된다.

$$\theta_A = v'_{x=0} = \frac{1}{EI}\left(\frac{w}{6}\cdot 0^3 - \frac{3wL}{16}\cdot 0^2 + \frac{wL^3}{48}\right) = \frac{wL^3}{48EI}(\curvearrowright)$$

처짐각 θ_B를 구하기 위해서는 식(3-1)에 $x=L$을 대입하면 된다.

$$\theta_B = v'_{x=L} = \frac{1}{EI}\left(\frac{w}{6}\cdot L^3 - \frac{3wL}{16}\cdot L^2 + \frac{wL^3}{48}\right) = 0$$

처짐각 θ_C를 구하기 위해서는 식(3-2)에 $x=3L/2$을 대입하면 된다.

$$\begin{aligned}\theta_B &= v'_{x=3L/2} \\ &= \frac{1}{EI}\left(\frac{w}{6}\left(\frac{3L}{2}\right)^3 - \frac{3wL}{16}\left(\frac{3L}{2}\right)^2 + \frac{9wL^2}{8}\frac{3L}{2} - \frac{25wL^3}{48}\right) \\ &= \frac{251wL^3}{192EI}(\curvearrowright)\end{aligned}$$

C점의 처짐 δ_C를 구하기 위해서는 식(4-2)에 $x=3L/2$를 대입하면 된다.

$$\begin{aligned}\delta_C &= v_{x=3L/2} \\ &= \frac{1}{EI}\left(\frac{w}{24}\left(\frac{3L}{2}\right)^4 - \frac{wL}{12}\left(\frac{L}{2}\right)^3 + \frac{9wL^2}{16}x^2 - \frac{25wL^3}{24}\frac{3L}{2} + \frac{25wL^4}{48}\right) = \frac{59wL^4}{384EI}(\downarrow)\end{aligned}$$

◆ ◆ ◆ ◆ ◆ ◆

10.1.3 다음과 같이 하중을 받는 캔틸레버 보의 처짐곡선식을 구하라. 또 B점과 C점에서의 처짐과 처짐각을 구하여라.

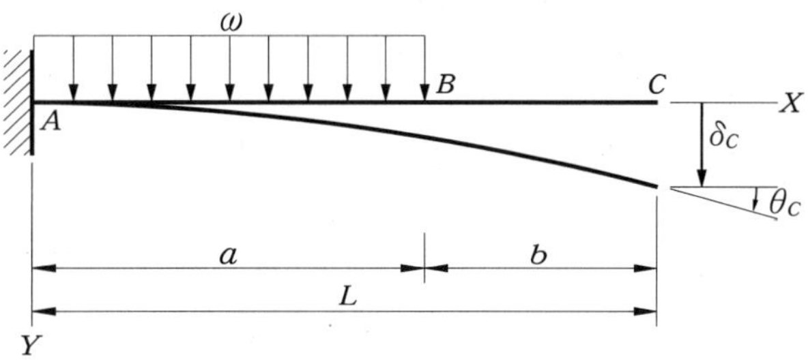

풀이

$EIv'' = -M$식을 이용하되 B점을 경계로 식이 구분된다.

$$EIv'' = -M = \frac{w}{2}x^2 - wax + \frac{wa^2}{2} \qquad (0 \le x \le a)$$
$$EIv'' = -M = 0 \qquad (a \le x \le L)$$

$$EIv' = \frac{w}{6}x^3 - \frac{wa}{2}x^2 + \frac{wa^2}{2}x + C_1 \qquad (0 \le x \le a) \qquad (1\text{-}1)$$
$$EIv' = C_2 \qquad (a \le x \le L) \qquad (1\text{-}2)$$

$$EIv = \frac{w}{24}x^4 - \frac{wa}{6}x^3 + \frac{wa^2}{4}x^2 + C_1x + C_3 \qquad (0 \le x \le a) \qquad (2\text{-}1)$$
$$EIv = C_2x + C_4 \qquad (a \le x \le L) \qquad (2\text{-}2)$$

첫 번째 경계조건으로 A점에서 처짐각이 '0' ($v'_{x=0} = 0$)이므로, 식(1-1)에서

$$0 = \frac{w}{6}\cdot 0^3 - \frac{wa}{2}\cdot 0^2 + \frac{wa^2}{2}\cdot 0 + C_1 \qquad \therefore\ C_1 = 0$$

두 번째 경계조건으로 A점에서 처짐이 '0' ($v_{x=0} = 0$)이므로, 식(2-1)에서

$$0 = \frac{w}{24}\cdot 0^4 - \frac{wa}{6}\cdot 0^3 + \frac{wa^2}{4}x^2 + C_1\cdot 0 + C_3 \qquad \therefore\ C_3 = 0$$

세 번째 경계조건으로 $x = a$에서 보의 각 구간에서 구한 처짐각($v'_{x=a}$)은 같다. 식(1-1)과 식(1-2)에 각각 $x = a$를 대입하여 같게 놓으면 다음과 같다.

$$\frac{w}{6}a^3 - \frac{wa}{2}a^2 + \frac{wa^2}{2}a = C_2 \qquad \therefore\ C_2 = \frac{wa^3}{6}$$

네 번째 경계조건으로 $x = a$에서 보의 각 구간에서 구한 처짐($v_{x=a}$)은 같다. 식(2-1)과 식(2-2)에 각각 $x = a$를 대입하여 같게 놓으면 다음과 같다.

$$\frac{w}{24}a^4 - \frac{wa}{6}a^3 + \frac{wa^2}{4}a^2 = \frac{wa^3}{6}a + C_4 \qquad \therefore\ C_4 = -\frac{wa^4}{24}$$

한편 B점에서의 처짐각 θ_B는 식(1-2)에서

$$\theta_B = v'_{(x=a)} = \frac{wa^3}{6EI}(\curvearrowright)$$

C점의 처짐각 θ_C는 식(1-2)에서

$$\theta_C = v'_{(x=L)} = \frac{wa^3}{6EI}(\curvearrowright)$$

B점의 처짐 δ_B는 식(2-2)에서

$$\delta_B = v_{x=a} = \frac{1}{EI}\left(\frac{wa^3}{6}\cdot a - \frac{wa^4}{24}\right) = \frac{wa^4}{8EI}(\downarrow)$$

C점의 처짐 δ_C는 식(2-2)에서

$$\delta_C = v_{x=L} = \frac{1}{EI}\left(\frac{wa^3}{6}\cdot L - \frac{wa^4}{24}\right) = \frac{wa^3}{24EI}(4L-a)(\downarrow)$$

◆ ◆ ◆ ◆ ◆ ◆

10.1.4 다음과 같이 하중을 받는 캔틸레버 보의 처짐곡선식을 구하라. 또 B점과 C점에서의 처짐과 처짐각을 구하여라.

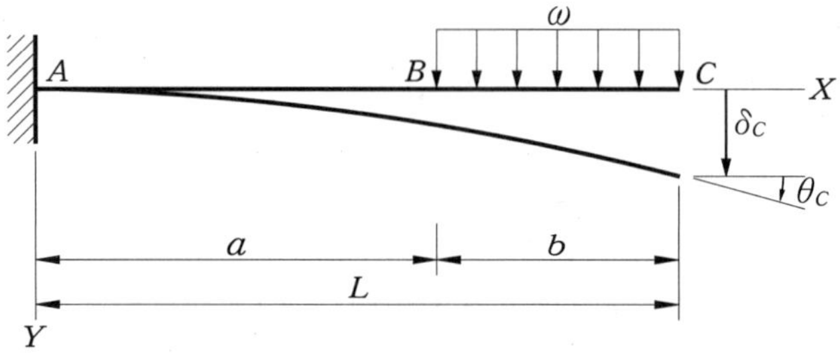

풀이

$EIv'' = -M$식을 이용하되 B점을 경계로 식이 구분된다.

$$EIv'' = -M = -wbx + wb\left(a+\frac{b}{2}\right) \qquad (0 \le x \le a)$$

$$EIv'' = -M = \frac{w}{2}x^2 - wLx + \frac{wL^2}{2} \qquad (a \le x \le L)$$

$$EIv' = -\frac{wb}{2}x^2 + wb\left(a+\frac{b}{2}\right)x + C_1 \qquad (0 \le x \le a) \qquad (1\text{-}1)$$

$$EIv' = \frac{w}{6}x^3 - \frac{wL}{2}x^2 + \frac{wL^2}{2}x + C_2 \qquad (a \le x \le L) \qquad (1\text{-}2)$$

$$EIv = -\frac{wb}{6}x^3 + \frac{wb\left(a+\frac{b}{2}\right)}{2}x^2 + C_1x + C_3 \qquad (0 \le x \le a) \qquad (2\text{-}1)$$

$$EIv = \frac{w}{24}x^4 - \frac{wL}{6}x^3 + \frac{wL^2}{4}x^2 + C_2x + C_4 \qquad (a \le x \le L) \qquad (2\text{-}2)$$

첫 번째 경계조건으로 A점에서 처짐각이 '0' ($v'_{x=0}=0$)이므로, 식(1-1)에서

$$0 = -\frac{w}{2}\cdot 0^2 + wb\left(a+\frac{b}{2}\right)\cdot 0 + C_1 \qquad \therefore\ C_1 = 0$$

두 번째 경계조건으로 A점에서 처짐이 '0' ($v_{x=0}=0$)이므로, 식(2-1)에서

$$0 = -\frac{wb}{6}\cdot 0^3 + \frac{wb\left(a+\frac{b}{2}\right)}{2}\cdot 0^2 + C_1\cdot 0 + C_3 \qquad \therefore\ C_3 = 0$$

세 번째 경계조건으로 $x=a$ 에서 보의 각 구간에서 구한 처짐각($v'_{x=a}$)은 같다. 식(1-1)과 식(1-2)에 각각 $x=a$ 를 대입하여 같게 놓으면 다음과 같다.

$$-\frac{wb}{2}a^2 + wb\left(a+\frac{b}{2}\right)a = \frac{w}{6}a^3 - \frac{wL}{2}a^2 + \frac{wL^2}{2}a + C_2 \qquad \therefore\ C_2 = -\frac{wa^3}{6}$$

네 번째 경계조건으로 $x=a$ 에서 보의 각 구간에서 구한 처짐($v_{x=a}$)은 같다. 식(2-1)과 식(2-2)에 각각 $x=a$ 를 대입하여 같게 놓으면 다음과 같다.

$$-\frac{wb}{6}a^3 + \frac{wb\left(a+\frac{b}{2}\right)}{2}a^2 = \frac{w}{24}a^4 - \frac{wL}{6}a^3 + \frac{wL^2}{4}a^2 - \frac{wa^3}{6}a + C_4$$

$$\therefore\ C_4 = \frac{wa^4}{24}$$

한편 B 점에서의 처짐각 θ_B 는 식(1-1)에서

$$\theta_B = v'_{(x=a)} = -\frac{wb}{2}a^2 + wb\left(a+\frac{b}{2}\right)a = \frac{wabL}{2EI}(\curvearrowright)$$

C 점의 처짐각 θ_C 는 식(1-2)에서

$$\theta_C = v'_{(x=L)} = \frac{w}{6}L^3 - \frac{wL}{2}L^2 + \frac{wL^2}{2}L - \frac{wa^3}{6} = \frac{w}{6EI}(L^3 - a^3)(\curvearrowright)$$

B 점의 처짐 δ_B 는 식(2-1)에서

$$\delta_B = v_{x=a} = \frac{1}{EI}\left(-\frac{wb}{6}\cdot a^3 + \frac{wb\left(a+\frac{b}{2}\right)}{2}\cdot a^2\right) = \frac{wa^2b}{12EI}(3L+a)(\downarrow)$$

C 점의 처짐 δ_C 는 식(2-2)에서

$$\delta_C = v_{x=L} = \frac{1}{EI}\left(\frac{w}{24}L^4 - \frac{wL}{6}L^3 + \frac{wL^2}{4}L^2 - \frac{wa^3}{6}L + \frac{wa^4}{24}\right)$$

$$= \frac{w}{24EI}(3L^4 - 4a^3L + a^4)(\downarrow)$$

◆ ◆ ◆ ◆ ◆ ◆

10.1.5 다음과 같이 하중을 받는 캔틸레버 보의 처짐곡선식을 구하여라. 또 B 점과 C 점에서의 처짐과 처짐각을 구하여라.

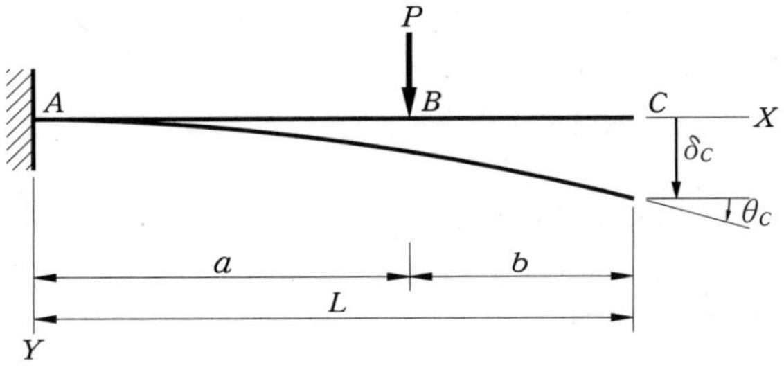

풀이

$EIv'' = -M$식을 이용하되 B점을 경계로 식이 구분된다.

$$EIv'' = -M = -wx + wa \qquad (0 \le x \le a)$$
$$EIv'' = -M = 0 \qquad (a \le x \le L)$$

$$EIv' = -\frac{w}{2}x^2 + wax + C_1 \qquad (0 \le x \le a) \qquad (1\text{-}1)$$
$$EIv' = C_2 \qquad (a \le x \le L) \qquad (1\text{-}2)$$

$$EIv = -\frac{w}{6}x^3 + \frac{wa}{2}x^2 + C_1 x + C_3 \qquad (0 \le x \le a) \qquad (2\text{-}1)$$
$$EIv = \frac{w}{24}x^4 - \frac{wL}{6}x^3 + \frac{wL^2}{4}x^2 + C_2 x + C_4 \qquad (a \le x \le L) \qquad (2\text{-}2)$$

첫 번째 경계조건으로 A점에서 처짐각이 '0' ($v'_{x=0} = 0$)이므로, 식(1-1)에서

$$0 = -\frac{w}{2}\cdot 0^2 + wb\left(a + \frac{b}{2}\right)\cdot 0 + C_1 \qquad \therefore\ C_1 = 0$$

두 번째 경계조건으로 A점에서 처짐이 '0' ($v_{x=0} = 0$)이므로, 식(2-1)에서

$$0 = -\frac{wb}{6}\cdot 0^3 + \frac{wb\left(a + \frac{b}{2}\right)}{2}\cdot 0^2 + C_1\cdot 0 + C_3 \qquad \therefore\ C_3 = 0$$

세 번째 경계조건으로 $x = a$에서 보의 각 구간에서 구한 처짐각($v'_{x=a}$)은 같다. 식(1-1)과 식(1-2)에 각각 $x = a$를 대입하여 같게 놓으면 다음과 같다.

$$-\frac{wb}{2}a^2 + wb\left(a + \frac{b}{2}\right)a = \frac{w}{6}a^3 - \frac{wL}{2}a^2 + \frac{wL^2}{2}a + C_2$$
$$\therefore\ C_2 = -\frac{wa^3}{6}$$

네 번째 경계조건으로 $x = a$에서 보의 각 구간에서 구한 처짐($v_{x=a}$)은 같다. 식(2-1)과 식(2-2)에 각각 $x = a$를 대입하여 같게 놓으면 다음과 같다.

$$-\frac{wb}{6}a^3 + \frac{wb\left(a + \frac{b}{2}\right)}{2}a^2 = \frac{w}{24}a^4 - \frac{wL}{6}a^3 + \frac{wL^2}{4}a^2 - \frac{wa^3}{6}a + C_4$$
$$\therefore\ C_4 = \frac{wa^4}{24}$$

한편 B점에서의 처짐각 θ_B는 식(1-1)에서

$$\theta_B = v'_{(x=a)} = -\frac{wb}{2}a^2 + wb\left(a + \frac{b}{2}\right)a = \frac{wabL}{2EI}(\curvearrowright)$$

C점의 처짐각 θ_C는 식(1-2)에서

$$\theta_C = v'_{(x=L)} = \frac{w}{6}L^3 - \frac{wL}{2}L^2 + \frac{wL^2}{2}L - \frac{wa^3}{6} = \frac{w}{6EI}(L^3 - a^3)(\curvearrowright)$$

B점의 처짐 δ_B는 식(2-1)에서

$$\delta_B = v_{x=a} = \frac{1}{EI}\left(-\frac{wb}{6}\cdot a^3 + \frac{wb\left(a+\frac{b}{2}\right)}{2}\cdot a^2\right) = \frac{wa^2b}{12EI}(3L+a)(\downarrow)$$

C 점의 처짐 δ_C 는 식(2-2)에서

$$\delta_C = v_{x=L} = \frac{1}{EI}\left(\frac{w}{24}L^4 - \frac{wL}{6}L^3 + \frac{wL^2}{4}L^2 - \frac{wa^3}{6}L + \frac{wa^4}{24}\right)$$
$$= \frac{w}{24EI}(3L^4 - 4a^3L + a^4)(\downarrow)$$

◆ ◆ ◆ ◆ ◆ ◆

10.1.6 다음과 같이 하중을 받는 캔틸레버 보의 처짐곡선식을 구하여라. 또 B 점에서의 처짐과 처짐각을 구하여라.

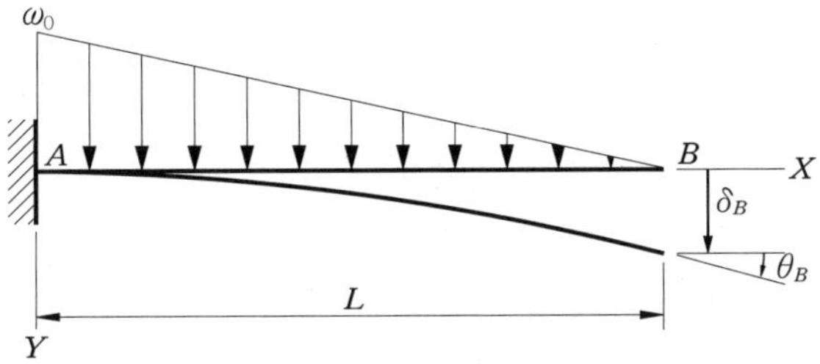

풀이

오른쪽 그림에서

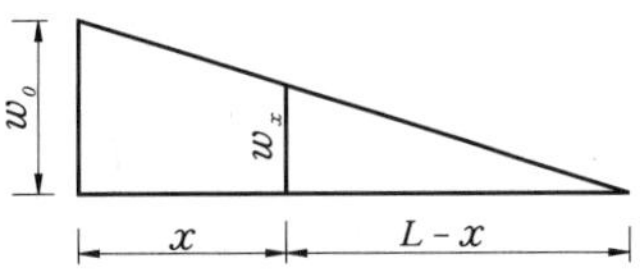

$w_x : w_o = (L-x) : L$ 이므로

$$w_x = \frac{w_o(L-x)}{L}$$

$EIv'''' = w$ 식을 이용하면

$$EIv'''' = \frac{w_o(L-x)}{L}$$

$$EIv''' = -\frac{w_o(L-x)^2}{2L} + C_1 \qquad (1\text{-}1)$$

$$EIv'' = \frac{w_o(L-x)^3}{6L} + C_1x + C_2 \qquad (1\text{-}2)$$

$$EIv' = -\frac{w_o(L-x)^4}{24L} + \frac{C_1}{2}x^2 + C_2x + C_3 \qquad (1\text{-}3)$$

$$EIv = \frac{w_o(L-x)^5}{120L} + \frac{C_1}{6}x^3 + \frac{C_2}{2}x^2 + C_3x + C_4 \qquad (1\text{-}4)$$

첫 번째 경계조건으로 B점에서 전단력이 '0' ($v'''_{x=L} = 0$)이므로, 식(1-1)에서

$$0 = -\frac{w_o(L-L)^2}{2L} + C_1 \qquad \therefore\ C_1 = 0$$

두 번째 경계조건으로 B점에서 휨모멘트가 '0' ($v''_{x=L}=0$)이므로, 식(1-2)에서

$$0 = \frac{w_o(L-L)^3}{6L} + 0 \cdot L + C_2 \qquad \therefore\ C_2 = 0$$

세 번째 경계조건으로 A점에서 처짐각이 '0' ($v'_{x=0}=0$)이므로, 식(1-3)에서

$$0 = -\frac{w_o(L-0)^4}{24L} + \frac{0}{2} \cdot 0^2 + 0 \cdot 0 + C_3 \qquad \therefore\ C_3 = \frac{w_o L^3}{24}$$

네 번째 경계조건으로 A점에서 처짐이 '0' ($v_{x=0}=0$)이므로, 식(1-4)에서

$$0 = \frac{w_o(L-0)^5}{120L} + \frac{0}{6} \cdot 0^3 + \frac{0}{2} \cdot 0^2 + \frac{w_0 L^3}{24} \cdot 0 + C_4$$

$$\therefore\ C_4 = -\frac{wL^4}{120}$$

따라서 처짐각과 처짐에 대한 식(1-3)과 식(1-4)는 다음과 같이 완성된다.

$$EIv' = -\frac{w_o(L-x)^4}{24L} + \frac{w_o L^3}{24} \tag{2-1}$$

$$EIv = \frac{w_o(L-x)^5}{120L} + \frac{w_o L^3}{24}x - \frac{w_o L^4}{120} \tag{2-2}$$

한편 B점에서의 처짐각 θ_B는 식(1-1)에서

$$\theta_B = v'_{(x=L)} = \frac{1}{EI}\left(-\frac{w_o(L-L)^4}{24L} + \frac{w_o L^3}{24}\right) = \frac{w_o L^3}{24EI}(\curvearrowright)$$

B점의 처짐 δ_B는 식(2-1)에서

$$\delta_B = v_{x=L} = \frac{1}{EI}\left(\frac{w_o(L-L)^5}{120L} + \frac{w_o L^3}{24}L - \frac{w_o L^4}{120}\right) = \frac{w_o L^4}{30EI}(\downarrow)$$

◆ ◆ ◆ ◆ ◆ ◆ ◆

10.1.7 길이 L인 캔틸레버 보 AC가 2개의 집중하중 $2P$, P를 받을 때 처짐곡선식을 구하여라. 또 B점, C점의 처짐각 θ_B와 θ_C 그리고 처짐 δ_B와 δ_C을 구하여라.

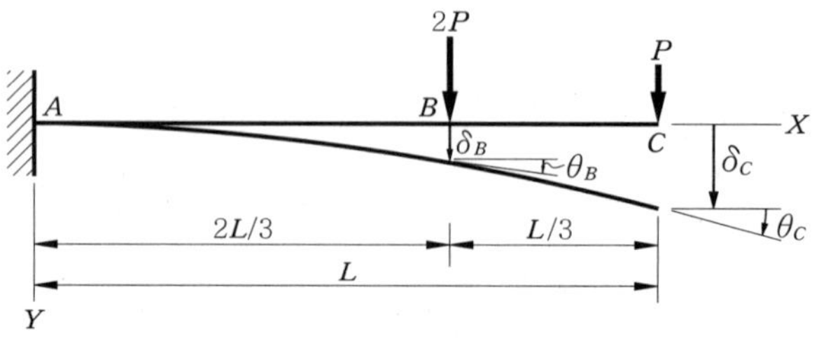

풀이

$EIv'' = -M$식을 이용하되 B점을 경계로 식이 구분된다.

$$EIv'' = -M = -3Px + \frac{7PL}{3} \qquad (0 \le x \le 2L/3)$$

$$EIv'' = -M = -Px + PL \qquad (2L/3 \le x \le L)$$

$$EIv' = -\frac{3Px^2}{2} + \frac{7PLx}{3} + C_1 \qquad (0 \le x \le 2L/3) \qquad (1\text{-}1)$$

$$EIv' = -\frac{Px^2}{2} + PLx + C_2 \qquad (2L/3 \le x \le L) \qquad (1\text{-}2)$$

$$EIv = -\frac{3Px^3}{6} + \frac{7PLx^2}{6} + C_1x + C_3 \qquad (0 \le x \le 2L/3) \qquad (2\text{-}1)$$

$$EIv = -\frac{Px^3}{6} + \frac{PLx^2}{2} + C_2x + C_4 \qquad (2L/3 \le x \le L) \qquad (2\text{-}2)$$

4개의 적분상수 C_1, C_2, C_3, C_4를 구하기 위해서는 경계조건을 이용한 4개의 연립방정식이 필요하다.

① 고정단 A에서 처짐각이 '0' $(v'_{x=0} = 0)$ 이므로, 식(1-1)에서

$$0 = -\frac{3P \cdot 0^2}{2} + \frac{7PL \cdot 0}{3} + C_1 \qquad \therefore\ C_1 = 0$$

② 고정단 A에서 처짐이 '0' $(v_{x=0} = 0)$ 이므로, 식(2-1)에서

$$0 = -\frac{3P \cdot 0^3}{6} + \frac{7PL \cdot 0^2}{6} + C_1 \cdot 0 + C_3 \qquad \therefore\ C_3 = 0$$

③ $x = 2L/3$에서 보의 각구간의 처짐각 $(v'_{x=2L/3})$은 같다.
식(1-1)과 식(1-2)에 각각 $x = 2L/3$을 대입하여 같게 놓으면 다음과 같다.

$$-\frac{3P\cdot\left(\frac{2L}{3}\right)^2}{2} + \frac{7PL\cdot\left(\frac{2L}{3}\right)}{3} = -\frac{P\cdot\left(\frac{2L}{3}\right)^2}{2} + PL\cdot\left(\frac{2L}{3}\right) + C_2$$

$$\therefore\ C_2 = \frac{4PL^2}{9}$$

④ $x = 2L/3$에서 보의 각구간의 처짐 $(v_{x=2L/3})$은 같다.
식(2-1)과 식(2-2)에 각각 $x = 2L/3$을 대입하여 같게 놓으면 다음과 같다.

$$-\frac{3P\cdot\left(\frac{2L}{3}\right)^3}{6} + \frac{7PL\cdot\left(\frac{2L}{3}\right)^2}{6} = -\frac{P\left(\frac{2L}{3}\right)^3}{6} + \frac{PL\left(\frac{2L}{3}\right)^2}{2} + \frac{4PL^2}{9}\cdot\left(\frac{2L}{3}\right) + C_4$$

$$\therefore\ C_4 = -\frac{8PL^3}{81}$$

①, ②, ③, ④에서 적분상수를 구했으므로, 식(1-1)과 식(1-2)의 보의 처짐각에 대한 식은 다음과 같이 완성된다.

$$EIv' = -\frac{3Px^2}{2} + \frac{7PLx}{3} \qquad (0 \le x \le 2L/3) \qquad (3\text{-}1)$$

$$EIv' = -\frac{Px^2}{2} + PLx + \frac{4PL^2}{9} \qquad (2L/3 \le x \le L) \qquad (3\text{-}2)$$

한편, 식(2-1)과 식(2-2)의 처짐곡선식은 다음과 같이 완성된다.

$$EIv = -\frac{3Px^3}{6} + \frac{7PLx^2}{6} \qquad (0 \le x \le 2L/3) \qquad (4\text{-}1)$$

$$EIv = -\frac{Px^3}{6} + \frac{PLx^2}{2} + \frac{4PL^2x}{9} - \frac{8PL^3}{81} \qquad (2L/3 \le x \le L) \qquad (4\text{-}2)$$

처짐각 θ_B 를 구하기 위해서는 식(3-1)에 $x = 2L/3$ 을 대입하면 된다.

$$\theta_B = v'_{x=2L/3} = \frac{1}{EI}\left(-\frac{3P\cdot\left(\frac{2L}{3}\right)^2}{2} + \frac{7PL\cdot\left(\frac{2L}{3}\right)}{3}\right) = \frac{8PL^2}{9EI}(\curvearrowright)$$

처짐각 θ_C 를 구하기 위해서는 식(3-2)에 $x = L$ 을 대입하면 된다.

$$\theta_C = v'_{x=L} = \frac{1}{EI}\left(-\frac{PL^2}{2} + PL^2 + \frac{4PL^2}{9}\right) = \frac{17PL^2}{18EI}(\curvearrowright)$$

처짐 δ_B 를 구하기 위해서는 식(4-1)에 $x = 2L/3$ 을 대입하면 된다.

$$\delta_B = v_{x=2L/3} = \frac{1}{EI}\left(-\frac{3P\cdot\left(\frac{2L}{3}\right)^3}{6} + \frac{7PL\cdot\left(\frac{2L}{3}\right)^2}{6}\right) = \frac{10PL^3}{27EI}(\downarrow)$$

처짐 δ_C 를 구하기 위해서는 식(4-2)에 $x = L$ 을 대입하면 된다.

$$\delta_C = v_{x=L} = \frac{1}{EI}\left(-\frac{PL^3}{6} + \frac{PL^3}{2} + \frac{4PL^3}{9} - \frac{8PL^3}{81}\right) = \frac{55PL^3}{81EI}(\downarrow)$$

◆ ◆ ◆ ◆ ◆ ◆

10.1.8 길이 $2L$ 인 내민보 AE 가 등분포하중 ω 를 받을 때 처짐곡선식을 구하여라. 또 A 점의 처짐각 θ_A, 처짐 δ_A 와 C 점의 처짐 δ_C 을 구하여라.

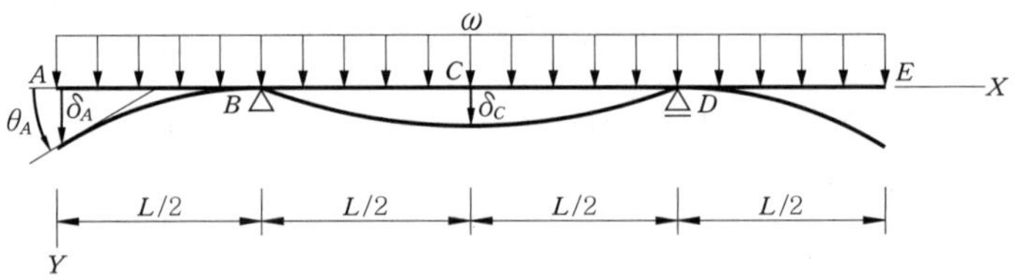

풀이

$EIv'' = -M$ 식을 이용하되 B 점을 경계로 식이 구분된다.

$$EIv'' = -M = \frac{\omega x^2}{2} \qquad (0 \le x \le L/2)$$

$$EIv'' = -M = \frac{\omega x^2}{2} - \omega Lx + \frac{\omega L^2}{2} \qquad (L/2 \le x \le 3L/2)$$

$$EIv' = \frac{\omega x^3}{6} + C_1 \qquad (0 \le x \le L/2) \qquad (1\text{-}1)$$

$$EIv' = \frac{\omega x^3}{6} - \frac{\omega L x^2}{2} + \frac{\omega L^2 x}{2} + C_2 \qquad (L/2 \le x \le 3L/2) \qquad (1\text{-}2)$$

$$EIv = \frac{\omega x^4}{24} + C_1 x + C_3 \qquad (0 \le x \le L/2) \qquad (2\text{-}1)$$

$$EIv = \frac{\omega x^4}{24} - \frac{\omega L x^3}{6} + \frac{\omega L^2 x^2}{4} + C_2 x + C_4 \qquad (L/2 \le x \le 3L/2) \qquad (2\text{-}2)$$

4개의 적분상수 C_1, C_2, C_3, C_4를 구하기 위해서는 경계조건을 이용한 4개의 연립방정식이 필요하다.

① $x = L/2$ 에서 처짐각이 '0' ($v'_{x=L/2} = 0$) 이므로, 식(1-1)에서

$$0 = \frac{\omega \cdot \left(\frac{L}{2}\right)^3}{6} + C_1 \qquad \therefore \ C_1 = -\frac{\omega L^3}{48}$$

② $x = L/2$ 에서 처짐각이 '0' ($v'_{x=L/2} = 0$) 이므로, 식(1-2)에서

$$0 = \frac{\omega \cdot \left(\frac{L}{2}\right)^3}{6} - \frac{\omega L \cdot \left(\frac{L}{2}\right)^2}{2} + \frac{\omega L^2 \cdot \left(\frac{L}{2}\right)}{2} + C_2$$

$$\therefore \ C_2 = -\frac{7\omega L^3}{48}$$

③ $x = L/2$ 에서 처짐이 '0' ($v_{x=L/2} = 0$) 이므로, 식(2-1)에서

$$0 = \frac{\omega \cdot \left(\frac{L}{2}\right)^4}{24} - \frac{\omega L^3}{48} \cdot \left(\frac{L}{2}\right) + C_3 \qquad \therefore \ C_3 = \frac{3\omega L^4}{384}$$

④ $x = L/2$ 에서 처짐이 '0' ($v_{x=L/2} = 0$) 이므로, 식(2-2)에서

$$0 = \frac{\omega \cdot \left(\frac{L}{2}\right)^4}{24} - \frac{\omega L \cdot \left(\frac{L}{2}\right)^3}{6} + \frac{\omega L^2 \cdot \left(\frac{L}{2}\right)^2}{4} - \frac{7\omega L^3 \cdot \left(\frac{L}{2}\right)}{48} + C_4$$

$$\therefore \ C_4 = \frac{11\omega L^4}{384}$$

①, ②, ③, ④에서 적분상수를 구했으므로, 식(1-1)과 식(1-2)의 보의 처짐각에 대한 식은 다음과 같이 완성된다.

$$EIv' = \frac{\omega x^3}{6} - \frac{\omega L^3}{48} \qquad (0 \le x \le L/2) \qquad (3\text{-}1)$$

$$EIv' = \frac{\omega x^3}{6} - \frac{\omega L x^2}{2} + \frac{\omega L^2 x}{2} - \frac{7\omega L^3}{48} \qquad (L/2 \le x \le 3L/2) \qquad (3\text{-}2)$$

한편 식(2-1)과 식(2-2)의 처짐곡선식은 다음과 같이 완성된다.

$$EIv=\frac{\omega x^4}{24}-\frac{\omega L^3x}{48}+\frac{3\omega L^4}{384} \qquad (0\le x\le L/2) \qquad (4\text{-}1)$$

$$EIv=\frac{\omega x^4}{24}-\frac{\omega Lx^3}{6}+\frac{\omega L^2x^2}{4}-\frac{7\omega L^3x}{48}+\frac{11\omega L^4}{384} \qquad (L/2\le x\le 3L/2) \qquad (4\text{-}2)$$

처짐각 θ_A 를 구하기 위해서는 식(3-1)에 $x=0$ 을 대입하면 된다.

$$\theta_A=v'_{x=0}=\frac{1}{EI}\left(\frac{\omega\cdot\ 0^3}{6}-\frac{\omega L^3}{48}\right)=-\frac{\omega L^3}{48EI}(\curvearrowleft)$$

처짐 δ_A 를 구하기 위해서는 식(4-1)에 $x=0$ 을 대입하면 된다.

$$\delta_A=v_{x=0}=\frac{1}{EI}\left(\frac{\omega\cdot 0^4}{24}-\frac{\omega L^3\cdot 0}{48}+\frac{3\omega L^4}{384}\right)=\frac{3\omega L^4}{384EI}(\downarrow)$$

처짐 δ_C 를 구하기 위해서는 식(4-2)에 $x=L$ 을 대입하면 된다.

$$\delta_C=v_{x=L}=\frac{1}{EI}\left(\frac{\omega L^4}{24}-\frac{\omega L^4}{6}+\frac{\omega L^4}{4}-\frac{7\omega L^4}{48}+\frac{11\omega L^4}{384}\right)$$

$$=\frac{3\omega L^4}{384EI}(\downarrow)$$

◆ ◆ ◆ ◆ ◆ ◆

10.1.9 길이 L 인 단순보가 전 길이에 대하여 등변분포하중 ω 를 받을 때 보 AB 의 처짐곡선식을 구하고, 양단부의 처짐각 θ_A, θ_B 와 처짐 δ_C 를 구하여라.

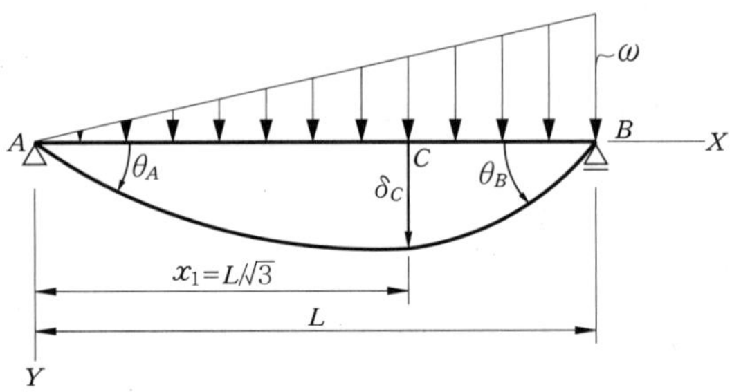

풀이

$EIv''=-M$ 식을 이용하면

$$EIv''=-M=-\left(\frac{\omega Lx}{6}-\frac{\omega x^3}{6L}\right)=\frac{\omega x^3}{6L}-\frac{\omega Lx}{6}$$

$$EIv'=\frac{\omega}{24L}x^4-\frac{\omega L}{12}x^2+C_1 \qquad (1)$$

$$EIv=\frac{\omega}{120L}x^5-\frac{\omega L}{36}x^3+C_1x+C_2 \qquad (2)$$

첫 번째 경계조건으로 A 점에서 처짐이 '0' ($v_{x=0}=0$)이므로, 식(2)에서

$$0 = \frac{\omega}{120L} \cdot 0^5 - \frac{\omega L}{36} \cdot 0^3 + C_1 \cdot 0 + C_2 \qquad \therefore\ C_2 = 0$$

두 번째 경계조건으로 B 점에서 처짐이 '0' $(v_{x=L} = 0)$이므로, 식(2)에서

$$0 = \frac{\omega}{120L} \cdot L^5 - \frac{\omega L}{36} \cdot L^3 + C_1 \cdot L \qquad \therefore\ C_1 = \frac{7\omega L^3}{360}$$

한편 A 점의 처짐각 θ_A 는 식(1)에서

$$v' = \frac{\omega}{360LEI}(15 \cdot x^4 - 30 \cdot L^2 \cdot x^2 + 7 \cdot L^4) \qquad (3)$$

$$\theta_A = v'_{x=0} = \frac{\omega}{360LEI}(15 \cdot 0^4 - 30 \cdot L^2 \cdot 0^2 + 7 \cdot L^4) = \frac{7\omega L^3}{360EI}(\curvearrowright)$$

B 점의 처짐각 θ_B 는 식(1)에서

$$\theta_B = v'_{x=L} = \frac{\omega}{360LEI}(15 \cdot L^4 - 30 \cdot L^2 \cdot L^2 + 7 \cdot L^4) = -\frac{\omega L^3}{45EI}(\curvearrowleft)$$

처짐 δ_C 는 식(2)에서

$$\delta_C = v_{x=L/\sqrt{3}} = \frac{wx}{360LEI}(3x^4 - 10L^2x^2 + 7 \cdot L^4) = \frac{0.00642\, wL^4}{EI}(\downarrow)$$

◆ ◆ ◆ ◆ ◆ ◆

10.1.10 다음과 같이 길이가 L, 높이가 H 인 단순보가 상부면이 T_1, 하부면이 T_2 로 균일한 온도의 영향을 받는다. 이때 보의 처짐곡선식과 지점 A 에서의 처짐각 θ_A 및 중앙부 C 점에서의 처짐 δ_C 를 구하여라. (여기서, α는 열팽창계수, $T_1 > T_2$ 이며 단면 상하를 따라 선형적 온도분포를 가진다.)

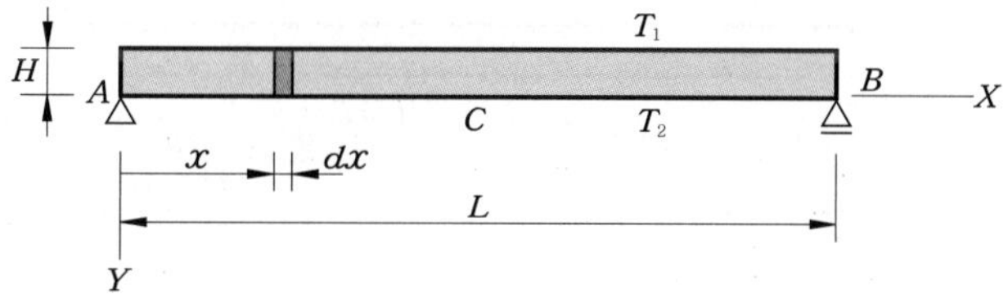

풀이

처짐곡선식을 다음과 같이 정리할 수 있다.

$$\nu'' = -\frac{\alpha(T_2 - T_1)}{H}$$

$$\nu' = -\frac{\alpha(T_2 - T_1)}{H}x + C_1$$

$$\nu = -\frac{\alpha(T_2 - T_1)}{2H}x^2 + C_1 \cdot x + C_2$$

이 식을 정리하면, 지점 A 에서의 처짐은 발생하지 않으므로

$\nu(0) = 0 \qquad\qquad \therefore\ C_2 = 0$

또한 균일한 온도의 영향을 받으므로 중앙부 C 점에서의 곡률은 '0' 이다.

$$\nu'\left(\frac{L}{2}\right) = -\frac{\alpha(T_2 - T_1)}{H} \times \frac{L}{2} + C_1 = 0 \qquad \therefore\ C_1 = \frac{\alpha(T_2 - T_1)L}{2H}$$

따라서 문제에서 요구한 처짐곡선식을 구하면,

$$\therefore\ \nu = -\frac{\alpha(T_2 - T_1)}{2H}x^2 + \frac{\alpha(T_2 - T_1)L}{2H}x = \frac{\alpha(T_2 - T_1)(L - x)x}{2H}$$

지점 A에서의 처짐각 θ_A를 구하면,

$$\therefore\ \theta_A = \nu'(0) = -\frac{\alpha(T_2 - T_1)}{H} \times 0 + \frac{\alpha(T_2 - T_1)L}{2H} = \frac{\alpha(T_2 - T_1)L}{2H}$$

중앙부 C 점에서의 처짐 δ_C를 구하면,

$$\therefore\ \delta_C = \nu\left(\frac{L}{2}\right) = -\frac{\alpha(T_2 - T_1)}{2H}\left(\frac{L}{2}\right)^2 + \frac{\alpha(T_2 - T_1)L}{2H}\left(\frac{L}{2}\right) = \frac{\alpha(T_2 - T_1)L^2}{8H}$$

◆ ◆ ◆ ◆ ◆ ◆

10.1.11 다음 그림과 같은 높이 H의 내민보 ABC가 있다. 이 보의 상부면이 T_1, 하부면이 T_2로 균일한 온도의 영향을 받을 때, 자유단 C점에서의 처짐 δ_C를 구하여라.
(여기서, α는 열팽창계수, $T_1 > T_2$이며 단면 상하를 따라 선형적 온도분포를 가진다.)

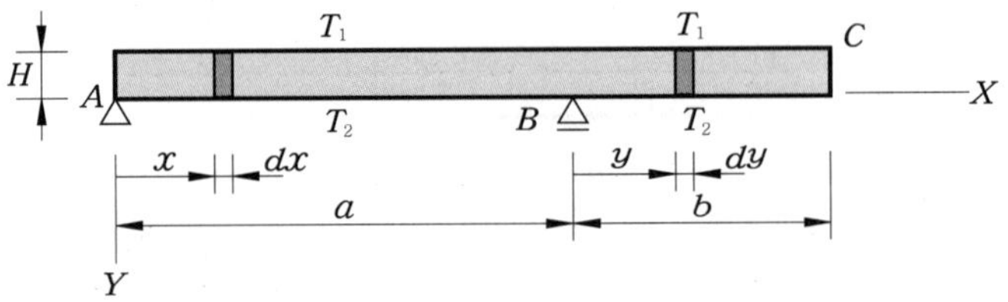

풀이

내민보의 경우, AB 구간과 BC 구간으로 나누어서 계산할 수 있다.

(1) AB 구간 $(0 \le x \le a)$

$$\nu'' = -\frac{\alpha(T_2 - T_1)}{H}$$

$$\nu' = -\frac{\alpha(T_2 - T_1)}{H}x + C_1$$

$$\nu = -\frac{\alpha(T_2 - T_1)}{2H}x^2 + C_1 \cdot x + C_2$$

지점 A에서의 처짐은 발생하지 않으므로

$$\nu(0)=0 \qquad\qquad \therefore\ C_2=0$$

지점 B에서 역시 처짐은 발생하지 않으므로

$$\nu(a)=0=-\frac{\alpha(T_2-T_1)}{2H}\times a^2+C_1\cdot a \qquad \therefore\ C_1=\frac{\alpha(T_2-T_1)\cdot a}{2H}$$

그러므로 AB구간의 처짐곡선식을 정리하면 다음과 같다.

$$\therefore\ \nu=-\frac{\alpha(T_2-T_1)}{2H}x^2+\frac{\alpha(T_2-T_1)\cdot a}{2H}x=\frac{\alpha(T_2-T_1)(a-x)x}{2H}$$

B점에서의 처짐각은 내민보에 영향을 미치므로 처짐각 θ_B를 구하면,

$$\therefore\ \theta_B=\nu'(a)=-\frac{\alpha(T_2-T_1)}{H}\times a+\frac{\alpha(T_2-T_1)}{2H}\times a=-\frac{\alpha(T_2-T_1)a}{2H}$$

(2) BC구간 $(0\leq y\leq b)$

$$\nu''=-\frac{\alpha(T_2-T_1)}{H}$$

$$\nu'=-\frac{\alpha(T_2-T_1)}{H}y-\frac{\alpha(T_2-T_1)a}{2H}+C_3$$

$$\nu=-\frac{\alpha(T_2-T_1)}{2H}y^2-\frac{\alpha(T_2-T_1)a}{2H}y+C_3\cdot y+C_4$$

지점 B에서의 처짐각은 좌우가 동일하므로,

$$\nu(0)=-\frac{\alpha(T_2-T_1)a}{2H}=-\frac{\alpha(T_2-T_1)a}{2H}+C_3 \qquad \therefore\ C_3=0$$

지점 B에서의 처짐은 발생하지 않으므로

$$\nu(0)=0 \qquad\qquad \therefore\ C_4=0$$

그러므로 BC구간의 처짐곡선식을 정리하면 다음과 같다.

$$\therefore\ \nu=-\frac{\alpha(T_2-T_1)}{2H}y^2-\frac{\alpha(T_2-T_1)\cdot a}{2H}y=-\frac{\alpha(T_2-T_1)(a+y)y}{2H}$$

따라서 C점에서의 처짐 δ_C를 구하면,

$$\therefore\ \delta_C=\nu(b)=-\frac{\alpha\cdot b\cdot(T_2-T_1)(a+b)}{2H}$$

◆ ◆ ◆ ◆ ◆ ◆

10.2 탄성하중법 (Elastic Load Method)

10.2.1 다음 그림과 같이 집중하중을 $2P$, P를 받는 캔틸레버 보의 B점과 C점에서의 처짐과 처짐각을 구하여라.

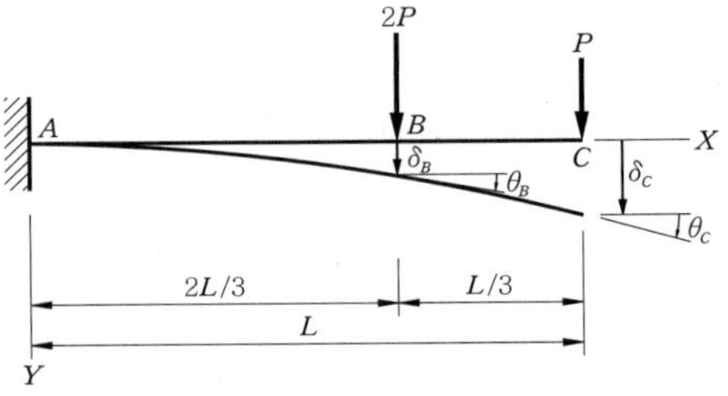

풀이

그림(a)와 같이 휨모멘트도(B.M.D)를 나타낼 수 있다.

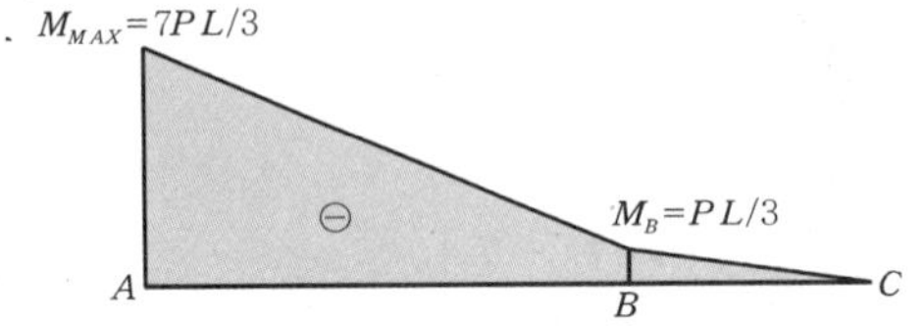

그림(a) 휨모멘트도(B.M.D)

이때 $\dfrac{M}{EI}$을 작용하중으로 가정하고, 지점조건을 변환하면 그림(b)와 같다.

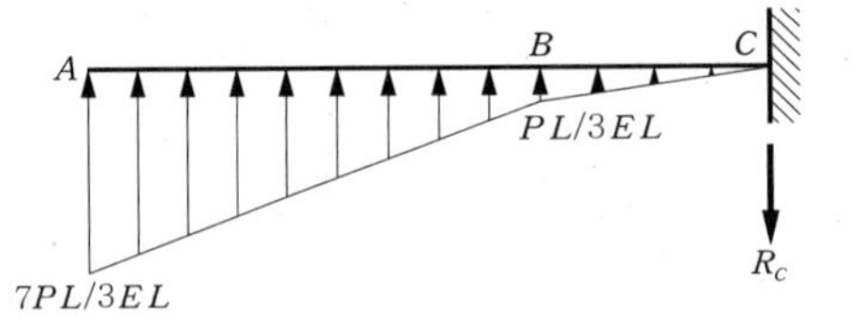

그림(b) 탄성하중도

그림(b)에서 지점의 반력을 구하면

$$R_C = \frac{PL}{3EI}\cdot\frac{2L}{3} + \frac{PL}{3EI}\cdot\frac{L}{3}\cdot\frac{1}{2} + \frac{2PL}{EI}\cdot\frac{2L}{3}\cdot\frac{1}{2} = \frac{17PL^2}{18EI}$$

B점의 처짐각 θ_B는 $\dfrac{M}{EI}$이 하중으로 작용할 때 B점의 전단력과 같으므로

$$\theta_B = \frac{PL}{3EI}\cdot\frac{2L}{3} + \frac{2PL}{EI}\cdot\frac{2L}{3}\cdot\frac{1}{2} = \frac{8PL^2}{9EI}(\curvearrowright)$$

C점의 처짐각 θ_C는 $\dfrac{M}{EI}$이 하중으로 작용할 때 C점의 전단력과 같으므로

$$\theta_C = \frac{17PL^2}{18EI}(\curvearrowright)$$

B점의 처짐 δ_B는 $\dfrac{M}{EI}$이 하중으로 작용할 때 B점의 휨모멘트와 같으므로

$$\delta_B = M_B = \frac{PL}{3EI}\cdot\frac{2L}{3}\cdot\frac{2L}{3}\cdot\frac{1}{2}+\frac{2PL}{EI}\cdot\frac{2L}{3}\cdot\frac{1}{2}\cdot\frac{2L}{3}\cdot\frac{2}{3}$$
$$=\frac{10PL^3}{27EI}(\downarrow)$$

C점의 처짐 δ_C는 $\dfrac{M}{EI}$이 하중으로 작용할 때 C점의 휨모멘트와 같으므로

$$\delta_C = M_C = \frac{PL}{3EI}\cdot\frac{2L}{3}\cdot\frac{2L}{3}+\frac{2PL}{EI}\cdot\frac{2L}{3}\cdot\frac{1}{2}\cdot\frac{7L}{9}+\frac{PL}{3EI}\cdot\frac{L}{3}\cdot\frac{1}{2}\cdot\frac{2L}{9}$$
$$=\frac{55PL^3}{81EI}(\downarrow)$$

◆ ◆ ◆ ◆ ◆ ◆

10.2.2 다음과 같은 하중을 받는 길이 $2L$인 단순보 AE의 처짐각 θ_A와 보 중앙부의 처짐 δ_C를 구하여라.

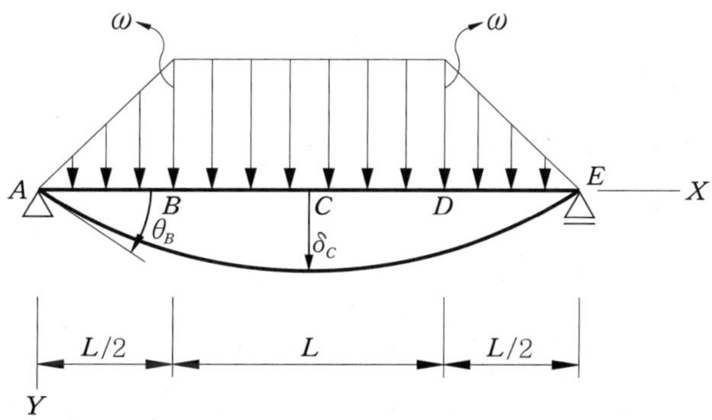

풀이

휨모멘트를 x에 관하여 정리하면

$$M_x = -\frac{w}{3L}x^3+\frac{3wL}{4}x \qquad (0\le x\le \frac{L}{2})$$
$$M_x = -\frac{wx^2}{2}+wLx-\frac{wL^2}{24} \qquad (\frac{L}{2}\le x\le L)$$

그림(a)와 같이 휨모멘트도(B.M.D)를 나타낼 수 있다.

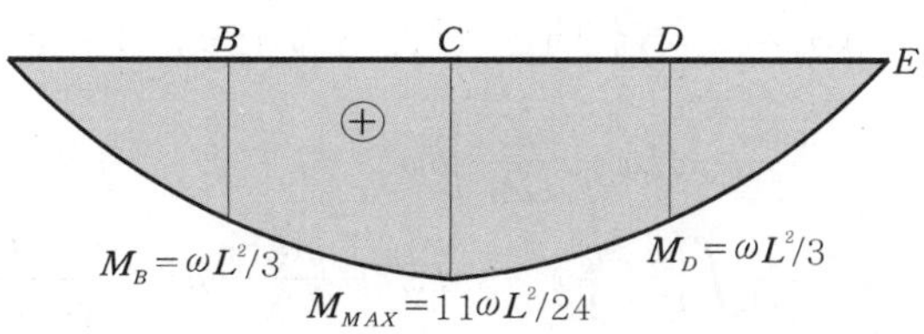

그림(a) 휨모멘트도(B.M.D)

이때 $\dfrac{M}{EI}$ 이 하중으로 작용하는 것으로 가정하면 그림(b)와 같다.

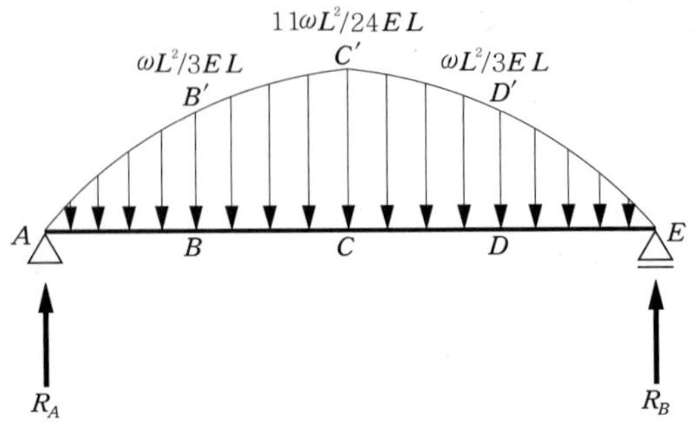

그림(b) 탄성하중도

그림(b)에서 지점의 반력을 구하면

$$R_A = \frac{1}{EI}\left(\int_0^{\frac{L}{2}}\left(-\frac{w}{3L}x^3 + \frac{3wL}{4}x\right)dx + \int_{\frac{L}{2}}^{L}\left(-\frac{w}{2}x^2 + wLx - \frac{wL^2}{24}\right)dx\right)$$

$$= \frac{17wL^3}{192EI} + \frac{5wL^3}{24EI} = \frac{19wL^3}{64EI}$$

$$R_E = R_A = \frac{19wL^3}{64EI}$$

지점 A 의 처짐각 θ_A 는 $\dfrac{M}{EI}$ 이 하중으로 작용할 때 A 점의 전단력과 같으므로

$$\theta_A = R_A = \frac{19wL^3}{64EI}(\curvearrowright)$$

한편, 도형 ABB' 의 Y 축에 대한 도심의 좌표 $\bar{x}$ 를 구하면

$$\bar{x} = \frac{S_y}{A} \qquad (S_y = Y\text{축에 대한 단면1차모멘트},\ A = \text{단면적})$$

미소면적 $dA = \left(-\dfrac{wx^3}{3L} + \dfrac{3wLx}{4}\right)dx$

$$S_y = \frac{1}{EI}\int_{(A)} x\,dA = \frac{1}{EI}\int_0^{\frac{L}{2}} -\frac{w}{3L}x^4 + \frac{3wL}{4}x^2dx = \frac{7wL^4}{240EI}$$

$$\bar{x} = \frac{S_y}{A} = \frac{7wL^4/240EI}{17wL^3/192EI} = \frac{28L}{85}$$

도형 ACC' 의 Y 축에 대한 도심의 좌표 $\bar{x}$ 를 구하면

$$\bar{x} = \frac{S_y}{A} \qquad (S_y = Y\text{축에 대한 단면1차모멘트},\ A = \text{단면적})$$

미소면적 $dA = \left(-\dfrac{wx^2}{2} + wLx - \dfrac{wL^2}{24}\right)dx$

$$S_y = \frac{1}{EI}\int_{(A)} x\,dA = \frac{1}{EI}\int_{\frac{L}{2}}^{L} -\frac{w}{2}x^3 + wLx^2 - \frac{wL^2x}{24}dx = \frac{61wL^4}{384EI}$$

$$\bar{x} = \frac{S_y}{A} = \frac{61wL^4/384EI}{5wL^3/24EI} = \frac{183L}{240}$$

C점의 처짐 δ_C는 $\dfrac{M}{EI}$이 하중으로 작용할 때 C점의 휨모멘트와 같으므로

$$\delta_C = M_C = \frac{19wL^3}{64EI} \cdot L - \frac{17wL^3}{192EI} \cdot \left(L - \frac{28L}{85}\right) - \frac{5wL^3}{24EI} \cdot \left(L - \frac{183L}{240}\right)$$
$$= \frac{361wL^4}{1920EI} (\downarrow)$$

◆ ◆ ◆ ◆ ◆ ◆

10.2.3 다음 그림과 같은 내민보에 집중하중 P가 작용할 때 양 지점의 처짐각, 그리고 C점의 처짐각과 처짐을 구하여라.

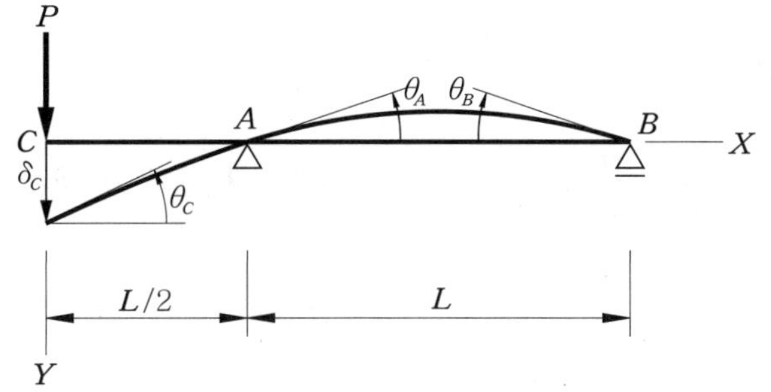

풀이

그림(a)와 같이 휨모멘트도(B.M.D)를 나타낼 수 있다.

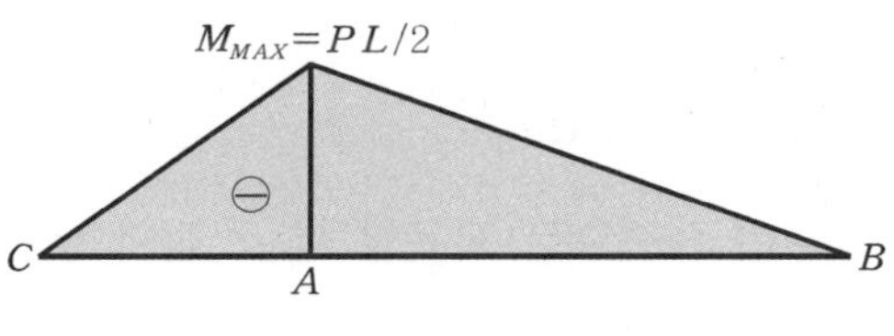

그림(a) 휨모멘트도(B.M.D)

$\dfrac{M}{EI}$이 하중으로 가정하고 지점의 조건을 변환하면 그림(b)와 같다.

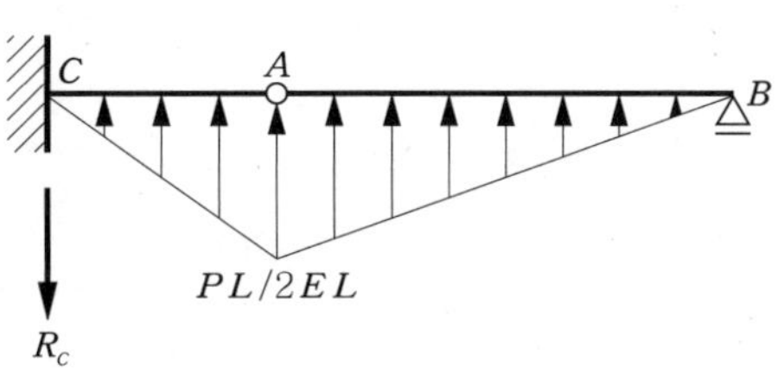

그림(b) 탄성하중도

그림(b)는 겔버보이므로 그림(c)와 같이 캔틸레버 보와 단순보로 분해한다.

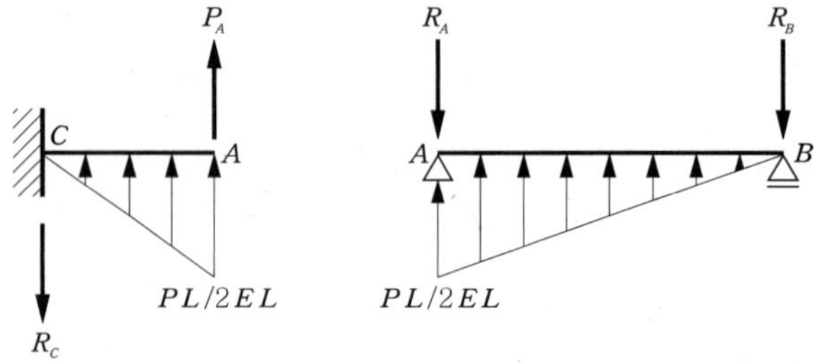

그림(c) 캔틸레버 보 + 단순보

$$R_A = \frac{2}{3} \cdot \frac{PL}{2EI} \cdot L \cdot \frac{1}{2} = \frac{PL^2}{6EI}$$

$$R_B = \frac{1}{3} \cdot \frac{PL}{2EI} \cdot L \cdot \frac{1}{2} = \frac{PL^2}{12EI}$$

$$P_A = R_A = \frac{PL^2}{6EI}$$

A 점의 처짐각 θ_A 는 $\dfrac{M}{EI}$ 이 하중으로 작용할 때 A 점의 전단력과 같으므로

$$\theta_A = -R_A = -\frac{PL^2}{6EI}\ (\curvearrowleft)$$

B 점의 처짐각 θ_B 는 $\dfrac{M}{EI}$ 이 하중으로 작용할 때 B 점의 전단력과 같으므로

$$\theta_B = R_B = \frac{PL^2}{12EI}\ (\curvearrowright)$$

C 점의 처짐각 θ_C 는 $\dfrac{M}{EI}$ 이 하중으로 작용할 때 C 점의 전단력과 같으므로

$$\theta_C = -\left(\frac{PL^2}{6EI} + \frac{PL^2}{8EI}\right) = -\frac{7PL^2}{24EI}\ (\curvearrowleft)$$

C 점의 처짐 δ_C 는 $\dfrac{M}{EI}$ 이 하중으로 작용할 때 C 점의 휨모멘트와 같으므로

$$\delta_C = M_C = \frac{PL^2}{6EI} \cdot \frac{L}{2} + \frac{PL^2}{8EI} \cdot \frac{L}{3} = \frac{PL^3}{8EI}\ (\downarrow)$$

◆ ◆ ◆ ◆ ◆ ◆

10.2.4 다음과 같은 집중하중을 받는 길이 L 인 단순보 AB 의 처짐각 θ_A 와 보 중앙부의 처짐 δ_C 를 구하여라.

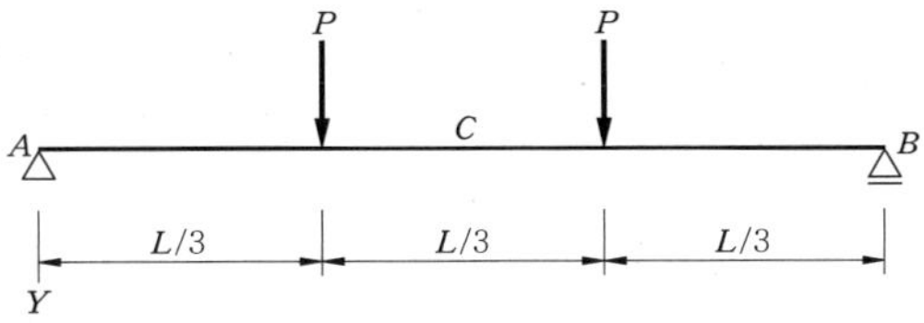

풀이

그림(a)와 같이 휨모멘트도(B.M.D)를 나타낼 수 있다.

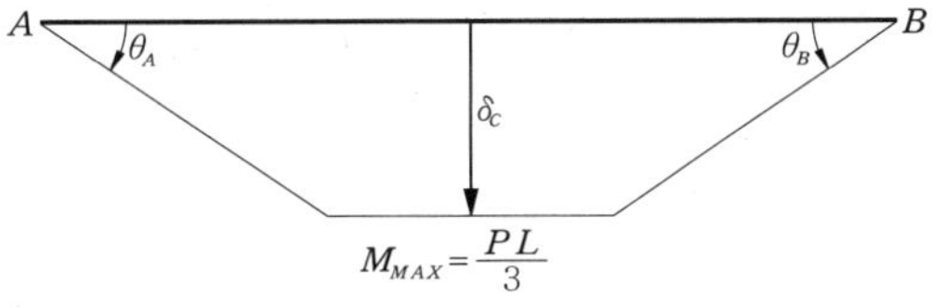

그림(a) 휨모멘트도(B.M.D)

이때 $\dfrac{M}{EI}$ 이 하중으로 작용하는 것으로 가정하면 그림(b)와 같다.

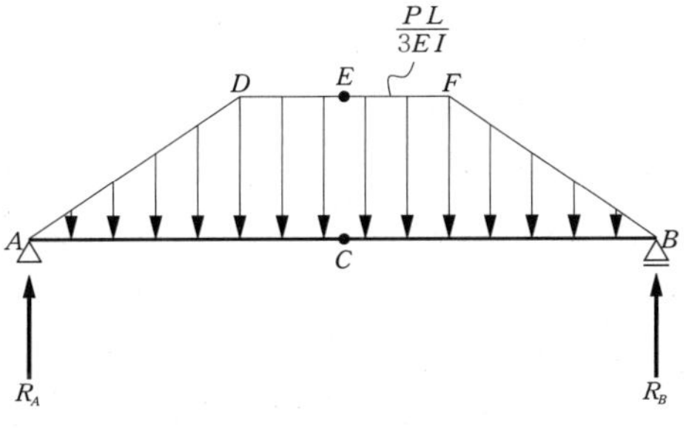

그림(b) 탄성하중도

그림(b)에서 지점의 반력을 구하면

$$R_A = R_B = \frac{1}{2} \cdot \frac{1}{2} \cdot \left(\frac{L}{3} + L \right) \cdot \frac{PL}{3EI} = \frac{PL^2}{9EI}$$

지점 A 의 처짐각 θ_A 는 $\dfrac{M}{EI}$ 이 하중으로 작용할 때 A 점의 전단력과 같으므로

$$\theta_A = R_A = \frac{PL^2}{9EI} \ (\curvearrowright)$$

지점 B 의 처짐각 θ_B 는 $\dfrac{M}{EI}$ 이 하중으로 작용할 때 B 점의 전단력과 같으므로

$$\theta_B = R_B = -R_A = -\frac{PL^2}{9EI} \ (\curvearrowleft)$$

도형 $ACDE$ 의 Y 축에 대한 도심의 좌표 $\bar{x}$ 를 구하면

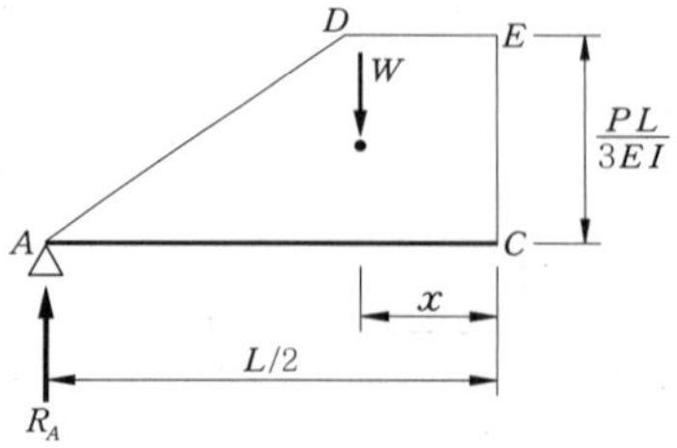

그림(c) C점의 좌측 외력

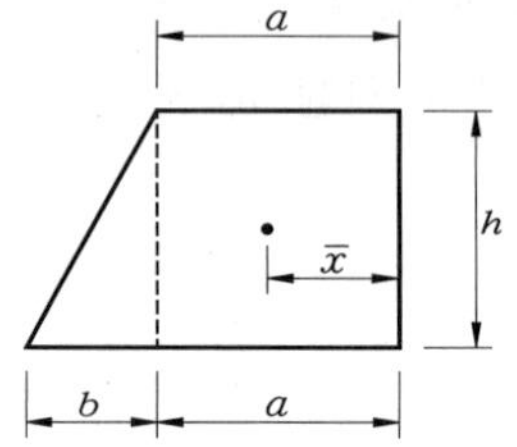

그림(d) 사다리꼴의 도심

$$W = \frac{PL}{3EI} \cdot \left(\frac{L}{6} + \frac{L}{2}\right) \cdot \frac{1}{2} = \frac{PL^2}{9EI}$$

$$\bar{x} = \frac{a^2 + ab + b^2/3}{2a + b} = \frac{(L/6)^2 + (L/6) \cdot (L/3) + (L/3)^2 \cdot (1/3)}{2 \cdot (L/6) + (L/3)} = \frac{13L}{72}$$

Y점의 처짐 δ_C는 $\dfrac{M}{EI}$이 하중으로 작용할 때 C점의 휨모멘트와 같으므로

$$\delta_C = M_C = R_A \cdot \frac{L}{2} - W \cdot \bar{x} = \frac{23L^3}{648EI} (\downarrow)$$

◆ ◆ ◆ ◆ ◆ ◆ ◆

10.3 탄성변형에 의한 일

10.3.1 탄성변형에너지(Elastic Strain Energy)에 관한 설명 중 옳지 않은 것은?

① 물체에 가해지는 모든 하중은 '0'에서 점차로 증가하는 하중이다.

② 어떤 봉(棒)에 P의 인장력이 가해져 힘의 작용방향으로 δ만큼 변형이 발생하였다면 P에 의해 행하여진 외부 일은 $P \cdot \delta$이다.

③ 인장력을 받고 있는 어떤 봉(棒) 내부에 저장되는 변형에너지는 그 봉의 강성도(Stiffness)가 크면 클수록 적다.

④ 수직응력 σ를 받는 어떤 봉(棒)이 ϵ의 변형률을 일으켰을 때 물체의 단위체적당에 저장되는 변형에너지는 $\dfrac{\sigma^2}{2E} = \dfrac{E \cdot \epsilon^2}{2}$이다.

풀이

정답 ② : 인장력 P에 의한 외부 일은 $\dfrac{P \cdot \delta}{2}$이다.

④ : 축방향력에 의한 변형에너지는 $U_N = \dfrac{N^2 L}{2EA}$이므로,

단위체적당 변형에너지는 $\dfrac{U_N}{AL} = \dfrac{N^2 L}{2EA} \times \dfrac{1}{AL} = \dfrac{N^2}{2EA^2} = \dfrac{\sigma^2}{2E} = \dfrac{E \cdot \epsilon^2}{2}$

◆ ◆ ◆ ◆ ◆ ◆ ◆

10.3.2 길이가 $25\,cm$ 이고 단면적이 $12\,cm^2$ 인 균일 단면봉이 $2700\,kgf$ 의 인상 하중을 받고 있다. 이 봉의 탄성계수가 $2.1\times10^6\,kgf/cm^2$ 일 때 이 봉 속에 저장되는 변형에너지는?

① $3.62\,kgf\cdot cm$　② $4.54\,kgf\cdot cm$

③ $5.78\,kgf\cdot cm$　④ $6.23\,kgf\cdot cm$

풀이

정답 ①

축방향력에 의한 변형에너지는 $U_N=\dfrac{N^2L}{2EA}$ 이므로,

$$U_N=\frac{N^2L}{2EA}=\frac{2700^2\times25}{2\times2.1\times10^6\times12}=3.62\,kgf\cdot cm$$

◆ ◆ ◆ ◆ ◆ ◆

10.3.3 다음에서 레질리언스계수(Modulus of Resilience)의 단위로 맞는 것은?

① kN/m^3　② kN/m

③ kN/m^2　④ 단위 없음

풀이

정답 ③

부재가 비례한도(Proportional Limit)에 해당하는 응력을 받을 때의 변형에너지밀도를 레질리언스계수(Modulus of Resilience)라고 함으로, 레질리언스계수는 단위체적당 변형에너지이다.

$$\therefore\ u_r=\frac{U}{V}=\frac{kN\cdot m}{m^3}=kN/m^2$$

◆ ◆ ◆ ◆ ◆ ◆

10.3.4 다음 그림과 같이 자유단에 집중하중 P를 받고 있는 캔틸레버 보에서 휨모멘트에 의한 변형에너지는? (단, EI ; 일정)

① $\dfrac{P^2L^3}{3EI}$　② $\dfrac{P^2L^3}{4EI}$

③ $\dfrac{P^2L^3}{5EI}$　④ $\dfrac{P^2L^3}{6EI}$

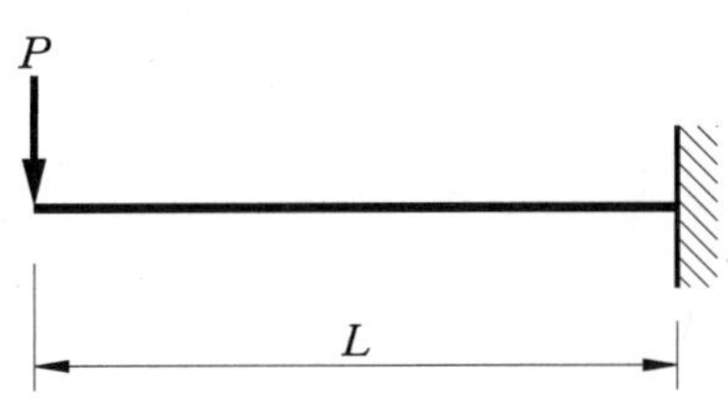

풀이

정답 ④

$U_M=\displaystyle\int_0^L\frac{M^2}{2EI}dx$ 에서 $M_x=-P\cdot x$ 이므로

$$\therefore \ U_M = \int_0^L \frac{(-Px)^2}{2EI} dx = \frac{P^2}{2EI}\left[\frac{x^3}{3}\right]_0^L = \frac{P^2}{2EI} \times \frac{L^3}{3} = \frac{P^2 L^3}{6EI}$$

◆ ◆ ◆ ◆ ◆ ◆

10.3.5 다음 그림과 같이 캔틸레버 보에 저장되는 변형에너지는? (단, EI ; 일정)

① $\dfrac{\omega^2 L^5}{10EI} + \dfrac{M^2 L}{5EI}$

② $\dfrac{\omega^2 L^5}{20EI} + \dfrac{M^2 L}{4EI}$

③ $\dfrac{\omega^2 L^5}{30EI} + \dfrac{M^2 L}{3EI}$

④ $\dfrac{\omega^2 L^5}{40EI} + \dfrac{M^2 L}{2EI}$

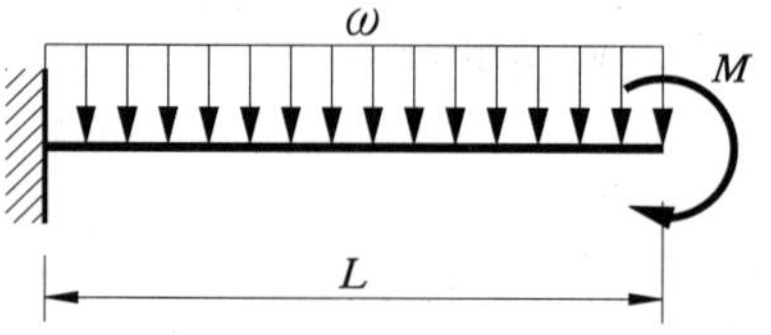

풀이

정답 ④

$U_M = \int_0^L \frac{M^2}{2EI} dx$ 에서

M은 등분포하중 ω에 의한 $M_x = -\frac{\omega x^2}{2}$ 과

모멘트하중 M에 의한 $M_x = -M$ 가 있으므로

$$\therefore \ U_M = \frac{1}{2EI}\int_0^L \left(-\frac{\omega x^2}{2}\right)^2 dx + \frac{1}{2EI}\int_0^L (-M)^2 dx$$

$$= \frac{\omega^2}{8EI}\left[\frac{x^5}{5}\right]_0^L + \frac{M^2}{2EI}[x]_0^L = \frac{\omega^2 L^5}{40EI} + \frac{M^2 L}{2EI}$$

◆ ◆ ◆ ◆ ◆ ◆

10.4 가상일의 원리

10.4.1 다음 그림과 같이 집중하중을 P를 받는 캔틸레버 보의 B점에서의 처짐과 처짐각을 구하여라.

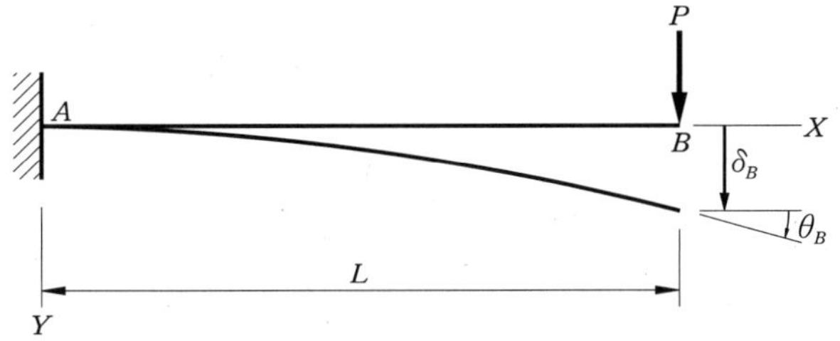

풀이

임의의 점 x에서의 휨모멘트를 x에 관하여 정리하면 다음과 같다.

$$M_x = Px - PL$$

그림(a)는 B점에서의 처짐을 구하기 위하여 B점에 $\overline{P}=1$의 가상 단위하중을 작용시킨 모습이다.

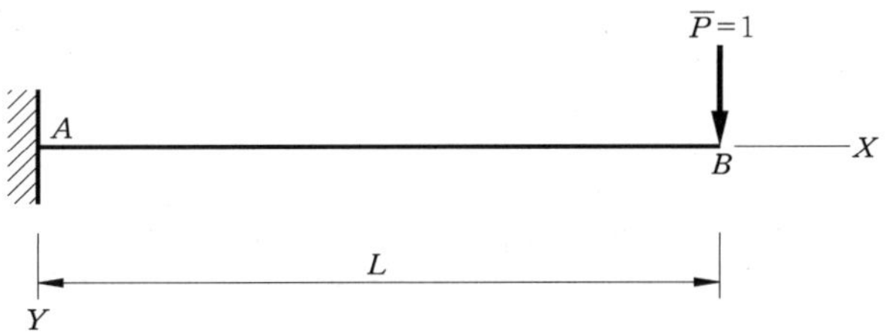

그림(a)

$\overline{P}=1$의 가상하중이 작용할 때 임의의 점 x에서의 휨모멘트를 x에 관하여 정리하면 다음과 ·같다.

$$\overline{M_x} = x - L$$

따라서 B점에서의 처짐 δ_B를 구하면,

$$\begin{aligned}\delta_B &= \int_0^L \frac{M_x \overline{M_x}}{EI}\,dx = \frac{1}{EI}\int_0^L (Px - PL)(x - L)\,dx \\ &= \frac{1}{EI}\int_0^L (Px^2 - 2PLx + PL^2)\,dx \\ &= \frac{PL^3}{3EI}\ (\downarrow)\end{aligned}$$

(⇐ 부호가 양수이므로 처짐은 하향임.)

한편, 그림(b)는 B점에서의 처짐각을 구하기 위하여 B점에 $\overline{M}=1$의 가상단위하중을 작용시킨 모습이다.

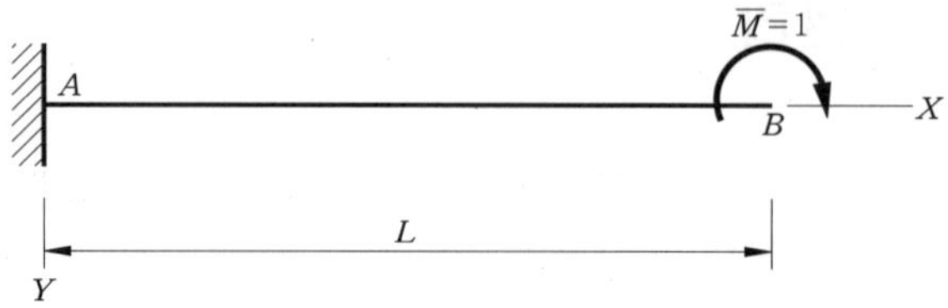

그림(b)

$\overline{M}=1$ 의 가상하중이 작용할 때 임의의 점 x 에서의 휨모멘트를 x 에 관하여 정리하면 다음과 같다.

$$\overline{M_x} = -1$$

따라서 B 점에서의 처짐각 θ_B 를 구하면,

$$\theta_B = \int_0^L \frac{M_x \overline{M_x}}{EI} dx = \frac{1}{EI}\int_0^L (Px - PL)\cdot(-1dx) = \frac{1}{EI}\int_0^L (-Px + PL)\, dx$$

$$= \frac{PL^2}{2EI}\,(\curvearrowright) \qquad (\Leftarrow \text{ 부호가 양수이므로 처짐각은 시계방향임.})$$

◆ ◆ ◆ ◆ ◆ ◆

10.4.2 다음과 같이 등분포하중을 받는 캔틸레버 보의 B 점에서 처짐과 처짐각을 구하여라.

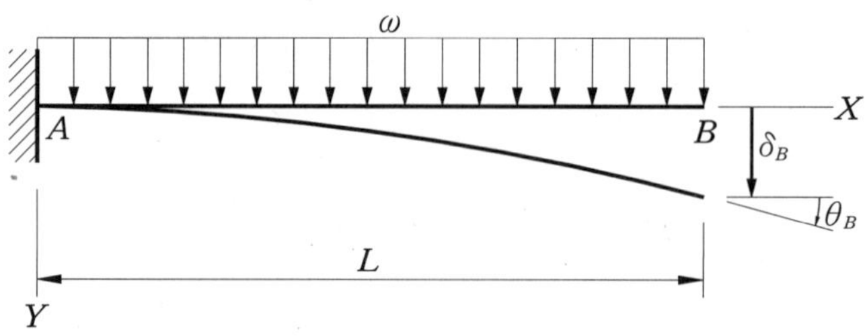

풀이

임의의 점 x 에서의 휨모멘트를 x 에 관하여 정리하면 다음과 같다.

$$M_x = -\frac{w}{2}x^2 + wLx - \frac{wL^2}{2}$$

그림(a)는 B 점에서의 처짐을 구하기 위하여 B 점에 $\overline{P}=1$ 의 가상 단위하중을 작용시킨 모습이다.

$\overline{P}=1$ 의 가상하중이 작용할 때 임의의 점 x 에서의 휨모멘트를 x 에 관하여 정리하면 다음과 같다.

$$\overline{M_x} = x - L$$

따라서 B 점에서의 처짐 δ_B 를 구하면,

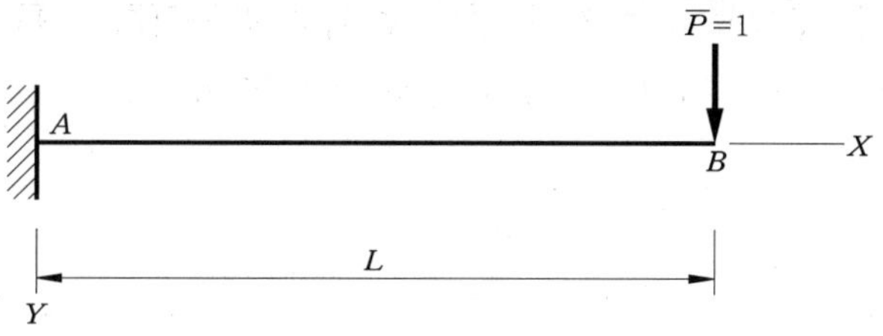

그림(a)

$$\delta_B = \int_0^L \frac{M_x \overline{M_x}}{EI} dx = \frac{1}{EI}\int_0^L \left(-\frac{w}{2}x^2 + wLx - \frac{wL^2}{2}\right)(x-L)\,dx$$

$$= \frac{1}{EI}\int_0^L \left(-\frac{w}{2}x^3 + \frac{3wL}{2}x^2 - \frac{3wL^2}{2}x + \frac{wL^3}{2}\right) = \frac{wL^4}{8EI}\ (\downarrow)$$

(⇐ 부호가 양수이므로 처짐은 하향임.)

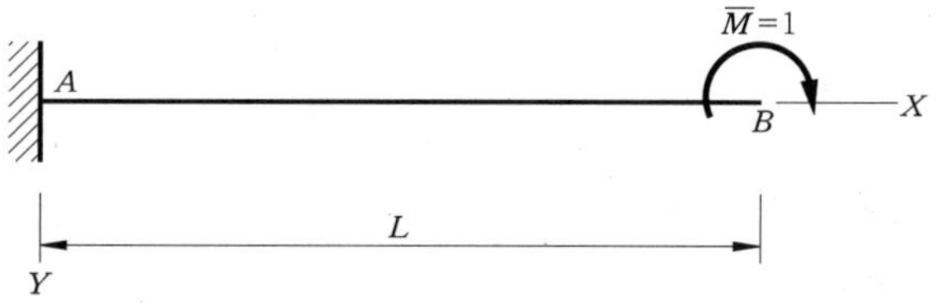

그림(b)

한편, 그림(b)는 B점에서의 처짐각을 구하기 위하여 B점에 $\overline{M}=1$의 가상 단위하중을 작용시킨 모습이다.

$\overline{M}=1$의 가상하중이 작용할 때 임의의 점 x에서의 휨모멘트를 x에 관하여 정리하면 다음과 같다.

$$\overline{M_x} = -1$$

따라서 B점에서의 처짐각 θ_B를 구하면

$$\theta_B = \int_0^L \frac{M_x \overline{M_x}}{EI} dx = \frac{1}{EI}\int_0^L \left(-\frac{w}{2}x^2 + wLx - \frac{wL^2}{2}\right)\cdot(-1dx)$$

$$= \frac{1}{EI}\int_0^L \left(\frac{w}{2}x^2 - wLx + \frac{wL^2}{2}\right)dx = \frac{wL^3}{6EI}\ (\curvearrowright)$$

(⇐ 부호가 양수이므로 처짐각은 시계방향임.)

◆ ◆ ◆ ◆ ◆ ◆

10.4.3 길이 L인 단순보 AB가 중앙부 C에서 집중하중 P를 받을 때 A점의 처짐각 θ_A와 보 중앙부의 처짐 δ_C를 구하여라.

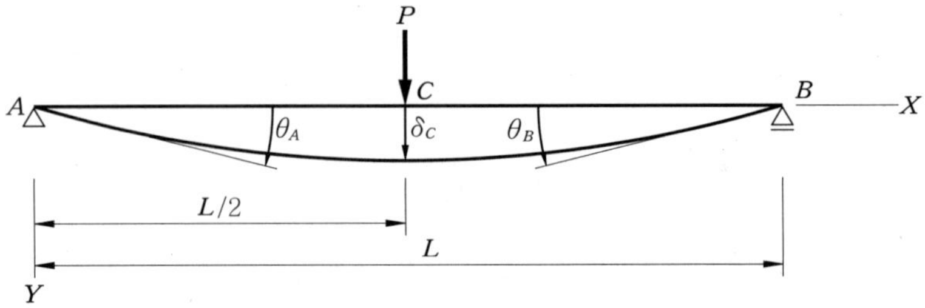

풀이

임의의 점 x에서의 휨모멘트를 x에 관하여 정리하면 다음과 같다.

$$M_x = \frac{P}{2}x \qquad (0 \le x \le \frac{L}{2})$$

$$M_x = -\frac{P}{2}x + \frac{PL}{2} \qquad (\frac{L}{2} \le x \le L)$$

그림(a)는 B점에서의 처짐을 구하기 위하여 B점에 $\overline{P}=1$의 가상 단위하중을 작용시킨 모습이다.

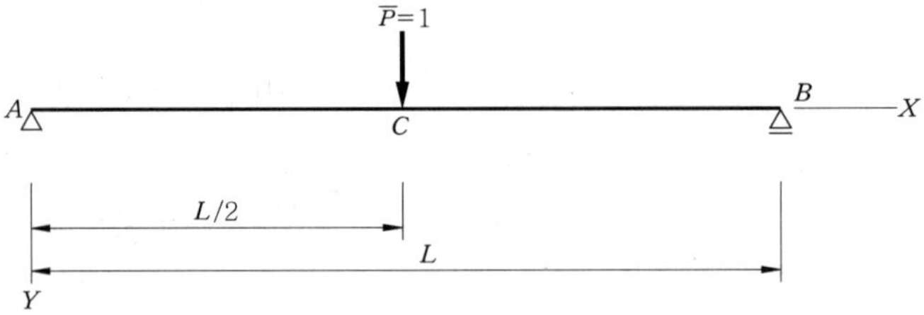

그림(a)

$\overline{P}=1$의 가상하중이 작용할 때 임의의 점 x에서의 휨모멘트를 x에 관하여 정리하면 다음과 같다.

$$\overline{M_x} = \frac{1}{2}x \qquad (0 \le x \le \frac{L}{2})$$

$$\overline{M_x} = -\frac{1}{2}x + \frac{L}{2} \qquad (\frac{L}{2} \le x \le L)$$

따라서 C점에서의 처짐 δ_C를 구하면,

$$\delta_C = \int \frac{M_x \overline{M_x}}{EI} dx$$

$$= \frac{1}{EI}\int_0^{\frac{L}{2}} \left(\frac{P}{2}x\right)\cdot\left(\frac{1}{2}x\right)dx + \frac{1}{EI}\int_{\frac{L}{2}}^{L} \left(-\frac{P}{2}x + \frac{PL}{2}\right)\cdot\left(-\frac{1}{2}x + \frac{L}{2}\right)dx$$

$$= \frac{PL^3}{48EI}(\downarrow) \qquad (\Leftarrow \text{ 부호가 양수이므로 처짐은 하향임.})$$

한편, 그림(b)는 A점에서의 처짐각을 구하기 위하여 A점에 $\overline{M}=1$의 가상

단위하중을 작용시킨 모습이다.

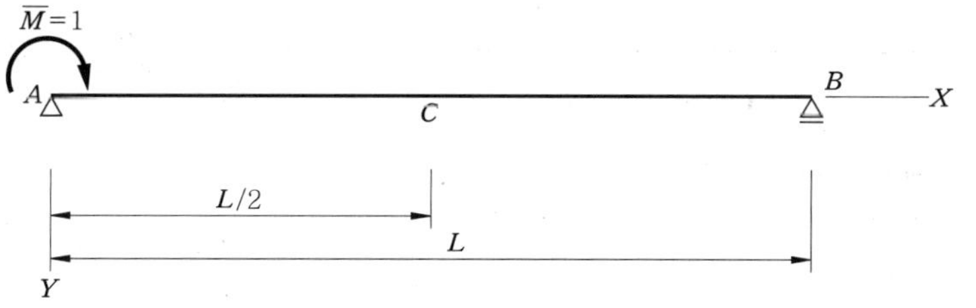

그림(b)

$\overline{M}=1$ 의 가상하중이 작용할 때 임의의 점 x 에서의 휨모멘트를 x 에 관하여 정리하면 다음과 같다.

$$\overline{M_x} = 1 - \frac{1}{L}x$$

따라서 A 점에서의 처짐각 θ_A 를 구하면,

$$\theta_A = \int \frac{M_x \overline{M_x}}{EI} dx$$

$$= \frac{1}{EI}\int_0^{\frac{L}{2}} \frac{P}{2}x\left(1-\frac{1}{L}x\right)dx + \frac{1}{EI}\int_{\frac{L}{2}}^{L}\left(-\frac{P}{2}x+\frac{PL}{2}\right)\left(1-\frac{1}{L}x\right)dx$$

$$= \frac{PL^2}{16EI}(\curvearrowright)$$ (⇐ 부호가 양수이므로 처짐각은 시계방향임.)

◆ ◆ ◆ ◆ ◆ ◆

10.4.4 길이 L 인 단순보 AB 가 등분포하중 w 를 받을 때 각 지점의 처짐각 θ_A 와 보 중앙부의 처짐 δ_C 를 구하여라.

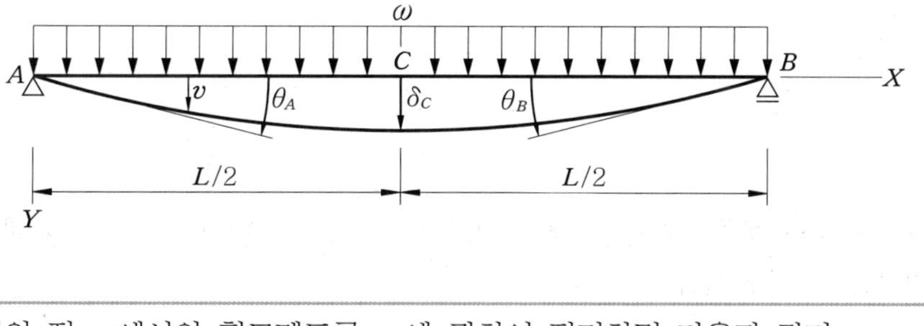

풀이

임의의 점 x 에서의 휨모멘트를 x 에 관하여 정리하면 다음과 같다.

$$M_x = -\frac{w}{2}x^2 + \frac{wL}{2}x$$

그림(a)는 B 점에서의 처짐을 구하기 위하여 B 점에 $\overline{P}=1$ 의 가상 단위하중을 작용시킨 모습이다.

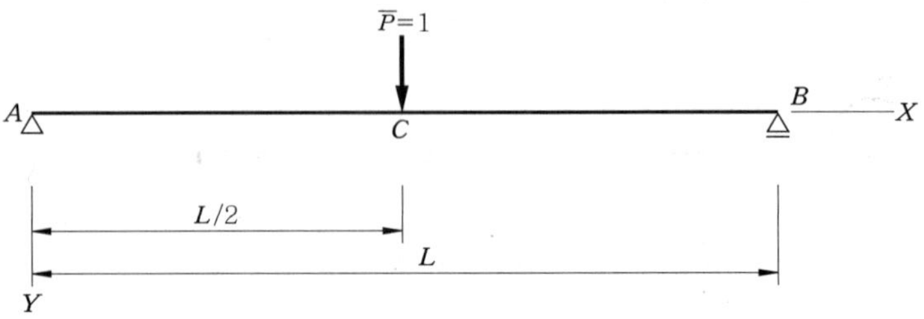

그림(a)

$\overline{P}=1$ 의 가상하중이 작용할 때 임의의 점 x 에서의 휨모멘트를 x 에 관하여 정리하면 다음과 같다.

$$\overline{M_x} = \frac{1}{2}x \qquad (0 \le x \le \frac{L}{2})$$

$$\overline{M_x} = -\frac{1}{2}x + \frac{L}{2} \qquad (\frac{L}{2} \le x \le L)$$

따라서 C 점에서의 처짐 δ_C 를 구하면,

$$\delta_C = \int \frac{M_x \overline{M_x}}{EI} dx$$

$$= \frac{1}{EI}\int_0^{\frac{L}{2}} \left(-\frac{wx^2}{2} + \frac{wLx}{2}\right)\left(\frac{x}{2}\right) dx + \frac{1}{EI}\int_{\frac{L}{2}}^{L} \left(-\frac{wx^2}{2} + \frac{wLx}{2}\right)\left(-\frac{x}{2} + \frac{L}{2}\right) dx$$

$$= \frac{5\omega L^4}{384EI}(\downarrow) \qquad (\Leftarrow \text{ 부호가 양수이므로 처짐은 하향임.})$$

한편, 그림(b)는 A 점에서의 처짐각을 구하기 위하여 A 점에 $\overline{M}=1$ 의 가상 단위하중을 작용시킨 모습이다.

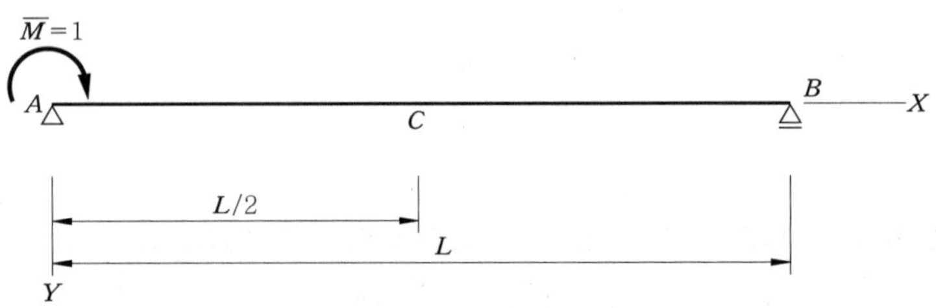

그림(b)

$\overline{M}=1$ 의 가상하중이 작용할 때 임의의 점 x 에서의 휨모멘트를 x 에 관하여 정리하면 다음과 같다.

$$\overline{M_x} = 1 - \frac{1}{L}x$$

따라서 A 점에서의 처짐각 θ_A 를 구하면,

$$\theta_A = \int \frac{M_x \overline{M_x}}{EI}\, dx = \int_0^L \left(-\frac{w}{2}x^2 + \frac{wL}{2}x \right) \left(-\frac{1}{L}x + 1 \right) dx$$

$$= \int_0^L \left(\frac{w}{2L}x^3 - wx^2 + \frac{wL}{2}x \right) dx$$

$$= \frac{wL^3}{24EI}\,(\curvearrowright)$$

(⇐ 부호가 양수이므로 처짐각은 시계방향임.)

◆ ◆ ◆ ◆ ◆ ◆

10.4.5 다음 그림과 같이 집중하중 $2P$, P를 받는 캔틸레버 보의 B점과 C점에서의 처짐과 처짐각을 구하여라.

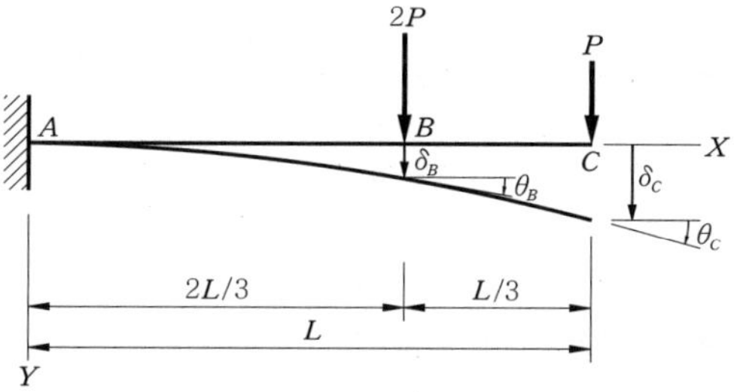

풀이

임의의 점 x에서의 휨모멘트를 x에 관하여 정리하면 다음과 같다.

$$M_x = 3Px - \frac{7PL}{3} \qquad (0 \le x \le 2L/3)$$

$$M_x = Px - PL \qquad (2L/3 \le x \le L)$$

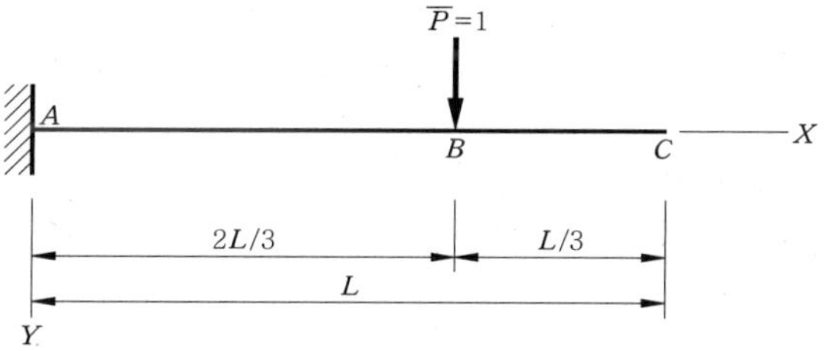

그림(a)

그림(a)는 B점에서의 처짐을 구하기 위하여 B점에 $\overline{P}=1$의 가상 단위하중을 작용시킨 모습이다.

$\overline{P}=1$의 가상하중이 작용할 때 임의의 점 x에서의 휨모멘트를 x에 관하여 정리하면 다음과 같다.

$$\overline{M_x} = x - \frac{2L}{3} \qquad (0 \le x \le 2L/3)$$

$$\overline{M_x} = 0 \qquad (2L/3 \le x \le L)$$

따라서 B점에서의 처짐 δ_B를 구하면

$$\delta_B = \int_0^{2L/3} \frac{M_x \overline{M_x}}{EI} dx + \int_{2L/3}^{L} \frac{M_x \overline{M_x}}{EI} dx$$

$$= \frac{1}{EI}\int_0^{\frac{2L}{3}} (3Px - \frac{7PL}{3})(x - \frac{2L}{3}) dx + \frac{1}{EI}\int_{\frac{2L}{3}}^{L} (Px - PL) \times 0 dx = \frac{10PL^3}{27EI} \ (\downarrow)$$

그림(b)는 C점에서의 처짐을 구하기 위하여 C점에 $\overline{P}=1$의 가상 단위하중을 작용시킨 모습이다.

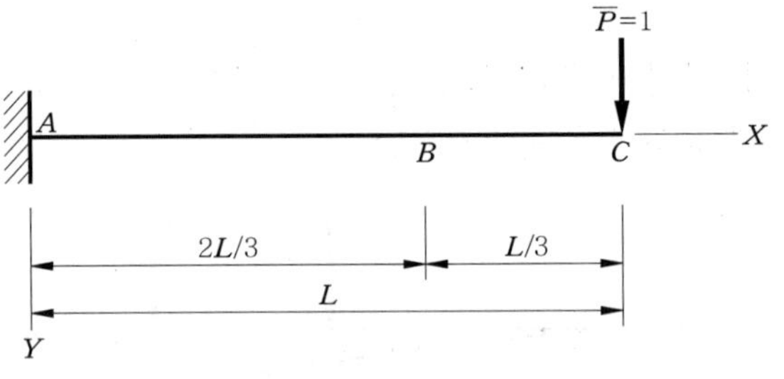

그림(b)

$\overline{P}=1$의 가상하중이 작용할 때 임의의 점 x에서의 휨모멘트를 x에 관하여 정리하면 다음과 같다.

$$\overline{M_x} = x - L \qquad (0 \le x \le L)$$

따라서 C점에서의 처짐 δ_C를 구하면

$$\delta_C = \int_0^{\frac{2L}{3}} \frac{M_x \overline{M_x}}{EI} dx + \int_{\frac{2L}{3}}^{L} \frac{M_x \overline{M_x}}{EI} dx$$

$$= \frac{1}{EI}\left(\int_0^{\frac{2L}{3}} (3Px - \frac{7PL}{3})(x - L) dx + \int_{\frac{2L}{3}}^{L} (Px - PL)(x - L) dx\right) = \frac{55PL^3}{81EI} \ (\downarrow)$$

한편, 그림(c)는 B점에서의 처짐각을 구하기 위하여 B점에 $\overline{M}=1$의 가상 단위하중을 작용시킨 모습이다.

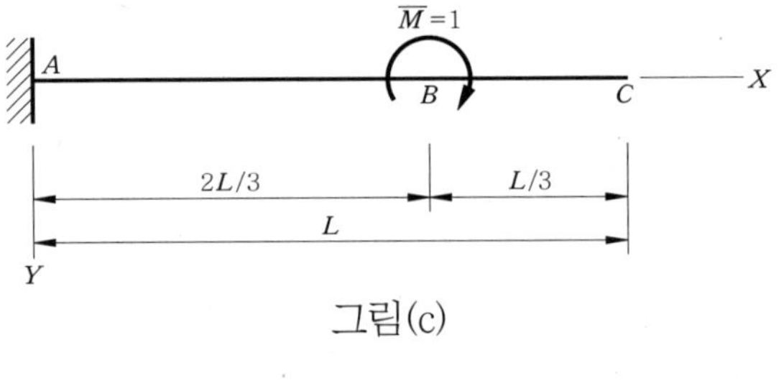

그림(c)

$\overline{M}=1$의 가상하중이 작용할 때 임의의 점 x에서의 휨모멘트를 x에 관하여 정리하면 다음과 같다.

$$\overline{M_x} = -1 \qquad (0 \le x \le 2L/3)$$

$$\overline{M_x} = 0 \qquad (2L/3 \le x \le L)$$

따라서 B점에서의 처짐각 θ_B를 구하면

$$\theta_B = \int_0^{2L/3} \frac{M_x \overline{M_x}}{EI} dx + \int_{2L/3}^{L} \frac{M_x \overline{M_x}}{EI} dx$$

$$= \frac{1}{EI}\int_0^{2L/3}(3Px - 7PL/3)(-1)dx + \frac{1}{EI}\int_{2L/3}^{L}(Px - PL)\times 0\, dx = \frac{8PL^2}{9EI}\ (\curvearrowright)$$

그림(d)는 C점에서의 처짐각을 구하기 위하여 C점에 $\overline{M}=1$의 가상 단위하중을 작용시킨 모습이다.

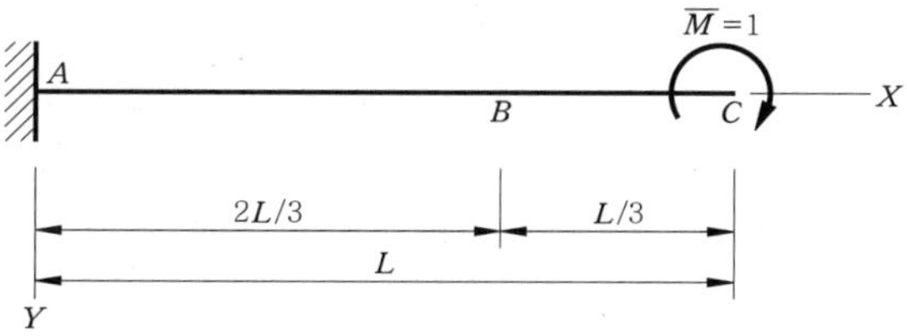

그림(d)

$\overline{M}=1$의 가상하중이 작용할 때 임의의 점 x에서의 휨모멘트를 x에 관하여 정리하면 다음과 같다.

$$\overline{M_x} = -1 \qquad (0 \le x \le L)$$

따라서 C점에서의 처짐각 θ_C를 구하면

$$\theta_C = \int_0^{2L/3} \frac{M_x \overline{M_x}}{EI} dx + \int_{2L/3}^{L} \frac{M_x \overline{M_x}}{EI} dx$$

$$= \frac{1}{EI}\int_0^{2L/3}(3Px - 7PL/3)(-1)dx + \frac{1}{EI}\int_{2L/3}^{L}(Px - PL)(-1)dx = \frac{17PL^2}{18EI}\ (\curvearrowright)$$

◆ ◆ ◆ ◆ ◆ ◆

10.4.6 다음과 같은 하중을 받는 길이 L인 단순보 AB의 A점에서의 처짐각 θ_A와 보 중앙부의 처짐 δ_C를 구하여라.

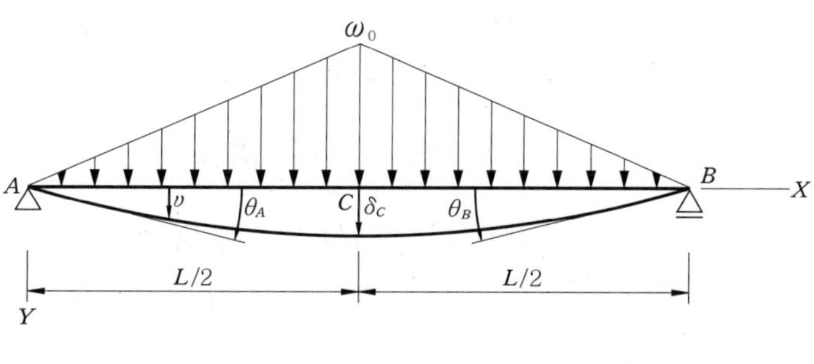

풀이

임의의 점 x 에서의 휨모멘트를 x 에 관하여 정리하면 다음과 같다.

$$M_x = -\frac{w_o}{3L}x^3 + \frac{w_oL}{4}x \qquad (0 \le x \le \frac{L}{2})$$

$$M_x = \frac{w_o}{3L}x^3 - w_ox^2 + \frac{3w_oL}{4}x - \frac{w_oL^2}{12} \qquad (\frac{L}{2} \le x \le L)$$

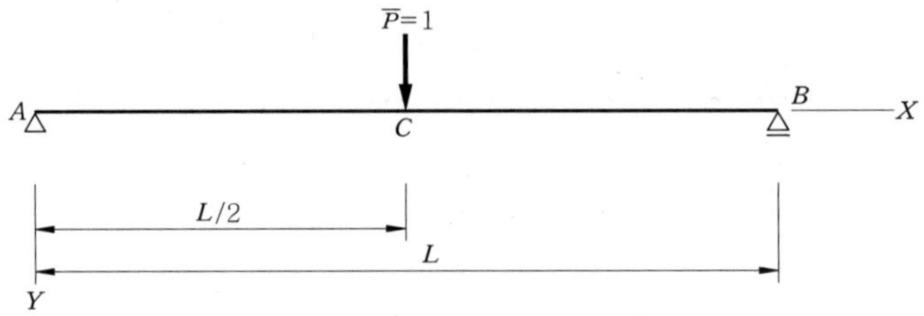

그림(a)

그림(a)는 B 점에서의 처짐을 구하기 위하여 B 점에 $\overline{P}=1$ 의 가상 단위하중을 작용시킨 모습이다.

$\overline{P}=1$ 의 가상하중이 작용할 때 임의의 점 x 에서의 휨모멘트를 x 에 관하여 정리하면 다음과 같다.

$$\overline{M_x} = \frac{1}{2}x \qquad (0 \le x \le \frac{L}{2})$$

$$\overline{M_x} = -\frac{1}{2}x + \frac{L}{2} \qquad (\frac{L}{2} \le x \le L)$$

따라서 C 점에서의 처짐 δ_C 를 구하면,

$$\delta_C = \int \frac{M_x \overline{M_x}}{EI}dx$$

$$= \frac{1}{EI}\int_0^{\frac{L}{2}}\left(-\frac{w_ox^3}{3L} + \frac{w_oLx}{4}\right)\left(\frac{x}{2}\right)dx$$

$$+ \frac{1}{EI}\int_{\frac{L}{2}}^{L}\left(\frac{w_ox^3}{3L} - w_ox^2 + \frac{3w_oLx}{4} - \frac{w_oL^2}{12}\right)\left(-\frac{x}{2} + \frac{L}{2}\right)dx$$

$$= \frac{wL^4}{120EI}(\downarrow) \qquad (\Leftarrow \text{ 부호가 양수이므로 처짐은 하향임.})$$

한편, 그림(b)는 A 점에서의 처짐각을 구하기 위하여 A 점에 $\overline{M}=1$ 의 가상 단위하중을 작용시킨 모습이다.

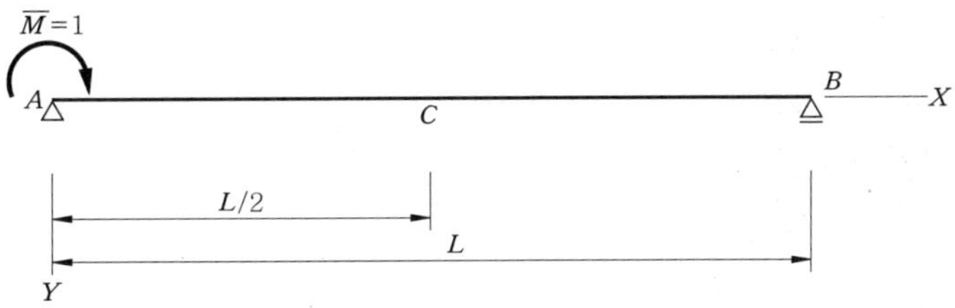

그림(b)

$\overline{M}=1$ 의 가상하중이 작용할 때 임의의 점 x 에서의 휨모멘트를 x 에 관하여 정리하면 다음과 같다.

$$\overline{M_x} = 1-\frac{1}{L}x$$

따라서 A 점에서의 처짐각 θ_A 를 구하면,

$$\theta_A = \int \frac{M_x \overline{M_x}}{EI} dx = \int_0^{\frac{L}{2}} \left(-\frac{w_o}{3L}x^3 + \frac{w_o L}{4}x\right)\left(-\frac{1}{L}x+1\right) dx$$

$$+\int_{\frac{L}{2}}^{L} \left(\frac{w_o}{3L}x^3 - w_o x^2 + \frac{3w_o L}{4}x - \frac{w_o L^2}{12}\right)\left(-\frac{1}{L}x+1\right) dx$$

$$= \frac{5wL^3}{192EI}\ (\curvearrowright)$$

(⇐ 부호가 양수이므로 처짐각은 시계방향임.)

◆ ◆ ◆ ◆ ◆ ◆

10.4.7 다음 그림과 같은 하중을 받는 길이 $2L$ 인 단순보 AE 의 A 점에서의 처짐각과 C 점에서의 처짐을 구하여라.

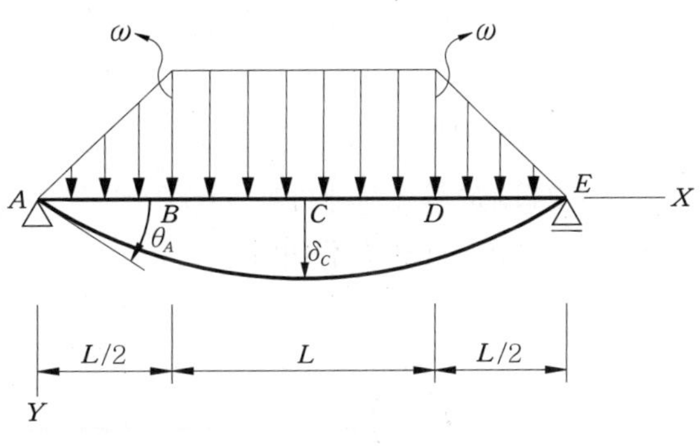

풀이

우선, C 점에서의 처짐을 구하기 위해, 임의의 점 x 에서의 휨모멘트를 x 에 관하여 정리하면 다음과 같다.

$$M_x = -\frac{w}{3L}x^3 + \frac{3wL}{4}x \qquad (0 \le x \le L/2)$$

$$M_x = -\frac{wx^2}{2} + wLx - \frac{wL^2}{24} \qquad (L/2 \le x \le L)$$

또한, A 점에서의 처짐각을 구하기 위해, 임의의 점 x 에서의 휨모멘트를 x 에

관하여 정리하면 다음과 같다.

$$M_x = -\frac{w}{3L}x^3 + \frac{3wL}{4}x \qquad (A \le x \le B)$$

$$M_x = -\frac{wx^2}{2} + wLx - \frac{wL^2}{24} \qquad (B \le x \le D)$$

$$M_x = -\frac{w}{3L}x^3 + \frac{3wL}{4}x \qquad (E \le x \le D)$$

그림(a)는 C점에서의 처짐을 구하기 위하여 C점에 $\overline{P}=1$의 가상 단위하중을 작용시킨 모습이다.

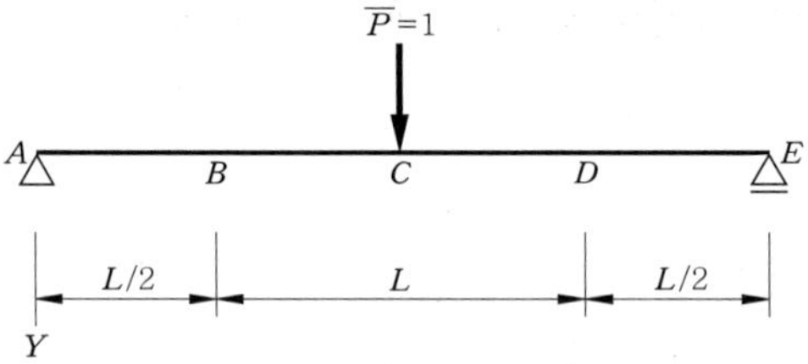

그림(a)

$\overline{P}=1$의 가상하중이 작용할 때 임의의 점 x에서의 휨모멘트를 x에 관하여 정리하면 다음과 같다.

$$\overline{M_x} = \frac{x}{2} \qquad (0 \le x \le L)$$

따라서 C점에서의 처짐 δ_C를 구하면, 보의 길이 $2L$의 중간에 $\overline{P}$가 있으므로

$$\begin{aligned}\delta_C &= 2\times\left(\int_0^{L/2}\frac{M_x\overline{M_x}}{EI}dx + \int_{L/2}^{L}\frac{M_x\overline{M_x}}{EI}dx\right)\\ &= 2\left[\frac{1}{EI}\int_0^{\frac{L}{2}}\left(-\frac{wx^3}{3L}+\frac{3wLx}{4}\right)\left(\frac{x}{2}\right)dx + \frac{1}{EI}\int_{\frac{L}{2}}^{L}\left(-\frac{wx^2}{2}+wLx-\frac{wL^2}{24}\right)\left(\frac{x}{2}\right)dx\right]\\ &= \frac{361wL^4}{1920EI}\ (\downarrow)\end{aligned}$$

한편, 그림(b)는 A점에서의 처짐각을 구하기 위하여 A점에 $\overline{M}=1$의 가상 단위하중을 작용시킨 모습이다.

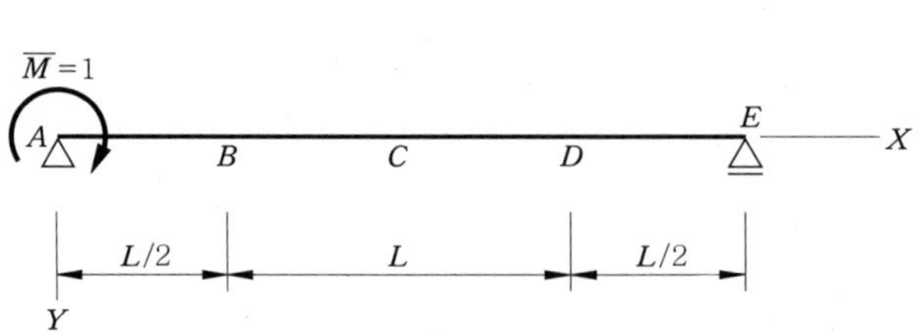

그림(b)

$\overline{M}=1$의 가상하중이 작용할 때 임의의 점 x에서의 휨모멘트를 x에 관하여 정리하면 다음과 같다.

$$\overline{M_x} = 1 - \frac{x}{2L} \qquad (A \le x \le D)$$

$$\overline{M_x} = \frac{x}{2L} \qquad (E \le x \le D)$$

따라서 A 점에서의 처짐각 θ_A 를 구하면

$$\theta_A = \int_0^{L/2} \frac{M_x \overline{M_x}}{EI} dx + \int_{L/2}^{3L/2} \frac{M_x \overline{M_x}}{EI} dx + \int_0^{L/2} \frac{M_x \overline{M_x}}{EI} dx$$

$$= \frac{1}{EI} \int_0^{\frac{L}{2}} \left(-\frac{wx^3}{3L} + \frac{3wLx}{4}\right)\left(1 - \frac{x}{2L}\right) dx$$

$$+ \frac{1}{EI} \int_{\frac{L}{2}}^{\frac{3L}{2}} \left(-\frac{wx^2}{2} + wLx - \frac{wL^2}{24}\right)\left(1 - \frac{x}{2L}\right) dx$$

$$+ \frac{1}{EI} \int_0^{\frac{L}{2}} \left(-\frac{wx^3}{3L} + \frac{3wLx}{4}\right)\left(\frac{x}{2L}\right) dx = \frac{19wL^3}{64EI} (\curvearrowright)$$

◆ ◆ ◆ ◆ ◆ ◆

10.4.8 다음 그림과 같이 집중하중 $2P$, P를 받는 라멘의 A 점에서의 처짐각과 수직처짐, B 점에서의 수평처짐을 구하여라.

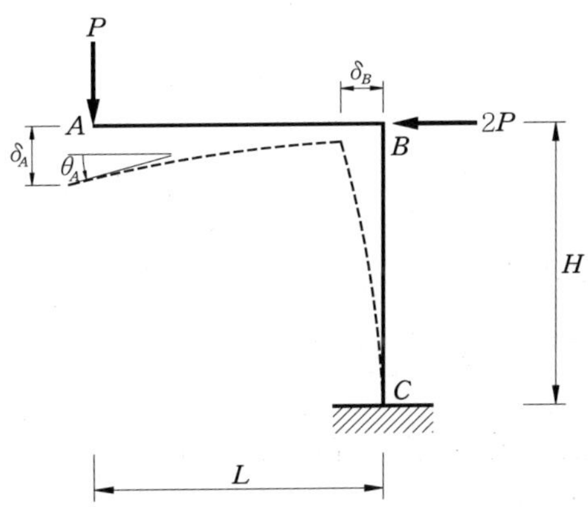

풀이

AB 재의 임의의 점 x 에서의 휨모멘트를 x 에 관하여 정리하면 다음과 같다.

$$M_x = -Px \qquad (0 \le x \le L)$$

BC 재의 임의의 점 y 에서의 휨모멘트를 y 에 관하여 정리하면 다음과 같다.

$$M_y = -2Py - PL \qquad (0 \le y \le H)$$

그림(a)는 A 점에서의 수직처짐을 구하기 위하여 A 점에 $\overline{P} = 1$ 의 가상 단위하중을 작용시킨 모습이다.

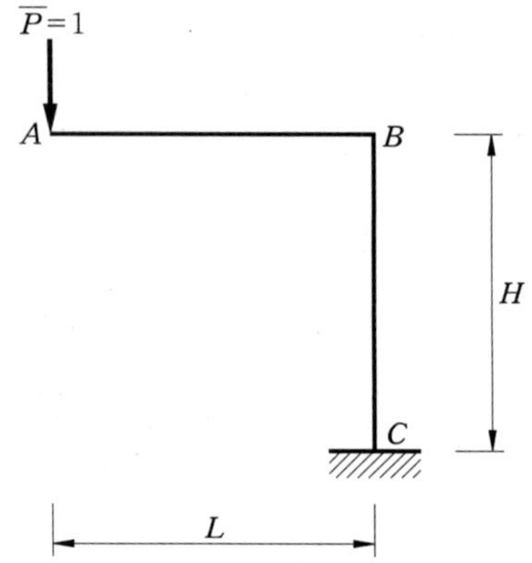

그림(a)

$\overline{P}=1$ 의 가상하중이 작용할 때, AB 재의 임의의 점 x 에서의 휨모멘트를 x 에 관하여 정리하면 다음과 같다.

$$M_x = -x \qquad (0 \le x \le L)$$

BC 재의 임의의 점 y 에서의 휨모멘트를 y 에 관하여 정리하면 다음과 같다.

$$\overline{M_y} = -L \qquad (0 \le y \le H)$$

따라서 A 점에서의 수직처짐 δ_A 를 구하면

$$\begin{aligned}\delta_A &= \int_0^L \frac{M_x \overline{M_x}}{EI} dx + \int_0^H \frac{M_y \overline{M_y}}{EI} dy \\ &= \frac{1}{EI}\int_0^L (-Px)(-x)dx + \frac{1}{EI}\int_0^H (-2Py - PL)(-L)dy \\ &= \frac{PL(L^2+3H^2+3LH)}{3EI}\ (\downarrow)\end{aligned}$$

그림(b)는 B 점에서의 수평처짐을 구하기 위하여 B 점에 $\overline{P}=1$ 의 가상 단위하중을 작용시킨 모습이다.

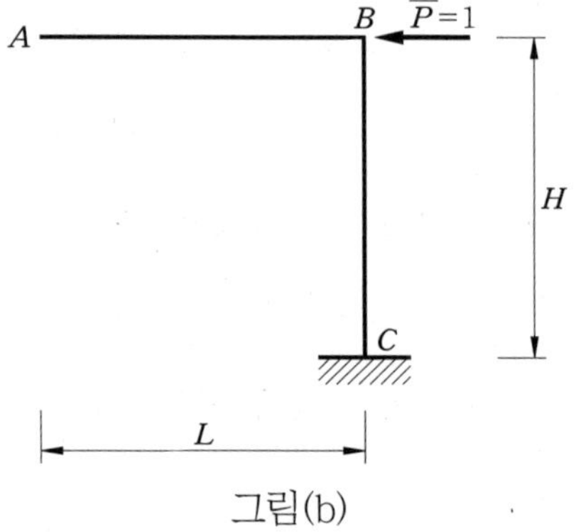

그림(b)

$\overline{P}=1$ 의 가상하중이 작용할 때, AB재의 임의의 점 x에서의 휨모멘트를 x에 관하여 정리하면 다음과 같다.

$$\overline{M_x} = 0 \qquad (0 \le x \le L)$$

BC재의 임의의 점 y에서의 휨모멘트를 y에 관하여 정리하면 다음과 같다.

$$\overline{M_y} = -y \qquad (0 \le y \le H)$$

따라서 B점에서의 수평처짐 δ_B를 구하면

$$\begin{aligned}\delta_B &= \int_0^L \frac{M_x \overline{M_x}}{EI} dx + \int_0^H \frac{M_y \overline{M_y}}{EI} dy \\ &= \frac{1}{EI}\int_0^L (-Px) \times 0\, dx + \frac{1}{EI}\int_0^H (-2Py - PL)(-y) dy \\ &= \frac{PH^2(4H+3L)}{6EI} \ (\leftarrow)\end{aligned}$$

한편, 그림(c)는 A점에서의 처짐각을 구하기 위하여 A점에 $\overline{M}=1$의 가상 단위하중을 작용시킨 모습이다.

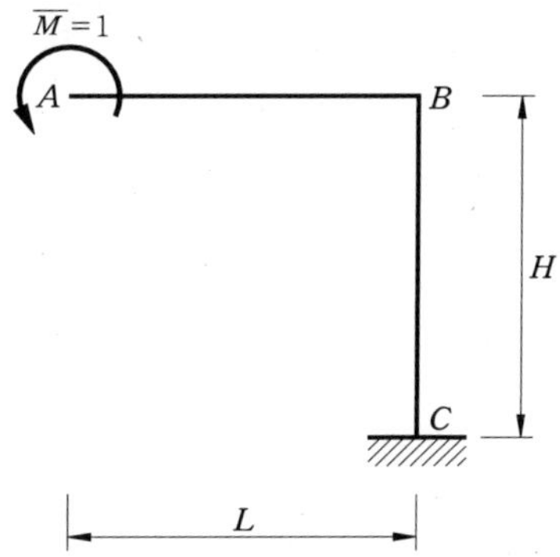

그림(c)

$\overline{M}=1$ 의 가상하중이 작용할 때, AB재의 임의의 점 x에서의 휨모멘트를 x에 관하여 정리하면 다음과 같다.

$$\overline{M_x} = -1 \qquad (0 \le x \le L)$$

BC재의 임의의 점 y에서의 휨모멘트를 y에 관하여 정리하면 다음과 같다.

$$\overline{M_y} = -1 \qquad (0 \le y \le H)$$

따라서 A점에서의 처짐각 θ_A를 구하면

$$\begin{aligned}\theta_A &= \int_0^L \frac{M_x \overline{M_x}}{EI} dx + \int_0^H \frac{M_y \overline{M_y}}{EI} dy \\ &= \frac{1}{EI}\int_0^L (-Px)(-1) dx + \frac{1}{EI}\int_0^H (-2Py - PL)(-1) dy\end{aligned}$$

$$= \frac{P(L^2+2LH+2H^2)}{2EI}(\curvearrowleft)$$

◆ ◆ ◆ ◆ ◆ ◆

10.4.9 다음 그림과 같이 등분포하중을 받는 라멘의 B점에서의 처짐각, C점에서의 수직처짐, E점에서의 수평처짐을 구하여라.

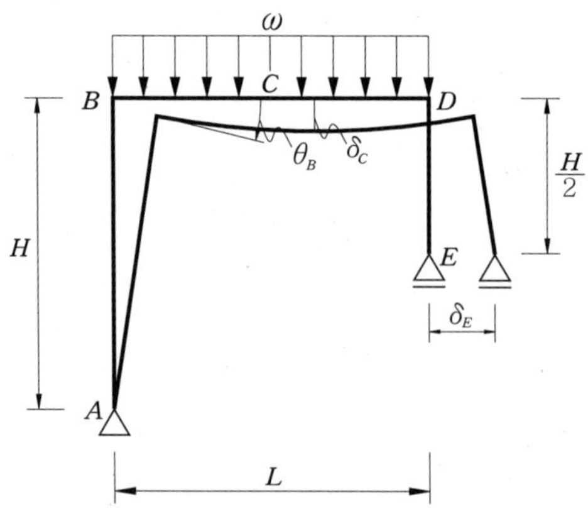

풀이

AB재의 임의의 점 y에서의 휨모멘트를 y에 관하여 정리하면 다음과 같다.

$$M_y = 0 \qquad (0 \le y \le H)$$

BD재의 임의의 점 x에서의 휨모멘트를 x에 관하여 정리하면 다음과 같다.

$$M_x = -\frac{wx^2}{2} + \frac{wLx}{2} \qquad (0 \le x \le L)$$

DE재의 임의의 점 y에서의 휨모멘트를 y에 관하여 정리하면 다음과 같다.

$$M_y = 0 \qquad (0 \le x \le H/2)$$

그림(a)는 C점에서의 수직처짐을 구하기 위하여 C점에 $\overline{P}=1$의 가상 단위하중을 작용시킨 모습이다.

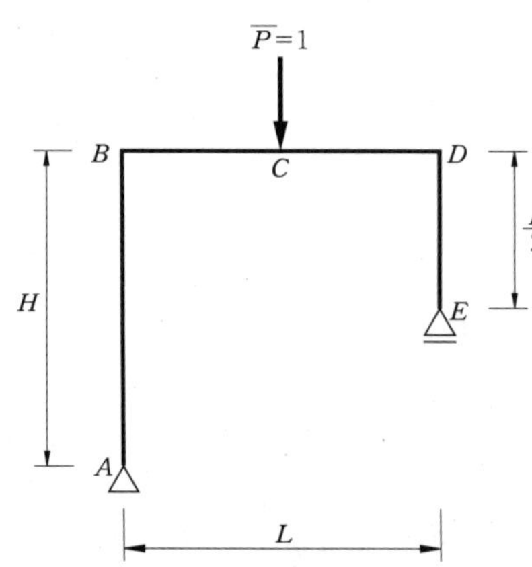

그림(a)

$\overline{P}=1$ 의 가상하중이 작용할 때, AB 재의 임의의 점 y 에서의 휨모멘트를 y 에 관하여 정리하면 다음과 같다.

$$M_y = 0 \qquad (0 \le y \le H)$$

BD 재의 임의의 점 x 에서의 휨모멘트를 x 에 관하여 정리하면 다음과 같다.

$$\overline{M_x} = \frac{x}{2} \qquad (0 \le x \le L/2)$$

$$\overline{M_x} = -\frac{x}{2} + \frac{L}{2} \qquad (L/2 \le x \le L)$$

DE 재의 임의의 점 y 에서의 휨모멘트를 y 에 관하여 정리하면 다음과 같다.

$$M_y = 0 \qquad (0 \le x \le H/2)$$

따라서 C 점에서의 수직처짐 δ_C 를 구하면

$$\begin{aligned}\delta_C &= \int_0^H \frac{M_y\overline{M_y}}{EI}dy + \int_0^L \frac{M_x\overline{M_x}}{EI}dx + \int_0^{\frac{H}{2}} \frac{M_y\overline{M_y}}{EI}dy \\ &= \frac{1}{EI}\int_0^{\frac{L}{2}}\left(-\frac{wx^2}{2}+\frac{wLx}{2}\right)\left(\frac{x}{2}\right)dx + \frac{1}{EI}\int_{\frac{L}{2}}^{L}\left(-\frac{wx^2}{2}+\frac{wLx}{2}\right)\left(-\frac{x}{2}+\frac{L}{2}\right)dx \\ &= \frac{5wL^4}{384EI}\ (\downarrow)\end{aligned}$$

그림(b)는 E 점에서의 수평처짐을 구하기 위하여 E 점에 $\overline{P}=1$ 의 가상 단위하중을 작용시킨 모습이다.

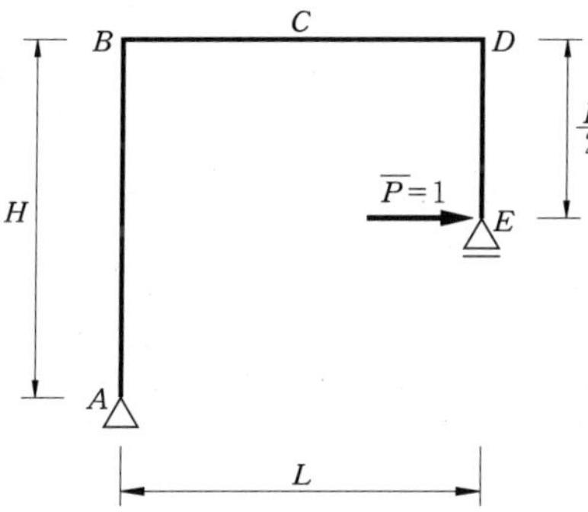

그림(b)

$\overline{P}=1$ 의 가상하중이 작용할 때, AB 재의 임의의 점 y 에서의 휨모멘트를 y 에 관하여 정리하면 다음과 같다.

$$M_y = y \qquad (0 \le y \le H)$$

BD 재의 임의의 점 x 에서의 휨모멘트를 x 에 관하여 정리하면 다음과 같다.

$$\overline{M_x} = H - \frac{Hx}{2L} \qquad (0 \le x \le L)$$

DE재의 임의의 점 y에서의 휨모멘트를 y에 관하여 정리하면 다음과 같다.

$$M_y = y \qquad (0 \le x \le H/2)$$

따라서 E점에서의 수평처짐 δ_E를 구하면

$$\begin{aligned}\delta_E &= \int_0^H \frac{M_y \overline{M_y}}{EI} dy + \int_0^L \frac{M_x \overline{M_x}}{EI} dx + \int_0^{\frac{H}{2}} \frac{M_y \overline{M_y}}{EI} dy \\ &= \frac{1}{EI}\int_0^L \left(-\frac{wx^2}{2}+\frac{wLx}{2}\right)\left(H-\frac{Hx}{2L}\right) dx \\ &= \frac{wL^3H}{16EI} \ (\rightarrow)\end{aligned}$$

한편, 그림(c)는 B점에서의 처짐각을 구하기 위하여 B점에 $\overline{M}=1$의 가상 단위하중을 작용시킨 모습이다.

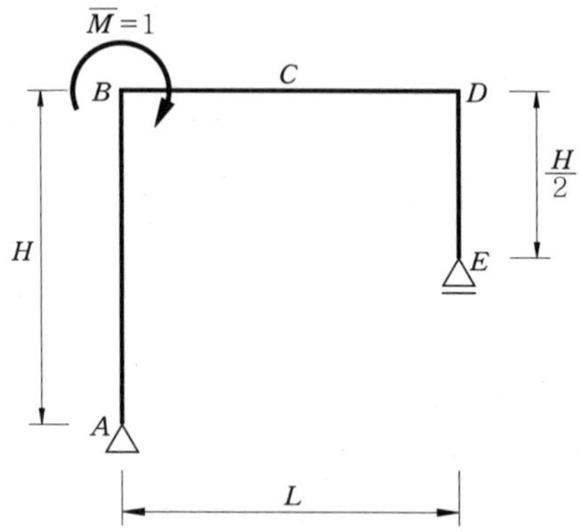

그림(c)

$\overline{M}=1$의 가상하중이 작용할 때, AB재의 임의의 점 y에서의 휨모멘트를 y에 관하여 정리하면 다음과 같다.

$$\overline{M_y} = 0 \qquad (0 \le y \le H)$$

BD재의 임의의 점 x에서의 휨모멘트를 x에 관하여 정리하면 다음과 같다.

$$\overline{M_x} = -\frac{x}{L} + 1 \qquad (0 \le x \le L)$$

DE재의 임의의 점 y에서의 휨모멘트를 y에 관하여 정리하면 다음과 같다.

$$M_y = 0 \qquad (0 \le x \le H/2)$$

따라서 B점에서의 처짐각 θ_B를 구하면

$$\begin{aligned}\theta_B &= \int_0^H \frac{M_y \overline{M_y}}{EI} dy + \int_0^L \frac{M_x \overline{M_x}}{EI} dx + \int_0^{\frac{H}{2}} \frac{M_y \overline{M_y}}{EI} dy \\ &= \frac{1}{EI}\int_0^L \left(-\frac{wx^2}{2}+\frac{wLx}{2}\right)\left(-\frac{x}{L}+1\right) dx = \frac{wL^3}{24EI} \ (\curvearrowright)\end{aligned}$$

◆ ◆ ◆ ◆ ◆ ◆ ◆

10.4.10 다음과 트러스의 중앙부 C점의 수직변위 δ_C를 구하여라. 단, 모든 부재의 EA는 일정하다.

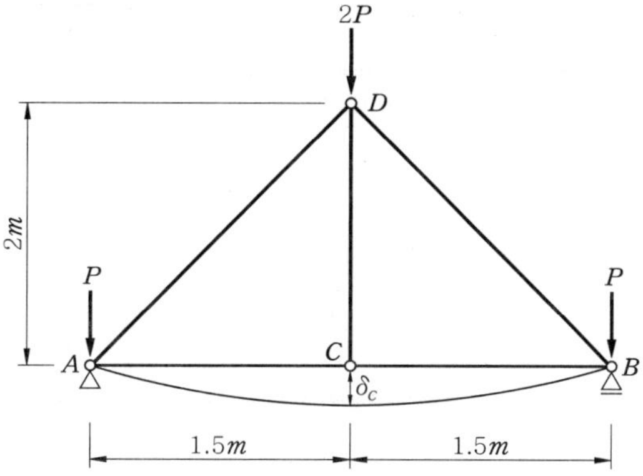

풀이

주어진 하중에 의한 트러스의 부재력도는 그림(a)와 같이 구하였다. 트러스 중앙부 C점의 수직변위 δ_C를 구하기 위하여 그림(b)와 같이 C점에 수직으로 가상 단위하중 $\overline{P}=1$을 작용시킨 후 그림(c)와 같은 부재력도를 구하였다.

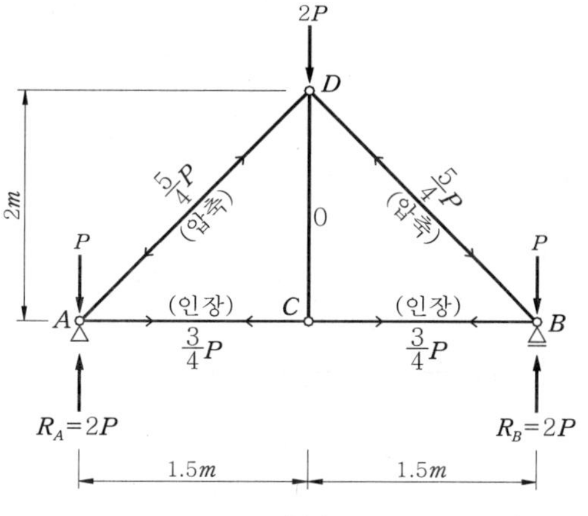

그림(a)

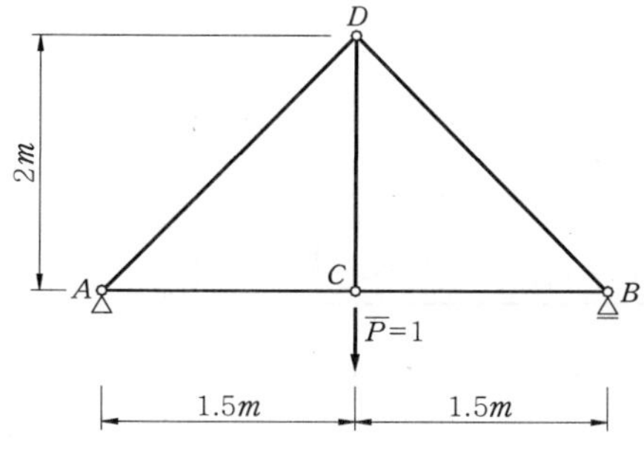

그림(b)

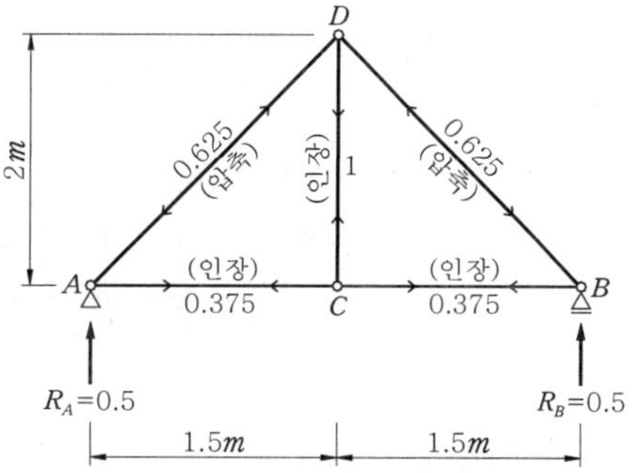

그림(c)

실제 하중에 의한 트러스의 부재력 N과 가상하중에 의한 트러스의 부재력 $\overline{N}$을 다음 [표10.4.10]과 같이 정리하였다.

[표10.4.10]

부재명	N	$\overline{N}$	$L(cm)$	$N\cdot\overline{N}\cdot L$
AD	$-1.25P$	-0.625	250	$195.31P$
AC	$0.75P$	0.375	150	$42.19P$
CD	0	1	200	0
BC	$0.75P$	0.375	150	$42.19P$
BD	$-1.25P$	-0.625	250	$195.31P$
계				$475P$

따라서 C 점에서의 처짐 δ_C 를 구하면,

$$\delta_C = \sum \frac{N\cdot\overline{N}\cdot L}{EA} = \frac{475}{EA}P$$

◆ ◆ ◆ ◆ ◆ ◆

10.4.11 다음과 트러스의 C 점의 수직변위 δ_C 를 구하여라. 단, 모든 부재의 EA 는 일정하다.

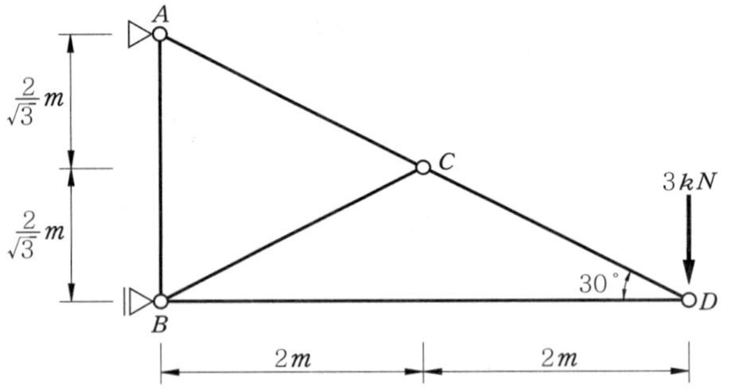

풀이

주어진 하중에 의한 트러스의 부재력도는 그림(a)와 같이 구하였다.

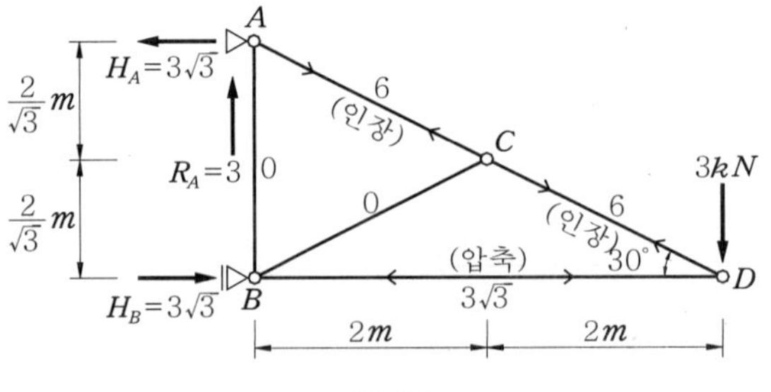

그림(a)

트러스 중앙부 C 점의 수직변위 δ_C 를 구하기 위하여 그림(b)와 같이 C 점에 수직으로 가상 단위하중 $\overline{P}=1$ 을 작용시킨 후 그림(c)와 같은 부재력도를 구하였다.

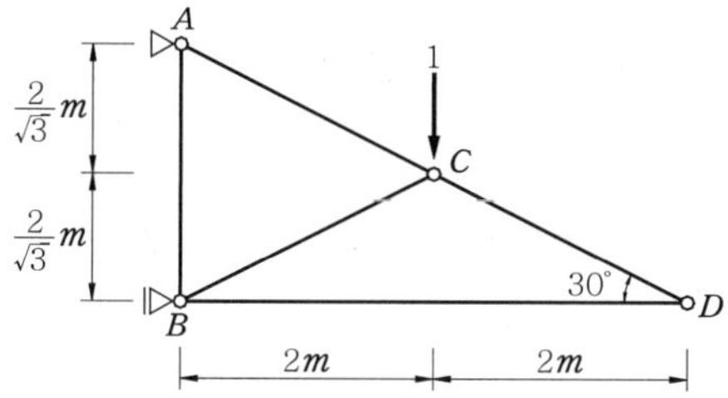

그림(b)

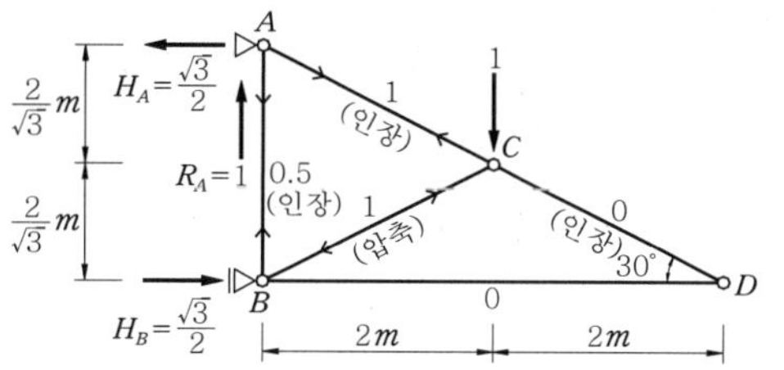

그림(c)

실제 하중에 의한 트러스의 부재력 N과 가상하중에 의한 트러스의 부재력 $\overline{N}$을 다음 [표10.4.11]와 같이 정리하였다.
따라서 C점에서의 처짐 δ_C를 구하면,

$$\delta_C = \sum \frac{N \cdot \overline{N} \cdot L}{EA} = \frac{800\sqrt{3}}{EA}$$

[표10.4.11]

부재명	N	$\overline{N}$	$L(cm)$	$N \cdot \overline{N} \cdot L$
AC	6	1	$\frac{400}{\sqrt{3}}$	$800\sqrt{3}$
CD	6	0	$\frac{400}{\sqrt{3}}$	0
BC	0	-1	$\frac{400}{\sqrt{3}}$	0
BD	$-3\sqrt{3}$	0	400	0
AB	0	0.5	$\frac{400}{\sqrt{3}}$	0
계				$800\sqrt{3}$

◆ ◆ ◆ ◆ ◆ ◆

10.4.12 다음과 같은 부등단면의 캔틸레버 보가 있다. 이 보가 자유단 B점에 집중하중을 받고 있을 때, B점에서의 처짐 δ_B를 구하라. 단, 이 보의 단면은 두께가 얇은 원형관이고, $h_a = 300mm$, $h_b = 150mm$, $t = 6mm$, $E = 200000MPa$ 이다.

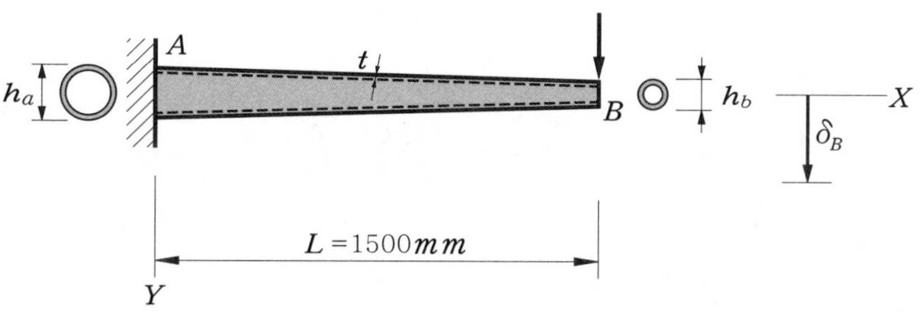

풀이

B점을 원점으로 AB재의 임의 점 x에서의 휨모멘트를 x에 관하여 정리하면 다음과 같다.

$$M_x = -P \cdot x \qquad (0 \le x \le L)$$

또한 $\overline{P}=1$의 가상하중이 B점에 작용할 때, AB재의 임의의 점 x에서의 휨모멘트를 x에 관하여 정리하면 다음과 같다.

$$\overline{M_x} = -x \qquad (0 \le x \le L)$$

부등단면을 가진 두께가 얇은 원형관이므로 임의의 점 x에서의 단면2차모멘트 I_x를 계산하여야 하며, 이는 9.9절의 「두께가 얇은 관의 비틀림」에서 언급된 비틀림상수 J로부터 구할 수 있다.

$$J = \frac{4 \cdot t \cdot A_m^2}{L_m} = 2\pi r^3 t$$

(여기서, $A_m = \pi r^2$, $L_m = 2\pi r$, $r = \dfrac{h-t}{2}$)

또한, $I_P = J$ 이고 $I_P = I_X + I_Y$ 이므로

$$\therefore \quad I = \frac{J}{2} = \frac{I_P}{2} = \pi r^3 t$$

임의 점에서의 원형관의 중심 반지름 r_x를 계산하기 위해 원형관의 바깥지름 h_x를 구하면,

$$h_x = h_b\left(1 + \frac{x}{L}\right)$$

따라서 임의의 점 x에서의 단면2차모멘트 I_x는 아래와 같다.

$$I_x = \pi r_x^3 t = \pi\left(\frac{h_x - t}{2}\right)^3 t = \pi\left(\frac{h_b\left(1+\dfrac{x}{L}\right) - t}{2}\right)^3 t = \frac{\pi h_b^3 t}{8L^3}\left((L+x) - \frac{t}{h_b}\right)^3$$

여기서, $\dfrac{t}{h_b} \approx 0$ 이므로,

$$\therefore \quad I_x = \frac{\pi h_b^3 t}{8L^3}(L+x)^3$$

자유단 B점에서의 처짐 δ_B를 계산하면,

$$\delta_B = \int_0^L \frac{M_x \overline{M_x}}{EI_x} dx$$

$$= \int_0^L \frac{P \cdot x^2}{E \times \dfrac{\pi h_b^3 t}{8L^3}(L+x)^3} dx = \frac{8PL^3}{E \cdot \pi h_b^3 t}\int_0^L \frac{x^2}{(L+x)^3} dx$$

여기서, $L + x = y$로 치환하면 쉬운 계산이 가능하다.

(단, $x=0$ 일 때, $y=L$ 이고, $x=L$ 일 때, $y=2L$ 이고, $dx=dy$ 가 된다.)

$$\delta_B = \frac{8PL^3}{E\cdot \pi h_b^3 t}\int_L^{2L}\frac{(y-L)^2}{(y)^3}dy = \frac{8PL^3}{E\cdot \pi h_b^3 t}\int_L^{2L}\frac{y^2}{y^3}-\frac{2yL}{y^3}+\frac{L^2}{y^3}dx$$

$$= \frac{8PL^3}{E\cdot \pi h_b^3 t}\left[\ln y+\frac{2L}{y}-\frac{L^2}{2y^2}\right]_L^{2L} = \frac{8PL^3}{E\cdot \pi h_b^3 t}\left(\ln 2-\frac{5}{8}\right)=\frac{8PL^3}{E\cdot \pi (h_a/2)^3 t}\left(\ln 2-\frac{5}{8}\right)$$

$$\therefore\ \delta_B = \frac{64PL^3}{E\cdot \pi h_a^3 t}\left(\ln 2-\frac{5}{8}\right)$$

문제에서 주어진 하중 및 단면치수를 대입하여 B 점에서의 처짐 δ_B 를 구하면,

$$\delta_B = \frac{64PL^3}{E\cdot \pi h_a^3 t}\left(\ln 2-\frac{5}{8}\right) = \frac{64\times(50\times10^3)\times1500^3}{200000\times\pi\times300^3\times6}\left(\ln 2-\frac{5}{8}\right)$$

$$\therefore\ \delta_B = 7.23mm$$

◆ ◆ ◆ ◆ ◆ ◆

10.4.13 다음 그림과 같은 높이 H의 내민보 ABC가 있다. 이 보의 상부면이 T_1, 하부면이 T_2로 균일한 온도의 영향을 받을 때, 자유단 C점에서의 처짐 δ_C를 단위하중법을 통해 구하여라. (여기서, α : 열팽창계수, $T_1 > T_2$ 이며 단면 상하를 따라 선형적 온도분포를 가진다.)

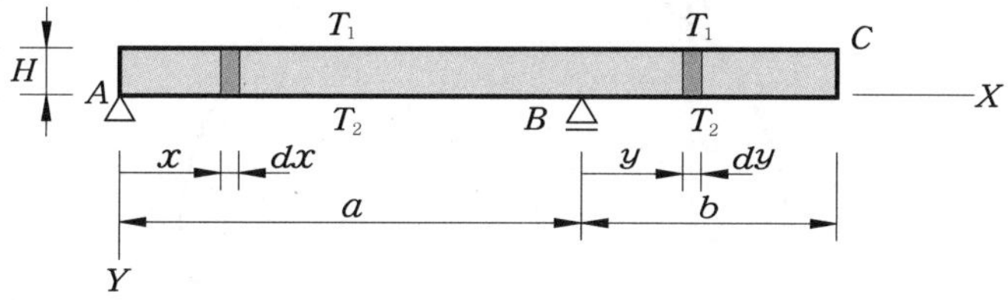

풀이

내민보 ABC는 상·하부면의 온도차이로 인해 곡률이 발생하는데, 각 면에서의 온도는 균일하므로 모든 구간에서 동일하며 이를 구하면 다음과 같다.

$$\nu'' = -\frac{\alpha(T_2-T_1)}{H}$$

C점에서의 처짐을 구하기 위해 C점에 단위하중 $\overline{P}=1$를 작용시키고 내민보 ABC의 임의 점 x에서의 휨모멘트를 x에 관하여 정리한다.

$$\overline{M_x} = -\left(\frac{b}{a}\right)x \qquad (0\le x\le a)$$

$$\overline{M_x} = x-a-b \qquad (a\le x\le a+b)$$

단위하중법의 기본공식을 응용하여 C점에서의 처짐 δ_C를 구한다.

$$\delta_x = \int \frac{M_x \overline{M_x}}{EI} dx \text{ 이고, 여기서 } -\frac{M_x}{EI} = \nu'' = -\frac{\alpha(T_2 - T_1)}{H} \text{ 이므로,}$$

$$\delta_x = \int_0^a \frac{\alpha(T_2 - T_1)}{H} \times \left(-\frac{b}{a}\right) \cdot x\,dx + \int_a^{a+b} \frac{\alpha(T_2 - T_1)}{H} \times (x - a - b)\,dx$$

$$= \frac{\alpha(T_2 - T_1)}{H} \left[\int_0^a \left(-\frac{b}{a}\right) \cdot x\,dx + \int_a^{a+b} (x - a - b)\,dx \right]$$

$$= \frac{\alpha(T_2 - T_1)}{H} \left[\left[\frac{b}{2a} x^2\right]_0^a + \left[\frac{1}{2} x^2 - ax - bx\right]_a^{a+b} \right]$$

$$\therefore \delta_C = -\frac{\alpha \cdot b \cdot (T_2 - T_1)(a + b)}{2H}$$

※ 연습문제 10.1.11과 동일한 답을 얻을 수 있음을 알 수 있다.

◆ ◆ ◆ ◆ ◆ ◆

10.4.14 다음 그림과 같은 반원형 아치에서 B점의 수평변위 δ_B를 구하여라. (단, 부재의 EI는 일정하다.)

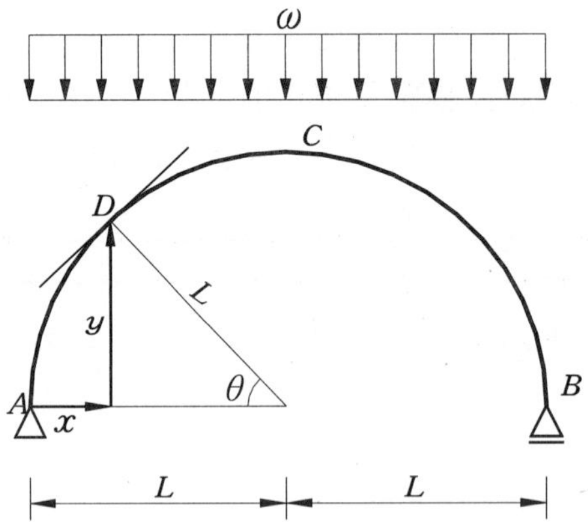

풀이

좌우대칭 구조이므로 좌측반분에 대해 구한 후 2배를 하여 결과값을 얻는다.

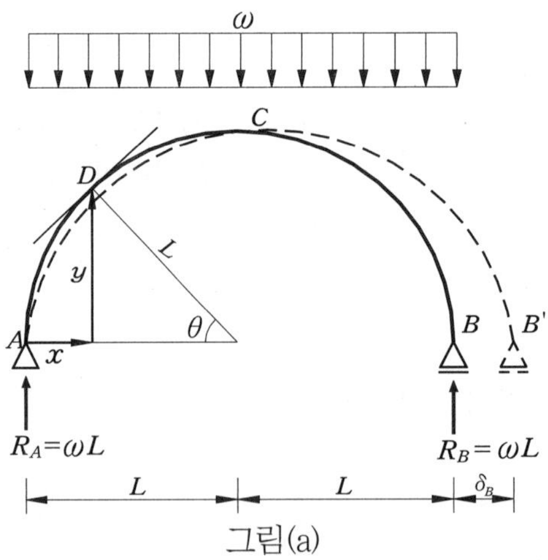

그림(a)

A점을 원점으로 AC구간의 임의의 점 D에서의 외력에 의한 휨모멘트 일반식을 구하면 다음과 같다.

$$M_0 = R_A \cdot x - \frac{\omega x^2}{2} \qquad (0 \le x \le L)$$

여기서, $x = L(1-\cos\theta)$ 이므로,

$$\therefore\ M_0 = R_A L(1-\cos\theta) - \frac{\omega L^2}{2}(1-costehta)^2 = \frac{\omega L^2}{2}(1-\cos^2\theta) \qquad \left(0 \le \theta \le \frac{\pi}{2}\right)$$

또한 $\overline{P}=1$ 의 가상하중이 B점에 작용할 때, AC구간의 임의의 점 D에서의 휨모멘트 일반식을 구하면 다음과 같다. (그림(a) 참조)

$$M_1 = H_A \cdot y = y \qquad (0 \le y \le L)$$

여기서, $y = L\sin\theta$ 이므로,

$$\therefore\ M_1 = L\sin\theta \qquad \left(0 \le \theta \le \frac{\pi}{2}\right)$$

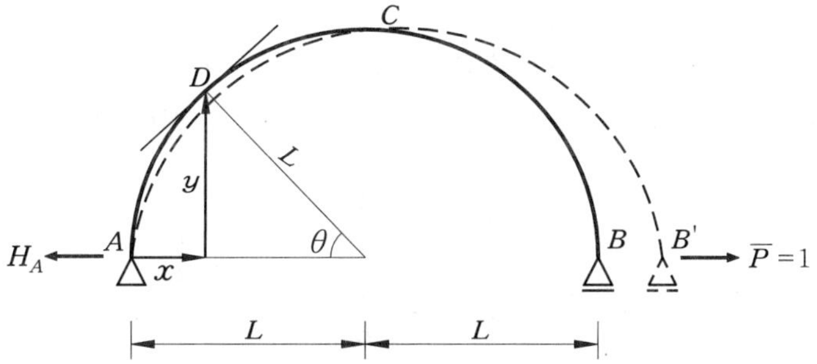

그림(b)

수평변위 δ_B를 구하기 위해서는 부재의 길이를 알아야한다. 이는 미소각일 때 부재의 길이를 ds 라 하면 $ds = L \cdot d\theta$ 로 구할 수 있다.
따라서 수평변위 δ_B 를 구하면,

$$\begin{aligned}\delta_B &= 2\int_A^C \frac{M_0 M_1}{EI} ds = 2\int_0^{\pi/2} \frac{M_0 M_1}{EI} ds \\ &= \frac{2}{EI}\int_0^{\pi/2} \left[\frac{\omega L^2}{2}(1-\cos^2\theta) \times L\sin\theta \right] L \cdot d\theta \\ &= \frac{\omega L^4}{EI}\int_0^{\pi/2} (1-\cos^2\theta) \times \sin\theta\, d\theta\end{aligned}$$

여기서, $\cos\theta = t$, $-\sin\theta d\theta = dt$ 로 치환하면 계산이 용이하다.

(단, $\theta = 0$ 일 때, $t=1$ 이고, $\theta = \pi/2$ 일 때, $t=0$ 이 된다.)

$$\delta_B = \frac{\omega L^4}{EI}\int_1^0 -(1-t^2)\,dt = \frac{\omega L^4}{EI}\left[-t+\frac{1}{3}t^3\right]_1^0 = \frac{\omega L^4}{EI}\left\{0-\left(-1+\frac{1}{3}\right)\right\}$$

$$\therefore\ \delta_B = \frac{2\omega L^4}{3EI}$$

◆ ◆ ◆ ◆ ◆ ◆

10.5 카스틸리아노의 정리

10.5.1 다음 그림과 같이 집중하중 $2P$, P를 받는 캔틸레버 보의 B점과 C점에서의 처짐과 처짐각을 구하여라.

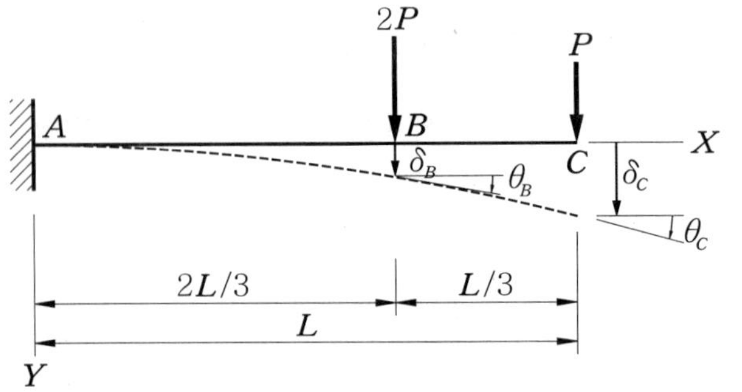

풀이

B점에서의 처짐 δ_B를 구하기 위하여 그림(a)와 같이 B점에 가상하중 P_B를 작용시킨 후 임의의 점 x에서의 휨모멘트를 x에 관하여 정리하면

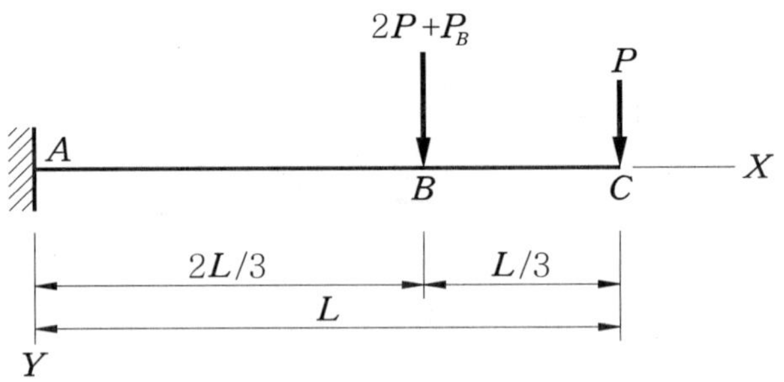

그림(a)

$$M_x = 3Px + P_B x - \frac{7PL}{3} - \frac{2P_B L}{3} \qquad \left(0 \le x \le \frac{2L}{3}\right)$$

$$M_x = Px - PL \qquad \left(\frac{2L}{3} \le x \le L\right)$$

카스틸리아노의 정리에 의해 $\delta_i = \int_0^L \frac{M}{EI}\left(\frac{\partial M}{\partial P_i}\right)dx$, B점의 처짐 δ_B를 구하면

$$\delta_B = \frac{1}{EI}\int_0^L M\left(\frac{\partial M}{\partial P_B}\right)dx$$

$$= \frac{1}{EI}\int_0^{\frac{2L}{3}}\left(3Px + P_B x - \frac{7PL}{3} - \frac{2P_B L}{3}\right)\frac{\partial\left(3Px + P_B x - \frac{7PL}{3} - \frac{2P_B L}{3}\right)}{\partial P_B}dx$$

$$+ \frac{1}{EI}\int_{\frac{2L}{3}}^{L}(Px - PL)\frac{\partial(Px - PL)}{\partial P_B}dx$$

$$=\frac{1}{EI}\int_0^{\frac{2L}{3}}\left(3Px+P_Bx-\frac{7PL}{3}-\frac{2P_BL}{3}\right)\left(x-\frac{2L}{3}\right)dx+\frac{1}{EI}\int_{\frac{2L}{3}}^{L}(Px-PL)\times 0dx$$

윗식에서 $P_B=0$ 을 대입하면

$$\delta_B=\frac{1}{EI}\int_0^{\frac{2L}{3}}3Px-\frac{13PLx}{3}+\frac{14PL^2}{9}dx \;=\; \frac{10PL^3}{27EI}\;(\downarrow)$$

C점에서의 처짐 δ_C를 구하기 위하여 그림(b)와 같이 C점에 가상하중 P_C를 작용시킨 후 임의의 점 x에서의 휨모멘트를 x에 관하여 정리하면

$$M_x=3Px+P_Cx-\frac{7PL}{3}-P_CL \qquad \left(0\le x\le\frac{2L}{3}\right)$$

$$M_x=Px+P_Cx-PL-P_CL \qquad \left(\frac{2L}{3}\le x\le L\right)$$

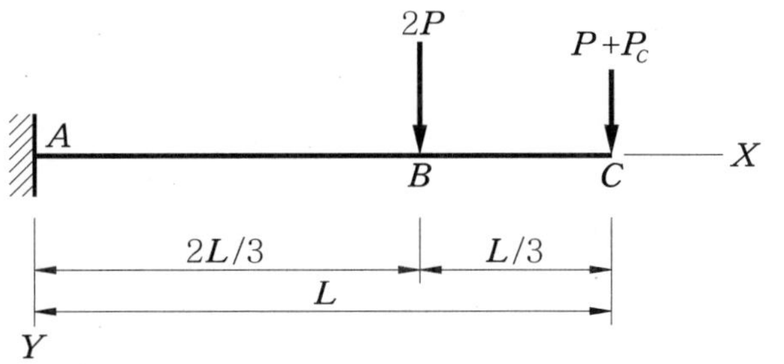

그림(b)

카스틸리아노의 정리에 의해 $\delta_i=\int_0^L\frac{M}{EI}\left(\frac{\partial M}{\partial P_i}\right)dx$, B점의 처짐 δ_C를 구하면

$$\delta_C=\frac{1}{EI}\int_0^L M\left(\frac{\partial M}{\partial P_C}\right)dx$$

$$=\frac{1}{EI}\int_0^{\frac{2L}{3}}\left(3Px+P_Cx-\frac{7PL}{3}-P_CL\right)\frac{\partial\left(3Px+P_Cx-\frac{7PL}{3}-P_CL\right)}{\partial P_C}dx$$

$$+\frac{1}{EI}\int_{\frac{2L}{3}}^{L}(Px+P_Cx-PL-P_CL)\frac{\partial(Px+P_Cx-PL-P_CL)}{\partial P_C}dx$$

$$=\frac{1}{EI}\int_0^{\frac{2L}{3}}\left(3Px+P_Cx-\frac{7PL}{3}-P_CL\right)(x-L)\,dx$$

$$+\frac{1}{EI}\int_{\frac{2L}{3}}^{L}(Px+P_Cx-PL-P_CL)(x-L)\,dx$$

윗식에서 $P_C=0$ 을 대입하면

$$\delta_C=\frac{1}{EI}\int_0^{\frac{2L}{3}}3Px^2-\frac{16PLx}{3}+\frac{7PL^2}{3}dx+\frac{1}{EI}\int_{\frac{2L}{3}}^{L}Px^2-2PLx+PL^2\,dx=\frac{55PL^3}{81EI}\;(\downarrow)$$

한편, B점에서의 처짐각 θ_B를 구하기 위하여 그림(c)와 같이 B점에 가상하중 M_B를 작용시킨 후 임의의 점 x에서의 휨모멘트를 x에 관하여 정리하면

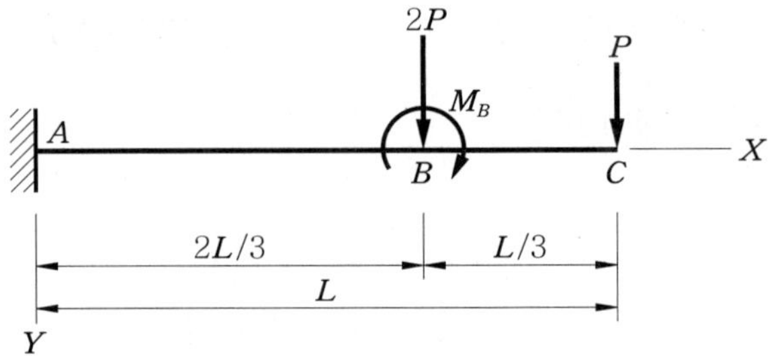

그림(c)

$$M_x = 3Px - \frac{7PL}{3} - M_B \qquad \left(0 \le x \le \frac{2L}{3}\right)$$

$$M_x = Px - PL \qquad \left(\frac{2L}{3} \le x \le L\right)$$

카스틸리아노의 정리에 의하여

$\theta_i = \int_0^L \frac{M}{EI}\left(\frac{\partial M}{\partial M_i}\right)dx$ 이므로 B 점에서의 처짐각 θ_B 를 구하면

$$\theta_B = \frac{1}{EI}\int_0^L M\left(\frac{\partial M}{\partial M_B}\right)dx$$

$$= \frac{1}{EI}\int_0^{\frac{2L}{3}}\left(3Px - \frac{7PL}{3} - M_B\right)\frac{\partial\left(3Px - \frac{7PL}{3} - M_B\right)}{\partial M_B}dx$$

$$+ \frac{1}{EI}\int_{\frac{2L}{3}}^{L}(Px - PL)\frac{\partial(Px - PL)}{\partial M_B}dx$$

$$= \frac{1}{EI}\int_0^{\frac{2L}{3}}\left(3Px - \frac{7PL}{3} - M_B\right)(-1)dx + \frac{1}{EI}\int_{\frac{2L}{3}}^{L}(Px - PL) \times 0dx$$

윗식에서 $M_B = 0$ 을 대입하면

$$\theta_B = \frac{1}{EI}\int_0^{\frac{2L}{3}} -3Px + \frac{7PL}{3}dx = \frac{8PL^2}{9EI} \ (\curvearrowright)$$

C 점에서의 처짐각 θ_C 를 구하기 위하여 그림(c)와 같이 C 점에 가상하중 M_C 를 작용시킨 후 임의의 점 x 에서의 휨모멘트를 x 에 관하여 정리하면

$$M_x = 3Px - \frac{7PL}{3} - M_C \qquad \left(0 \le x \le \frac{2L}{3}\right)$$

$$M_x = Px - PL - M_C \qquad \left(\frac{2L}{3} \le x \le L\right)$$

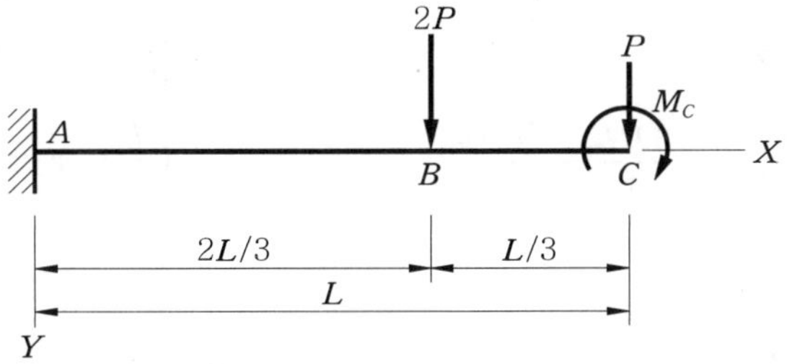

그림(d)

마찬가지로 $\theta_i = \int_0^L \frac{M}{EI}\left(\frac{\partial M}{\partial M_i}\right) dx$ 이므로 C점에서의 처짐각 θ_C를 구하면

$$\theta_C = \frac{1}{EI}\int_0^L M\left(\frac{\partial M}{\partial M_C}\right) dx$$

$$= \frac{1}{EI}\int_0^{\frac{2L}{3}}\left(3Px - \frac{7PL}{3} - M_C\right)\frac{\partial\left(3Px - \frac{7PL}{3} - M_C\right)}{\partial M_C}dx$$

$$+ \frac{1}{EI}\int_{\frac{2L}{3}}^{L}(Px - PL - M_C)\frac{\partial(Px - PL - M_C)}{\partial M_C}dx$$

$$= \frac{1}{EI}\int_0^{\frac{2L}{3}}\left(3Px - \frac{7PL}{3} - M_C\right)(-1)dx + \frac{1}{EI}\int_{\frac{2L}{3}}^{L}(Px - PL - M_C)(-1)dx$$

윗식에서 $M_C = 0$ 을 대입하면

$$\theta_C = \frac{1}{EI}\int_0^{\frac{2L}{3}}\left(-3Px + \frac{7PL}{3}\right)dx + \frac{1}{EI}\int_{\frac{2L}{3}}^{L}(-Px + PL)dx = \frac{17PL^2}{18EI} \ (\curvearrowright)$$

◆ ◆ ◆ ◆ ◆ ◆

10.5.2 다음 그림과 같이 집중하중 P를 받는 내민보의 C점에서의 처짐과 A점, B점에서의 처짐각을 구하여라.

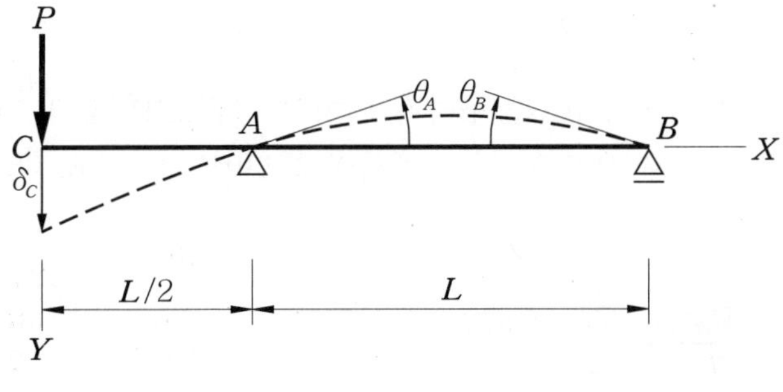

풀이

C점에서의 처짐 δ_C를 구하기 위하여 그림(a)와 같이 C점에 가상하중 P_C를

작용시킨 후 임의의 점 x 에서의 휨모멘트를 x 에 관하여 정리하면

$$M_x = -Px - P_C x \qquad \left(0 \le x \le \frac{L}{2}\right)$$

$$M_x = \frac{Px}{2} + \frac{P_C x}{2} - \frac{3PL}{4} - \frac{3P_C L}{4} \qquad \left(\frac{L}{2} \le x \le \frac{3L}{2}\right)$$

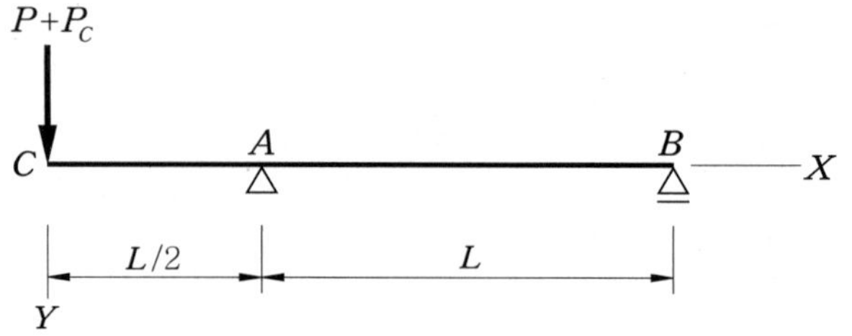

그림(a)

카스틸리아노의 정리에 의하여

$\delta_i = \int_0^{\frac{3L}{2}} \frac{M}{EI}\left(\frac{\partial M}{\partial P_i}\right)dx$ 이므로 C 점에서의 처짐 δ_C 를 구하면

$$\delta_C = \frac{1}{EI}\int_0^{\frac{3L}{2}} M\left(\frac{\partial M}{\partial P_C}\right)dx$$

$$= \frac{1}{EI}\int_0^{\frac{L}{2}} (-Px - P_C x)\frac{\partial(-Px - P_C x)}{\partial P_C}dx$$

$$+ \frac{1}{EI}\int_{\frac{L}{2}}^{\frac{3L}{2}} \left(\frac{Px}{2} + \frac{P_C x}{2} - \frac{3PL}{4} - \frac{3P_C L}{4}\right)\frac{\partial\left(\frac{Px}{2} + \frac{P_C x}{2} - \frac{3PL}{4} - \frac{3P_C L}{4}\right)}{\partial P_C}dx$$

$$= \frac{1}{EI}\int_0^{\frac{L}{2}} (-Px - P_C x)(-x)\,dx$$

$$+ \frac{1}{EI}\int_{\frac{L}{2}}^{\frac{3L}{2}} \left(\frac{Px}{2} + \frac{P_C x}{2} - \frac{3PL}{4} - \frac{3P_C L}{4}\right)\left(\frac{x}{2} - \frac{3L}{4}\right)dx$$

윗식에서 $P_C = 0$ 을 대입하면

$$\delta_C = \frac{1}{EI}\int_0^{\frac{L}{2}} Px^2 dx + \frac{1}{EI}\int_{\frac{L}{2}}^{\frac{3L}{2}} \frac{Px^2}{4} - \frac{3PLx}{4} + \frac{9PL^2}{16}dx = \frac{PL^3}{8EI}\ (\downarrow)$$

한편, A 점에서의 처짐각 θ_A 를 구하기 위하여 그림(b)와 같이 A 점에 가상하중 M_A 를 작용시킨 후 임의의 점 x 에서의 휨모멘트를 x 에 관하여 정리하면

$$M_x = -Px \qquad \left(0 \le x \le \frac{L}{2}\right)$$

$$M_x = \frac{Px}{2} + \frac{M_A x}{L} - \frac{3M_A}{2} - \frac{3PL}{4} \qquad \left(\frac{L}{2} \le x \le \frac{3L}{2}\right)$$

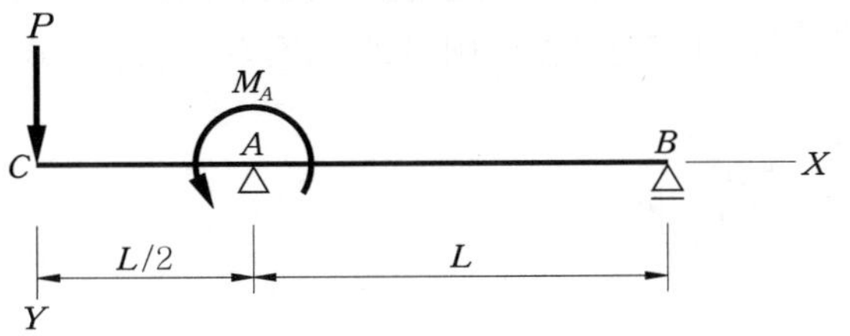

그림(b)

카스틸리아노의 정리에 의하여

$\theta_i = \int_0^{\frac{3L}{2}} \frac{M}{EI}\left(\frac{\partial M}{\partial M_i}\right)dx$ 이므로 A 점에서의 처짐각 θ_A 를 구하면

$$\theta_A = \frac{1}{EI}\int_0^{\frac{3L}{2}} M\left(\frac{\partial M}{\partial M_A}\right)dx$$

$$= \frac{1}{EI}\int_0^{\frac{L}{2}}(-Px)\frac{\partial(-Px)}{\partial M_B}dx$$

$$+\frac{1}{EI}\int_{\frac{L}{2}}^{\frac{3L}{2}}\left(\frac{Px}{2}+\frac{M_A x}{L}-\frac{3M_A}{2}-\frac{3PL}{4}\right)\frac{\partial\left(\frac{Px}{2}+\frac{M_A x}{L}-\frac{3M_A}{2}-\frac{3PL}{4}\right)}{\partial M_A}dx$$

$$= \frac{1}{EI}\int_0^{\frac{L}{2}}(-Px)\times 0\,dx + \frac{1}{EI}\int_{\frac{L}{2}}^{\frac{3L}{2}}\left(\frac{Px}{2}+\frac{M_A x}{L}-\frac{3M_A}{2}-\frac{3PL}{4}\right)\left(\frac{x}{L}-\frac{3}{2}\right)dx$$

윗식에서 $M_A=0$ 을 대입하면

$$\theta_A = \frac{1}{EI}\int_{\frac{L}{2}}^{\frac{3L}{2}} \frac{Px^2}{2L}-\frac{3Px}{2}+\frac{9PL}{8}dx = \frac{PL^2}{6EI}\ (\curvearrowleft)$$

B 점에서의 처짐각 θ_B 를 구하기 위하여 그림(c)와 같이 B 점에 가상하중 M_B 를 작용시킨 후 임의의 점 x 에서의 휨모멘트를 x 에 관하여 정리하면

$$M_x = -Px \qquad \left(0 \le x \le \frac{L}{2}\right)$$

$$M_x = \frac{Px}{2}-\frac{M_B x}{L}-\frac{3PL}{4}+\frac{M_B}{2} \qquad \left(\frac{L}{2} \le x \le \frac{3L}{2}\right)$$

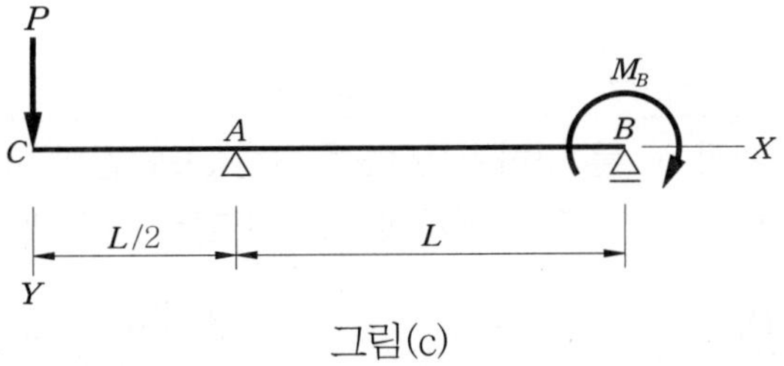

그림(c)

카스틸리아노의 정리에 의하여

$\theta_i = \int_0^{\frac{3L}{2}} \frac{M}{EI}\left(\frac{\partial M}{\partial M_i}\right)dx$ 이므로 B 점에서의 처짐각 θ_B 를 구하면

$$\theta_B = \frac{1}{EI}\int_0^{\frac{3L}{2}} M\left(\frac{\partial M}{\partial M_B}\right)dx$$

$$= \frac{1}{EI}\int_0^{\frac{L}{2}} (-Px)\frac{\partial(-Px)}{\partial M_B}dx$$

$$+\frac{1}{EI}\int_{\frac{L}{2}}^{\frac{3L}{2}}\left(\frac{Px}{2}-\frac{M_Bx}{L}-\frac{3PL}{4}+\frac{M_B}{2}\right)\frac{\partial\left(\frac{Px}{2}-\frac{M_Bx}{L}-\frac{3PL}{4}+\frac{M_B}{2}\right)}{\partial M_B}dx$$

$$= \frac{1}{EI}\int_0^{\frac{L}{2}}(-Px)\times 0\,dx + \frac{1}{EI}\int_{\frac{L}{2}}^{\frac{3L}{2}}\left(\frac{Px}{2}-\frac{M_Bx}{L}-\frac{3PL}{4}+\frac{M_B}{2}\right)\left(-\frac{x}{L}+\frac{1}{2}\right)dx$$

윗식에서 $M_B=0$ 을 대입하면

$$\theta_B = \frac{1}{EI}\int_{\frac{L}{2}}^{\frac{3L}{2}} -\frac{Px^2}{2L}+Px-\frac{3PL}{8}dx = \frac{PL^2}{12EI}\ (\curvearrowright)$$

◆ ◆ ◆ ◆ ◆ ◆

10.5.3 다음 그림과 같이 집중하중 $2P$, P를 받는 라멘의 A 점에서의 처짐각과 수직처짐, B 점에서의 수평처짐을 구하여라.

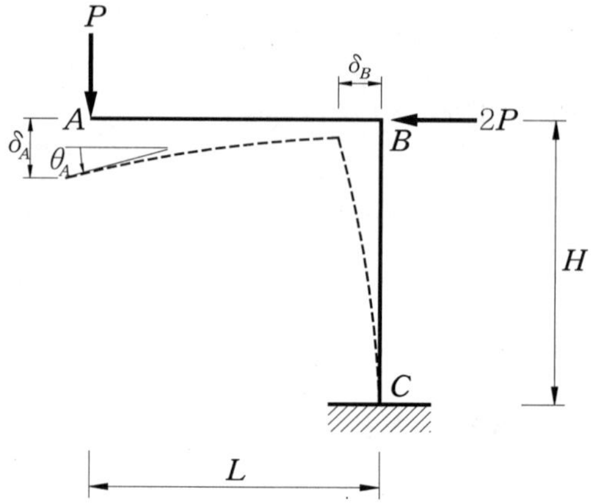

풀이

A 점에서의 수직처짐 δ_A 를 구하기 위하여 그림(a)와 같이 A 점에 가상하중 P_A 를 작용시킨 후 임의의 점 x 에서의 휨모멘트를 x 에 관하여 정리하면

$$M_x = -Px - P_A x \qquad (0 \le x \le L)$$

$$M_y = -2Py - PL - P_A L \qquad (0 \le y \le H)$$

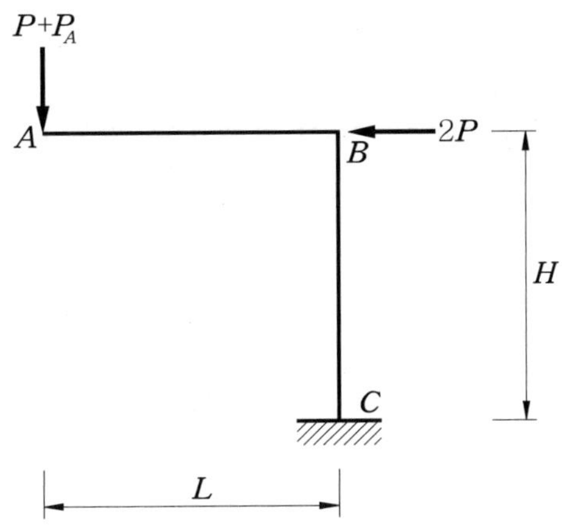

그림(a)

카스틸리아노의 정리에 의하여

$\delta_i = \int_0^L \frac{M}{EI}\left(\frac{\partial M}{\partial P_i}\right)dx + \int_0^H \frac{M}{EI}\left(\frac{\partial M}{\partial P_i}\right)dy$ 이므로 A 점의 수직처짐 δ_A 를 구하면

$$\delta_A = \frac{1}{EI}\int_0^L M\left(\frac{\partial M}{\partial P_A}\right)dx + \frac{1}{EI}\int_0^H M\left(\frac{\partial M}{\partial P_A}\right)dy$$

$$= \frac{1}{EI}\int_0^L (-Px - P_A x)\ \frac{\partial(-Px - P_A x)}{\partial P_A}dx$$

$$+ \frac{1}{EI}\int_0^H (-2Py - PL - P_A L)\ \frac{\partial(-2Py - PL - P_A L)}{\partial P_A}dy$$

$$= \frac{1}{EI}\int_0^L (-Px - P_A x)(-x)dx + \frac{1}{EI}\int_0^H (-2Py - PL - P_A L)(-L)dy$$

윗식에서 $P_A = 0$ 을 대입하면

$$\delta_A = \frac{1}{EI}\int_0^L Px^2 dx + \frac{1}{EI}\int_0^H 2PLy + PL^2 dy$$

$$= \frac{PL(L^2 + 3H^2 + 3LH)}{3EI}\ (\downarrow)$$

B 점에서의 수평처짐 δ_B 를 구하기 위하여 그림(b)와 같이 B 점에 가상하중 P_B 를 작용시킨 후 임의의 점 x 에서의 휨모멘트를 x 에 관하여 정리하면

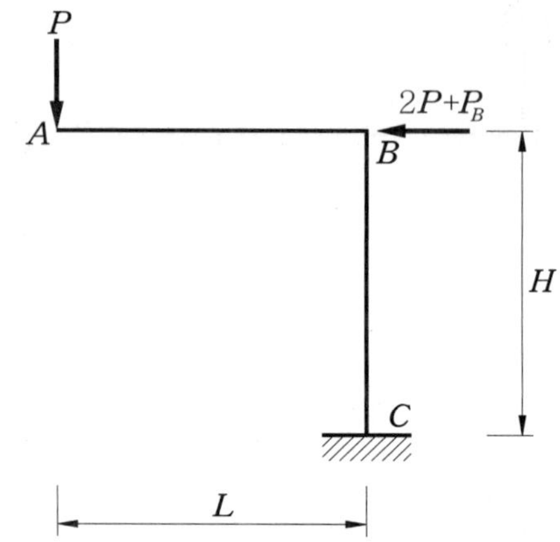

그림(b)

$$M_x = -Px \qquad (0 \le x \le L)$$

$$M_y = -2Py - P_B y - PL \qquad (0 \le y \le H)$$

카스틸리아노의 정리에 의하여

$\delta_i = \int_0^L \frac{M}{EI}\left(\frac{\partial M}{\partial P_i}\right)dx + \int_0^H \frac{M}{EI}\left(\frac{\partial M}{\partial P_i}\right)dy$ 이므로 B 점의 수평처짐 δ_B 를 구하면

$$\begin{aligned}
\delta_B &= \frac{1}{EI}\int_0^L M\left(\frac{\partial M}{\partial P_B}\right)dx + \frac{1}{EI}\int_0^H M\left(\frac{\partial M}{\partial P_B}\right)dy \\
&= \frac{1}{EI}\int_0^L (-Px)\frac{\partial(-Px)}{\partial P_B}dx \\
&\quad + \frac{1}{EI}\int_0^H (-2Py - P_B y - PL)\frac{\partial(-2Py - P_B y - PL)}{\partial P_B}dy \\
&= \frac{1}{EI}\int_0^L (-Px)\times 0\, dx + \frac{1}{EI}\int_0^H (-2Py - P_B y - PL)(-y)dy
\end{aligned}$$

윗식에서 $P_B = 0$ 을 대입하면

$$\delta_B = \frac{1}{EI}\int_0^H (2Py^2 + PLy)dy = \frac{PH^2(4H+3L)}{6EI} \ (\leftarrow)$$

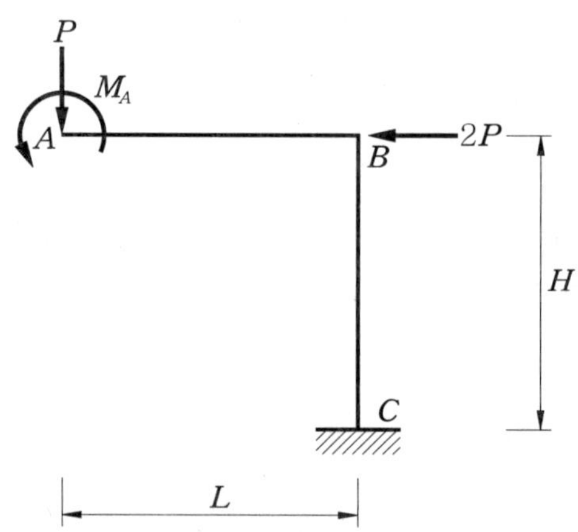

그림(c)

한편, A 점에서의 처짐각 θ_A 를 구하기 위하여 그림(c)와 같이 A 점에 가상하중 M_A 를 작용시킨 후 임의의 점 x 에서의 휨모멘트를 x 에 관하여 정리하면

$$M_x = -Px - M_A \qquad (0 \le x \le L)$$

$$M_y = -2Py - PL - M_A \qquad (0 \le y \le H)$$

카스틸리아노의 정리에 의하여

$\theta_i = \int_0^L \frac{M}{EI}\left(\frac{\partial M}{\partial M_i}\right)dx + \int_0^H \frac{M}{EI}\left(\frac{\partial M}{\partial M_i}\right)dy$ 이므로 A 점에서의 처짐각 θ_A 를 구하면

$$\begin{aligned}\theta_A &= \frac{1}{EI}\int_0^L M\left(\frac{\partial M}{\partial M_A}\right)dx + \frac{1}{EI}\int_0^H M\left(\frac{\partial M}{\partial M_A}\right)dy \\ &= \frac{1}{EI}\int_0^L (-Px - M_A)\frac{\partial(-Px - M_A)}{\partial M_A}dx \\ &\quad + \frac{1}{EI}\int_0^H (-2Py - PL - M_A)\frac{\partial(-2Py - PL - M_A)}{\partial M_A}dy \\ &= \frac{1}{EI}\int_0^L (-Px - M_A)(-1)dx + \frac{1}{EI}\int_0^H (-2Py - PL - M_A)(-1)dy\end{aligned}$$

윗식에서 $M_A = 0$ 을 대입하면

$$\theta_A = \frac{1}{EI}\int_0^L Pxdx + \frac{1}{EI}\int_0^H 2Py + PL = \frac{P\left(L^2 + 2LH + 2H^2\right)}{2EI} \ (\curvearrowleft)$$

◆ ◆ ◆ ◆ ◆ ◆

10.5.4 다음 그림과 같이 등분포하중을 받는 라멘의 A 점에서의 처짐각과 수직처짐, 수평처짐을 구하여라.

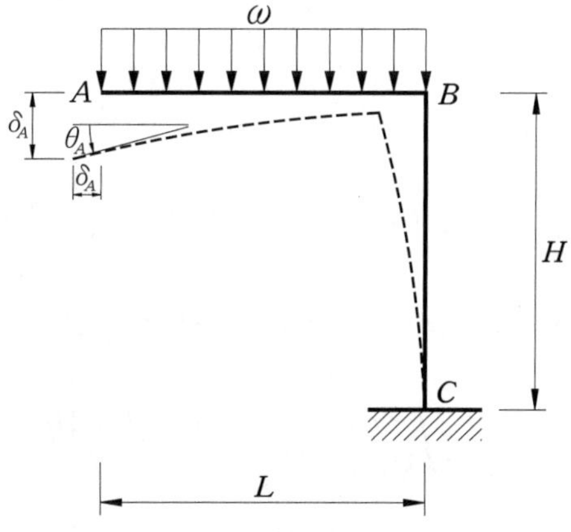

풀이

A 점에서의 수직처짐 δ_A 를 구하기 위하여 그림(a)와 같이 A 점에 가상하중 P_A 를 작용시킨 후 임의의 점 x 에서의 휨모멘트를 x 에 관하여 정리하면

$$M_x = -\frac{wx^2}{2} - P_A x \qquad (0 \le x \le L)$$

$$M_y = -\frac{wL^2}{2} - P_A L \qquad (0 \le y \le H)$$

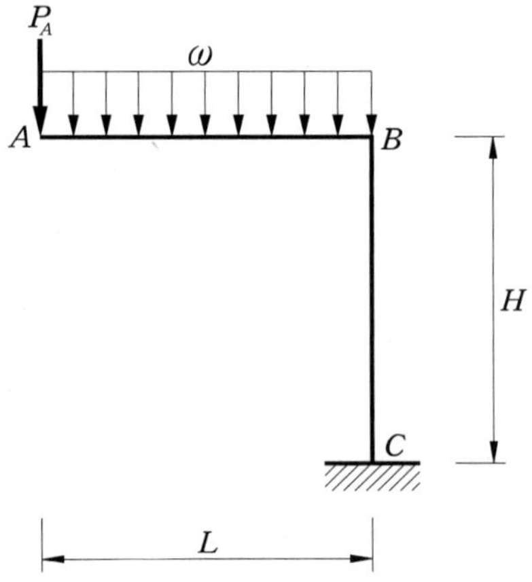

그림(a)

카스틸리아노의 정리에 의하여

$\delta_i = \int_0^L \frac{M}{EI}\left(\frac{\partial M}{\partial P_i}\right)dx + \int_0^H \frac{M}{EI}\left(\frac{\partial M}{\partial P_i}\right)dy$ 이므로 A 점의 수직처짐 δ_A 를 구하면

$$\delta_A = \frac{1}{EI}\int_0^L M\left(\frac{\partial M}{\partial P_A}\right)dx + \frac{1}{EI}\int_0^H M\left(\frac{\partial M}{\partial P_A}\right)dy$$

$$= \frac{1}{EI}\int_0^L \left(-\frac{wx^2}{2} - P_A x\right)\frac{\partial\left(-\frac{wx^2}{2} - P_A x\right)}{\partial P_A}dx + \frac{1}{EI}\int_0^H \left(-\frac{wL^2}{2} - P_A L\right)\frac{\partial\left(-\frac{wL^2}{2} - P_A L\right)}{\partial P_A}dy$$

$$= \frac{1}{EI}\int_0^L (-\frac{wx^2}{2} - P_A x)(-x)dx + \frac{1}{EI}\int_0^H (-\frac{wL^2}{2} - P_A L)(-L)dy$$

윗식에서 $P_A = 0$ 을 대입하여 수직처짐 δ_A를 구하면

$$\delta_A = \frac{1}{EI}\int_0^L \frac{wx^3}{2}dx + \frac{1}{EI}\int_0^H \frac{wL^3}{2}dy = \frac{wL^3(L+4H)}{8EI} \ (\downarrow)$$

A 점에서의 수평처짐 $\delta_{A'}$ 를 구하기 위하여 그림(b)와 같이 A 점에 가상하중 $P_{A'}$ 를 작용시킨 후 임의의 점 x 에서의 휨모멘트를 x 에 관하여 정리하면

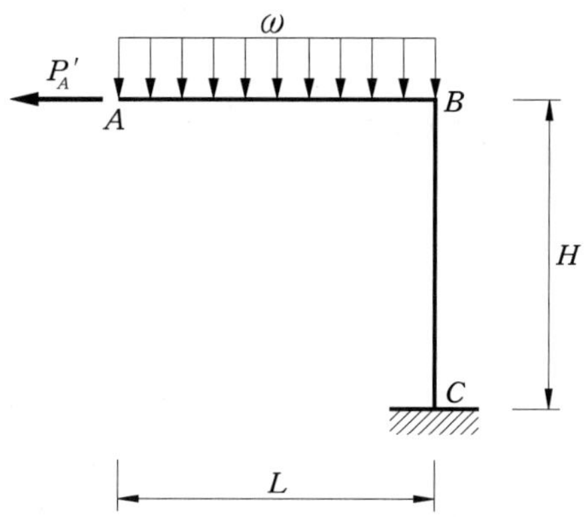

그림(b)

$$M_x = -\frac{wx^2}{2} \qquad (0 \le x \le L)$$

$$M_y = -\frac{wL^2}{2} - P_{A'}\,y \qquad (0 \le y \le H)$$

카스틸리아노의 정리에 의하여

$\delta_i = \int_0^L \frac{M}{EI}\left(\frac{\partial M}{\partial P_i}\right)dx + \int_0^H \frac{M}{EI}\left(\frac{\partial M}{\partial P_i}\right)dy$ 이므로 A 점의 수평처짐 $\delta_{A'}$ 를 구하면

$$\delta_{A'} = \frac{1}{EI}\int_0^L M\left(\frac{\partial M}{\partial P_{A'}}\right)dx + \frac{1}{EI}\int_0^H M\left(\frac{\partial M}{\partial P_{A'}}\right)dy$$

$$= \frac{1}{EI}\int_0^L\left(-\frac{wx^2}{2}\right)\frac{\partial\left(-\frac{wx^2}{2}\right)}{\partial P_{A'}}dx + \frac{1}{EI}\int_0^H\left(-\frac{wL^2}{2} - P_{A'}y\right)\frac{\partial\left(-\frac{wL^2}{2} - P_{A'}y\right)}{\partial P_{A'}}dy$$

$$= \frac{1}{EI}\int_0^L\left(-\frac{wx^2}{2}\right)\times 0\,dx + \frac{1}{EI}\int_0^H\left(-\frac{wL^2}{2} - P_{A'}y\right)(-y)\,dy$$

윗식에서 $P_{A'} = 0$ 을 대입하면

$$\delta_{A'} = \frac{1}{EI}\int_0^H\left(\frac{wL^2y}{2}\right)dy = \frac{wL^2H^2}{4EI}\ (\leftarrow)$$

한편, A 점에서의 처짐각 θ_A 를 구하기 위하여 그림(c)와 같이 A 점에 가상하중 M_A 를 작용시킨 후 임의의 점 x 에서의 휨모멘트를 x 에 관하여 정리하면

$$M_x = -\frac{wx^2}{2} - M_A \qquad (0 \le x \le L)$$

$$M_y = -\frac{wL^2}{2} - M_A \qquad (0 \le y \le H)$$

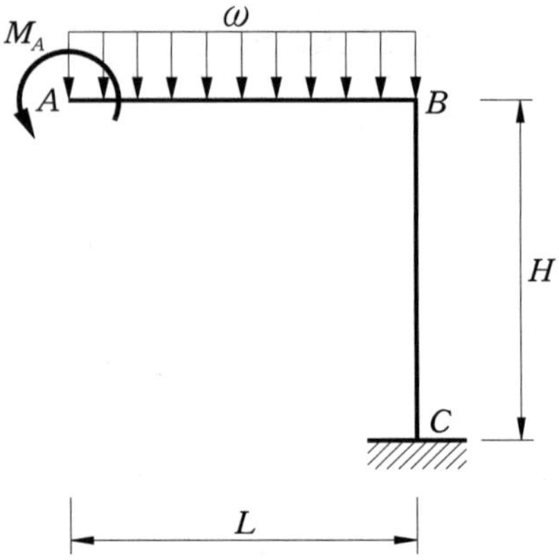

그림(c)

카스틸리아노의 정리에 의하여

$\theta_i = \int_0^L \frac{M}{EI}\left(\frac{\partial M}{\partial M_i}\right)dx + \int_0^H \frac{M}{EI}\left(\frac{\partial M}{\partial M_i}\right)dy$ 이므로 A 점의 처짐각 θ_A 를 구하면

$$\theta_A = \frac{1}{EI}\int_0^L M\left(\frac{\partial M}{\partial M_A}\right)dx + \frac{1}{EI}\int_0^H M\left(\frac{\partial M}{\partial M_A}\right)dy$$

$$= \frac{1}{EI}\int_0^L\left(-\frac{wx^2}{2} - M_A\right)\frac{\partial\left(-\frac{wx^2}{2} - M_A\right)}{\partial M_A}dx$$

$$+ \frac{1}{EI}\int_0^H\left(-\frac{wL^2}{2} - M_A\right)\frac{\partial\left(-\frac{wL^2}{2} - M_A\right)}{\partial M_A}dx$$

$$= \frac{1}{EI}\int_0^L\left(-\frac{wx^2}{2} - M_A\right)(-1)dx + \frac{1}{EI}\int_0^H\left(-\frac{wL^2}{2} - M_A\right)(-1)dy$$

윗식에서 $M_A = 0$ 을 대입하면

$$\theta_A = \frac{1}{EI}\int_0^L \frac{wx^2}{2}dx + \frac{1}{EI}\int_0^H \frac{wL^2}{2}dy = \frac{wL^2(L+3H)}{6EI} \ (\curvearrowleft)$$

◆ ◆ ◆ ◆ ◆ ◆

10.5.5 다음 그림과 같이 등분포하중을 받는 라멘의 B점에서의 처짐각, C점에서의 수직처짐, E점에서의 수평처짐을 구하여라.

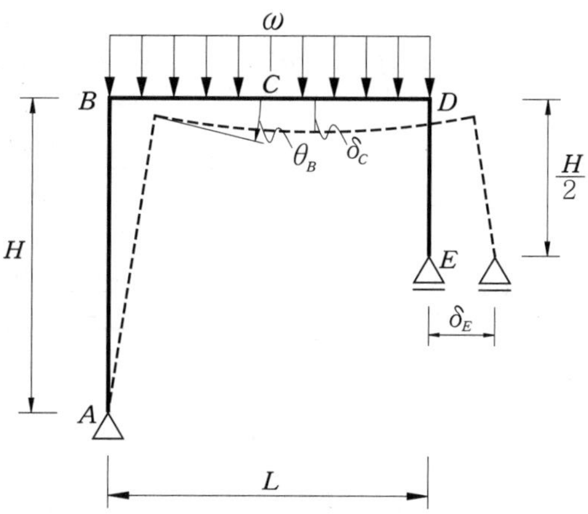

풀이

C점에서의 수직처짐 δ_C를 구하기 위하여 그림(a)와 같이 C점에 가상하중 P_C를 작용시킨 후 임의의 점 x에서의 휨모멘트를 x에 관하여 정리하면

$$M_y = 0 \qquad (A \le y \le B)$$

$$M_x = -\frac{wx^2}{2} + \frac{wLx}{2} + \frac{P_C x}{2} \qquad (B \le x \le C)$$

$$M_x = -\frac{wx^2}{2} + \frac{wLx}{2} - \frac{P_C x}{2} + \frac{P_C L}{2} \qquad (C \le x \le D)$$

$$M_y = 0 \qquad (D \le y \le E)$$

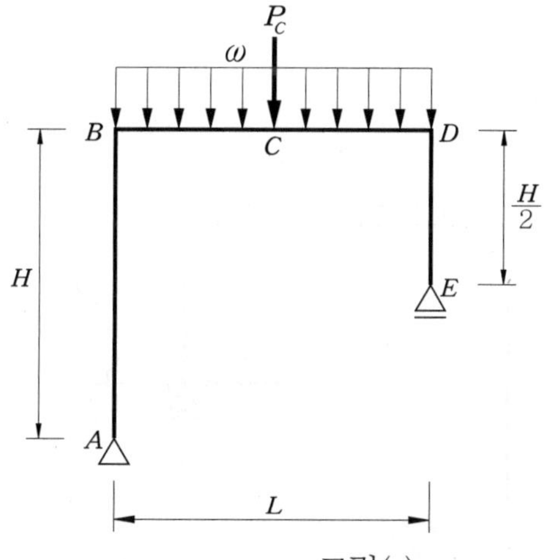

그림(a)

카스틸리아노의 정리에 의하여

$\delta_i = \int_0^H \frac{M}{EI}\left(\frac{\partial M}{\partial P_i}\right)dy + \int_0^L \frac{M}{EI}\left(\frac{\partial M}{\partial P_i}\right)dx + \int_0^{\frac{H}{2}} \frac{M}{EI}\left(\frac{\partial M}{\partial P_i}\right)dy$ 이므로 C 점의 수직처짐 δ_C 를 구하면

$$\delta_C = \frac{1}{EI}\int_0^H M\left(\frac{\partial M}{\partial P_C}\right)dy + \frac{1}{EI}\int_0^L M\left(\frac{\partial M}{\partial P_C}\right)dx + \frac{1}{EI}\int_0^{\frac{H}{2}} M\left(\frac{\partial M}{\partial P_C}\right)dy$$

$$= \frac{1}{EI}\int_0^{\frac{L}{2}}\left(-\frac{wx^2}{2}+\frac{wLx}{2}+\frac{P_Cx}{2}\right)\frac{\partial\left(-\frac{wx^2}{2}+\frac{wLx}{2}+\frac{P_Cx}{2}\right)}{\partial P_C}dx$$

$$+\frac{1}{EI}\int_{\frac{L}{2}}^L\left(-\frac{wx^2}{2}+\frac{wLx}{2}-\frac{P_Cx}{2}+\frac{P_CL}{2}\right)\frac{\partial\left(-\frac{wx^2}{2}+\frac{wLx}{2}-\frac{P_Cx}{2}+\frac{P_CL}{2}\right)}{\partial P_C}dx$$

$$= \frac{1}{EI}\int_0^{\frac{L}{2}}\left(-\frac{wx^2}{2}+\frac{wLx}{2}+\frac{P_Cx}{2}\right)\left(\frac{x}{2}\right)dx$$

$$+\frac{1}{EI}\int_{\frac{L}{2}}^L\left(-\frac{wx^2}{2}+\frac{wLx}{2}-\frac{P_Cx}{2}+\frac{P_CL}{2}\right)\left(-\frac{x}{2}+\frac{L}{2}\right)dx$$

윗식에서 $P_C = 0$ 을 대입하여 수직처짐 δ_C 를 구하면

$$\delta_C = \frac{1}{EI}\int_0^{\frac{L}{2}} -\frac{wx^3}{4}+\frac{wLx^2}{4}dx + \frac{1}{EI}\int_{\frac{L}{2}}^L \frac{wx^3}{4}-\frac{wLx^2}{2}+\frac{wL^2x}{4}dx = \frac{5wL^4}{384EI}\ (\downarrow)$$

E 점에서의 수평처짐 δ_E 를 구하기 위하여 그림(b)와 같이 E 점에 가상하중 P_E 를 작용시킨 후 임의의 점 x 에서의 휨모멘트를 x 에 관하여 정리하면

$$M_y = P_E\, y \qquad (A \le y \le B)$$

$$M_x = -\frac{wx^2}{2}+\frac{wLx}{2}-\frac{P_EHx}{2L}+P_EH \qquad (B \le x \le D)$$

$$M_y = P_E\, y \qquad (E \le y \le D)$$

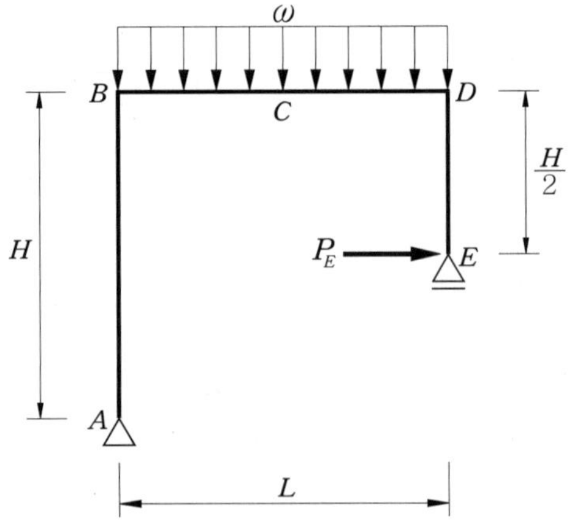

그림(b)

카스틸리아노의 정리에 의하여

$\delta_i = \int_0^H \frac{M}{EI}\left(\frac{\partial M}{\partial P_i}\right)dy + \int_0^L \frac{M}{EI}\left(\frac{\partial M}{\partial P_i}\right)dx + \int_0^{\frac{H}{2}} \frac{M}{EI}\left(\frac{\partial M}{\partial P_i}\right)dy$ 이므로 E 점의 수평처짐 δ_E 를 구하면

$$\begin{aligned}
\delta_E &= \frac{1}{EI}\int_0^H M\left(\frac{\partial M}{\partial P_E}\right)dy + \frac{1}{EI}\int_0^L M\left(\frac{\partial M}{\partial P_E}\right)dx + \frac{1}{EI}\int_0^{\frac{H}{2}} M\left(\frac{\partial M}{\partial P_E}\right)dy \\
&= \frac{1}{EI}\int_0^H (P_E y)\,\frac{\partial(P_E y)}{\partial P_E}\,dy \\
&\quad + \frac{1}{EI}\int_0^L\left(-\frac{wx^2}{2}+\frac{wLx}{2}-\frac{P_E Hx}{2L}+P_E H\right)\frac{\partial\left(-\frac{wx^2}{2}+\frac{wLx}{2}-\frac{P_E Hx}{2L}+P_E H\right)}{\partial P_E}dx \\
&\quad + \frac{1}{EI}\int_0^{\frac{H}{2}} (P_E y)\frac{\partial(P_E y)}{\partial P_E}dy \\
&= \frac{1}{EI}\int_0^H (P_E y)dy + \frac{1}{EI}\int_0^L\left(-\frac{wx^2}{2}+\frac{wLx}{2}-\frac{P_E Hx}{2L}+P_E H\right)\left(-\frac{Hx}{2L}+H\right)dx \\
&\quad + \frac{1}{EI}\int_0^{\frac{H}{2}} (P_E y)dy
\end{aligned}$$

윗식에서 $P_E = 0$ 을 대입하면

$$\delta_E = \frac{1}{EI}\int_0^L\left(\frac{wHx^3}{4L}-\frac{wHx^2}{2}-\frac{wHx^2}{4}+\frac{wLHx}{2}\right)dx \;=\; \frac{wL^3H}{16EI}\;(\rightarrow)$$

한편, B 점에서의 처짐각 θ_B 를 구하기 위하여 그림(c)와 같이 B 점에 가상하중 M_B 를 작용시킨 후 임의의 점 x 에서의 휨모멘트를 x 에 관하여 정리하면

$$M_y = 0 \qquad (A \le y \le B)$$

$$M_x = -\frac{wx^2}{2}+\frac{wLx}{2}-\frac{M_B x}{L}+M_B \qquad (B \le x \le D)$$

$$M_y = 0 \qquad (E \le y \le D)$$

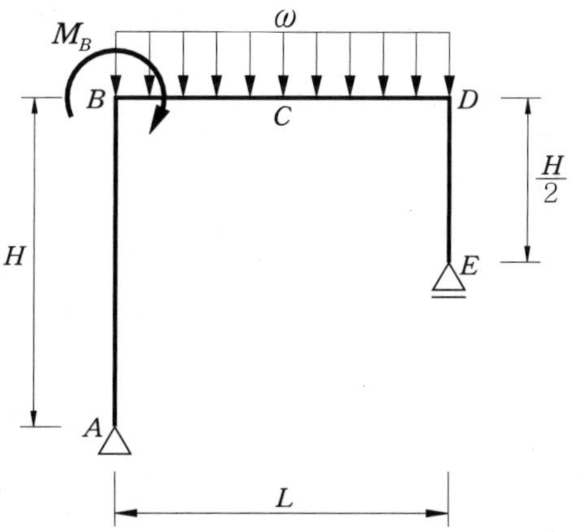

그림(c)

카스틸리아노의 정리에 의하여

$\theta_i = \int_0^H \frac{M}{EI}\left(\frac{\partial M}{\partial M_i}\right)dy + \int_0^L \frac{M}{EI}\left(\frac{\partial M}{\partial M_i}\right)dx + \int_0^{\frac{H}{2}} \frac{M}{EI}\left(\frac{\partial M}{\partial M_i}\right)dy$ 이므로 A점의 처짐각 θ_B를 구하면

$$\theta_B = \frac{1}{EI}\int_0^H M\left(\frac{\partial M}{\partial M_B}\right)dy + \frac{1}{EI}\int_0^L M\left(\frac{\partial M}{\partial M_B}\right)dx + \frac{1}{EI}\int_0^{\frac{H}{2}} M\left(\frac{\partial M}{\partial M_B}\right)dy$$

$$= \frac{1}{EI}\int_0^L \left(-\frac{wx^2}{2} + \frac{wLx}{2} - \frac{M_B x}{L} + M_B\right) \frac{\partial\left(-\frac{wx^2}{2} + \frac{wLx}{2} - \frac{M_B x}{L} + M_B\right)}{\partial M_B} dx$$

$$= \frac{1}{EI}\int_0^L \left(-\frac{wx^2}{2} + \frac{wLx}{2} - \frac{M_B x}{L} + M_B\right)\left(-\frac{x}{L} + 1\right) dx$$

윗식에서 $M_A = 0$ 을 대입하면

$$\theta_B = \frac{1}{EI}\int_0^L \frac{wx^3}{2L} - wx^2 + \frac{wLx}{2} dx \;=\; \frac{wL^3}{24EI}\ (\curvearrowright)$$

◆ ◆ ◆ ◆ ◆ ◆

10.6 상반작용의 정리

10.6.1 외력을 받는 임의의 구조물에 있어서 i 점에 작용하는 하중 P_i 에 의한 k 점의 변위량을 δ_{ki}, k 점에 작용하는 하중 P_k 에 의한 i 점의 변위량을 δ_{ik} 라 했을 때 상반작용의 원리(Reciprocal Theorem)를 나타내는 식은?

① $P_i \cdot \delta_{ik} = P_k \cdot \delta_{ki}$ ② $P_i \cdot \delta_{ki} = P_k \cdot \delta_{ik}$
③ $P_i \cdot P_k = \delta_{ki} \cdot \delta_{ik}$ ④ $\delta_{ik} = \delta_{ki}$

풀이

정답 ①

지점침하 및 온도변화가 없는 동일한 탄성구조물의 어떤 한 점 k에 작용하는 하중 P_k에 의한 다른 한 점 i의 P_i 작용방향의 변위 δ_{ik}는 점 i에 작용하는 하중 P_i에 의한 점 k의 P_k 작용방향의 변위 δ_{ki}와 같다.

◆ ◆ ◆ ◆ ◆ ◆

10.6.2 다음 그림과 같이 단순보 AB의 B단에 모멘트하중 $M_B = 2tf \cdot m$ (↺)이 주어졌을 때 A, B의 처짐각이 각각 $0.1\,radian$, $0.15\,radian$이었다. 이때 A단에 모멘트하중 $M_A = 3tf \cdot m$ (↻)를 주었을 때 B단의 처짐각은?

① $0.45\,radian$ ② $0.35\,radian$
③ $0.25\,radian$ ④ $0.15\,radian$

풀이

정답 ④

상반정리(Reciprocal Theorem)인
$M_i\,\theta_{ik} = M_k\,\theta_{ki}$ 를 이용한다.

$M_B \cdot \theta_{BA} = M_A \cdot \theta_{AB}$

$\therefore\ \theta_{BA} = \dfrac{M_A \cdot \theta_{AB}}{M_B} = \dfrac{3 \times 0.1}{2}$
$= 0.15\,radian$

◆ ◆ ◆ ◆ ◆ ◆

10.6.3 다음 그림과 같이 단순보의 m점에 P의 하중이 작용할 때 n점에 δ_{nm}이라는 처짐이 생긴다면 P라는 하중이 n점에 작용한다면 m점에 생기는 처짐의 크기는? (단, 휨강성계수 EI의 값은 일정하다.)

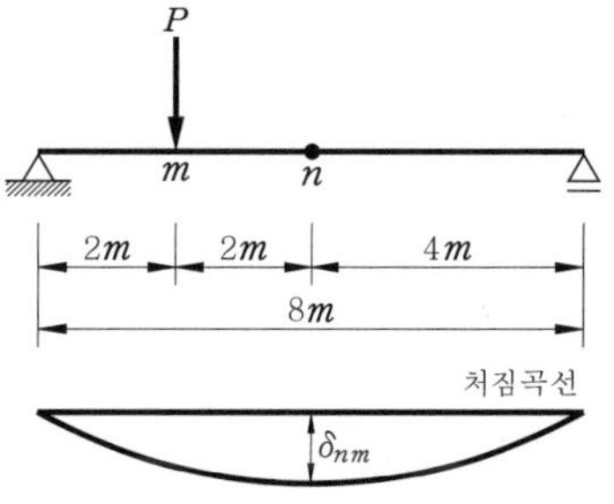

① $0.5\,\delta_{nm}$ ② $1.0\,\delta_{nm}$
③ $1.5\,\delta_{nm}$ ④ $2.0\,\delta_{nm}$

풀이

정답 ②

상반정리(Reciprocal Theorem)인
$P_i \cdot \delta_{ik} = P_k \cdot \delta_{ki}$를 이용한다.

$P \cdot \delta_{mn} = P \cdot \delta_{nm}$

$\therefore\ \delta_{mn} = \delta_{mn}$

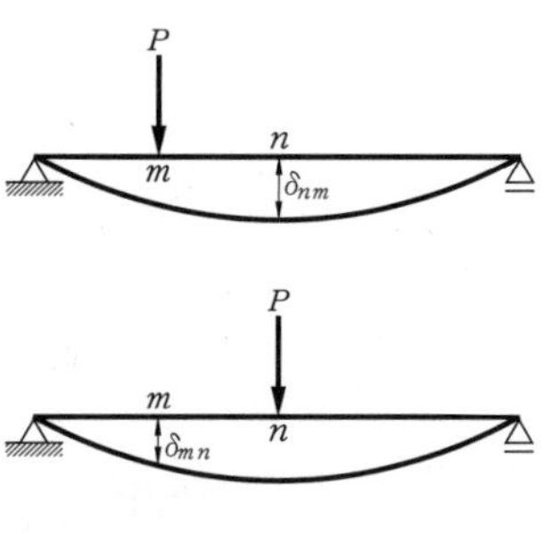

◆ ◆ ◆ ◆ ◆ ◆

10.6.4 일에 관한 다음 사항 중 옳지 않은 것은?

① 카스틸리아노의 정리에서 변위를 '0'으로 한 것이 최소일의 원리이다.

② 맥스웰의 정리에서 $P=1$로 한 것이 카스틸리아노의 정리이다.

③ 베티의 정리에서 하중을 1로 한 것이 맥스웰의 정리이다.

④ 맥스웰의 정리를 이용하여 부정정구조물의 영향선을 구하면 편리하다.

풀이

정답 ①

최소일의 원리는 변위를 '0'으로 한 것이 아니라 변위가 생기지 않은 지점에서 성립된다.

◆ ◆ ◆ ◆ ◆ ◆

11.1 처짐각법 (Slope Deflection Method)

11.1.1 다음과 같은 부정정 라멘의 휨모멘트도 및 전단력도를 구하여라.
(여기서, k는 강비이다.)

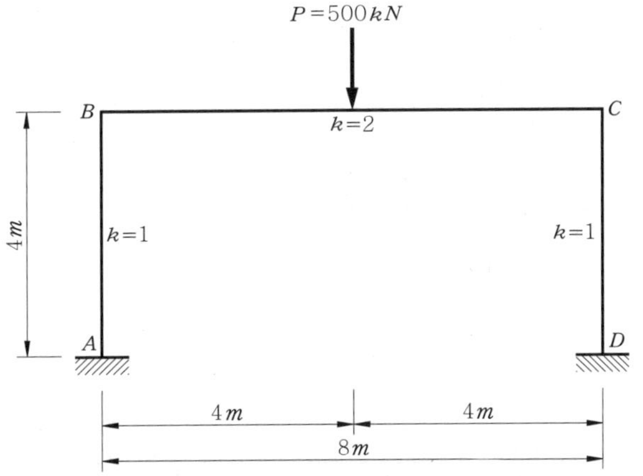

풀이-1 강비를 사용하여 일반적으로 풀 경우

A점과 D점은 고정단이므로 $\phi_A = \phi_D = 0$, 횡변위가 발생하지 않으므로 $\psi = 0$

(1) 고정단모멘트

AB부재 및 CD부재는 중간하중이 없으므로 하중항이 존재하지 않는다.

BC부재의 고정단모멘트

$$C_{BC} = -\frac{500 \times 8}{8} = -500\,kN{\cdot}m \qquad C_{CB} = \frac{500 \times 8}{8} = 500\,kN{\cdot}m$$

(2) 재단모멘트 방정식

$$M_{AB} = \phi_B \qquad M_{BA} = 2\phi_B$$

$$M_{BC} = 4\phi_B + 2\phi_C - 500 \qquad M_{CB} = 4\phi_C + 2\phi_B + 500$$

$$M_{CD} = 2\phi_C \qquad M_{DC} = \phi_C$$

(3) 절점방정식

$$\Sigma M_B = 0 \quad : \quad M_{BA} + M_{BC} = 6\phi_B + 2\phi_C - 500 = 0$$

$$\Sigma M_C = 0 \quad : \quad M_{CB} + M_{CD} = 2\phi_B + 6_C + 500 = 0 \qquad \therefore\ \phi_B = 125\,,\ \ \phi_C = -125$$

(4) 재단모멘트 계산

ϕ_B값을 재단모멘트 방정식에 대입하여 재단모멘트를 계산한다.

$M_{AB}=125kN\cdot m$ $\quad M_{BA}=250kN\cdot m$ $\quad M_{BC}=-250kN\cdot m$

$M_{CB}=250kN\cdot m$ $\quad M_{CD}=-250kN\cdot m$ $\quad M_{DC}=-125kN\cdot m$

(5) 전단력 계산

① AB 부재의 전단력

$$V_{AB}=-\frac{M_{AB}+M_{BA}}{4}=-93.75kN$$

② CD 부재의 전단력

$$V_{CD}=-\frac{M_{CD}+M_{DC}}{4}=93.75kN$$

(6) BC 부재의 중앙부 휨모멘트 계산

$$M_{cen}=M_0+M_{BC}=1500-750=750\,kN\cdot m$$

(7) 휨모멘트도 및 전단력도

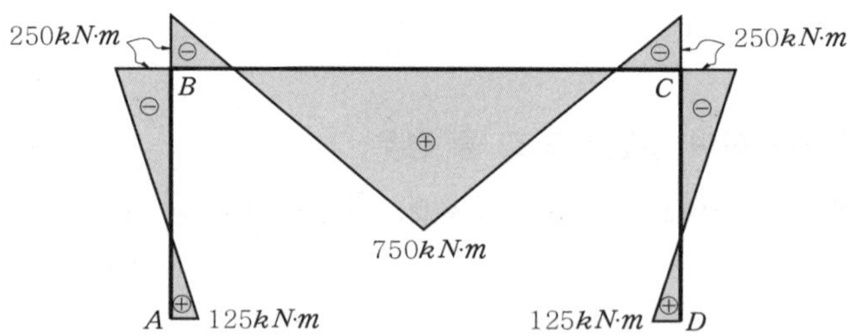

그림(a) 휨모멘트도(B.M.D)

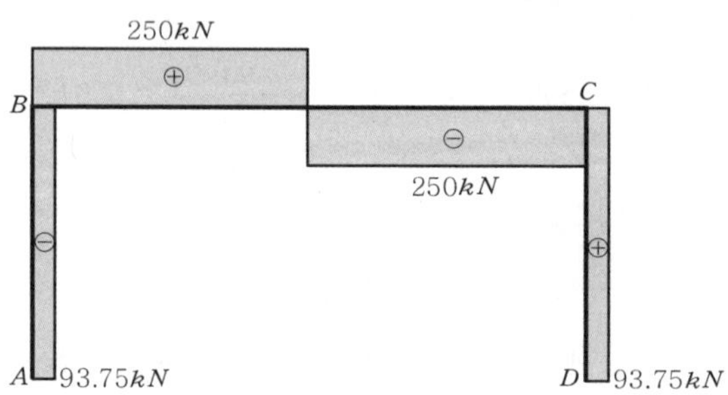

그림(b) 전단력도(S.F.D)

풀이-2 대칭성을 이용한 유효강비를 고려하여 풀 경우

· 대칭변형을 하므로 유효강비를 고려하여 좌측반분만 계산

· A 점과 D 점은 고정단이므로 $\phi_A=\phi_D=0$, 대칭이므로 $\phi_B=-\phi_C$

· 횡변위가 발생하지 않으므로 $\psi=0$

· BC 부재의 유효강비 : 양단고정이고 대칭성을 고려하였으므로 $k_e=2$

(1) 고정단모멘트

AB 부재 및 CD 부재는 중간하중이 없으므로 하중항이 존재하지 않는다.

BC 부재의 고정단모멘트

$$C_{BC} = -\frac{500 \times 8}{8} = -500kN \cdot m$$

(2) 재단모멘트 방정식

$$M_{AB} = k(2\phi_A + \phi_B + \psi) + C_{AB} = \phi_B$$

$$M_{BA} = k(2\phi_B + \phi_A + \psi) + C_{BA} = 2\phi_B$$

$$M_{BC} = k_e(2\phi_B + \phi_C + \psi) + C_{BC} = 2\phi_B - 500$$

(3) 절점방정식

$$\Sigma M_B = 0$$

$$M_{BA} + M_{BC} = 2\phi_B + 2\phi_B - 500 = 0 \qquad \therefore \ \phi_B = 125$$

(4) 재단모멘트 계산

ϕ_B 값과 대칭변형을 고려하여 모든 재단모멘트를 계산한다.

$M_{AB} = 125kN \cdot m$ $\qquad$ $M_{BA} = 250kN \cdot m$ $\qquad$ $M_{BC} = -250kN \cdot m$

$M_{CB} = 250kN \cdot m$ $\qquad$ $M_{CD} = -250kN \cdot m$ $\qquad$ $M_{DC} = -125kN \cdot m$

(5) 전단력 계산, 휨모멘트도 및 전단력도

〈풀이-1 : 강비를 사용하여 일반적으로 풀 경우〉와 동일한 결과임을 알 수 있다.

◆ ◆ ◆ ◆ ◆ ◆

11.1.2 다음과 같은 부정정 보의 휨모멘트도 및 전단력도를 구하여라. (단, 모든 부재의 EI는 일정하다.)

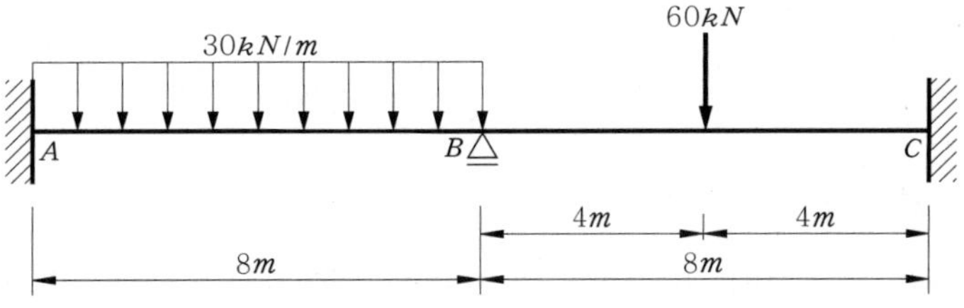

풀이

(1) 고정단모멘트

$$C_{AB} = -\frac{wL^2}{12} = -\frac{30 \times 8^2}{12} = -160kN \cdot m \qquad C_{BA} = \frac{wL^2}{12} = \frac{30 \times 8^2}{12} = 160kN \cdot m$$

$$C_{BC} = -\frac{PL}{8} = -\frac{60 \times 8}{8} = -60kN \cdot m \qquad C_{CB} = \frac{PL}{8} = \frac{60 \times 8}{8} = 60kN \cdot m$$

(2) 재단모멘트

절점 A, C의 회전각이 '0' 이므로 $\phi_A = 0$, $\phi_C = 0$

절점 A, B, C가 이동하지 않으므로 $\psi = 0$

EI가 일정하고, 부재의 길이가 같으므로 모든 부재의 강비 $k = 1$

$M_{AB} = k_{AB}(2\phi_A + \phi_B + \psi) + C_{AB} = \phi_B - 160$

$M_{BA} = k_{BA}(2\phi_B + \phi_A + \psi) + C_{BA} = 2\phi_B + 160$

$M_{BC} = k_{BC}(2\phi_B + \phi_C + \psi) + C_{BC} = 2\phi_B - 60$

$M_{CB} = k_{CB}(2\phi_C + \phi_B + \psi) + C_{CB} = \phi_B + 60$

(3) 절점방정식

$\sum M_B = M_{BA} + M_{BC} = 0$

$2\phi_B + 160 + 2\phi_B - 60 = 0$

$\therefore \ \phi_B = -25$

(4) 위에서 구한 ϕ_B를 대입하여 재단모멘트를 구하면

$M_{AB} = -185 kN \cdot m$ $\qquad M_{BA} = 110 kN \cdot m$

$M_{BC} = -110 kN \cdot m$ $\qquad M_{CB} = 35 kN \cdot m$

(5) 전단력 계산

① $A-B$구간

$$V_A = V_0 + \frac{|M_A - M_B|}{l} = 120 + \frac{|-185 + 110|}{8} = 129.375 kN$$

$$V_B = V_0 - \frac{|M_A - M_B|}{l} = 120 - \frac{|-185 + 110|}{8} = 110.625 kN$$

② $B-C$구간

$$V_B = V_0 + \frac{|M_B - M_C|}{l} = 30 + \frac{|-110 + 35|}{8} = 39.375 kN$$

$$V_C = V_0 - \frac{|M_B - M_C|}{l} = 30 - \frac{|-110 + 35|}{8} = 20.625 kN$$

(6) 휨모멘트 계산

$A-B$ 구간(A 로부터 임의의 거리 x 만큼 떨어진 위치에서 휨모멘트)

$M_{A-B} = -185 + 129.375x - 15x^2$

이때, 휨모멘트가 최대인 구간은 전단력이 '0' 인 지점이므로

$V_{A-B} = -30x + 129.375 = 0$

$x = 4.31m$ 인 점에서 최대휨모멘트 $M_{\max} = 93.96 kN \cdot m$

(7) 이로부터 휨모멘트도 및 전단력도를 구하면 다음과 같다.

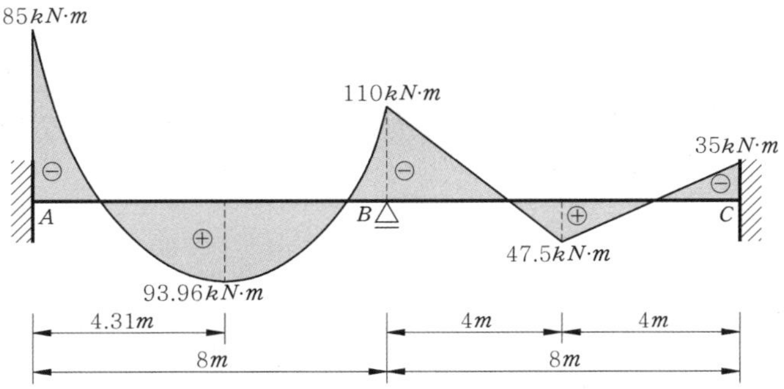

그림(a) 휨모멘트도(B.M.D)

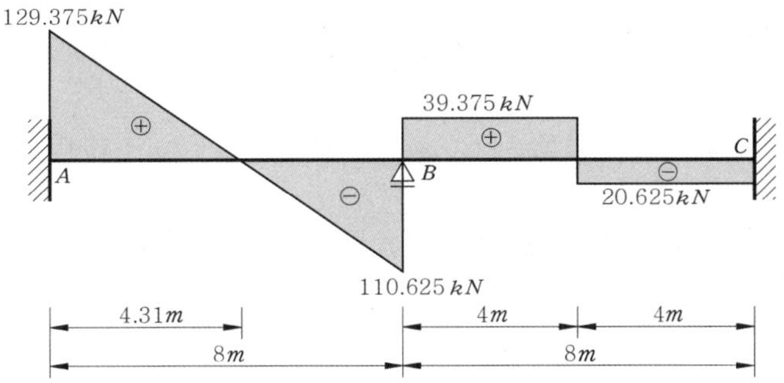

그림(b) 전단력도(S.F.D)

◆ ◆ ◆ ◆ ◆ ◆

11.1.3 다음과 같은 부정정 보의 휨모멘트도 및 전단력도를 구하여라. (단, 모든 부재의 $EI = 165{,}600\ kN \cdot m^2$ 이고, B 점에서 $5cm$ 지점침하가 발생하였다.)

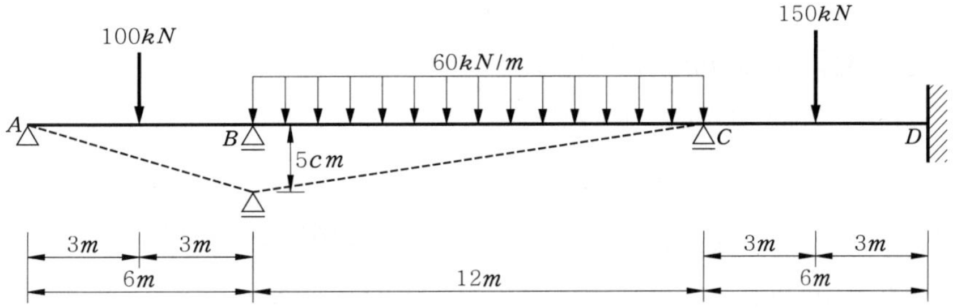

풀이

(1) 고정단모멘트

$$C_{AB} = 0kN \cdot m\ ,\quad H_{BA} = \frac{3PL}{16} = \frac{3 \times 100 \times 6}{16} = 112.5kN \cdot m$$

$$C_{BC} = -\frac{wL^2}{12} = -\frac{60 \times 12^2}{12} = -720kN \cdot m \quad C_{CB} = \frac{wL^2}{12} = \frac{60 \times 12^2}{12} = 720kN \cdot m$$

$$C_{CD} = -\frac{PL}{8} = -\frac{150\times 6}{8} = -112.5kN\cdot m \quad C_{DC} = \frac{PL}{8} = \frac{150\times 6}{8} = 112.5kN\cdot m$$

(2) 부재각 R

$$R_{AB} = \frac{0.05}{6} = 0.00833\,,\quad R_{BC} = -\frac{0.05}{12} = -0.00417\,,\quad R_{CD} = 0$$

(3) 재단모멘트

절점 D의 회전각이 '0' 이므로 $\theta_D = 0$

$$M_{AB} = \frac{2EI}{L}(2\theta_A + \theta_B - 3R_{AB}) + C_{AB} = 55200(2\theta_A + \theta_B) - 1380$$

$$M_{BA} = \frac{2EI}{L}(2\theta_B + \theta_A - 3R_{AB}) + H_{BA} = 55200(2\theta_B + \theta_A) - 1267.5$$

$$M_{BC} = \frac{2EI}{L}(2\theta_B + \theta_C - 3R_{BC}) + C_{BC} = 27600(2\theta_B + \theta_C) - 375$$

$$M_{CB} = \frac{2EI}{L}(2\theta_C + \theta_B - 3R_{BC}) + C_{CB} = 27600(2\theta_C + \theta_B) + 1065$$

$$M_{CD} = \frac{2EI}{L}(2\theta_C + \theta_D - 3R_{CD}) + C_{CD} = 110400\theta_C - 112.5$$

$$M_{DC} = \frac{2EI}{L}(2\theta_D + \theta_C - 3R_{CD}) + C_{DC} = 55200\,\theta_C + 112.5$$

(4) 절점방정식

$$\Sigma M_A = M_{AB} = 55200(2\theta_A + \theta_B) - 1380 = 0$$

$$\Sigma M_B = M_{BA} + M_{BC} = 55200(2\theta_B + \theta_A) + 27600(2\theta_B + \theta_C) - 1642.5 = 0$$

$$\Sigma M_C = M_{CB} + M_{CD} = 27600(2\theta_C + \theta_B) + 110400\,\theta_C + 952.5 = 0$$

위 식을 정리하여 쓰면

$$110400\theta_A + 55200\theta_B = 1380 \quad \cdots\cdots\cdots\cdots ①$$

$$55200\theta_A + 165600\theta_B + 27600\theta_C = 1642.5 \quad \cdots\cdots\cdots\cdots ②$$

$$27600\theta_B + 165600\theta_C = -952.5 \quad \cdots\cdots\cdots\cdots ③$$

①, ②, ③ 식을 연립하여 풀면

$$\therefore\ \theta_A \fallingdotseq 0.00833\,,\quad \theta_B \fallingdotseq 0.00833\,,\quad \theta_C \fallingdotseq -0.00716$$

(5) 위에서 구한 θ_A, θ_B, θ_C를 대입하여 재단모멘트를 구하면

$M_{AB} = 0kN\cdot m$ $\qquad$ $M_{BA} \fallingdotseq 112.2kN\cdot m$

$M_{BC} \fallingdotseq -112.2kN\cdot m$ $\qquad$ $M_{CB} \fallingdotseq 900.8kN\cdot m$

$M_{CD} \fallingdotseq -900.8kN\cdot m$ $\qquad$ $M_{DC} \fallingdotseq -281.6kN\cdot m$

(6) 전단력 계산

① $A-B$구간

$$V_A = V_0 - \frac{|M_A - M_B|}{l} = 50 - \frac{|112.2|}{6} = 31.3\,kN$$

$$V_B = V_0 + \frac{|M_A - M_B|}{l} = 50 + \frac{|112.2|}{6} = 68.7\,kN$$

② $B-C$구간

$$V_B = V_0 - \frac{|M_B - M_C|}{l} = 360 - \frac{|-112.2+900.8|}{12} = 294.28\,kN$$

$$V_C = V_0 + \frac{|M_B - M_C|}{l} = 360 + \frac{|-112.2+900.8|}{12} = 425.72\,kN$$

③ $C-D$구간

$$V_C = V_0 + \frac{|M_C - M_D|}{l} = 75 + \frac{|-900.8-281.6|}{6} = 272.07\,kN$$

$$V_D = V_0 - \frac{|M_C - M_D|}{l} = 75 - \frac{|-900.8-281.6|}{6} = 122.07\,kN$$

(7) 휨모멘트 계산

① $A-B$ 구간 최대휨모멘트(A 로부터 $3m$ 만큼 떨어진 위치에서 휨모멘트)

$$M_{\max.} = M_0 - \frac{|M_A b - M_B a|}{l} = 150 - \frac{112.2\times 3}{6} = 93.9\,kN\cdot m$$

② $B-C$ 구간 (B 로부터 $x\,m$ 만큼 떨어진 위치에서 휨모멘트)

$$M_{B-C} = 31.3(6+x) - 100(3+x) + 362.95x - 30x^2 = -30x^2 + 294.25x - 112.2$$

이때 휨모멘트가 최대인 구간은 전단력이 '0' 인 지점이므로

$$V_{B-C} = -60x + 294.25 = 0$$

$x = 4.9m$ 인 점에서 최대휨모멘트 $M_{\max} = 609.33kN\cdot m$

③ $C-D$ 구간 중앙점 휨모멘트

(C 로부터 $3m$ 만큼 떨어진 위치에서 휨모멘트)

$$M = 281.6 - 122.07\times 3 = -84.61\,kN\cdot m$$

(8) 이로부터 휨모멘트도 및 전단력도를 구하면 다음과 같다.

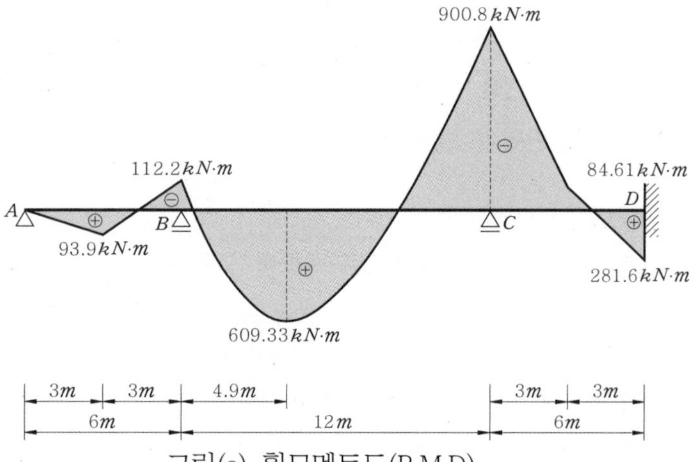

그림(a) 휨모멘트도(B.M.D)

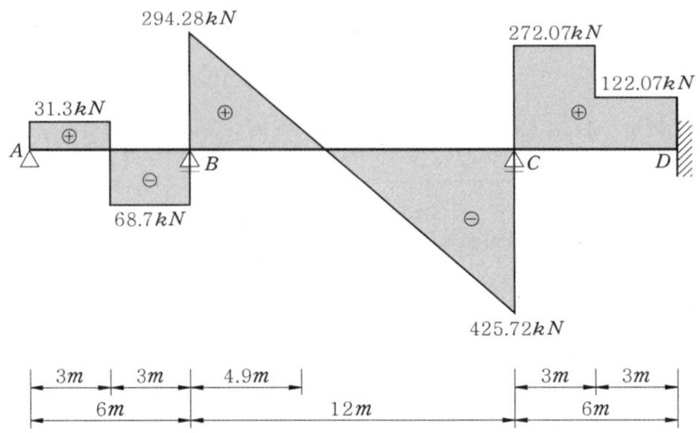

그림(b) 전단력도(S.F.D)

◆ ◆ ◆ ◆ ◆ ◆

11.1.4 다음과 같은 수평하중을 받는 부정정 라멘의 휨모멘트도와 전단력도를 구하여라. (여기서, k 는 강비이다.)

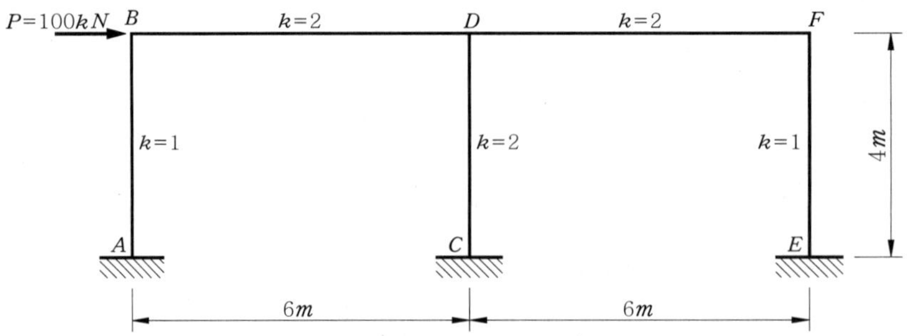

풀이

대칭라멘에 수평하중이 작용하는 경우이므로, $P/2$ 의 수평하중이 작용하고, 강성이 $0.5k$ 인 CD 재를 가진 좌측반분의 라멘에 대해서 푼다.

점 A, C 는 고정단이므로, $\phi_A = \phi_C = 0$

수평하중에 의해 횡변위가 발생하므로 $\psi_A = \psi_C = \psi \neq 0$

(1) 고정단모멘트

모든 부재는 중간하중이 없으므로 하중항이 존재하지 않는다.

(2) 재단모멘트 방정식

$M_{AB} = \phi_B + \psi$ $\qquad$ $M_{BA} = 2\phi_B + \psi$

$M_{BD} = 4\phi_B + 2\phi_D$ $\qquad$ $M_{DB} = 4\phi_D + 2\phi_B$

$M_{DC} = 2\phi_D + \psi$ $\qquad$ $M_{CD} = \phi_D + \psi$

(3) 절점방정식

$\sum M_B = 0$

$M_{BA} + M_{BD} = 2\phi_B + \psi + 4\phi_B + 2\phi_D = 6\phi_B + 2\phi_D + \psi = 0$ .... ①

$\sum M_D = 0$

$M_{DB} + M_{DC} = 4\phi_D + 2\phi_B + 2\phi_D + \psi = 2\phi_B + 6\phi_D + \psi = 0$ .... ②

(4) 층방정식

$\sum H = 0 \;:\; \dfrac{P}{2} - Q_A - Q_C = 0$

$\sum M_B = 0 \;:\; M_{BA} + M_{AB} + Q_A h = 0 \;\Rightarrow\; Q_A = -\dfrac{M_{BA} + M_{AB}}{h}$

$Q_A = Q_C$ 이므로

$\sum H = \dfrac{M_{AB} + M_{BA}}{4} + \dfrac{M_{CD} + M_{DC}}{4} + 50 = 0$

$\phi_B + \psi + 2\phi_B + \psi + \phi_D + \psi + 2\phi_D + \psi = 3\phi_B + 3\phi_D + 4\psi = -200$ .... ③

(5) 절점각(ϕ_B, ϕ_D)과 부재각(ψ) 계산

절점방정식과 층방정식을 통해 위에서 구한 ①~③식을 연립하여 풀면

$\phi_B = 7.69$ $\phi_D = 7.69$ $\psi = -61.54$

(6) 재단모멘트 계산

ϕ_B, ϕ_D, ψ 값을 재단모멘트 방정식에 대입하여 재단모멘트를 계산한다.

단, 대칭성을 고려하여 계산했으므로, CD재는 계산된 값의 2배를 취한다.

$M_{AB} = -53.85\,kN\cdot m$ $M_{BA} = -46.15\,kN\cdot m$ $M_{BD} = 46.15\,kN\cdot m$

$M_{DB} = 16.15\,kN\cdot m$ $M_{DC} = -92.3\,kN\cdot m$ $M_{CD} = -107.7\,kN\cdot m$

(7) 전단력 계산

AB재, BD재, CD재의 전단력을 구하고 대칭성을 고려하여 전단력 적용

AB재 : $-\dfrac{M_{BA} + M_{AB}}{h} = -\dfrac{-46.15 - 53.85}{4} = 25\,kN$

BD재 : $-\dfrac{M_{DB} + M_{BD}}{l} = -\dfrac{46.15 + 16.15}{6} = -15.38\,kN$

CD재 : $-\dfrac{M_{CD} + M_{DC}}{h} = -\dfrac{92.3 - 107.7}{4} = 50\,kN$

(8) 휨모멘트도 및 전단력도

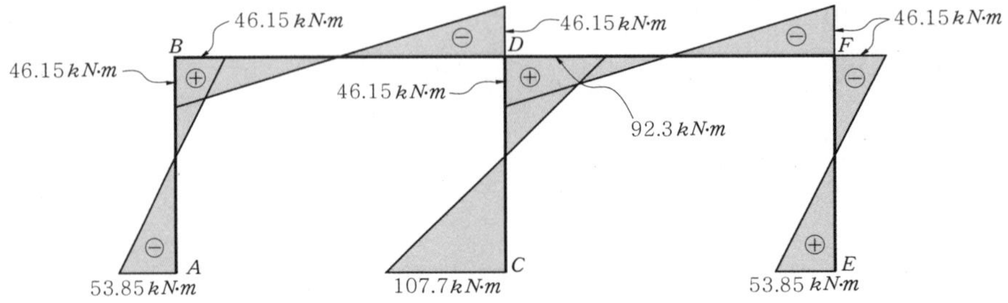

그림(a) 휨모멘트도(B.M.D)

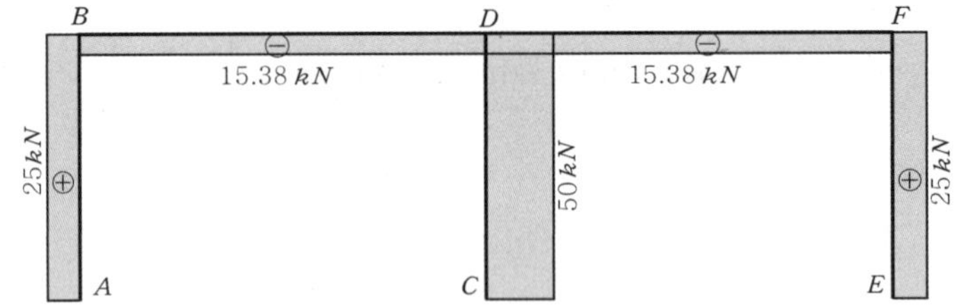

그림(b) 전단력도(S.F.D)

◆ ◆ ◆ ◆ ◆ ◆

11.1.5 다음과 같은 수평하중을 받는 부정정 라멘의 휨모멘트도와 전단력도를 구하여라. (여기서, k는 강비이다.)

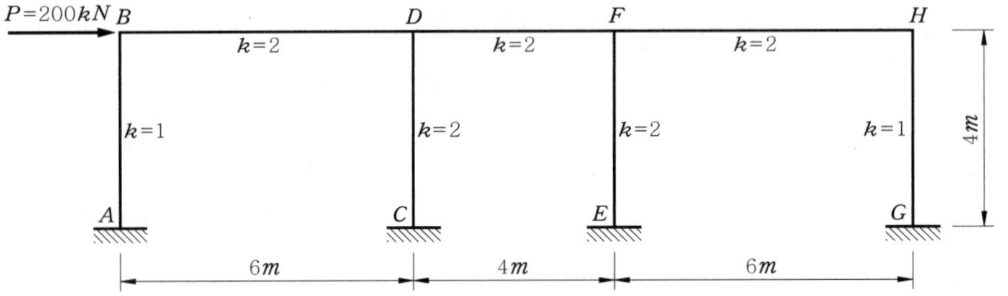

풀이

역대칭 변형을 하는 라멘이므로 유효강비를 고려하여, 대칭축상의 부재 DF의 좌측반분만을 계산한다.

점 A, C는 고정단이므로, $\phi_A = \phi_C = 0$

수평하중에 의해 횡변위가 발생하므로 $\psi_A = \psi_C = \psi \neq 0$

(1) 고정단모멘트

모든 부재는 중간하중이 없으므로 하중항이 존재하지 않는다.

(2) 재단모멘트 방정식

$M_{AB} = 1(\phi_B + \psi) = \phi_B + \psi$ $\quad$ $M_{BA} = 1(2\phi_B + \psi) = 2\phi_B + \psi$

$M_{BD} = 2(2\phi_B + \phi_D) = 4\phi_B + 2\phi_D$ $\quad$ $M_{DB} = 2(2\phi_D + \phi_B) = 4\phi_D + 2\phi_B$

$M_{DC} = 2(2\phi_D + \psi) = 4\phi_D + 2\psi$ $\quad$ $M_{CD} = 2(\phi_D + \psi) = 2\phi_D + 2\psi$

$M_{DC} = 3(2\phi_D) = 6\phi_D$

(3) 절점방정식

$\Sigma M_B = 0$

$M_{BA} + M_{BD} = 2\phi_B + \psi + 4\phi_B + 2\phi_D = 6\phi_B + 2\phi_D + \psi = 0$ …… ①

$\Sigma M_D = 0$

$M_{DB} + M_{DC} = 4\phi_D + 2\phi_B + 4\phi_D + 2\psi + 6\phi_D = 2\phi_B + 14\phi_D + 2\psi = 0$ …… ②

(4) 층방정식

$\Sigma H = 0$: $P - Q_A - Q_C = 0$

$\Sigma M_B = 0$: $M_{BA} + M_{AB} + Q_A h = 0 \Rightarrow Q_A = -\dfrac{M_{BA} + M_{AB}}{h}$

$Q_A = Q_C$ 이므로

$$\Sigma H = \frac{M_{AB} + M_{BA}}{4} + \frac{M_{CD} + M_{DC}}{4} + 100 = 0$$

$\phi_B + \psi + 2\phi_B + \psi + 2\phi_D + 2\psi + 4\phi_D + 2\psi = 3\phi_B + 6\phi_D + 6\psi = -400$ …… ③

(5) 절점각(ϕ_B, ϕ_D)과 부재각(ψ) 계산

절점방정식과 층방정식을 통해 위에서 구한 ①~③식을 연립하여 풀면

$\phi_B = 10.256$ $\quad$ $\phi_D = 10.256$ $\quad$ $\psi = -82.051$

(6) 재단모멘트 계산

ϕ_B, ϕ_D, ψ 값을 재단모멘트 방정식에 대입하여 재단모멘트를 계산한다.

단, 대칭성을 고려하여 계산했으므로, CD재는 계산된 값의 2배를 취한다.

$M_{AB} = -71.795kN\cdot m$ $\quad$ $M_{BA} = -61.54kN\cdot m$ $\quad$ $M_{BD} = 61.54kN\cdot m$

$M_{DB} = 61.54kN\cdot m$ $\quad$ $M_{DC} = -123.078kN\cdot m$ $\quad$ $M_{CD} = -143.59kN\cdot m$

$M_{DF} = 61.54kN\cdot m$

(7) 전단력 계산

AB재, BD재, CD재의 전단력을 구하고 대칭성을 고려하여 전단력 적용

$$AB\text{재} : -\frac{M_{BA}+M_{AB}}{h} = -\frac{-61.54-71.795}{4} = 33.33\,kN$$

$$BD\text{재} : -\frac{M_{DB}+M_{BD}}{l} = -\frac{61.54+61.54}{6} = -20.51\,kN$$

$$CD\text{재} : -\frac{M_{CD}+M_{DC}}{h} = -\frac{-123.078-143.59}{4} = 66.67\,kN$$

$$DF\text{재} : -\frac{M_{DF}+M_{FD}}{h} = -\frac{61.54+61.54}{4} = -30.77\,kN$$

(8) 휨모멘트도 및 전단력도

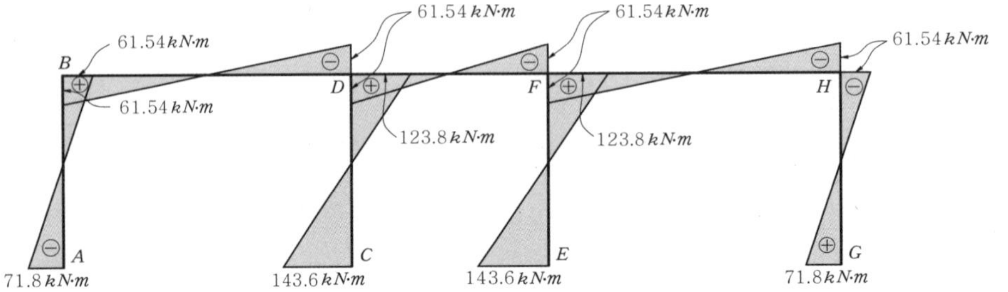

그림(a) 휨모멘트도(B.M.D)

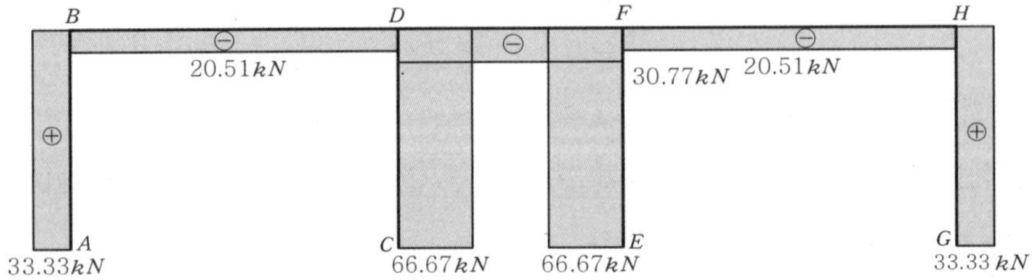

그림(b) 전단력도(S.F.D)

◆ ◆ ◆ ◆ ◆ ◆

11.1.6 다음과 같은 수평하중을 받는 부정정 라멘의 휨모멘트도 및 전단력도를 구하여라. (여기서, k 는 강비이다.)

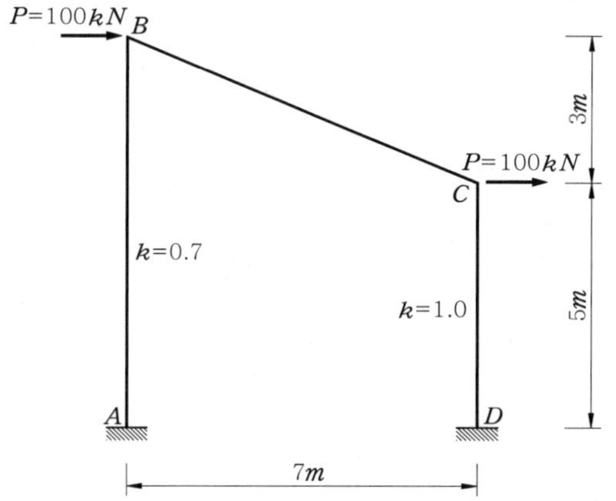

풀이

그림(a)와 같이 B 점의 변위 δ_B 과 C 점의 변위 δ_C 는 같기 때문에 다음의 식이 성립된다.

$$R_1 = -\frac{\delta_B}{h_{AB}} \quad \Rightarrow \quad \delta_B = R_1 \cdot h_{AB}$$

$$R_2 = -\frac{\delta_A}{h_{CD}} \quad \Rightarrow \quad \delta_C = R_2 \cdot h_{CD}$$

$\delta_B = \delta_C$ 이므로 $R_1 \cdot h_{AB} = R_2 \cdot h_{CD}$

$$\therefore R_2 = \frac{h_{AB}}{h_{CD}} \cdot R_1 = 1.6 \cdot R_1 \quad \Rightarrow \quad \psi_2 = 1.6 \cdot \psi_1$$

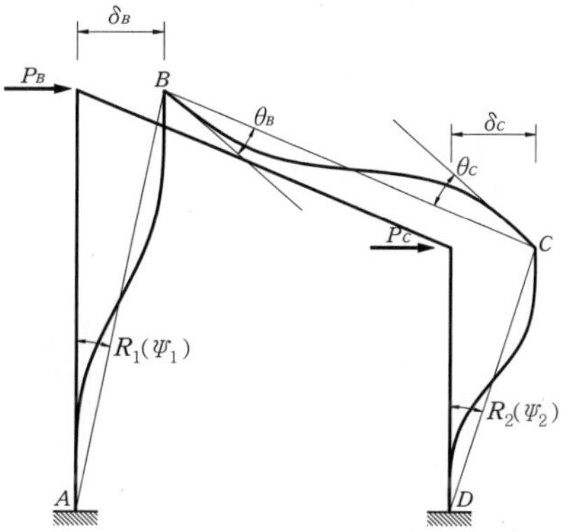

그림(a)

(1) 재단모멘트

$M_{AB} = 0.7(\phi_B + \psi_1) = 0.7\phi_B + 0.7\psi_1$ $\quad M_{BA} = 0.7(2\phi_B + \psi_1) = 1.4\phi_B + 0.7\psi_1$

$M_{BC} = 2\phi_B + \phi_C$ $\quad M_{CB} = 2\phi_C + \phi_B$

$M_{CD} = 2\phi_C + 1.6\psi_1$ $\quad M_{DC} = \phi_C + 1.6\psi_1$

(2) 절점방정식

$\Sigma M_B = 0 \ : \ M_{BA} + M_{BC} = 0$ $\quad \therefore \ 3.4\phi_B + \phi_C + 0.7\psi_1 = 0$

$\Sigma M_C = 0 \ : \ M_{CB} + M_{CD} = 0$ $\quad \therefore \ \phi_B + 4\phi_C + 1.6\psi_1 = 0$

(3) 층방정식

$$\sum H = 0 \ \ : \ P_1 + P_2 - Q_A - Q_D = 0$$

$$\sum M_B = 0 \ : \ M_{AB} + M_{BA} + 8Q_A = 0 \ \Rightarrow \ Q_A = -\frac{M_{AB} + M_{BA}}{8}$$

$$\sum M_C = 0 \ : \ M_{CD} + M_{DC} + 5Q_D = 0 \ \Rightarrow \ Q_D = -\frac{M_{CD} + M_{DC}}{5}$$

$$\therefore \ P_1 + P_2 + \frac{M_{BA} + M_{AB}}{8} + \frac{M_{CD} + M_{DC}}{5} = 0$$

$$\Rightarrow \ 10.5\phi_B + 24\phi_C + 32.6\psi_1 = -8000$$

(4) 절점방정식과 층방정식을 연립하여 풀면

$\phi_B = 33.75$ $\phi_C = 133.33$ $\psi_1 = -354.43$

(5) 위에서 구한 ϕ_B 및 ψ_1 를 대입하여 재단모멘트를 구하면

$M_{AB} = -224.5\,kN\cdot m$ $M_{BA} = -200.8\,kN\cdot m$ $M_{BC} = 200.8\,kN\cdot m$

$M_{CB} = 300.4\,kN\cdot m$ $M_{CD} = -300.4kN\cdot m$ $M_{DC} = -433.8\,kN\cdot m$

(6) 이로부터 휨모멘트도 및 전단력도를 구하면 다음과 같다.

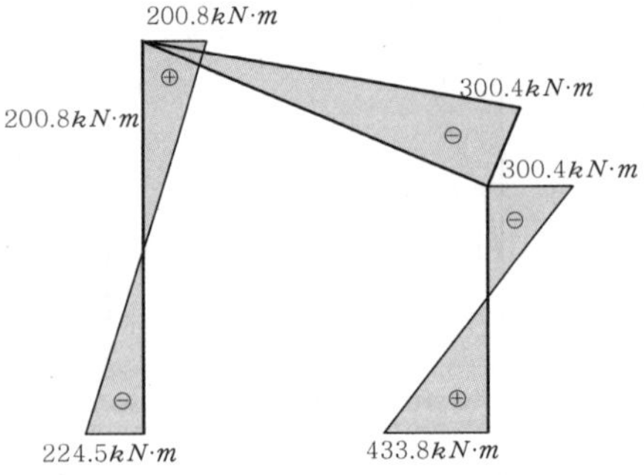

그림(b) 휨모멘트도(B.M.D)

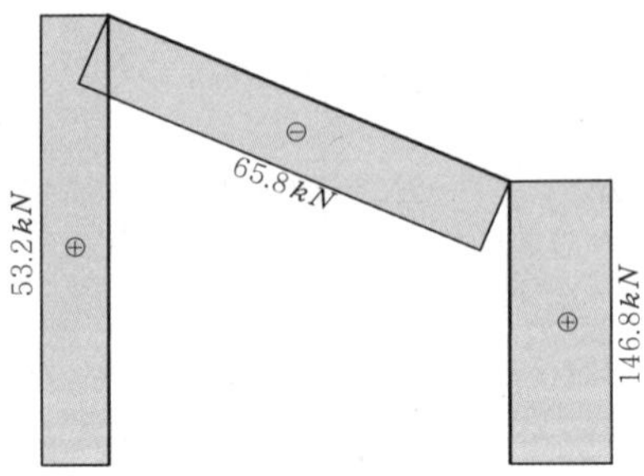

그림(c) 전단력도(S.F.D)

◆ ◆ ◆ ◆ ◆ ◆

11.2 모멘트분배법 (Moment Distribution Method)

11.2.1 다음과 같은 부정정 연속보의 휨모멘트도와 전단력도를 모멘트분배법으로 구하여라. (여기서, I 는 단면2차모멘트이다.)

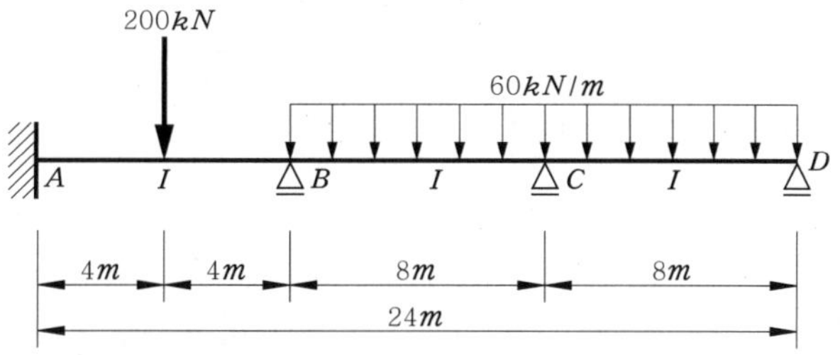

풀이-1 유효강비를 이용하는 방법

(1) 각 부재의 강성 계산

$$K_{AB}=\frac{I}{8}\qquad K_{BC}=\frac{I}{8}\qquad K_{CD}=\frac{I}{8}$$

(2) 각 부재의 강비 계산 ($K_{AB}=K_0$ 로 가정하여 강비를 계산)

$$k_{AB}=\frac{K_{AB}}{K_0}=1.0\qquad k_{BC}=\frac{K_{BC}}{K_0}=1.0$$

$$k_{CD}=\frac{K_{CD}}{K_0}=0.75\ (\because\ CD\text{ 부재는 타단힌지이므로 } k_e=0.75k)$$

(3) 분배율(DF)

$$\mu_{AB}=\frac{k}{\sum k}=\frac{1}{\infty+1}=0\qquad \mu_{BA}=\mu_{BC}=\frac{k}{\sum k}=\frac{1}{1+1}=0.5$$

$$\mu_{CB}=\frac{k}{\sum k}=\frac{1}{1+0.75}=\frac{4}{7}\qquad \mu_{CD}=\frac{k}{\sum k}=\frac{0.75}{1+0.75}=\frac{3}{7}$$

$$\mu_{DC}=\frac{k}{\sum k}=\frac{0.75}{0.75+0}=1$$

(4) 고정단모멘트(FEM)

$$C_{AB}=-\frac{PL}{8}=-200kN\cdot m\qquad C_{BA}=\frac{PL}{8}=200kN\cdot m$$

$$C_{BC}=-\frac{wL^2}{12}=-320kN\cdot m\qquad C_{CB}=\frac{wL^2}{12}=320kN\cdot m$$

$$H_{CD}=-\frac{wL^2}{8}=-480kN\cdot m\qquad H_{DC}=0\,kN\cdot m$$

(5) 모멘트 분배표

	A: AB		B: BA	BC		C: CB	CD		D: DC
DF	(0)		(0.5)	(0.5)		(4/7)	(3/7)		(1)
FEM	−200	(200)	200	−320	(120)	320	−480	(160)	0
DM_1	0		60	60		91.43	68.57		0
CM_1	30	(−30)	0	45.72	(−45.72)	30	0	(−30)	0
DM_2	0		−22.86	−22.86		−17.14	−12.86		0
CM_2	−11.43	(11.43)	0	−8.57	(8.57)	−11.43	0	(11.43)	0
DM_3	0		4.29	4.29		6.53	4.9		0
CM_3	2.15	(−2.15)	0	3.27	(−3.27)	2.15	0	(−2.15)	0
DM_4	0		−1.64	−1.64		−1.23	−0.92		0
CM_4	−0.82	(0.82)	0	−0.62	(0.62)	−0.82	0	(0.82)	0
DM_5	0		0.31	0.31		0.47	0.35		0
Σ	−180.1		240.1	−240.1		419.96	−419.96		0

그림(a) 모멘트 분배표

(6) 재단모멘트

$M_{AB} = -180.1kN\cdot m$　　　$M_{DC} = 0\,kN\cdot m$

$M_{BA} = 240.1kN\cdot m$　　　$M_{BC} = -240.1kN\cdot m$

$M_{CB} = 419.96kN\cdot m$　　　$M_{CD} = -419.96kN\cdot m$

(7) 휨모멘트도 및 전단력도

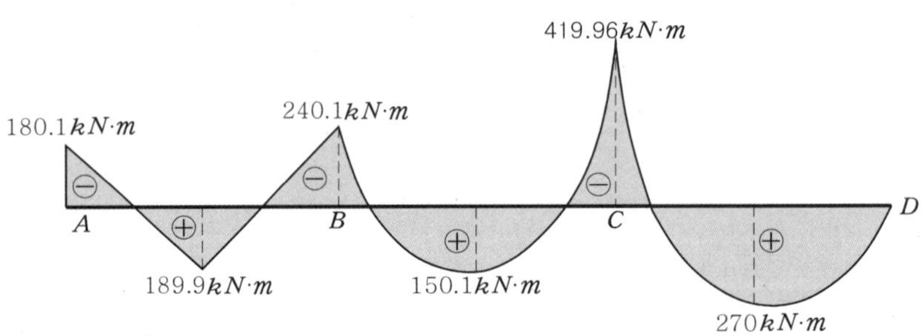

그림(b) 휨모멘트도(B.M.D)

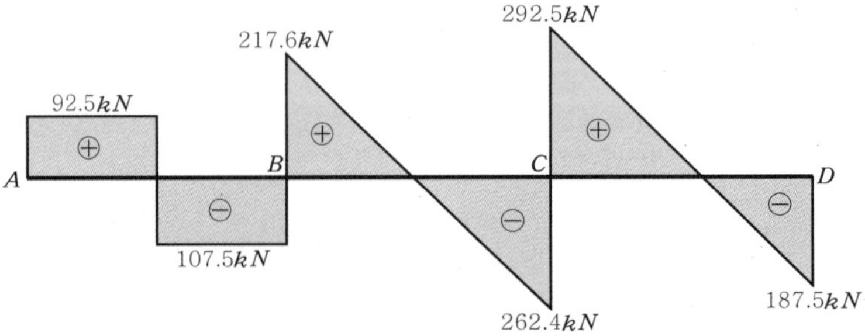

그림(c) 전단력도(S.F.D)

풀이-2 유효강비를 이용하지 않는 방법

(1) 각 부재의 강성 계산

$$K_{AB}=\frac{I}{8} \qquad K_{BC}=\frac{I}{8} \qquad K_{CD}=\frac{I}{8}$$

(2) 각 부재의 강비 계산 ($K_{AB}=K_0$ 로 가정하여 강비를 계산)

$$k_{AB}=\frac{K_{AB}}{K_0}=\frac{I}{8}\times\frac{8}{I}=1.0 \qquad k_{BC}=\frac{K_{BC}}{K_0}=\frac{I}{8}\times\frac{8}{I}=1.0$$

$$k_{CD}=\frac{K_{CD}}{K_0}=\frac{I}{8}\times\frac{8}{I}=1.0$$

(3) 분배율(DF)

$$\mu_{AB}=\frac{1}{\infty+1}=0 \qquad \mu_{BA}=\mu_{BC}=\mu_{CB}=\mu_{CD}=\frac{k}{\sum k}=\frac{1}{1+1}=0.5$$

$$\mu_{DC}=\frac{1}{1+0}=1$$

(4) 고정단모멘트(FEM)

$$C_{AB}=-\frac{PL}{8}=-200\,kN\cdot m \qquad C_{BA}=\frac{PL}{8}=200\,kN\cdot m$$

$$C_{BC}=-\frac{wL^2}{12}=-320\,kN\cdot m \qquad C_{CB}=\frac{wL^2}{12}=320\,kN\cdot m$$

$$C_{CD}=-\frac{wL^2}{12}=-320\,kN\cdot m \qquad C_{DC}=\frac{wL^2}{12}=320\,kN\cdot m$$

(5) 모멘트 분배표

(유효강비를 이용하지 않을 경우, 타단이 핀(Pin)일지라도 타단으로 전달되는 도달모멘트의 도달율은 0.5임을 주의한다.)

	A: AB		B: BA	B: BC		C: CB	C: CD		D: DC	
DF	(0)		(0.5)	(0.5)		(0.5)	(0.5)		(1)	
FEM	−200	(200)	200	−320	(120)	320	−320	(0)	320	(−320)
DM_1	0		60	60		0	0		−320	
CM_1	30	(−30)	0	0	(0)	30	−160	(130)	0	(0)
DM_2	0		0	0		65	65		0	
CM_2	0	(0)	0	32.5	(−32.5)	0	0	(0)	32.5	(−32.5)
DM_3	0		−16.25	−16.25		0	0		−32.5	
CM_3	−8.13	(8.13)	0	0	(0)	−8.13	−16.25	(24.38)	0	(0)
DM_4	0		0	0		12.19	12.19		0	
CM_4	0	(0)	0	6.1	(−6.1)	0	0	(0)	6.1	(−6.1)
DM_5	0		−3.05	−3.05		0	0		−6.1	
Σ	−178.13		240.7	−240.7		419.06	−419.06		0	

그림(a) 모멘트 분배표

(6) 재단모멘트

$M_{AB} = -178.13\,kN \cdot m$ $\qquad$ $M_{DC} = 0\,kN \cdot m$

$M_{BA} = 240.7\,kN \cdot m$ $\qquad$ $M_{BC} = -240.7\,kN \cdot m$

$M_{CB} = 419.06\,kN \cdot m$ $\qquad$ $M_{CD} = -419.06\,kN \cdot m$

(7) 휨모멘트도 및 전단력도

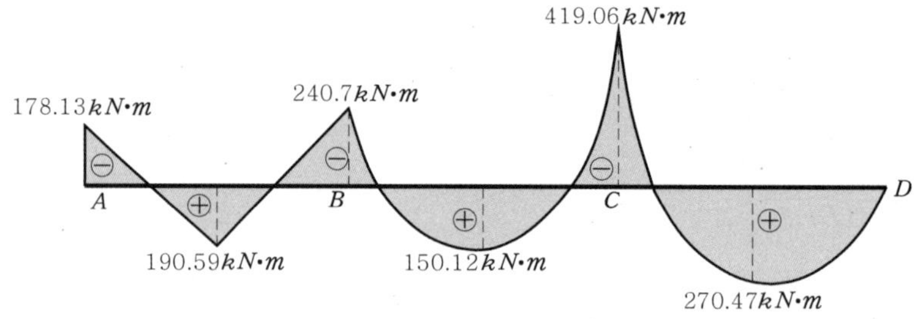

그림(b) 휨모멘트도(B.M.D)

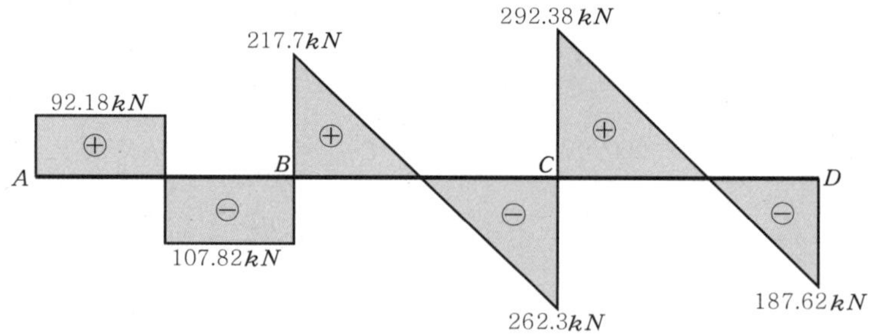

그림(c) 전단력도(S.F.D)

◆ ◆ ◆ ◆ ◆ ◆

11.2.2 다음과 같은 부정정 라멘의 재단모멘트를 구하고 휨모멘트도를 모멘트분배법으로 구하여라. (여기서 각 부재의 단면2차모멘트 I는 모두 같다.)

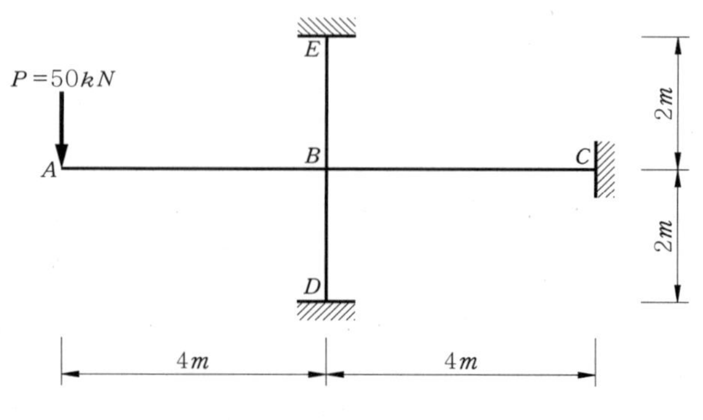

풀이

(1) 각 부재의 강성 계산

$K_{AB}=0$ (∵ A점 자유단) $K_{BC}=\frac{I}{4}=0.25I$

$K_{BD}=\frac{I}{2}=0.5I$ $K_{BE}=\frac{I}{2}=0.5I$

(2) 각 부재의 강비 계산 ($K_{BC}=K_0$ 로 가정하여 강비를 계산)

$k_{AB}=0$ $k_{BC}=\frac{K_{BC}}{K_0}=1$

$k_{BD}=\frac{K_{BD}}{K_0}=2$ $k_{BE}=\frac{K_{BE}}{K_0}=2$

(3) 분배율 (DF)

$\mu_{BA}=\mu_{CB}=\mu_{DB}=\mu_{EB}=0$ $\mu_{BC}=\frac{k}{\sum k}=\frac{1}{2+2+1}=0.2$

$\mu_{BD}=\frac{k}{\sum k}=\frac{2}{2+2+1}=0.4$ $\mu_{BE}=\frac{k}{\sum k}=\frac{2}{2+2+1}=0.4$

(4) 재단모멘트 M_{BA} 및 고정단모멘트(FEM)

AB 부재는 캔틸레버이므로 재단모멘트 M_{BA} 를 바로 구할 수 있다.

$M_{BA}=PL=50\times 4=200\,kN\cdot m$

AB 부재를 제외한 모든 부재에는 중간하중이 없으므로 모든 $FEM=0$

(5) 모멘트 분배표

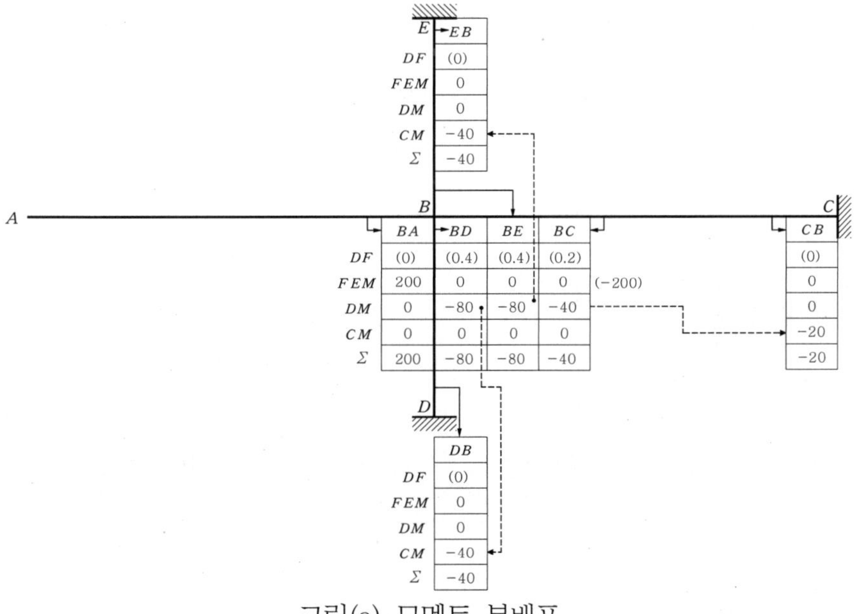

그림(a) 모멘트 분배표

(6) 휨모멘트도

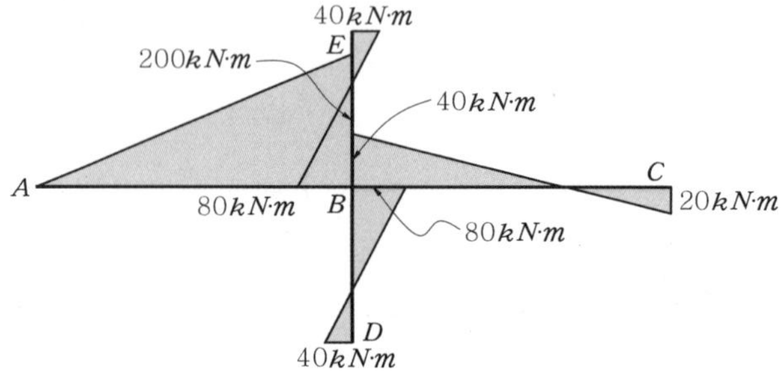

그림(b) 휨모멘트도(B.M.D)

※ 처짐각법 예제11.1.1과 비교하면 같은 결과임을 알 수 있다.

◆ ◆ ◆ ◆ ◆ ◆

11.2.3 다음과 같은 부정정 라멘의 휨모멘트도와 전단력도를 모멘트분배법으로 구하여라. (여기서 k는 강비이다.)

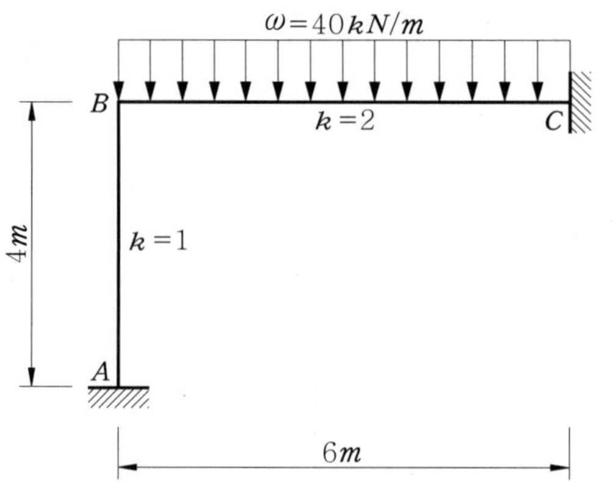

풀이

(1) 분배율 (DF)

$$\mu_{BA} = \frac{k}{\Sigma k} = \frac{1}{1+2} = \frac{1}{3} \qquad \mu_{BC} = \frac{k}{\Sigma k} = \frac{2}{1+2} = \frac{2}{3}$$

(2) 고정단모멘트 (FEM)

$$C_{BC} = -\frac{wL^2}{12} = -120\,kN\cdot m \qquad C_{CB} = \frac{wL^2}{12} = 120\,kN\cdot m$$

(3) 모멘트 분배표

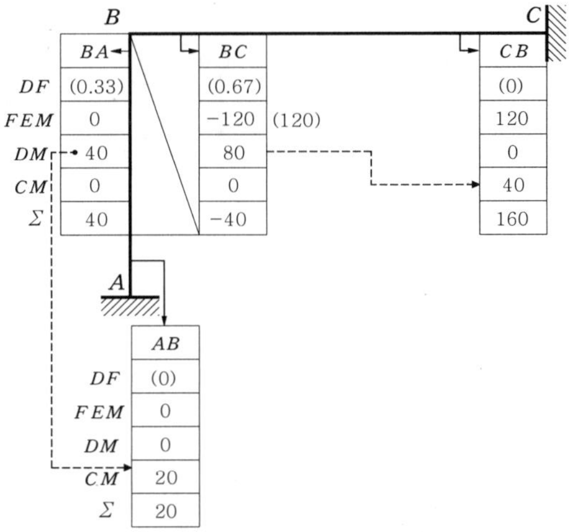

그림(a) 모멘트 분배표

(4) BC 부재의 중앙부 휨모멘트 계산

$$M_0 = \frac{wL^2}{8} = \frac{40 \times 6^2}{8} = 180\,kN\cdot m$$

$$M_{cen} = M_0 - \frac{|M_B + M_c|}{2} = 180 - \frac{|40+160|}{2} = 80\,kN\cdot m$$

(5) BC 부재의 전단력 계산

$$V_0 = \frac{wL}{2} = \frac{40 \times 6}{2} = 120\,kN$$

$$V_B = V_0 - \frac{|M_C - M_B|}{L} = 120 - \frac{|160-40|}{6} = 100\,kN$$

$$V_C = V_0 + \frac{|M_C - M_B|}{L} = 120 + \frac{|160-40|}{6} = 140\,kN$$

(6) 휨모멘트도 및 전단력도

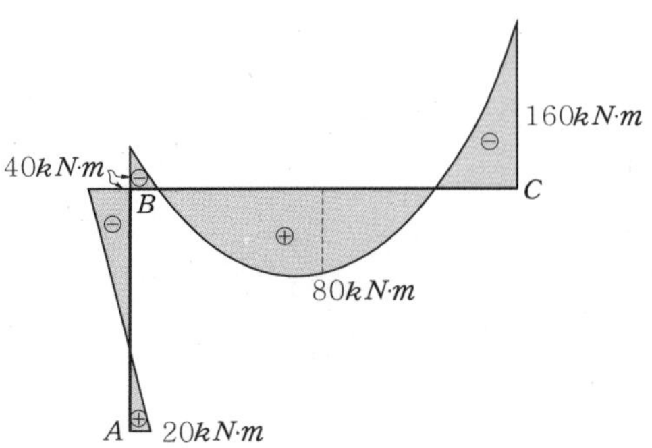

그림(b) 휨모멘트도(B.M.D)

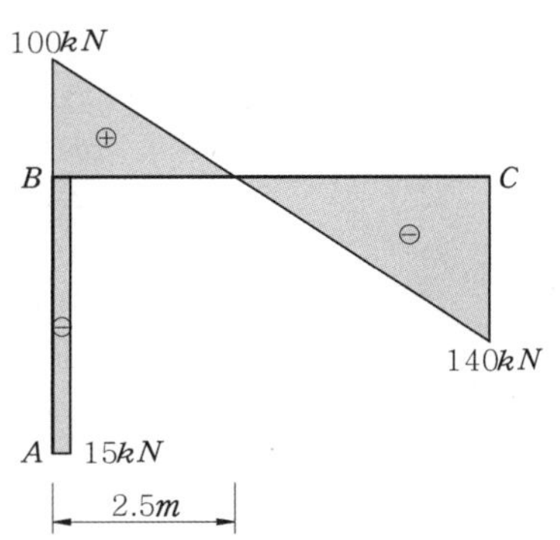

그림(c) 전단력도(S.F.D)

※ 처짐각법 예제11.1.2 비교하면 같은 결과임을 알 수 있다.

11.2.4 다음과 같은 부정정 라멘의 휨모멘트도와 전단력도를 모멘트분배법으로 구하여라. (여기서 k 는 강비이다.)

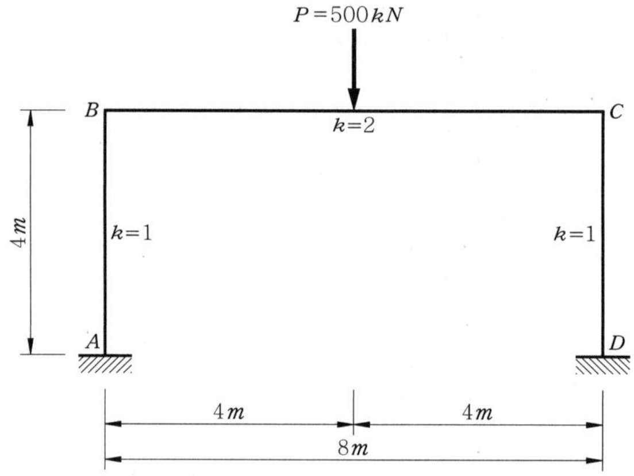

풀이

대칭변형을 하므로 유효강비를 고려하여 좌측반분만 계산

BC 부재의 유효강비 : 양단고정이고 대칭성을 고려하였으므로 $k_e = \frac{1}{2}k_{BC} = 1$

(1) 분배율 (DF)

$$\mu_{BA} = \frac{k}{\Sigma k} = \frac{1}{1+1} = 0.5 \qquad \mu_{BC} = \frac{k}{\Sigma k} = \frac{1}{1+1} = 0.5$$

(2) 고정단모멘트 (FEM)

$$C_{BC} = -\frac{PL}{8} = -500\,kN\cdot m$$

(3) 모멘트 분배표

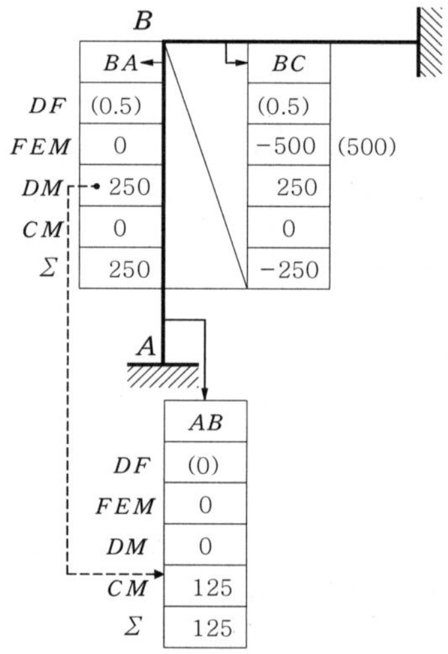

그림(a) 유효강비를 고려한 모멘트 분배표

(4) BC 부재의 중앙부 휨모멘트 계산

$$M_0 = \frac{PL}{4} = \frac{500 \times 8}{4} = 1000\,kN{\cdot}m$$

$$M_{cen} = M_0 - \frac{|M_B + M_C|}{2} = 1000 - \frac{|250+250|}{2} = 750\,kN{\cdot}m$$

(5) BC 부재의 전단력 계산

$$V_0 = \frac{P}{2} = \frac{500}{2} = 250\,kN$$

$$V_B = V_0 - \frac{|M_C - M_B|}{L} = 250 - \frac{|250-250|}{8} = 250\,kN$$

$$V_C = V_0 + \frac{|M_C - M_B|}{L} = 250 + \frac{|250-250|}{8} = 250\,kN$$

(6) 휨모멘트도 및 전단력도

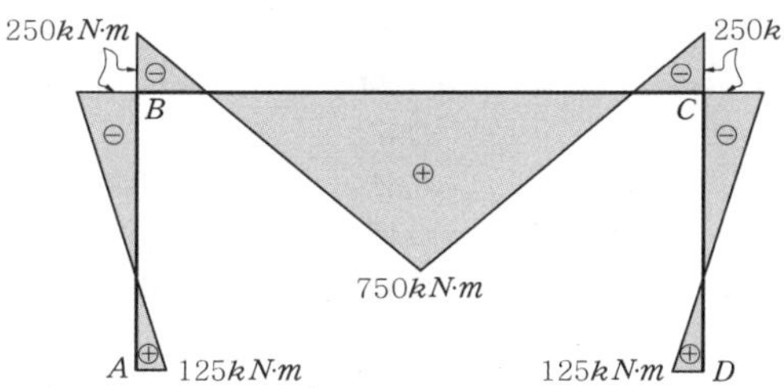

그림(b) 휨모멘트도(B.M.D)

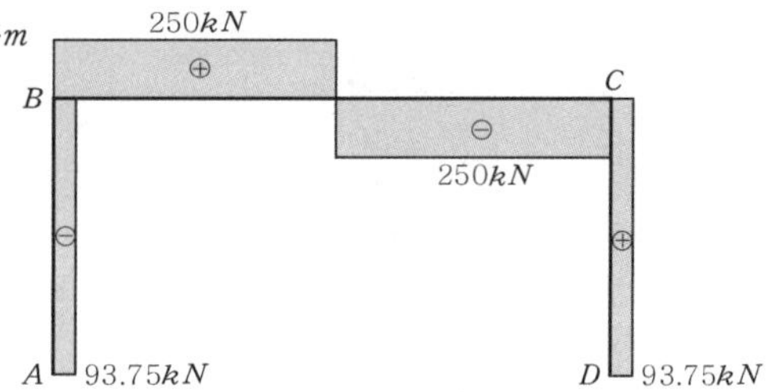

그림(c) 전단력도(S.F.D)

※ 처짐각법 연습문제11.1.1과 비교하면 같은 결과임을 알 수 있다.

※ 참 고

상기 문제의 경우 대칭변형에 따른 유효강비를 고려하지 않고 계산할 경우의 모멘트 분배표는 다음 그림(d)와 같다.

여기서, 유효강비를 고려하지 않을 경우, 완전한 값을 얻기 위해서는 여러 번에 걸쳐 모멘트 분배가 이루어져야 하므로 유효강비를 고려하여 계산하는 것이 정확한 값을 빨리 찾을 수 있고, 푸는 시간을 단축할 수 있어 효율적임을 알 수 있다.

부재명	BA	BC		CB	CD	
DF	(0.333)	(0.667)		(0.667)	(0.333)	
FEM	0	−500	(500)	500	0	(−500)
DM_1	166.5	333.5		−333.5	−166.5	
CM_1	0	−166.8	(166.8)	166.8	0	(−166.8)
DM_2	55.5	111.3		−111.3	−55.5	
CM_2	0	−55.7	(55.7)	55.7	0	(−55.7)
DM_3	18.5	37.2		−37.2	−18.5	
CM_3	0	−18.6	(18.6)	18.6	0	(−18.6)
DM_4	6.2	12.4		−12.4	−6.2	
CM_4	0	−6.2	(6.2)	6.2	0	(−6.2)
DM_5	2.1	4.1		−4.1	−2.1	
CM_5	0	−2.1	(2.1)	2.1	0	(−2.1)
DM_6	0.7	1.4		−1.4	−0.7	
CM_6	0	−0.7	(0.7)	0.7	0	(−0.7)
DM_7	0.2	0.5		−0.5	−0.2	
CM_7	0	−0.3		0.3	0	
Σ	250	−250		−250	250	

부재명	AB		부재명	DC	
DF	(0)		DF	(0)	
FEM	0		FEM	0	
DM_1	0		DM_1	0	
CM_1	83.3	(−83.3)	CM_1	−83.3	(83.3)
DM_2	0		DM_2	0	
CM_2	27.8	(−27.8)	CM_2	−27.8	(27.8)
DM_3	0		DM_3	0	
CM_3	9.3	(−9.3)	CM_3	−9.3	(9.3)
DM_4	0		DM_4	0	
CM_4	3.1	(−3.1)	CM_4	−3.1	(3.1)
DM_5	0		DM_5	0	
CM_5	1.1	(−1.1)	CM_5	−1.1	(1.1)
DM_6	0		DM_6	0	
CM_6	0.4	(−0.4)	CM_6	−0.4	(0.4)
DM_7	0		DM_7	0	
CM_7	0.1		CM_7	−0.1	
Σ	125		Σ	−125	

그림(d) 유효강비를 고려하지 않은 경우의 모멘트 분배표

◆ ◆ ◆ ◆ ◆ ◆

11.2.5 다음과 같은 부정정 라멘의 휨모멘트도와 전단력도를 모멘트분배법으로 구하여라. (여기서 k는 강비이다.)

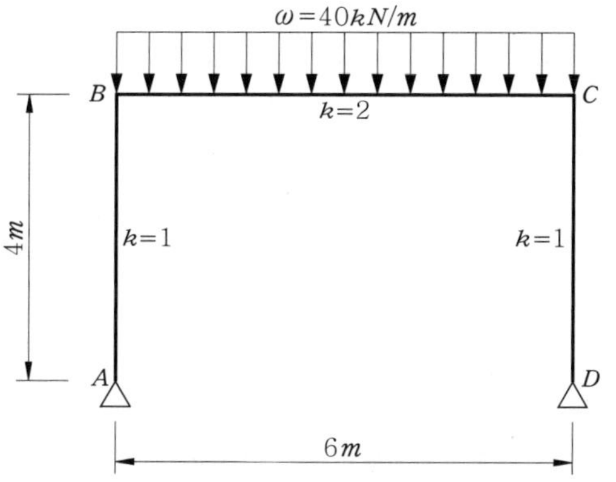

풀이

대칭변형을 하므로 유효강비를 고려하여 좌측반분만 계산

AB 부재의 유효강비 : 일단고정, 일단힌지이므로 $k_e = \frac{3}{4}k_{AB} = \frac{3}{4}$

BC 부재의 유효강비 : 양단고정이고 대칭성을 고려하였으므로 $k_e = \frac{1}{2}k_{BC} = 1$

(1) 분배율 (DF)

$$\mu_{AB} = \frac{k}{\Sigma k} = \frac{(3/4)}{(3/4)+0} = 1$$

$$\mu_{BA} = \frac{k}{\Sigma k} = \frac{(3/4)}{(3/4)+1} = \frac{3}{7}$$

$$\mu_{BC} = \frac{k}{\Sigma k} = \frac{1}{(3/4)+1} = \frac{4}{7}$$

(2) 고정단모멘트 (FEM)

$$C_{BC} = -\frac{\omega L^2}{12} = -120kN\cdot m$$

(3) A점에서의 휨모멘트

A점은 힌지이므로 재단모멘트 및 도달모멘트 모두 '0' 이다.

(4) 모멘트 분배표

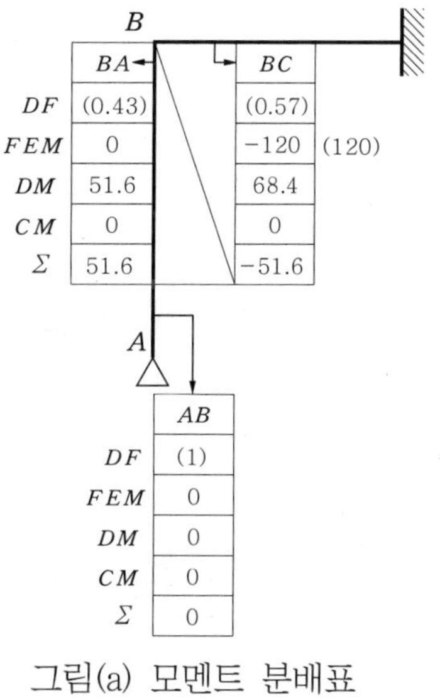

그림(a) 모멘트 분배표

(5) BC 부재의 중앙부 휨모멘트 계산

$$M_0 = \frac{\omega L^2}{8} = \frac{40\times 6^2}{8} = 180kN\cdot m$$

$$M_{cen} = M_0 - \frac{|M_B + M_C|}{2} = 180 - \frac{|51.43+51.43|}{2} = 128.57kN\cdot m$$

(6) BC 부재의 전단력 계산

$$V_0 = \frac{\omega L}{2} = \frac{40 \times 6}{2} = 120\,kN$$

$$V_B = V_0 - \frac{|M_C - M_B|}{L} = 120 - \frac{|51.43 - 51.43|}{6} = 120\,kN$$

$$V_C = V_0 + \frac{|M_C - M_B|}{L} = 120 + \frac{|51.43 - 51.43|}{6} = 120\,kN$$

(7) 휨모멘트도 및 전단력도

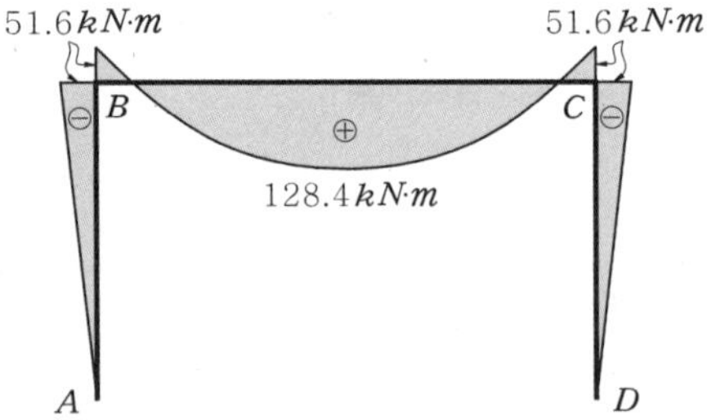

그림(b) 휨모멘트도(B.M.D)

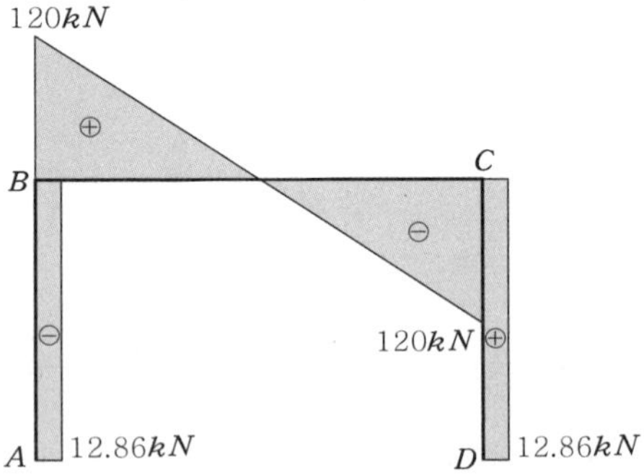

그림(c) 전단력도(S.F.D)

※ 처짐각법 예제11.1.3과 비교하면 같은 결과임을 알 수 있다.

◆ ◆ ◆ ◆ ◆ ◆

11.2.6 다음과 같은 부정정 라멘의 휨모멘트도, 전단력도, 축방향력도를 모멘트분배법으로 구하여라. (여기서 k 는 강비이다.)

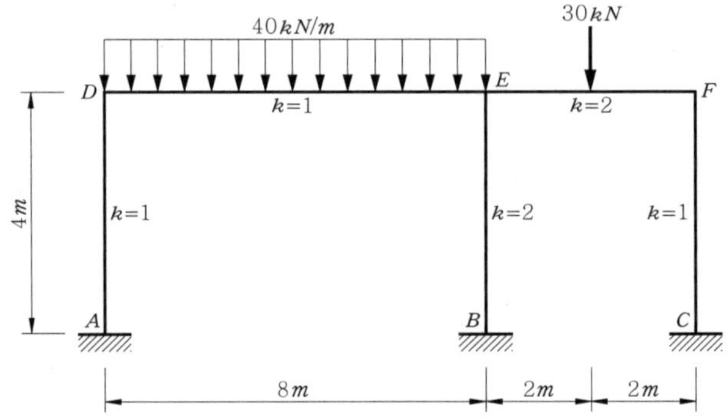

풀이

(1) 분배율(DF)

$\mu_{DA} = \mu_{DE} = 0.5$　　$\mu_{ED} = 0.2$　　$\mu_{EB} = 0.4$

$\mu_{FE} = \dfrac{2}{3}$　　$\mu_{FC} = \dfrac{1}{3}$

(2) 고정단모멘트(FEM)

$$C_{DE} = -\frac{wL^2}{12} = -213.33kN\cdot m \qquad C_{ED} = \frac{wL^2}{12} = 213.33kN\cdot m$$

$$C_{EF} = -\frac{PL}{8} = -15kN\cdot m \qquad C_{FE} = \frac{PL}{8} = 15kN\cdot m$$

(3) 모멘트 분배표

부재명	DA	DE		ED	EB	EF		FE	FC	
DF	(0.5)	(0.5)		(0.2)	(0.4)	(0.4)		(2/3)	(1/3)	
FEM	0	−213.33	(213.33)	213.33	0	−15	(−198.33)	15	0	(−15)
DM_1	106.67	106.67		−39.67	−79.33	−79.33		−10	−5	
CM_1	0	−19.84	(19.84)	53.34	0	−5	(−48.34)	−39.67	0	(39.67)
DM_2	9.92	9.92		−9.67	−19.34	−19.34		26.45	13.22	
CM_2	0	−4.84	(4.84)	4.96	0	13.23	(−18.19)	−9.67	0	(9.67)
DM_3	2.42	2.42		−3.64	−7.28	−7.28		6.45	3.22	
Σ	119	−119		218.65	−105.95	−112.72		−11.44	11.44	

부재명	AD	BE	CF
DF	(0)	(0)	(0)
FEM	0	0	0
DM_1	0	0	0
CM_1	53.34	−39.67	−2.5
DM_2	0	0	0
CM_2	4.96	−9.67	6.61
DM_3	0	0	0
Σ	58.3	−49.34	4.11

그림(a) 모멘트 분배표

(4) 휨모멘트도, 전단력도, 축방향력도의 작도

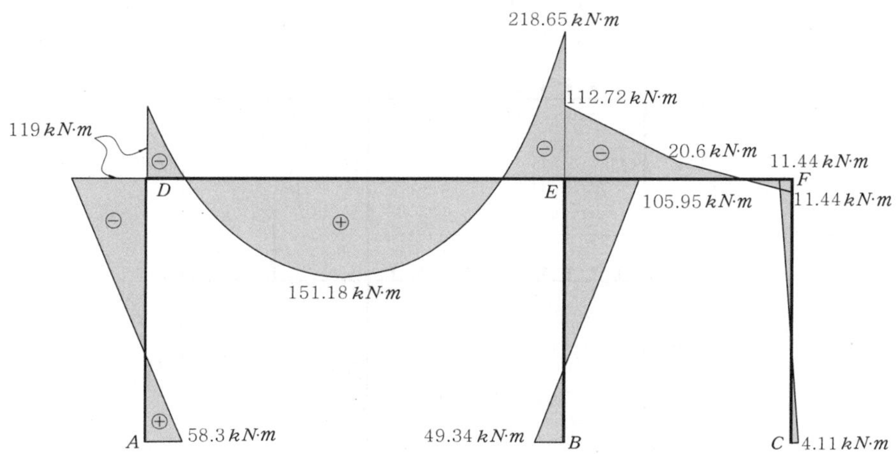

그림(b) 휨모멘트도(B.M.D)

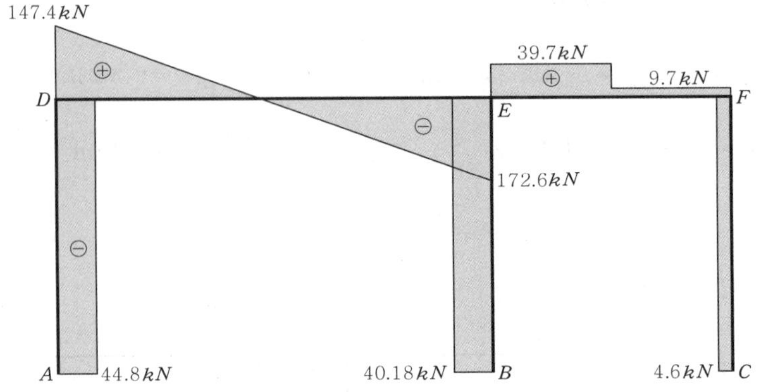

그림(c) 전단력도(S.F.D)

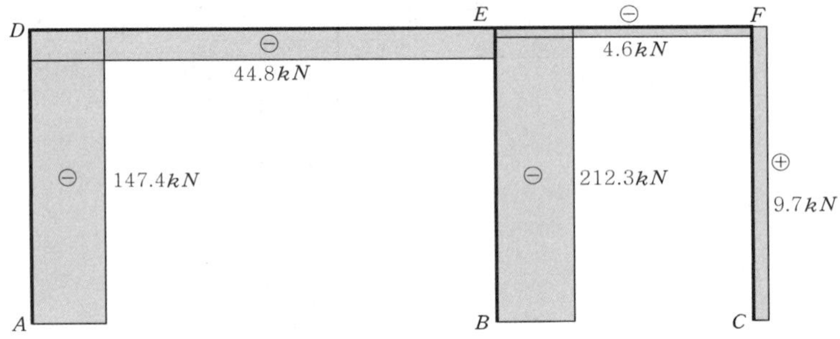

그림(d) 축방향력도(A.F.D)

◆ ◆ ◆ ◆ ◆ ◆

11.2.7 다음과 같은 부정정 라멘의 휨모멘트도(B.M.D)를 모멘트분배법으로 구하여라. (여기서 I는 단면2차모멘트이다.)

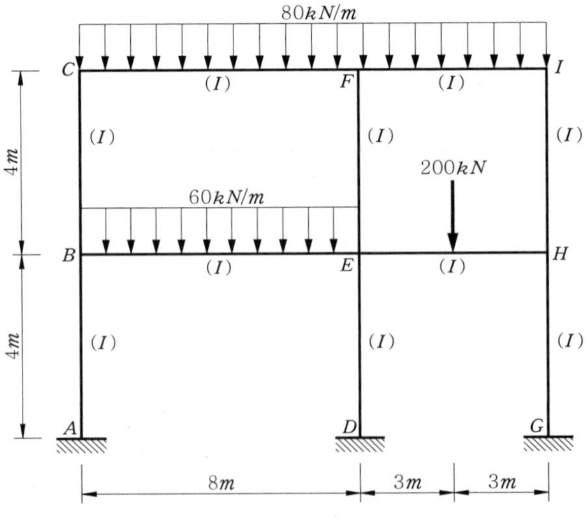

풀이

(1) 각 부재의 강도 K를 구하면

$$K_{AB}=K_{BC}=K_{DE}=K_{EF}=K_{GH}=K_{HI}=\frac{I}{4}$$

$$K_{BE}=K_{CF}=\frac{I}{8}, \qquad K_{EH}=K_{FI}=\frac{I}{6}$$

(2) 표준강도 $K_0=\frac{I}{8}$ 로 하고 각재의 강비를 구하면

$$k_{AB}=k_{BC}=k_{DE}=k_{EF}=k_{GH}=k_{HI}=2.0$$

$$k_{BE}=k_{CF}=1, \qquad k_{EH}=k_{FI}=\frac{4}{3}$$

(3) 분배율(DF)

$$\mu_{BA}=\mu_{BC}=\frac{k}{\sum k}=\frac{2}{2+2+1}=0.4 \qquad \mu_{BE}=\frac{1}{2+2+1}=0.2$$

$$\mu_{CB}=\frac{k}{\sum k}=\frac{2}{2+1}=\frac{2}{3} \qquad \mu_{CF}=\frac{k}{\sum k}=\frac{1}{2+1}=\frac{1}{3}$$

$$\mu_{ED}=\mu_{EF}=\frac{k}{\sum k}=\frac{2}{2+2+1+\frac{4}{3}}=\frac{6}{19}$$

$$\mu_{EB}=\frac{k}{\sum k}=\frac{1}{2+2+1+\frac{4}{3}}=\frac{3}{19} \qquad \mu_{EH}=\frac{k}{\sum k}=\frac{\frac{4}{3}}{2+2+1+\frac{4}{3}}=\frac{4}{19}$$

$$\mu_{FE}=\frac{k}{\sum k}=\frac{2}{1+2+\frac{4}{3}}=\frac{6}{13} \qquad \mu_{FC}=\frac{k}{\sum k}=\frac{1}{1+2+\frac{4}{3}}=\frac{3}{13}$$

$$\mu_{FI}=\frac{k}{\sum k}=\frac{\frac{4}{3}}{1+2+\frac{4}{3}}=\frac{4}{13}$$

$$\mu_{HG}=\mu_{HI}=\frac{k}{\sum k}=\frac{2}{2+2+\frac{4}{3}}=\frac{3}{8} \qquad \mu_{HE}=\frac{k}{\sum k}=\frac{\frac{4}{3}}{2+2+\frac{4}{3}}=\frac{1}{4}$$

$$\mu_{IF}=\frac{k}{\sum k}=\frac{\frac{4}{3}}{2+\frac{4}{3}}=0.4 \qquad \mu_{IH}=\frac{k}{\sum k}=\frac{2}{2+\frac{4}{3}}=0.6$$

(4) 고정단모멘트(FEM)

$$C_{BE} = -\frac{wL^2}{12} = -320\,kN\cdot m \qquad C_{EB} = \frac{wL^2}{12} = 320\,kN\cdot m$$

$$C_{CF} = -\frac{wL^2}{12} = -426.67\,kN\cdot m \qquad C_{FC} = \frac{wL^2}{12} = 426.67\,kN\cdot m$$

$$C_{EH} = -\frac{PL}{8} = -150\,kN\cdot m \qquad C_{HE} = \frac{PL}{8} = 150\,kN\cdot m$$

$$C_{FI} = -\frac{wL^2}{12} = -240\,kN\cdot m \qquad C_{IF} = \frac{wL^2}{12} = 240\,kN\cdot m$$

(5) 모멘트 분배표

C

	CB	CF	
DF	(2/3)	(1/3)	
FEM	0	-426.67	(426.67)
DM_1	284.45	142.22	
CM_1	64	-21.54	(-42.46)
DM_2	-28.31	-14.15	
CM_2	-25.76	0.43	(25.33)
DM_3	2.36	8.44	
CM_3	-0.88	-1.04	(-1.32)
DM_4	2/3	-0.44	
Σ	312.75	-312.75	

F

	FC	FE	FI	
DF	(3/13)	(6/13)	(4/13)	
FEM	426.67	0	-240	(-186.67)
DM_1	-43.08	-86.16	-57.44	
CM_1	71.11	-26.84	-48	(3.73)
DM_2	0.86	1.72	1.15	
CM_2	-7.08	4.71	11.37	(-9)
DM_3	-2.08	-4.15	-2.77	
CM_3	4.22	0.43	-1.49	(-3.16)
DM_4	-0.73	-1.46	-0.97	
Σ	449.89	-111.75	-338.15	

I

	IF	IH	
DF	(0.4)	(0.6)	
FEM	240	0	(-240)
DM_1	-96	-144	
CM_1	-28.72	-28.13	(56.85)
DM_2	22.74	34.11	
CM_2	0.58	16.86	(-17.44)
DM_3	-6.98	-10.46	
CM_3	-1.39	-3.79	(5.18)
DM_4	2.07	3.11	
Σ	132.3	-132.3	

B

	BA	BC	BE	
DF	(0.4)	(0.4)	(0.2)	
FEM	0	0	-320	(320)
DM_1	128	128	64	
CM_1	0	142.23	-13.42	(-128.81)
DM_2	-51.52	-51.52	-25.76	
CM_2	0	-14.16	2.36	(11.8)
DM_3	4.72	4.72	2.36	
CM_3	0	8.45	0.06	(-8.51)
DM_4	-3.4	-3.4	-1.7	
Σ	77.8	214.32	-292.1	

E

	EB	ED	EF	EH	
DF	(3/19)	(6/19)	(6/19)	(4/19)	
FEM	320	0	0	-150	(-170)
DM_1	-26.84	-53.68	-53.68	-35.79	
CM_1	32	0	-43.08	-18.75	(29.83)
DM_2	4.71	9.42	6.28	6.28	
CM_2	-12.88	0	11.24	11.24	(0.78)
DM_3	0.12	0.25	0.16	0.16	
CM_3	1.18	0	-2.53	-2.53	(3.43)
DM_4	0.54	1.08	0.72	0.72	
Σ	318.83	-42.93	-87.23	-188.67	

H

	HE	HG	HI	
DF	(0.25)	(3/8)	(3/8)	
FEM	150	0	0	(-150)
DM_1	-37.5	-56.25	-56.25	
CM_1	-17.9	0	-72	(89.9)
DM_2	22.48	33.72	33.72	
CM_2	3.14	0	17.06	(-20.2)
DM_3	-5.05	-7.58	-7.58	
CM_3	0.08	0	-5.23	(5.15)
DM_4	1.29	1.93	1.93	
Σ	116.54	-28.18	-88.35	

A, D, G

	AB	DE	GH
DF	(0)	(0)	(0)
FEM	0	0	0
DM_1	0	0	0
CM_1	64	-26.84	-28.13
DM_2	0	0	0
CM_2	-25.76	4.71	16.86
DM_3	0	0	0
CM_3	2.36	0.13	-3.79
DM_4	0	0	0
Σ	40.6	-22.02	-15.06

그림(a) 모멘트 분배표

(6) 휨모멘트도($B.M.D$)의 삭도

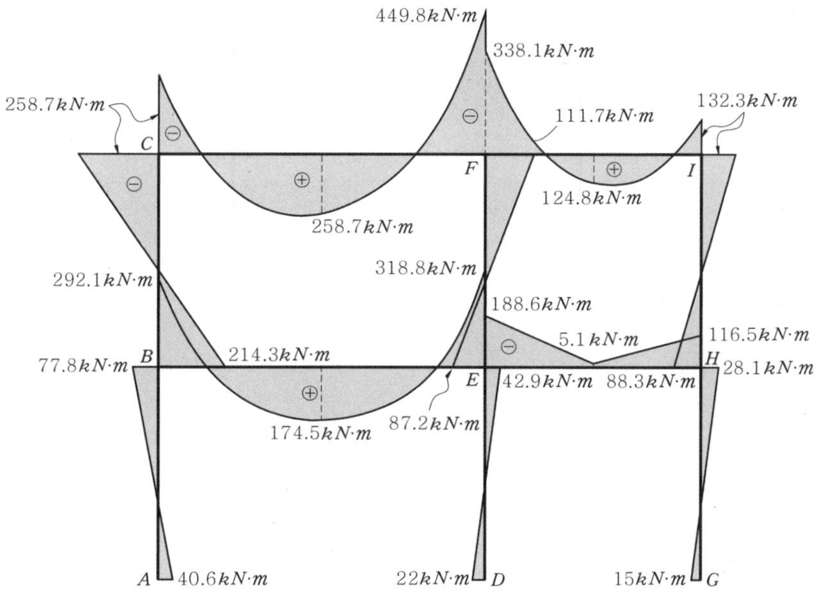

그림(b) 휨모멘트도(B.M.D)

◆ ◆ ◆ ◆ ◆ ◆

11.2.8 다음과 같은 부정정 라멘의 휨모멘트도와 전단력도를 모멘트분배법으로 구하여라. (여기서 k는 강비이다.)

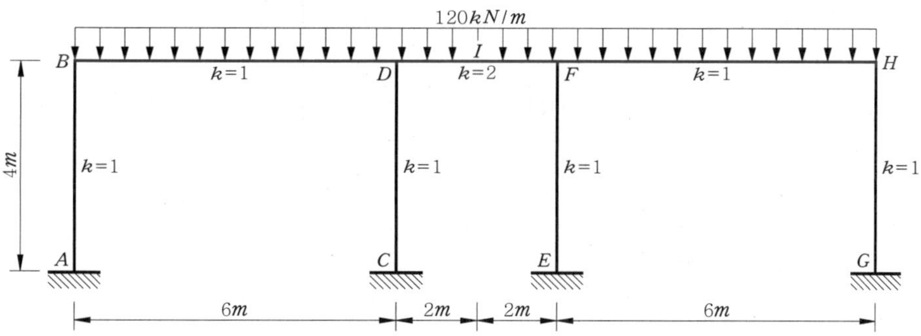

풀이

(1) 대칭라멘이므로 그림(a)와 같이 수평대칭축상의 DI재의 유효강비 $k_e = 0.5k = 1$로 하여 라멘의 좌측반분만 계산하면 된다.

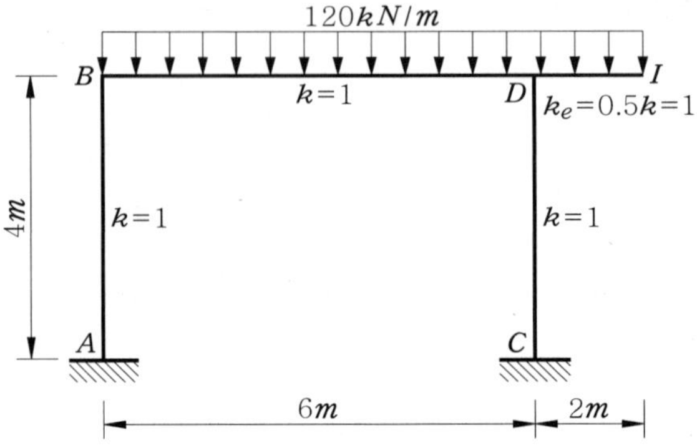

그림(a)

(2) 분배율(DF)

$$\mu_{BA}=\mu_{BD}=\frac{k}{\sum k}=\frac{1}{1+1}=0.5$$

$$\mu_{DC}=\mu_{DB}=\mu_{DI}=\frac{k}{\sum k}=\frac{1}{3}=0.333$$

(3) 고정단모멘트(FEM)

$$C_{BD}=-\frac{wL^2}{12}=-360\,kN\cdot m\,,\qquad C_{DB}=\frac{wL^2}{12}=360\,kN\cdot m$$

$$C_{DI}=-\frac{wL^2}{12}=-160\,kN\cdot m$$

(4) 모멘트 분배표

	BA	BD		DB	DC	DI	
DF	(0.5)	(0.5)		(0.333)	(0.333)	(0.333)	
FEM	0	−360	(360)	360	0	−160	(−200)
DM_1	180	180		−66.6	−66.6	−66.6	
CM_1	0	−33.3	(33.3)	90	0	0	(−90)
DM_2	16.65	16.65		−29.97	−29.97	−29.97	
CM_2	0	−14.99	(14.99)	8.33	0	0	(−8.33)
DM_3	7.5	7.5		−2.77	−2.77	−2.77	
CM_3	0	−1.39	(1.39)	3.75	0	0	(−3.75)
DM_4	0.7	0.7		−1.25	−1.25	−1.25	
Σ	204.85	204.83		361.49	−100.59	−260.59	

	AB	DC
DF	(0)	(0)
FEM	0	0
DM_1	0	0
CM_1	90	−33.3
DM_2	0	0
CM_2	8.33	−14.99
DM_3	0	0
CM_3	3.75	−1.39
DM_4	0	0
Σ	102.08	−49.68

그림(b) 모멘트 분배표

(5) 휨모멘트도 및 전단력도의 작도

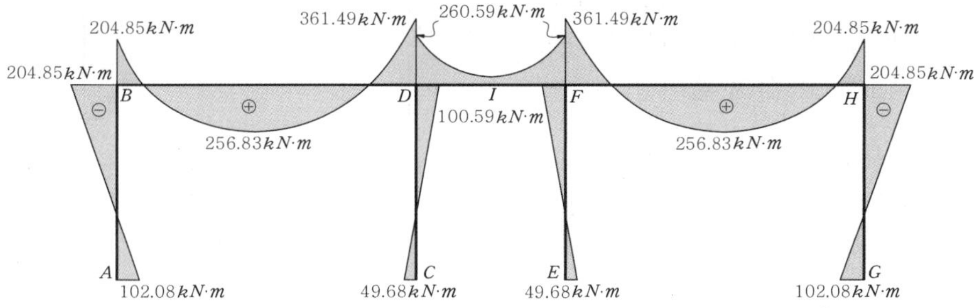

그림(c) 휨모멘트도(B.M.D)

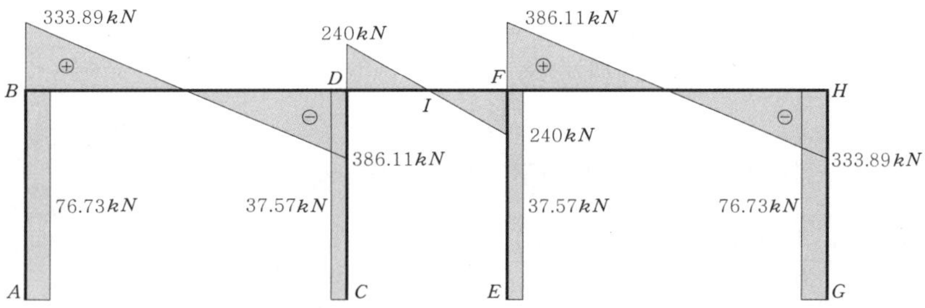

그림(d) 전단력도(S.F.D)

◆ ◆ ◆ ◆ ◆ ◆

11.2.9 다음과 같은 수평하중을 받는 부정정 라멘의 휨모멘트도와 전단력도를 모멘트분배법으로 구하여라. (여기서 k 는 강비이다.)

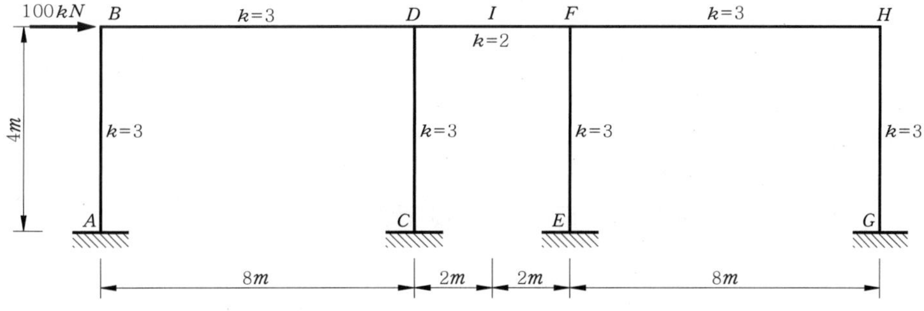

풀이

(1) 수평하중을 받는 대칭라멘이므로 그림(a)와 같이 수평하중을 반으로 줄이고, 대칭축상의 DI재의 유효강비 $k_e = 1.5k$로 하여 풀이한다.

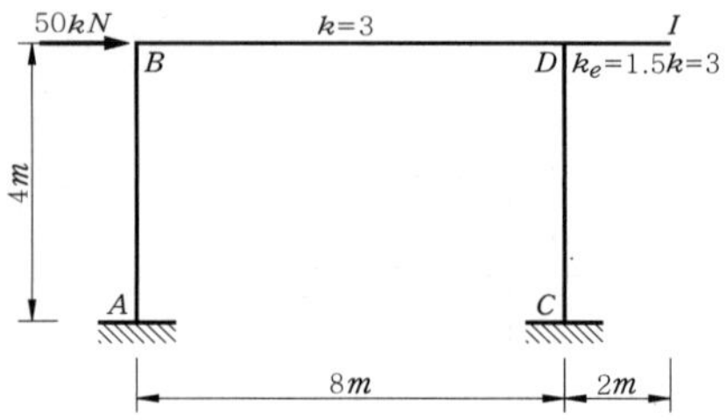

그림(a)

(2) 그림(b)와 같이 부재각 $\psi_1 = -1$ 생겼다고 가정하고, 처짐각방정식을 통해 재단모멘트를 구하면 다음과 같다.

$M_{AB} = M_{BA} = k\psi_1 = -k = -1$

$M_{CD} = M_{DC} = k\psi_1 = -k = -1$

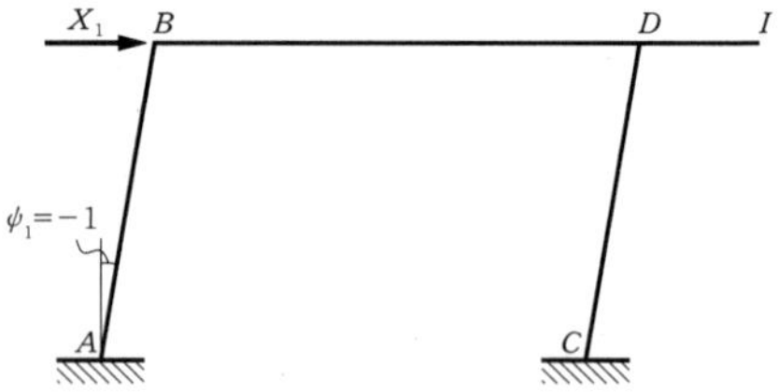

그림(b)

(3) 이 모멘트를 고정단모멘트로 가정하고 도상해법으로 그림(c)와 같이 각각 부재의 응력을 계산한다.

이때, 수평력을 X_1라고 하고 층방정식을 세우면

$$\frac{(M_{AB}+M_{BA})}{h} + \frac{(M_{CD}+M_{DC})}{h} + X_1 = 0 , \quad \therefore X_1 = 0.742$$

수평력 $50kN$이 작용할 때 ψ를 구하면

$$\psi = -\frac{P}{X_1} = -\frac{50}{0.742} = -67.39$$

(4) 재단모멘트

$M_{AB} = M_1\psi = (-0.792)\times(-67.39) = 53.4\,kN\cdot m$

$M_{BA} = M_1\psi = (-0.563)\times(-67.39) = 37.9\,kN\cdot m$

$M_{CD} = M_1\psi = (-0.875)\times(-67.39) = 59\,kN\cdot m$

$M_{DC} = M_1\psi = (-0.736)\times(-67.39) = 49.6\,kN\cdot m$

$M_{BD} = M_1\psi = 0.562\times(-67.39) = -37.9\,kN\cdot m$

$M_{DB} = M_1\psi = 0.472\times(-67.39) = -31.8\,kN\cdot m$

$M_{DI} = M_1\psi = 0.264\times(-67.39) = -17.8\,kN\cdot m$

(5) 모멘트 분배표

	BA	BD		DB	DC	DI	
DF	(0.5)	(0.5)		(0.333)	(0.333)	(0.333)	
FEM	−1	0	(1)	0	−1	0	(1)
DM_1	0.5	0.5		0.333	0.333	0.333	
CM_1	0	0.167	(−0.167)	0.25	0	0	(−0.25)
DM_2	−0.084	−0.084		−0.083	−0.083	−0.083	
CM_2	0	−0.042	(0.042)	−0.042	0	0	(0.042)
DM_3	0.021	0.021		0.014	0.014	0.014	
Σ	−0.563	0.562		0.472	−0.736	0.264	

	AB	DC
DF	(0)	(0)
FEM	−1	−1
DM_1	0	0
CM_1	0.25	0.167
DM_2	0	0
CM_2	−0.042	−0.042
DM_3	0	0
Σ	−0.792	−0.875

그림(c) 모멘트 분배표

(6) 휨모멘트의 작도

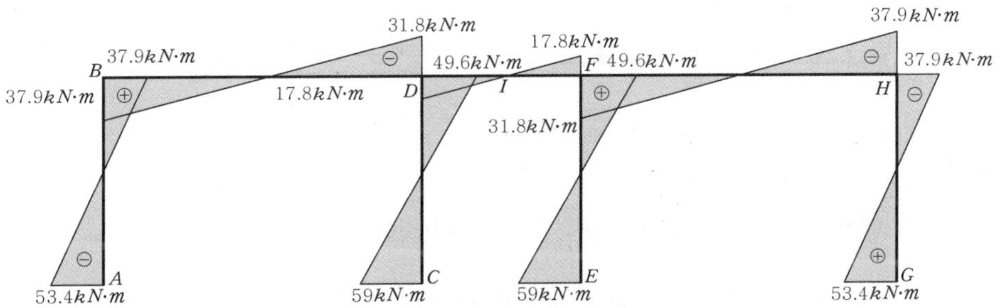

그림(d) 휨모멘트도(B.M.D)

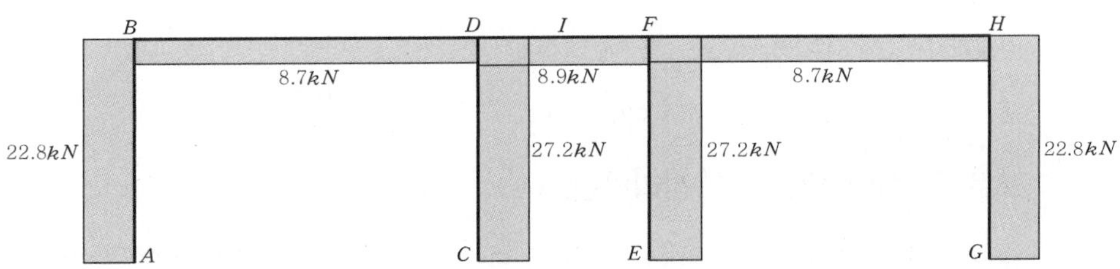

그림(e) 전단력도(S.F.D)

◆ ◆ ◆ ◆ ◆ ◆

11.3 3연모멘트법 (Three-Moment Method)

11.3.1 다음 그림과 같은 부정정 연속보의 반력 R_A, R_B, R_C, M_A, M_C를 구하여라. (단, EI가 일정하고, 지점침하는 없다.)

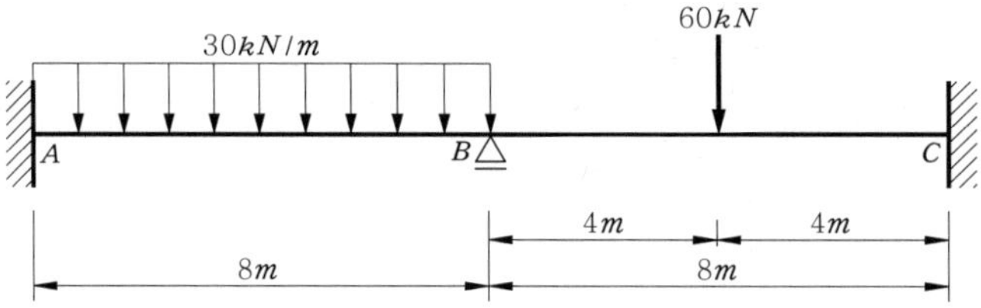

풀이

미지수(부정정여력)가 3개이므로 3개의 3연모멘트 방정식 수가 필요하게 되며, 그림(a), 그림(b), 그림(c)에서 3개의 3연모멘트 방정식을 선정한다.

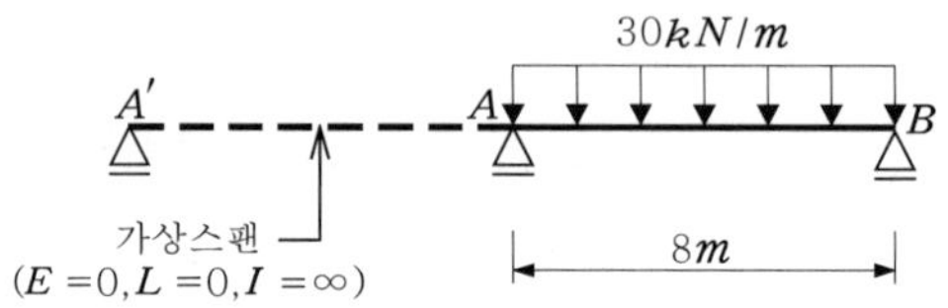

그림(a)

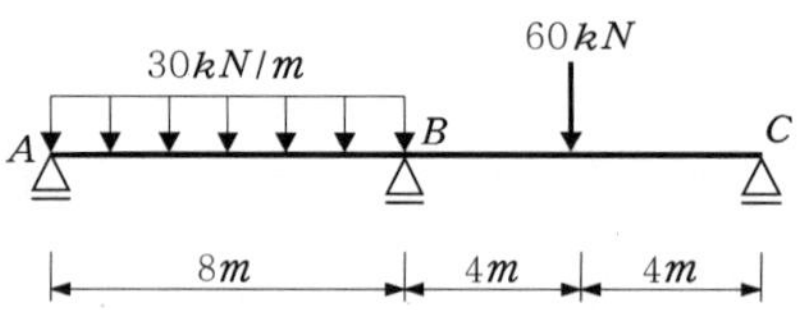

그림(b)

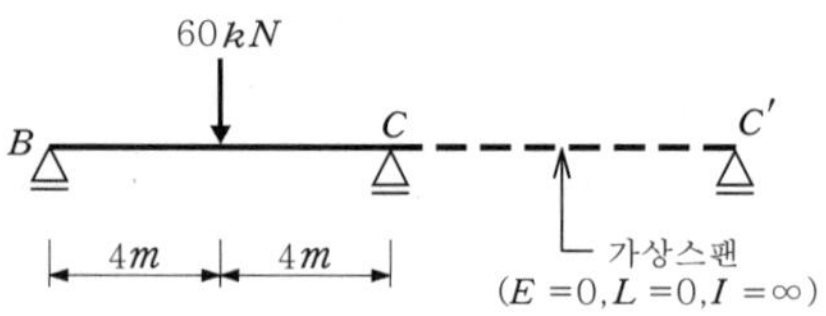

그림(c)

EI가 일정하고 지점침하가 없으므로 그림(a)에서,

$$M_1L_1 + 2M_2(L_1 + L_2) + M_3L_2 = 6EI(\theta_{21} - \theta_{22})$$

가 성립된다. 여기서,

$$M_1 = 0 \qquad M_2 = M_A \qquad M_3 = M_B$$

$$L_1 = 0 \qquad L_2 = 8 \qquad \theta_{21} = 0 \qquad \theta_{22} = \frac{640}{EI}$$

이므로 위 식에 대입하여 정리하면,

$$2M_A + M_B + 480 = 0 \qquad \cdots\cdots\cdots\cdots (1)$$

또한 그림(b)에서도 그림(a)와 마찬가지로

$$M_1L_1 + 2M_2(L_1 + L_2) + M_3L_2 = 6EI(\theta_{21} - \theta_{22})$$

가 성립되며 이때,

$M_1 = M_A \qquad M_2 = M_B \qquad M_3 = M_C$

$L_1 = 8 \qquad L_2 = 8 \qquad \theta_{21} = -\dfrac{640}{EI} \qquad \theta_{22} = \dfrac{240}{EI}$

이므로 위 식에 대입하여 정리하면,

$M_A + 4M_B + M_C + 660 = 0$ ………………………… (2)

그리고 그림(c)에서도 마찬가지로

$M_1L_1 + 2M_2(L_1 + L_2) + M_3L_2 = 6EI(\theta_{21} - \theta_{22})$

가 성립되며 이때,

$M_1 = M_B \qquad M_2 = M_C \qquad M_3 = 0$

$L_1 = 8 \qquad L_2 = 0 \qquad \theta_{21} = -\dfrac{240}{EI} \qquad \theta_{22} = 0$

이므로 위 식에 대입하여 정리하면

$M_B + 2M_C + 180 = 0$ ………………………… (3)

(1), (2), (3)식을 연립방정식으로 풀면

$M_A = -185\,kN\cdot m,\ M_B = -110\,kN\cdot m,\ M_C = -35\,kN\cdot m$

구조물의 평형방정식에 의하여 B점 좌측에서 구한 모멘트의 합은

$\Sigma M_B = -185 + 8R_A - 300 \times 8 \times 4 = -110$ 이므로 $\therefore R_A = 129.375\,kN(\uparrow)$

B점 우측에서 구한 모멘트의 합은

$\Sigma M_C = -35 + 8R_C - 30 \times 8 \times 4 = -110$ 이므로 $\therefore R_C = 20.625\,kN(\uparrow)$

구조물의 평형방정식에 의하여 $\Sigma H = 0$ 이므로

$\Sigma H = R_A + R_B + R_C - 30 \times 8 - 60 = 0$ $\therefore R_B = 150\,kN(\uparrow)$

※ 처짐각법 연습문제 11.1.2와 비교하면 비슷한 결과임을 알 수 있다.

◆ ◆ ◆ ◆ ◆ ◆

11.3.2 다음 그림과 같은 부정정 연속보의 반력 R_A, R_B, R_C, R_D, M_A를 구하여라. (단, EI가 일정하고, 지점침하는 없다.)

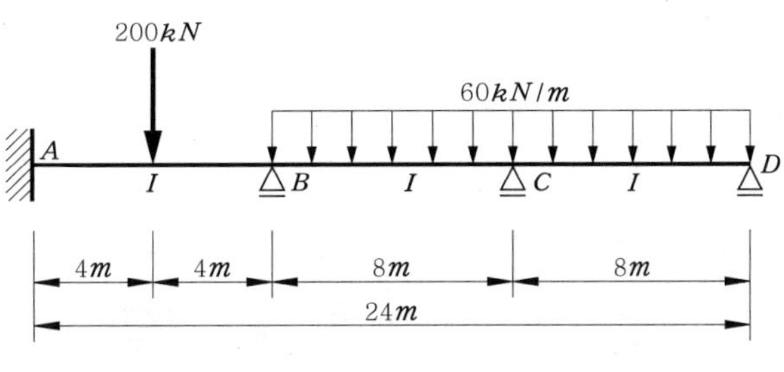

풀이

미지수(부정정여력)가 3개이므로 3개의 3연모멘트 방정식 수가 필요하게 되며,

그림(a), 그림(b), 그림(c)에서 3개의 3연모멘트 방정식을 선정한다.

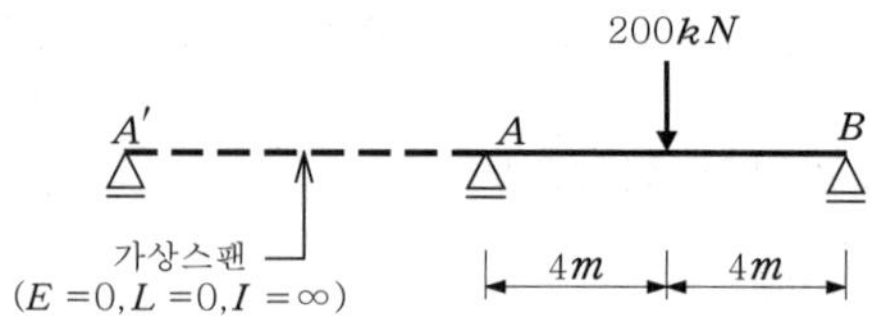

그림(a)

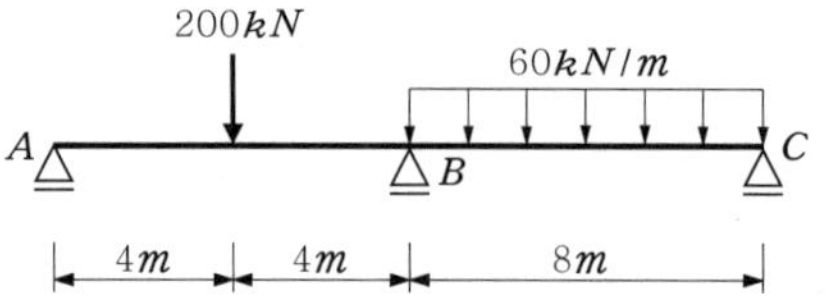

그림(b)

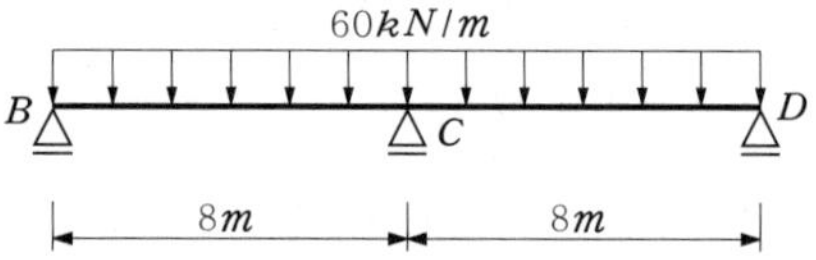

그림(c)

EI가 일정하고 지점침하가 없으므로 그림(a)에서,

$$M_1L_1 + 2M_2(L_1 + L_2) + M_3L_2 = 6EI(\theta_{21} - \theta_{22})$$

가 성립된다. 여기서,

$$M_1 = 0 \qquad M_2 = M_A \qquad M_3 = M_B$$

$$L_1 = 0 \qquad L_2 = 8 \qquad \theta_{21} = 0 \qquad \theta_{22} = \frac{PL^2}{16EI} = \frac{800}{EI}$$

이므로 위 식에 대입하여 정리하면

$$2M_A + M_B + 600 = 0 \qquad \cdots\cdots (1)$$

또한 그림(b)에서도 그림(a)와 마찬가지로

$$M_1L_1 + 2M_2(L_1 + L_2) + M_3L_2 = 6EI(\theta_{21} - \theta_{22})$$

가 성립되며 이때,

$$M_1 = M_A \qquad M_2 = M_B \qquad M_3 = M_C$$

$$L_1 = 8 \qquad L_2 = 8 \qquad \theta_{21} = -\frac{800}{EI} \qquad \theta_{22} = \frac{1280}{EI}$$

이므로 위 식에 대입하여 정리하면,

$$M_A + 4M_B + M_C + 1560 = 0 \qquad \cdots\cdots (2)$$

그리고 그림(c)에서도 마찬가지로

$$M_1L_1 + 2M_2(L_1 + L_2) + M_3L_2 = 6EI(\theta_{21} - \theta_{22})$$

가 성립되며 이때,

$$M_1 = M_B \qquad M_2 = M_C \qquad M_3 = 0$$

$$L_1 = 8 \qquad L_2 = 8 \qquad \theta_{21} = -\frac{1280}{EI} \qquad \theta_{22} = \frac{1280}{EI}$$

이므로 위 식에 대입하여 정리하면,

$M_B + 4M_C + 1920 = 0$ .... (3)

(1), (2), (3)식을 연립방정식으로 풀면

$M_A = -180\,kN\cdot m$, $M_B = -240kN\cdot m$, $M_C = -420kN\cdot m$

구조물의 평형방정식에 의하여 B점 좌측에서 구한 모멘트의 합은

$\Sigma M_B = -180 + 8R_A - 200\times 4 = -240$ 이므로 $\therefore\ R_A = 92.5kN(\uparrow)$

C점 좌측에서 구한 모멘트의 합은

$\Sigma M_C = -180 + 16R_A + 8R_B - 200\times 12 - 60\times 8\times 4 = -420$ 이므로

$\therefore\ R_B = 325kN(\uparrow)$

C점 우측에서 구한 모멘트의 합은

$\Sigma M_C = 8R_D - 60\times 8\times 4 = -420$ 이므로 $\therefore\ R_D = 187.5kN(\uparrow)$

구조물의 평형방정식에 의하여 $\Sigma H = 0$ 이므로

$\Sigma H = R_A + R_B + R_C + R_D - 200 - 60\times 8 = 0$ $\therefore\ R_C = 555kN(\uparrow)$

※ 모멘트분배법 연습문제 11.2.1과 비교하면 비슷한 결과임을 알 수 있다.

◆ ◆ ◆ ◆ ◆ ◆

11.3.3 다음 그림과 같은 부정정 연속보의 반력 R_A, R_B, R_C, M_A를 구하여라. (단, EI가 일정하고, 지점침하는 없다.)

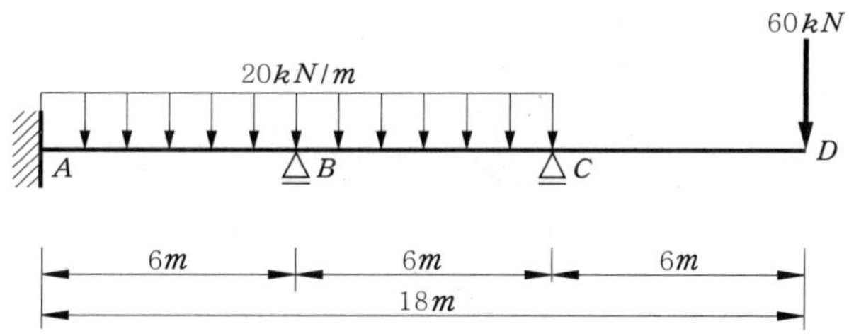

풀이

미지수(부정정여력)가 2개이므로 2개의 3연모멘트 방정식 수가 필요하게 되며, 그림(a), 그림(b)에서 2개의 3연모멘트 방정식을 선정한다.

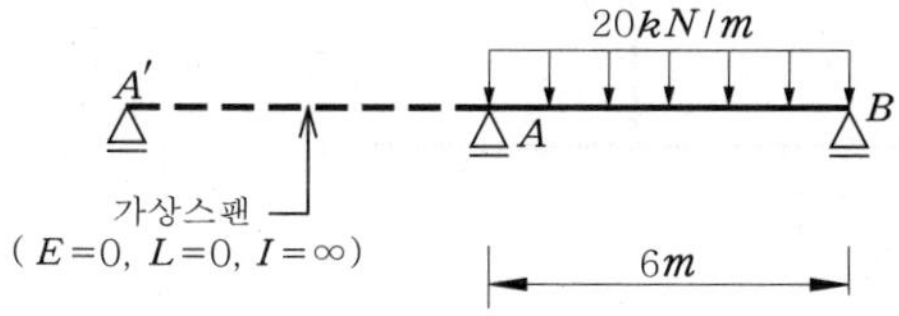

그림(a)

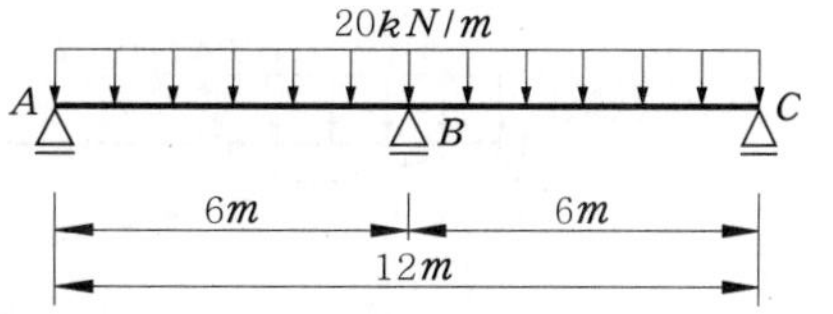

그림(b)

EI가 일정하고 지점침하가 없으므로 그림(a)에서,

$$M_1L_1 + 2M_2(L_1 + L_2) + M_3L_2 = 6EI(\theta_{21} - \theta_{22})$$

가 성립된다. 여기서,

$M_1 = 0 \qquad M_2 = M_A \qquad M_3 = M_B$

$L_1 = 0 \qquad L_2 = 6 \qquad \theta_{21} = 0 \qquad \theta_{22} = \dfrac{180}{EI}$

이므로 위 식에 대입하여 정리하면,

$2M_A + M_B + 180 = 0$ ······················ (1)

또한 그림(b)에서도 그림(a)와 마찬가지로

$M_1 L_1 + 2M_2(L_1 + L_2) + M_3 L_2 = 6EI(\theta_{21} - \theta_{22})$

가 성립되며 이때,

$M_1 = M_A \qquad M_2 = M_B \qquad M_3 = -360$

$L_1 = 6 \qquad L_2 = 6 \qquad \theta_{21} = -\dfrac{180}{EI} \qquad \theta_{22} = \dfrac{180}{EI}$

이므로 위 식에 대입하여 정리하면,

$M_A + 4M_B = 0$ ······················ (2)

(1), (2)식을 연립방정식으로 풀면

$M_A = -102.9kN \cdot m, \ M_B = 25.7kN \cdot m$

구조물의 평형방정식에 의하여 B점 좌측에서 구한 모멘트의 합은

$\Sigma M_B = -102.9 + 6R_A - 20 \times 6 \times 3 = 25.7$ 이므로 $\therefore R_A = 81.4kN(\uparrow)$

C점 좌측에서 구한 모멘트의 합은

$\Sigma M_C = -102.9 + 12R_A + 6R_B - 20 \times 12 \times 6 = -360$ 이므로

$\therefore R_B = 34.4kN(\uparrow)$

구조물의 평형방정식에 의하여 $\Sigma H = 0$ 이므로

$\Sigma H = R_A + R_B + R_C - 20 \times 12 - 60 = 0$ $\therefore R_C = 184.2kN(\uparrow)$

◆ ◆ ◆ ◆ ◆ ◆

11.3.4 다음 그림과 같은 부정정 연속보지의 B점의 휨모멘트를 구하여라. (단, $EI = 165600kN \cdot m^2$이고, B점에서 $5cm$ 지점침하가 발생하였다.)

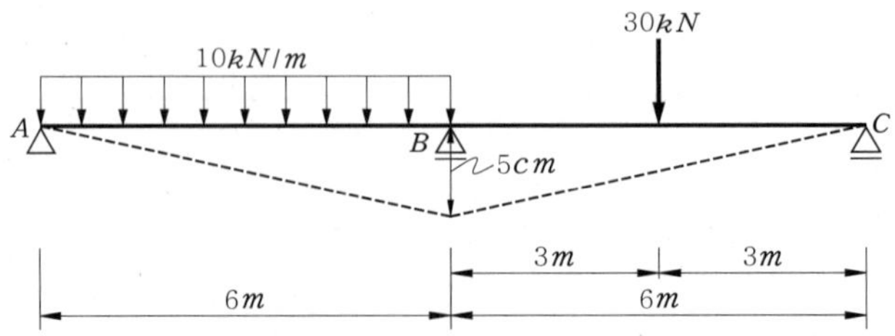

풀이

EI가 일정하고 지점침하가 있으므로

$$M_1L_1 + 2M_2(L_1 + L_2) + M_3L_2 = 6EI(\theta_{21} - \theta_{22}) + 6EI\left(\frac{\delta_2 - \delta_1}{L_1} - \frac{\delta_3 - \delta_1}{L_2}\right)$$

가 성립된다. 여기서,

$M_1 = 0 \qquad M_2 = M_B \qquad M_3 = 0$

$L_1 = 6 \qquad L_2 = 6 \qquad \theta_{21} = -\dfrac{90}{EI} \qquad \theta_{22} = \dfrac{135}{EI}$

$\delta_1 = 0 \qquad \delta_2 = 0.05 \qquad \delta_3 = 0$

위 식에 대입하여 정리하면

$\therefore\ M_B = 97.3\,kN{\cdot}m$

◆ ◆ ◆ ◆ ◆ ◆

11.4 변위일치의 방법

11.4.1 다음 그림과 1차 부정정 보의 단면력도를 구하여라.

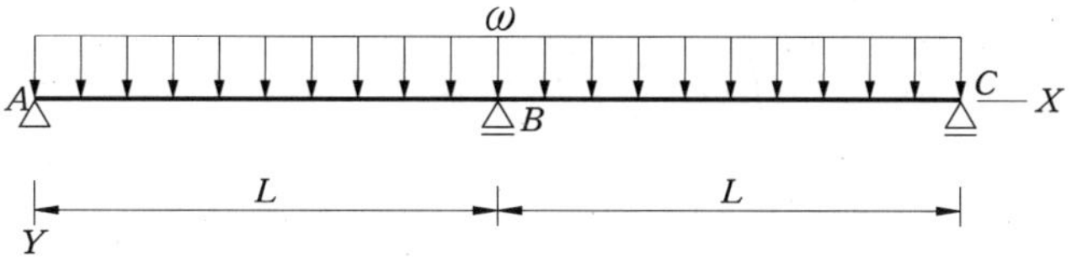

풀이

지점 B의 반력 R_B를 부정적여력 X_1로 선정하면 그림(a)와 같이 원래 주어진 하중과 부정정여력 X_1이 하중으로 작용하는 정정구조물인 단순보로 표시할 수 있다.

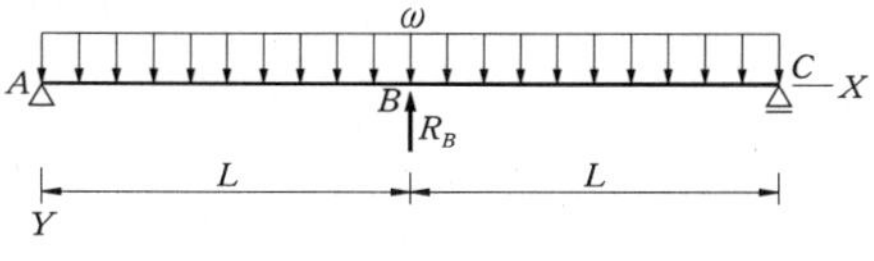

그림(a)

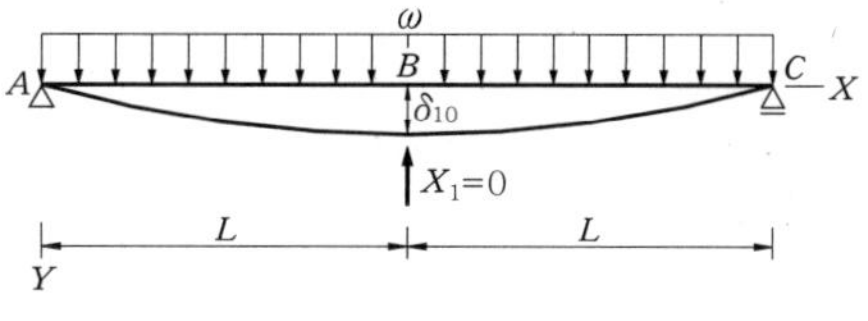

그림(b)

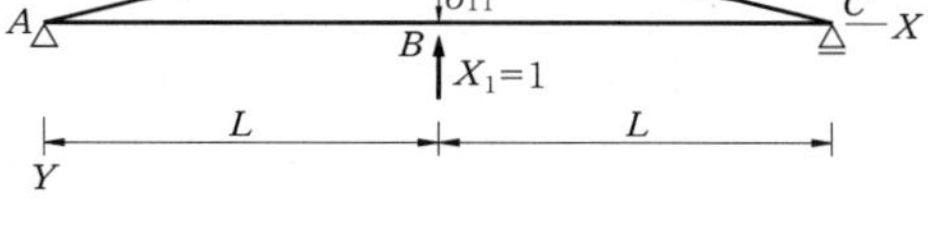

그림(c)

그리고 그림(b)와 같이 원래 주어진 하중만이 작용할 때($X_1 = 0$)의 변위 δ_{10}와 그림(c)와 같이 단위 부정정여력 $X_1 = 1$만이 작용할 때의 변위 δ_{11}를 X_1배한 것의 합이 같으므로 $\delta_{10} + \delta_{11}X_1 = 0$ 의 식이 성립된다.

(1) 원래의 하중과 부정정여력에 의한 휨모멘트 일반식

$$M_0 = -\frac{wx^2}{2} + wLx,$$

$$M_1 = -\frac{x}{2} \qquad (0 \le x \le L)$$

$$M_1 = \frac{x}{2} - L \qquad (L \le x \le 2L)$$

(2) 원래 주어진 하중 ω에 의한 처짐 δ_{10}

$$\begin{aligned}\delta_{10} &= \int_0^{2L} \frac{M_0 M_1}{EI} dx \\ &= \frac{1}{EI}\int_0^L \left(-\frac{wx^2}{2} + wLx\right)\left(-\frac{x}{2}\right) dx + \frac{1}{EI}\int_L^{2L}\left(-\frac{wx^2}{2} + wLx\right)\left(\frac{x}{2} - L\right) dx \\ &= \frac{1}{EI}\int_0^L \left(\frac{\omega x^3}{4} - \frac{\omega Lx^2}{2}\right) dx + \frac{1}{EI}\int_L^{2L}\left(-\frac{\omega x^3}{4} + \omega Lx^2 - \omega Lx^2\right) dx \\ &= -\frac{5\omega L^4}{24EI}(\downarrow)\end{aligned}$$

(3) 부정정여력 X_1에 의한 처짐 δ_{11}

$$\begin{aligned}\delta_{11} &= \int_0^{2L} \frac{M_1^2}{EI} dx = \frac{1}{EI}\int_0^L \left(-\frac{x}{2}\right)^2 dx + \frac{1}{EI}\int_L^{2L}\left(\frac{x}{2} - L\right)^2 dx \\ &= \frac{1}{EI}\int_0^L \left(\frac{x^2}{4}\right) dx + \frac{1}{EI}\int_L^{2L}\left(\frac{x^2}{4} - Lx + L^2\right) dx \\ &= \frac{L^3}{6EI}(\uparrow)\end{aligned}$$

(4) 각 지점에서의 반력

$$X_1 = -\frac{\delta_{10}}{\delta_{11}} = \frac{5wL}{4}(\uparrow) \qquad \therefore\ R_B = X_1 = \frac{5wL}{4}(\uparrow)$$

$$\Sigma M_A = 0 \ :\ \Sigma M_A = 2wL \cdot L - \frac{5wL}{4} \cdot L - 2L \cdot R_C = 0 \quad \therefore\ R_C = \frac{3wL}{8}(\uparrow)$$

$$\Sigma V = 0 \ :\ V = R_A + R_B + R_C - 2wL = 0 \qquad \therefore\ R_A = \frac{3wL}{8}(\uparrow)$$

(5) 단면력도

임의의 점 x에서의 휨모멘트 일반식을 구하면,

$$M_x = \frac{3\omega L}{8}x - \frac{\omega}{2}x^2 \qquad (0 \le x \le L)$$

$$M_x = \frac{3\omega L}{8}x + \frac{5\omega L}{4}x - \frac{\omega}{2}x^2 \qquad (L \le x \le 2L)$$

AB 구간에서 전단력 $V_x = 0$인 구간에서 최대 정모멘트가 발생하므로

$$V_x = \frac{dM_x}{dx} = -\omega x + \frac{3\omega L}{8} = 0 \qquad \therefore\ x = \frac{3}{8}L$$

$$\therefore\ M_{x=3L/8} = \frac{3\omega L}{8} \times \frac{3}{8}L - \frac{\omega}{2} \times \left(\frac{3}{8}L\right)^2 = \frac{9\omega L^2}{128}$$

최대 휨모멘트는 B 점에서 발생하므로

$$\therefore\ M_{\max} = \frac{3\omega L}{8} \times L - \frac{\omega}{2} \times (L)^2 = \frac{\omega L^2}{8}$$

B 점을 기준으로 양쪽이 대칭인 보이므로, 단면력도를 그리면 다음과 같다.

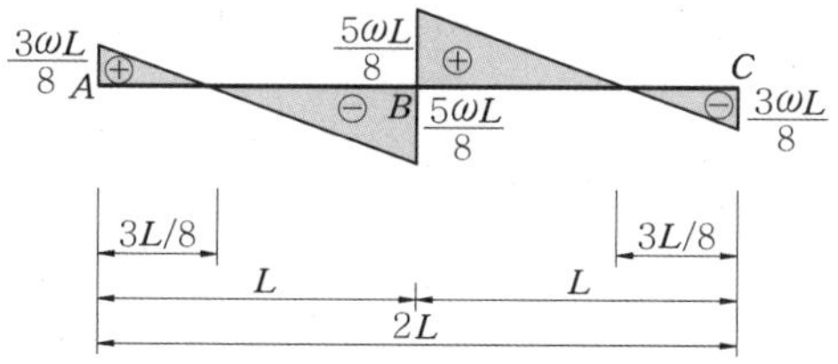

그림(d) 전단력도

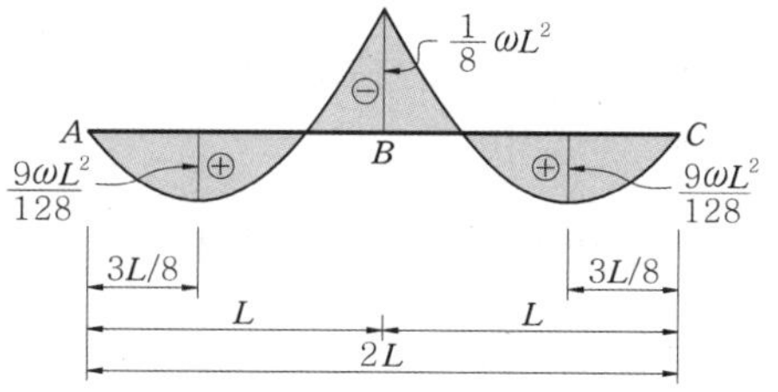

그림(e) 휨모멘트도

◆ ◆ ◆ ◆ ◆ ◆

11.4.2 다음 그림과 같이 등분포하중 ω 가 작용하는 부정정 보가 있을 때, 고정단에서 발생하는 휨모멘트 M_A , M_B 를 구하고 단면력도를 그려라.

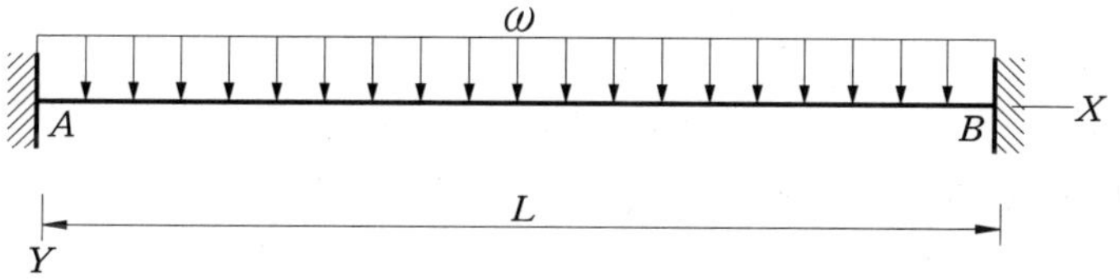

풀이

위 부정정 보는 3차 부정정구조이나 연직하중만 작용하여 수평반력이 일어나지 않으므로 2차 부정정구조로 풀이할 수 있다.

지점 A , B 의 반력 M_A, M_B 를 부정적여력 X_1 , X_2 로 선정하면 그림(a)와 같이 원래 주어진 하중과 부정정여력 X_1 , X_2 가 하중으로 작용하는 정정구조물인 단순보로 표시할 수 있다.

그리고 그림(b)와 같이 원래 주어진 하중만이 작용할 때(X_1, $X_2=0$)의 처짐각을 θ_{10} , θ_{20} , 그림(c)와 같이 단위부정정여력 $X_1=1$ 만이 작용할 때의 처짐각을 θ_{11} , θ_{21} , 그림(d)와 같이 단위부정정여력 $X_2=1$ 만이 작용할 때의 처짐각을 θ_{12} , θ_{22} 라 할 때 $\theta_{10}+\theta_{11}X_1+\theta_{12}X_2=0$, $\theta_{20}+\theta_{21}X_1+\theta_{22}X_2=0$ 의 탄성방정식이 성립된다.

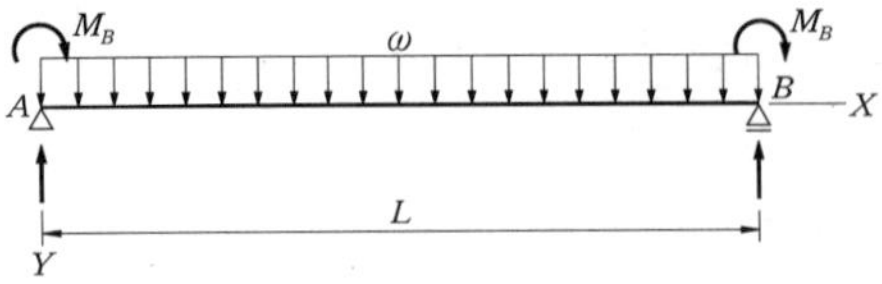

그림(a)

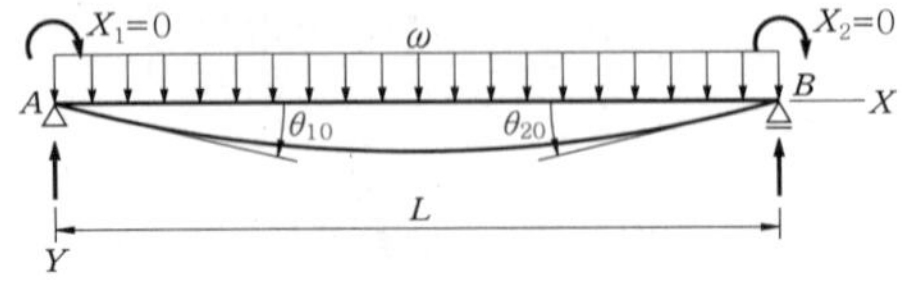

그림(b)

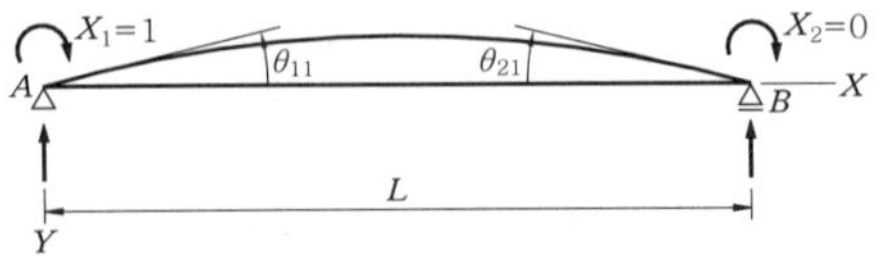

그림(c)

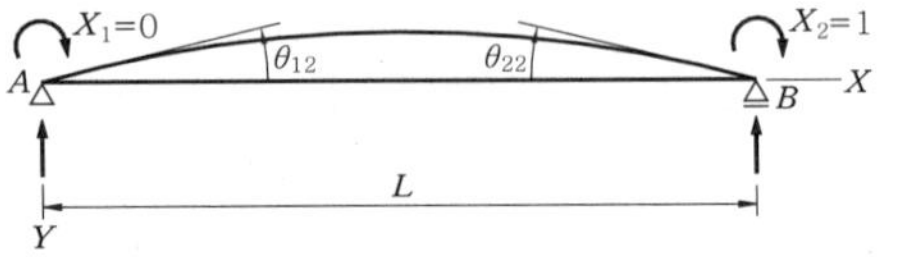

그림(d)

가상일의 원리를 통해 각 하중에 의한 처짐각을 계산하기 위해 휨모멘트 일반식을 유도하면,

그림(b)에서 ω 에 관하여 $M_0 = -\frac{wx^2}{2} + \frac{wLx}{2}$

그림(c)에서 X_1 에 관하여 $M_1 = 1 - \frac{x}{L}$

그림(d)에서 X_2 에 관하여 $M_2 = -\frac{x}{L}$

(1) 원래 주어진 하중 ω 에 의한 처짐각 θ_{10} , θ_{20}

$$\theta_{10} = \int_0^L \frac{M_0 M_1}{EI} dx = \frac{1}{EI}\int_0^L \left(-\frac{wx^2}{2} + \frac{wLx}{2}\right)\left(1 - \frac{x}{L}\right) dx$$

$$= \frac{1}{EI}\int_0^L \left(\frac{\omega x^3}{2L} - \omega x^2 + \frac{\omega L x}{2}\right) dx = \frac{\omega L^3}{24EI} (\curvearrowright)$$

$$\theta_{20} = \int_0^L \frac{M_0 M_2}{EI} dx = \frac{1}{EI}\int_0^L \left(-\frac{wx^2}{2} + \frac{wLx}{2}\right)\left(-\frac{x}{L}\right) dx = -\frac{wL^3}{24EI} (\curvearrowleft))$$

(2) 부정정여력 X_1 에 의한 처짐각 θ_{11} , θ_{21}

$$\theta_{11} = \int_0^L \frac{M_1^2}{EI} dx = \frac{1}{EI}\int_0^L \left(1 - \frac{x}{L}\right)^2 dx = \frac{L}{3EI} (\curvearrowright)$$

$$\theta_{12} = \int_0^L \frac{M_1 M_2}{EI} dx = \frac{1}{EI}\int_0^L \left(1 - \frac{x}{L}\right)\left(-\frac{x}{L}\right) dx = -\frac{L}{6EI} (\curvearrowleft)$$

(3) 부정정여력 X_2 에 의한 처짐각 θ_{21} , θ_{22}

$$\theta_{21} = \int_0^L \frac{M_1 M_2}{EI} dx = \frac{1}{EI}\int_0^L \left(1 - \frac{x}{L}\right)\left(-\frac{x}{L}\right) dx = -\frac{L}{6EI} (\curvearrowleft)$$

$$\theta_{22} = \int_0^L \frac{M_2^2}{EI} dx = \frac{1}{EI}\int_0^L \left(-\frac{x}{L}\right)^2 dx = \frac{L}{3EI} (\curvearrowright)$$

(4) 각 지점에서의 휨모멘트 M_A, M_B 의 계산

$\theta_{10}+\theta_{11}X_1+\theta_{12}X_2=0$, $\theta_{20}+\theta_{21}X_1+\theta_{22}X_2=0$ 이므로,

$$\frac{wL^3}{24EI}+\frac{L}{3EI}X_1-\frac{L}{6EI}X_2=0$$

$$-\frac{wL^3}{24EI}-\frac{L}{6EI}X_1+\frac{L}{3EI}X_2=0$$

$$\therefore\ X_1=-\frac{wL^2}{12} \qquad X_2=\frac{wL^2}{12}$$

$$\therefore\ M_A=X_1=-\frac{wL^2}{12}(\curvearrowleft) \qquad M_B=X_2=\frac{wL^2}{12}(\curvearrowright)$$

(5) 단면력도

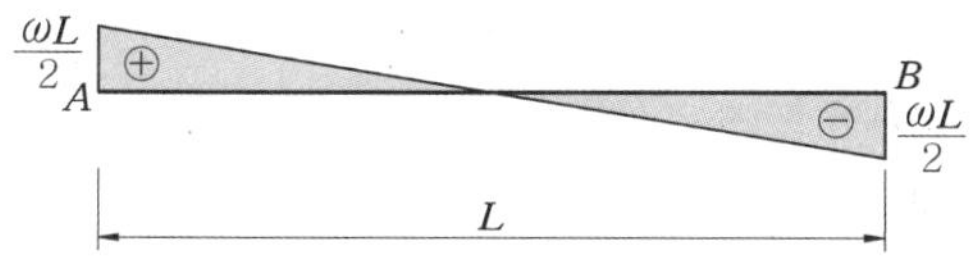

그림(e) 전단력도

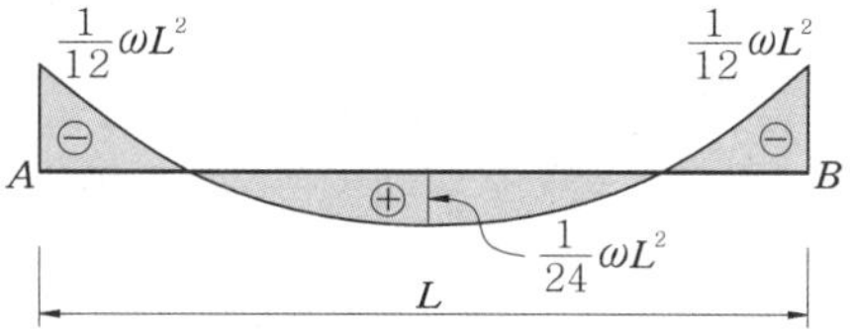

그림(f) 휨모멘트도

◆ ◆ ◆ ◆ ◆ ◆

11.4.3 다음 그림과 같은 부정정 보의 반력을 구하고 단면력도를 그려라

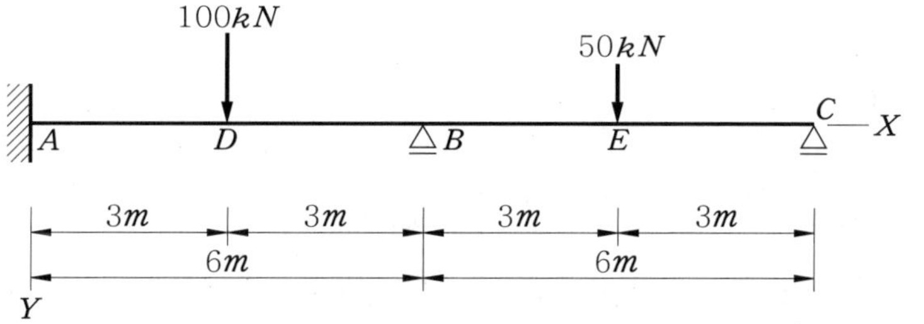

풀이

지점반력 R_B, R_C를 부정정여력 X_1, X_2로 선정하여 나타내면 그림(a)와 같이 정정구조물인 캔틸레버 보로 표시할 수 있다.

그리고 그림(b)와 같이 원래 주어진 하중만 작용할 때($X_1, X_2=0$)의 변위를 δ_{10}, δ_{20}, 그림(c)와 같이 단위 부정정여력 $X_1=1$ 만이 작용할 때의 변위를 δ_{11}, δ_{21}, 그림(d)와 같이 단위 부정정여력 $X_2=1$ 만이 작용할 때의 변위를 δ_{12}, δ_{22} 라 하면 $\delta_{10}+\delta_{11}X_1+\delta_{12}X_2=0$, $\delta_{20}+\delta_{21}X_1+\delta_{22}X_2=0$ 의 탄성방정식이 성립된다.

가상일의 원리를 이용, 처짐을 계산하기 위해 원래 주어진 하중 및 X_1, X_2 에 의한 휨모멘트 일반식을 순서대로 유도하면,

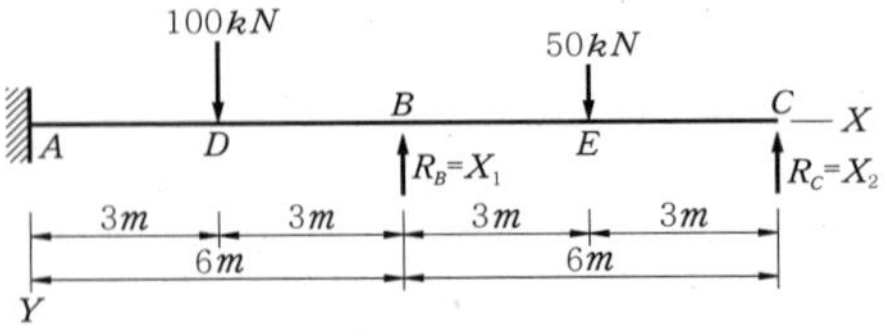

그림(a)

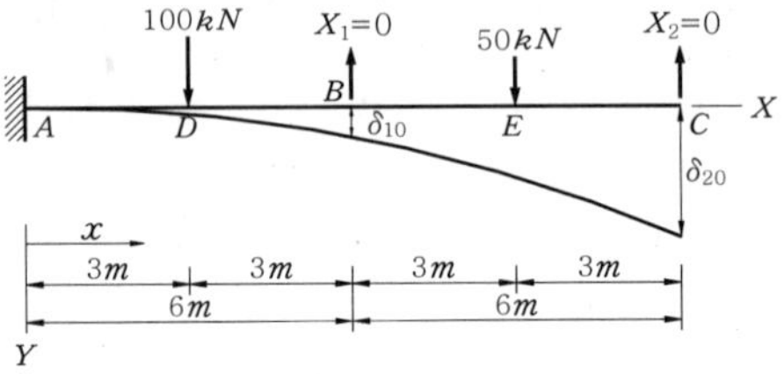

그림(b)

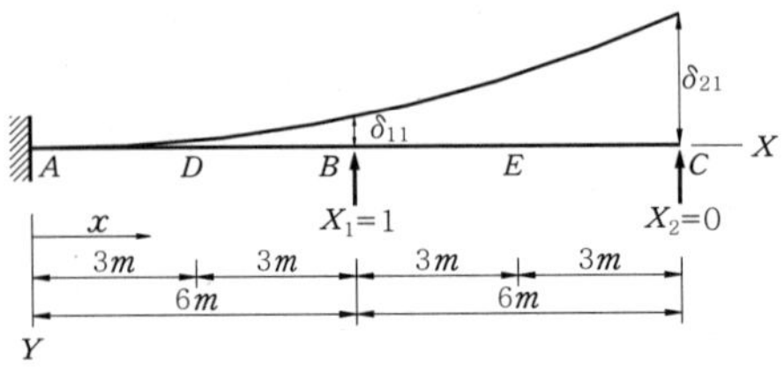

그림(c)

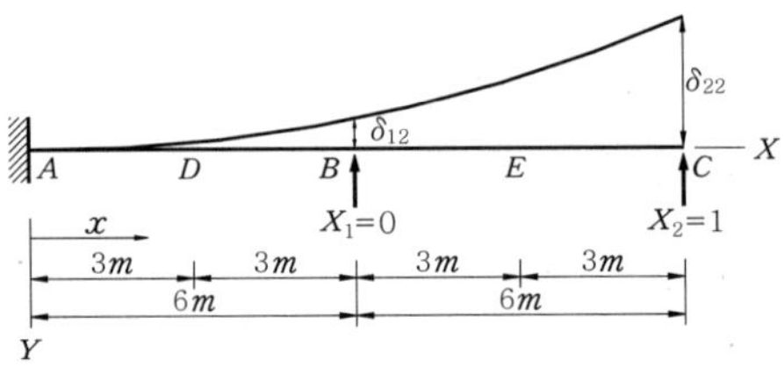

그림(d)

그림(b)에서 원래하중에 관하여 $M_0=150x-750 \quad (0 \le x \le 3)$

$M_0=50x-450 \quad (3 \le x \le 9)$

$M_0=0 \quad (9 \le x \le 12)$

그림(c)에서 X_1 에 관하여 $M_1=-x+6 \quad (0 \le x \le 6)$

$M_1=0 \quad (6 \le x \le 12)$

그림(d)에서 X_2 에 관하여 $M_2=-x+12 \quad (0 \le x \le 12)$

(1) 원래 주어진 하중 ω 에 의한 처짐 δ_{10} , δ_{20}

$$\delta_{10}=\int_0^L \frac{M_0 M_1}{EI}dx$$
$$=\frac{1}{EI}\int_0^3 (150x-750)(-x+6)\,dx+\frac{1}{EI}\int_3^6 (50x-450)(-x+6)\,dx$$
$$+\frac{1}{EI}\int_6^9 (50x-450)\cdot 0dx+\frac{1}{EI}\int_9^{12} 0\cdot 0dx=-\frac{8550}{EI}(\downarrow)$$

$$\delta_{20}=\int_0^L \frac{M_0 M_2}{EI}dx$$
$$=\frac{1}{EI}\int_0^3 (150x-750)(-x+12)\,dx+\frac{1}{EI}\int_3^9 (50x-450)(-x+12)\,dx$$
$$+\frac{1}{EI}\int_9^{12} 0\cdot(-x+12)\,dx=-\frac{23175}{EI}(\downarrow)$$

(2) 부정정여력 X_1에 의한 처짐 δ_{11}, δ_{12}

$$\delta_{11}=\int_0^L \frac{M_1^2}{EI}dx=\frac{1}{EI}\int_0^6(-x+6)^2dx+\frac{1}{EI}\int_6^{12}0^2dx=\frac{72}{EI}(\uparrow)$$

$$\delta_{12}=\int_0^L \frac{M_1M_2}{EI}dx$$

$$=\frac{1}{EI}\int_0^6(-x+6)(-x+12)dx+\frac{1}{EI}\int_6^{12}0\cdot(-x+12)dx=\frac{180}{EI}(\uparrow)$$

(3) 부정정여력 X_2에 의한 처짐 δ_{21}, δ_{22}

$$\delta_{21}=\int_0^L \frac{M_1M_2}{EI}dx$$

$$=\frac{1}{EI}\int_0^6(-x+6)(-x+12)dx+\frac{1}{EI}\int_6^{12}0\cdot(-x+12)dx=\frac{180}{EI}(\uparrow)$$

$$\delta_{22}=\int_0^L \frac{M_2^2}{EI}dx=\frac{1}{EI}\int_0^{12}(-x+12)^2dx=\frac{576}{EI}(\uparrow)$$

(4) 각 지점에서의 휨모멘트 M_A, M_B의 계산

$\delta_{10}+\delta_{11}X_1+\delta_{12}X_2=0$, $\delta_{20}+\delta_{21}X_1+\delta_{22}X_2=0$ 이므로

$$-\frac{8550}{EI}+\frac{72}{EI}X_1+\frac{180}{EI}X_2=0$$

$$-\frac{23175}{EI}+\frac{180}{EI}X_1+\frac{576}{EI}X_2=0$$

$\therefore\ X_1=83$ $\qquad X_2=14.3$

$\therefore\ R_B=X_1=83kN(\uparrow)$ $\qquad R_C=X_2=14.3kN(\uparrow)$

구조물의 평형방정식에 의하여

$\Sigma M_A=0$: $\Sigma M_A=M_A+100\times3-83\times6+50\times9-14.3\times12=0$

$R_A+R_B+R_C=150$

$\therefore\ M_A=-80.4kN\cdot m(\curvearrowleft)$ $\qquad R_A=52.7kN(\uparrow)$

(5) 단면력도

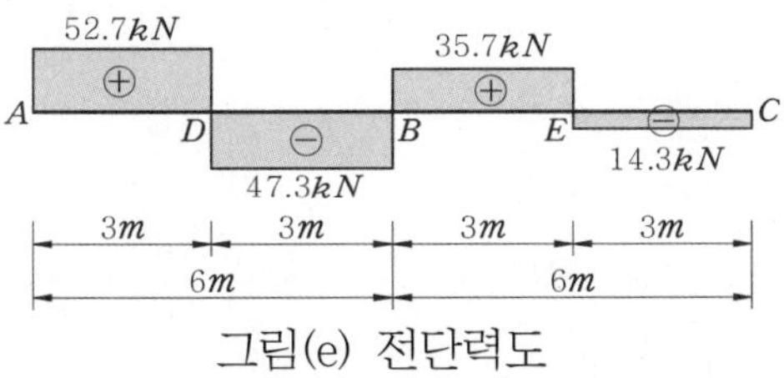

그림(e) 전단력도

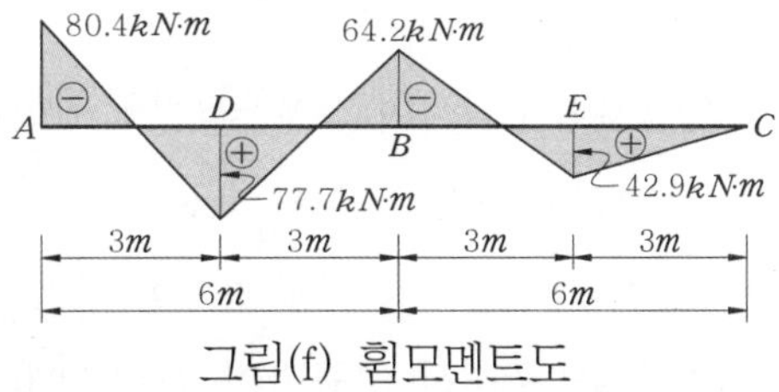

그림(f) 휨모멘트도

◆ ◆ ◆ ◆ ◆ ◆

11.4.4 다음 그림과 같은 부정정 보의 반력 M_A, M_B를 구하고, 단면력도를 그리시오.

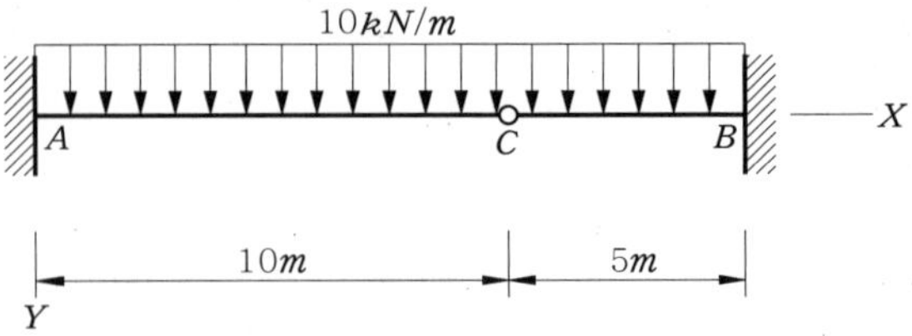

풀이

위 부정정 보는 2차 부정정구조이지만 문제에서 연직하중만 작용하여 수평반력이 일어나지 않으므로 1차 부정정구조로 풀이할 수 있다.
힌지 C의 전단력을 부정정여력 X_1으로 선정하면 그림(a)와 같이 2개의 정정 캔틸레버 보로 나눌 수 있다. 그리고 이때 그림(b)와 같이 원래 주어진 하중만이 작용할 때($X_1=0$)의 처짐 δ_{10}과 그림(c)와 같이 단위부정정여력 $X_1=1$만이 작용할 때의 처짐 δ_{11}를 X_1배한 것의 합이 같으므로 $\delta_{10}+\delta_{11}X_1=0$의 식이 성립된다.

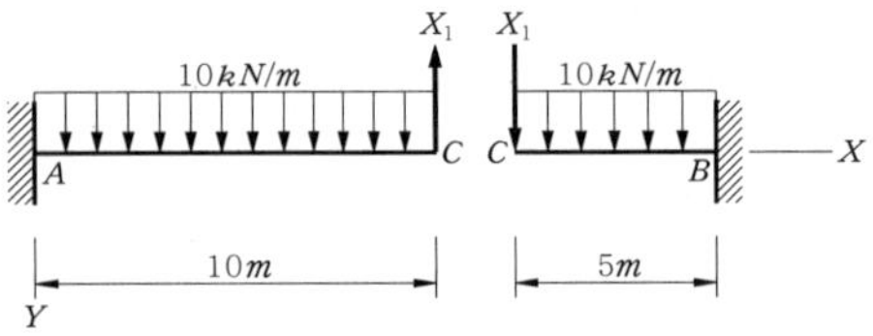

그림(a)

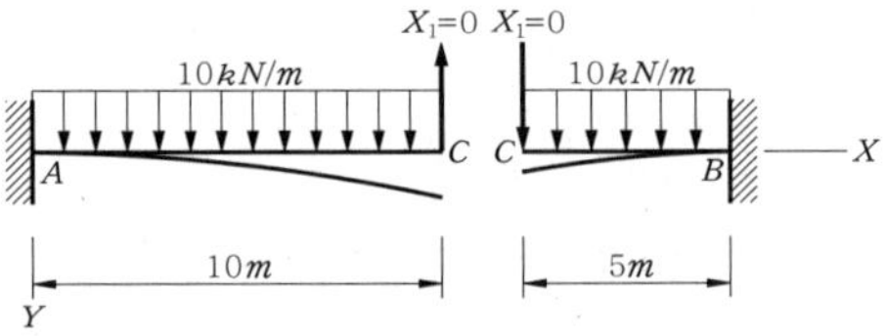

그림(b)

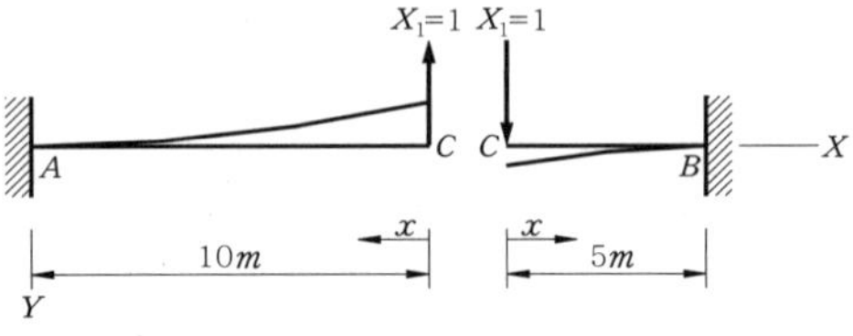

그림(c)

(1) 원래 주어진 하중만이 작용할때($X_1=0$) 휨모멘트 일반식

그림(b)에서 $M_0=-5x^2 \qquad (C\le x\le A)$

$M_0=-5x^2 \qquad (C\le x\le B)$

(2) 단위 부정정여력($X_1=1$)에 의한 휨모멘트 일반식

그림(c)에서 $M_1=x \qquad (C\le x\le A)$

$M_1=-x \qquad (C\le x\le B)$

(3) 원래 주어진 하중만이 작용할때($X_1=0$) 변위 δ_{10}

$$\delta_{10} = \int_0^L \frac{M_0 M_1}{EI} dx = \frac{1}{EI}\int_0^{10}(-5x^2)(x)\,dx + \frac{1}{EI}\int_0^5(-5x^2)(-x)\,dx$$

$$= \frac{1}{EI}\int_0^{10} -5x^3 dx + \frac{1}{EI}\int_0^5 5x^3 dx = -\frac{11718.75}{EI}\ (\downarrow)$$

(4) 단위 부정정여력($X_1 = 1$)에 의한 변위 δ_{11}

$$\delta_{11} = \int_0^L \frac{M_1^2}{EI} dx = \frac{1}{EI}\int_0^{10}(x)^2 dx + \frac{1}{EI}\int_0^5(-x)^2 dx = \frac{375}{EI}$$

(5) 반력의 계산

$\delta_{10} + \delta_{11} X_1 = 0$ 이므로 $-\frac{11718.75}{EI} + \frac{375}{EI} X_1 = 0 \qquad \therefore X_1 = 31.25\,kN$

$\Sigma M_A = 0$: $\Sigma M_A = M_A + 10^2 \times 5 - 31.25 \times 10 = 0$

$\therefore M_A = -187.5\,kN \cdot m\,(\curvearrowleft)$

$\Sigma M_B = 0$: $\Sigma M_B = M_B - 10 \times 5 \times 2.5 - 31.25 \times 5 = 0 \quad \therefore M_B = 281.25\,kN \cdot m\,(\curvearrowright)$

$\Sigma V = 0$: $\Sigma V = R_A - 10^2 + 31.25 = 0 \quad \therefore R_A = 68.75\,kN\,(\uparrow)$

$\Sigma V = 0$: $\Sigma V = R_A + R_B - 10 \times 15 = 0 \quad \therefore R_B = 81.25\,kN\,(\uparrow)$

(6) 단면력도

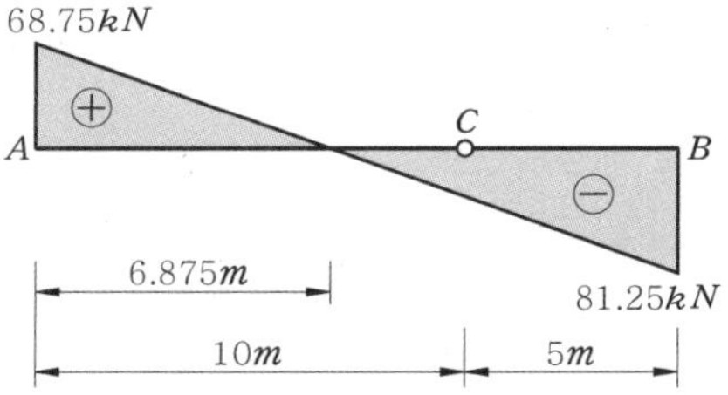

그림(e) 전단력도(S.F.D)

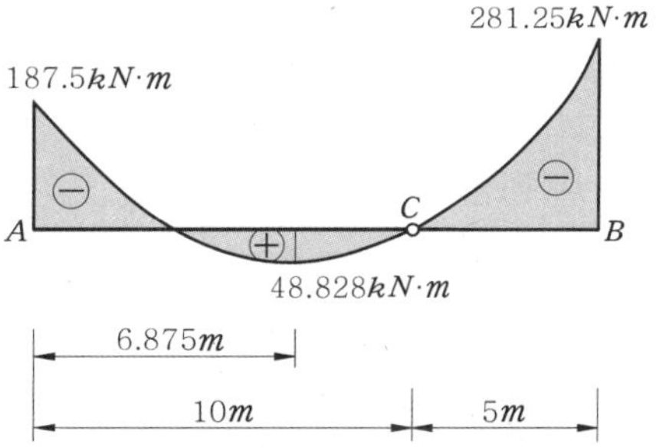

그림(f) 휨모멘트도(B.M.D)

◆ ◆ ◆ ◆ ◆ ◆

11.4.5 다음 그림과 같이 단순보 위에 캔틸레버 보가 얹혀 있을 때, C 점에서의 처짐 δ_C 를 구하여라.

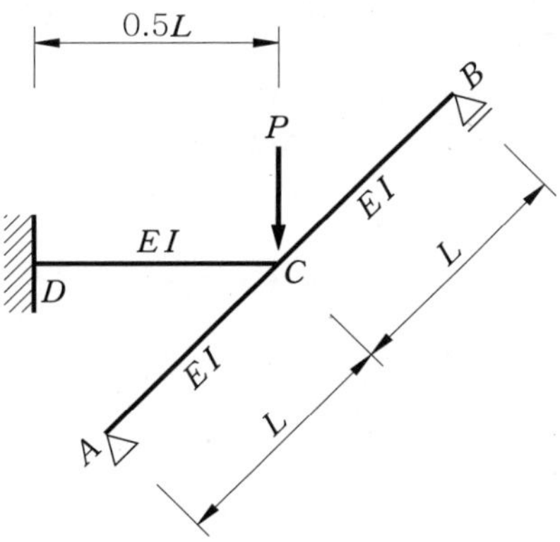

풀이

위 구조물은 다음과 같이 2개의 부분으로 분리하여 생각할 수 있고, 캔틸레버 보는 단순보에 의해 처짐이 구속된다.

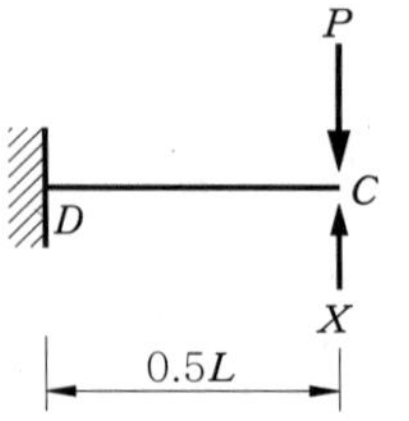

그림(a) 캔틸레버 보

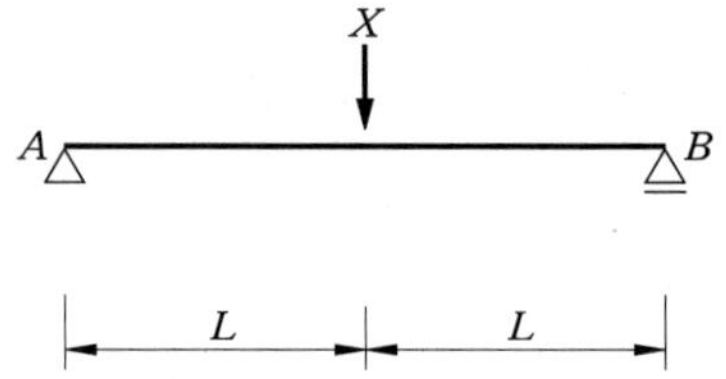

그림(b) 단순보

(1) 캔틸레버 보의 C점에서의 처짐 $\delta_{C(CANTI)}$

$$\delta_{C(CANTI)} = \frac{P\times(0.5L)^3}{3EI} - \frac{X\times(0.5L)^3}{3EI} = \frac{PL^3}{24EI} - \frac{XL^3}{24EI}$$

(2) 단순보의 중앙부 C점에서의 처짐 $\delta_{C(BEAM)}$

$$\delta_{C(BEAM)} = \frac{X\times(2L)^3}{48EI} = \frac{XL^3}{6EI}$$

(3) 부정정여력 X

$$\delta_{C(CANTI)} = \delta_{C(BEAM)}$$

$$\frac{PL^3}{24EI} - \frac{XL^3}{24EI} = \frac{XL^3}{6EI} \qquad \therefore\ X = \frac{1}{5}P$$

(4) C점에서의 처짐 δ_C

$$\delta_{C(CANTI)} = \frac{P(0.5L)^3}{3EI} - \frac{X(0.5L)^3}{3EI} = \frac{P(0.5L)^3}{3EI} - \frac{(1/5)P\times(0.5L)^3}{3EI} = \frac{PL^3}{30EI}$$

$$\delta_{C(BEAM)} = \frac{X(2L)^3}{48EI} = \frac{(1/5)P(2L)^3}{48EI} = \frac{PL^3}{30EI}$$

$$\therefore\ \delta_C = \delta_{C(CANTI)} = \delta_{C(BEAM)} = \frac{PL^3}{30EI}$$

◆ ◆ ◆ ◆ ◆ ◆

11.4.6 다음 그림과 같이 스프링으로 연결된 2개의 캔틸레버 보의 한쪽 보에 등분포하중 ω가 작용하고 있다. 스프링에 작용하는 압축력 X의 일반식과 스프링의 강성 $K_S=0$일 경우와 $K_S=\infty$일 경우의 X와 B점의 처짐 δ_B를 구하여라.

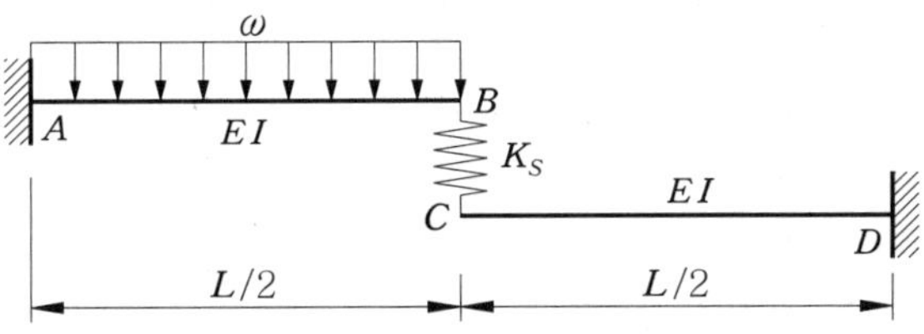

풀이

보 AB는 등분포하중 ω에 의해 하향으로 처짐이 발생하나 B점의 스프링반력에 의해 자유로운 변형이 구속된다. 이를 부정정여력 X로 표현하면 다음 그림과 같다.

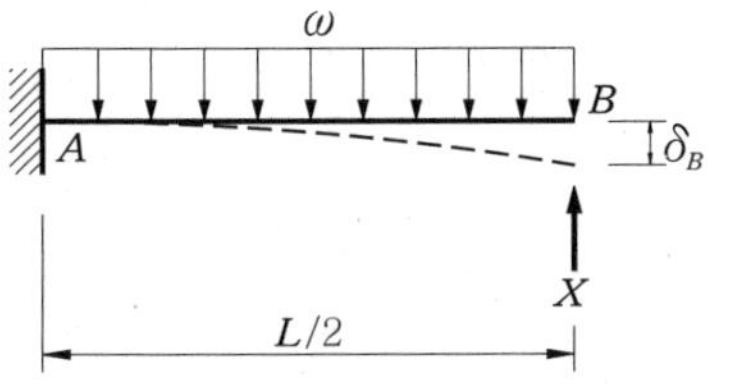

그림(a) 보AB

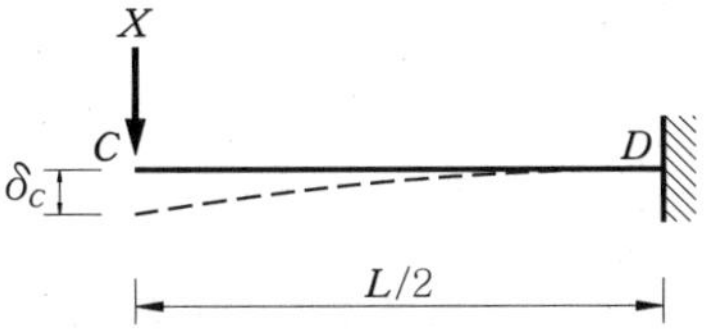

그림(b) 보CD

(1) 보 AB의 B점에서의 처짐 δ_B

$$\delta_B=\frac{\omega(L/2)^4}{8EI}-\frac{X(L/2)^3}{3EI}=\frac{\omega L^4}{128EI}-\frac{XL^3}{24EI}$$

(2) 보 CD의 C점에서의 처짐 δ_C

$$\delta_C=\frac{X(L/2)^3}{3EI}=\frac{XL^3}{24EI}$$

(3) 스프링의 축소량 δ

$$\delta=\delta_B-\delta_C=\frac{wL^4}{128EI}-\frac{XL^3}{24EI}-\frac{XL^3}{24EI}$$

(4) 부정정여력 X

$X=K_S\times\delta$ 이므로,

$$X=K_S\times\left(\frac{\omega L^4}{128EI}-\frac{XL^3}{12EI}\right)$$ (⇦ $K_B=\dfrac{12EI}{L^3}$으로 치환)

$$X=K_S\times\left(\frac{12\,\omega L^4}{128K_B}-\frac{X}{K_B}\right)=\frac{12K_S\omega L}{128K_B}-\frac{K_SX}{K_B}$$ $\therefore\ X=\dfrac{3\omega L}{32}\left(\dfrac{K_S}{K_S+K_B}\right)$

(5) $K_S = 0$ 일 경우의 X 및 δ_B

$$\therefore\ X = \frac{3\omega L}{32}\left(\frac{K_S}{K_S + K_B}\right) = 0 \qquad (\Leftarrow\ K_S = 0\ \text{대입})$$

$$\therefore\ \delta_B = \frac{\omega L^4}{128EI} - \frac{XL^3}{24EI} = \frac{\omega L^4}{128EI} - \frac{0 \times L^3}{24EI} = \frac{\omega L^4}{128EI} \qquad (\Leftarrow\ X = 0\ \text{대입})$$

(6) $K_S = \infty$ 일 경우의 X 및 δ_B

$$\therefore\ X = \frac{3\omega L}{32}\left(\frac{K_S}{K_S + K_B}\right) = \frac{3\omega L}{32} \qquad (\Leftarrow\ K_S = \infty\ \text{대입})$$

$$\therefore\ \delta_B = \frac{\omega L^4}{128EI} - \frac{XL^3}{24EI} = \frac{\omega L^4}{128EI} - \frac{\omega L^4}{256EI} = \frac{\omega L^4}{256EI} \qquad (\Leftarrow X = \frac{3\omega L}{32}\ \text{대입})$$

◆ ◆ ◆ ◆ ◆ ◆ ◆

11.4.7 다음 그림과 같은 스프링으로 지지된 등분포하중이 작용하는 보가 있을 때, 각 지점의 반력 R_A, R_B, R_C 를 구하고, 각각의 수직처짐 δ_A, δ_B, δ_C 를 구하여라.

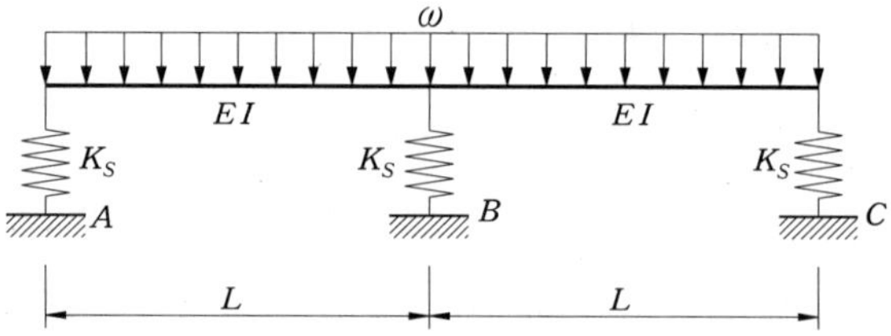

풀이

보의 지지상태, 하중 상태가 대칭이므로 변형 및 반력은 다음 그림(a)와 같다.

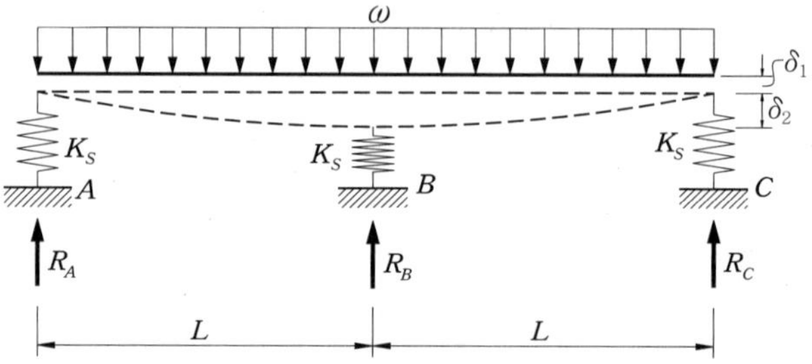

그림(a)

(1) 반력을 부정정여력 X로 표현

$R_A = R_C = X \qquad R_B = 2\omega L - 2X$

(2) 단순보의 처짐 δ_2

보는 등분포하중에 의해 δ_1 만큼 균등하게 처짐이 발생한 후 중앙부에서만 δ_2 의 처짐이 추가적으로 발생한다. 그러나 스프링에 의해 처짐이 구속되므

로 이를 정리하면,

$$\delta_2 = \frac{5\omega(2L)^4}{384EI} - \frac{(2\omega L - 2X)(2L)^3}{48EI} = \frac{L^3}{48EI}(16X - 6\omega L)$$

$$\Rightarrow \delta_2 = \frac{1}{K_B}(16X - 6\omega L) \qquad \left(K_B = \frac{48EI}{L^3}\right)$$

(3) 각 점에서의 처짐

$$\delta_A = \delta_C = \delta_1 = \frac{X}{K_S}$$

$$\delta_B = \delta_1 + \delta_2 = \frac{2\omega L - 2X}{K_S} \qquad \therefore \delta_2 = \frac{2\omega L - 3X}{K_S}$$

(4) 부정정여력 X

(2)에서 구한 δ_2 와 (3)에서 구한 δ_2 는 동일하므로

$$\frac{1}{K_B}(16X - 6\omega L) = \frac{2\omega L - 3X}{K_S} \qquad \therefore X = \left(\frac{6K_S + 2K_B}{16K_S + 3K_B}\right)\omega L$$

(5) 각 지점의 반력 R_A, R_B, R_C

$$\therefore R_A = R_C = X = \left(\frac{6K_S + 2K_B}{16K_S + 3K_B}\right)\omega L$$

$$\therefore R_B = 2\omega L - 2X = 2\omega L - 2\left(\frac{6K_S + 2K_B}{16K_S + 3K_B}\right)\omega L = \left(\frac{20K_S + 2K_B}{16K_S + 3K_B}\right)\omega L$$

(6) 각 지점의 처짐 δ_A, δ_B, δ_C

$$\therefore \delta_A = \delta_C = \delta_1 = \frac{X}{K_S} = \left(\frac{6K_S + 2K_B}{16K_S^2 + 3K_S K_B}\right)\omega L$$

$$\therefore \delta_B = \delta_1 + \delta_2 = \frac{2\omega L - 2X}{K_S} = \left(\frac{20K_S + 2K_B}{16K_S^2 + 3K_S K_B}\right)\omega L$$

◆ ◆ ◆ ◆ ◆ ◆

11.4.8 다음 그림과 부정정 라멘의 반력 R_A, H_A, R_E, H_E, M_E 을 구하여라.

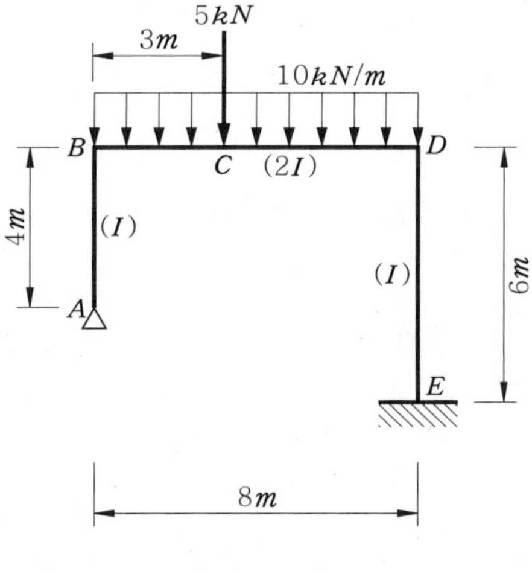

풀이

2차 부정정구조이므로 지점 A의 수평반력 H_A를 부정정여력 X_1, 수직반력 R_A를 부정정여력 X_2로 선정하면 그림(a)와 같은 정정라멘으로 표시할 수 있다.

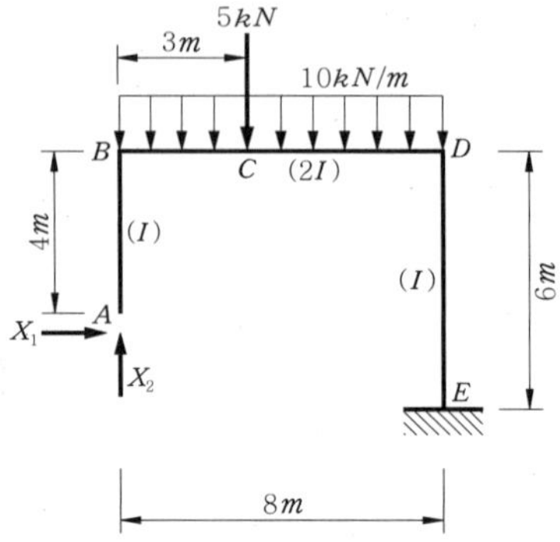

그림(a)

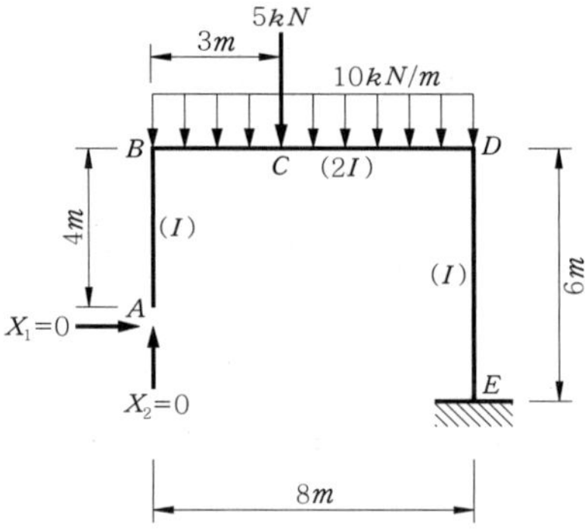

그림(b)

그리고 그림(b)와 같이 원래 주어진 하중만이 작용할 때($X_1, X_2 = 0$)의 변위 δ_{10}, δ_{20}, 그림(c)와 같이 단위 부정정여력 $X_1 = 1$만이 작용할 때의 변위 δ_{11}, δ_{21}, 그림(d)와 같이 단위 부정정여력 $X_2 = 1$만이 작용할 때의 변위 δ_{12}, δ_{22}라 할 때 $\delta_{10} + \delta_{11}X_1 + \delta_{12}X_2 = 0$, $\delta_{20} + \delta_{21}X_1 + \delta_{22}X_2 = 0$ 의 탄성방정식이 성립된다.

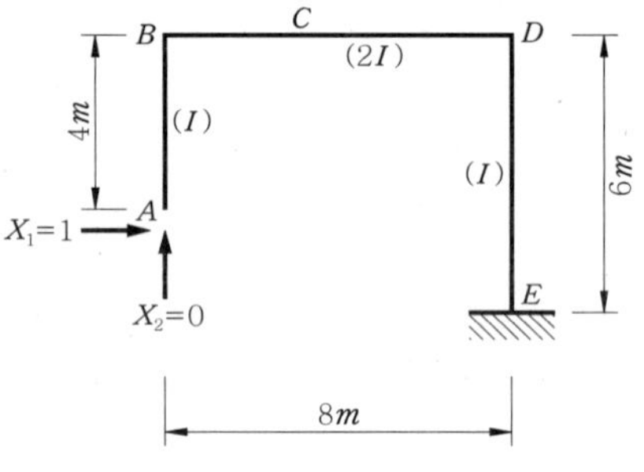

그림(c)

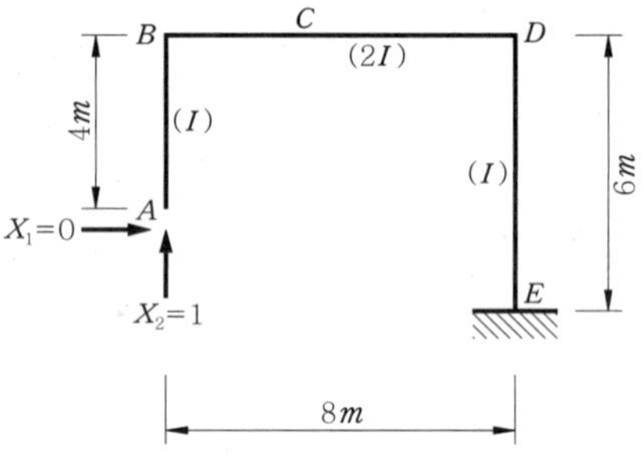

그림(d)

(1) 원래 주어진 하중 및 단위 부정정여력에 의한 휨모멘트 일반식

그림(b)에서	$M_0 = 0$	$(A \le x \le B)$
	$M_0 = -5x^2$	$(B \le x \le C)$
	$M_0 = -5x^2 - 5x + 15$	$(C \le x \le D)$
	$M_0 = -345$	$(E \le x \le D)$
그림(c)에서	$M_1 = -x$	$(A \le x \le B)$
	$M_1 = -4$	$(B \le x \le D)$
	$M_1 = -x + 2$	$(E \le x \le D)$

그림(d)에서 $M_2 = 0 \quad (A \le x \le B)$

$M_2 = x \quad (B \le x \le D)$

$M_2 = 8 \quad (E \le x \le D)$

(2) 원래 주어진 하중만이 작용할 때($X_1 = X_2 = 0$) 변위 δ_{10}, δ_{20}

$$\delta_{10} = \frac{1}{EI}\int M_0 M_1 dx$$

$$= \frac{1}{EI}\int_0^4 (0)(-x)dx + \frac{1}{2EI}\int_0^3 (-5x^2)(-4)dx$$

$$+ \frac{1}{2EI}\int_3^8 (-5x^2 - 5x + 15)(-4)dx + \frac{1}{EI}\int_0^6 (-345)(-x+2)dx = \frac{11065}{3EI}$$

$$\delta_{20} = \frac{1}{EI}\int M_0 M_2 dx$$

$$= \frac{1}{EI}\int_0^4 (0 \cdot 0)dx + \frac{1}{2EI}\int_0^3 (-5x^2)(x)dx + \frac{1}{2EI}\int_3^8 (-5x^2 - 5x + 15)(x)dx$$

$$+ \frac{1}{EI}\int_0^6 (-345)(8)dx = -\frac{231815}{12EI}$$

(3) 단위 부정정여력 $X_1 = 1$ 만이 작용할 때의 변위 δ_{11}, δ_{21}

$$\delta_{11} = \frac{1}{EI}\int (M_1)^2 dx$$

$$= \frac{1}{EI}\int_0^4 (-x)^2 dx + \frac{1}{2EI}\int_0^8 (-4)^2 dx + \frac{1}{EI}\int_0^6 (-x+2)^2 dx = \frac{328}{3EI}$$

$$\delta_{21} = \frac{1}{EI}\int M_1 M_2 dx$$

$$= \frac{1}{EI}\int_0^4 (-x)(0)dx + \frac{1}{2EI}\int_0^8 (-4)(x)dx + \frac{1}{EI}\int_0^6 (-x+2)(8)dx = -\frac{112}{EI}$$

(4) 단위 부정정여력 $X_2 = 1$ 만이 작용할 때의 변위 δ_{12}, δ_{22}

$$\delta_{12} = \frac{1}{EI}\int M_1 M_2 dx$$

$$= \frac{1}{EI}\int_0^4 (-x)(0)dx + \frac{1}{2EI}\int_0^8 (-4)(x)dx + \frac{1}{EI}\int_0^6 (-x+2)(8)dx = -\frac{112}{EI}$$

$$\delta_{22} = \frac{1}{EI}\int (M_2)^2 dx$$

$$= \frac{1}{EI}\int_0^4 0^2 dx + \frac{1}{2EI}\int_0^8 x^2 dx + \frac{1}{EI}\int_0^6 8^2 dx = \frac{1408}{3EI}$$

(5) 각 절점에서의 반력 계산

$\delta_{10} + \delta_{11}X_1 + \delta_{12}X_2 = 0$, $\delta_{20} + \delta_{21}X_1 + \delta_{22}X_2 = 0$ 이므로 위에서 계산한 변위를 대입하면 다음과 같은 연립방정식을 세울 수 있다.

$$\frac{18455}{3EI}+\frac{328}{3EI}X_1-\frac{112}{EI}X_2=0 \quad \cdots\cdots ①$$

$$-\frac{270815}{12EI}+\frac{112}{EI}X_1-\frac{1408}{3EI}X_2=0 \quad \cdots\cdots ②$$

$\therefore X_1=H_A \fallingdotseq 11.16kN\ (\rightarrow)$ $\quad X_2=R_A \fallingdotseq 43.82kN\ (\uparrow)$

$\Sigma H=H_A+H_E=0$ 이므로 $\quad \therefore H_E=-11.16kN\ (\leftarrow)$

$\Sigma R=R_A+R_E-85=0$ 이므로 $\quad \therefore R_E=41.18kN\ (\uparrow)$

$\Sigma M_E=0\ :\ \Sigma M_E=11.16\times 2+43.82\times 8-80\times 4-5\times 5+M_E=0$

$\therefore\ M_E=-27.88kN\cdot m\ (\curvearrowleft)$

◆ ◆ ◆ ◆ ◆ ◆

11.4.9 다음 그림과 같은 부정정 트러스의 반력과 부재력을 구하여라.

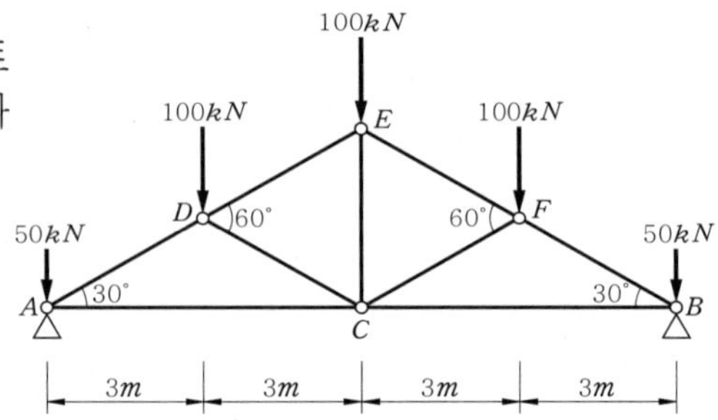

풀이

지점 B의 수평반력 H_A를 부정정 여력 X_1로 선정하면 그림(a)와 같이 원래 주어진 하중과 부정정여력 X_1이 하중으로 작용하는 정정트러스로 표시할 수 있다. 그리고 그림(b)와 같이 원래 주어진 하중만이 작용할 때($X_1=0$)의 변위 δ_{10}와 그림(c)와 같이 단위 부정정 여력 $X_1=1$만이 작용할 때 변위 δ_{11}를 X_1배한 것의 합이 같으므로 $\delta_{10}+\delta_{11}X_1=0$의 식이 성립된다.

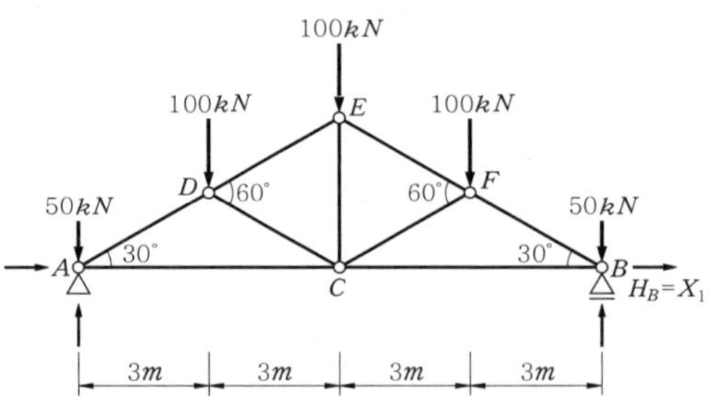

그림(a)

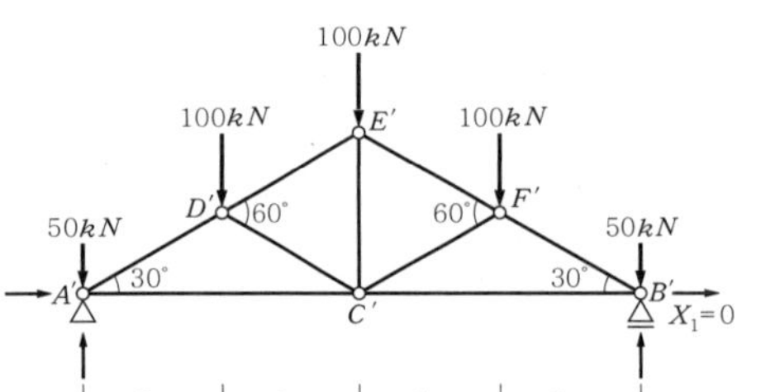

그림(b)

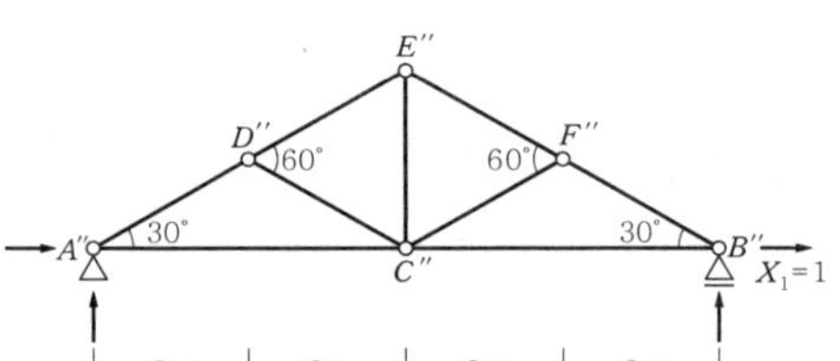

그림(c)

그림(d),(e)는 그림(b),(c)의 부재력을 나타낸 것이다.

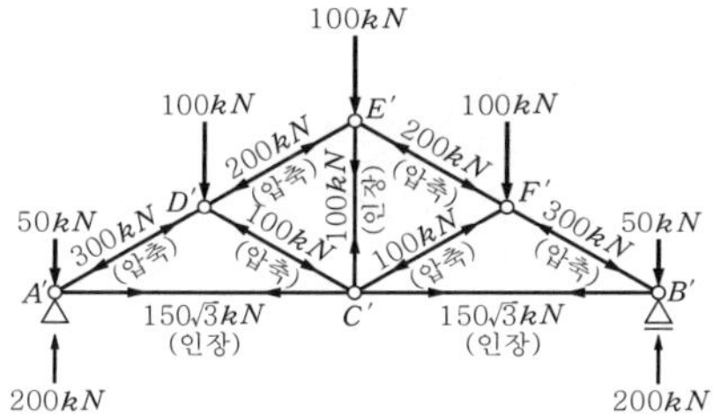

그림(d)

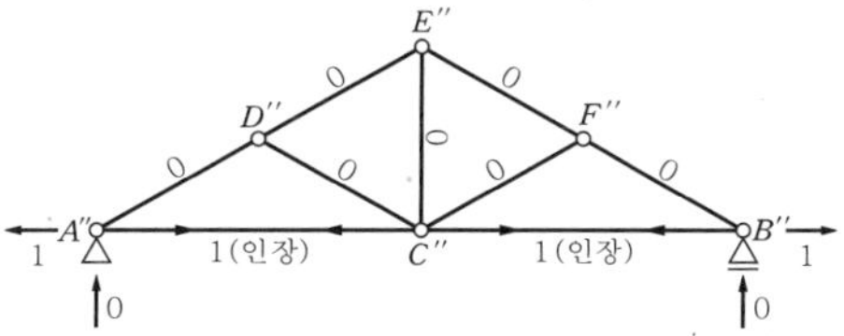

그림(e)

δ_{10} 을 구하기 위하여 실제 하중에 의한 트러스의 부재력 N과 가상하중에 의한 트러스의 부재력 $\overline{N}$를 다음 표와 같이 정리하였다.

부재명	N	$\overline{N}$	$L(cm)$	$N\cdot\overline{N}\cdot L$
$A'C'$	$150\sqrt{3}$	1	600	$90000\sqrt{3}$
$C'B'$	$150\sqrt{3}$	1	600	$90000\sqrt{3}$
$A'D'$	-300	0	$200\sqrt{3}$	0
$D'C'$	-100	0	$200\sqrt{3}$	0
$D'E'$	-200	0	$200\sqrt{3}$	0
$E'F'$	-200	0	$200\sqrt{3}$	0
$F'B'$	-300	0	$200\sqrt{3}$	0
$C'F'$	-100	0	$200\sqrt{3}$	0
$C'E'$	100	0	$200\sqrt{3}$	0
계				$180000\sqrt{3}$

$$\therefore\ \ \delta_{10} = \sum \frac{N\cdot\overline{N}\cdot L}{EA} = \frac{180000\sqrt{3}}{EA}\,cm$$

δ_{11} 을 구하기 위하여 실제 하중에 의한 트러스의 부재력 N과 가상하중에 의한 트러스의 부재력 $\overline{N}$를 다음 표와 같이 정리하였다.

부재명	N	$\overline{N}$	$L(cm)$	$N\cdot\overline{N}\cdot L$
$A''C''$	1	1	600	600
$C''B''$	1	1	600	600
$A''D''$	0	0	$200\sqrt{3}$	0
$D''C''$	0	0	$200\sqrt{3}$	0
$D''E''$	0	0	$200\sqrt{3}$	0
$E''F''$	0	0	$200\sqrt{3}$	0
$F''B''$	0	0	$200\sqrt{3}$	0
$C''F''$	0	0	$200\sqrt{3}$	0
$C''E''$	0	0	$200\sqrt{3}$	0
계				1200

$$\therefore\ \delta_{11} = \sum \frac{N \cdot \overline{N} \cdot L}{EA}$$

$$= \frac{1200}{EA}\,cm$$

$$\therefore\ X_1 = H_B = -\frac{\delta_{10}}{\delta_{11}}$$

$$= -\frac{180000\sqrt{3}}{1200}$$

$$= -259.8\,kN$$

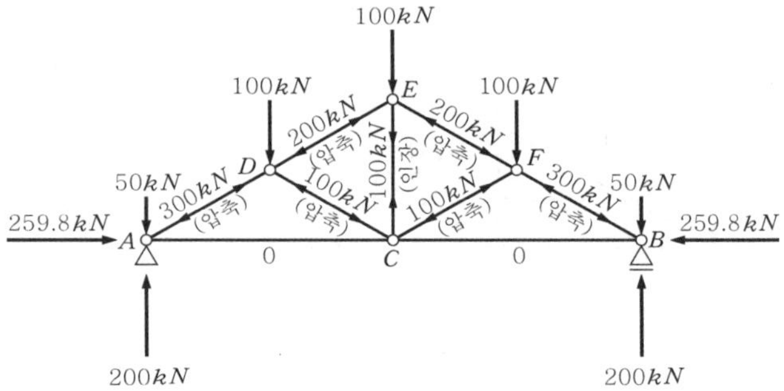

그림(f) 트러스 부재력도

◆ ◆ ◆ ◆ ◆ ◆

11.5 최소일의 방법 (Method of Least Work)

11.5.1 다음 그림과 같은 1차 부정정 보의 각점에서의 반력 R_A, R_B, M_A를 구하고 단면력도를 구하시오.

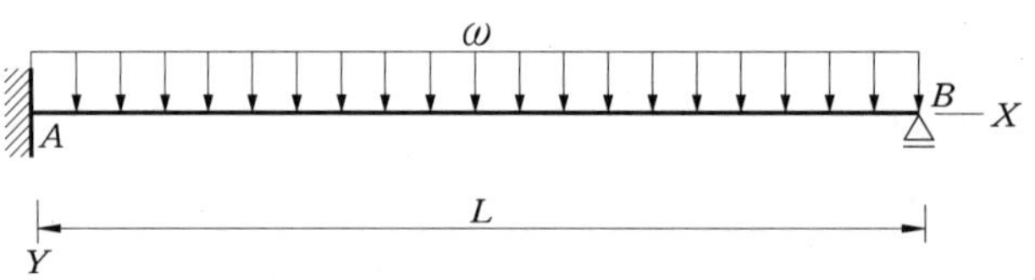

풀이

지점 B의 반력 R_B를 부정정여력 X_1로 선정하면 그림(a)와 같은 정정구조물인 캔틸레버 보로 표시할 수 있다.

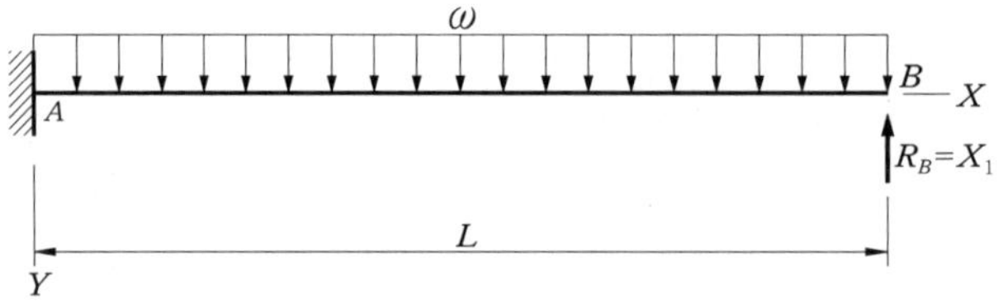

그림(a)

최소일의 방법에서 변형에너지 U를 구하고, 변형에너지 U를 부정정여력 X_1로 편미분하면 그 값이 '0' 이 된다.

(1) 보 AB의 휨모멘트 일반식

$$M_x = X_1 x - \frac{wx^2}{2} \quad (B \le x \le A)$$

(2) 변형에너지 U

$$U = \int \frac{M^2 dx}{2EI} = \frac{1}{2EI}\int_0^L \left(X_1 x - \frac{w x^2}{2} \right)^2 dx$$

$$= \frac{1}{2EI}\int_0^L \left(\frac{w x^4}{4} - w X_1 x^3 + X_1^2 x^2 \right) dx$$

$$= \frac{1}{2EI}\left(\frac{w L^5}{20} - \frac{w X_1 L^4}{4} + \frac{X_1^2 L^3}{3} \right)$$

(3) 각 점에서의 반력 계산

$$\frac{\partial U}{\partial X_1} = \frac{1}{EI}\left(-\frac{wL^4}{8} + \frac{X_1 L^3}{3} \right) = 0 \qquad \therefore\ X_1 = R_B = \frac{3wL}{8}(\uparrow)$$

구조물의 평형방정식에 의하여

$$\Sigma V = 0 \ :\ V = R_A + R_B - wL = 0 \qquad \therefore\ R_A = \frac{5wL}{8}(\uparrow)$$

$$\Sigma M_A = M_A + \frac{wL^2}{2} - \frac{3wL^2}{8} = 0 \qquad \therefore\ M_A = -\frac{wL^2}{8}(\curvearrowleft)$$

(4) 단면력도

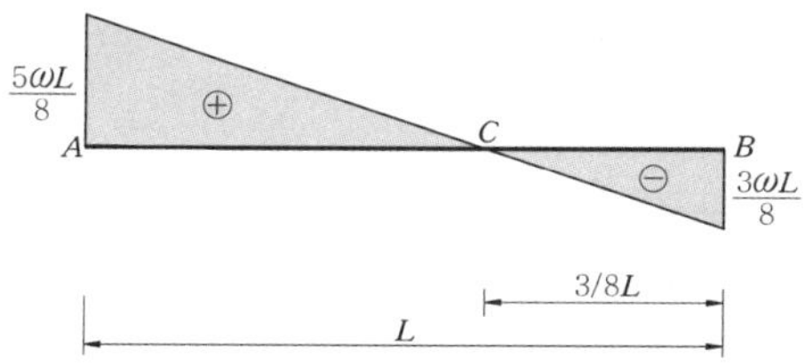

그림(b) 전단력도(S.F.D)

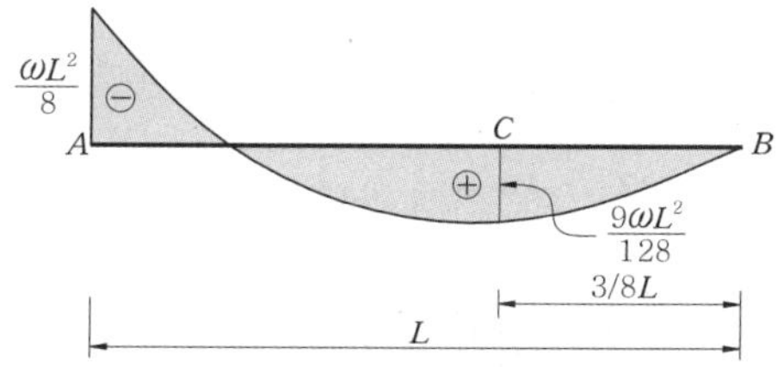

그림(c) 휨모멘트도(B.M.D)

◆ ◆ ◆ ◆ ◆ ◆

11.5.2 다음 그림은 캔틸레버 보와 트러스의 합성구조물이다. 이 구조물에서 다음을 구하시오.

① 캔틸레버 보의 고정단 모멘트 M_A ② 트러스의 부재력 N_{BC} 및 N_{BD}

③ B 점의 수직처짐 δ_B

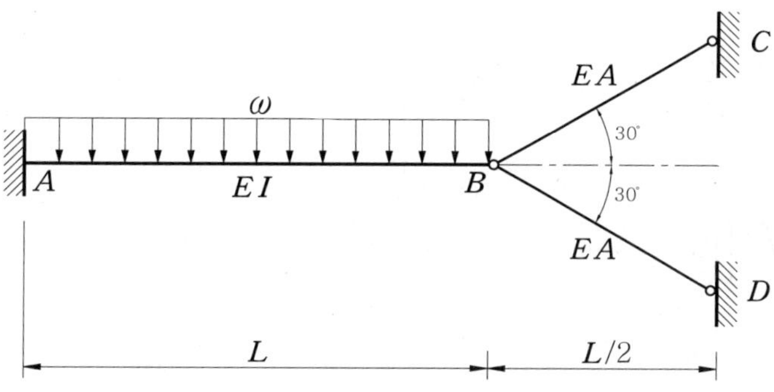

풀이

위의 합성구조물을 다음과 같이 캔틸레버 보와 트러스로 분리하여 B점에 부정정여력 X를 작용시킨다.

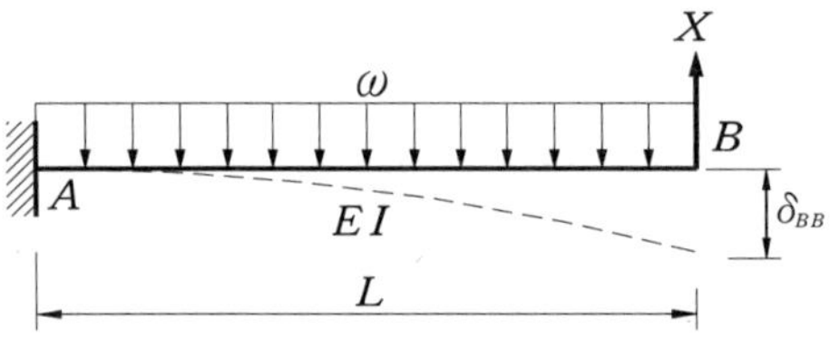

그림(a) 캔틸레버 보

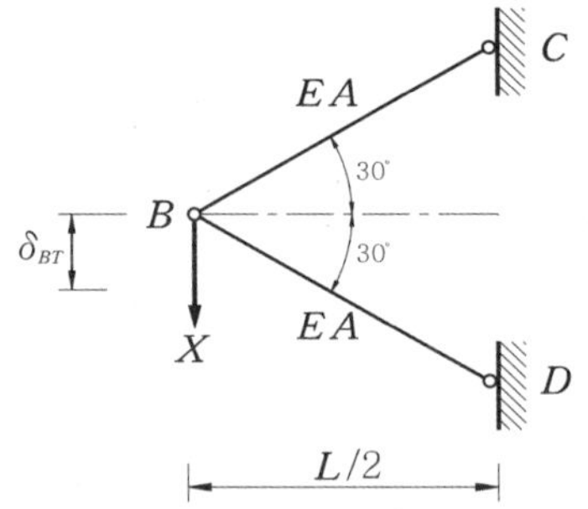

그림(b) 트러스

여기서 캔틸레버 보에 작용하는 부정정여력 X는 캔틸레버 보의 처짐이 하향이므로 상향으로 작용하여야 하고, 트러스의 처짐은 상향으로 발생하므로 부정정여력 X의 작용방향은 하향이 된다.

(1) 캔틸레버 보 AB의 휨모멘트 일반식 (B점을 원점으로 계산)

$$M_x = Xx - \frac{1}{2}wx^2$$

(2) 부정정여력 X가 작용할 때의 트러스의 부재력

$$N_{BC} = X \qquad\qquad N_{BD} = -X$$

(3) 트러스 각 부재의 길이

$$L_{BC} = 0.5L \times \frac{1}{\cos 30^\circ} = \frac{1}{\sqrt{3}}L \qquad\qquad L_{BD} = 0.5L \times \frac{1}{\cos 30^\circ} = \frac{1}{\sqrt{3}}L$$

(4) 부정정여력 X

그림(a)에서 B점의 변위 δ_{BB} 와 그림(b)에서 B점의 변위 δ_{BT}는 같으므로 다음과 같은 식을 통하여 X를 구한다.

$$\delta_{BB} = \int_0^L \frac{M_x}{EI}\frac{\partial M_x}{\partial X}dx \; = \; -\sum \frac{N}{EA} \times \frac{\partial N}{\partial X} \times \frac{1}{\sqrt{3}}L \; = \; \delta_{BT}$$

그리고 위 식을 정리하면,

$$\frac{1}{EI}\int_0^L \left[\left(Xx - \frac{1}{2}wx^2\right)x\right]dx + \frac{1}{EA}\left[\left(X \times 1 \times \frac{1}{\sqrt{3}}L\right) + \left(-X \times -1 \times \frac{1}{\sqrt{3}}L\right)\right]$$

$$= \frac{XL^3}{3EI} - \frac{\omega L^4}{8EI} + \frac{2XL}{\sqrt{3}\,EA} \; = \; 0 \qquad \therefore \; X = \frac{\omega L^3}{8}\left(\frac{3A}{AL^2 + 2\sqrt{3}\,I}\right)$$

(5) 캔틸레버 보의 고정단모멘트 M_A

$$M_A = M_{x=L} = X \times L - \frac{1}{2}\omega L^2$$

$$\therefore\ M_A = \left[\frac{\omega L^3}{8}\left(\frac{3A}{AL^2+2\sqrt{3}\,I}\right)\right]\times L - \frac{1}{2}\omega L^2 = -\frac{\omega L^2}{8}\left(\frac{AL^2+8\sqrt{3}\,I}{AL^2+2\sqrt{3}\,I}\right)$$

(6) 트러스의 부재력 N_{BC} 및 N_{BD}

$$\therefore\ N_{BC} = X = \frac{\omega L^3}{8}\left(\frac{3A}{AL^2+2\sqrt{3}\,I}\right) \quad \text{(인장)}$$

$$\therefore\ N_{BD} = -X = -\frac{\omega L^3}{8}\left(\frac{3A}{AL^2+2\sqrt{3}\,I}\right) \quad \text{(압축)}$$

(7) B 점의 수직처짐 δ_B

δ_B 는 캔틸레버 보의 처짐으로부터 구할 수 있다. δ_{BB} 을 구하면,

$$\therefore\ \delta_B = \delta_{BB} = \frac{\omega L^4}{8EI} - \frac{XL^3}{3EI} = \frac{\omega L^4}{8E}\left(\frac{2\sqrt{3}}{AL^2+2\sqrt{3}\,I}\right)$$

◆ ◆ ◆ ◆ ◆ ◆

11.5.3 다음 그림과 같은 격자보의 반력 및 교차점의 처짐 δ_C 를 구하여라.
(단, $E = 205000\,MPa$ 이고, $I = 23700\,cm^4$ 으로 모든 부재가 동일하다.)

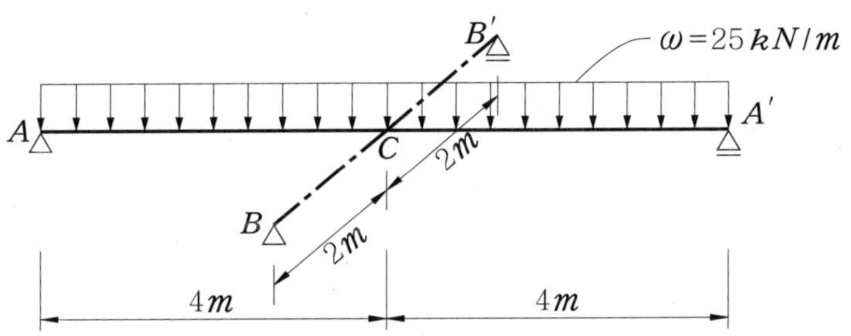

풀이

교차점의 처짐을 δ_C, 점 C 에서의 보 AA' 와 보 BB' 의 처짐을 각각 δ_{CA}, δ_{CB} 라고 하면, 교차점에서의 처짐은 각 보가 동일해야 하므로,

$\delta_C = \delta_{CA} = \delta_{CB}$ 이고,

그런데 보 AA' 는 보 BB' 에 의해 변형이 구속되므로, 이를 부정정여력 X 로 표현하면 다음 그림과 같다.

$$\delta_{CA} = \frac{5\omega L_{AA'}^4}{384EI} - \frac{XL_{AA'}^3}{48EI}, \qquad \delta_{CB} = \frac{XL_{BB'}^3}{48EI}$$

(1) 보 AA' 의 휨모멘트 일반식

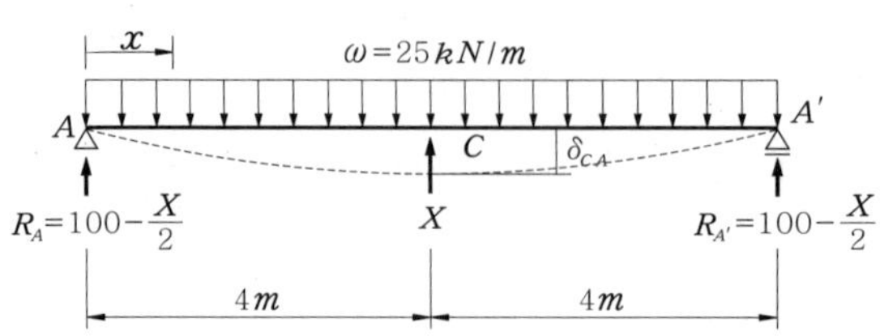

그림(a) 보 AA'

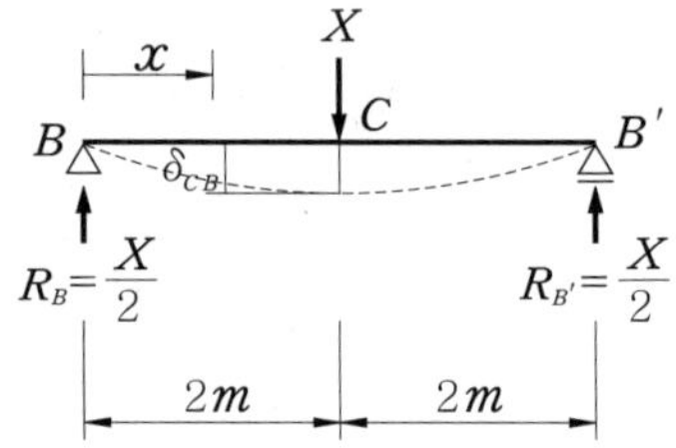

그림(b) 보 BB'

$$M_x = \left(100 - \frac{X}{2}\right)x - \frac{25}{2}x^2 \qquad (0 \le x \le 4)$$

(2) 보 BB' 의 휨모멘트 일반식

$$M_x = \frac{X}{2}x \qquad (0 \le x \le 2)$$

(3) 부정정여력 X

$$\frac{\partial U}{\partial X} = 2 \times \frac{1}{EI} \times \left[\int_0^4 \left\{ \left(100 - \frac{X}{2}\right)x - \frac{25}{2}x^2 \right\} \times \left(-\frac{x}{2}\right) dx \right]$$

$$+ \ 2 \times \frac{1}{EI} \times \left[\int_0^2 \left(\frac{X}{2}x\right) \times \left(\frac{1}{2}x\right) dx \right] = 0$$

$$= \frac{2}{EI}\left[\int_0^4 \left(-50x^2 + \frac{X}{4}x^2 + \frac{25}{4}x^3\right) dx + \int_0^2 \left(\frac{X}{4}x^2\right) dx \right] = 0$$

$\therefore \ X = 111.11kN$

(4) 보 AA' 의 반력 R_A

$$R_A = R_{A'} = 100 - \frac{X}{2} \qquad \therefore \ R_A = 44.45kN$$

(5) 보 BB' 의 반력 R_B

$$\therefore \ R_B = R_{B'} = \frac{X}{2} = 55.55kN$$

(6) 보의 처짐 δ_C

$$\delta_C = \delta_{CB} = \frac{XL_{BB'}^3}{48EI} = \frac{111111.11 \times 4000^3}{48 \times 205000 \times 23700 \times 10^4} = 3.05mm$$

$\therefore$ 하향으로 $3.05mm$ 처짐이 발생한다.

◆ ◆ ◆ ◆ ◆ ◆

11.5.4 다음 그림과 같은 부정정 트러스의 반력과 부재력을 구하여라.

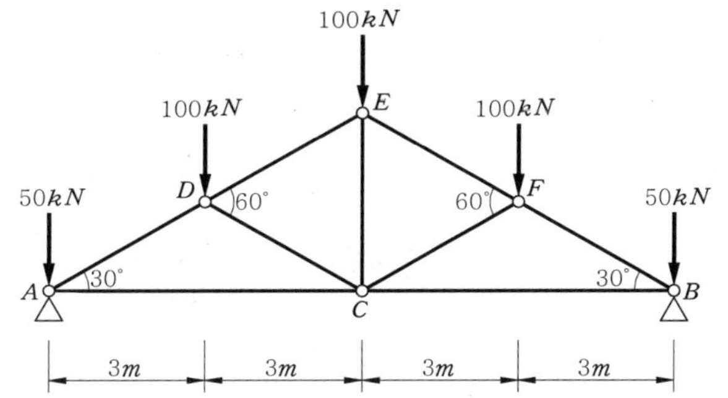

풀이

지점 B의 수평반력 H_A를 부정정여력 X로 선정하면 그림(a)와 같이 원래 주어진 하중과 부정정여력 X이 하중으로 작용하는 정정트러스로 표시할 수 있다. 이때 트러스의 부재력을 그림(b)에서 나타내었다.

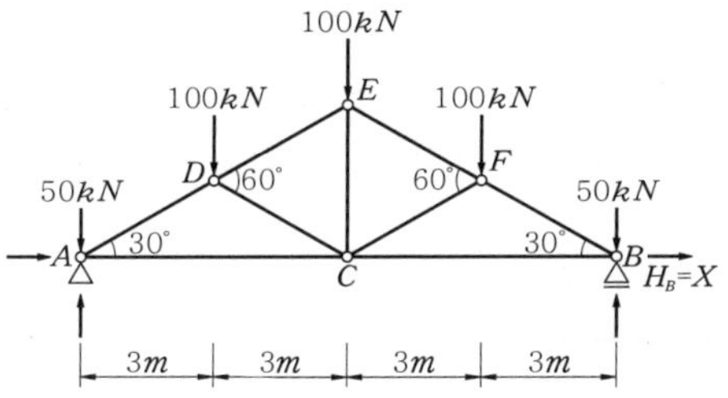

그림(a)

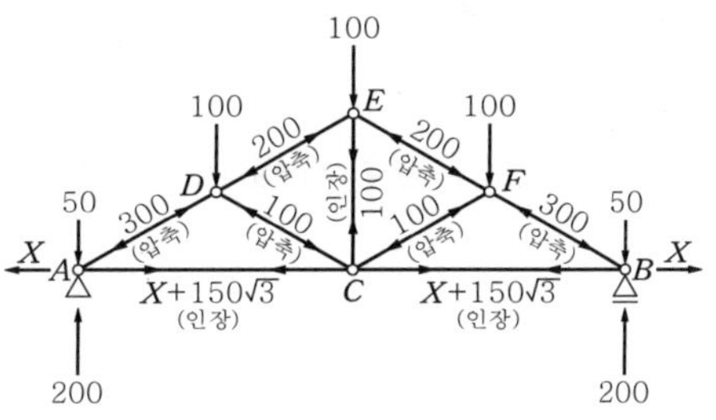

그림(b)

최소일의 방법으로 계산하면,

$\dfrac{\partial U}{\partial X_i} = \sum \dfrac{N}{EA}\left(\dfrac{\partial N}{\partial X_i}\right)L = 0$ 가 되며 각 부재에 대해 다음과 같이 정리된다.

부재명	$N\,(kN)$	$\dfrac{\partial N}{\partial X_i}$	$L(m)$	$N \cdot \dfrac{\partial N}{\partial X_i} \cdot L$
AC	$X+150\sqrt{3}$	1	6	$6X+900\sqrt{3}$
CB	$X+150\sqrt{3}$	1	6	$6X+900\sqrt{3}$
AD	-300	0	$2\sqrt{3}$	0
DC	-100	0	$2\sqrt{3}$	0
DE	-200	0	$2\sqrt{3}$	0
EF	-200	0	$2\sqrt{3}$	0
FB	-300	0	$2\sqrt{3}$	0
CF	-100	0	$2\sqrt{3}$	0
CE	100	0	$2\sqrt{3}$	0
계				$12X+1800\sqrt{3}$

$$\therefore \ \frac{\partial U}{\partial X_i} = \sum \frac{N}{EA}\left(\frac{\partial N}{\partial X_i}\right)L = \frac{1}{EA}\left(12X + 1800\sqrt{3}\right) = 0$$

$\therefore \ X = H_B = -259.8\,kN$

$\therefore \ H_A = 259.8\,kN$

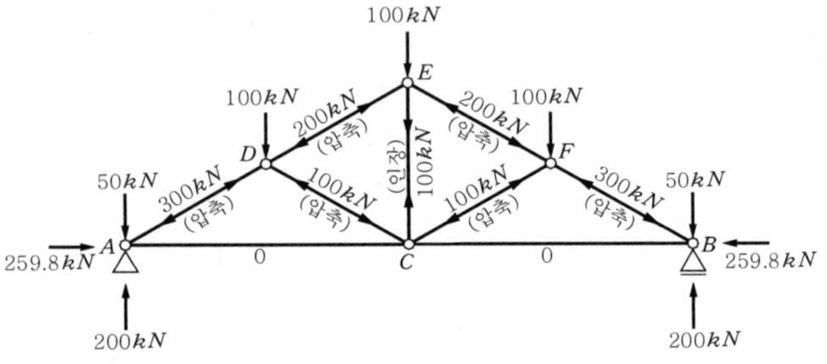

그림(c) 트러스 부재력도

◆ ◆ ◆ ◆ ◆ ◆

11.6 수평하중을 받는 다층라멘의 근사해법

11.6.1 다음과 같이 수평하중을 받는 다층 라멘의 단면력을 포탈법으로 구하여라.

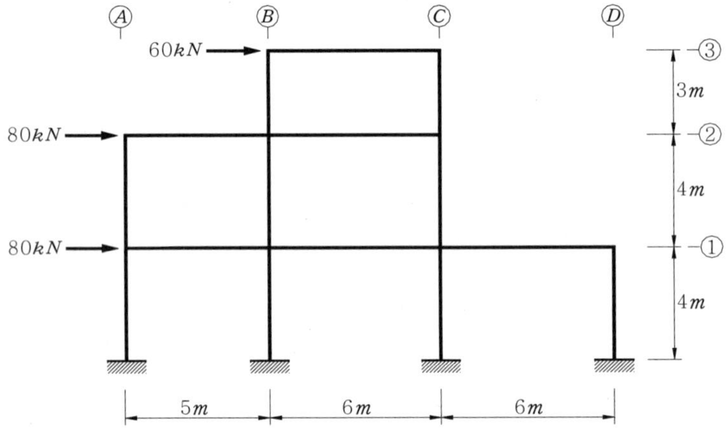

풀이

(1) 외부 기둥의 축력

포탈법에서는 각 보선을 따라 전단력이 일정하므로 내부 기둥에서는 축력이 없고, 외부 기둥에는 같은 크기의 인장력과 압축력이 있다. 그림(a), 그림(b), 그림(c)와 같이 3층, 2층, 1층 기둥의 변곡점인 중간점까지의 자유물체도를 그리고, 모멘트방정식을 이용하여 외부 기둥의 축력을 구한다.

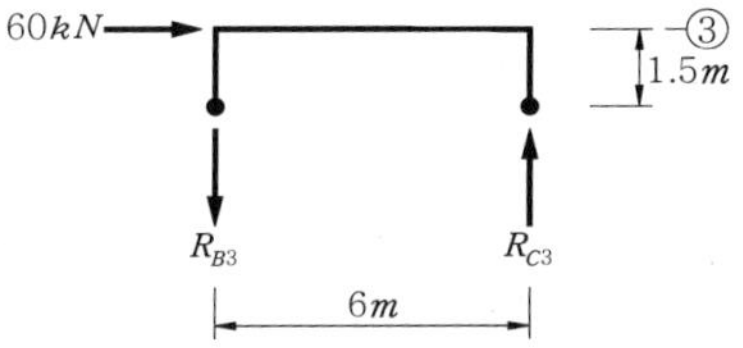

그림(a)

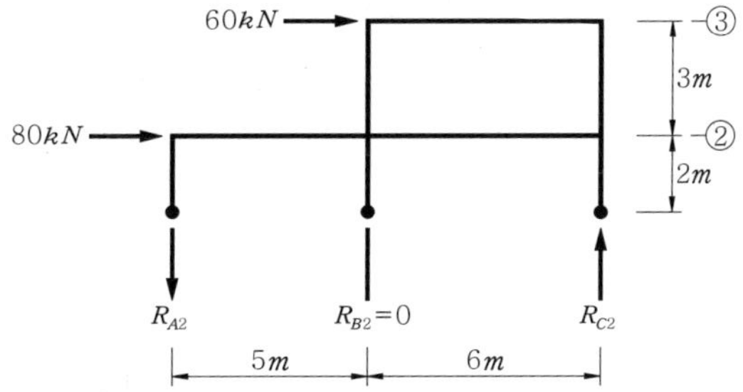

그림(b)

그림(a)에서

$60kN \times 1.5m = R_{C3} \times 6m \quad \therefore \; R_{C3} = 15kN(\uparrow), \; R_{B3} = 15kN(\downarrow)$

그림(b)에서

$(60kN \times 5m) + (80kN \times 2m) = R_{C2} \times 11m$

$\therefore \; R_{C2} = 41.82kN(\uparrow), \; R_{A2} = 41.82kN(\downarrow)$

그림(c)에서

$(60kN \times 9m) + (80kN \times 6m) + (80kN \times 2m) = R_{D1} \times 17m$

$\therefore \; R_{A1} = 69.41kN(\uparrow), \; R_{D1} = 69.41kN(\downarrow)$

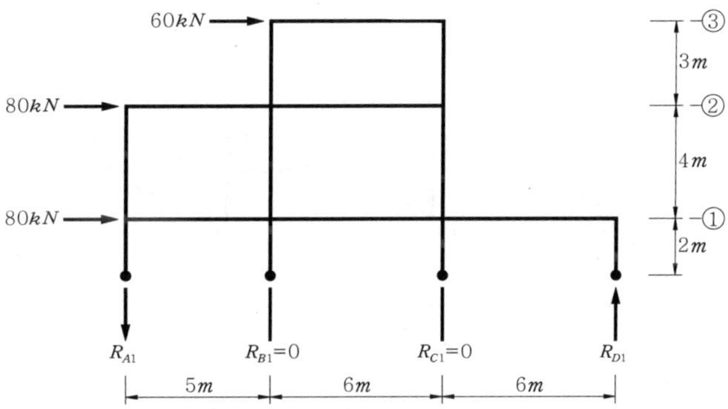

그림(c)

(2) 보의 전단력과 휨모멘트

보선3의 전단력은 : $R_{B3} = -15kN$

보선2의 Ⓐ~Ⓑ구간 전단력은 : $R_{A2} = -41.82kN$

Ⓑ~Ⓒ구간 전단력은 : $(R_{A2} - R_{B3}) = -(41.82 - 15) = -26.82kN$

보선1의 Ⓐ~Ⓑ구간 전단력은 : $(R_{A1} - R_{A2}) = -(69.41 - 41.82) = -27.59kN$

Ⓑ~Ⓒ구간 전단력은 : $(R_{A1} - R_{A2}) = -(69.41 - 41.82) = -27.59kN$

Ⓒ~Ⓓ구간전단력은 : $(R_{A1} - R_{A2} + R_{C2}) = -(69.41 - 41.82 + 41.82)$

$= -69.41kN$

그리고 보의 전단력과 휨모멘트의 관계에서 $\dfrac{M_1+M_2}{L}=V$ 이고,

이때 $M_1=M_2$ 이므로 $M=\dfrac{VL}{2}$ 이다. 따라서 그림(d), 그림(e), 그림(f)와 같이 보의 전단력과 휨모멘트를 나타낼 수 있다.

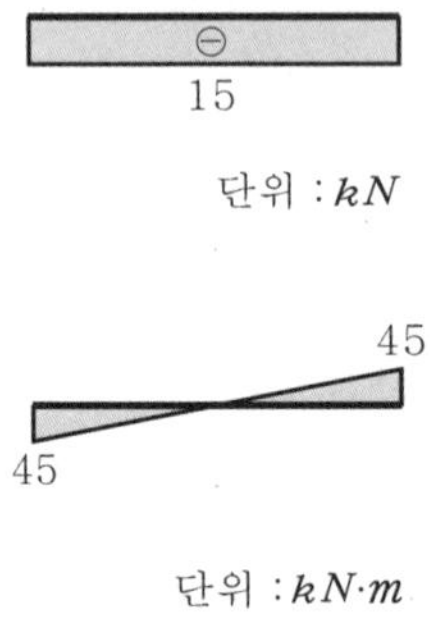

그림(d) 보선3의 전단력과 휨모멘트

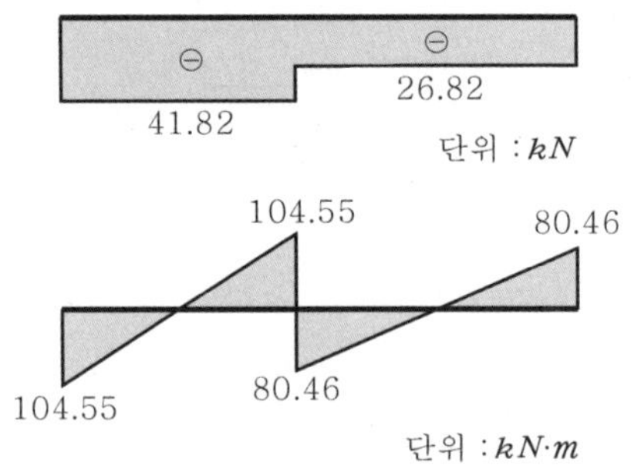

그림(e) 보선2의 전단력과 휨모멘트

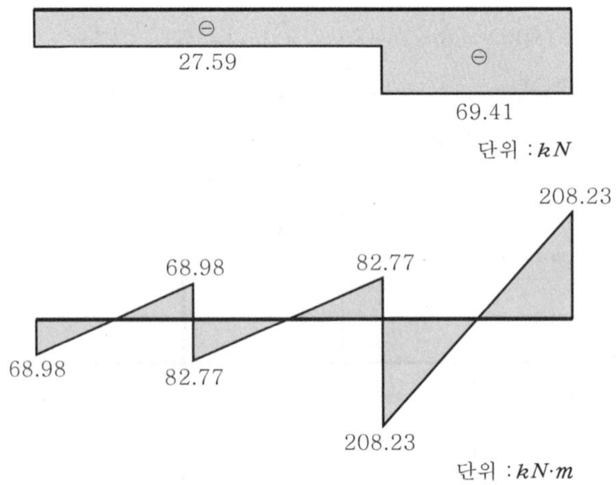

그림(f) 보선1의 전단력과 휨모멘트

(3) 기둥의 휨모멘트

위에서 구한 보의 재단모멘트를 이용하여 각 절점에서의 재단모멘트 대수합은 '0' 이라는 절점방정식을 세워 그림(g)와 같은 기둥의 휨모멘트를 구하였다.

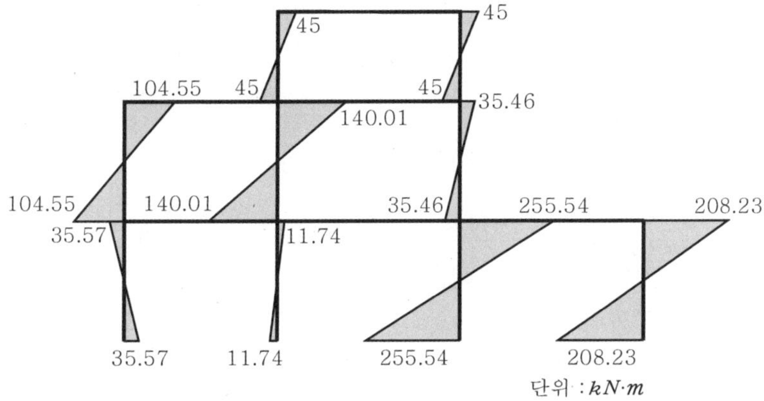

그림(g) 기둥의 휨모멘트도(B.M.D)

(4) 기둥의 전단력

각 기둥의 재단모멘트를 각 층 높이의 1/2로 나눔으로써 그림(h)와 같이 각 기둥의 전단력을 구하였다.

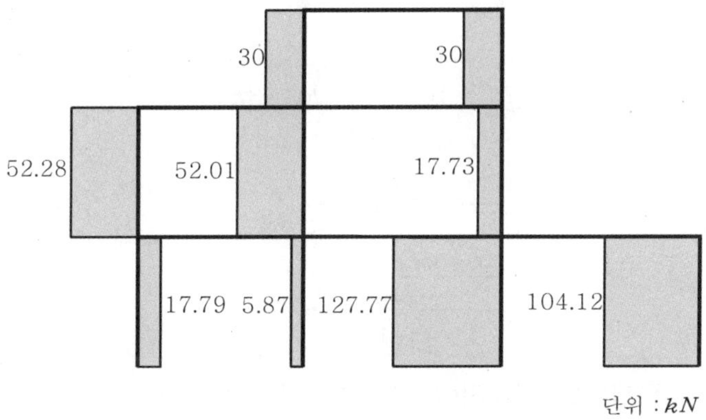

그림(h) 기둥의 전단력도(S.F.D)

◆ ◆ ◆ ◆ ◆ ◆

11.6.2 다음과 같이 수평하중을 받는 다층 라멘의 단면력을 캔틸레버법으로 구하여라.

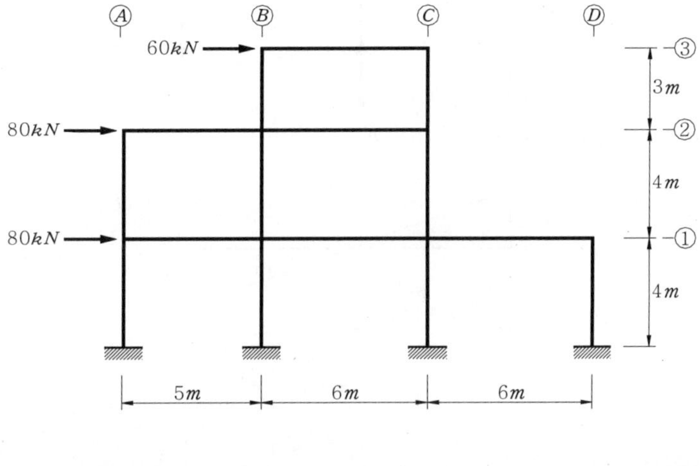

풀이

(1) 기둥의 중심선 계산

3층기둥 : $x_3 = 3$

2층기둥 : 모든 기둥의 면적을 1이라 가정하고, Ⓐ열 기둥에서부터 기둥중심까지의 거리를 x_2라 하면, $x_2 = \dfrac{1\times0+1\times5+1\times11}{3} = 5.33$

1층기둥 : 모든 기둥의 면적을 1이라 가정하고, Ⓐ열 기둥에서부터 기둥중심까지의 거리를 x_1라 하면,

$$x_1 = \frac{1\times0+1\times5+1\times11+1\times17}{4} = 8.25$$

(2) 각 층 기둥의 축력

축력은 중심선 좌측 기둥에서는 인장이고 중심선 우측에서는 압축이며 각각은 기둥 중심선으로 부터의 거리의 상수배와 같다.

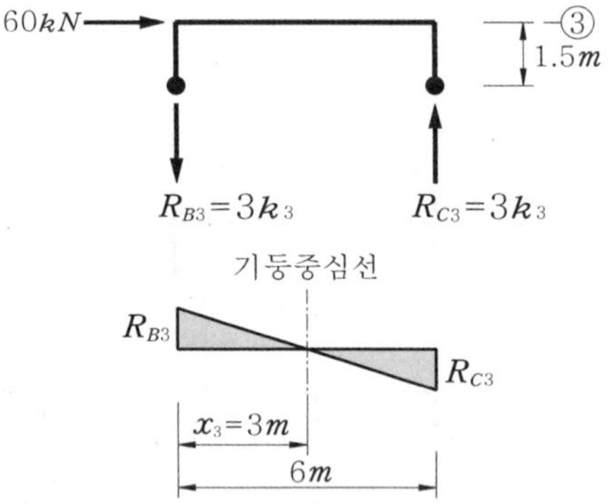

그림(a)

그림(a)의 자유물체도를 이용하여 3층 기둥의 중심선을 축으로 모멘트를 취하면, $60\times1.5 = k_3(3^2+3^2)$ $\therefore\ k_3 = 5$

$\therefore\ R_{B3} = 15kN,\ \ R_{C3} = 15kN$

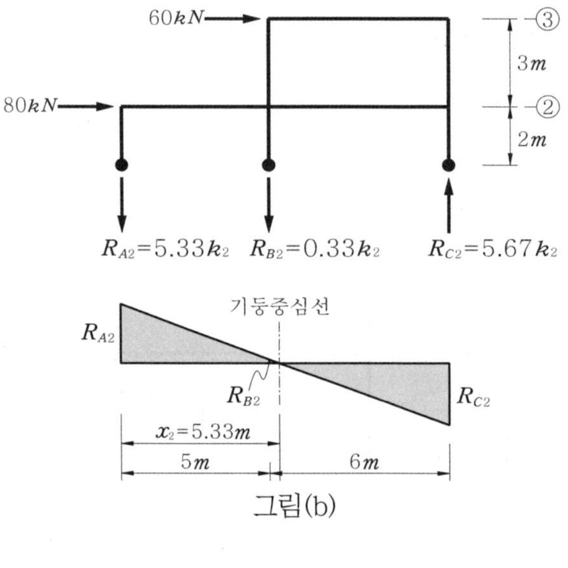

그림(b)

그림(b)의 자유물체도를 이용하여 2층 기둥의 중심선을 축으로 모멘트를 취하면, $(60\times5)+(80\times2)=k_2(5.33^2+0.33^2+5.67^2)$ $\quad\therefore k_2=7.582$

$\therefore\ R_{A2}=40.41\ ,\ \ R_{B2}=2.5\ ,\ \ R_{C2}=42.99$

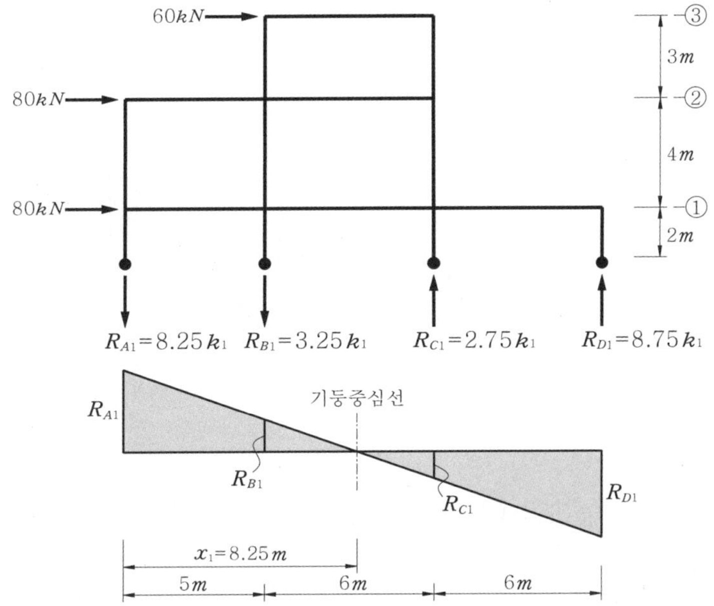

그림(c)

그림(c)의 자유물체도를 이용하여 1층 기둥의 중심선을 축으로 모멘트를 취하면,

$(60\times9)+(80\times6)+(80\times2)=k_1(8.25^2+3.25^2+2.75^2+8.75^{2)})$ $\quad\therefore\ k_1=7.25$

$\therefore\ R_{A1}=59.81\ ,\ \ R_{B1}=23.56\ ,\ \ R_{C1}=19.94\ ,\ \ R_{D1}=63.44$

(3) 보의 전단력과 휨모멘트

기둥의 축력 이용하여 보의 전단력을 구하고, 보의 전단력과 휨모멘트의 관계에서 $\dfrac{M_1+M_2}{L}=V$ 이고, 이때 $M_1=M_2$ 이므로 $M=\dfrac{VL}{2}$ 이다.

따라서 그림(d), 그림(e), 그림(f)와 같이 보의 전단력과 휨모멘트를 나타낼 수 있다.

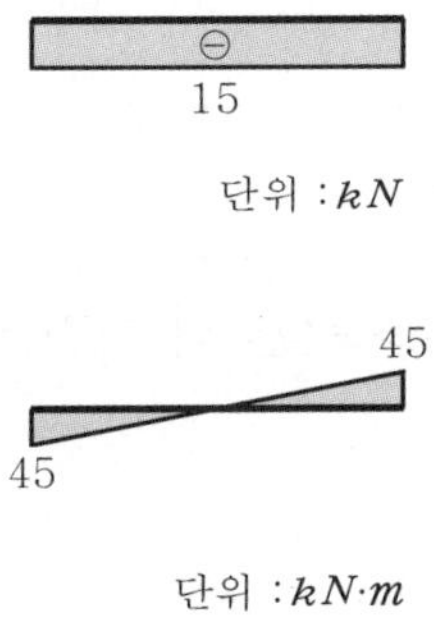

그림(d) 보선3의 전단력과 휨모멘트

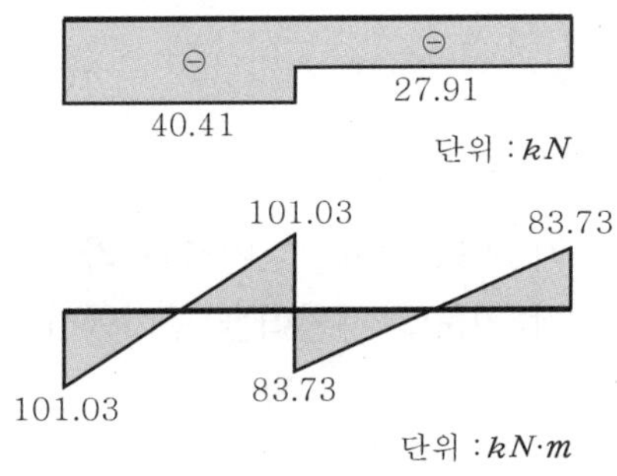

그림(e) 보선2의 전단력과 휨모멘트

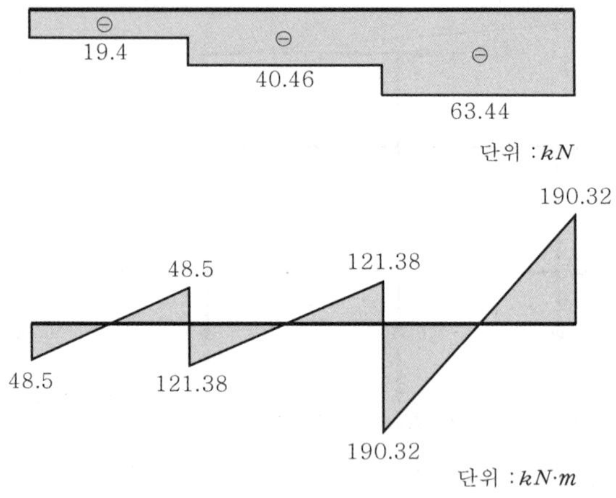

그림 (f) 보선1의 전단력과 휨모멘트

(4) 기둥의 휨모멘트

위에서 구한 보의 재단모멘트를 이용하여 각 절점에서의 재단모멘트 대수합은 '0'이라는 절점방정식을 세워 그림(g)와 같은 기둥의 휨모멘트를 구하였다.

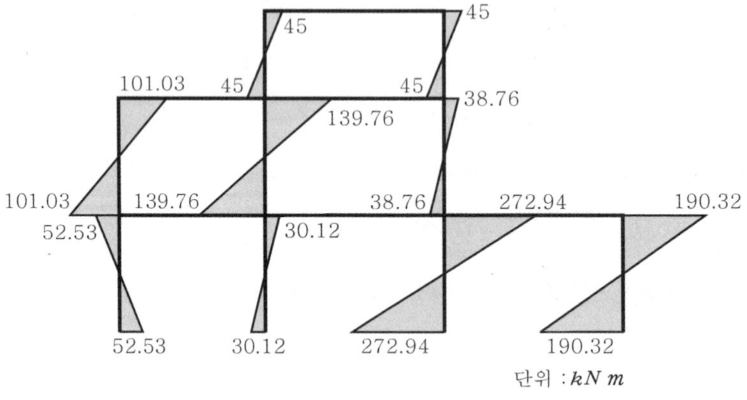

그림(g) 기둥의 휨모멘트도(B.M.D)

(5) 기둥의 전단력

각 기둥의 재단모멘트를 각 층 높이의 1/2로 나눔으로써 그림(h)와 같이 각 기둥의 전단력을 구하였다.

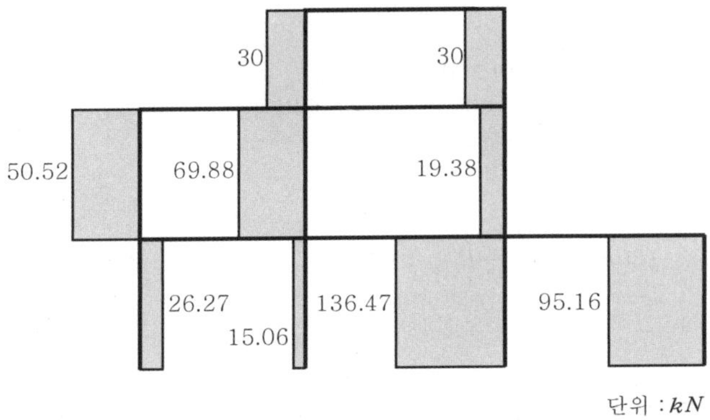

그림(h) 기둥의 전단력도(S.F.D)

◆ ◆ ◆ ◆ ◆ ◆

11.6.3 다음과 같이 수평하중을 받는 다층 라멘의 단면력을 포탈법으로 구하여라.

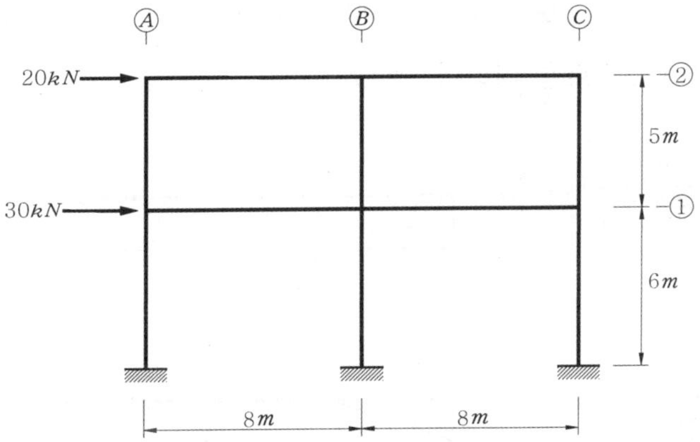

풀이

(1) 외부 기둥의 축력

포탈법에서는 각 보선을 따라 전단력이 일정하므로 내부 기둥에서는 축력이 없고, 외부 기둥에는 같은 크기의 인장력과 압축력이 있다. 그림(a), 그림(b)와 같이 2층, 1층 기둥의 변곡점인 중간점까지의 자유물체도를 그리고, 모멘트방정식을 이용하여 외부 기둥의 축력을 구한다.

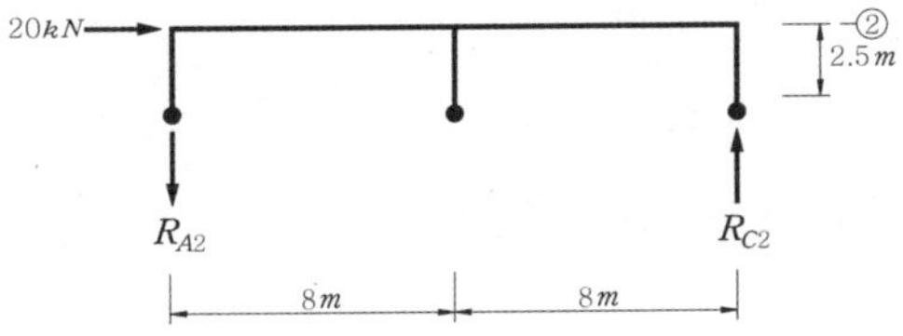

그림(a)

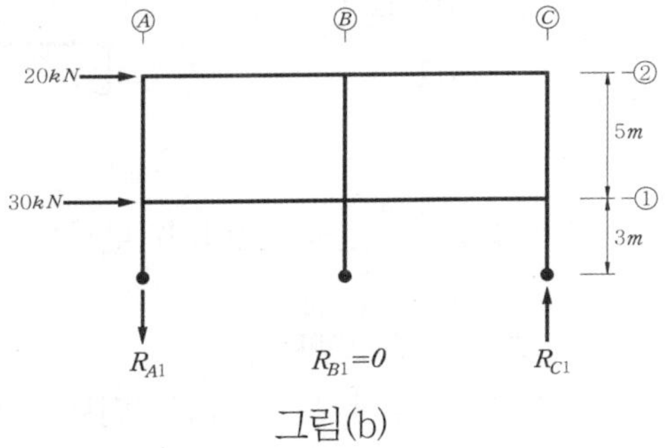

그림(b)

그림(a)에서

$20kN \times 2.5m + R_{A2} \times 16m = 0$ $\qquad \therefore R_{A2} = 3.125kN(\downarrow)$

$\qquad \therefore R_{C2} = 3.125kN(\uparrow)$

그림(b)에서

$20kN \times 8m + 30kN \times 3m + R_{A1} \times 16m = 0$ $\qquad \therefore R_{A1} = 15.625kN(\downarrow)$

$\qquad \therefore R_{C1} = 15.625kN(\uparrow)$

(2) 보의 전단력과 휨모멘트

보선2의 전단력은 : $R_{A2} = -3.125\,kN$

보선1의 전단력은 : $(R_{A1} - R_{A2}) = -(15.625 - 3.125) = -12.5\,kN$

그리고 보의 전단력과 휨모멘트의 관계에서 $\dfrac{M_1 + M_2}{L} = V$ 이고,

이때 $M_1 = M_2$ 이므로 $M = \dfrac{VL}{2}$ 이다. 따라서 그림(c), 그림(d)와 같이 보의 전단력과 휨모멘트를 나타낼 수 있다.

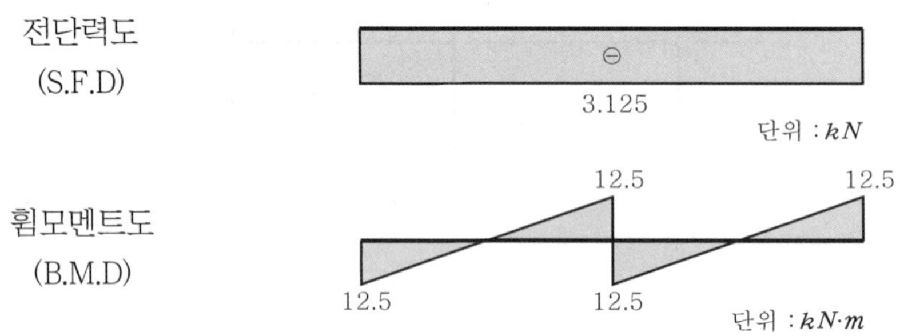

그림(c) 보선2의 전단력과 휨모멘트

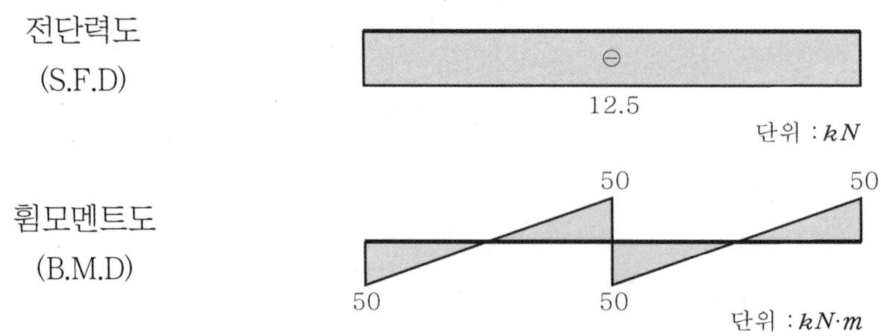

그림(d) 보선1의 전단력과 휨모멘트

(3) 기둥의 휨모멘트

위에서 구한 보의 재단모멘트를 이용하여 각 절점에서의 재단모멘트 대수

합은 '0'이라는 절점방정식을 세워 그림(e)와 같은 기둥의 휨모멘트를 구하였다.

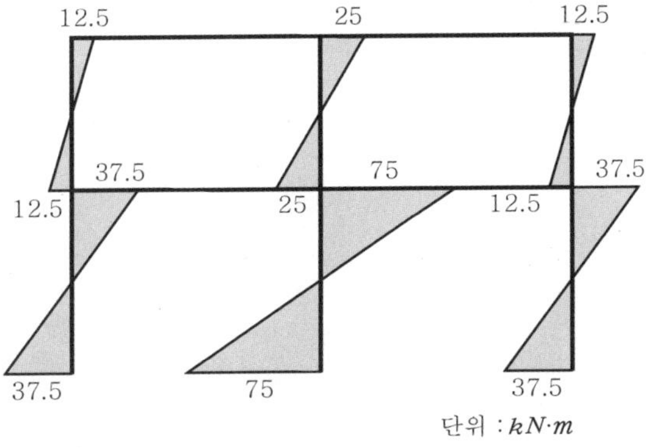

그림(e) 기둥의 휨모멘트도(B.M.D)

(4) 기둥의 전단력

각 기둥의 재단모멘트를 각 층 높이의 1/2로 나눔으로써 그림(f)와 같이 각 기둥의 전단력을 구하였다.

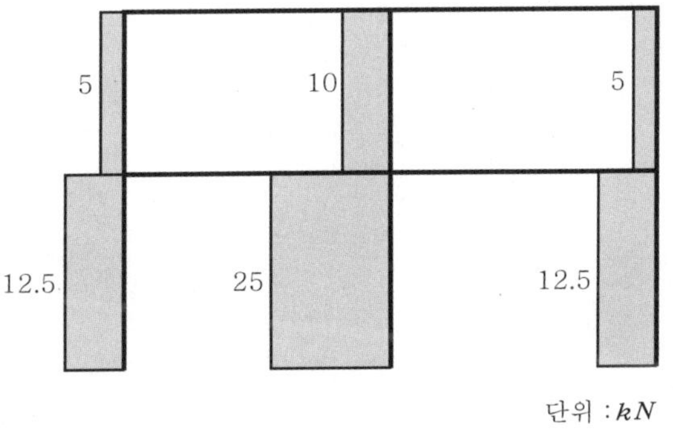

그림(f) 기둥의 전단력도(S.F.D)

◆ ◆ ◆ ◆ ◆ ◆

◈ 참고문헌 ◈

1. 『Structural Stability』, W.F. Chen, E.M. Lui, Elsevier, 1987
2. 『Guide to Stability Design Criteria for Metal Structures』, 4th Edition, Edited by Theodore V. Galambos, Wiley Interscience, 1988
3. 『Roark's Formulas for Stress and Strain』, Sixth Edition, Warren C. Young, McGraw Hill, 1989
4. 『Mechanics of Materials』, Third SI Edition, Gere and Timoshenko, Chapman & Hall, 1991
5. 『Advanced Strength and Applied Elasticity』, Third Edition, A.C. Ugural , S.K. Fenster, Prentice Hall, 1995
6. 『Mechanical Properties of Steel and Effect of Cold-Work Forming』 by J. J. Roger Cheng, University of Alberta Edmonton, Alberta, Canada
7. 『最新 建築構造力學』, 김규석, 기문당, 1986
8. 『構造力學』, 노희일 외 4인, 기문당, 1988
9. 『建築 構造力學』, 개정5판, 임남제, 성안당, 1989
10. 『建築構造力學』, 노희일, 산업도서출판공사, 1992
11. 『解法 構造力學』, 장동찬, 기문당, 1993
12. 『건축구조역학Ⅱ』, 함복영 외 7인(譯), 대우출판사, 1994
13. 『建築構造力學教材』, 谷資信 외 3인, 화영사, 1995
14. 『構造力學』, 제4판, 강영종 외 2인(譯), 진영사, 1999
15. 『기술사 구조역학』, 이수곤, 예문사, 2002
16. 『最新 構造解析』, 정일영(譯), 대신기술, 2003
17. 『재료 및 구조역학』, 임청권, 예문사, 2003
18. 『구조역학』, 제5개정판, 양창현, 청문각, 2007
19. 『만화로 배우는 구조역학』, 박재영, 신동철, 안종문 역, 기문당, 2007
20. 『재료역학』, 김두만, 복두출판사, 2007
21. 『구조역학해석』, 제2판, 김상대 외 4인, 문운당, 2008
22. 『건축구조역학』, 김근덕 외 4인, 기문당, 2008
23. 『구조역학』, 김상식, 기문당, 2009
24. 『객관식 응용역학』, 손영선, 한솔아카데미, 2009
25. 『구조역학』, 제2판, 한상철 외 4인, 구미서관, 2010
26. 『응용역학』, 전찬기 외 4인, 성안당, 2011
27. 『역학 및 하중·시스템(KBC 2009)』, 최취경 외 3인, 예문사, 2011
28. 『KDS 2022』, 국토교통부, 2022

저자 약력

권 용 근 (權 容 覲 , Kwon Yong Keun)

서울시립대학교 공과대학 건축공학과 졸업

서울시립대학교 공과대학원 석사과정 졸업 (건축구조전공)

(현) (주)하이구조 대표이사, 건축구조기술사

(현) 서울시립대학교 건축학부 겸임교수

(현) 서울특별시 건축안전자문단 위원

(현) 서울특별시 송파구 안전진단 자문위원

(현) 서울특별시 송파구 건축심의위원

(현) 서울특별시 성동구 도시계획위원회 위원

마스터 구조역학 연습문제

정가 20,000원

저 자	권 용 근
발행인	권 용 근
발행처	하이구조
발 행	2012년 11월 1일 제1판 1쇄 2018년 3월 2일 제1판 2쇄 2023년 3월 2일 제1판 3쇄
주 소	서울특별시 성동구 성수일로 10길 26, 305호 (성수동, 하우스디세종타워)
등 록	제2012-000215호
ISBN	978-89-969279-1-4

TEL: 02-562-6695~6 FAX: 02-562-6697

www.higujo.co.kr